油料植物资源培育与工业利用新技术

李昌珠　蒋丽娟　主编

中国林业出版社

图书在版编目(CIP)数据

油料植物资源与工业利用新技术／李昌珠，蒋丽娟主编. —北京：中国林业出版社，2018.1（2019.12重印）
ISBN 978-7-5038-9438-1

Ⅰ.①油…　Ⅱ.①李…②蒋…　Ⅲ.①工业用油－植物油料－资源利用　Ⅳ.①TQ645.8②TS222

中国版本图书馆 CIP 数据核字（2018）第 030698 号

中国林业出版社·林业分社
策划、责任编辑：于界芬

出版	中国林业出版社（100009　北京西城区刘海胡同 7 号）
发行	中国林业出版社
电话	（010）83143542
印刷	固安县京平诚乾印刷有限公司
版次	2018 年 1 月第 1 版
印次	2019 年 12 月第 2 次
开本	787mm×1092mm　1/16
印张	23.5　　彩插　12
字数	572 千字
定价	98.00 元

《油料植物资源培育与工业利用新技术》
编写委员会

主　编：李昌珠　蒋丽娟

副主编：肖志红　张良波　李培旺

编　者（按编者顺序排列）：

李昌珠　湖南省林业科学院

蒋丽娟　中南林业科技大学

肖志红　湖南省生物油脂工程技术研究中心

李培旺　油料能源植物高效转化国家地方联合工程实验室

张良波　湖南省林业科学院

刘汝宽　油料能源植物高效转化国家地方联合工程实验室

张爱华　湖南省林业科学院

钟武洪　湖南省生物油脂工程技术研究中心

王光明　山东省淄博农业科学院

皮　兵　湖南省生物油脂工程技术研究中心

陈景震　油料能源植物高效转化国家地方联合工程实验室

吴　红　湖南省生物油脂工程技术研究中心

李　辉　油料能源植物高效转化国家地方联合工程实验室

向祖恒　湖南省龙山县林业局龙山县绿地林业开发有限责任公司

田　云　湖南农业大学

李二平　湖南省生物油脂工程技术研究中心

马江山　湖南省林业科学院

刘　强　湖南省林业科学院

程世平　平顶山学院

李　力　湖南省林业科学院

曹慧芳　长沙环保职业技术学院

夏　利　湖南省农林勘察设计院

序

F O R E W O R D

随着现代社会的发展和文明的进步，人们越来越清晰地认识到：石化资源面临枯竭是不辩的事实，而石化资源大量使用引起的生态环境问题也日渐突出，如石化燃料燃烧不完全产生的 PM2.5 导致的雾霾天气已经让人触目惊心。要实现社会经济的可持续发展，必须要寻求一种环保的、可再生的石化资源替代物。而我国拥有丰富的油料植物资源，现已查明种子含油量在 40% 以上的植物有 150 多种。宜林地面积有 5400 多万 hm^2，还有大量的盐碱地、沙地、山地以及矿山、油田复垦地等边际性土地约 1 亿 hm^2，大都适宜种植特定的油料植物。充分利用好现有的边际性土地资源发展工业油料植物产业，既能有效应对现有石化资源枯竭的危机，又能促进农村生态建设，还可以解决部分农民就业、促进农民增收，具有非常重要的现实战略意义。然而长期以来，植物油料资源以食用为主，其工业用途由于受到煤和石油化学工业的排挤而未能得到应有的发展。当今社会已经进入能源驱动社会，单纯依靠石化资源已无法支撑社会经济的可持续发展。油料植物的工业化应用已迎来历史性的发展机遇，并将为能源和环境问题的解决提供新的途径。

油料植物的主要用途包括油脂资源的直接食用和间接加工转化成工业产品。前期植物油脂的利用以食用油脂为主，并形成了相对成熟的基础理论和完备的技术体系。由于应用目标的不同，也导致了油料植物各个生产环节存在着一定的差异。虽然植物油脂的工业应用历史悠久，但由于长期缺乏有效的人力、物力和经费投入机制，一直没有形成系统的理论支撑体系。针对我国工业油料植物品种的多样化以及资源分布的区域特点，亟待开发出适地适树的低碳栽培技术、绿色高效的制油技术、油脂基能源和化工产品的绿色转化技术以及高附加值副产物利用技术，以形成整体技术，促进工业油料行业的科技进步和产业发展。《油料植物资源培育与工业利用新技术》一书抓住了这个历史性的机遇，把工业油料植物作为学科研究方向分离出来加以系统研究，为油料植物资源化利用树立了一个新的里程碑，并将大大推进我国工业油料植物产业和现代林业的发展。

我国能源植物专家李昌珠研究员及其科研团队自 20 世纪 80 年代以来，长期从事工业油料的研究与开发工作，在工业油料植物领域的理论创新和技术创新方面积累了丰富的理论基础和实践经验。李昌珠研究员组织湖南省林业科学院和中南林业科技大学等科研机构共同编著的《油料植物资源培育与工业利用新技术》一书，集科学性、技术性和实用性为一体。该书在工业油料植物领域，构建了资源培育、油脂制备工艺技术与产品应用于一体的整体技术体系，并系统阐述了工业油料植物产业过程中如何保护生物多样性和森林生态环境平衡等一系列科学问题。

本书内容丰富，结构严谨，参编的相关专家长期在科研一线开展工作，实践经验丰富。本书的出版将为广大油料科研工作者和生产经营者提供参考。

中国工程院院士

2016 年 10 月

前言
PROFACE

　　植物油脂是食品、能源、化工、医药、纺织和皮革等工业行业的重要原料，是国家战略物质，在国民经济中起着不可替代的作用。

　　进入新世纪以来，积极应对气候变化、资源短缺、生态危机和能源短缺成为全球共识，绿色发展，创新驱动成为时代潮流和解决全球性难题路径。工业用油料植物产业兴起和快速发展，对于应对全球性问题、保障植物油脂持续供应、平衡食用和工业用植物油脂供需矛盾、培育新兴产业有重大意义：

　　植物油脂应用领域快速拓展成为油料植物发展强劲动力。植物油脂的主要用途是食用和工业化利用。进入新世纪以来，油脂用途拓展，植物油脂被广泛用于油脂基能源产品（生物柴油、生物航空燃料油和生物润滑油）、油脂基化工产品（表面活性剂、油漆、涂料）和油脂基材料产品。植物油脂市场巨大需求拉动下，以生产工业用途油脂、芳香油或类似烷烃类为主的工业油料植物产业成为相对独立的门类迅速发展和壮大。其中，高品质清洁燃料油，特别是生物液体燃料是应对气候变化、缓解能源解决问题的路径之一，也是催生工业用油料植物产业发展重要的内生动力。

　　培育新型植物油脂资源，发展新兴产业成为共识。欧美等发达国家，除了开展油菜、大豆和棕榈等传统油料作物在工业领域的研究和应用之外，投入了大量的人力、物力和财力选育和栽培产量高、含油率高、适应性强的新型油料植物、藻类和微生物油脂为代表的工业用油料植物资源并取得了令人瞩目成就。以非食用目的新型油料植物作为新型工业油料植物成为当前研究的主要方向和重点。新型、非食用目的资源的开发成功和规模生产应用，不仅可以缓解原油短缺的问题，培育新型油料资源、培育新兴产业，缓解清洁能源供应矛盾、拓展植物油脂应用领域满足市场多样化的需求，同时保护耕地、改善了生态环境。

　　油脂基化学品成为相对独立的工业产品门类，市场潜力巨大。2006 年 9 月，在德国 Dresdun 召开的"第一届国际 IUPAC 绿色——可持续化学大会"上，关于油脂化学品的开发利用报告(Karlheing Hill: Industrial Development and Application of Biobased Oleochemicals)比较系统地介绍了油脂化学品工业开发利用的现状和前景。报告称,绿色化学工业的发展需利用可再生的植物油脂资源。据统计,全球1960年油脂产品产量为3000万t,2004年则增至1.31亿t,这一增长趋势逐年加快。工业油料植物产业发展市场潜力巨大,从长远来看、依靠石油的化工产品将逐渐走向萎缩、而植物油脂是永不枯竭的可再生资源,具有巨大的发展潜力。

积极发展工业用植物油脂产业,可以缓解食用植物油脂供需矛盾:我国是人口众多、耕地资源有限、缺油少气、石油资源相对匮乏的国家,近年来随着国民经济的快速发展,植物油资源的供需缺口也在日益拉大。2000年以来,随着人口规模的增长和居民收入水平的提高,我国食用植物油消费总量稳步增长,2011年达最高值2595万t,比2000年增长44.3%,年均增长3.4%。2012年我国消耗植物油脂达2700万t,其中72.2%依赖进口维持供应,中国的植物油脂供应上升为国家安全。据统计,而我国经济命脉的石油工业,原油对外依存度也超过60%,能源安全形势日趋严峻。2007年9月4日,国家发改委发布《中国可再生能源中长期发展规划》。《规划》称,到2020年,以能源作物为主要原料的燃料乙醇、生物柴油等生物液体燃料将达到替代石油1000万t的能力。由于生物柴油、生物航空燃料油和生物润滑油的需求量大,使植物油市场竞争加剧,食用和化学工业间出现原料争夺竞争,这一竞争态势将进一步放大。

油料植物规模种植可以治理污染土壤、绿化国土。而再生的工业植物油脂基产品规模应用,可以实现节能减排,产业政策清晰、支持有力。一方面,污染土地逐年增加,国土绿化任务更加繁重,鼓励规模种植工业用油料植物。另一方面面临着石化资源过度使用日益加剧的环境恶化问题,极端气候不断出现,呼唤再生的植物油脂基产品规模应用。我国非耕地土地资源丰富,污染土地日益增长,种植工业用途的油料植物可以修复污染土地,生产非食用、工业用途的油脂产品,既能治理污染土地、美化绿化国土,生产出的原料又满足了市场需求,一举多得。

油料植物工业利用成为新兴学科方向,值得系统总结和深入研究,需要系统理论指导和先进技术体系正确引领产业健康发展。以油菜、大豆等为代表的食用植物油脂的开发应用有千年历史,研究领域已经形成了相对成熟的基础理论技术体系。但针对工业用油料的开发和研究方面尚处于起步阶段。食用植物油脂注重营养价值、食用安全、栽培经济价值,而以生产工业用油脂原料为目的工业用植物油料注重油料加工性能、加工成本和加工产品理化性质。由于应用目标产品的不同，也导致了油料植物各个生产环节存在着工艺技术、装备需求的差异。相对而言工业用油料植物研究滞后。由于长期没有进行系统、严格、持续的科学研究，学科发展定位滞后，一直没有形成系统的理论和工业技术支撑体系。近年来，植物油脂原料工业化应用，尤其是油料植物的能源化利用导致工业用油料植物的地位凸显，育种策略和育种产量指标、栽培技术和油脂制备、油脂转化技术，有别于食用目的技术体系，更加注重油脂脂肪酸结构、加工性能和加工成本，认为有必要对工业用途油料植物作进行系统的研究，并对工业油料领域的现有技术成果进行全面总结。本书针对我国国土辽阔、气候多变、油脂植物种类资源丰富的特点，以工业油脂基产品和技术的重大需求为导向，吸收、整理前人研究成果，结合团队创新技术基础，系统介绍工业用油料植物分类、评价、育种策略、育种技术、定向培育、绿色高效的制油技术、油脂基能源和化工产品的绿色转化技术以及高附加值副产物以形成整体技术，产品质量进行系统梳理和归纳整理，以便更好地推进工业用油料植物产业的健康持续发展。

编著者
2017 年 6 月

目录
C O N T E N T S

序
前言

第五章　植物油脂制取工艺技术 ············· 213

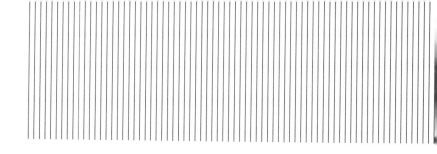

第一章
绪　论

　　植物油料作为食品、化工、医药、纺织等工业的重要原料，在国民经济中起着不可替代的作用。当前社会已经进入能源驱动时代，能源短缺，特别是燃料油供应紧张，使得各国开始寻求石油资源的可再生替代物。用油脂生产生物液体燃料和生物润滑油也成为近期的研究热点。除了开展油菜、大豆等传统油料作物在工业领域的研究和应用之外，如何选育和栽培产量高、含油率高、生长快非食用目的的植物作为新型工业用油料植物也是当前研究的主要方向和重点。一些生存能力强、产油量高的木本植物和藻类成为专门的工业用油料植物，不仅可以缓解人类原油短缺的问题，也有利于生态环境的保护。

　　植物油料的主要用途是其油脂资源的食用和工业化利用。历史上油料植物的主要用途以食用为主，由于学科发展定位滞后、资源培育、资源利用约束因素影响的存在，全球的植物油资源应用到工业领域非常有限。我国属于缺油少气、石油资源相对匮乏的国家，近年来随着国民经济的快速发展，石油消费每年以 10% 以上的速度迅速增长，植物油资源的供需缺口也在日益拉大。目前石油对外依存度已高达 60%，植物油对外依存度已超过 70%，同时还面临着石化资源日益加剧的环境恶化问题，极端气候不断出现。我国人均耕地面积少，而边际性土地资源丰富（11608 万 hm^2），利用其发展工业用油料植物，具有广阔的发展空间。与国际先进水平相比，我国油脂化工产品的品种还不齐全，工艺技术和装备落后，与国外先进水平仍存在不少差距。近年来全球范围内的大力发展的生物柴油极大地促进了工业油料资源培育、油脂资源在能源领域的规模利用。工业植物油脂可以部分替代石油，在新能源、新材料和航空等领域广泛应用，市场潜力巨大。从长远来看，依靠石油的化工产品将逐渐走向萎缩，而植物油脂是永不枯竭的可再生资源，具有巨大的发展潜力。近年来可再生的植物油料资源产量不断提高，以植物油料为原料生产的油脂化学品的产量也在不断增长，目前世界植物油的年产量约 1 亿 t，其中工业用油脂约占全世界油脂年产量的 10% 以上。

　　虽然在食用油脂的开发应用领域已经形成了相对成熟的基础理论技术体系，但针对工业油料的开发和研究方面尚处于起步阶段。近年来，尤其是油料植物的能源化利用导致工业用油料植物的地位凸显，使得我们认为有必要对工业用油料植物作进行系统的研究，并对工业油料领域的现有技术成果进行全面总结，以便更好地推进工业用油料植物产业的健康持续发展。由于应用目标的不同，也导致了油料植物各个生产环节存在着一定的差异。虽然植物油脂的工业应用也历史悠久，但由于长期缺乏有效的资金投入机制，一直没有形成系统的理论支撑体系。针对我国工业用油料植物品种的多样化以及资源分布的区域特点，亟待开发出适地适树的低碳栽培技术、绿色高效的制油技术、油脂基能源和化工产品的绿色转化技术以及高附加值副产物以形成整体技术，促进工业油料行业的科技进步和产业发展。

第一节　油料植物相关领域的基本术语

一、油脂

（一）油脂的基本定义

油脂是油和脂肪的统称，是一大类天然有机化合物（烃的衍生物），从化学概念上讲它被定义为混脂肪酸甘三酯的混合物（the mixtures of mixed triglycerides）。天然油脂组成中除甘油三酯（约占95%）以外，还有含量极少而成分又非常复杂的非甘油三酯成分。油脂的主要功能就是提供热量，油脂含碳量达73%~76%，热值约为39.7kJ/g，是相同单位质量蛋白质或碳水化合物热值的2倍。油脂不仅是人类的主要营养物质和主要食物之一，也是重要的工业原料。油脂化学品大多作为化学中间体合成用途广泛的各种终端产品，在医药、皮革、纺织、化妆品、冶金、能源行业得到了广泛的应用。

（二）油脂的特点

植物油是指利用野生或人工种植的含油植物的果实、种子，经过压榨、提炼、萃取和精炼等处理得到的油脂，可用作食品、精细化工以及生物液体燃料等领域的生产原料。油脂主要由脂肪酸构成，同时还含有少量的非甘油酯物质，如游离脂肪酸及其衍生物、磷脂、甾醇、类胡萝卜素、长链脂肪烃、油溶性纤维，以及一些特殊成分等。脂肪酸主要由碳、氢、氧组成。天然的脂肪酸中，由于碳原子的数量和相互作用方式的不同，形成各种类别的脂肪酸。至今为止，已发现的脂肪酸达300多种。组成油脂的饱和酸大多含有偶数碳原子。分子比较小的饱和脂肪酸有挥发性。饱和脂肪酸的通式为$CH_3(CH_2)_n\text{-}COOH$，其碳链是饱和的。植物油脂中常见的饱和脂肪酸有癸酸、月桂酸、肉豆蔻酸、棕榈酸和硬脂酸。植物油脂中所含的脂肪酸大多属于不饱和脂肪酸。不饱和脂肪酸主要包括C_{10}到C_{22}的脂肪酸，绝大多数为偶碳原子的直链分子，性质不稳定，易与氢、氧、溴、碘等元素起化学反应。主要成分有油酸、亚油酸、亚麻酸、岩芹酸和芥子酸等。除饱和脂肪酸和不饱和脂肪酸以外，还有环状脂肪酸、羟基脂肪酸及一些特殊结构脂肪酸等。

油脂密度比水小，具有折光性、有熔点、可皂化等性质。由于油脂中含脂肪酸的种类与含量不同，会对油脂的氧化速度产生影响。游离脂肪酸的氧化速度要比其他酯要稍快一些，但天然油脂中脂肪酸的有规律的随机分布降低了其氧化速度，食用油脂中少量游离脂肪酸对油脂的储存稳定性并不产生影响。然而，在一些商业油脂及其制品中，相当多的游离脂肪酸对加工设备和储罐等会产生腐蚀作用，导致金属离子增加，从而加速油脂氧化。温度与油脂的氧化有密切的关系，温度升高，油脂的氧化速度加快，因此，低温储存是降低油脂氧化速度的一种方法。各种光及射线均可以加速油脂的氧化，因此，避光储存可以延缓油脂的氧化过程。另外，水分含量对油脂的氧化速度起很大的决定作用。油脂氧化分解或油脂水解都能够产生小分子的醛、酮、酸等物质，此类物质绝大多数都具有刺激性的气味，该气味混合在一起形成所谓的"哈拉味"，这种现象称为油脂酸败。无论是天然的或合成的抗氧化剂均可以有效地延缓油脂的氧化历程。由此可见，为了防止油脂的氧化酸败，可采取避免光照、避免高温、尽量减少与金属离子的接触程度，降低水分含量，加入抗氧化剂和增效剂等措施来提高油脂的稳定性。

二、油料、油料作物及油料植物

油料：油脂制取工业的原料，油脂工业通常将含油率高于 10% 的植物性原料称为油料。

油料作物：是以提取油脂为主要用途的一类栽培作物。这类作物主要有大豆、花生、芝麻、向日葵、棉籽、蓖麻、苏籽、油用亚麻和大麻等。

油料植物：主要是指植物种子、果肉、胚芽，其细胞富含天然油脂的植物总称。油料植物系对所有含油脂的植物的统称，它是对油料作物概念的延伸。

油料作物是中国重要的大宗农产品。2007 年全国国产植物油（指国内原料国内加工）产量为 923 万 t，其中源于草本油料作物的食用油 679 万 t（占国产植物油的 73.5%），源自其他兼用型作物的食用油 217.4 万 t（占 23.5%），源于木本油料植物的食用油近 30 万 t（占 3%）。本书中以非食用的草木本油料植物作为主要阐述内容。

三、工业用油料植物

关于油料植物的种植和其油脂利用，我国早期的农学著作《神农本草经》《王帧农书》《齐民概述》《农政全书》等均有大量记载。油脂工业的发展长期存在以食用油脂为主，工业用途为辅的局面。早期蓖麻、油桐和亚麻籽油等是典型性工业油料，可用于生产油漆、涂料、肥皂等工业产品。随着社会的进步和现代科学技术的发展，工业用油料植物的类型在不断拓展，各种各样的油脂化学品也不断涌现，包括脂肪酸、脂肪醇、脂肪胺、脂肪酰胺、脂肪酸甲酯、烷基醇酰胺、二元酸、二聚酸、甘油及其衍生物等。油脂化学品大多作为化学中间体合成用途广泛的各种终端产品，在医药、皮革、纺织、化妆品、冶金、能源行业得到了广泛的应用。

在本书中，工业用油料植物是指以生产油脂、芳香油或类似烷烃类为主的，具有替代石油、化工和材料资源特性的一类非食用为目的的植物总称，其主要用于能源和化工产品生产。工业用油料植物具有高效捕获太阳能，吸收温室气体二氧化碳，合成生物质能原料同时释放氧气，改善生态环境，具有再生性和环境友好性。

第二节 油脂及油料植物的分类

一、油脂的分类

常用的油脂分类方法有：以碘值分类、以油脂来源分类、以油脂的存在状态和脂肪酸的组成分类、以构成油脂的脂肪酸类型分类。

（1）按油脂碘值分类：可分为不干性油脂（IV < 80）、半干性油脂（IV = 80 ~ 130）、干性油脂（IV > 130）。

（2）按油脂来源分类：可分为植物油脂、动物油脂和微生物油脂。其中植物油脂包括如菜籽油和大豆油等草本油料以及油茶和油橄榄等木本植物油料等；动物油脂包括陆地、海产等动物油脂，如生产用牛骨油、猪骨油等；微生物油脂则包括如细菌、酵母菌、霉菌和藻类等油脂。

（3）以油脂的存在状态分类：可分为固态油脂、半固态油脂、液态油脂。

（4）以脂肪酸的组成、脂肪酸的类型分类：分为油酸和亚油酸为主的油脂、亚油酸含量较多的油脂、亚麻酸含量较多的油脂等。

（5）从加工利用角度分类：油脂的用途主要有两个方面，一是食用，二是工业用途。

二、油料植物的分类

（1）按植物学属性分类：可分为草本油料植物（大豆、油菜籽、棉籽、花生、芝麻、葵花籽等）、木本油料植物（棕榈、椰子、油茶籽等）、农产品加工副产品油料植物（米糠、玉米胚、小麦胚芽等）、野生油料植物（野茶籽、山核桃、松籽等）。木本油料是中国植物油重要潜在资源。木本油料为多年生木本植物产生的果实或种子，具有适应性强、产量高、油质好的特点，主要分布于长江流域为主的丘陵山区，多种植在荒山荒坡，其中油茶的现有规模最大，分布最广，全国种植面积达302.7万 hm²，但单产较低，产量仅106万 t，年加工茶油27.7万 t。油橄榄等其他木本油料多处于发展初期，没有形成规模。由于中国荒山面积较大，未来木本油料是中国重要植物油来源。

（2）按含油率高低分类：可分为高含油率油料和低含油率油料。其中高含油率油料主要包括菜籽、棉籽、花生、芝麻等食油率大于30%的油料。低含油率油料主要包括大豆、米糠等含油率在20%左右的油料。

（3）按油脂用途径分类：油料植物分为两大类，即①食用油类油料植物：主要树种有油茶、油橄榄、油棕、椰子、文冠果、元宝枫；②工业用油类油料植物：主要树种包括油桐、乌桕、油桐、千年桐、麻疯树、黄连木等。

（4）其他特殊油料植物（以藻类油料和芳香油植物为例）：

藻类油料植物：包括数种不同类以光合作用产生油脂、多糖等生物质能量的生物，一般被认为是简单的植物，并且一些藻类与比较高等的植物有关。所有藻类缺乏真的根、茎、叶和其他可在高等植物上发现的组织构造。藻类产生能量的方式为光合自养性。藻类植物并不是一个纯一的类群，由于它们均无根、茎、叶等器官的分化，所以它们的分类一般只能根据它们的形态结构、细胞内所含色素、贮藏养料和生殖方式以及生活史等来进行，一般分为蓝藻门、眼虫藻门、金藻门、甲藻门、绿藻门、褐藻门、红藻门等。

芳香油植物：是指植物体器官中含有芳香油的一类植物。芳香油亦称精油或挥发油，它与植物油不同，主要化学成分有萜烯类化合物、芳香族化合物、脂肪族直链化合物和含硫含氮化合物等，其中萜烯类是最重要的成分，这些挥发性物质大多具有发香团，因而具有香味。在一般情况下芳香油比水轻，极少数（如檀香油）比水重，不溶于水，能被水蒸气带出，易溶于各种有机溶剂、各种动物油及酒精中，也溶于各种树脂、蜡、火漆及橡胶中，在常温下，大多呈易流动的透明液体。考虑到芳香类油料的主要利用对象为挥发性精油，故将芳香油类单列。

第三节 工业油脂及其衍生物的应用范畴

工业用油料植物产业的发展，最终需要依靠油脂化学品的带动。油脂化学品包括的范围很广。本书将其划分为油脂基化工材料、油脂基能源以及其他产品三大类进行阐述。

一、油脂基化工材料产品的应用

（一）脂肪酸市场

脂肪酸是基础油脂化学品中总产量最多的品种。脂肪酸类产品可广泛用作表面活性剂、化妆品、洗涤用品、农用化学品、药品及其他工业化学品，具有"工业味素之称"，是极为重要的基础化工原料之一。因其应用领域广而不受某一行业兴衰的影响，市场风险相对较小。据不完全统计，近年全球脂肪酸产量已在 550 万 t 以上，主要分布在西欧、北美和东南亚，其中欧洲 150 万 t，北美 100 万 t，亚洲 250 万 t，其他地区 50 万 t。以马来西亚和中国为首的东南亚国家正在取代欧洲成为世界上最大的油脂化工基地。我国 2012 年度的脂肪酸总产量为 99.6 万 t，其中硬脂酸产量为 58.4 万 t。相当一部分脂肪酸被直接使用，例如生产蜡烛、化妆品基料、填料的表面处理剂等。欧美生产的脂肪酸中，约有 40% 用于制皂，马来西亚也有近 20 万 t 脂肪酸用在生产皂粒，全球用于制皂业的脂肪酸在 100 万 t 以上。

脂肪酸的加工产品包括脂肪酸脂、脂肪族含氮化合物、金属皂及二聚酸等。脂肪酸甲酯是油脂经酯交换反应制得，全球产量在 50 万 ~ 100 万 t。目前大部分甲酯经加氢转化成脂肪醇，2012 年度我国脂肪醇生产企业总产量为 20.97 万 t，较 2011 年增长 16%，总销量为 18.9 万 t，较 2011 年增长 14%。甲酯磺酸盐（MES）已被用作洗涤剂原料，年产量在 5 万 t 左右。甲酯的一个潜在应用领域是作生物液体燃料。相关的技术问题已获解决，能否规模推广主要取决于是否有足够的原料供应和石油燃料相比的经济竞争优势以及环境立法要求等。高级醇、多元醇以及山梨糖醇等的脂肪酸酯主要用作乳化剂、润滑脂和增塑剂等，仅仅食品乳化剂的年产量就在 30 万 t 左右。

脂肪族含氮化合物主要包括酰胺和胺的衍生物。它们的阳离子是两性表面活性剂的主要原料。脂肪含氮物在 20 世纪 90 年代的产量估计在 70 万 t 左右，后来，虽然受到环境条件制约，导致双牛油基二甲基氯化铵的需求量在欧洲锐减，代之而起的酯胺仍是脂肪酸衍生物。1998 年欧洲的脂肪胺产量是 17.57 万 t，是脂肪酸产量的 18.3%。北美脂肪胺产量在 20 万 t 左右。2012 年我国脂肪胺总产量为 11.5 万 t，较 2011 年减少 11.0%；总销量为

7 万 t，较 2011 年减少 24.0%。我国脂肪胺产量也已在 1.5 万 t 左右。如果加上烷醇酰胺、咪唑啉等，全球脂肪胺类油脂产品的产量在 70 万 t 左右。

金属皂通常是指钠、钾以外的重金属盐类化合物，由于它们兼具金属盐和脂肪酸的双重特性，因此在工业上广泛用作塑料热稳定剂、润滑剂、脱模剂、增稠剂、催干剂及防水剂等。欧美国家有 7% 的脂肪酸用于制造金属皂，日本因塑料工业发达，金属皂消耗的脂肪酸比例高达 21% 以上。由于重金属盐的毒性以及环境安全问题，金属皂正在被逐步取代。然而在发展中国家，金属皂仍是最大宗的热稳定剂。例如，我国在 1996 年生产的 4.5 万 t 热稳定剂中，金属皂类产品将近占了四分之三。

二聚酸是亚油酸和亚麻酸等不饱和脂肪酸在热或催化条件下的加聚产物。发现脂肪酸的聚合产物已有近 90 年的历史。二次世界大战后美国选用妥尔油脂肪酸为原料实现了二聚酸的工业化生产，目前产量已超过 4 万 t。二聚酸可用于生产反应性聚酰胺树脂，是制备高档环氧树脂固化剂产品的优质原料。二聚酸的另一重要用途是生产非反应性聚酰胺树脂。它们和玻璃纸及聚烯烃薄膜有良好的黏附作用，因此大量用于这类专用印刷油墨中。此外，二聚酸的其他用途还包括：金属防腐剂、汽油添加剂、合成润滑脂的添加剂以及涂料等。中国虽然自 20 世纪 70 年代开始生产二聚酸，一直存在着生产规模小，质量不稳定的问题，大部分二聚酸产品仍然依靠进口渠道来提供。依据中国的经济发展，对二聚酸的需求应当是乐观的，关键问题是提高品位，降低成本。

综上所述，油脂脂肪酸市场上传统产品占多数，它们正在被新产品取代；粗加工产品占多数，技术含量低，产品附加值也低。脂肪酸工业的进一步发展有赖于高附加值深加工产品的开发以及开辟新的应用领域

（二）脂肪醇市场

脂肪醇是基础油脂化学品中第二个大品种，也是带动油脂化学工业增长的主要品种。天然高级脂肪醇，是洗涤剂、表面活性剂、塑料增塑等精细化工产品的基础原料，由它生产的精细化工产品有上千种之多，广泛用于化工、石油、冶金、纺织、机械、采矿、建筑、塑料、橡胶、皮革、造纸、交通运输、食品、医药卫生、日用化工及农业等部门。据报道，1995 年全球脂肪醇产量 122.45 万 t，增长率 4.65%。其中合成醇 64.9 万 t，增长率 1.6%；天然醇 57.55 万 t，增长率 9.76%。大部分脂肪醇用来生产日用化工产品。70% 脂肪醇用于生产 AS、AE、AES、APG 等阴离子和非离子表面活性剂，4% 用作化妆品原料，8% 作润滑剂，其余被加工成乳化剂、破乳剂、石油添加剂、织物处理剂等。作为阴离子和非离子表面活性剂的主要原料之一，脂肪醇工业将随表面活性剂工业的进一步发展而获得持续发展。

然而，脂肪醇的发展速度取决于两方面的竞争：一是脂肪醇和直链烷基苯（Linear Alkyl-benzene，LAB）的竞争。作为洗涤剂的主要活性物，直链烷基苯磺酸钠（Linear Alkyl-benzene Sulfonates，LAS）在性价比方面稍占优势。二是脂肪酸的环境适应性。脂肪醇衍生物具有资源可再生性的优势，并在液体洗涤剂开发方面处于有利地位。作为非离子表面活性剂及其他深加工产品的原料，油脂基脂肪醇将随这些产品应用领域的扩大而获得进一步发展。

（三）涂料

利用桐油等不饱和油脂制备干性油，是油脂化学品用于涂料业的最早例子。据化工部

门统计，1997 年中国涂料产量 137 万 t，其中合成树脂涂料占 65%。2007 年中国油漆与涂料总产量约为 620 万 t，比 2006 年增长 22.3%。据统计，中国 2008 年上半年油漆与涂料的产量为 320 万 t，同比增长 11.8%。经过近些年的努力，中国涂料产量于 2000 年左右的世界第 4 位上升到目前的世界第二大油漆与涂料市场，仅次于美国。涂料工业的发展方向是绿色化（水性化、无溶剂化）和粉末化。有人预言，21 世纪将是功能性涂料的世纪，而离开助剂及其应用，这种预言只是一句空话。在涂料工业的主要助剂中，可能来自油脂化学品的有乳化剂、颜料润湿剂、分散剂、消泡剂、流平剂、增稠剂、抗静电剂、附着力促进剂等。

二、油脂基能源产品的应用

（一）生物液体燃料

生物液体燃料中最具有代表性的产品有 2 种：一是传统的生物柴油，二是生物航空燃料。

生物柴油可部分取代石化柴油，在欧美等国家已核准为可替代性燃油。目前因其成本较高，美国以 B20（即生物柴油 20% 与石化柴油 80% 混合）的混合油上市，以降低用户的消费负担。纵然如此，B20 对于改善空气质量经证实具有满意的效果。美国已上市生物柴油添加剂，即在石化柴油中加 1% 的该种添加剂，可改善降低含硫物石化柴油的润滑性，对于环保工作而言，也不失一种经济可行的方法。在生物柴油方面，国外通常采用大豆（美国）和油菜籽（德国、意大利、法国等）等食用植物油生产生物柴油，其成本高达 34 ~ 59 美分/kg。为了降低成本，一些国家开始利用废弃食用油和非食用的木本油料植物生产柴油，其生产成本分别下降到 20 美分/kg 和 41 美分/kg 左右。目前生物柴油在欧盟已大量使用，进入商业化稳步发展阶段。2005 年欧盟的生物柴油产量超过 300 万 t，其中一半以上是德国生产的。目前德国有 23 个生物油生产厂、1800 个加油站，并颁布了工业标准（EDIN51606）。

我国的生物柴油研究与开发虽然起步较晚，但发展很快，研究内容涉及新型非食用油料植物的良种选育、栽培、清洁转化及副产物综合利用各个环节，其中部分科研成果已经达到国际先进水平。"八五"期间，辽宁省能源研究所在进行"以植物油为动力实现农业机械化和农村电气化"项目（中国 – 欧共体合作研究项目）。研究过程中，利用意大利和德国提供的设备，将湖南省产的光皮树油进行酯化处理，得到的酯燃料于高尔夫柴油轿车（德国大众汽车公司）、40 马力轮式拖拉机（意大利 Same 公司）、30kVA 柴油发电机组（意大利 Tessari 公司）等设备上燃用，证实了光皮树果实油甲酯化燃料的适用性。光皮树油酯化后，于高尔夫柴油轿车发动机燃用，并与燃用 0#柴油进行动力性能对比，汽车行驶速度均为 120km/h。试验结果表明：将光皮树油酯化后作柴油机燃料，其动力性能与燃用柴油基本相同；内燃机启动性能良好，运转平稳；尾气排放物两者接近。

董进宁等人应用生命周期评价（LCA）方法，以大豆制取生物柴油项目为研究对象，对大豆的种植、豆秆发电、豆油炼制、生物柴油制取、各段运输和生物柴油燃烧排放等 6 个子过程进行了清单分析，并分别计算出其能耗和对环境的影响。结果表明：每千克豆油制取生物柴油，对环境的总影响负荷为 9.69 毫人当量（毫人当量表示生产过程所耗资源占人均资源消耗量的比重）；生物柴油制取对环境影响主要为 CO_2 排放，全球变暖的影响占据首位；过程中整个系统共从环境吸收 CO_2 22.264kg，向环境释放 CO_2 22.527kg。该研究认为生物柴油项目在减少温室气体排放上能起积极作用，与柴油相比生物柴油是一种环境友好产品。姚亚光等人进行了地沟油制取生物柴油的净能源生命周期评价，研究表明：生物柴油生产系统能量输出与化石能输入相比具有能量盈余，NaOH 作催化剂为 20.7gMJ/kg，浓 H_2SO_4 为 24.71gMJ/kg。胡志远建立了大豆、油菜籽、光皮树和麻疯树 4 种原料制备生物柴油的生命周期能源消耗和排放评价模型，并对其进行了生命周期能源消耗和排放评价。与石化柴油比较，大豆和油菜籽制生物柴油生命周期整体能源消耗与石化柴油基本相当；光皮树和麻疯树制生物柴油的生命周期整体能源消耗比石化柴油低约 10%；所有原料制生物柴油生命周期化石能源消耗显著降低，生命周期 HC、CO、PM_{10}、SO_x 和 CO_2 排放降低，NO_x 排放升高。邢爱华等针对以菜籽油、麻疯树油和地沟油为原料制取生物柴油过程，应用生命周期评价方法，对原料种植、收集运输、原料预处理、生物柴油生产、产品配送等过程的土地资源占用、水资源和能源消耗进行了计算，并对能量消耗进行了参数敏感性分析。结果表明，3 种原料生产 1t 生物柴油占用土地资源分别为 $13132m^2$、$3333m^2$ 和 $5m^2$，水资源消耗分别为 $9063.55m^3$、$12306.62m^3$ 和 $1.97m^3$，化石能源消耗分别为 0.9MJ、0.67MJ 和 0.25MJ。由于水资源消耗和土地占用主要源于种植环节，能源消耗主要发生在种植和转化环节，在我国适合以地沟油和麻疯树油为原料生产生物柴油。开发耐旱、高产、高含油率的油料植物品种和新型高效酯交换反应催化剂及优化反应工艺是降低生物柴油全生命周期资源占用和能源消耗的有效措施。

我国《国家中长期科学与技术发展规划纲要》中指出：生物柴油在 2010 年的产量为 200 万 t，2020 年的产量为 1200 万 t。在此规划引导下，我国以麻疯树、黄连木、文冠果和光皮树等木本油料为主的生物柴油原料能基地也得到了大的发展。在国家对生物柴油的巨大需求和政策扶持的激励下，国内已有大批企业开始投资生物柴油产业，发展势头较快。据不完全统计，目前我国生物柴油生产企业达到 40 余家。

在生物航空燃料方面，由于石油价格高涨，再加上日益提高的环保标准，使得许多大型航空公司均在寻找替代燃料以实现绿色飞行。航空业的二氧化碳减排已经成为全球应对气候变化的焦点。开发生物航空燃料是航空业减排的重要途径。国内外对动植物油脂脱氧制备柴油或航空煤油的研究和工业化推广迅猛发展。芬兰是较早开展第二代生物柴油基础研究与工业化生产的国家，芬兰能源公司（Fortum OYJ）提出了通过脂肪酸加氢脱氧和临氢异构化制备 C12 ~ C24 烷烃的方法（NEXBTL，Next Generation Biomass to Liquid）工艺。巴西石油（Petrobras）公司开发了一种称为 H-BIO 的植物油与石化柴油混合掺炼的生产工艺，使甘油三酯转化为烷烃。在中试与工业化放大方面，中国石油化工集团在 2011 年组织、设计将杭州炼油厂的原有装置改造为年产 6000t 生物航空煤油的工业装置，可按要求调和合适比例航空煤油调和产品。与国外技术相比，油脂加氢脱氧 – 裂化异构技术差距较小，均有待在中试试验研究的基础上，进行工业化规模生产工艺与装备的放大设计。与传统的化石航煤相比，航空生物燃料在生命周期内温室气体的排放量减少了 50% ~ 80%。截止到目前，全球已经进行了近 30 次的航空生物燃料试验飞行，所用燃料均以动植物油或微藻油为原料，采用加氢工艺生产。

国际航空运输协会（IATA）最新发布的报告称，到 2015 年航空生物燃料将占航空煤油的 1%，并且会逐年递增，到 2040 年其比例将达到总需求量的 40% ~ 50%。

（二）润滑油行业

目前绝大部分润滑油产品都是以矿物油为基础油的。动植物油是人们最早用作润滑油的，但由于它们极易氧化，使用寿命很短，逐渐被矿物油替代。近年来由于环境保护的需要，考虑到植物油可再生特点而易被生物降解，有利于保护环境，因此人们又将目光集中到用植物油来制备可生物降解的润滑油上面。

植物油基润滑油具有环保、可再生、毒性小、易于生物降解，是未来环境友好型润滑油发展的一个方向。植物油主要成分是甘油三酸酯，由甘油分子和三个长链脂肪酸通过酯键连接而成，具有理想的边界润滑特性。和矿物油相比，植物油存在低热稳定性、低氧化稳定性、高凝点、防腐性能差的不足。

对于植物油的劣势，可通过添加剂、植物油化学改性和油料的基因改良等方式进行改进。例如，含苯并三唑的磷酸盐脂能够提高菜籽油负载能力、抗磨损性和摩擦性能；磷酸胺能够增加植物油的抗磨损性能；合成化合物，S-[2-(乙酰氨基)噻唑基-L-基]二烷基二硫代氨基甲酸，以1%添加量添加到菜籽油中明显降低磨损，并具有良好的无卡咬承载能力；功能性添加剂，如油酸、三乙醇胺和三乙醇胺油酸盐则显著提高了菜籽油的摩擦性能及热稳定性。植物油化学改性则包括羧基官能团改性、脂肪酸链改性等，经过对基础油改性，可以大大提高基础油的性能。在油料的基因改性方面，主要运用基因工程中的各种方法开发油料植物新品种，如目前开发出的高油酸大豆油和向日葵油，与传统的植物油相比，具有高承载能力和热氧化稳定性。

三、其他行业应用

（一）塑料工业

在三大合成材料中，合成树脂的产量最大。它所加工成的塑料，应用面也最广。据报道，全球1997年合成树脂的产量已超过1.3万t。其中美国生产4250万t，日本1521万t，韩国817万t。我国台湾省产量也达到464万t。

在5种通用树脂(PE、PP、PVC、PS、ABS)中PE产量最多，PP增长最快，PVC位居第三，PE加入PP的产量约占树脂总量的二分之一。硬脂酸盐类(硬脂酸钙、锌、铅、钡、镁和镉等盐类)是目前国内PVC加工中不可缺少的热稳定剂，其主要作用是使树脂加工受热过程中稳定，防止树脂的老化降解作用，使制品在使用过程中对热、光和氧化的破坏起保护作用，从而提高制品的使用寿命。

在20世纪90年代，中国的合成材料工业获得了迅速发展。据统计，1990~1996年间，中国合成树脂以23.3%的年增长率递增，合成纤维和合成橡胶的增长率分别为19.7%和14.2%。1998年合成树脂产量达667万t，比1997年增长16.0%。尽管如此，仍然远远满足不了中国经济增长的需求。1998年中国5种通用树脂的表现消费量为1444万t，而产量为643万t，自给率仅45%。近年来合成树脂产业在我国迅速发展，以其主要品种聚乙烯为例，其实际产能2012年还只有1134万t/年，2013年达到1350万t/年，2014年预计是1430万t/年。进口量方面，2012年为788万t，2013年为860万t，2014年预计875万t。美国休斯敦的汤森德聚合物服务及信息咨询公司(Townsend Polymer Services & Information)指出，2009年全球塑料助剂市场约为320亿美元，至2012年的年均增长率为4.5%，这一增速有望在未来5年保持稳定。受新兴市场特别是中国市场需求强劲增长的刺激，未来几年全球塑料助剂市场需求有望以年均4.5%的速度快速增长。需求增长、全球化加快以及监管压力，正在重塑全球塑料助剂市场。

塑料助剂：塑料加工助剂是一类能改善塑料加工性能和使用性能的添加剂。按性能分类，塑料助剂可归为稳定剂、加工助剂和改性助剂3大类。目前已形成包括增塑剂、阻燃剂、热稳定剂、光稳定剂、抗氧剂、抗冲击改性剂、加工用润滑剂、着色剂等众多品种和颇具规模的精细化工行业。1996年全球塑料助剂约消耗790万t，约占树脂总量的6%。中国1997年助剂产量约为70万t，但品种单调，其中仅增塑剂就占总产量的三分之二。目前，全球塑料加工助剂的年消费量占合成树脂总产量的10%，总计达1100万t。

伴随塑料工业的发展，新型助剂在不断涌现，如增透剂、红外线阻隔剂、转光剂（农膜防雾用）等。此外，无毒无害助剂的呼声也越来越高。但是，中国的塑料助剂工业相对比较落后，品种单调，老产品多，专用料市场几乎被进口品完全占领。目前以油脂为原料生产的助剂仅限于热稳定剂、填料改性剂及润滑剂。产量也不到助剂总产量的十分之一。显然，和快速增长的塑料工业相比，中国的助剂工业任重道远。研究和开发多功能性助剂，是塑料助剂工业发展方向之一。从分子结构看，基础石油化工产品是烃类（乙烯、丙烯、丁烯、苯、甲苯、二甲苯），而基础油脂化工产品是饱和或不饱和脂肪酸、酯、醇及胺。后者分子中已经含有各种功能团。因此，如果从基础油脂化学出发，设计和合成多功能性助剂，则可能经过较少的加工步骤达到目的，降低加工费用。

（二）橡胶工业

橡胶是我国十分重要的战略物资，被广泛应用于工业、农业、医疗卫生及航空、军事等高科技特殊领域，目前，我国已超过美国、日本、欧盟，成为世界上最大的橡胶消费国，2002～2012年橡胶消费量连续11年居世界第一。据中国橡胶工业协会统计，2005年我国进口橡胶产值达30多亿美元，2006年超过54亿美元，2007年高达61亿美元。2007年，中国进口橡胶306.37万t，其中进口天然橡胶165万t，同比增长2.2%，进口合成橡胶141.37万t，同比增长8.8%。2011年我国天然橡胶产量72万t，创历史新高，但是进口天然橡胶数量仍达281万t，对国外天然橡胶的依存度高达80%。由于汽车、家电、建筑等行业的快速发展，中国橡胶工业仍面临极好的发展机遇。估计今后一个时期，年增长率将保持在5%～7%。

在橡胶助剂方面，国外研究表明，2010年全球橡胶助剂用量年均增长率约3.8%。2010年全球橡胶助剂用量增长至98万t，其中防老剂和促进剂均为36.26万t。而其中又以中国增长最快。从1993～2003年间，中国橡胶助剂用量年均增长近11%，这与中国橡胶用量的增长基本接近。2003年，中国橡胶消费量超过美国，居于世界第一位，中国成为世界上最大的橡胶助剂市场。2010年中国需要橡胶助剂33万t（包括不溶性硫黄），其中促进剂12万t、防老剂12万t、加工助剂和功能型助剂9万t（包括不溶性硫黄）。

在橡胶工业中，油脂化学品的应用包括硫化促进剂、补强剂、分散剂及增塑剂等。和塑料助剂相比，它们使用量要小得多。当前，随着橡胶制品的应用领域不断扩大，包括助剂在内的新品的研究和开发非常活跃。例如，纳米级胶粒、橡胶与无机陶瓷复合耐磨衬里，泄气状态下仍能运作的安全轮胎及能吸收光、电、磁、热的特种橡胶的研制等，对橡胶助剂提出了全新的要求，为开拓油脂深加工产品的应用领域提供了新的机遇。

（三）无机填料工业

无机填料广泛用于塑料、橡胶、造纸、涂料、油墨等行业，它们除了降低生产成本外，也同时赋予产品各种性能。据报道，20 世纪 90 年代全球塑料制品用填料的平均增长率为 9%，2000 年后的需求仍在上升。随着橡胶应用领域的扩展，无机填料在橡胶工业中的地位越来越突出，特别是随着现代材料改性技术的发展，很多改性无机填料被赋予了独特的性能，如耐磨性、导电性、导热性、阻燃性、耐腐蚀性、气密性等。

作为填料，碳酸钙和滑石粉用得最多。塑料用填料的总消费量约为树脂用量的 10%，尤其以 PVC、PP 中应用的比例高。例如，PP 打包带中，$CaCO_3$ 填料添加量可以达到总重量的 50% 以上，使生产成本大幅度降低。为了提高无机填料和合成树脂间的相容性，改善加工工艺和产品品质，填料的表面改性技术已得到广泛应用。常用的表面性剂有偶联剂和表面活性剂两大类。偶联剂通过化学键结合到填料表面，效果好，但成本贵，对水分敏感，操作不方便；表面活性剂则通过吸附改性，操作方便，成本也低。表面处理剂的用量为填料量的 1% ~2%，按此估计，仅塑料工业用的表面处理剂消耗量就在每年 15 万 ~25 万 t 之间。目前用作表面处理剂的油脂化学品主要是硬脂酸及其盐。另外，长链季铵盐处理过的有机白土早已被用作涂料添加物。

（四）食品工业

2012 年我国实现食品工业总产值近 9 万亿元，其中规模以上食用油加工企业 1992 家，完成工业总产值 9040.3 亿元，同比增长 22.6%；占食品工业总产值的 10.1%。但是，从发展速度、加工深度以及产品结构方向看，仍存在不少问题。其中一个重要问题是食品添加剂工业满足不了需要：品种少，质量偏低，价格偏高。

食品乳化剂是添加剂中需求量较大的一类，目前世界上年消耗量已经超过 40 万 t。我国由于食品加工技术落后，食品乳化剂产品消耗量在 3 万 t 以上，只占世界总量的 7.5%。我国食品级单甘酯年产量约为 5000 万 t，而且主要是含量 40% 的混合酯。其次有食品级山梨糖醇酯、蔗糖酯等少量生产。聚甘油酯及柠檬酸单甘酯等尚处于开发阶段。随着我国经济发展，食品乳化剂的需求量将进一步增加。

（五）造纸工业

表面活性剂是造纸化学品的重要组成部分，广泛应用于造纸制浆、造纸湿部、表面施胶、涂布以及废水处理等过程。造纸业虽然不是油脂化学品的传统应用领域，但当今造纸业的发展却提供了良好的机遇。2002 年全球造纸精细化学品销售总额已达到 100 亿美元。发达国家造纸精细化学品的消耗量占造纸工业总产量的 2% ~3%，且所占比例不断提高。1998 年我国纸及纸板的总需求量是 3257 万 t，但年产量为 2750 万 t，自给率 84.4%。我国人均消费量为 25kg/年左右，不到全球人均量的一半。产品质量差、档次低、木浆比例过低（约 10%）和技术装备落后是造纸业存在的主要问题。但是，造纸助剂工业落后也是重要原因。据报道，西欧造纸化学品年产量在 130 万 t 以上，产值 37 亿美元；我国产量仅 5 万 t，产值 3600 万美元。同时，废纸的二次利用、三次利用是当前造纸业的发展动向之一。发达国家废纸利用率已超过 50%，我国目前只占 1/3。废纸制浆工艺的关键是脱墨。由于油墨分越来越复杂，印刷技术也不断提高，要想提高脱墨效果就需要开发多种表面活性剂组成多元复配脱墨剂。用于废纸再生的脱墨剂目前消费量已达 2000t/年，估计未来将成倍地增长。

第四节　油料植物工业化应用面临的主要任务

面临石油资源短缺、植物油资源不足以及环境保护的多重压力，从战略策略出发开展新型油料植物种质资源评价、选育良种、培育新型油料植物资源，研究油料资源加工基础理论，开发工艺技术，大力发展油料植物资源，推进工业用油料植物产业进程，降低石油对外依存度，对社会经济的可持续发展、缓解能源安全、减轻环境压力、控制大气污染等方面均具有重要的战略和现实意义。目前我国工业用油料植物产业即将进入到林油一体化示范阶段，为适应这一新形式的需要，实现行业的快速持续发展，还需要在原料保障、产品清洁高效转化、产品应用以及副产物高值化利用四个环节进行技术创新和进一步突破。原料方面，在开发高产高含油的优良工业油料新品种的同时，我国目前非食用植物油料的采收和预处理技术即将进入一个规模处理时代，现有人工操作方式已经无法满足发展的需要，急需针对具体的非食用植物油料开发出专一的采收、预处理技术和装备；产品转化方面，以生物柴油产品为主，积极开发生物航空燃料以及生物润滑油新产品；产品应用方面应通过混配技术进一步提高现有产品的质量，确保产品应用过程不出现负面影响；副产物利用方面（饼粕和甘油）的价值也有待于充分挖掘。

一、油料资源保障体系的构建

（1）创制高产、高含油、高抗工业用油料植物新品种：重点攻克油料能源植物分子育种、细胞工程、基因工程的核心技术，解决油料能源植物品种创制中预见性差、周期长、效率低、工程化水平低等关键问题，培育高产、高含油、高抗、适应非耕地种植的油料能源植物新品种。

对于有一定研究基础、遗传背景清楚的主要油料能源树种开展转基因技术提高品质。利用转基因技术可以将某些生物的基因转移到其他物种中，改造生物的遗传物质，使生物在性状、营养和消费品质等方面向人类需要的目标转变。基因工程，主要改良重要的农艺性状，如含油量、品质、抗病性等。提高含油量有 2 种途径：一是提高该品种的单位面积产量，从而在总量上增加了产油量；二是单位产量不变，提高种子的含油量和产油量。

现代生物技术为油料植物的改良提供了新的手段。在转基因油料植物的种子中，单一脂肪酸成分有可能达到 90%。例如，生物柴油是以 C18 为主要成分的甘油酯分解而获得的，因此，我们可以通过转基因手段主要提高植物种子油中这一类单一的脂肪酸含量，从而提高生物柴油的质量。

（2）工程化、标准化培育工业用油料植物：实现园艺化、机械化、标准化工程技术栽培油料能源植物，重点攻克油料能源植物专用肥、精准施肥、矮化栽培、机械化采果等工程化关键技术，从而提高油料能源工程化技术水平，降低劳动成本。

（3）采收非食用植物油原料与开发预处理技术及装备：开发能源油料高效采收与产地制油技术，如开发能源型油料的专用采收技术及装备，建立不同油料的机械化采收最优模式；研发不同油料的高效制油技术，实现油料产地制油，并加强相应的基础研究工作。

二、工业油脂绿色生产与生物炼制

以天然非食用植物油脂为对象，面向未来部署油脂能源植物转基因育种、酶法和化学法生物柴油高效转化、油脂选择性裂解、甘油制备生物基丙烯酸、生物油重整等前沿技术，突破油脂资源培育与集储、高效催化剂制备、生物油精制改性、液化产物树脂化等核心技术，生物柴油、生物燃料油、节能保温材料、表面活性剂、塑料助剂等重大产品实现产业化，构建油脂类资源培育、集储、生物炼制为一体的产业链和技术体系。

（1）前沿技术研究：重点研究油脂类资源转基因育种技术、油脂定向裂解技术、生物基平台化合物丙烯酸制备技术、生物燃油定向气化重整技术，油脂催化加氢制取航空燃油技术。

（2）关键技术研究：围绕油脂高效转化核心关键技术，重点研究新型油料植物新品种培育技术、油脂资源收集与预处理技术、新型高效催化剂制备技术、生物柴油高效反应器、生物柴油品质提升与综合利用技术、农林废弃物裂解液化关键技术、生物油精制及联产化学品技术，液化产物树脂化技术。

（3）重大产品产业化示范：以润滑油、生物柴油、生物燃料油、节能保温材料、表面活性剂、塑料助剂等重大产品的产业化为核心，重点开展生物柴油的连续无污染高效生产技术、生物油制备技术与装备、新型生物基聚酯多元醇保温材料产业化示范、油脂基表面活性剂制备关键技术研究与示范、塑料用油脂基助剂制备关键技术研究与示范、生物柴油绿色生产商业化推广应用。

三、油脂基能源与新材料产品应用

进一步改善生物柴油调和燃料 BD2～BD20 系列产品的性能，满足发动机动力性、经济性和排放性要求。进行全过程的节能减排检测和统计，建立相关的数据库和检测计量服务体系。采用新型环氧化技术，从分子层次上改善生物柴油产品微观组分构成，开发无毒低凝点环氧高能油，确保较低温度下生物柴油的正常使用；进行技术集成与优化、建立示范基地，制定相关标准。

四、副产物的高值化利用技术

重点开展工业油料加工转化过程中所产生饼粕、甘油、植物沥青等副产物的高质化应用技术研究，提高行业的综合竞争力。

我国工业油料饼粕资源大多是直接用作肥料或燃料，利用效益不到综合利用效益的20%。以蓖麻为例，如果进行蓖麻等能源油料榨油饼粕毒蛋白等毒素的分离技术研究，可在提高能源油料饼粕综合利用率的同时，从而进一步增强蓖麻行业的竞争力。此外，在甘油利用方面，国内外做了大量的研究。2001 年 DuPont 与 Denencor 申请了多项以葡萄糖为底物，用基因工程菌直接生产 1，3-丙二醇的专利，已投资新建成年产 5 万 t 的发酵法生产1，3-丙二醇的装置，目前国内许多研究机构开展了甘油制备 1，3-丙二醇的研究，但尚未进入工业化生产阶段。在用甘油生产环氧氯丙烷方面，比利时 Solvay 公司已于 2007 年初在法国建成产能 1 万 t/年的中试装置，并计划在泰国建 10 万 t/年的生产装置，国内扬农化工已建成 2 条产能为 3 万 t/年的甘油氯化法生产线。目前生产中仍需进一步优选创制选择性好、收率高、容易实现分离的催化剂和反应装备。

第五节　油料植物产业的工业化应用前景

　　能源和环境问题是 21 世纪人类面临的最大挑战。以石油为基础的现代工业体系支撑着不断发达的人类物质文明，然而石化资源日益短，石油的价格也不断攀升；同时，大量使用化石资源导致的巨大的碳排放也给全球生态环境带来了巨大的压力。极端气候和雾霾现象的出现给人们敲响了警钟。因此，寻求可再生的清洁能源以及可替代石化原料的新资源已成为全社会的共识。以植物油脂或微生物油脂经转化而成的油脂基能源和化工产品，具有原料来源广、产品使用性能好、环保性能好、具有可再生性等特性，其应用和推广正是现阶段解决石化资源替代问题的有效手段。油料植物具有适应性广、保持水土、涵养水源、改善环境、不与农作物争地等特点。利用我国广阔的边际性土地资源发展油料植物的工业化应用，具有巨大的开发潜力和广阔的发展前景。

主要参考文献

1. J. Vollmann，Istvan Rajcan. 油料作物育种学[M]. 北京：科学出版社，2012.

2. 龙春林，宋洪川. 中国柴油植物[M]. 北京：科学出版社，2012.

3. 毕艳兰. 油脂化学[M]. 北京：化学工业出版社，2009.

4. 胡徐腾. 液体生物燃料：从化石到生物质[M]. 北京：化学工业出版社，2013.

5. 殷福珊. 油脂化学品的工业应用[J]. 中国油脂，2000(6)：24 - 30.

6. 程宁. 油脂化学品市场新格局正在形成[J]. 日用化学品科学，2012(10)：1 - 4.

7. 周丽凤，刘元法. 植物油基合成润滑油的研究进展[J]. 粮油食品科技，2008(6)：34 - 37.

8. 植物油基润滑油性能分析[J]. 润滑油，2010(6)：8.

9. Achten W M，Almeida J，Fobelets V，et al. Life cycle assessment of Jatropha biodiesel as transportation fuel in rural India[J]. Applied Energy，2010，87 (12)：3652 - 3660.

10. Gnansounou E，Dauriat A，Villegas J，et al. Life cycle assessment of biofuels：Energy and greenhouse gas balances[J]. Bioresource Technology，2009，100 (21)：4919 - 4930.

11. Hansen SB，Olsen SI，Ujang Z. Greenhouse gas reductions through enhanced use of residues in the life cycle of Malaysian palm oil derived biodiesel[J]. Bioresour Technol，2012，104：358 - 366.

12. Khoo HH，Sharratt PN，Das P，et al. Life cycle energy and CO_2 analysis of microalgae - to - biodiesel：preliminary results and comparisons[J]. Bioresour Technol，2011，102 (10)：5800 - 5807.

13. Kumar S，Singh J，Nanoti S M，et al. A comprehensive life cycle assessment (LCA) of Jatropha biodiesel production inIndia[J]. Bioresour Technol，2012，110：723 - 729.

14. Liang S，Xu M，Zhang T. Life cycle assessment of biodiesel production inChina [J]. Bioresour Technol，2013，129：72 - 77.

15. Pang SH，Frey HC，Rasdorf W J. Life cycle inventory energy consumption and emissions for biodiesel versus petroleum diesel fueled construction vehicles[J]. Environ Sci Technol，2009，43 (16)：6398 - 6405.

16. 邢爱华，马捷，张英皓，等. 生物柴油全生命周期资源和能源消耗分析[J]. 过程工程学报，2010，10 (2)：314 - 319.

17. 胡志远，谭丕强，楼狄明，等. 不同原料制备生物柴油生命周期能耗和排放评价[J]. 农业工程学报，2007，22 (11)：141 - 146.

18. 裴鸿，杨玉喜 . 2012 年全国表面活性剂市场概况分析及 2013 年发展趋势[J]. 日用化学品科学，2013 (010)：20 – 25.

19. 董进宁，马晓茜 . 生物柴油项目的生命周期评价[J]. 现代化工，2007，27（9）：59 – 63.

20. 叶建泉 . 脂肪酸的应用及市场分析[J]. 日用化学品科学，2005，(5).

21. 钱伯章 . 塑料助剂市场分析[J]. 国外塑料，2012（6）：34 – 37.

（李昌珠、肖志红）

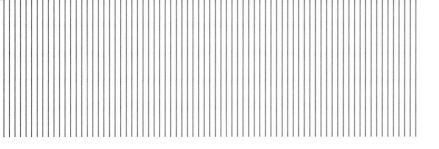

第二章
油料植物资源评价

植物种质资源（germplasm resources）又称遗传资源（genetic resources）、基因资源（gene resources），是一切具有一定种质或基因、可供育种及相关研究利用的各种生物类型，包括可用于育种、栽培或其他生物学研究的各种植物类型及品种，如栽培种、野生种和半野生、野生近缘种以及人工创造的新种质材料等。其形式有植株、种子、器官、组织、花粉、细胞、DNA 片段。植物种质资源是在漫长的历史过程中，由自然演化和人工创造而形成的一种重要的自然资源，携带各种种质（即遗传物质），是植物进化、科技创新、作物育种、生物技术产业的物质基础，是人类食物、药物和工业原料的重要源泉，对农业生态系统起着稳定性的作用，为现代植物育种的兴起和发展提供关键的原材料。植物种质资源的丰富程度直接关系到植物优良品种和优良基因的筛选。油料植物种质资源，广义是指一切可以用于油料开发的生物遗传资源，是所有油料物种的总和；狭义上通常是就某一具体的物种而言，包括栽培品种、野生种、近缘种和特殊可遗传材料在内的所有可利用遗传物质的载体。

油料植物种质资源的评价是在适生环境和特定的条件下，对所收集的各类油料植物种质样本进行特性的描述和比较各特性对环境的敏感度，全面评价各种质资源在油料能源植物中的地位及其开发利用的潜力。理想的油料植物种质资源评价，既包括表型性状的描述，也包括控制表型性状的基因的描述，以及表型性状、基因性状和环境相互作用的描述。

油料植物种质资源的评价是油料植物种质资源研究开发工作的重点，是油料植物种质资源保护、利用和深层次开发的基础。全面准确地评价油料植物种质资源，分析其地位及开发利用的潜力，对开展定向育种、扩大遗传基础、提高育种水平、培育出优良品种、实现资源的可持续和多层次开发利用具有重要意义。油料植物资源评价主要包括以下几个方面：①油料植物种质资源量的评价：主要包括种质资源种类、地理分布和油脂产量等情况。②油料植物种质资源基础性状评价：主要包括种质资源根、茎、叶、花、果、种子等植物学性状描述和生长发育、产量性状(果实或种子、油脂)、品质性状等。③油料植物种质资源抗逆性评价：主要包括油料植物对病害、虫害、低温、高温、旱、涝、盐碱、重金属胁迫等不良环境适应性和抵抗能力。④油料植物种质资源遗传多样性评价：主要从适应性、整齐性、稳定性和特异性等方面，运用遗传学、细胞学和生理学等理论与方法来评价工业用油料植物遗传多样性的特点、影响因素、作用规律和各因素之间相互关系。⑤油料植物开发潜力与环境评价：主要包括对油料植物开发利用潜力及环境影响评价。

第一节　油料植物种质资源资源量评价

中国植物资源量十分丰富，种类多，数量大，分布广。植物种类共计有 3184 属，27150 种，居世界第三位。其中可作为资源开发利用的共 2411 种，约占全国植物种类的 1/10。植物资源分类形式和方法多样，按在自然界存在的形式分种质资源、物种资源和植被资源三大类；按在植物界存在的位置可分为真菌、地衣、藻类、微生物、蕨类和种子植物资源六大类；按用途可分食用植物资源、药用植物资源、园艺用植物资源、保护改造环境用及特殊用植物资源、工业用植物资源五大类。食用植物资源又可分为食用油脂、食用色素植物、淀粉糖料、维生素植物、甜味剂、蜜源植物、野生果树七大类。药用植物资源又可分为中草药和植物性农药两类。保护改造环境用及特殊用植物资源又分防风固沙植物资源、保持水土和改造荒山荒地植物资源、固氮增肥和改良土壤植物资源、绿化美化和保护环境植物资源、监测和抗污染植物资源五大类。工业用植物资源又可分为木材、鞣料、纤维、胶脂、植物性染料、工业用油脂及芳香油七大类。由于工业用油脂和芳香油都是工业用的油料植物资源，所以我们将二者合称为工业用油料植物。木材是木本植物的主要用途，可以分为珍贵用材如红木类用材和速生用材如杨树、桉树等；鞣料资源包括各种落云杉、叶松、铁杉等，它们含有丰富的单宁，可用于烤胶鞣革和制药；中国现有重要纤维植物 190 种，多为鸢尾科、禾本科、龙舌兰科、香蒲科、棕榈科等单子叶植物的秆叶及榆、苎麻、桑、木棉等植物的根、茎、皮部或果实的棉毛，用于纺织业、造纸业和编织业；植物胶资源包括富含橡胶、树脂、硬胶、水溶性聚糖胶等的植物，是橡胶工业的重要原料，包括各种豆科、松科、金合欢、瓜儿豆等；工业用植物性染料包括桑色素、苏木精、红木靛叶和姜黄等；中国的工业用油脂植物资源中，含油量在 20% 以上大约有 300 种，其中工业用油树种占 50% 以上，包括蓖麻、麻疯树、光皮树、油桐、乌桕等；芳香油植物是提取香料、香精的主要原料，中国种子植物中约有 60 余科为含有芳香油的植物，包括木姜子、山苍子、枫茅、樟树、香草等。

一、油料植物分类

油料植物在工业用植物资源中占有重要的地位，资源丰富，种类繁多，按传统方法可分为草本油料植物、木本油料植物和水生油料植物；按目前分布状况、驯化程度、利用状况及种的来源，可分为天然形成的野生油料植物、野生栽培油料植物、栽培油料植物和外来油料植物资源四大类。根据植物油料的含油率高低，可分成高含油率油料(菜籽、棉籽、花生、芝麻等含油率大于 30% 的油料)和低含油率油料(大豆、米糠等含油率在 20% 左右的油料)两大类。根据油料目前主要用于替代石油生产能源、材料和油脂基础化工产品，又可分为能源油料植物和芳香油料植物。

（一）能源油料植物

能源油料植物是一类含有能源植物油成分的植物，其植物油主要用于能源领域，如生产生物柴油、生物航空燃料和生物润滑油。目前，已查明的能源油料植物种类为151科697属1553种，占全国种子植物的5%；其中油脂植物138科1174种，主要分布在大戟科、菊科、卫矛科、樟科、豆科、唇形科等。目前，近年来，专家对新型的能源油料植物进行了系统研究开发，有专家指出能源油料植物按其植物油特性可以细分为：

（1）烃类能源油料植物：植物油主要成分是类似烃类物质，如续随子（*Euphorbia lathyris*）、绿玉树（*Euphorbia tirucalli*）及其他大戟科的一些植物。

（2）醇类能源油料植物：植物油主要成分是类似醇类物质，大多可从植物中直接获得，主要有汉加树等。

（3）脂类能源油料植物：是指可从植物中提取脂肪酸的油料植物，主要有光皮树、黄连木、乌桕、麻疯树、文冠果、蓖麻和续随子等。

（二）芳香油料植物

芳香油料植物是可以从植物器官（花、叶、茎、根和果实等）或组织可以提取芳香油的植物，其植物油主要用于制药和化工原料。目前，已查明在种子植物中有260多科800余属的植物含有芳香油，其中最重要的有20余科，如檀香科、木犀科、龙脑香科、松科、柏科、樟科、芸香科、唇形科、桃金娘科、蔷薇科、牻牛儿苗科、莎草科、伞形科、菊科、败酱科、金粟兰科、金缕梅科、堇菜科、禾本科、姜科、木兰科等。目前，有专家对芳香油料植物按其芳香油提取部位和植物特性来分类，又可将芳香油料植物分为香花植物、香根植物、草本和木本香料植物四大类。

二、油料植物分布

我国地域辽阔，南北间隔约5500km，东西距离约为5200km。我国气候多样，可分为9个气候带，为寒温带、中温带、暖温带、北亚热带、中亚热带、南亚热带、北热带、中热带和南热带，南北跨越了热带、亚热带、暖温带、温带和寒温带，东西横贯海洋性湿润森林地带、湿润半干旱森林草原和草原过渡带、大陆性干旱半荒漠和荒漠地带。我国地势复杂，西北高而东南低，东部地区大部为丘陵、平原，西部为山地、高原和盆地。我国季风气候显著，海洋自东往西，对大陆的影响逐渐减弱，造成了从东往西降水量的递减，加上高原、大山及其不同的走向的影响，造成各地冷热干湿悬殊，特别是山地垂直高差引起的气候与土壤的变化。南北跨越50个纬度，东西跨越了61个经度，经纬度的大跨越带来气候的地带性差异，形成我国自然条件得天独厚的多样性，带来了我国丰富的生物多样性。同时，这种自然条件和地理景观的多样性及区域环境间的差异，也带来了油料植物地带性分布。

（一）能源油料植物分布

我国能源油料植物种类从南往北、从东往西逐渐减少。在海南、云南南部等地主要是热带雨林、季雨林，拥有典型的适应热带生长的油料树种，如龙桑科、脑香科、肉豆蔻科、藤黄科、楝科、梧桐科、漆树科、番荔枝科、桃金娘科、山榄科等植物。在淮河秦巴山以南主要是亚热带常绿阔叶林与热带雨林、季雨林相接，是能源油料植物种类多、分布密集的地带，主要有樟科、芸香科、杜鹃花科、大戟科、茶科、马兜铃科、松科、卫矛科、姜科、槭树科、安息香科、百合科等植物。往北则是暖温带落叶阔叶林带，主要是榆科、胡桃科等植物。再往北至小兴安岭、长白山则是温带针叶落叶阔叶林，主要是松科、桦木科的一些种及一些草本能源油料植物。到大兴安岭则是寒温带针叶林，主要能源油料植物为松科中的一些种和草本植物。至西北是半湿润、半干旱的森林草原带，主要能源油料植物为鼠李科、木犀科、藜科中的一些种类。

（二）芳香油料植物分布

我国芳香油料植物资源的分布颇为广泛，但主要集中在长江、淮河以南地区，尤其以西南、华南最为丰富。而就植物种类的科属分布而言，主要集中在木兰科、蔷薇科、芸香科、木犀科、樟科、豆科、菊科、金粟兰科、马兜铃科、唇形科、百合科、石蒜科、瑞香科等植物类群。其中，尤以木兰科、蔷薇科、木犀科、樟科、菊科、芸香科、唇形科的种类较多。其中东北区主要种类有落叶松、红松、白桦、樟子松、紫杉、臭冷杉、兴安桧、五味子、兴安杜鹃、狭叶杜英、兴安薄荷、裂叶荆芥、泽兰、茴香等；华北区主要种类有赤松、狭叶山胡椒、竹叶椒、胡颓子、牡荆、油松、华山松、钓樟、五味子等；华东和华中区主要种类有马尾松、赤松、日本柳杉、山刺柏、蜡梅、茴香、深山含笑、山苍子、枫香、香樟、狭叶山胡椒等；华南区主要种类有马尾松、日本柳杉、八角茴香、柠檬桉、赤桉、细叶桉、大叶桉、香樟、山苍子、枫香、九里香、胡椒、檀香、香荚兰等；西南区主要种类有云南松、日本柳杉、马尾松、亮叶桦、黄心夜合、含笑、蜡梅、香樟、连香树、山苍子、木姜子、野花椒、柠檬桉、香茅等；青藏区主要种类有臭樟、油樟、杨叶木姜子、野花椒、缬草、土木香、唐古特青兰、地椒、宽叶甘松等；蒙新区主要种类有新疆圆柏、沙索、胡卢巴、刺荆芥、高山茅香等。

三、主要工业用油料植物分布

（一）光皮树地理分布

光皮树（*Swida wilsoniana*）有着广泛的适应性，能够在中国大部分地区正常生长，分布区跨越北纬 18°09′~40°09′、东经 96°52′~123°14′之间的广大地区，在温带、亚热带、热带地区均能够正常生长，一般为零星分布，也有大面积的纯林或混交林。分布区的土壤母岩以石灰岩为主，土壤类型以褐土为主，对土壤要求不严格。光皮树在中国东部与西部的分布差异较大，东部地区的资源明显比西部集中。光皮树的水平分布为东北－西南走向，呈连续或间断分布。光皮树垂直分布的上限、下限与地理经纬度有关密切的关系，随着地理经纬度的增大，垂直分布的上限、下限均呈现逐渐降低的趋势。光皮树一般分布于海拔2000m 以下，其中以 400~700m 最多，只有少量分布于2000m 以上的山地和海拔 1~2m 的沿海滩涂地带。主要集中分布在我国湖南、湖北、江西、广西北部、广东北部，自然分布在长江流域。根据调查，估计全国现有光皮树资源总量约 50 万亩，其中 2006 年以来新造林 30 万亩，目前光皮树产果量 0.5 万~1.5 万 t。湖南、江西等地有 5~15hm² 人工林栽培群落。现有光皮树林分面积 1530hm²，约 6.1 万株，林木生长旺盛，树高多达 12m 以上，平均胸径 14cm，其中最大立木胸径达 60cm。

（二）黄连木地理分布

黄连木（*Pistacia chinesis*）的地理分布范围为北纬 18°09′~40°09′、东经 96°52′~123°

14′，资源遍布我国华北、华南、西南、华中、华东与西北地区的 25 个省份；分布区地形以高原、山地为主，土壤母岩以石灰岩为主，土壤类型以褐土为主，跨越我国温带、亚热带、热带地区；黄连木的水平分布区主要位于云南潞西—西藏察隅—四川甘孜—青海循化—甘肃天水—陕西富县—山西阳城—河北顺平—北京西山一线以东、以南，整体上呈现连续分布的特征，局部地区有一定的间断分布；从我国西部到东部，其垂直分布的上限与下限均呈现逐渐降低的趋势，从南方到北方，这种降低趋势不太明显；黄连木在我国的资源分布区可以划分为集中分布区、次集中分布区、零星分布区和沿海地带零星分布区 4 种类型。

（三）乌桕地理分布

乌桕（*Sapium sebiferum*）水平分布界线：西界应从甘肃文县经四川的平武、茂汉、宝兴、康定、木里和云南的永胜、下关、保山至潞西一线为宜。在此线以西因地势高亢、气温较低、降雨少，未发现乌桕分布；在此线以东水湿条件较好的地方就有乌桕分布了。乌桕分布区的东界已达东海之滨及台湾东岸。分布区的南界已抵海南岛的南部据此。我国乌桕分布区的地理位置应为北纬 18°31′～36°、东经 9840′～122°之间。向东分布区扩展到日本，向南已延伸到印度北部。乌桕垂直分布：在分布区内，乌桕分布的下界接近海平面，在珠江三角洲及东南沿海乌桕为常见的分布树种，垂直分布的上界，最高可达到海拔 2800m（四川的会理）。随着地域不同，其垂直分布的上界出现的高低也不相同。如川西木里可分布到海拔 2400m，滇中昆明可达海拔 1825m，鄂西长阳可达海拔 1300m，大别山的新县只达海拔 750m，浙皖山丘的休宁只达海拔 800m，桂西的田林可达海拔 1300m，闽粤山地不超过海拔 1000m。从整个乌桕分布区来看，垂直分布的上界呈现从东向西和自北向南逐渐升高的趋势，在同一地域随着海拔高度的降低，而出现的频度和数量有所增加，阳坡比阴坡分布的多，林缘和旷地比森林地带多。由于水是乌桕种子重要的传播因素，在河溪两岸分布较多，往往形成茂密的天然林，乌桕集中栽培区都在海拔 1000m 以下的地带，以低山、丘陵地带为多。

（四）麻疯树地理分布

据《中国植物志》记载，麻疯树（*Jatropha curcas*）原产于美洲热带，在我国广东、广西、云南、四川、贵州、台湾、福建、海南等省份有栽培或少量逸为野生。在我国地理分布，南起云贵高原南缘，自西向东包括潞西、耿马、临沧、思茅、元江、红河、屏边、文山、麻栗坡、广南、兴义、安龙、贞丰、册亨、望谟、罗甸一线，南与中南半岛的缅甸、老挝、越南、广西的麻疯树热带中心连成一片；西北则通过怒江、澜沧江上游河谷深入分布到北纬 26°；正北越过元江支流水系，延伸分布至滇中高原南缘的弥渡、南涧、双柏等县的分水岭附近，最低纬度可达海南省的最南端。其中以四川南部、贵州西南部、广西西部、西南部及南部分布较为集中。麻疯树地理分布的主要制约因素为低温伤害，0℃ 以下时，麻疯树会受到冷害，通常表现为不开花，-1℃ 以下时会发生冻害，使麻疯树难以成活。

（五）文冠果地理分布

文冠果（*Xanthoceras sorbifolia*）地理分布，其中水平分布规律：文冠果分布地域为北纬 28°34′～47°20′、东经 73°20′～120°25′。横跨我国温带和暖温带两大热量带，遍及西北、华北等广大地区。其分布区整体上呈西北－东南走向的宽条形。分布区的边界为山东青岛—河北唐山—辽宁建平—安徽合肥—河南栾川—陕西洛南—甘肃平凉—青海循化—西藏察隅一线。在此界以西以北地区包括西北、华北、东北等广大地区均有文冠果分布，而在此界以东以南地区无文冠果分布；西部边界为新疆的喀什，南部边界为西藏察隅—陕西洛南—安徽合肥一线。垂直分布：文冠果垂直分布上下限与经度关系密切，随着经度的增加垂直分布的上下限有降低的趋势，而文冠果垂直分布的上下限受纬度的影响较小，随纬度的增加虽有下降的趋势，但变化趋势不明显，垂直分布在 300～1500m 的丘陵及荒山坡，其中海拔 800～1800m 的黄土丘陵沟壑区分布最多。

（六）蓖麻生态区划

中国是世界蓖麻（*Ricinus communis*）主产国，其分布范围广，北起黑龙江，南至海南岛均有分布，并形成了不同的蓖麻生态类型。根据蓖麻的生育特性，我国栽培蓖麻大致可分为 3 个生态类型区：一年生生态类型区、宿根型生态区和多年生生态区。一年生生态区：北方蓖麻产区（暖温带气候型，长江流域以北地区，北纬 33°～45°）。包括华北的河北、内蒙古和山西，东北的黑龙江、吉林和辽宁，西北的陕西、甘肃、宁夏、新疆和青海，还有河南、山东等地区，是春天播种，秋天收获。在这些地区蓖麻的茎秆和根系不能越冬，一年一播种一收获，称为一年生生态区。宿根型生态区：长江流域以南、北回归线以北区域的蓖麻产区（北纬 23.5°～33.0°）。包括安徽、江苏、江西、湖北、湖南、四川、贵州及云南、广西、福建部分地区，为宿根型生态区。秋天收获后，茎秆不能安全越冬，而根系能够安全越冬，到春天能够抽出新枝而开花结果，称宿根型生态区。多年生生态区：南方热带蓖麻产区，北回归线以南区域。包括云南、广西、广东、海南、福建和台湾等地区。全年能够生长，称为多年生生态区。

第二节　油料植物种质资源基础性状评价

油料植物种质资源基础性状评价主要是对油料植物资源的植物学性状（根、茎、叶、花、果、种子）、生长发育习性、产量性状和品质性状的研究。

一、植物学性状

植物学性状是油料植物种质资源分类、识别、鉴定的基础，是物种长期进化过程中适应不同环境的结果，能够客观表达植物对外部环境的适应性，以被子植物为例，一般可分为根、茎、叶、花、果实和种子六部分，其形状或类型如下。

（一）根

根系的构成：主要根和侧根。

根的种类：定根和不定根。

根系的类型：直根系和须根系。

根的变态：分贮藏根、支持根、气生根、攀援根、水生根和寄生根。贮藏根双分为肉质根和块根。

（二）茎

茎的截面形状：分圆柱形、方形有、三角形和扁平形。

按质地划分，茎可分为木质茎、草质茎和肉质茎。木质茎又分为乔木、灌木和亚灌木；草质茎又分为一年生草本、二年生草本、多年生草本和常绿草本。

按生长习性划分，茎可分为直立茎和藤本茎。后者又可分为缠绕茎、攀缘茎、匍匐茎。

茎的变态：分地上茎和地下茎变态两大类型。其中，地上茎的变态又可分为叶状茎、刺状茎、钩状茎、茎卷须、小块茎和小鳞茎；地下茎的变态又可分为根状茎、块茎、球茎、鳞茎。

茎的分枝方式：为分单轴分枝、合轴分枝、二叉分枝和假二叉分枝。

（三）叶

叶的形态、大小差别很大，但它们的组成部分基本一致，可分为叶片、叶柄和托叶三部分。这三部分俱全的叶，称为完全叶，缺少叶柄或托叶的叶，称为不完全叶。

叶的形态表现在叶的全形、叶端、叶基、叶缘、叶脉、质地和表面附属物等多个方面。

叶片形态：有针形、条形、披针形、倒披针形、矩圆形、椭圆形、卵形、倒卵形、圆形、心形、倒心形、匙形、扇形、肾形、提琴形、菱形、楔形、三角形、鳞形、盾形、箭形、戟形、管形等。

（四）花

花的构成：由花梗、花托、花萼、花冠、雄蕊群和雌蕊群等部分组成。花萼、花冠、雄蕊和雌蕊均有的花，称为完全花，缺少其中一部分或几部分的花称不完全花。根据花萼和花冠的有无，花可分重被花、单被花、无被花和重瓣花。根据雄蕊和雌蕊的有无和分布，花又分为两性花、单性花和无性花。花冠的颜色也有多种多样，有白色、红色、紫色、黄色等多种颜色。

花序：分无限花序和有限花序两种类型。无限花序又分为总状花序、穗状花序、柔荑花序、肉穗花序、伞房花序、头状花序和隐头花序；有限花序又可分为单歧花序、二歧聚伞花序、多歧聚伞花序和轮伞花序。

（五）果实

果实的类型很多，依据参加果实形成的部分不同可分为真果和假果。根据果实的来源、结构和果实的性质不同，可分为单果、聚合果和聚花果 3 个大类、21 个小类。

（六）种子

种子的形状、大小、色泽、表面纹理等随药用植物的种类不同而异。种子的形状：分圆形、椭圆形、肾形、卵形、圆锥形、多角形等，大小也存在差异。种子的颜色：有绿色、白色、红色、黑色等多种颜色。种子的表面：有的光滑，有光泽；有的表面粗糙。

二、生长发育习性

生长发育习性是反映油料植物适应环境的基本特征。依据植物对环境温度的不同要求，可分为：耐寒植物、半耐寒植物、喜温植物、耐热植物 4 种类型。同一种植物的不同品种又有冬春性之分，一般分为 5 级：强冬性、冬性、弱冬性、偏春性和春性。依据植物对光照度的需求不同，可分为喜光植物、耐阴植物和中间植物。依据植物对光周期反应，可以分为长日照植物、短日照短植物和中日照植物。根据植物对水分的适应能力和适应方式，可分为旱生植物、湿生植物、中生植物和水生植物。

植物的种间或种内差异主要从物候期、开花习性、结果习性、结种习性、繁殖方式等方面去评价。物候期：分播种期、移栽期、生长期、现蕾期、始花期、盛花期、末花期、结果期、盛果期、成熟期、收获期。按成熟期早晚可分为：早熟、中熟和晚熟。开花习性：包括花的数量、单花寿命、开花整齐度等。结果习性：包括坐果率、结果数量、单果重量等。结种习性：包括种子饱满度、千粒重等。繁殖方式：分为有性繁殖和无性繁殖。

三、产量性状

产量性状是指那些与产量构成的相关因素。油料植物产量通常分为生物产量和经济产量，生物产量是油料植物在一个生育期内，通过光合作用、吸收作用，所生产和积累的所有物质总量。经济产量是指油料植物中可以供工业用的那部分产量，是生物产量中所要收获的部分。经济产量占生物产量的比例，称为经济系数或收获指数。三者关系为：经济产量＝生物产量×经济系数。

四、品质性状

油料植物品质的评价，主要指对油料植物的工业价值的测试鉴定和基因分析。油料种子的内在品质是果实商品性、实用性好坏的重要标志。果实的内在品质主要由质地、香气、营养等多方面的因素构成，其中脂肪、蛋白质、碳水化合物、维生素、矿物质等的结构与营养以及糖苷、单宁等次生代谢物质都影响着果实内在品质的形成。油料植物果实内在品质的重要指标就是其脂肪酸种类和含量。

第三节　油料植物种质资源抗逆性评价

我国辽阔的地域，多样的生态环境，造就了丰富的油料植物资源。在与环境漫长的协同进化过程中，每种油料植物都形成了特有的适生环境。但是，自然界中的油料植物并非总是生活在适宜的环境条件下，经常会遭遇到病、虫、冷、旱、盐等不良环境因素的影响，这种对油料植物生存或生长有不良影响的环境称为逆境，又称胁迫。油料植物的逆境可分为生物性逆境和非生物性逆境。生物性逆境主要包括病害、虫害、草害等，非生物性逆境包括低温、高温、旱、涝、盐碱、重金属等胁迫。有些油料能源植物不能适应这些不良环境，导致减产或品质下降，甚至无法生存；有些植物却能适应这些环境，生存下来。这种对不良环境适应性和抵抗能力，称之为油料植物的抗（耐）逆性。

油料植物资源抗逆性的评价主要指油料植物对低温、高温、涝渍、干旱、盐碱土、酸性土、土壤中个别元素的过量或缺少等不利环境因素以及对病虫害的抗御、忍耐能力的系统鉴定和基因分析。

一、抗病性评价

抗病性为寄主植物抵抗病原物侵染和为害的遗传性状。抗病性的表现，是在一定的环境条件影响下寄主植物的抗病性基因和病原物的致病基因相互作用的结果，是由长期的进化过程所形成。植物的抗病性是相对的。在寄主和病原物相互作用中抗病性表现的程度有阶梯性差异，可以表现为轻度抗病、中度抗病、高度抗病或完全免疫。一种植物或一个植物品种的抗病性，一般都由综合性状构成，每一性状由基因控制。在病原物侵染寄主植物前和整个侵染过程中，植物以多种因素、多种方式、多道防线来抵抗病原物的侵染和为害。

（一）病害鉴定

植物抗病性鉴定方法很多，按鉴定的层次不同可分为群体水平、个体水平、组织水平和分子水平鉴定；按鉴定的场所不同可分为田间鉴定和室内鉴定；按植物的材料可分为成株鉴定、苗期鉴定和离体鉴定。为了快速全面地评价油料植物种质资源的抗病性，应根据病症、侵染类型、流行病学标准和产量等不同的要求进行鉴定，灵活运用多种方法，发挥各种鉴定方法的优点。

（1）田间鉴定。田间鉴定是最基本的鉴定方法，是评价其他方法鉴定结果的主要依据。田间鉴定需要在特设的抗病性鉴定圃中实验。依据侵染菌源不同，病圃可分为天然病圃与人工病圃两类。

天然病圃不是进行人工接菌、依靠自然菌源造成病害流行，因此一般设在病害常发生区和老病区的重病地块，并采用调节播期、灌水、施肥等措施促进发病。天然病圃可以按统一的设计，用同样试验材料的同批种子在不同群体，对品种抗病性进行全面细致研究。

人工病圃用病原物进行接种，造成人为的病虫害流行。人工病圃一般设置在不受或少受菌原干扰的地区。例如，鉴定对气传病害的抗病性，设在病害偶尔发生区，或外来菌源较少、到达较晚的地区；鉴定对土传病害的抗病性，则应设在无病地块。人工病圃应有灌溉设施，地势、土壤和气象条件适于病害发生。病圃内多接种混合小种，但在确实需要，又有隔离条件时也可分设多个相互隔离的小区，各种植一套鉴定材料，分别接种不同生理小种，鉴定对各小种的抗病性，称为小种圃。病圃一旦建立，可以长期使用，逐年改进。土壤病害的病圃在连年使用后，土壤带菌量增高，分布更均匀，鉴定结果也更可靠。

与其他方法相比，田间鉴定能较全面地反映出抗病性类型和水平，鉴定结果能较好地代表品种在生产中的实际表现。缺点是鉴定周期长，受生长季节限制。由于自然菌源少或气象条件不适，病圃不发病或发病程度较轻的年份则不能进行有效的鉴定，不适于对大量育种材料进行初筛。在田间不能接种危害性新病原或新小种，通常也难以分别鉴定对多种病害或多个小种的抗病性。此外，田间环境条件较难控制，不宜研究单个环境因子对抗病性的影响，不能避免年度间发病程度的波动。

（2）室内鉴定。在温室、人工气候室、植物生长箱或其他人工设施内通过人工接种鉴定植物抗病性的方法被称为室内鉴定。室内鉴定要对植物培育、病原物接种方法、接种后环境条件进行严格控制，可鉴定植物各生育期的抗病性，但由于受空间的限制，主要用于苗期鉴定。

室内鉴定不受生长季节和自然条件的限制，在室内人工控制条件下便于使用多种病原物或多个小种（包括危险性病害和稀有小种）进行鉴定，可精细地测定单个环境因子对抗病性的影响和分析抗病性因素。苗期鉴定周期短，出结果快，可以在较短周期内进行大量育种材料的筛选和比较。但室内鉴定也有明显的缺点，由于受空间条件限制，只能针对单株进行，难以测出在群体水平表达的抗病性、避病性和耐病性，人工气候室难以完全模拟田间自然的生态环境，因而室内鉴定结果不能完全代表品种生产中的实际表现。有些品种的苗期和成株期的抗病性表现不一致，只进行苗期鉴定有可能漏失那些只在成株期表达的抗病基因。

（3）离体器官鉴定。离体鉴定是用植物离体器官、组织或细胞作材料，接种病原物或用毒素处理来鉴定抗病性，因而只适用于鉴定能在器官、组织和细胞水平表达的抗病性。离体叶片、枝条、茎、穗等是最重要的离体材料。离体材料需用水或培养液培养，并补充植物激素，以保持其正常的生理状态和抗病能力。离体鉴定作为一种抗病性的实验室辅助鉴定方法，不仅具有快速易行、占用空间小的优点，其优势还体现在可同时期测定同一植物材料对不同的病原物或不同生理小种的抗病性，也可以不必侵染整个植株，对个体植株可同时测定几种病害或同一病害的几个生理小种，还可以鉴定田间任一单株的抗病性而不妨碍其结实，便于在重点杂交组合的后代分离群体中选拔抗病单株。

（4）毒素活性鉴定。许多作物实验表明，寄主对病原菌的感病性与对毒素的敏感性呈正相关，细胞水平上对毒素的抗性与田间抗性呈一致的趋势，植物对病原菌及毒素的抗性还与其细胞膜系统的电阻值大小呈正相关。常采用生物测定法或电阻法测定毒素活力效价鉴定筛选细胞、植株抗性。

（5）细胞学鉴定筛选。此法是根据抗病寄主中轮枝菌部分抑制细胞分裂的理论设计的，适用于由镰刀菌及轮枝菌各个种引起的侵染性萎蔫病害。

（6）细胞组织培养技术的鉴定筛选。在组培过程中，利用理化因素诱发抗病突变，并进一步分离、选择、纯化，便可筛选出抗病的突变单株，可在人工控制条件下体外定向选择、同位素示踪、半微量分析，从细胞、组织与整株水平上探索其抗病的生理生化、分子遗传机制并鉴定筛选出抗病突变植株。

（7）生化鉴定筛选。采用同工酶分析技术、抗性成分分析技术、血清学方法等生化技术鉴定筛选抗病植株。已发现，马铃薯抗晚疫病与叶片中过氧化氢酶活性相关。多酚氧化酶活性与其田间抗病性也有一定的相关性。其他植物体内酶是否也与其抗性相关，有待进一步生化分析。目前主要研究抗病植株与多酚氧化酶活性、过氧化物酶活性及其同工酶酶谱的关系。

（8）分子鉴定筛选。利用 PCR、RAPD 及 RFLP 等分子生物学技术，克隆鉴定抗病植物的抗性基因，分析其与感病植株之间的差异，确定是否可采用基因分子的方法进行其抗性鉴定筛选。目前，尚处于探索阶段。

（二）抗病性分级

评价植物抗病性的主要依据是病情表现，病情调查可采用定的指标和定的标准，因而抗病性亦可定性分级或定量分级。

（1）定性分级。对过敏性坏死反应的抗病性，或抗扩展为主的抗病性，普遍采用按反应型来分级的方法。反应型的分级主要依据侵染点坏死反应的强弱、病斑大小、形状与色泽、病斑上子实体发育程度、菌丝层薄厚等特征来划分。

（2）定量分级。定量分级是绝大多数抗性鉴定的基础，病情定量调查指标最常用的是发病率、严重度和病情指数。发病率是指病株率、病叶率、病茎率、病果率等，系发病个体数占调查总数的百分率，用以表示发病的程度。严重度表示发病的严重程度，严重度级别可按单个叶片、植株或整个田块的发病程度划分，也可综合考虑而划分，制成分级标准检索表或分级标准图，发病调查时根据目测估计，叶部病害的严重度可以按病斑面积占总面积的百分率分级。严重度间距可以是等距的，也可以成等比数列。病情指数为发病率和严重度综合值，以植株调查单位时，其计算公式为：

$$病情指数（\%）=\frac{\sum（各级病株数×各级严重度）}{调查总株数×最高严重度}×100\% \tag{2-1}$$

病情分级本身非抗病性级别，但病情数据可用于划分抗病性级别。划分方法必须以感病对照品种的病情数据为基准比较划定，即设立参考系。因为同一感病品种在不同诱发强度下，发病率可高达100%，也可低到20%以下，因而需要设立参考系，以感病对照品种的病情指数为标准，诱发强度的标准要低于100%，在抗、感品种差异最明显时调查，将病情数字转化为相对抗病性指数（RRD）后再行比较，效果更好。其计算公式为：

$$RRD=\ln\frac{X}{1-X}-\ln\frac{Y}{1-Y} \tag{2-2}$$

式中：X为感病对照品种的病情指数；Y为供试品种的病情指数。

根据相对抗病性指数数值大小划分抗病性等级。

（三）油料植物抗病性研究

1. 油桐

郭文硕选取栽培管理一致抗感病性不同的7个油桐品种，即广西对岁桐、云南洋鼻桐、长乐桐、浙江五爪桐、湖北赎子桐、湖南葡萄桐、铜仁半桐的叶子和果皮作为生化测定试验材料，调查总叶面积、油桐黑斑病总病斑面积，然后算出150cm²（约相当于一张成熟油桐叶片的面积）叶面的病斑面积为发病程度，根据发病程度将油桐黑斑病分成6级：1级（发病程度5cm²）以下、2级（6~15cm²）、3级（16~25cm²）、4级（26~35cm²）、5级（36cm²）以上。同时，探讨了游离氨基酸、多酚类物质、黄酮类化合物等生化指标与油桐抗病相关性，结果表明，健叶（果皮）多酚类物质含量抗病品种比感病品种高；病叶（果皮）多酚类物质含量与健叶（果皮）相比下降，且从抗病品种到感病品种呈递减趋势；健叶游离苯丙氨酸含量抗病品种比感病品种高；病叶游离胱氨酸含量抗病品种比感病品种低，健叶（果皮）病叶（果皮）黄酮类化合物含量抗病品种均比感病品种高。花锁龙采用田间鉴定和人工接种鉴定相结合的方法，对四川米桐、四川饼桐、四川球桐、浙江五爪桐、贵州铜仁米桐、云南象鼻桐、云南厚壳桐、广西四季桐、广西小潘桐、广西对岁桐、广西老桐、广西龙胜对岁桐、湖南葡萄桐、湖南婴子桐、湖南多头米桐、湖南高脚米桐、湖北九子桐、湖北矮九子桐、湖北五子桐、湖北青桐、湖北黄桐、陕西棉桃桐、陕西柿饼桐、陕西大米桐和陕西小米桐共45个品种或类型、单株系进行了油桐对枯萎病抗性鉴定，其中25个受鉴品种发病率均在90%，16个品种全部致死。花锁龙通过杂交选育出的R44⑥自交一代和R44⑥×R53⑨杂交一代两个株系具有显著的抗枯萎病的能力，经过6年接种测定和观察，其发病率在50%左右。

2. 蓖麻

沙洪林、薛丽静等参照有关病害分级标准，结合蓖麻枯萎病发生危害情况拟定蓖麻苗期和成株期枯萎病分级标准。苗期分级标准：0级（子叶、真叶无症状）、1级（1~2片子叶发病）、2级（1片真叶发病）、3级（2片真叶发病）、4级（叶片大量发病或枯死）。成株期分级标准：0级（全株无症状）、1级（叶片和茎部发病占全株1/4以下）、2级（叶片和茎部发病占全株1/4~1/2）、3级（叶片和茎部发病占全株1/2~3/4）、4级（全株发病，植株矮小畸形）。同时，还对室内盆栽试验法（幼芽浸沾法和菌土法）和田间人工接菌鉴定方法的有效性进行了探讨，室内盆栽试验幼苗浸沾法以芽长 1cm 发病较重，病情指数达 28.13；菌液浓度以 4000 个孢/mL 发病最重，病情指数达 22.5。菌土法以每盆接入培养物 2g 发病最重，病情指数达 67.5。田间人工接种鉴定接菌量越多，发病越重。刘锋、蒋丽娟等参照有关病害分级标准，结合蓖麻疫病和灰霉病的情况拟定了成株期两种病害的分级标准，均分为 5 级。其中疫病为 0 级（全无病株）、1 级（病株率＜20%）、2 级（40%＞病株率＞20%）、3 级（70%＞病株率＞40%）、4 级（病株率＞70%），灰霉病为 0 级（无病斑面积）、1 级（5%＞病斑面积比＞0%）、2 级（10%＞病斑面积比＞5%）、3 级（30%＞病斑面积比＞10%）、4 级（病斑面积比＞30%），并对湘蓖 2 号、秀蓖 1 号×秀蓖 2 号、晋蓖 7 号×广西 A190、广西 A190×秀蓖 1 号、广西 A190×CSR24.181、山西 2 号×秀蓖 1 号、秀蓖 2 号×晋蓖 2 号、晋蓖 7 号×CSR24.181、汾蓖 7 号、湘蓖 7 号、晋蓖 2 号、秀蓖 1 号×CSR24.181 和 CSR6-181 等进行了抗病性评价。

3. 油棕

F. O. Aderungboye、张开明等对非洲、东南亚和南美洲 32 种油棕病害的分布、经济重要性、病原学和防治进行了研究。其中有 9 种重要病害，19 种次要病害，4 种营养缺乏症。造成严重经济损失的主要病害，在非洲有雀斑病（*Cercospora elaedidis*）、苗疫病（华丽腐霉 *Pythium splendens* 和薄片丝核菌 *Rhizoctonia lamellifera*）、维管萎蔫病（油棕尖镰孢 *Fusarium oxysporum* f. sp. *elaeidis*）、灵芝菌茎腐病（*Ganoderma* spp.）和蜜环菌茎腐病（*Armillaria mellea*）；在东南亚有灵芝菌茎腐病、茄伏革菌叶腐病（*Corticium solani*）、小皮伞菌腐病（*Marasmius palmivora*）；在南美洲有突发性萎蔫病和枪叶腐烂病。这些地区记载的次要病害，在非洲有炭疽病（掌状球二孢 *Botryodiplodia palmarum*，黑盘孢菌 *Melanconium* sp. 和围小丛壳 *Glomerella cingulata*）、茎基干腐病（奇异长喙壳 *Ceratocystis paradoxis*）、斑块黄化病（尖镰孢）、树冠病、*Cylindrocladium* 叶斑病（*C. macrosporum*）、藻斑病（*Cephaleuros virescens*）、古铜条斑病、环斑病和小叶病；在东南亚有弯孢叶疫病（*Curvularia eragrostidis*）、小球腔菌（*Leptosphaeria*）、叶斑病（*Pestalotiopsis* spp.）、传染性褪绿病、高茎腐病（有害木层孔菌 *Phellinus noxius*）、茎干湿腐病、黑基腐病；在南美洲有小球腔菌叶斑病和椰子萎蔫病。然而，对于泰国、巴布亚新几内亚、印度和斯里兰卡，人们对以上这些种植面积较小、但发展迅速的油棕植区的病害问题，了解得很少。人们怀疑传染性褪绿病、古铜条斑病和环斑病的病原是病毒；小叶病、枪叶腐烂病和茎干湿腐病是细菌引起的；叶片褪绿病、中部树冠黄化病、橙叶病和钩叶病是营养缺乏症。某些次要病害，包括幼芽褐斑病、树冠病和几种其他病态的病原学尚不清楚。目前已经研究出以施用各种药剂为基础的防治叶病的有效措施，但是在茎干病和根病方面，除预防性栽培措施外，还没有一个有效而实用的防治措施。对后一类病害，大田移栽抗病的或耐病的品种似乎是最好的防治方法。尼日利亚油棕研究所、象牙海岸油料油脂研究所和喀麦隆尤尼莱沃（Unilever）种植园正在以商业规模生产耐维管萎蔫病的种子。

二、抗虫性评价

油料植物抗虫性是指其能阻止害虫侵害、生长、发育和为害的能力，是其与害虫长期协同进化过程中所形成的一种可遗传特性，广泛存在于油料植物的品种（系）、野生种和近缘种属中，其表现与植物的遗传特性、害虫的遗传特性、环境条件等因素有关。抗虫性评价是植物抗虫品种选育利用的前提和基础，其主要任务是在自然或人工接种条件下，鉴别植物遗传资源对害虫的抗性类型，评定抗性程度。

（一）虫害鉴定

1. 室内生物鉴定

室内生物鉴定需要的材料有虫源（常用不同龄期的幼虫）、待鉴定的植物组织器官（叶片、茎、根等）、鉴定所需的其他设备和工具（培养皿、纱布、养虫缸、毛笔等）。通常的做法是取同一龄期的虫源，按照所设计的试验方案，有目的地接在待鉴定的植物组织上，在接虫后固定时间统一观察幼虫的死亡数和活虫数，有些试验根据目的不同还要调查植物组织器官的受害程度、幼虫的生长发育状况（如化蛹率、羽化率、生殖率等）等指标。观察的时间严格来讲有连续观察和阶段观察之分；连续观察即以接虫后固定时间段（如一天）连续观察数日，每天都记录和调查幼虫发生的变化，这种调查虽然工作量很大，但是却能获得较多的试验数据，使鉴定的结果更加具有说服力；阶段观察即所隔的固定时间段较长（如2天或3天）调查一次。可以说连续观察包括阶段观察，试验时要根据具体情况而确定调查的观察时间。

在进行室内生物鉴定的时候，保持被鉴定的植物组织器官的新鲜和鉴定环境的湿度是很重要的，否则会使鉴定的结果产生很大的误差，使鉴定徒劳无功。对植物组织器官保鲜的做法是可以经常更换新鲜的组织器官，也可以将其固定在新鲜培养基中。保湿的做法通常是将湿润的滤纸放在被鉴定的植物组织器官下面，或者在养虫室中接虫鉴定人工控制空气中的湿度。另外接虫过程中，要尽量避免对虫体的损伤，否则对试验的结果也会产生很大的影响。

2. 室外罩笼接虫鉴定

室外罩笼接虫鉴定就是对在盆栽或在大田生长的植物，针对其整个植株或植株的某一部分人工罩上纱网，在纱网内接虫以隔离被鉴定害虫天敌和其他害虫的影响，创造专属被鉴定害虫取食的环境。也可以利用固定的网室或在温室中进行鉴定，能达到同样的效果。接虫数量、接虫方式等要根据不同作物、不同害虫、不同试验目的而定，并无固定的模式。在鉴定过程中同样也要调查植株的受害情况、虫口的死亡情况和发育情况等，同时要设有对照。可以采用单一方式也可以2种方式相结合，对于单一方式一般都利用室内生物鉴定。

3. 大田自然感虫鉴定

植物必须在自然条件下生长，并在自然条件下进行抗虫鉴定才有意义。大田自然感虫鉴定，又称大田控害调查法，就是能够达到这种目标的鉴定方式，但这种鉴定方式受到转基因植物群体大小的制约，群体小无法在大田中进行鉴定，只有群体足够大在田间自然感虫鉴定才有说服力。需要注意的是，由于大田是一个开放的环境，很容易受到天气状况、虫口数量、天敌情况等自然因素的制约。这就要求我们在做田间感虫鉴定时要多区域、长时间鉴定，要耗费大量的人力、物力和财力。所以田间鉴定不仅要求有足够的群体规模，而且要求有足够的实力保障。

（二）抗虫性分级

根据虫害的危害特点确定调查部位，如受害叶、茎数、受害果或害虫造成的落果率。根据不同油料植物虫害特点将危害程度分为若干等级，通常分成0~9级，为免疫（Ⅰ）、高抗（HR）、抗虫（R）、中抗（MR）、感虫（S）和高感（HS）等。统计各级植株数，按以下公式计算虫害指数，然后根据虫害指数判断种质材料的抗虫能力。

$$虫害指数 = \frac{\sum(代表级值 \times 调查株数或叶数)}{最高级值数 \times 总株数或叶数} \times 100\% \tag{2-3}$$

三、抗寒性评价

温度是气候因素中影响油料植物地理分布的主导因素，在油料植物遗传背景限制的前提下，对油料植物某些生长发育过程起着决定性作用。低温胁迫是油料植物栽培中经常遇到的一种灾害，植物本身抗寒性的强弱决定了其生长季节和栽种范围等。

油料植物抗寒性是指工业油料植物忍耐和抵抗低温的能力。低温对油料植物的危害，按低温程度和受害情况，可分为冷害（零上低温）和冻害（零下低温）2种。在零上低温时虽无结冰现象，但能引起喜温工业油料植物的生理障碍，使其受伤甚至死亡，油料植物对0℃以上低温的适应能力叫抗冷性。当温度下降到0℃以下，油料植物体内发生冰冻，因而受伤甚至死亡，其对零度以下低温的适应能力叫抗冻性。

（一）抗寒性鉴定

（1）田间鉴定。将暴露在自然条件下的植物种类作为研究对象，使其经过冬季低温考验后，观察外部性状，或借助仪器测定植株的某一指标，调查植株的冻害和存活情况，从而鉴定植物的抗寒性。

（2）室内鉴定法。借助人工制冷设备，将所鉴定的植物材料在一定冷冻条件下进行冷冻处理，然后通过一定方法观察和检测其存活和受冻情况。按其检测原理可分为生理生化研究法、分子生物学研究法和物理研究法。生理生化研究法是利用抗寒性不同的植物体在冷驯化过程中发生的生理生化变化，如光合和呼吸作用的改变，可溶性糖、可溶性蛋白、游离氨基酸和其他有机酸水平以及激素水平的改变，新的同工酶谱带出现及膜质组分改变等，通过对这些指标进行测定即可比较不同植物的抗寒性。测定方法主要包括气相色谱法、分光光度法和同工酶法。物理研究法主要包括恢复生长法、电导法、镜检法、马林契克法和低温放热分析法（LTE）。分子生物学研究法主要包括DNA分子标记和抗寒基因克隆。

（二）抗寒性评价指标及分级

根据《树木引种技术》所列标准，结合不同种、品种的油料植物，以光皮树为例，将其抗寒性力分为5级：1级耐寒性最强，全株基本无冻害，芽的受害率在10%以下，或枝条冻伤长度在10%以下；2级耐寒性强，树干无冻害，芽的受害率在30%左右，或枝条冻伤长度在50%以下；3级耐寒性中等，树干冻害小于50%，芽的受害率在70%左右，或枝条的冻伤长度在50%以下；4级耐寒性弱，树干冻害超过50%，芽的受害率在80%，或枝条全部冻伤，但翌年仍能萌发；5级地上部分全部或大部分冻死，芽的受害率达到90%以上，或根部翌年仍能萌发新梢。

（三）油料植物抗寒性研究

油料植物抗寒性与胁迫温度、胁迫时间及种源地有关。罗通、陈放等采用室内鉴定法，对不同低温（25℃、12℃、8℃、4℃）和不同时间（1d、2d、3d、4d）处理的麻疯树幼苗进行研究，测定叶绿素含量、根系活力（脱氢酶活性）、外渗电导率、叶片膜脂中脂肪酸含量等和抗寒性有关的各项指标，经差异显著性分析，低温对麻疯树幼苗造成显著伤害，表现为叶绿素含量减少、根系活力降低、生物膜的通透性（电导率）增大、膜脂不饱和脂肪酸含量下降等。冷伤害程度与胁迫温度、胁迫时间密切相关，即胁迫温度越低，胁迫时间越长，麻疯树受害越严重。同时，以叶绿素含量、根系活力、外渗电导率、膜脂不饱和脂肪酸含量4个抗寒指标，对来自红河、攀枝花、永胜3个不同产地的麻疯树进行评价，3个产地的麻疯树抗冷性为：永胜＞攀枝花＞红河。

刘玲以循化花椒、泰安花椒、豆椒、武都花椒、汉源花椒、涉县花椒、平顺花椒、竹叶椒、凤椒、韩城花椒10个种类花椒为试验材料，采用室内人工模拟低温胁迫鉴定，通过测定电解质外渗率（REC）、叶绿素含量、超氧化物歧化酶（SOD）活性、过氧化物酶（POD）活性、丙二醛（MDA）含量、可溶性蛋白含量、叶绿素a含量、叶绿素b含量、相对含水量测定的光合指标包括光合有效辐射、净光合速率、蒸腾速率、气孔导度、胞间CO_2浓度等一系列的生理生化指标，以及对这些指标进行隶属函数值分析和聚类分析，比较10种花椒的抗寒性，获得10种花椒抗寒性强弱依次为：豆椒＞涉县花椒＞平顺花椒＞韩城花椒＞武都花椒＞凤椒＞泰安花椒＞循化花椒＞汉源花椒＞竹叶椒。

四、抗旱性评价

植物抗旱性是指植物对干旱的适应能力，也就是指植物在干旱环境中生长、生存和繁殖能力，以及干旱解除后的植物产量恢复能力。但不同学科的学者，对抗旱性具有不同的认识，因而从不同的学科角度，提出了不同的抗旱性定义。①分子生物学者：抗旱性即是在盐或EPG造成的水分胁迫下，单个细胞或细胞团（组织）的存活能力。②生物化学者：重要的生化反应，如蛋白质合成mNRA的保护对水分亏缺的耐受性。③植物生理学者：在水分胁迫下继续生长，在水分胁迫解除时快速恢复的能力。④生态学者：作物在大气或土壤干旱条件下，不仅能存活下来，而且能使产量稳定在一定水平的能力。⑤农学家：在水分缺乏的环境条件下，一个作物或一个品种的产量稳定性。

干旱是影响物种丰富度、分布和个体植株存活、发育和生长的主要环境因子，植物采取避旱、御旱和耐旱策略来应对干旱胁迫。我国大部分边际地存在水资源短缺的问题，进行油料植物抗旱性评价研究对筛选和利用抗旱性强的油料植物、提高边际地水分利用效率具有重要意义，是推动油料植物在边际地快速发展的基础性工作。植物抗旱性是一种涉及植物的形态解剖构造、水分生理生态特征及生理生化反应到组织细胞、光合器官乃至原生质结构特点的综合反应，是一个受多基因控制的复杂性状，利用单个指标评价植物的抗旱性局限性很大，评价结果往往很不一致。

（一）抗旱性鉴定

当前，研究作物的抗旱性所采用的方法主要有田间鉴定法、干旱棚或人工气候箱法和实验室法。田间鉴定法是将供试材料直接种在田间，以自然降水或灌水控制土壤水分影响植株外部形态或产量，藉以评价品种的抗旱性。此法受环境条件影响大，需要的时间长，工作量大，但方法简单，不需特殊设备，又以产量作为评价指标，所以易为育种工作者接受；干旱棚或人工模拟气候箱法是将供试材料播种在可控水分的土壤上，它可研究不同生育阶段的抗旱性，研究土壤水分对生长发育、生理过程或产量的影响，此法需一定的设备，实验量有限，但它比较可靠，重复性好；实验室法分为盆栽法和高渗溶液法。盆栽法

（土培、沙培和水培）是根据需要先用盆栽法培育出不同苗龄的植株，然后将正常生长的苗转移到高渗溶液中进行脱水处理。脱水可突然脱水或动态脱水，亦可反复脱水。在此过程中可结合测定一些生理指标，反映苗期的抗旱性，该法简单易行，可大批量进行，但不便作后期抗旱性鉴定；高渗溶液法是将种子在高渗溶液中进行萌发，以种子萌发的百分率或发芽率评价品种的苗期抗旱性。由于标准不一，目前有2种看法，其一认为高渗溶液下的发芽率不能代表苗期的抗旱性，它们之间的关系不大；其二认为高渗溶液下种子出芽伸长期与苗期抗旱性有关。

（二）抗旱性评价指标

抗旱性是一项复杂的生物性状，它反映在一系列生理和形态变化上，并对产量有一定影响，因此，给抗旱性鉴定工作带来一定的难度。国内外学者在抗旱性鉴定方面做了大量工作，提出了各种抗旱性鉴定指标。形态指标如根数、根干重、最大根长、根/冠比、胚根数、叶片大小、形状、角度、叶片卷曲程度以及雄穗大小等均可作为抗旱性鉴定指标；生理生化指标有叶片水势、叶片相对含水量、外渗电导率、AAB 含量、SOD 活性、MDA 含量、渗透调节能力等。抗旱性评价应以油料植物在干旱情况下能否稳产高产为依据，干旱敏感指数、抗旱指数为抗旱性评价的重要指标。公式如下：

$$干旱敏感指数 = \frac{1 - 旱地产量 \div 水地产量}{1 - 供试品种旱地产量总和 \div 供试品种水地产量总和} \tag{2-4}$$

$$抗旱指数 = \frac{旱地产量}{对照品种的旱地产量} \times \frac{抗旱系数}{对照品种的抗旱系数} \tag{2-5}$$

（三）油料植物抗旱性研究

梁文斌、蒋丽娟等采用盆栽试验研究了干旱胁迫下光皮树无性系苗木叶片含水量、水势、质膜相对透性、丙二醛含量、可溶性糖含量、蛋白质及脯氨酸含量的变化。结果表明：在干旱胁迫期间各无性系苗木叶片的生理生化指标存在一定差异，但其变化趋势基本一致。叶片含水量和水势随着干旱胁迫进程加深而降低，在胁迫后期下降明显；可溶性糖在干旱胁迫初期迅速积累，蛋白质含量则迅速下降，随后两者趋于稳定；脯氨酸含量在胁迫初期迅速升高，然后上升变缓，直至停止。质膜相对透性在干旱胁迫期间总体上变化幅度小，而丙二醛含量在胁迫初期明显升高，至胁迫中期达到最高，然后稍下降。研究还发现干旱胁迫对光皮树膜系统损伤生成的主要降解产物不是丙二醛。在研究生理生化指标与抗旱性关系的基础上，采用隶属函数法对光皮树10个无性系进行抗旱性综合评价，其中抗旱性强的无性系有 G02、G14、G17、G23，中等的有 G24、G16 和 G20，弱的有 G35、G34 和 G21。

尹春英以麻疯树（*Jatropha curcas*）一年生苗为材料，研究了土壤含水量为80%、50%、30%时，对麻疯树生长和生物量、光合作用和色素、稳定碳同位素与水分利用率的变化，碳、氮含量，叶片超微结构的变化，膜脂过氧化程度以及渗透调节物质含量的变化进行了研究。研究表明，当麻疯树遭受干旱胁迫时，植物的高度、基茎、分枝数、叶片数量、比叶面积（单位重量的叶面积）、最大叶面积、叶面积生长率及生物量等将有不同程度的减小，且随着胁迫时间的增加，差异也会更明显。较高土壤含水量下麻疯树幼苗的总生物量以及各器官的生物量均大于较低土壤含水量处理，且在各器官生物量的分配上，80% 和50% FC 处理下均是茎所占比例更高，其次为根和叶；30% FC 处理下则为叶 > 茎 > 根。黄静等研究发现，在干旱胁迫下，麻疯树除了在体内积累一些可溶性的物质来调节渗透压外，其基因也产生一定的变异以应对抗恶劣环境。刘国金等研究表明，在干旱胁迫下，麻疯树幼苗能提高自身 SOD、POD、CAT、抗坏血酸过氧化物酶（APX）以及谷胱甘肽还原酶（GR）等抗氧化酶活性，以及非酶抗氧化物质抗坏血酸（ASA）和还原型谷胱甘肽（GSH）含量，提高幼苗叶片的抗氧化能力，从而缓解干旱胁迫对麻疯树幼苗造成的伤害。有研究表明干旱胁迫还会使麻疯树出现"午休"现象。毛俊娟等研究证明，适量外源钙的施加能缓解干旱对麻疯树幼苗细胞的伤害，增强麻疯树幼苗的抗旱能力，这主要是因为外源钙处理后的麻疯树幼苗，在干旱胁迫下能更有效地于叶片中积累脯氨酸。而尹丽等研究则表明，在干旱胁迫下，适量施氮能明显促进麻疯树幼苗各组分可溶性物质的积累，增强渗透调节能力。

李在军以来源于江苏南京、四川攀枝花、云南石林、河南三门峡、河北保定、安徽滁州和江西彭泽等地的 7 个黄连木种源的 2 年生苗木为研究对象，采用盆栽和水培干旱胁迫的方法，在干旱胁迫处理后的第 1（前期）、4（中期）、7（末期）天，分别取样，并从形态特征、生理生化反应、细胞器超微结构变化等方面研究了不同种源黄连木对干旱胁迫的响应机制，分别测定了生物量、光合指标（测定光合速率、气孔导度、胞间 CO_2 浓度）、生化指标（叶绿素含量、可溶性糖含量、可溶性蛋白质含量、游离脯氨酸含量、丙二醛、膜相对透性、超氧化物歧酶），并观察叶片超微结构。研究表明：随着干旱胁迫强度的增强，各种源黄连木的净光合速率、气孔导度、蒸腾速率下降，叶绿素含量逐渐减少，细胞膜透性不断增加。随着干旱胁迫强度的增强，各种源黄连木黎明叶水势降低，自然饱和亏、自然需水程度逐渐变大。随着干旱胁迫加强及处理时间的延长，MDA、可溶性糖含量、脯氨酸含量不断增加；SOD 活性、POD 活性表现为"先升高后下降"，可溶性蛋白质含量呈现下降趋势。结合叶片超微结构观察结果，综合评价 7 个种源抗旱性，7 个种源黄连木抗旱性分为 3 个等级，从大到小依次为：四川、云南、河南 > 江西、安徽 > 江苏、河北。

马小芳、王兴芳等以呼伦贝尔阿荣旗、山东泰安、伊旗乌兰木伦、阿旗坤都林场、翁牛特旗经济林场、内蒙古农业大学、敖汉旗双井子林场、磴口等地的 8 个文冠果种源的人工林为研究对象，利用常规石蜡制片法，对引种在该地的 8 个种源地的文冠果叶片解剖结构进行了详尽的观察和测量，并确定了以叶片总厚度，上、下表皮细胞厚度，上、下角质层厚度，栅栏组织厚度，海绵组织厚度，栅栏组织与海绵组织厚度之比作为文冠果的抗旱性指标，文冠果叶片抗旱指标的灵敏度大小顺序依次是：栅栏组织和海绵组织厚度之比 >海绵组织厚度 >下角质厚度。并采用 SAS 软件进行方差分析、主成分分析和 LSD（最小显著差数法）多重比较不同种源地文冠果叶抗旱性，8 个种源的抗性从大到小分依次为：呼伦贝尔阿荣旗 >山东泰安 = 伊旗乌兰木伦 >阿旗坤都林场 >翁牛特旗经济林场 >内蒙古农业大学 >敖汉旗双井子林场 >磴口。

金梦阳、段先琴等以不同地理来源续随子品系为试验材料，分别在干旱胁迫及对照条件下测定其苗形态（苗高、根长、叶龄等）及生理指标（丙二醛、叶绿素、脯氨酸、可溶性糖、超氧化物歧酶、过氧化物酶、相对含水量等），并用基于主成分分析的隶属函数综合评价法对各品系抗旱性进行综合评价，筛选出 MDA 含量、SOD 酶活性和根冠比等 3 个对续随子抗旱性有显著影响的指标，并以抗旱性综合评价值为因变量，以单项指标相对值为自变量，建立了评价续随子抗旱性的最优回归方程：

$$D = -0.0452 + 0.820 \text{超氧化物歧酶} + 0.7783 \text{过氧化物酶} - 0.6782 \text{根冠比}$$

利用该方程来预测所测品种（系）抗旱性的强弱，5 个供试续随子品系抗旱性的综合评价值依次为安徽（0.893）>河南（0.524）>吉林（0.321）>福建（0.275）>重庆（0.179）。

金雅琴以 6 个不同种源乌桕［湖南新宁（XN1）、浙江杭州（HZ2）、河南商城（SC4）、安徽贵池（GCH1）、安徽黄山（HS1）、江苏高淳（GC2）］幼苗为试验材料，在停止供水后的 0 天（09－10）、第 2 天（09－12）、第 7 天（09－17）、第 12 天（09－22）幼苗的形态、生理生化等指标进行测定，如叶绿素 a、叶绿素 b、类胡萝卜素、净光合速率（Pn）、气孔导度（Gs）、细胞间隙 CO_2 浓度（Ci）、蒸腾速率（Tr）、水分利用率等。通过试验表明，随着干旱程度的增强，乌桕植株外部形态表现为叶片下垂、下部枯黄，其至萎蔫；RWC 逐渐下降，而叶绿素变化不显著，类胡萝卜素增加，幼苗光合作用速率（Pn）普遍下降，气孔导度（Gs）总体上也呈下降趋势，SOD 和 POD 活性上升，MDA 增加，脯氨酸积累，但细胞膜结构与功能保存尚完好。综合评价表明，HS2、SC4 种源综合评价指数最大，其抗旱性略强。

王昌禄以 JB2（山西）、JX2（山东）、T202（云南）、F7（山西）、A007（云南）、T5（内蒙古）、Zh3（内蒙古）、ZhB7（山西）、HZT（吉林）、Z5（山东）等 10 个蓖麻品种为试验材料，采用盆栽法抗旱性鉴定，以叶片相对含水量、叶片中 SOD、POD、CAT、MDA、游离脯氨酸含量、叶绿素含量等作为抗性指标，有采用模糊数学中的隶属函数值法进行分析与评价，得出 10 个蓖麻品种抗干旱能力大小顺序为：Z5 > F7 > ZhB7 > JX2 > T202 > Zh3 > HZT > A007 > T5 > JB2。毕韬韬采用在不同浓度 PEG6000 胁迫下鉴定晋蓖 2 号、JXZ 号、T202、汾蓖 7 号、A007、通蓖 5 号、哲蓖 3 号、中北 7 号、红左塔、淄蓖 5 号 10 个品种的抗旱性，采用模糊数学中隶属函数的方对相对含水量、叶绿素、脯氨酸（Pro）、丙二醛（MDA）、超氧化物歧化酶（SOD）、过氧化物酶（POD）、过氧化氢酶（CAT）7 项抗旱生理指标进行综合评价，10 个品种抗旱能力大小为：淄蓖 5 号 > 汾蓖 7 号 > 中北 7 号 > JXZ 号 > T202 > 哲蓖 3 号 > 红左塔 > AOO7 > 通蓖 5 号 > 晋蓖 2 号。

五、抗盐性评价

植物对盐害胁迫的适应能力称为抗盐性，盐胁迫是抑制植物生长，降低植物产量的主要环境因素之一。根据植物对盐害的适应能力可分为避盐性和耐盐性。避盐性是指植物采取各种不同的方式躲避盐分胁迫或避免在高盐生境中生活。除此之外，盐生植物还可采取各种形态的、生理的方式来避免盐分过多的伤害。很多盐生植物原生质以及与代谢有关的酶类能够忍受高浓度盐分胁迫而不受害，即所谓的耐盐性。耐盐性是盐生植物抗御盐害的重要机制，植物耐盐能力分为生物耐盐力和农业耐盐力。

油料植物耐盐性评价主要是研究油料植物能对过多盐分适应能力，是研究油料植物抗盐机理和抗盐能力基础，也是耐盐植物育种、引种和筛选的关键。植物抗盐性涉及生理生化多方面的因素，是一个多基因控制的极为复杂的反应过程，是一种综合性状的表现。不同植物由于其耐盐方式和耐盐机理不同，其组织或细胞内的生理代谢和生化变化也不同，或在不同的盐浓度和环境条件下，植物可能通过不同的途径或机制来抵抗盐的毒害，所以在耐盐资源的筛选和评价中，应采用不同的方法和多种途径来综合评价植物的耐盐性。

（一）抗盐性鉴定

耐盐性鉴定的方法因植物和盐碱环境而不同，大体可分为直接鉴定和间接鉴定2类。直接鉴定法是把供试材料置于天然或人工模拟的盐碱环境中，以无盐碱条件为对照，以发芽能力、生物体各器官生长量、产量、受害症状等为指标，在不同生育期鉴定记载其差异，对于无法定量的性状，采用群体目测分级记载或按个体分级记载后计算受害指数。对于可度量的指标则可计算出相对受害率或耐盐（碱）系数。主要包括发芽比较法、形态比较法和产量比较法。产量比较法比较准确，但此法周期长，成本高，且年份和气候的变化影响较大，只能在材料较少时采用。形态比较法是以目测模糊的形态标准作为分级标准，只能定性不能定量，误差较大。间接鉴定法是以一些生理生化特性为指标，间接判断供测材料的耐盐性。如脯氨酸、甜菜碱、白蛋白、硼含量测定法、电解质外渗电率、质壁分离法、水势法、叶绿蛋白损伤法和电溶法等。

（二）抗盐性评价指标及分级

目前，普遍认为植物的耐盐性是多种抗盐生理性状的综合表现，由位于不同染色体上的多个基因控制。抗盐性鉴定指标包括形态指标、生理生化指标、产量指标和综合指标等，研究工作中可以根据不同植物、不同鉴定方法和不同研究目的采用相应指标。形态指标比较简单、直观，如生长在盐害条件下的幼苗苗高、根长、根数、叶片数株高、株幅、叶片干重、叶片鲜重、植株干重、叶绿素含量、叶片形态和叶色等；根据盐害对作物生理代谢的影响机理或作物耐盐的内在机理，可以有很多间接的生理生化指标来判断作物耐盐特性的高低，如根系 Na^+ 和 K^+ 含量或 Na^+/K^+、叶片含水量、光合作用、一些保护性酶系统的酶活性大小、活性氧（ROS）等。目前，抗盐能力评价多采用生物量、成活率、覆盖度和繁殖能力指标，而林业耐盐能力则是指盐渍环境中，植物可否被人类利用的能力，多采用生长量、经济产量指标。油料植物属于自然植物区系，显然，利用生物耐盐力评价比较合适。

（三）油料植物抗盐性研究

冯蕾以生长健壮、长势一致、无病虫害的1年生黄连木为材料，研究了黄连木在盐性胁迫下细胞膜透性、丙二醛 MDA 含量、超氧化物歧化酶（SOD）活性、过氧化物酶（POD）活性的变化。在0.15%的盐胁迫下，虽然随着盐胁迫程度的增加和时间的延长，黄连木的 MDA 含量呈升高趋势，但 MDA 含量始终与对照差异不显著，其细胞膜透性在胁迫期间与对照没有明显差异；大于0.30%的盐胁迫下，细胞膜透性随盐胁迫程度的增加和时间的延长呈明显升高趋势（$p < 0.05$），表明黄连木对大于0.30%的盐胁迫较敏感。但黄连木的 SOD 活性在整个盐胁迫过程中始终随盐胁迫程度的加重呈升高趋势，其活性相对较高，在清除活性氧、防止脂膜过氧化方面起着主要作用，从而表现出较强的耐盐能力，因此适合在低中度盐碱地区栽植。

张晓燕以神东矿区采煤沉陷地文冠果为试验材料，采用株高、地径生长量、细胞膜相对透性、MDA 含量、SOD 活性、POD 活性、可溶性糖浓度（SS）、可溶性蛋白质含量、总叶绿素含量等作为抗盐性评价指标，采用隶属度函数法对2种单质盐水（氯化钠、碳酸氢钠）不同浓度处理下文冠果的抗盐能力进行综合评价。2种单质盐水处理下随着盐浓度的增大抗盐能力呈现先减弱后增强再减弱的趋势，对照处理下的文冠果抗盐能力最大。NaCl 单质盐水处理下在浓度大于0.4%后综合评定值减小较快，抗盐能力减弱，$NaHCO_3$ 单质盐水处理下浓度大于 0.6% 后综合评定值迅速减小,抗盐能力降低。因此,文冠果在 NaCl 单质盐水处理下可承受的最大盐分浓度为 0.4%,在 NaHCO₃ 单质盐水处理下可承受的最大盐分浓度为 0.6%。

金雅琴以湖南新宁(XN1)、浙江杭州(HZ2)、河南商城(SC4)、安徽贵池(GCH1)、安徽黄山(HS1)、江苏高淳(GC2)6 个不同种源乌桕幼苗为试验材料,采用实验室盆栽鉴定方法,4 种水平海水处理,即 0%(CK,纯自来水浸淹)、10% 纯海水(低浓度,海水:自来水 =1:9)、20% 纯海水(中浓度,海水:自来水 =2:8)、30% 纯海水(高浓度,海水:自来水 =3:7),并测定了各生长指标(苗高、地径、生物量)和生理指标(可溶性糖含量、脯氨酸含量、叶绿素含量、丙二醛(MDA)含量、叶片质膜透性)。结果表明:海水浸淹对乌桕幼苗生长将产生一定的影响。随着海水处理浓度的加大,各种源均呈现出生长变缓,叶面积缩小,生物量下降;随着胁迫时间的延长,MDA、脯氨酸呈现不同程度的增加,而可溶性糖含量不同种源间有较大差异。幼苗光合作用速率(Pn)也随之下降,并与气孔导度(Gs)、细胞间隙 CO_2 浓度(Ci)和蒸腾速率(Tr)的变化趋势基本一致,但叶绿素变化不明显。SOD 呈现一致性升高,尤其后期上升趋势明显,而 POD 则呈现先升后降的变化。轻度(NaCl 质量分数为 0.2%)盐胁迫对叶绿体影响较小,叶绿体基本能维持其结构和膜的完整性;而重度(NaCl 质量分数 ≥0.6%)盐碱胁迫下,叶绿体膜趋于溶解,结构受损,与细胞壁之间的距离变大,类囊体腔增大,片层紊乱,结构模糊,排列不齐,基粒片层垛叠数目减少,高度降低;淀粉粒数量减少,体积变小甚至消失,嗜锇颗粒数量增多。盐胁迫对幼苗线粒体的影响较小。应用主成分分析和隶属函数法对不同种源乌桕的耐海水性进行了综合评价,6 种源的基本耐性顺序:XN1 > HZ2 > SC4 > GCH1 > HS1 > GC2。

张宝贤、王光明等为了明确混合盐碱胁迫对蓖麻产量及其他农艺性状的影响,评价不同蓖麻杂交种耐盐碱胁迫的能力,选择'淄蓖麻 7 号'、ZB-6 和'淄蓖麻 8 号'3 个蓖麻杂交品种(组合),采用不同浓度的人工混合盐碱土壤进行适应性鉴定,通过测量其株高、茎粗、产量及观察其穗部特征(主茎穗穗位高、主茎穗蒴果数、主茎分枝穗蒴果数)。结果表明:3 个杂交蓖麻品种在 0.2% ~0.6% 的土壤含盐量的条件下均能正常生长,但高浓度的混合盐处理对蓖麻的生长有显著的抑制作用。盐碱胁迫造成蓖麻株高降低、茎秆变细、叶片变小、主茎穗及主茎分枝穗蒴果数量变少、单株产量降低。方差分析表明:不同的土壤含盐量对蓖麻产量的影响极为明显,在 0%、0.2%、0.4% 和 0.6% 盐碱处理区,淄蓖麻 7 号、淄蓖麻 8 号和 ZB-6 的平均产量分别为 4276.95、4146.45、3613.80、2678.85kg/hm²。LSD 法多,重比较表明,各处理间产量差异均达极显著水平。经综合评价,'淄蓖麻 7 号''淄蓖麻 8 号'的抗盐性均大于 ZB-6。

六、重金属抗性评价

土壤中过量的重金属对植物是一种胁迫因素,它会限制植物的正常生长、发育和繁衍,以致改变植物群落结构。植物对重金属的抗性即植物能生存于某一特定的含量较高的重金属环境中而不会出现生长率下降或死亡等毒害症状,并在有重金属压力的环境中仍能存活、繁殖后代,并将这种能力遗传给下一代特性。植物对重金属抗性的获得可通过 2 种途径,即避性和耐性。一些植物可通过某种外部机制保护自己,使其不吸收环境中高含量的重金属从而免受毒害,称之为避性,在这种情况下植物体内重金属的浓度并不高。而耐性是指植物体内具有某些特定的生理机制，使植物能生存于高含量的重金属环境中而不受损害，此时植物体内具有较高浓度的重金属。

(一)重金属抗性鉴定

由于土壤条件比较复杂，植物除了重金属因素的危害还同时受其他因素的影响，所以田间试验难以做到不同试验间和地点间鉴定结果的一致性，多以间接试验为主，主要包括苏木精染色法、营养液培养法和人工重金属毒土培法。苏木精染色法用不含营养元素的重金属溶液对根进行一定时间的处理，然后染色方法观察根的反应以判断植物的抗重金属性；营养液培养法则把植物幼苗培养在含重金属的营养液中，然后观察根系生长对重金属的反应。人工重金属毒土培法则将发芽的种子播种在重金属毒土中生长一周后测定根系长度，用于判断不同基因型抗重金属性。

(二)重金属耐受性评价指标及分级

植物的重金属毒害是多方面的，其抗性机理十分复杂，因此提出植物对重金属的抗性是多基因控制，也是多种生理过程的综合反应。重金属对植物产生毒害的主要部位是根系，高浓度的重金属化合物，包括单体重金属化合物和多聚重金属化合物均能抑制植物根系生长，降低根系呼吸作用，导致水及营养元素吸收受阻，降低作物产量；重金属离子也能将细胞膜表面结合的钙离子取代下来，使流入细胞质的钙离子增多，导致质外体形成胼胝质，对细胞膜结构和功能产生影响。重金属虽然可以从扩展组织的胞间层上取代钙离子，但其在质外体所产生的毒害并不重要，重要的是对细胞质，尤其是对细胞膜结构和功能的影响。胼胝质的形成是植物受到重金属伤害时的特定反应，可以使根系细胞伸长和细胞分化受到抑制。植物的根系耐性指数能较好地反映植物对重金属的耐性，即生长在重金属溶液中的根重/正常溶液中的根重。

重金属污染对木本植物最直观的影响表现于生长迟缓，植株矮小、褪绿，生长量下降等。叶片褪绿是植物重金属毒害后出现的普遍现象，其原因可能是重金属离子被植物吸收后，细胞内的重金属离子作用于叶绿素生物合成途径的几种酶(叶绿素脂还原酶、6-氨基乙酰丙酸合成酶和胆色素脱氨酶)的肽链中富含 sH 的部分，改变了他们的正常构型，抑制了叶绿素生物合成途径的几种酶(叶绿素脂还原酶、6-氨基乙酰丙酸合成酶和胆色素脱氨酶)的活性，阻碍了叶绿素的合成。重金属进入土壤后除本身有可能产生毒性外，还可通过拮抗或协同作用，造成木本植物营养失调，可溶性糖、蛋白质、Vc、有机酸等营养成分的变化。重金属通过酶促作用对光合、呼吸、代谢等产生不良影响，使光合系统受到不同程度的抑制，体内自有的过氧化氢酶(CAT)、SOD、POD 等酶类或非酶类化学物质也发生相应的变化。因此，植物地上部的生物量和生长速率，均被用于植物金属毒害的评价。

(三)油料植物耐重金属性研究

1. 麻疯树

在李清飞等的研究中，麻疯树受到 Pb 胁迫后，自身启动体内的防御机制，即通过增加叶中 SOD、POD 和 CAT 活性及可溶性糖、脯氨酸、酸溶性巯基(SH)和 GSH 含量来抵制叶中 Pb 含量增加对麻疯树所产生的毒害作用，从而在一定程度上提高了麻疯树对 Pb 的耐性。其中在麻疯树生理指标中 POD 活性和可溶性糖含量对缓解重金属 Pb 毒害的贡献较大。

在李清飞和仇荣亮的研究中发现，麻疯树在重金属镉污染土壤修复方面具有一定的应用潜能。在土壤中的 Cd≤50mg/kg 时，麻疯树的生长未受到明显的影响，当 Cd≥100mg/kg 时，其生长受到明显的抑制；同时，麻疯树叶中叶绿素含量随土壤中 Cd 浓度的增加呈先升高后降低趋势，而 CAT 活性仅在 Cd 为 200mg/kg 时显著增加，麻疯树叶中的丙二醛、脯氨酸、可溶性糖、可溶性蛋白、酸溶性巯基和谷胱甘肽含量随 Cd 浓度的增大呈增加趋势，这可在一定程度上缓解金属 Cd 对麻疯树的毒害。

毛俊娟等研究表明，铝胁迫下，随着温度增加，铝对麻疯树的伤害加大，表现为叶片 MDA 含量升高，根系活力下降。同时，叶片内积累大量 Pro、POD 酶活性大幅上升。特别是高温（≥29℃）、高 Al^{3+}（≥1mmol/L）处理下，麻疯树幼苗叶片出现明显的受损症状。另一方面，适度的 Al^{3+} 有利于麻疯树生长发育。这种有利于麻疯树生长的 Al^{3+} 的浓度上限随温度增加而下降，表明铝胁迫下麻疯树能启动体内的抗性系统来缓解铝毒害。另外，外源钙的加入可以增强麻疯树抗铝毒能力，而且随着 Ca^{2+} 浓度增加，效应越明显。

2. 黄连木

隋岩杰研究发现：经 Hg^{2+}、Cd^{2+} 处理后，叶绿素的含量总体上呈减少的趋势。特别是 Hg^{2+} 浓度大于 0.10mg/kg 叶绿素含量下降趋势明显，与对照相比下降了 6.9%。叶片可溶性糖含量测定发现，Cd^{2+} 和 Hg^{2+} 均能使黄连木叶片内可溶性糖积累，并且随着重金属胁迫浓度的增加，可溶性糖含量呈增加的趋势，并随胁迫时间的延长呈下降的趋势。当 Hg^{2+} 浓度为 0.15mg/kg 时，黄连木可溶性糖含量在 20d 与 10d 时相比下降了 9.2%。Cd^{2+} 浓度为 0.15mg/kg 处理的可溶性糖含量在 5d 和 10d 时与对照呈显著差异。Cd^{2+} 胁迫下，当 Cd^{2+} 浓度大于 0.10mg/kg 时可溶性糖含量呈明显下降趋势。Cd^{2+} 浓度为 0.10mg/kg 在 5d 与对照呈显著差异。MDA 含量测定发现，随着 Hg^{2+}、Cd^{2+} 浓度的增加，MDA 含量呈现显著上升趋势。尤其当 Hg^{2+}、Cd^{2+} 浓度分别为 0.20mg/kg、0.10mg/kg 时，MDA 的含量达到最高，较对照分别增加了 105.4%、87.5%，差异达到显著。在 Cd^{2+} 浓度为 0.10mg/kg 时，MDA 的含量在 15d 与 10d 相比下降显著，下降幅度为 20.2%。对 SOD 测定发现，低浓度的 Hg^{2+} 对其影响不大：当 Hg^{2+} 浓度大于 0.10mg/kg 时，SOD 活性随着时间延长表现为先上升后下降的趋势，峰值均出现在第 10 天。在 Cd^{2+} 胁迫下，随着 Cd^{2+} 浓度增加，SOD 活性表现为连续下降的趋势。尤其当浓度达到 0.10mg/kg 以上时，SOD 活性下降显著。POD 活性测定发现，随着处理时间的延长，Hg^{2+}、Cd^{2+} 胁迫下的 POD 活性均较对照高，尤其当浓度达到 0.10mg/kg 以上时，POD 活性增加显著。黄连木叶中的脯氨酸含量随着 Hg^{2+}、Cd^{2+} 处理浓度提高而不断增加。Hg^{2+} 浓度为 0.20mg/kg 处理 15d 时脯氨酸含量达到最高值 0.130μg/g，与对照相比增加了 7.6 倍。而 Cd^{2+} 浓度为 0.20mg/kg 处理 20d 时脯氨酸含量达到最高值 0.106μg/g，与对照相比增加了 5.2 倍。黄连木能够适应 Hg^{2+}、Cd^{2+}0.20mg/kg 的污染胁迫。

3. 蓖麻

郑进等在 2009 年首次证明蓖麻是 Cu 耐性植物，可用于富 Cu 土壤的植被重建或 Cu 污染土壤的植物修复。渠荣遴等研究得出，蓖麻种苗在 Cu^{2+} 浓度为 50mg/L 溶液中生长 96h，地上部分茎、叶中 Cu 的积累量高达 4492mg/L。蓖麻根系在 Cd 处理浓度为 360mg/kg 时最大，积累量达到 4460.3mg/kg，地上部叶和茎对 Cd 的积累分别在 Cd 处理浓度 320mg/kg 和 360mg/kg 时达到最大，其中茎对 Cd 的最大积累量达到 137.1mg/kg。蓖麻在 100mg/L 铅标准溶液胁迫 72h 后，其根中 Pb^{2+} 的积累量达到 52.8mg/g。砷污染土壤的修复是比较难的，但运用蓖麻进行修复虽不像砷超富集植物修复效果明显，但也有一定修复作用。陆晓怡等研究表明，蓖麻在 Cd^{2+} 处理浓度为 40mg/kg 时，蓖麻的株高以及根、茎、叶的干物重达到最大，且蓖麻对 Cd 的积累主要集中在根部，积累浓度为根＞茎＞叶，这可能与蓖麻具有强大的根系有关。同样，在蓖麻对 Zn 污染土壤的修复研究中也得到类似结果。谭贵娥等采用外源微生物蜡样芽孢杆菌、枯草芽孢杆菌和铜绿假单胞菌对蓖麻根际进行处理的结果显示，蓖麻植物地上部 Pb 吸收量分别比对照增加 40%、18% 和 19%（P＜0.05），即上述外源微生物菌对强化蓖麻修复铅污染土壤具有一定的潜力。张威等研究显示，种植在加入混合菌土壤的蓖麻，较种植在未加混合菌土壤的蓖麻吸收 Cu 的能力强，在含 Cu 量为 10.7g/kg 土壤中生长 30 天后，植株含 Cu 量达到 3.9g/kg，即混合菌对蓖麻吸收 Cu 有一定的促进作用。奉若涛等采用室内培养研究了蓖麻种苗对水体中镉的去除作用，结果显示在 72h 内蓖麻对水体中镉浓度的降低作用最为明显，其幼苗根中积累了 1425μg/g 的镉。

第四节　油料植物遗传多样性评价

遗传多样性（genetic diversity），也称基因多样性，是生物多样性的重要组成部分，是指种内基因的变化，包括不同的种群间和同一种群内的遗传变异。它涵盖了同一物种个体间所有遗传上的差异，是各级水平生物多样性的最重要来源，决定了物种进化的潜势，也是人类社会生存和发展的物质基础。遗传多样性作为生物多样性的重要组成部分，是生态系统多样性和物种多样性的基础。任何物种都有其独特的基因库和遗传组织形式，物种的多样性也就显示了基因的多样性。

遗传多样性的研究无论是对生物多样性的保护，还是对生物资源的可持续利用，具有以下几个方面的意义：① 查明遗传多样性高的地区；② 制定优先采集和取样的策略；③ 指导保育区的划定；④ 监测遗传流失或遗传易危性；⑤ 指导迁地保育圃的管理；⑥ 核心种质资源（core collection）遗传多样性的最大化；⑦ 比较不同作物基因组的农艺性状；⑧ 定义改良品种和其他植物遗传资源的特征；⑨ 监测植物遗传资源的流动。

遗传多样性是生命系统的基本特性，是物种适应自然和发生进化的遗传基础。树木群体遗传结构的变异和因此带来的群体遗传多样性是遗传学研究的重要领域。天然群体的遗传多样性程度和分布受遗传褪变、迁移、突变和选择等因素的综合影响，其基因频率会在一定的水平上波动，即遗传多样性会反映在 DNA 水平上，从而实现了对多态性的检测，也从表型差异、同工酶分析发展到现在的分子标记法。同一基因型在不同的环境条件下可发育出不同的形态或生理特征，而相同的形态又可能涉及不同的基因型。表型变异如果没有经过遗传分析确证，严格地讲不能称为遗传多样性。同工酶所表现的蛋白质多态性由于受环境影响大，分析位点有限而受到限制。分子标记是对物种的基因组多态性分析，从而避免了环境和分析位点限制。

遗传标记（genetic markers）是可以明确反映遗传多态性的生物特征，可以帮助人们更好地研究生物的遗传与变异规律。它主要包括形态标记（morphofogical markers）、细胞学标记（cytologieal markers）、生物化学标记（bioehemieal markers）及分子标记（molecular markers）。

一、油料植物资源遗传多样性鉴定

（一）植物形态标记

形态标记是最早被使用和研究的一种标记，在遗传的分离规律、自由组合定律和连锁交换定律以及群体遗传学和数量遗传学的研究和应用等方面发挥着重要作用。该方法比较直观，研究者只要通过仔细观察和测量就可以将不同表型的个体加以区分，至今在传统的育种过程中还发挥着重要作用。

形态学标记是指植物的外部特征特性，是个体间的形态差异，也是传统检测方法区分某些特殊个体的基础。由于表型和基因型之间存在着基因表达、调控、个体发育等复杂的中间环节，根据表型差异来反映基因型的差异就成为形态学方法检测遗传多样性的关键所在。所以，形态学或表型性状检测遗传多样性是最直接、简便易行的方法。长期以来，物种的分类及鉴定都是以形态标记为主要或初步的指标。早在19世纪中期，奥地利学者孟德尔在其著名豌豆杂交试验中，就首次将豌豆形态性状作为遗传标记应用，并由此发现了分离规律和独立分配规律。

形态标记是指那些能够明确显示遗传多态性的外部形态特征，如植株高度、叶片数、叶色、花器官特性、果实特征等。典型的形态标记可以用肉眼直接识别和观察。广义的形态标记还包括与抗病抗虫性等有关的标记。形态学性状是检测遗传变异的最直接和最简单易行的方法。在经典遗传学中，孟德尔利用豌豆7对形态性状的差异，发现了重要的遗传定律。利用形态学性状考查研究对象，可以在短期内对所研究物种的遗传变异水平有一个基本的认识。长期以来，作物种质资源的鉴定及育种材料的选择，都是根据形态学标记来进行的。形态标记已被广泛应用于遗传图谱构建、染色体定位、品种演化与分布历史的推测、品种遗传多样性的研究、种质资源的分类、杂交亲本选配和核心种质的构建等研究中。虽然形态标记简便易行，但是，由于表型和基因型之间存在着基因表达、调控、个体发育等复杂的中间环节，表型性状会受到环境因素的影响而发生变化，有些情况下表型变化并不能真实反映遗传变异。怎样根据表型差异反映出基因型的差异成为用形态学方法检测遗传变异的关键。同时，形态标记数量少、观测标准容易受到观测者的主观判断影响，必须借助统计分析减少环境的影响，因此形态标记的应用有一定局限性。

（二）细胞遗传标记

染色体是遗传物质的载体，是基因的携带者，染色体的变异必然导致遗传变异的发生，是生物遗传变异的重要来源。细胞学鉴定，是通过对染色体的数目和形态特征（如大小、形状、相对长度、着丝点位置、绕痕和随体等）观察、染色体分带以及减数分裂染色体行为的观察，来检测遗传物质的缺失、插入等。多倍性在植物中广泛存在，染色体结构变异在种内更为常见，倒位、缺失、重复和易位都是构成染色体多样性的重要因素。染色体形态（着丝点位置）、绕痕和随体等核型特征也是多样性的来源。染色体分类目前应用的多是两点四区系统，根据臂比值将染色体分为正中部着丝点（M）和端着点（T）、中部着丝点区（m）、近中部着丝点区（sm）、近端部着丝点区（st）和端部着丝点区（t）。染色体分带技术是通过一定的染色处理，使染色体的一定部位呈现出深浅不同的染色条纹，这些条纹在染色体上显示的位置、宽窄、数目、深浅等特征相当稳定。细胞学标记是研究物种进化、分类、鉴定的有利工具。细胞学标记直观、快速，克服了形态标记易受环境影响的缺点，但这种标记技术性强，需要配备特殊设备，对操作人员的细胞学专业知识要求也高，而且大多数染色体的细胞学标记数目有限，导致染色体标记在较低分类阶元的应用受到限制。

（三）生化标记

生化标记（biochemical markers）主要包括同工酶和贮藏蛋白，具有经济方便的优点，是当前四大主要遗传标记之一。生化标记和分子标记在种质资源研究中的重要用途之一就是绘制品种的指纹图谱。这种图谱多态性丰富，具有高度的个体特异性和环境稳定性，就像人的指纹一样，因而被称为指纹图谱。指纹图谱是鉴别品种、品系（含杂交亲本、自交系）的有力工具，具有迅速准确等优点，克服了传统研究方法的一些难题，例如，野外定点调查难度大、实验条件不易控制、林木生长周期长等特点，尤其是对于系统分类中难以辨别的物种鉴定更具有说服力，对于解决物种亲缘关系的研究和遗传进化的研究更显示了其优越性。

目前，植物生化标记通常是指蛋白质电泳指纹图谱，包括同工酶和贮藏蛋白（可分为醇溶蛋白、谷蛋白、清蛋白、球蛋白等）。这些蛋白的组成由遗传决定，不受环境影响，其组分上的差异可以反映出基因型的不同，因而可作为品种的生化指纹。蛋白质电泳产生指纹图谱简便快速，而且分辨率高、重复性强，被广泛采用。

1. 同工酶

自 1959 年 Market 和 Moller 首次提出同工酶的概念以来，同工酶研究得到了迅速发展。目前，仅在小麦上已定位的同工酶基因位点就有 20 多个；在向日葵育种和金针菇品系间的筛选研究上取得了较好的效果；在植物系统分类，确定植物亲缘关系研究中也取得了良好的效果。如在永瓣藤（*Monimopetalum chinense* Rehd）、杨属植物、胡桃属植物的系统分类中的应用都是很好的例证材料。同工酶谱差异主要是由决定酶蛋白本身的等位基因和非等位基因的差异造成的，同工酶谱是基因表达后的分子水平的表型，通过其谱带的分析能快速简便地识别出编码这些谱带的基因位点和等位基因。由于同工酶谱带与基因位点直接相关，而且几乎 25% 的位点具有多态性，所以这种技术已成为一种十分有效的遗传标记方法。正如 Muphy 等所说，酶电泳是分子水平上研究遗传现象最经济有效的方法，它的出现使人们对微观进化和客观进化过程的认识，产生了变革。从研究条件、操作技术、研究成本等诸多方面综合考虑，同工酶法是估测遗传变异的一个好方法。近年来随着等位酶水平切片凝胶电泳技术的发展，再次给同工酶标记以巨大的推动作用。但是同工酶电泳分析也有局限性。首先，有限种类的酶分析会带来一定的偏差，即便是一个个体的全部酶也只是该个体的很少的一部分，约有 100 种，常用的酶又只是其 20～30 种可溶性酶。因此，同工酶分析结构在一定程度上会受所选用酶的种类和数量的限制而使结果发生偏差。其次，由于翻译后的修饰、酶和酶谱的特异性及相对较低的多态性等原因，研究所选的酶的所有基因未必都能表达在酶谱上，因此，同工酶分析在指纹图谱中的应用受到一定的限制。

2. 贮藏蛋白

种子贮藏蛋白可用于品种鉴定工作，目前种子贮藏蛋白的研究工作已在小麦、大麦、玉米、水稻和豌豆等许多植物上开展起来，贮藏蛋白的电泳方法多种多样，仅就小麦种子醇溶蛋白而言，其电泳方法就有 20 多种。目前，美国、加拿大、法国等国家已将这一技术用于品种鉴定和种子纯度检验，对部分注册小麦品种建立了醇溶蛋白指纹图谱数据库。

国际种子检验协会（ISTA）于 1986 年正式颁布了应用 pH3.2 的酸性聚丙烯酰胺凝胶电泳方法鉴定小麦和大麦的标准程序。

3. 许多生物大分子或生物化合物都具有作为遗传标记的潜力

次生代谢物如香精油、类黄酮和类菇等都可作为遗传标记来评价遗传多样性。Labra 等利用香精油成分、形态标记和 AFLP 标记，对唇形科植物罗勒（*Ocimum basilicum*）进行了分类和鉴定，同时他们也指出香精油成分容易受到环境影响，在结果中具有相同香精油成分的样品的亲缘关系未必能在分子标记中得到支持。由于次生代谢物的产生途径及调控复杂，分离和检测的手段复杂，因此用次生代谢物质作为遗传标记的报道非常少，而且通常都会与其他标记结合使用。

与此相反，许多蛋白质分子分析简单快捷，是有用且可靠的遗传标记。用作遗传标记的蛋白质通常可分为酶蛋白质和非酶蛋白质 2 种。蛋白质的多态性，可能是由于基因编码的氨基酸序列的差异引起的，也可能是由于蛋白质转录后加工的不同引起的，如糖基化能导致蛋白质分子量的变化。蛋白质的差异可以反映基因型的差异。

在非酶蛋白质中，用得较多的是种子贮藏蛋白，这些蛋白质可以通过聚丙烯酰胺凝胶电泳技术进行分析，根据电泳显示的蛋白质谱带特点，确定其分子结构和组成的差异。种子贮藏蛋白在作物上的研究工作比较深入，主要用于研究品种的遗传多样性和推断种质演化。

同工酶是具有相同催化功能而结构及理化性质不同的一类酶，不一定是同一基因的产物。与形态学比较，同工酶广泛存在，以共显性方式表达，一般是中性和近中性突变，不受选择的影响，检测技术比较简单灵敏。该技术被广泛应用于居群的遗传结构、交配系统、基因流、种群内及种群间等位基因频率的确定及种群间趋异程度的研究。

然而，蛋白质标记所能利用的酶的种类有限，只反映了编码序列的变异，实际上编码区的比非编码区的变异水平低很多，而且由于密码子的简并性，不能检测到同义密码子第三位碱基的置换，也检测不到那些对酶蛋白电荷性质无影响的变异，所以会低估遗传变异水平。

（四）DNA 分子标记

分子标记（molecular marker）是以生物大分子的多态性为基础的一种遗传标记，是继形态标记、细胞标记、生化标记之后发展起来的一种更为理想的遗传标记形式。其概念有广义和狭义之分，广义的分子标记是指可遗传的且可检测的 DNA 序列或蛋白质；狭义的分子标记是指能反映生物个体或群体间基因组中某种差异的特异性 DNA 片段。相对而言，分子标记有以下优点：① 直接以 DNA 的形式表现，在生物体的各个组织、各个发育阶段均可检测到，不受季节、环境限制，不存在表达与否的问题；② 数量极多，遍布整个基因组，可检测的基因座位几乎是无限的；③ 多态性高，自然界存在许多等位变异，无需人为创造；④ 不影响目标性状的表达，与目标性状无必然的连锁遗传现象，表现为"中性"；⑤ 许多标记表现为共显性的特点，能区别纯合体和杂合体。

DNA 分子标记是基于 DNA 分子多态性而建立起来的标记形式。广义的分子标记包括蛋白质标记，但目前分子标记多指以 DNA 为基础的标记。DNA 分子标记的多态性来源于 DNA 片段的缺失、插入、易位、倒位、重排或者长短与排列不一的重复序列。与其他类型的遗传标记相比，分子标记直接反映基因组 DNA 间的差异，无组织器官、发育时期特异性，不受环境条件、基因互作影响；数量多，理论上数目无限；试验材料容易获得，从化石到活体都可以用于试验，有时仅需要 ng 级水平的材料。由于分子标记的巨大优越性，它们已经被广泛应用于作物遗传连锁图谱的构建、重要的性状的标记定位、分子标记辅助选择、种质资源遗传多样性分析、品种指纹图谱及纯度鉴定等方面。

最早出现的 DNA 分子标记为限制性片段长度多态性标记（RFLP）。此后更多 DNA 标记手段是以 DNA 聚合酶链式反应（Polymerase Chain Reaction，简称 PCR 反应）技术为基础的，如随机扩增多态性 DNA 标记（简称 RAPD 标记）、任意引物 PCR 标记（简称 AP-PCR 标记）、简单重复序列间区域标记（简称 IssR 标记）、扩增片段长度多态性（简称 AFLP）标记、简单序列重复标记（简称 ssR 标记）、序列特征化扩增区域（简称 scAR）和序列特异性标签（简称 sTs）等。随着技术的进步，还发展了一些新型分子标记，如单核甘酸多态性（简称 EsT）等。

1. RFLP 分子标记

1974 年，Grpdzicker 创立了限制性片段长度多态性技术，1980 年，遗传学家 Botstein 等（1980）开创了直接应用 DNA 多态性作为遗传标记的新阶段。它的原理是用已知的限制性内切酶消化从生物体中提取的 DNA，产生许多长短不一的片段。这些片段的数目和长度反映了 DNA 上限制性酶切位点的分布状况。RFLP 的多态性来源于 2 种情况：一种是碱基替换，由于限制性酶识别位点上发生碱基替换，使某一限制位点丧失或获得而产生多态性；另一种是结构变异，由于 DNA 序列内发生较大的顺序变异，包括较长片段的缺失、重组和插入等，而使酶识别位点的丧失或获得，或即使限制性内切酶识别位点没有变，但由于长度差异而使消化片段发生改变。不同来源的基因组 DNA 经同一种酶消化，产生的酶切片段数目和大小不同，就产生了限制性片段长度多态性。

RFLP 为共显性标记，只要能得到大量的探针，能检测的遗传位点非常多，可以应用于居群水平、种间及属间水平的遗传变异、亲缘关系及分类（Gauthier，2002）、遗传图谱构建（MeCouch，1988；Mabmood，2006）等方面的研究。RFLP 技术的缺点是多态信息量低，检测的多态水平依赖于酶、探针的种类和数目；操作复杂，过程长，成本昂贵，使用了放射性探针；对样品中靶序列拷贝数的纯度要求高，样品需求量大。这些因素限制了RFLP 的应用。近年来，地高辛、生物素和荧光色素等非放射性探针的应用使 RFLP 技术变得安全。20 世纪 90 年代，RFLP 技术开始与 PCR 技术结合（PCR-RFLP）。这种技术先对特定 DNA 序列进行 PCR 扩增，再用限制性内切酶消化扩增产物，经电泳分离，经溴化乙啶染色就可以鉴定。不需要分离纯化特定 DNA 序列，也不需要复杂的杂交过程，所需材料在 mg 级水平，是一种简便高效的方法。

2. RAPD 分子标记

RAPD 技术是 1990 年发展起来的（Williams，1990）。这项技术是以随机排列的寡聚核甘酸单链（一般为 10 碱基）为引物，以加热变性后的未知序列基因组 DNA 为模板，在 DNA 聚合酶的作用下，通过 PCR 扩增合成一段新的互补 DNA 链。合成过程中，引物与单链DNA 可能有多个结合位点，只要引物间距在 20~2000bP 范围内，就能扩增出 DNA 片段。经电泳分离可检测 DNA 的多态性。RAPD 技术检测出的多态性来源于：① 在两个退火位点之间插入了一个大片段，致使原来的片段太大而不能扩增；② 缺失两个退火位点只的任何一个，会导致没有扩增产物；③ 退火位点上的核甘酸替换或突变也会影响多态性片段的得失或改变片段的大小；④ 小片段的 DNA 的插入或缺失会改变扩增片段的大小。RAPD 技术不需要知道序列信息，大量引物已经商品化，所量样本在 ng 级水平，DNA 不需要高度纯化，反应十分快速灵敏。两个样品之间有微小差异，就可以扩增出丰富的多态性条带（MirAli and Nabulsi，2003）。

现在 RAPD 技术已广泛应用于植物亲缘关系分析（Levi，2005）、遗传多样性检测（Debnath，2007）、品种鉴定、遗传图谱构建（Hashiztune，2003；LaRosa，2003）、系统学研究（Murakeo，2007）、基因定位（Sinclair，2006）及植物保护。

RAPD 灵敏高效，是评价种内和种下水平遗传多样性的有效工具，但是由于它在较高的分类阶元里变异太大，有时不能正确反映物种间的亲缘关系，使它的应用受到一些限制。

3. ISSR 分子标记

ISSR 是 Zietkiewiez 等（1994）提出的一种标记技术。用在 3′端或 5′端锚定的 SSR 为引物扩增重复序列之间的区域，因而又称为 ISSR，是显性标记，后代分离符合孟德尔遗传规律。ISSR 引物设计简单，不需要知道序列信息，现在已经开发出很多通用 ISSR 引物。当 ISSR 用非变性聚丙烯酰胺凝胶来检测时，每泳道可得 20 ~ 100 条带（Gedwin，1997），因而用 ISSR 来检测遗传多样性效率相当高。在近来的研究中，ISSR 越来越多地用琼脂糖胶来检测，操作更简单。ISSR 的缺点也是不能区分杂合子。

4. SSR 分子标记

SSR 也称微卫星 DNA，或序列标签微卫星位点（Sequence tagged Microsatellite Site，ST-MS），指以少数几个核苷酸（多为 l-6bp）为单位构成核心序列，如（GA）n、（AC）n、（GAA）n 等核心序列经多次串联重复形成的 DNA 片段。这种重复片段在真核生物基因组中广泛存在（Kijas，1995），在植物中以（AT）n 最为常见。一般认为，SSR 多态性来自于 DNA 复制过程中的"滑动错配"，即合成链与模板链之间在微卫星重复区域可能错配（Levinson and Gutman，1987）。也有学者认为，SSR 多态性是由于减数分裂过程中姊妹染色单体不均等交换所致，机械原因也可能导致多态性产生。

SSR 为共显性标记，具有 RFLP 的所有遗传学优点，检测的多态性位点比 RFLP 要高很多（Smith，1997；Bemardo，2000），避免了 RFLP 方法中使用放射性同位素的缺点，而且稳定性和重复率很好，是一种比较理想的标记。SSR 标记在研究遗传多样性（Hasan，2006）、品种鉴定（Sarri，2006）、物种的系统发育和亲缘关系（Kuroda，2007）等方面都非常有效。SSR 技术的缺点是引物的设计依赖于微卫星的两端序列，需要建立文库和大量测序。

5. AFLP 分子标记

AFLP 技术是通过对 DNA 限制性片段的选择性扩增而检测多态性的一种 DNA 指纹技术（Vosetai.，1995）。AFLP 检测多态性的原理与 RFLP 相同似，是对限制性酶切产物进行分析，结果比较稳定可靠。同时，在操作上 AFLP 具有 RAPD 的优点，不需要被分析基因组的序列信息、需要材料少、不需放射性材料、快速高效。AFLP 技术还被用于种内和种间亲缘关系和遗传多样性研究（Gutudge，2001；Sudak，2004）、品种鉴定、基因定位和克隆（Stiriing，2001）等。但 AFLP 也是一种显性标记，所以在群体遗传学的研究中，它的作用还是比不上 SSR 和同工酶技术。

6. SNP 分子标记

SNP 是指基因组 DNA 序列中由于单个碱基转换或颠换引起的多态性。通常所说的 SNP 不包括碱基的插入、缺失以及重复序列拷贝数的变化。最常见的单碱基突变是 C→T，约占 2/3，可能与大多数胞嘧啶是甲基化的，能够自发脱氨基产生胸腺嘧啶有关（Brookes，1999）。

SNP 与其他分子标记相比，有特殊的优势：① SNP 在基因组中广泛存在，以人类基因组为例，SNP 的频率约占 1% 或更高，平均每 300～1000 个碱基对中就有 1 个；② 基因编码区的 SNP 对疾病和育种的研究意义重大，非编码区的 SNP 在群体遗传和生物进化的研究中很有用；③ SNP 通常是由 2 个等位基因构成，因此在检测时往往只需要进行 +/- 的分析（Brookes，1999），有利于发展自动化技术来检测 SNP，使 DNA 芯片技术用于 SNP 检测成为可能。

SNP 的发现方法有很多，最直接的方法就是 DNA 测序，要大规模地筛选 SNP 标记，费用极其昂贵。所以，目前 SNP 在人类基因组研究中最为广泛。除此之外，SNP 研究的研究主要集中在模式动植物和重要农作物上。

理想的 DNA 标记应具备以下特点：① 遗传多态性高；② 共显性遗传，可方便鉴别基因型纯合与杂合类型；③ 在基因组中大量存在且分布均匀；④ 表现为"中性"，对目标性状表达无不良影响，与不良性状无必然连锁；⑤ 稳定性、重现性高；⑥ 信息量大，分析效率高；⑦ 检测手段简单快捷，易于实现自动化；⑧ 开发成本和使用成本低。但是到目前为止，没有一种 DNA 标记能完全具备上述特性。

二、油料植物资源遗传多样性分析

（一）光皮树遗传多样性分析

李昌珠采用形态学标记、等位酶标记和 ISSR 标记 3 类技术方法结合评价和研究了光皮树优株遗传多样性和遗传规律。采用形态学标记技术，对 16 株光皮树优株的 25 个表型性状进行遗传多样性分析，统计分析表明光皮树优株存在丰富遗传变异类型。在表型形态性状中，有效分枝数具有最高的变异水平，变异系数（CV）为 81.70%。树高、枝下高、枝条疏密度、叶片长度、果实横纵径等都存在不同程度的变异。光皮树优株间的平均多样性指数（H）为 1.581，说明优株间具有较大的遗传多样度。聚类分析结果表明，不同地区的光皮树优株可大致分为 5 类。形态变异的欧氏平均距离范围为 3.12～11.11，平均遗传距离为 6.52。主成分分析将调查的 25 个形态性状简化为 6 个主成分，累计贡献率达 78.52%（>72%），说明这 6 个主成分基本涵盖了 25 个形态性状的所有信息。AAT，MDH，PGM 和 ADH 等 4 种酶系统的等位基因频率从 0.094 变化到 0.750，每位点平均等位基因数（A）为 2.55，平均有效等位基因（Ae）为 2.14，Shannon 多样性信息指数（I）平均值为 0.757，多态位点数目为 9，多态位点的百分数为 81.82%。光皮树优株间的一致度均值为 0.756，其变化范围是 0.595～0.939；遗传距离均值为 0.287，变化范围是 0.063～0.519，说明优株间的变异程度较大。用 ISSR 分子标记发现 10 个引物共扩增出 106 条带，多态性带有 90 条，多态性比率为 84.9%，电泳条带大小介于 100～2000hp 之间，平均每个引物只获得 10.6 个位点，多态位点百分率为 75%～100%。观察等位基因数为 1.8401，有效等位基因数为 1.403，Nei 多样性指数为 0.2878，Shannon 信息多样性指数为 0.4472。光皮树优株材料间的遗传距离在 0.3333~0.8901 之间，其中 14 与 15 最小为 0.3333，最大为 0.8901。

戴萍对来自江西赣州和广东乐昌的 21 株光皮树优树果实的果肉厚度、鲜果千粒质量、种子千粒质量、果肉含油量、种子含油量、鲜果大小和种子大小等 7 项数量性状指标进行了研究。结果表明：果实数量性状的变异系数范围为 4.35%~23.08%，其中种子大小、鲜果大小、种子含油量、果肉含油量、种子千粒质量、鲜果千粒质量和果肉厚度的变异系数分别为 4.35%、6.78%、14.28%、14.39%、17.89%、19.06% 和 23.08%。果肉厚度与种子千粒质量、鲜果大小与种子大小均呈极显著正相关；种子大小与鲜果千粒质量、鲜果大小和鲜果千粒质量均呈显著正相关。21 株光皮树优树果肉中含油量的变异幅度为 26.35%~56.88%，种子中含油量的变异幅度为 11.77%~19.83%。

江香梅采用 ISSR 分子标记技术对 5 个光皮树群体(湖北宣恩、来凤，湖南桑植，江西于都、九连山)进行了遗传多样性及遗传结构研究，同时对光皮树油脂的精炼技术也进行了研究。ISSR 分子检测的结果表明：光皮树总的群体基因多样性为 0.356，群体间基因分化指数(Gst)为 0.219。利用 ISSR 标记可以较好地按地理区域将光皮树 5 个群体划分为江西和湖北两大类群，即江西的于都和九连山两个群体聚成一类；湖北的宣恩和来凤两个群体聚到一起，然后湖南群体又与其聚到一起。

向祖恒对武陵山区光皮树资源遗传多样性进行了研究，光皮树的 21 个性状的变异系数介于 5.73%~59.65% 之间，果实及种子纵径和横径的变异小，叶片长和宽变异次之，树体及种仁率变异大。聚类分析表明，永定 4 号自成一类，沅陵 2 号、辰溪 2 号聚成一类，鹤城 3 号、吉首 2 号、凤凰 1 号、秀山 1 号、龙山 33 号、保靖 4 号、桃源 1 号、龙山 28 号、古丈 1 号、龙山 27 号、沅陵 1 号聚成一类，其余 90 个样株聚成一类，不同产地植株间性状差异明显。果实平均含油率 23.01%，最小 7.03%，最大 38.54%，变异系数 24.97%，植株含油率遵从正态分布。含油率与海拔呈弱负相关，与纬度呈弱正相关，与经度近乎不相关。母岩间、土壤类型间含油率差异不显著。

（二）黄连木遗传多样性分析

吴志庄以 11 个黄连木天然群体为试材，对 18 个表型性状的变异与多样性进行分析，结果表明：黄连木表型性状存在极其丰富的群体间和群体内变异，各性状间的变异系数相差较大，变幅为 41.249%~27.131%，果实性状的变异系数最小，受较高的遗传控制。群体间平均表型分化系数 VST 为 22.127%，说明群体内变异是黄连木遗传变异的主要来源，采用聚类分析的方法，把 11 个群体分为 4 类，表型性状与地理气候因子相关分析表明除百果重、千粒重、种长几个性状外，多数表型性状随地理位置的改变没有明显的变化，但有随着经度、纬度的增加而逐渐增大趋势。采用核磁共振(NMR)技术，对黄连木分布区 9 个群体果实含油率进行取样测定，结果表明：果实、种子和果肉含油率分别为 36.183%、26.594%、50.503%，不同群体间差异显著，群体平均表型分化系数达到 92.08%。系统聚类分析将黄连木群体分为低变异中等含油率群体、低变异低含油率群体、高变异高含油群体 3 类。黄连木果实含油率呈东北—西南由低到高的地理变异走向，种子和果肉含油率与生态因子也表现相似的变异趋势，但对生态因子的反映更为迟钝。采用 SSR 分子标记对黄连木 8 个群体进行遗传多样性分析，系统地揭示了不同群体在遗传多样性水平上的差异及遗传分化状况，在建立良好的黄连木 SSR 反应体系基础上，从阿月浑子的 SSR 引物中筛选出的 9 对 SSR 引物，在 8 个黄连木群体中共检测到 43 条等位基因，位点平均等位基因数为 4.78，总多态位点百分率达 100.0%。按检测到的有效等位基因数(Ne)和期望杂合度(He)各群体的遗传多样性由高至低依次为安康 > 唐县 > 顺平 > 辉县 > 略阳 > 栾川 > 林州 > 涉县。群体间的遗传分化系数(FST)平均为 0.319，说明群体内变异是黄连木遗传变异的主要来源，并根据遗传距离将 8 个群体分为三大类。

王超采用 RAMP 对我国不同地区的 180 份黄连木材料进行遗传多样性、种群内和种群间的遗传变异进行了研究。结果表明，13 对引物组合所产生的 115 条 DNA 扩增片段中，有 109 条具有多态性，多态位点百分率 PPB 为 94.78%；Shannon 多样性指数 $I = 0.5541$，Nei′s 多样性指数 $H = 0.38030$，物种总基因多样性(Ht)为 0.2963；种群内基因多样性(Hs)为 0.3803，群体间基因分化系数(Gst)为 0.2209，表明 22.09% 的变异存在于种群间，群体内的变异占总变异的 77.91%；基因流(Nm)为 1.7633，显示种群间的基因交流顺畅。

郝丽娟分别对采自河南鸡公山、河北涉县、山东泰安、山西晋城、湖南衡南、湖北株归、安徽采石矶、江苏无锡、浙江丽水、四川平武、贵州黎平、甘肃舟曲等地区的黄连木进行 SSR 及 ISSR 分析，结果表明：利用 9 对 SSR 引物对 13 个黄连木天然居群内的 232 个单株进行微卫星分析，并按照省份、经度和纬度计算黄连木遗传距离和聚类分析。结果表明，在 232 个单株中检测到 37 个 SSR 等位位点，期望杂合度(He)为 0.5714，Shannon 多样性指数(I)为 1.0370，平均多态信息含量(PIC)为 0.5458，表明黄连木居群具有较高的遗传多样性。聚类分析结果表明，相邻省份、经度、纬度的黄连木区组基本归为同一类群，说明黄连木的遗传关系与地理位置有着密切的相关性，并且遗传距离按经纬度划分较省份划分更具规律性，本研究为黄连木种质资源的选优及育种提供参考依据。从 100 条 ISSR 引物中筛选出 9 对适用于黄连木扩增的引物，且扩增产物多态性高、扩增条带清晰。建立和优化了黄连木 ISSR-PCR 反应的技术体系。结果表明，有效等位基因数(Ne)为 1.0393，Shannon 多样性指数 I 为 0.0902，Nei′s 多样性(H)为 0.0372。聚类分析结果表明，相邻省份的黄连木居群基本归为一类。

刘启镇采用典型和随机抽样调查的方法，对太行山中黄连木中心产区对黄连木的树形、发枝力、果穗、果实、种子等 18 个性状进行了调查和统计分析。黄连木性状变异幅度大，变异性状有的相关紧密，有的松散，并且有些性状有年龄差异。黄连木多为天然实生繁殖，后代多为异交系，故该区多态型类型种类繁多，为选择优良类型和遗传改良提供了丰富的种质资源。

胡静静以山东农业大学校园内的黄连木实生群体为研究试材，研究发现黄连木生物学特性的各种性状变异幅度很大，在冠形、叶、花、果穗、果实等方面存在多种多样不同层次的种内变异。树高变异系数 15.57%，胸径变异系数 22.62%，冠幅变异系数 20.75%，叶片、花、果穗、果实 4 个性状指标的平均变异系数分别为 24.05%、29.60%、30.807%、10.12%，果实性状变异系数最小，较其他性状具有较高的稳定性。黄连木群体内的表型性状变异丰富，实施选择育种的潜力很大。

(三)麻疯树遗传多样性分析

何玮采用 ISSR 分子标记对分布于四川、云南、广西、贵州、海南五省份的 9 个麻疯树自然居群的遗传多样性进行了研究，用 10 个引物对 9 个居群共 135 个样品进行了扩增，共获得 169 条清晰的扩增位点，其中多态性位点 164 个。POPGENE 分析结果表明：麻疯树种群具有丰富的遗传多样水平［多态百分率 PPB = 97.04%，Nei's 多样性指数(H) = 0.2357，Shannon 多样性指数 I = 0.3760］。AMOVA 分析表明 9 个自然居群间遗传多样性出现了较大的遗传分化(Gs = 0.5398)，可能与其有限的基因流(Nm = 0.4667)和遗传漂变有关；而居群内有限的遗传分化可能是由于麻疯树自交、近交占主导地位的繁育方式有关。

蒲光兰运用 12 对叶绿体微卫星(cpSSR)标记引物对 10 个四川、云南地区麻疯树野生居群进行分析，共检测到多态性位点 22 个，多态性位点百分率(PPB)平均为 76.28%。其中，云南双柏(YNSB)居群多态性位点百分率最高，达 95.45%；而云南泸水(YNLS)居群多态性位点百分率最低，仅 45.45%。Nei's 多样性指数(H)0.4020，Shannon 多样性指数(I)0.5767，有效等位基因数(Ae)1.7136，总基因多样性(HT)0.4433，基因分化系数(Gst)0.0802，基因流(Nm)3.0585；居群内基因多样性(HS)0.4051，居群间基因多样性(Dst)0.0357，表明麻疯树居群内的基因多样性在总居群基因多样性中所占比例较大，麻疯树居群间几乎没有分化；ANOVA 分析结果表明，91.02% 的变异来源于居群内，8.98% 变异来源于居群间，即 10 个供试麻疯树居群遗传变异主要发生在居群内，居群内的遗传变异大于居群间的遗传变异，这与 Nei's 多样性指数分析结果一致；麻疯树各居群遗传多样性由低到高依次为：云南泸水(YNLS)居群 < 云南西双版纳(XSBN)居群 < 四川花棚子(SCHPZ)居群 < 四川会东(SCHD)居群 < 四川金河(SCJH)居群 < 云南普洱(YNPR)居群 < 四川雷波(SCLB)居群 < 云南双柏(YNSB)居群 < 云南法依(YNFY)居群 < 四川会理(SCHL)居群；10 个麻疯树居群的遗传一致度为 0.8127 ~ 0.9798；遗传距离为 0.0204 ~ 0.2073，表明这 10 个居群间的相似程度较高，遗传距离较小，亲缘关系较近；UPGMA 聚类分析显示：10 个麻疯树居群可分为两大类，即 SCJH 居群和 SCHPZ 居群聚为一类；SCHL 居群、SCHD 居群、SCLB 居群、YNSB 居群、YNFY 居群、YNPR 居群、XSBN 居群和 YNLS 居群聚为另一类。由此得出：川滇地区麻疯树具有丰富的遗传多样性，但各居群间亲缘关系较近。

沈俊岭利用 9 对 AFLP 引物组合中国 6 省份 37 个种源及印度尼西亚 1 个种源进行了分子标记分析，9 对引物扩增出 246 条带，其中多态性条带为 72 条，多态性比率为 26.99%。评价引物的 PIC、Ml 和 RP 三个属性均能很好的代表引物的区分能力，且均与遗传多样百分率呈很强的正相关($r^2 > 0.9$)。Jaccard 相似系数介于 0.866 和 0.977 之间，表明这 38 个种源的遗传多样性很低。非加权聚类平均法 UPGMA 及主成分分析聚类结果与地理种源的地理位置没有很大的相关性。中国麻疯树种源相对较低的遗传多样性暗示在以后的育种工作中应当引进原产地种源以扩大遗传基础。采用 4 对荧光 AFLP 的方法对 10 个国家不同地区的 64 个种源 310 个个体进行遗传多样性分析，4 对引物共扩增出 89 条清晰的多态性条带，多态性百分率(Pp)为 1831%，平均每位点等位基因数(Na)为 1.183，平均有效等位基因数(Ne)为 1.117，平均 Nei's 多样性指数(H)为 0.070，平均香农指数(I)为 0.103，群体间的遗传分化系数 Gst 为 0.5057，麻疯树种源间的遗传变异占总变异的 50.57%，稍大于种源内变异，基因流 Nm 为 0.473。10 个国家中 Pp，Na，Ne，H 和 I 变化趋势相同，墨西哥国家麻疯树的遗传多样性最丰富，其次为越南、印度、泰国、巴布亚新几内亚、中国、菲律宾、马里、印度尼西亚，遗传多样性最低的为老挝。麻疯树种源间的遗传距离介于 0.002 ~ 0.308 之间；以 Nei's(1973)遗传距离 D 为参数对麻疯树 64 个种源进行 UPGMA 聚类，64 个种源可划分为 4 个组，第一组为混合亚洲组，第二组为印度组，第三组为中国种源组，第四组为墨西哥组；另外海南的一个种源 HN7 单独据为一类；由此可以推断聚为同一类的种源可能由同一原产地引种而来，聚类结果与地理区划有一定的相关性，但是在每一个国家内聚类与地理位置没有相关性。利用 36 对 EST ~ SSR 和 20 对 SSR 引物分析 45 份麻疯树的遗传多样性，总共获得 183 个多态性位点，基于这些多态性位点将 45 份麻疯树种质分为 6 个类群(类群 I、类群 n、类群 m、类群 W、类群 V 和类群 VI)，与其地理起源基本相似。类群内的遗传多样性指数在 0.4099 到 0.5072 之间，物种水平的遗传多样性指数为 0.5572，表明本实验室收集的麻疯树资源具有较高的遗传多样性水平。

向倩从 25 对 cPssR 通用引物中筛选出 12 对引物，用于 200 个麻疯树样本的 cPssR 分析。12 对引物共检测到 25 个位点，其中 22 个位点是多态性位点，多态性位点百分率(P)为 76.28%，说明这些居群适应环境的能力较强"研究结果表明，所检测的 10 个麻疯树野生居群具有较高的遗传多样性。其中，四川会理(SCHL)的遗传多样性最高，为 0.6269；云南沪水(YNLS)遗传多样性最低，为 0.4095。cPSSR 基因座揭示了麻疯树的遗传变异：观测等位基因数 $A = 1.9840$，有效等位基因数 $Ae = 1.7136$；Nei′s 多样性指数 $H = 0.4020$ 以及 Shannon 多样性指数 $I = 0.5767$。另外，居群内的基因多样性为 $Hs = 0.4051$，居群间的基因多样 $DsT = 0.0357$。AMOVA 分析得到居群内的遗传多样性为 91.02%，居群间的遗传多样性为 8.98%。这都说明遗传变异主要来自于居群内个体间。另外，居群间基因流 Nm >1，为 3.0585，说明居群间存在一定的基因流。

（四）蓖麻遗传多样性分析

黄文霞应用 ISSR 标记，对国内外 17 个蓖麻材料的亲缘关系进行了分析，从 60 条引物中筛选出 11 条能扩增出清晰条带并具有多态性的引物，且这些引物共计扩增出 90 条 DNA 条带，平均每个引物扩增的 DNA 条带数为 8.18 条，其中，多态性 DNA 条带 57 条，占 63.33%。根据 ISSR 扩增结果，利用 NTSYS-ps 软件进行聚类分析，结果表明：17 份蓖麻材料的遗传相似系数在 0.52 ~ 0.97，且明显分为 2 个大类群。以相似系数 0.79 为准线，又可将第二大类群分为 2 个亚类群与 2 份单一材料。9 份国内材料与 2 份法国材料同属一个亚类群，遗传相似性相对较高。

郑路对 81 份蓖麻材料进行了 ISSR 和 SRAP 分子标记，筛选出多态性较好的 20 个工SSR 引物共扩增出 303 条带，多态条带计 252 条，多态性位点百分率(PPB)为 83.17%，遗传相似系数变幅范围在 0.45685 ~ 0.94631；筛选出多态性较好的 20 个 SRAP 引物共扩增出 263 条带，多态条带计 214 条，多态性位点百分率(PPB)为 81.37%，遗传相关系数变幅范围在 0.32558 ~ 0.92973。当在遗传相异系数为 33.50% 处作切割线 L1 时，81 份材料可以分为 L1 ~ 2、L1 ~ 3、L1 ~ 4 三个小类群以及由 64 份品种构成的大类群 L1 ~ 1。其中 L1 ~ 2 小类群由 6 个分别来源于山西、辽宁、山东以及中国农科院的品种组成。L1 ~ 3 小亚群包含有 2 个福建品种和 2 个山西品种。L1 ~ 4 小亚类含有 7 个同源于山西的品种。L1 ~ 1 大类群中包含有 64 个品种，由国内外各地栽培品种组成。当在遗传相异系数为 30% 时，对 L1 ~ 1 作切割线 L2 时可将其分为一个大亚类群 L2 ~ 1 和两个小亚类群 L2 ~ 2 和 L2 ~ 3。其中 L2 ~ 2 含有 7 个品种，L2 ~ 3 含有 4 个品种，这两个小亚类群共 n 个品种全都是山西省的地方品种。当对大亚类群 L2 ~ 1 细分时，又可将其分为两类群 I 和 II 类里有 24 个品种，都为国内品种，其中福建品种 4 份，山西品种 20 份。II 类里有 28 份品种，这一类的品种来源地较复杂。来源地有中国山西、安徽、辽宁、云南,法国等地。

虢婷婷对从全国不同地区收集的 20 份不同类型的蓖麻栽培品种和 1 份湖南永州野外材料进行了 RAPD 亲缘关系分析,从 200 条随机引物中筛选出 21 条有效引物。21 条引物扩增获得的总谱带数为 75 条,多态性谱带数为 45 条,多态性谱带比例为 54.27%。利用 UPGMA 类平均法对扩增出的谱带进行遗传聚类分析,得出反映各种间亲缘关系的树状图,当遗传距离 $D = 0.1468$ 时,21 个材料聚在了一起,结果显示,我国现有蓖麻商品化栽培品种(杂种)资源遗传多样性不丰富。

张丹采用 SRAP 分子标记数据和 SSR 分子标记方法对 258 份华南野生蓖麻材料进行了遗传多样性研究,3 种聚类结果的平均遗传距离分别为 7.144、9.249 和 6.519,平均 Shannon 多样性指数分别为 7.486、0.428 和 0.287,表明 SRAP 数据能更有效地反映群体的遗传多样性,基因型值数据能更全面地反映群体的变异度。SRAP 标记检测到的平均等位基因数与 SSR 标记几乎相等(分别为 1.996 和 2),但平均有效基因基因数高于 SSR 标记(分别为 1.367 和 1.182),表明 SRAP 标记检测到的等位基因在群体中分布更均匀。SRAP 标记的平均 Nei's 多样性值(0.263)和平均 Shannon 多样性指数(0.428)高于 SSR(0.287 和 0.153),SRAP 标记比 SSR 标记更能反映出群体的遗传分化度和遗传变异度。

吴昊对收集的 177 份蓖麻材料的数量性状、质量性状和品质性状进行鉴定及综合评价,蓖麻有效分枝数、有效穗数和果穗长度的变异系数较大,生育期的变异系数较小,无果刺的占 16.5%,果实不能自然开裂的占 20.5%,我国大部分材料籽仁含油率在 60% ~ 70%。在含油率超过 70% 的 39 份材料中,四川的占 92.3%,且四川产区的材料生育期、有效穗数和百粒重的变异系数最大。籽仁含油率与果穗长度呈显著负相关,果穗每增加 1cm,籽仁含油率下降 0.1174%。我国蓖麻种质遗传基因丰富,在四川表现比较突出;果穗长度与籽仁含油率呈显著负相关,是蓖麻育种的一个重要指标。

(五)乌桕遗传多样性分析

冯毅以川渝地区 10 个群体种实为实验材料,从种实表型(9 群体)和子代苗期(10 群体)两方面研究了川渝地区乌桕的遗传多样性。乌桕种内表型性状在群体间和群体内存在极其丰富的遗传变异,种子的质量性状比种子形状指数性状稳定。各种实性状的变异系数变幅为 6.84% ~ 39.54%,平均为 16.78%;不同性状的重复力变幅为 0.31 ~ 0.98,平均为 0.61。表型多样度变幅为 0.4 ~ 0.65 之间,平均为 0.56。Shannon 多样性指数变幅为 0.69 ~ 1.07 之间,平均为 0.92。游仙群体各遗传多样度指数均为最高,说明游仙地区可能是乌桕种质资源多样性的分布中心。群体间表型分化系数变异幅度为 6.71% ~ 42.72%,平均为 25.47%,说明乌桕种实群体内的变异(74.53%)显著高于群体间的变异(25.47%)。16 个种实表型性状间多数呈极显著或显著相关;乌桕种内群体的种实表型变异在空间分布上呈现出以纬度为主的单向变异模式,变异主要受低温控制;利用群体间欧氏距离进行 UPGMA 聚类分析,可将参试乌桕群体划分为 4 类。乌桕子代苗高变异系数平均为 27.1%,变幅为 19.78% ~ 34.32%;地径平均变异系数为 19.54%,变幅为 15.4% ~ 21.79%;侧根数变异系数平均为 36.61%,变幅为 31.60% ~ 40.14%;主根长变异系数平均为 21.01%,变幅为 18.97% ~ 25.08%;分枝数变异系数平均为 55.56%,变幅为 25.1% ~ 69.67%。乌桕苗期遗传分化系数平均为 17.63%,说明乌桕苗期群体内的变异显著大于群体间的变异;乌桕苗高家系遗传力为 0.55,单株遗传力为 0.81;地径家系遗传力为 0.60,单株遗传力为 0.87；侧根数家系遗传力为 0.43，单株遗传力为 0.54；主根长家系遗传力为 0.49，单株遗传力为 0.55；分枝数家系遗传力为 0.56，单株遗传力为 0.76。苗高与地径、主根长有极显著正相关，相关系数分别为 0.788、0.839；地径与主根长也存在极显著正相关，相关系数为 0.770。利用群体间欧氏距离进行 UPGMA 聚类分析，可将乌桕群体划分为 3 大类，与乌桕表型聚类结果基本一致。对 270 份乌桕种质材料表型数据以 UPGMA 法进行聚类，并采取分组聚类法初步构建核心种质 81 份，81 份核心种质资源的 16 个性状的平均值、标准差、极差、变异系数、表型多样度、Shannon 多样性指数与原群体符合率分别为 96.50%、91.64%、91.55%、96.33%、97.90%、97.93%；核心种质的前 5 个主成分已经可以代表原群体 88% 以上的遗传多样性，各主成分析的特征值与原群体基本相近。初级核心种质资源 16 个表型性状与原群体经 F 检验均无显著性差异，说明乌桕初级核心种质资源构建所选取的 81 份种质资源能很好地代表原群体遗传多样性。

李熳应用 ISSR 分子标记技术对湖南省桑植县、江苏省南京和广东省韶关乐昌林场等 6 个乌桕种源的 32 个优株遗传特性进行分析。应用 PopGen32 软件分析乌桕遗传变异，得出有效等位基因（Ne）为 1.4731，Nei's 多样性指数（H）为 0.2822，Shannon 多样性指数（I）为 0.432，说明在物种水平上乌桕具有较高的遗传多样性。乌桕总种群基因多样性（Ht）为 0.2586，群内的基因多样性（Hs）为 0.1450，遗传分化系数（Gst）为 0.4395，即群体间的变异占 43.95%，而群体内的变异占 56.05%，说明群体内和群体间都存在较大变异。通过不同种源间 UPGMA 聚类图得出，聚类与种源地的相关性不显著。运用 NTSYS 软件分析，得到不同乌桕优株的遗传相似性系数范围在 0.368 ~ 1.000，获得了亲缘关系最近的 3# 和 6#、20# 和 21#，结合表型分析可知同 21# 亲缘关系较近的优株都具有较优的物种条件，只是在时间和空间上还在适应中。构建了 32 个乌桕优株的遗传关系聚类图，并将其分为 3 大类，结果表明优株间存在丰富的遗传变异，且亲缘关系的远近与地理距离无显著相关性。

张帅对湖北省大别山区（大悟、英山、麻城、罗田）72 株乌桕样品进行多样性研究发现：在单株间的数量性状特征指标中，不同性状的变异频率不同，果序长度的变异最大，达到了 57.70%，叶形指数的变异最小，变异系数为 4.65%。ISSR 分子标记中整体物种水平上的遗传多样性各参数值分别为：$PPB = 96.82\%$；$A_O = 1.9682$，$A_E = 1.4812$，$H_E = 0.2814$，$H_O = 0.3889$；在整体群体水平上的遗传多样性各参数值分别为：$PPB = 85.91\%$，$A_O = 1.8142$，$A_E = 1.3871$，$H_E = 0.2188$，$H_O = 0.2554$；因此，整体水平上的遗传多样性参数很高。4 个主产区间遗传多样分析：大悟、英山、罗田、麻城 4 个县市乌桕群体的多态位点百分率（PPB）分别为：89.31%、80.96%、68.86%、88.74%。其中，大悟县乌桕群体的多态性最高（$PPB = 89.31\%$），其次为麻城群体（$PPB = 88.74\%$）和英山群体（$PPB = 80.96\%$），罗田县乌桕群体（$PPB = 68.86\%$）的多态性最低。其中大悟、英山、麻城的遗传一致度很高，罗田的遗传一致度最低；从 UPGMA 聚类图上得出，这 4 个县市的乌桕明显分为 2 大组。英山和大悟乌桕亲缘关系最近，先聚合成一支；罗田和麻城两群体间亲缘关系最近，聚合成一支，接着两个分支又聚到一起组成一个大分支。

（六）文冠果遗传多样性分析

牟洪香以文冠果为研究对象，调查了 14 个分布区文冠果的 15 个表型性状，利用变异系数和巢式方差分析研究了分布区间和分布区内的变异情况；应用相关分析揭示了表型性状间及其与地理因子间的关系；运用聚类分析进行了分布区分类。结果表明，文冠果分布区内的变异大于分布区间的变异，分布区间的分化相对较小；出种数随经度的增大而减少，果宽随纬度的增大而增大，但随年平均气温的增大而减小，而其他 13 个性状随地理位置的改变没有特别明显的变化；表型性状的欧式距离与地理距离相关不显著。

敖妍内对内蒙古阿鲁科尔沁旗坤都林场（KD）、阿旗东山（DS）、内蒙古翁牛特旗（WQ）、河南陕县（SX）、河北蔚县（YX）和河北承德（CD）6 个集中分布区的文冠果含油、产量变异规律进行研究表明，4 个性状在 6 个群体间差异显著，群体内单株间无显著差异。含油率和产量的群体间变异都大于群体内变异。种子和种仁含油率平均值最高的是蔚县群体（36.72%、67.20%），种皮含油率平均值最高的是承德群体（12.50%），产量最高的是陕县群体（1166g）。文冠果含油率和产量与地理气候因子相关性不明显。聚类分析将 6 个群体划分为低产高含油率、中产中含油率、高产低含油率 3 类，可根据育种需要进行群体选择。文冠果的遗传改良应着重于群体。

孙琳琳对山东省莱芜地区的文冠果实生植株进行了遗传多样性分析，研究发现文冠果种质资源具有丰富的遗传多样性，80 株文冠果果实形状有长尖果型、平顶球果型、小球果果型、倒卵果型、三棱果型和桃形果型 6 种，以小球果果型为主；果实成熟时多为中裂和深裂；果实成熟时表面颜色多为浅黄色和黄色；文冠果果实纵径、果实横径、纵横比、单果重、千粒重、出仁率、出籽率、壳皮厚度、结果数量、每果种子数和种子总产量的平均值分别为 57.44mm、54.20mm、1.06、37.91g、970.03g、49.05%、48.18%、4.85mm、27.11 个、17.74 个和 507.49g；变异系数大小的顺序是：种子总产量 > 结果数量 > 单果重 > 每果种子数 > 壳皮厚度 > 千粒重 > 果实纵径 > 果实横径 > 纵横比 > 出仁率 > 出籽率。在实生繁殖条件下，文冠果果实各性状在遗传过程中均有很大程度的分离现象，遗传多样性丰富。

第五节　油料植物开发潜力评价

"潜力"即潜在的能力，是指在一定的时期、一定的生产力发展水平、某种既定的用途条件下，某一效益指标可能提高或某一耗损指标可能降低的能力，潜力属于相对概念。资源潜力，是指在自然和人的共同作用下，在未来一定时期内，某种资源能够达到的理论存量与现实资源存量的差值。资源潜力是通过一定的科学方法和假定条件下进行的估算，也同样属于相对概念。油料能源树种资源潜力，是指在既定的技术条件下，按照一定的工业油料资源培育标准和管理水平，未来一定时期内通过油料林种植区域的空间扩展和产出能力的提高，所能提升的油料资源理论供应规模。

一、油料植物资源潜力的评价方法

随着对油料植物资源开发利用技术的不断深入研究，为了使该类资源能够得到更加合理的利用，各国在能源油料植物资源潜力的计算方法与评价标准方面也进行了相关研究。东京大学的 Hiromi 等人提出了最终能源油料植物资源潜力是由可利用的土地面积以及能源植物的产出水平所共同决定的，而原料的供应能力为种植能源油料植物的土地面积乘以能源植物在相应土地上的单位产出，同时他们使用了 GLUE 模型对发达国家和发展中国家的生物质资源潜力进行了评价。欧盟在对包括木本油料资源在内的生物质进行资源评价时主要采取了三个步骤：① 评估各国区域范围内生物质资源的总产量，可作为生物质资源的上限；② 评估各类生物质能源的可利用量，即考虑在造林、经济、技术和环境等因素的约束下，各种生物质资源的实际可供应量；③ 将各种不同类型的生物质资源的能源潜力用发热量来表达，即提供发热量的潜力，从而便于对比各类型生物质资源的平均发热量。国内关于能源油料植物资源潜力的计算方法与评价标准方面的不多。吉林大学的尹天佑等人研究发现评估生物质资源的可利用量应当全面考虑各类型生物质能源利用与转换技术的技术、经济等条件是否具备可行性。他建立的生物质资源可利用量的评估模型主要考虑了以下三方面：① 理论资源量。即一个地区一年内可能拥有的资源数量的理论上限。② 可获得量。即在现有的经济水平和技术条件可转化为有用的生物质资源量。③ 可利用量。即实际可用来进行能源生产的生物质能源量 = 可获得量×可利用系数，式中的可利用系数是对生物质能源生产的非技术性约束的一系列中国油料资源开发潜力与产业发展研究综合表达，一般包含生物质资源作为能源用途的份额以及生态环境制约因子，例如为了保护生态环境、林木的采伐量要适度、排污费可作为外部收益等因素。

结合上述理论研究与方法，可得油料能源树种资源潜力计算方法如下：

$$Pt = Sot \times Qot - Srt \times Qrt$$

式中：Pt——t 时期油料树种资源潜力；

　　　Sot——t 时期油料树种种植土地面积理论上限；

　　　Qot——t 时期油料树种单位产量理论上限；

　　　Srt——t 时期油料树种种植实际土地面积；

　　　Qrt——t 时一期油料树种实际单位产量。

（一）不同发展阶段油料资源潜力、资源产出量计算方法

1. 理想条件下的最大资源供给量

油料植物在理想条件下的最大资源供给量，即所有适宜油料植物发展的土地资源均被开发利用，油料植物产出实现最大化。

$$M_0 = S_{r0} \times Q_{r0} + S_y \times Q_{y0}$$

式中：M_0——油料在理想条件下的最大资源供给量；

　　　S_{r0}——油料适应发展的最大土地面积；

　　　Q_{r0}——油料人工栽培产出水平最大化条件下的单位产量理论上限；

　　　S_y——油料野生面积；

　　　Q_{y0}——油料野生产出水平最大化条件下的产量。

2. 产业准备阶段油料资源潜力

$$M_1 = S_y \times Q_{y1}$$

式中：M_1——产业准备阶段油料的资源产出量；

　　　S_y——油料野生面积；

　　　Q_{y1}——野生油料准备阶段的平均产量。

$$P_1 = M_0 - M_1$$

式中：P_1——产业准备阶段油料资源潜力；

　　　M_0——油料资源理想条件下的最大资源供给量；

M_1——产业准备阶段油料的资源产出量。

3. 产业起步阶段油料植物资源潜力

$$M_2 = S_{r2} \times Q_{r2} + S_y \times Q_{y2}$$

式中：M_2——产业起步阶段油料资源产出量；

S_{r2}——产业起步阶段的人工栽培面积；

Q_{r2}——产业起步阶段人工栽培平均产量；

S_y——油料野生面积；

Q_{y2}——产业起步阶段野生平均产量。

$$P_2 = M_0 - M_2$$

式中：P_2——产业起步阶段油料资源潜力；

M_0——油料资源理想条件下的最大资源供给量；

M_2——产业起步阶段油料的资源产出量。

4. 产业发展阶段油料植物资源潜力

$$M_3 = S_{r3} \times Q_{r3} + S'_{r3} \times Q'_{r2} + S_y \times Q_{y3}$$

式中：M_3——产业发展阶段油料资源产出量；

S_{r3}——产业发展阶段的人工栽培面积；

Q_{r3}——产业发展阶段人工栽培平均产量；

S'_{r3}——产业发展阶段的辐射区域人工栽培面积；

Q'_{r3}——产业发展阶段的辐射区域人工栽培平均产量；

S_y——油料野生面积；

Q_{y3}——产业发展阶段野生平均产量。

$$P_3 = M_0 - M_3$$

式中：P_3——产业发展阶段油料资源潜力；

M_0——工业油料资源理想条件下的最大资源供给量；

M_3——产业发展阶段油料的资源产出量。

5. 产业繁荣阶段油料植物资源潜力

$$M_4 = S_{r4} \times Q_{r4} + S'_{r4} \times Q'_{r4} + S_y \times Q_{y4}$$

式中：M_4——产业繁荣阶段油料资源产出量；

S_{r4}——产业繁荣阶段的人工栽培面积；

Q_{r4}——产业繁荣阶段人工栽培平均产量；

S'_{r4}——产业繁荣阶段的辐射区域人工栽培面积；

Q'_{r4}——产业繁荣阶段的辐射区域人工栽培平均产量；

S_y——油料野生面积；

Q_{y4}——产业繁荣阶段野生平均产量。

$$P_4 = M_0 - M_4$$

式中：P_4——产业繁荣阶段油料资源潜力；

M_0——油料资源理想条件下的最大资源供给量；

$M4$——产业繁荣阶段油料的资源产出量。

（二）油料资源适宜性土地潜力分析

油料资源适宜性土地潜力可以有狭义和广义两个概念。① 狭义概念：通常所说的工业油料资源适宜性土地潜力是指尚未开发和利用的满足油料资源光、水、热、土地酸碱性等自然属性，适合油料资源生长发育的土地。② 广义概念：广义的油料资源适宜性土地潜力的概念是在其狭义概念上扩展而来，主要有三个层次的界定。第一层次（理论上限）：不考虑自然属性条件下，油料资源可利用的宜林荒山荒地面积和其他可利用土地面积的理论最大值。第二层次（考虑自然条件后的上限）：满足油料资源光、水、热、土地酸碱性等自然属性条件下，油料资源可利用的宜林荒山荒地面积和其他可利用土地面积的理论最大值。第三层次（结合原有野生林分布的上限）：满足油料资源光、水、热、土地酸碱性等自然属性且考虑该地区有野生林分布条件下，油料资源可利用的宜林荒山荒地面积和其他可利用土地面积的理论最大值。

二、油料植物资源开发利用情况

麻疯树是一种抗旱耐瘠的多用途速生树种，是生产生物柴油、生物农药、生物医药、生物饲料的主要原料。国内外的研究表明，麻疯树种子含油量很高，除榨取能源油外，其油渣、油饼可作农药、饲料或肥料等；全株有毒，茎、叶、树皮均有丰富的白色乳汁，内含大量毒蛋白、麻疯酮等抗病毒、抗 AIDS、抗肿瘤的成分，可开发作医药、生物农药和生物杀虫剂等；此外，它还是保水固土、防止沙化、增殖有机土质、建造防护林的优良造林材料，对改善生态环境和恢复植被有重要作用。目前世界上还没有形成麻疯树的规模化产业，麻疯树尚未能发挥它应有的作用，因此应从可再生能源、环保、生态、扶贫、生物工程、高技术产品等方面进一步加强对麻疯树的研究和开发。

黄连木是一种重要的药用植物，以叶、树皮入中药，用来治疗痢疾、霍乱、风湿疮、漆疮初起等症，精制种子油治疗牛皮癣；叶上寄生的虫瘿，称五倍子，入中药，治肺虚咳、久痢脱肛、多汗、刀伤出血等症。枝、叶、皮根可用来调制土农药，防治作物病虫危害。黄连木是一种木本油料树种，种子含油率 42.46%（种仁含油率 56.5%），种子出油率 20%~30%，是一种不干性油，油色淡黄绿色，带苦涩味，精制后可供食用。叶也可制茶，鲜叶含芳香油 0.12%，可作保健食品添加剂和香薰剂等。黄连木果、叶、树皮含单宁 30%~40%，可提取栲胶；果、叶还可提取黑色染料。黄连木对 SO_2 和煤烟有较强抗性，可作防大气污染的环境树种和环境监测树种。

光皮树果实油的酸值较大，游离脂肪酸含量较高，含不饱和脂肪酸 77.68%，其中油酸 38.3%、亚油酸 38.85%，经鉴定为一级食用油，还可以入药。经临床应用治疗高血脂症的有效率为 93.3%，其中降低胆固醇的有效率为 100%，对治疗高血压和肺结核等疗效显著。油脂除食用和医用外还可做工业原料，并应用于化妆品、洗涤剂行业。光皮树的树皮和叶可提炼栲胶，花是良好的蜜源，果肉及种子还可制造肥皂、油漆等。榨油后得到的油饼是良好的生物肥料或饲料，可以帮助农民发展畜牧水产业，促进农林牧副业全面发展。其木材细致均匀，纹理直，坚硬，易干燥，车旋性能好，可供建筑、家具、雕刻、农具及胶合板等用。它不仅具有较好的经济实用价值，其树姿优美，枝叶茂密，树干通直，树冠舒展，在园林中，可用作庭荫树、行道树，孤植或丛植均能自然成景；根系发达，落叶层厚，有保持水土、涵养水源、改良土壤、改善气候等长远的生态效应。

蓖麻是重要的工业用油料作物，蓖麻籽含油率为46%~56%，籽仁含油率高达70%以上。蓖麻油中含蓖麻醇酸、油酸、亚油酸、硬脂酸、甘油等，其中蓖麻醇酸的含量约为82%。蓖麻油具有在500~600℃高温下不变质、不燃烧，在零下18℃的低温下不凝固的特性，因此成为航空、航天和精密仪器的高级润滑油、刹车油与防护油。蓖麻油的分子结构特殊，含有羧基及不饱和双键，可以通过水解、脂化、加成、氧化、裂化、环氧化等化学反应生产多种化工用品、特殊油脂和工业原料。蓖麻种籽、叶、根均可入药，蓖麻及其提取物能够消肿、排脓、拔毒、导泻、驱虫、止痒、止痛、润肠，可治疗风气头痛、中风偏瘫、子宫脱垂、脱肛、胃下垂、难产、烧伤、雀斑、湿疹、风湿痹痛、跌打瘀痛、破伤风等病症。蓖麻毒蛋白具有较强的抗肿瘤活性，对癌细胞具有很强的杀伤力，并能阻止癌细胞侵袭健康细胞，对结肠癌、宫颈癌、卵巢瘤等有很好的疗效。

主要参考文献

1. 黄璐琦，王永炎. 药用植物种资源研究[M]. 上海：上海科学技术出版社，2008.
2. 程树棋，程传智. 燃油植物选择与应用[M]. 长沙：中南大学出版社，2005.
3. 花锁龙. 油桐主要品种（类型）对枯萎病的抗性及其测定方法[J]. 林业科技通讯，1983(8)：13-15.
4. 郭文硕，郭玉硕. 油桐品种抗黑斑病生理生化机制研究（Ⅰ）品种抗性与游离氨基酸、多酚类物质、黄酮类化合物含量之关系[J]. 福建林学院学报，1992(1)：29-35.
5. 沙洪林，薛丽静，金哲宇，于海燕. 蓖麻枯萎病抗病性鉴定方法及抗病资源筛选研究[J]. 吉林农业科学，2002，S1：27-29.
6. 罗通，邓骛远，陈放. 不同产地麻疯树的抗冷性研究[J]. 内蒙古大学学报（自然科学版），2006(4)：446-449.
7. 李在军，冷平生，丛者福. 黄连木对干旱胁迫的生理响应[J]. 植物资源与环境学报，2006(3)：47-50.
8. 牟洪香，侯新村，刘巧哲. 木本能源植物文冠果的表型多样性研究[J]. 林业科学研究，2007(3)：350-355.
9. 何玮，郭亮，王岚，杨威，唐琳，陈放. 麻疯树种质资源遗传多样性的ISSR分析[J]. 应用与环境生物学报，2007(4)：466-470.
10. 吴昊. 我国蓖麻种质资源的综合评价[J]. 安徽农业科学，2007，29：9203-9204+9212.
11. 毛俊娟，王胜华，陈放. 不同温度和铝浓度对麻疯树生理指标的影响及外源钙的作用[J]. 北京林业大学学报，2007(6)：201-205.
12. 郑进，康薇. 蓖麻及其对重金属的积累特性[J]. 黄石理工学院学报，2008(6)：26-28.
13. 黄文霞，何觉民，朱宏波. 蓖麻种质资源遗传多样性的ISSR分析[J]. 西北农业学报，2008(1)：182-184+187.
14. 毛俊娟，倪婷，王胜华，陈放. 干旱胁迫下外源钙对麻疯树相关生理指标的影响[J]. 四川大学学报（自然科学版），2008(3)：669-673.
15. 隋岩洁. 中国黄连木（*Pistacia chinensis Bunge*）重金属及模拟酸雨逆境生理的研究[D]. 西南大学，2009.
16. 王超. 不同种源黄连木及阿月浑子遗传多样性分析[D]. 石家庄：河北农业大学，2010.
17. 刘玲. 花椒抗寒抗旱性研究[D]. 杨陵：西北农林科技大学，2009.
18. 向倩. 叶绿体微卫星分析麻疯树的遗传多样性[D]. 成都：四川农业大学，2010.
19. 张丹. 华南野生蓖麻遗传多样性分析与核心种质构建[D]. 广州：广东海洋大学，2010.
20. 胡静静. 中国黄连木（*Pistacia chinensis Bunge*）实生群体性状变异研究[D]. 济南：山东农业大

学，2010.

21. 郝丽娟. 能源植物黄连木遗传多样性的 SSR 及 ISSR 分析[D]. 北京：北京林业大学，2011.

22. 梁文斌，蒋丽娟，马倩，肖健，李培旺. 干旱胁迫下光皮树不同无性系苗木的生理生化变化[J]. 中南林业科技大学学报，2011(4)：13 – 19.

23. 吴志庄，厉月桥，汪泽军，王学勇，张志翔. 黄连木天然群体表型变异与多样性研究[J]. 林业资源管理，2011(4)：53 – 58 + 65.

24. 李清飞. 麻疯树对铅胁迫的生理耐性研究[J]. 生态与农村环境学报，2012(1)：72 – 76.

25. 蒲光兰，周兰英，向倩，马永志. 川滇地区麻疯树遗传多样性及亲缘关系的 cpSSR 研究[J]. 中国中药杂志，2012(1)：23 – 31.

26. 孙琳琳，赵登超，韩传明，栾森年，侯立群. 文冠果实生植株果实经济性状遗传性分析[J]. 山东农业科学，2012(1)：25 – 28.

27. 金雅琴，李冬林，陈小霞，张丽娟. 不同种源乌桕幼苗对干旱胁迫的生理响应[J]. 西北植物学报，2012(7)：1395 – 1402.

28. 虢婷婷，刘祥华，邢超，刘春林，阮颖. 蓖麻栽培品种的遗传多样性及蓖麻籽脂肪酸组分分析[J]. 湖南农业大学学报(自然科学版)，2012(4)：373 – 376.

29. 李昌珠，李培旺，张良波，刘汝宽，肖志红，李力. 光皮树无性系 ISSR – PCR 反应体系的建立[J]. 经济林研究，2009(2)：6 – 9 + 70.

30. 李清飞，仇荣亮，石宁，周小勇，SENTHILKUMARP，黄穗虹. 矿山强酸性多金属污染土壤修复及麻疯树植物复垦条件研究[J]. 环境科学学报，2009(8)：1733 – 1739.

31. 敖妍. 不同地区文冠果群体种子含油率·产量变异规律[J]. 安徽农业科学，2009(25)：11967 – 11969.

32. 王昌禄，毕韬韬，王玉荣，陈勉华，李凤娟，吴勃. 用隶属函数值法评价 10 个蓖麻品种抗旱性[J]. 河南农业科学，2009(11)：44 – 47.

33. 金梦阳，段琼琴，危文亮. 续随子苗期抗旱性综合评价[J]. 中国油料作物学报，2009(4)：465 – 469.

34. 尹丽，胡庭兴，刘永安，姚史飞，马娟，刘文婷，何操. 干旱胁迫对不同施氮水平麻疯树幼苗光合特性及生长的影响[J]. 应用生态学报，2010(3)：569 – 576.

35. 冯蕾，王华山，白志英，路丙社. NaCl 胁迫对黄连木体内离子分配的影响[J]. 湖北农业科学，2010(4)：898 – 900.

36. 向祖恒，张日清，李昌珠. 武陵山区北部野生光皮树资源调查初报[J]. 湖南林业科技，2010(3)：1 – 5 + 12.

37. 焦娟玉，刘裕，尹春英，陈珂. 土壤水分状况对麻疯树幼苗光合作用、超微结构和生理特征的影响[J]. 应用与环境生物学报，2010(4)：483 – 488.

38. 戴萍，尹增芳，顾明干，林军，张良波，何祯祥. 光皮树果实的数量性状变异[J]. 林业科技开发，2010(5)：34 – 37.

39. 吴志庄，张志翔，汪泽军，李金霞，王学勇. 黄连木居群遗传多样性的 SSR 标记分析[J]. 应用与环境生物学报，2010(6)：803 – 806.

40. 李昌珠，秦利军，李培旺，张良波. 光皮树优株遗传多样性的等位酶研究[J]. 中国园艺文摘，2010(5)：31 – 33.

41. 张宝贤，王光明，谭德云，刘红光，杨云峰，孙丽娟. 蓖麻杂交种耐盐碱能力评价试验初报[J]. 中国农学通报，2012(33)：88 – 92.

42. 马小芬，王兴芳，李强，贺晓. 不同种源地文冠果叶片解剖结构比较及抗旱性分析[J]. 干旱区资源与环境，2013(6)：92 – 96.

43. 金雅琴. 乌桕实生苗培育及耐盐抗旱生理研究[D]. 南京: 南京林业大学, 2012.

44. 张帅. 湖北省大别山区乌桕性状变异及 ISSR 分析[D]. 武汉: 华中农业大学, 2010.

45. 张晓燕. 神东矿区不同种源地文冠果生长适宜性及耐盐性研究[D]. 呼和浩特: 内蒙古农业大学, 2012.

46. 李熳. 乌桕优株遗传多样性研究[D]. 长沙: 中南林业科技大学, 2013.

47. 江香梅, 何凤苗. 光皮树群体遗传结构及其油脂精炼工艺研究[A]. 中国林学会林木遗传育种分会. 第六届全国林木遗传育种大会论文集[C]. 中国林学会林木遗传育种分会, 2008: 1.

48. 沈俊岭. 麻疯树遗传变异与多样性研究[D]. 北京: 北京林业大学, 2010.

49. 刘轩. 中国木本油料能源树种资源开发潜力与产业发展研究[D]. 北京: 北京林业大学, 2011.

50. 冯毅. 川渝地区乌桕现有群体遗传多样性研究与核心种质初步构建[D]. 成都: 四川农业大学, 2011.

（李培旺、李昌珠、蒋丽娟）

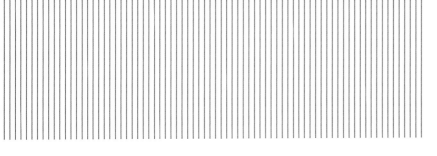

第三章
工业用油料植物育种策略和新技术应用

　　过去几十年，随着越来越多的食品、饲料和工业产品采用植物油为原料需求增加，植物油的地位节节攀升，油料植物在世界农业和相关产业中的地位日显重要。油料植物的种植面积已从1980年的1.60亿hm²增加到2005年的2.47亿hm²，世界油料植物产量已从1980年的2.78亿t上升至2005年的7.11亿t。油脂产量增加的驱动力一部分来源于中国、印度和拉美国家食用植物油的人均消费量增加，更重要的驱动力是近几年生物柴油产业发展对油脂原料需求的强劲增长，2003～2006年，美国工业用大豆油用量由25.0万t增加到107.9万t(SoyStats T M，2007)。过去10多年，由于生物柴油产业的迅速发展，形成了工业用油脂原料需求的急剧攀升，已经使得工业用油脂与食用油脂比例由原来的1:9，变化为2:8(图3-1)，即工业用油脂的消费增长速度，大大超过了食用油脂消费增长速度。由于能源危机，石油价格上涨，以及人类对生态环境日益重视，预见未来，将有越来越多的植物油用于生物柴油和替代原油，以及生产润滑剂、油漆和塑料等工业材料。

　　植物油总产量高速增长除了寄希望于油料植物种植面积的扩大以外，还寄希望于育种技术和栽培技术的进步来提高单位面积产量。总的土地资源是有限的，考虑到油脂生产成本的增加以及与非油料植物竞争土地等因素，向油料增加农业土地资源的空间是有限的，因此要满足油脂总产量不断增长的需求，需要依靠油料植物育种工作来解决。鉴于植物油脂消费领域中工业用植物油脂的迅猛发展趋势，有必要制定出合理育种目标，利用好育种资源，深入开展工业用油料植物基础研究工作，制定好育种程序，正确选择和运用育种技术，培育出工业用油料植物新品种，满足现代工业发展对植物油脂的需求。世界油料总产量与种植土地和单产水平的变化见图3-2。

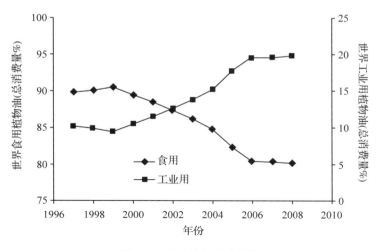

图 3-1　世界植物油消费量

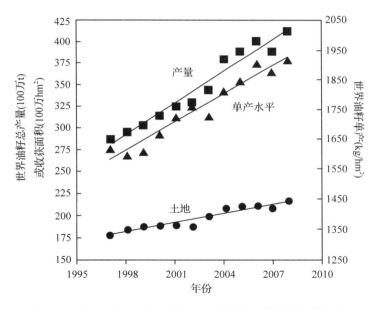

图 3-2　近年世界油料总产量与种植土地和单产水平的变化

从植物油的发展过程看，植物育种对于植物油产量增加起了关键作用，通过高产和高含油率育种，显著提高了油料植物的单位面积产油量；通过品种品质改良，不但改善了食用油的营养价值，还改善了工业用油的适用性；而且，通过开发独特品质的新型油脂，正在为农业生产与加工创造新的机会。

过去 30 年植物分子生物学飞速发展，昔日的"美国植物生理学家学会"现已被"美国植物分子生物学学会"取代。超越传统学科的局限，从植物代谢遗传调控的角度认识生物现象的本质成为生物学发展的必然趋势。生物技术、基因组学、蛋白质组学和代谢组学等成为科学研究的热点和育种新技术的源泉。随着高通量全基因组测序技术的发展，可资利用的生物信息资源将越来越丰富，习惯使用统计分析和经典数量遗传学的育种家们，现在需要将性状表现与基因型联系起来，要将那些辅助育种手段成功应用于实践。本章在阐述工业用油料植物育种策略的基础上将介绍一些新技术在工业用油料植物育种中的应用。

第一节 育种策略

一、育种策略的概念

孙其信1991年指出，育种工作整体上由育种目标、育种资源（人力、物力、财力）、基础研究、育种程序和技术，以及组织管理五个相互联系起来的部分组成，是一个系统的工作，包括正确制定和运用育种策略。制定育种策略，就是要在制定出合理育种目标的基础上，从育种工作五个部分的相互联系性和层次性出发，综合运用育种有关科学的理论知识、育种经验以及各种技术手段对实现育种目标的动态过程或育种整体计划进行优化，并有效地组织实施，以经济有效地育成新品种，提高育种效率、效果和效益。育种策略是综合统筹种质资源收集保存评价、基础理论研究、制定育种目标、选择育种途径、应用育种技术等各方面工作的策略安排，融合战略与战术双重含义。

顾万春和李百炼于1997年在中国林学会林木遗传育种第四届年会上提出：林木育种策略的概念是，在经济发展与环境发展的总目标指引下，在特定的历史时期内（规划），不断适应社会对林木良种的需求（计划），根据自然条件、树种遗传资源和技术经济条件而规定的育种原则、方式和方法。林木育种策略包括全国林木育种策略（更接近于战略）、地方林木育种策略、林种育种策略和树种育种策略。

就某一植物来说，育种策略是针对某个特定植物的育种目标，依据植物的生物学和林学特性、遗传变异特点、资源状况、已取得的育种进展，并考虑当前的社会和经济条件，可能投入的人力、物力和财力，对该植物遗传改良作出长期的总体安排。一个完整的林木育种体系应包括长期策略、短期育种活动以及基因资源保存三个主体成分。

二、工业用油料植物的育种策略

我国"十二五"经济社会发展的主要目标是：城乡居民收入普遍较快增加、社会建设明显加强、经济平稳较快发展、改革开放不断深化。"十二五"环境保护的主要目标是：到2015年，单位国内生产总值二氧化碳排放大幅下降，主要污染物排放总量显著减少，生态环境质量明显改善，环境保护体系逐步完善。全国化学需氧量、二氧化硫、氨氮、氮氧化物排放总量比2010年分别削减一定比例。"十二五"绿色发展的目标是：经济增长的科技含量提高，单位国内生产总值能源消耗和二氧化碳排放大幅下降，主要污染物排放总量显著减少，生态环境质量明显改善。

我国"十三五"经济社会发展的主要目标是：经济保持中高速增长，到2020年国内生产总值和城乡居民人均收入比2010年翻一番，迈进创新型国家和人才强国行列；人民生活水平和质量普遍提高，收入差距缩小，中等收入人口比重上升，农村贫困人口实现脱贫；国民素质和社会文明程度显著提高，公共文化服务体系基本建成，文化产业成为国民经济支柱性产业；各方面制度更加成熟更加定型，国家治理体系和治理能力现代化取得重大进展，各领域基础性制度体系基本形成。"十三五"时期环境保护的主要目标是：2020

年，环境质量进一步改善，城市空气质量总体稳定，可吸入颗粒物浓度较 2015 年下降 10% 以上，基本消除重污染天气；主要江河水污染防治取得明显成效，基本消除劣 V 类及不符合水体功能的 V 类水体和城市黑臭水体，集中式饮用水源地水质稳定达标；土壤污染问题得到有效控制，黑土地保护力度进一步加大；生态环境进一步改善和恢复，初步实现生态系统的良性循环，农村环境状况总体改善；初步建成"大数据、网格化、在线监控"三位一体环境监管服务体系，监管能力建设保障环境管理的作用进一步加强，环境风险得到有效控制。"十三五"绿色发展的目标是：生态环境质量总体改善，生产方式和生活方式绿色、低碳水平上升，主要污染物排放总量大幅减少，生态文明建设和环境保护与经济社会发展同步跨入小康社会。

当前我国工业用油料植物育种工作，需要在我国绿色发展总体目标指引下，服务于国家节能减排的需求，不断适应生物能源新兴产业及传统工业油脂领域对油料植物良种的需求，根据生物能源产业及传统工业油脂领域产业的相关规划与区划，依据各区域的自然条件、油料能源树种的遗传资源、育种技术和经济条件，正确制定和运用育种策略。就是要在制定出合理工业用油料植物育种目标的基础上，从育种工作五个部分的相互联系性和层次性出发，综合运用育种有关科学的理论知识、育种经验以及各种技术手段对实现育种目标的动态过程或育种整体计划进行优化，并有效地组织实施，以经济有效地育成工业用油料植物新品种，提高工业用油料植物育种效率、效果和效益。

工业用油料植物与谷类、豆类不同，它不是简单地由相近的一类物种构成，而是包括不同植物科属的物种，既包括单子叶植物，也包括双子叶植物，既包括草本植物也包括木本植物。油料植物多样性很高，不同油料植物的植物学特性，差别很大，既有生育期很短的一年生植物，也有寿命达 2000 年的多年生植物，不同油料植物育种方法和育种水平都不同。然而，工业用油料植物育种目标都非常相似，包括提高含油率，改变脂肪酸组成，改善营养和加工品质、提高抗性以及提高副产品产量和改善副产品品质等内容。因此，工业用油料植物育种策略，主要是指为达到高产、高抗、高含油、高品质等育种目标的种质资源研究、基础理论研究、育种途径选择、育种技术应用等工作组织统筹。

三、育种目标

育种目标是育种的方向，整体来说工业用油料植物的育种目标要适应当今社会油料工业化应用行业发展的需要，即一是产油量较高，培育成本较低，具备一定的经济效益，工业油料林不同于生态公益林，除了要有生态效益外，经济效益是首要考虑的方面，工业油料也不同于食用油料，不必要对口感、营养成分过多关注；二是要便于加工利用，包括油脂提取方法简便经济，油料植物脂肪酸的脂肪酸加工转化为能源产品和其他工业产品；三是工业用油料植物必须便于规模化栽培与生产，便于机械化作业采收等，以便降低劳动力成本，适应工业化的需求；四是适应性强，我国耕地面积有限，人均耕地少，因此发展工业用油料植物必须依靠非耕地，这就要求选育的油料植物必须适应性强，能够适应非耕地种植。五是副产物能够有较好的效益以支撑目前以林木油脂加工生物柴油，经济效益差等问题。六是高抗性，就某一地区、某种具体油料植物来说，除了满足整体目标外，还有一些具体要求，如在盐碱地区，我们更需要培育耐盐碱的品种；对于利用冬闲田种植的油料，还需关注生育期；对于高大乔木，我们需要解决矮化早实的问题。

（一）含油率

含油率是指植物种子或果实中粗脂肪占植物种子或果实总重量的百分率。通常植物种子和果肉等油脂含量要达 10% 以上，才具有制油价值。在植物种子或果实含油率越高，可能利用价值越大，含油率每提高一个百分点，相当于增产 2.3% ~ 2.5%。因此，对农户和加工企业来说，除了农艺性状和抗性外，种子或果实的含油率是最具有经济价值的育种目标。

1. 油体和含油率的细胞生物学

油料植物种子在发育过程中形成的油脂储藏物主要是三酰甘油。脂肪酸的合成在发育胚胎的细胞质体中完成的。合成的脂肪酸在质体中与辅酶 A 结合并释放到内质网腔内积累。在内质网中，脂肪酸经过不同的修饰（延长和去饱和等）过程，最终与甘油进行酯化反应形成三酰甘油。三酰甘油具有疏水性，在内质网中积累后形成泡状结构，由此发育长大成油体，成为成熟种子中显微镜下可见的含油结构。Wältermann 和 Steinbüchel（2005）提出了油料植物油体形成模型，并被广泛接受（图 3-3）。油体由三酰甘油形成的一个小泡开始长大，外围由单层磷脂膜包裹（该磷脂膜来自内质网外膜）。随后，油体蛋白单元嵌入磷脂层，油体从内质网上脱落。油体蛋白的中央结构域呈疏水性，因此与油脂基体接触，而两端则与细胞质接触。在成熟过程中种子需要经过脱水过程的所有油料植物中均观察到油体蛋白，但无脱水过程的植物（如橄榄、鳄梨或其他热带油料植物）中，暂未发现油体蛋白存在。油体的大小取决于植物的种类，十字花科油料植物的油体直径为 $0.3 ~ 0.8\mu m$，棉花、亚麻和玉米为 $0.5 ~ 2.0\mu m$，罂粟、向日葵和芝麻的油体往往大于 $2\mu m$；而不脱水的物种有很大的油体（直径为 $5 ~ 50\mu m$）。油体蛋白调节油体的大小，使其在脱水和再水化的过程中保持稳定。油体蛋白是通过转基因改变油脂积累过程的靶标，并影响到含油率。

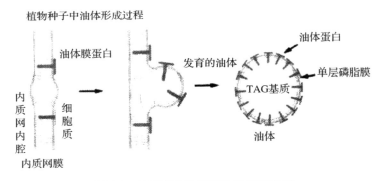

植物种子中油体形成过程

图 3-3 油料植物种子的油体发育模型

2. 含油率的植物学特征

油脂具有疏水性，不能在植物内转运，因此种子和果实中储藏的油脂只能在相同组织中进行合成、储存和代谢。储藏油脂是幼苗发芽和出苗过程中的主要能量来源，油体集中分布在胚胎组织，例如，油料植物种子的子叶和胚轴薄壁细胞，或谷类作物的胚（主要是盾片）中。除了蓖麻和其他少数物种外，胚乳组织一般都不储存油脂，因此，含油率的遗传变异主要与胚组织中的油体大小与密度以及含油胚组织在整个种子中占有的比例有关，这对于高含油率育种来说非常重要。

Mantese 等用含油率不同的向日葵品种研究了油脂积累的时间和组织分布规律，实验材料瘦果的含油率从低含油率30%~33%到高含油率45%~55%不等。他们发现了一个趋势：高含油率品种比低含油率品种油体直径稍大，但是它们胚中的油脂绝对含量是相似的，低含油率品种的胚较大，因此其油体的密度较低；而且，与高含油率品种相比，低含油率品种的蛋白体在子叶横切面中占据的细胞面积更大。

改变油体大小和密度对含油率的增加有一点作用，但是迄今为止，许多油料植物（如向日葵、油菜、亚麻、罂粟和南瓜等）提高含油率主要是通过筛选果皮退化或薄种皮的突变体得到的。零食型向日葵的瘦果大，壳（果皮）厚，含油率低（20%~30%）；而产油型向日葵的瘦果小，壳薄，含油率高（40%~55%）。据估计，在1970年之前，向日葵含油率的增加2/3来自降低壳的比重，1/3来自籽仁（种子）内含油率增加。阿根廷在1930~1995年所释放的向日葵品种中，瘦果含油率从35%增加至55%，而籽仁与瘦果的质量比有0.6增加到0.8，这是由于高含油率选择的结果。另外还有菊科油料植物红花，其含油率从39%增加到47%也是通过选择薄壳瘦果实现的。油菜的黄籽性状是通过人工合成油菜从白菜中获得的。薄皮黄籽油菜品种的含油率为45%，而相应的黑籽油菜的含油率为39.9%。而且决定黄籽性状的一个主效QTL与另一个减少纤维含量的QTL位于同一位置，黄籽性状的候选基因可能与黄酮合成途径有关，因为油菜黄籽性状是由前花青素（缩合单宁）形成的。亚麻的黄籽含油率较高，种子较重，缺点是种子受伤后发芽率较低、容易感染根腐病。对亚麻种质资源库中大量品种比较发现，黄籽性状与高含油率以及高种子重量两个性状显著相关。黄籽性状由数个独立的基因位点控制，但黄籽性状与高含油率是如何联系的尚不清楚。与其他油料相似，黄籽亚麻的种皮比棕色种子的种皮要薄，可能厚度决定了其颜色。这一观点也从对亚麻子胶的研究中得到证实。亚麻子胶位于种皮表皮中，由多糖组成。与褐色种子相比，它在黄色种子中含量较低。同样，黄色或者白色罂粟种子的含油率高于蓝色种子，这可能是由于种皮较薄引起的。在产油南瓜中，一个突变阻止了外种皮（壳）的木质化，从而培育成油料植物，改变了南瓜在一些中欧国家作为蔬菜的用途。厚壳、木质化种皮的南瓜含油率低于30%，而薄种皮突变体品种南瓜的含油率为35%~50%。木质化是由一个主效基因控制的，在薄种皮品种中呈隐性，几个微效基因参与了薄种皮基因型的部分木质化。

在美国伊利诺伊州，对玉米的油脂和蛋白质含量进行了100多代的长期选择油量最高的已经超过20%，而含油率低的不到1%。由于玉米种子的含油组织是胚胎，高含油率与盾片的大小相关。在另一种玉米合成种中，高含油率与低淀粉含量相关，而与蛋白质含量无关；对高含油率进行育种选择伴随着种子重量降低，胚胎所占比例增加，以及胚乳所占比例下降。子叶是大多数一年生油料植物的含油组织，对子叶大小的选择可能是提高种子含油率的一条新途径，白菜型油菜的研究提供了证明。

3. 含油率的遗传学

含油率是数量性状，由品种的遗传和环境共同控制。虽然对脂肪酸遗传机制的研究在很多油料植物中都非常深入，但对含油率遗传机制的研究一直不够充分。一般认为，油菜的含油率受加性的主效基因控制，显性和上位性效应不显著，推测影响含油率的基因数目少于影响种子产量的基因数目。过去10年，含油率QTL作图促进了人们对含油率遗传机制的认识，对特定QTL的功能机制有了更深入的了解。

美国农业部（USDA）的SoyBase数据库列入了69个影响大豆含油率的QTL（http：//

soybeanbreederstoolbox. org，2007 年 10 月），它们大多数位于连锁群 Al、E、I 和 L 上。大多数 QTL 对含油率的影响较小，前 1 ~ 4 个主效 QTL。可在不同的分离群体中解释 10% 以上表型变异。据报道，甘蓝型油菜中有 3 ~ 8 个影响含油率的 QTL，而芥菜型油菜、亚麻荠等植物中，最多发现有 14 个 QTL. 其中只有前 1 个或 2 个 QTL。可以解释 10% 的含油率变化。研究表明，影响含油率的多数 QTL 呈加性遗传。此外，在两个亲本构建的向日葵群体中发现含油率 QTL 的显性作用。在油菜、芥菜型油菜、大豆和燕麦等作物中还发现右双基因上位性。在玉米含油率和蛋白含量的长期选择实验中，发现影响油脂、蛋白质和淀粉含量的很多 QTL 存在上位性作用，说明上位性效应对于维持选择相应，尤其是在遗传变异水平较低的时候非常重要。

在很多油料植物中，均发现种子含油率与蛋白质含量之间呈负相关，这在 QTL 水平上也有反映。经常发现，与含油率相关的 QTL 区域也控制蛋白质含量，反之亦然。这种关联性可能是由于控制油脂和蛋白质的等位基因之间紧密连锁，或者是由于基因多效性造成的。Lee 等（2007）通过一系列研究，估计在大豆中约有 58% 的含油率相关 QTL 也与蛋白质有关。Chung 等（2003）发现有一个 QTL 同时影响含油率、蛋白质含量和产量，并认为这个 QTL 对含油率和蛋白质含量具有一因多效性。Nichols 等（2006）通过精细作图，将一个影响油脂和蛋白质含量的 QTL 定位到大豆连锁群 I 上的仅 3cM 的区域内，但仍无法区分是由于一因多效，还是两个不同性状位点紧密连锁。

在油菜中，在限定条件下对含油率 QTL 进行作图，可以区分一个 QTL 到底是影响含油率还是影响蛋白质含量的，与无限制条件作图的方法相比，可以鉴定出更多的含油率相关 QTL。

目前我们对控制含油率的遗传机制和代谢调节因素的了解相当有限。在十字花科植物中，编码芥酸的基因被视为控制含油率的"候选基因"，因为芥酸（C_{22}）与油酸（C_{18}）脂肪酸相比，碳链长度和分子质量有所增加，导致总的含油率增加。在油菜中，两个影响含油率的 QTL 同时与两个影响芥酸含量的基因相联系，这是通过将高低芥酸品种进行杂交发现的。随后，这些基因被称为脂肪酸延长酶基因，与拟南芥编码将油酸（C18:1）延伸至芥酸（C22:1）反应的脂肪酸延长酶基因同源，油菜和芥菜都含有该基因，与芥酸相反，棕榈酸（C16:0）的分子质量比油酸（C18:1）要小，这可以部分解释它为何在油菜、向日葵和大豆中与含油率呈负相关。利用基因差异表达技术来研究油菜高或低含油率品系，发现一些与叶绿体功能（光合作用）和糖代谢相关的基因与含油率相关。在燕麦中，催化脂肪酸的从头合成第一步的乙酰辅酶 A 羧化酶基因被认为是强烈影响含油率的候选基因。Jako 等（2001）的拟南芥转化实验表明，通过过量表达酰基甘油酰基转移酶基因可以提高含油率。蛋白质组水平的研究也揭示了含油率代谢的复杂性，在油菜和向日葵种子发育过程中发现，与能量、碳水化合物和氨基酸代谢相关的蛋白质都有表达。研究结果有助于确定调控高含油率的基因。

4. 含油率的育种

不同油料植物具有不同的生殖方式。传统植物育种按生殖方式将品种分为四种类型，即无性系（油橄榄、无性繁殖的油棕榈），异交群体（椰子、油棕榈、蓖麻、异交芸薹属），自交系（大豆、亚麻、花生、罂粟、芝麻）和杂交种（向日葵、油菜、油棕榈、蓖麻）。由于含油率主要受基因加性效应控制，向日葵和油菜的杂交种与开放授粉或纯系品种相比，含油罿变化不大。油菜产量的杂种优势很大，而含油率的杂种优势不明显。大豆是严格的自花授粉作物，在生长周期、株高和产量等方面县有很高的杂种优势，但含油率和蛋白质含量的杂种优势不明显。因此，油料植物的杂交优势利用主要是通过提高产量进而提高产油量，而不是提高含油率。与一年生油料植物不同，油棕的杂交亲和率一般未经完全纯化，因而其杂交种是异质型群体。通过组培技术将其种子转化成无性系，通过对高产油棕树个体的繁殖，来提高单位面积的产油量。

油料植物育种是一项复杂的工作，需要综合考虑各种性状以及生物学和经济价值等特征。在大多数育种群体中，籽粒产量和含油率之间呈正相关或相关不显著，而籽粒产量与蛋白质含量呈负相关。另外，含油率与开花时间、种子重以及脂肪酸含量也可能相关，在对含油率进行轮回选择和回交转育时尤其如此。含油率通常呈数量性状特征，在大多数群体中有中等偏高的遗传力，对选择压具有明显的反应。

在高含油率育种方面已建立起有效的分析方法，如核磁共振法（nuclear magnetic resonanse，NMR）和近红外反射光谱法（near-Lnirared reflectance spectroscopy，NIRS），它们可在不破坏种子完整性的情况下测定含油率。NIRS 技术不但可以测定含油率、蛋白质含量和含水量，还可以测定氨基酸和脂肪酸含量、其他营养成分含量，如硫代葡萄糖苷和酚类。此外，利用 NIRS 分析单粒种子含油率和脂肪酸含量的技术也已被提出。因此，现在可以对含油率及相关品质性状进行大规模高通量筛选，可以在植物发育的小苗时期进行，还可以对单粒种子、单株种子、小区种子或单行医种子进行选择和品质监测。

（二）高产、稳产及类型多样性

工业用油料植物在具有优质的脂肪酸组成和高含油率的前提下提高产量是育种的重要目标之一，产量是决定经济效益的直接因素。但是工业用油料植物，特别是木本工业用油料植物的大小年产量差异特别大，而工业生产周期对原料的需要随季节性与年度变化不大，不能出现今年大丰产，明年低产的状况，因此需要改良植物的遗传特性，以达到高产稳产的目的。不易稳产的工业用油料植物无法满足工业生产对原料持续的稳定的需求。另外一方面由于我国地形复杂，气候差异大。因此，需要针对不同的气候条件进行品种适应性的改良，达到高产、稳产的目的，以获得最大的经济效益。

解决工业油料持续稳定供应，减少由于季节性影响而造成大量原料积压或者原料空档期，另一个方案是，培育多种类型的品种，特别是不同成熟期的品种。因此，我们认为类型多样性也是工业用油料植物育种的一个重要目标。

（三）脂肪酸组分

除含油率和产量外，改变油料植物油脂脂肪酸组成，使之更利于转化生物柴油或特定的化工产品是工业用油料植物育种的另一大目标。多数一年生植物主要含有五种脂肪酸：棕榈酸（C16:0）、硬脂酸（018:0）、油酸（Cl8:1）、亚油酸（C18:2）和亚麻酸（C18:3）。有的油料植物还含有其他脂肪酸，如油菜含有芥酸（C22:1），蓖麻含有蓖麻油酸。改变脂肪酸的相对比例，可以提高生物柴油的低温性能、可以增加生物柴油氧化安定性。过去几十年，油料植物研究人员主要利用人工诱变、自然变异、轮回选择和基因工程等手段开展育种工作。早在 30 多年前，已用 EMS 诱变技术获得脂肪酸组成发生改变的突变体（如低亚麻酸突变体），但低亚麻酸油脂直到最近才开始打开市场。

在食用油脂市场，由于对健康的考虑，我们常常更加侧重于优质（脂肪酸组分对人体健康有益），甚至为了培育优质组分的油料不惜以牺牲产量为代价。例如，因为高亚麻酸油脂在氢化过程中易产生反式脂肪酸（一种比饱和脂肪酸更不利于心脏健康的脂肪酸）等副产物，促使我们培育低亚麻酸（低于3%）品种。我们还放弃高产高芥酸油菜品种，而培育双低油菜品种。为了提升油料产品的价值，油料植物育种家将日光投向保健品、生物工业原料和生物燃料，期待用新的育种目标来改善农业收入低和盈利徘徊不前的局面。为当前和新兴市场发展高附加值油料植物和产品是育种者和生产者责无旁贷的选择。

大豆油在工业上的一个主要用途是生产大豆油墨。大豆油墨广泛用于彩色报纸印刷。大豆油用于报纸印刷油墨的缺点是干燥速度较慢。为了改善大豆油墨的干燥速度，可以在大豆油中添加共轭脂肪酸含量很高的桐油。共轭脂肪酸的双键位于相邻的碳原子上，而大豆油的亚油酸和亚麻酸的双键是通过亚甲基隔开的。现在已有报道称，用大豆生产共轭脂肪酸异构体桐油酸和金盏酸。达两种脂肪酸都是在FAD2类似酶，即脂肪酸共轭酶作用下产生。这些酶将结合在卵磷脂上的亚油酸的一个顺式双键转化为两个共轭反式双键，得到一个共轭三烯脂肪酸。产生金盏酸的脂肪酸共轭酶将亚油酸的$\triangle 9$双键转化成$\triangle 8$反式和$\triangle 10$反式双键，而产生桐油酸的脂肪酸共轭酶将亚油酸的$\triangle 12$双键转化为$\triangle 11$反式和$\triangle 13$反式双键。来自金盏菊的$\triangle 9$修饰型共轭酶cDNA导入到大豆，产生了金盏酸含量达10%~5%水平的大豆油。同样，来自苦瓜、凤仙花和可可梅的$\triangle 12$修饰型共轭酶cDNA导入到大豆体细胞胚，获得了桐油酸含量达20%的油脂。

随着藻类和高等植物基因的延长酶、去饱和酶和脂质转移酶在油料植物中的适应，利用生物技术进行PUFAs的育种，在油料种子中合成GLA、AA、EPA、DHA并控制油料种子中脂质组成具有可能性。目前国外部分公司和研究单位希望从野生植物或藻类、真菌中克隆出能在油菜中高效表达的$6-饱和酶基因，用以生产成本低廉的GLA油。

（四）有利于机械化、规模化经营管理的性状（如树体结构基本一致、矮化等）

实现传统农业向现代农业的转变是世界农业发展的必然规律，目前中国正处于从传统农业向现代农业转变的关键时期。目前农村土地制度进行创新，实行土地流转，实行适度规模承包经营。户籍制度改革正在推行，正在消除城市与农村户口所具有的在身份、待遇等方面的特殊功能及其不公平性，实行城乡居民在住房、就业、教育、医疗和保险制度上的平等待遇，这将促进农民进城，农村劳动力将进一步转移，决于劳动力价格越来越高，农村劳动力资源渐渐变得稀缺。上述因素，加上农业机械科技推动作业效益不断提高，政府对农机化的推动，必将使农业机械化成为我国未来农业的主要方向。

由于生物柴油等工业生产对油料原料的需求是规模化、低成本。为了降低成本、提高效益必然要求规模化、规范化经营。因此，我们把有利于机械化、规模化经营管理的性状作为工业用油料植物育种的又一主要育种目标。目前湖南省林业科学院已经在培育矮化光皮树品种做了一些工作，选育出矮化优良无性系6个，挖掘出矮化相关基因100多个，解决了树体高大不利于采收管理的局面。在培育适宜机械作业的蓖麻新品种方面也在做一些工作。

（五）抗性

由于用来种植工业用油料植物的土地多为立地条件较差的边际土地或者劣质土地。因此，选育的油料植物品种需要有对环境较高的适应性。如抗盐碱的油料植物品种、耐瘠薄的品种、抗旱性强的品种、抗寒性强的品种等。尽管油料植物对干旱、营养匮乏和冷胁迫的调控机制极其复杂，油料植物针对非生物胁迫抗性的育种工作受到越来越多的关注。近年来，对甘蓝型油菜和相关物种春化作用和开花时间相关基因的研究很多，研究表明，一些控制开花肚状的主要基因可能对整体基因表达的调控具有重要作用。近年来，在甘蓝型油菜及其二倍体祖先种中，开花位点 C（Flowering Locus C，Fl. C）同源片段及其相关基因对开花时间和相关性状的调控作用，以及相关 QTI。对相关性状的作用已得到了确认。湖南省林业科学院开展了适应高温高湿气候的蓖麻新品种选育研究，选育出 2 个新品种。四川大学等单位开展了麻疯树抗性品种选育研究。

另一方面，一些病虫害对某些工业用油料植物危害也较大，如灰霉病和棉铃虫对蓖麻。因此生物胁迫因子的抗性基因图谱和分子标记研究是工业用油料植物育种研究的重要内容。黑胫病是油菜主要病害之一。近年来，黑胫病抗性基因的图位克隆不断取得进展。Maverhofe 等（2000）用两个不同的油菜品种，对控制黑胫病幼苗抗性的基因位点进行了精细定位。两个位点均位于甘蓝型油菜 N7 染色体上，在拟南芥中可找到该基因的共线染色体区域。研究发现，在含有这些位点的甘蓝型油菜基因组区域存在复杂的串联重复性序列。很显然，在油菜进化过程中多倍体化衍生的序列重复和序列分化对主要病原物的抗性发展具有重要的作用。Staal 等（2006）也在拟南芥中找到抗黑胫病的候选基因，用重组近交系进行精细作图后发现有两个基因与黑胫病抗性相符，它们都含有抗性基因的典型序列特征。这两个基因对抗性的贡献已通过反向遗传学得到证实。

油料植物其他病害的抗性育种工作因抗性资源缺乏进展缓慢。在某些情况下，这个问题可以通过从外来甘蓝型油菜品种、人工合成油菜或种间杂交材料中导人抗性基因得到帮助，但要将分散在不同资源中的数量抗性基因聚合到一起，必须获得有效的分子标记。例如，Rygulla 等（2007）从抗黄萎病（*Verticillium longz* Porum）的油菜品种中找到了与该抗性QTL 连锁的分子标记（该抗性基因来自甘蓝），Werner 等（2008）则报道了抗根肿病（*P. brassicae*）QTL。菌核病（*S. sclerotiorum*）抗性是世界油菜主产区最重要的育种目标之一，但在油菜中尚未发现有效的菌核病抗性材料。

Zhao 和 Meng（2003）对中国油菜品种的部分抗性进行了 QTL 分析。Zhao 等（2007）还利月微阵列分析技术研究了菌核病抗病和感病基因型的基因表达模式。控制病原体接种早期反应的基因被整合到 QTL 图中，一些防御反应候选基因得以鉴定。与抗性 QTL 一起定位的目的基因中发现一些植物细胞壁相关蛋白和 WRKY 转录因子对菌核病抗性具有贡献。

（六）多目标育种

与谷类和豆类作物育种相比，油料植物育种一般更为复杂，因为大部分油料植物是双用途或多用途的，需要同时兼顾不同品质性状的改良。大豆、油菜、向日葵和其他一些油料植物除了油脂之外，富含蛋白质的饼粕，也是具有重要经济价值的产品。然而，油脂与蛋白质含量呈高度负相关，成为这些作物育种中遇到的一个重大障碍。大豆种子的平均含油率为 20%，蛋白质含量为 40%，今后的趋势是稍微提高含油率并降低蛋白质含量。由于在国际贸易中这两种成分都很重要，大豆的价格由其含油率和蛋白质含量决定，选育最具经济价值的含油率和蛋白质含量的品种是大豆育种的主要目标（Leffel，1990）。在油菜中，黄籽育种是同时提高含油率和蛋白质含量的重要途径，这是因为黄籽油菜与黑籽油菜相比种皮较薄和纤维含量较低（Badani et al.，2006b）。在棉花中，纤维产量和品质是育种的主要目标，而棉籽油是一种副产品，因此，含油率并不是主要的育种目标。在亚麻中，有两个主要性状，一是种子的含油率，二是茎秆韧皮纤维的产量，而具有双重性状的品种是较罕见的，因此在同一品种中兼顾高的种子含油率和茎秆韧皮纤维产量难度很大。最近，有人提出两用亚麻品种的选择标准，建议将短纤维的亚麻茎秆用于非织造材料等新兴领域（Rennebaum et al.，2002；Foster et al.，2000）。

对于大多数木本工业用油料植物（麻风树、光皮树、油桐、乌桕、漆树），由于树体高大，采收较草本油料植物困难，因此目前育种目标主要是高含油率和便于采收的农艺性状（如矮化）。例如，光皮树是高大乔木、主要含油部位为果肉、果实比较小，另外它抗性和适应性都比较强，所以育种目标需要考虑含油率、产量、果肉厚度、果实大小和矮化等，而抗性不是主要育种目标。由于工业用油料植物研究基础还很薄弱，副产物利用技术也还不是很完善，其他育种目标不是很明确，不过随着人们对生态景观的越来越关注，随着科学工作者对工业用油料植物毒蛋白、胶质以及其他有用成分的成分作用、分离与使用技术的深入研究，将来工业用油料植物的育种可能会向兼顾景观生态作用，兼顾高附加值特殊成分（如毒蛋白）生产，育种目标会更加多样化，育种工作会更加复杂。

四、种质资源收集保存和评价

种质资源是良种选育的基础与必要条件。广泛收集种源，建立原始材料圃。根据用途进行优良类型（优良种源、家系、无性系）资源的收集，为科研和开发新品种提供资源保证。现阶段可与良种基地的建设同时进行，一方面为基地建设提供技术支撑，另一方面基地为相应的研究提供试验条件。做到科研不仅有仪器、设备，还有资源、有条件。

种质资源的遗传多样性是育种可持续发展的重要条件。Jones（1983）强调，油料植物种质资源的收集和保存尤其重要，因为现在的主要油料植物种植区基本上都远离起源中心，育种工作往往以引进的少数几个品系作为原始材料，从中优中选优，因此，油料植物品种的遗传基础都比较狭窄。

如上所述，大多数油料植物发展成为重要的经济作物是最近几十年的事，无论是从种植还是利用的历史看，它们多半是年轻的作物，这就是为什么油料植物还很少开展种质资源的异地收集活动。世界三大作物资源收藏机构（国际农业研究中心、欧洲国家种质资源收集中心和美国农业部国家种质资源系统）的数据表明：收藏的油料植物品种资源数和其他农作物品种数的比较，远远少于谷类植物（包括小麦、水稻、大麦和高粱）和豆类植物（包括鹰嘴豆、豌豆、小扁豆和绿豆）。国际农业研究中心基因库（CGIAR group，SINGER network）虽然收集了一些重要的花生资源和一部分蔬菜类型的大豆种质资源，但他们的任务清单上不包括一般油料植物。欧洲国家种质资源收集中心（EURISCO）收藏了大量的亚麻和大豆，而对于油菜和向日葵这两种欧洲最重要的油料植物，收藏的数量却少得多，同样在欧洲具有重要地位的罂粟收藏数量也很少。美国农业部国家植物种质资源系统收集了不少大豆、花生和棉花资源，这些是该国主要的油料植物。除世界三大作物资源收藏机构外，加拿大、阿根廷、巴西、中国、印度、澳大利亚和其他一些国家也有一些机构保存了许多重要的油料植物种质资源。但是从世界三大作物资源收藏机构的数据看，他们所收集的大部分是食用油料植物，工业常用油料植物麻疯树、油桐和乌桕等树种的种质资源未见世界三大作物资源收藏机构（国际农业研究中心、欧洲国家种质资源收集中心和美国农业部国家种质资源系统）有收集报道。

一般来说，每个物种的异地收集物数量可以代表过去收集活动的活跃程度和可用种质资源的数量，但并非遗传多样性的合理衡量标准。Diederichsen（2007）综述了世界范围内异地收集亚麻的情况：目前在 33 个公共种质资源库收录了超过 4.65 万份亚麻，扣除重复的因素，估计只有 1 万~1.5 万份基因型是独特的。种质资源库收录了超过 17 万份大豆，其中 2/3 以上是重复的，只有约 4.5 万份被认为具有独特基因型。

目前收集的亚麻、大豆、花生等油料植物资源在数量上少于谷类和豆类，但可以较好代表它们的异地收集品。其他一些次要和新的油料植物品种资源收集数量十分有限。签于可用的种质资源较少，因此加强这些物种种质资源的收集对确保未来的育种进展具有重要意义。

对物种的初级和次级基因库进行遗传多态性分析无论对植物育种还是对种质资源管理都很有意义。从技术上讲，利用家谱信息、表型数据、蛋白质或 DNA 分子水平的多态性数据计算遗传距离可以对资源的遗传关系进行评估。在油料植物中，对特定物种和种群进行遗传多样性分析得到了许多很有意义的结果。下面是大豆和油菜的几个例子。

Carter 等（2004）对大豆中进行的各种遗传多样性研究进行了综述。系谱分析和亲缘系数的结果显示，北美洲大豆的遗传基础比亚洲大豆狭窄。在北美洲，258 个栽培品种的 90% 基因来自 26 个原始亲本品种，而在中国，651 个大豆栽培品种的 90% 基因来自 339 个原始亲本品种，在日本，86 个栽培品种的 90% 基因来自 74 个原始亲本品种。

Li 和 Nelson（2001）利用随机扩增多态性 DNA（RAPD）标记研究发现，中国大豆的遗传多样性比日本和韩国的多，可以很清楚地将中国大豆与日本和韩国大豆分开。Ude 等（2003）根据扩增片段长度多态性（AFLP）标记研究的结果，建议利用日本大豆的优良品种来扩大北美洲大豆狭窄的遗传基础，因为日本大豆品种与北美洲大豆品种的差异大于中国的大豆品种。也有人利用分子标记手段研究一些特殊的问题，例如，食用大豆的变异、野生大豆与栽培品种的遗传多样性及其地理遗传分化。

利用中国国家大豆种质资源中心保存的 2 万份大豆资源材料分析 15 个性状的表型多样性，结果表明，在黄河下游流域仅有一个大豆多样性地理中心，为大豆育种提供了重要依据。以北美洲大豆和中国大豆为材料，研究 25 个有关叶、茎和种子成分性状的数据后发现，北美洲大豆品种的遗传基础比较狭窄，而中国品种遗传基础相对较宽。中国和美国大豆资源在表型上的差异被认为是在不同环境条件下持续选择的结果，为相互引种扩大双方的遗传基础提供了可能。

有人认为，通过回交转育和分子标记辅助选择将外来或野生品种的基因导入栽培品种，可以提高大豆的遗传基础。然而有研究指出，回交虽然可以将特定基因导入到适当的育种材料中，但并不能扩大总的遗传基础；另外有人报道，将耐草甘膦除草剂的转基因大豆与许多商业品种回交后，没有减少北美洲大豆品种的遗传基础。

一般认为油菜的遗传多样性较低，原因是油菜种植历史短，育种目标主要集中在种子品质性状方面（低芥酸和低硫甙），导致其遗传基础狭窄。因此，可以利用二倍体白菜和甘蓝人工种间杂交获得甘蓝型油菜来扩大油菜遗传基础。但是，人工种间杂交油菜品系存在产量低、种子品质差等问题。人工种间杂交油菜常被用来与栽培种杂交，导入各种抗病或黄籽基因。除了人工种间杂交油菜外，还可以用欧洲和中国的核心油菜品种进行杂交，来扩大油菜的遗传基础，或利用现有丰富多样的蔬菜或饲料型甘蓝型油菜品种来扩大其遗传基础，不过它们油脂品质和饼粕品质很差。

近年来，油菜育种开始从纯系育种过渡到杂交种育种，由于杂种优势必须以亲本遗传差异为基础，油菜的遗传多样性正受到新的关注。亲本间遗传距离与杂种优势之间存在显著的相关性，但这种相关性不足以用来预测杂种优势，这已得到广泛认同。Quijada 等（2004）为了提高杂种优势，建议将欧洲冬油菜的基因组片段渗入到加拿大春油菜中，从这两个基因库的测交中找到具有超级杂种优势的组合。Li 等（2006a）提出了另一种提高油菜杂种优势的策略，他们将天然的甘蓝型油菜与载有白菜的 A 基因组和埃塞俄比亚芥（*B. carinata*）的 C 基因组的油菜杂交，发现其后代具有相当大的优势，从而实现了亚基因组间的杂种优势利用。

第二节　育种方法

油料植物物包括不同植物科属的物种，既包括单子叶植物，也包括双子叶植物，既包括草本植物，也包括木本植物。油料植物多样性很高，既有生育期很短的一年生植物，也有寿命达 2000 年的多年生植物。因此，油料植物育种方法既包括无性系育种和纯系育种，也包括开放授粉群体育种和杂交种育种。油料植物育种几乎涉及植物育种的所有技术与方法，包括最简单的混合选择和生物技术（如试管繁殖或基因工程）的应用。不同物种的育种水平具有差异，但它们的主要育种目标非常相似。所有油料植物的育种目标都包括提高含油率和改变脂肪酸组成，改善营养和加工品质，以及副产品品质等内容。遗传改良的主要工作是要把种内的遗传变异搞清楚，加以有效地利用。由于油料植物用途广泛，针对不同的利用部位和用途需求，采用不同的手段和方法，分目标进行选择、培育。

一、实生变异的选择（驯化）

驯化是生物体的性状向人类所要求的方向变化的过程，在此过程中自然选择被人工选择所替代。从野生植物到家养作物转变过程中所发生的典型变化称为驯化综合征，包括种子休眠性丧失，自花授粉率增加，无性繁殖出现，种子或其他可用组织产量增加，适合密植，种子不易扩散，种子和花序的数量和尺寸增加，色泽、口味和质地改变，有毒物质含量减少。其他的重要变化还有光照敏感性，对农业土壤和农事操作的适应性，以及对远离起源中心的新环境的适应性。

谷类、豆类和水果是人类最早利用的作物，谷类植物的驯化最早可以追溯到 12000 年前，被认为是从狩猎和采集的生活方式过渡到定居农业为基础的社会，推动新石器时代革命的决定性因素。油料植物不在首批驯化的作物之列，出现的历史一般较晚，这是因为对它们的利用和处置需要专门知识和技术，而在早期尚不具备这些技术。主要油料植物出现较晚对它们的驯化程度、遗传多样性发展以及种质资源的可用性都有很大影响。

不同油料植物的驯化时间相差很大，取决于其种植的历史。被完全驯化的油料植物极少，很多油料植物都多少带有一些野性。突出的例子有：①向日葵的种子会休眠，其散落的种子不能迅速发芽，导致来年自生苗的泛滥，是一个令人头痛的问题；②大豆、油菜、芝麻的裂荚导致种子散落和减产；③几种芸薹属油料植物由于自交不亲和导致无法自花授粉；④大豆中的蛋白酶抑制剂、橄榄中苦涩的酚类物质（橄榄苦苷）等抗营养因子的存在；

⑤油菜子中的硫苷和棉花中的棉子酚等毒性物质到最近才减少。此外，一些新型的油料植物仅仅因为含有独特的脂肪酸成分才被种植，如雷斯克勒、海甘蓝、萼距花、白芒花或霍霍巴树等，它们不仅产量低，还具有众多野生特性。

亚麻被认为是世界上最古老的油料植物，大约一万年前就在近东地区（指亚洲西南部国家）被驯化，从史前一直到现在亚麻都是油脂和纤维的原料。当初被驯化的原因究竟是为了油脂还是为了纤维，是经历了一次驯化还是在不同的亚麻多样性区域独立进行了几次驯化的问题至今还在讨论。对硬脂酸去饱和酶基因 sad2 的遗传传多样性分析显示，亚麻栽培种来自其野生祖先的驯化，而且油籽型亚麻首先被驯化，纤维型亚麻是油籽型亚麻的后代。

芝麻，经常被错误地描述为人类使用的最古老的油料植物，可能起源于非洲，它是一种具有历史和文化意义的重要作物，在非洲大陆具有高度的多样性。然而，考古和历史证据以及化学和遗传学证据都清楚地表明，芝麻是在公元前 3050 ~ 3500 年在印度次大陆被驯化的，在印度出现的野生芝麻，是栽培芝麻的祖先。

向日葵是在大约 4300 年前在美国中东部地区由北美洲原住民由野生向日葵驯化而来。而且，多项证据显示，在墨西哥存在独立的驯化事件。向日葵是多用途的作物，在 18 世纪末到 19 世纪初才在俄国作为油料植物种植，随后扩散到整个欧洲，之后作为油料植物又从俄罗斯引进到北美洲。Burke 等（2002）将向日葵的栽培种与野生种杂交后进行数量性状位点分析，揭示了向日葵驯化的遗传学基础：驯化只涉及少数几个主效 QTL，两个最强的 QTL 是影响自交种子数量的（自交亲和性）；此外，增加种子大小的选择是向日葵驯化的一个重要方面，在野生向日葵中有利等位基因出现的频率很高，涉及向日葵驯化的性状多数是非隐性的。

对野生大豆和栽培大豆的叶绿体 DNA 进行多样性分析显示，大豆于公元前 1500 ~ 1100 年在中国东北从野生大豆驯化而来，它可能经历了多次驯化事件。虽然流行的说法声称大豆是人类最早利用的作物之一，而实际上它是一种比较年轻的作物。将大豆作为植物油的原料还要晚很多，大概从北宋 960 ~ 1127 年开始。

甘蓝型油菜从 13 世纪才开始被用作油料植物。它是一种双二倍体种间杂种，可能有多种起源，主要起源地在欧洲地中海西南部地区甘蓝和白菜型油菜两个二倍体亲本自然栖息地重叠之处。甘蓝型油菜除了油用类型以外，还有饲料和蔬菜类型，但没有发现其真正的野生类型，也证实了这个物种出现很晚。

油料树种在长期发育过程中，会产生各种外部形态、生态、生理和内部结构等方面的自然变异，甚至其产量、品质及抗性等都是不同的。研究和分析这些变异，筛选出那些有经济价值又能遗传给后代的变异是十分必要的。在选择育种上，把自然界新出现的、符合人们意愿的、有经济价值的优良类型挑选出来，经过比较，在比较的过程中生产和研究相结合，充分考虑生产的持续经营和可持续发展，长短兼顾，边比较边应用，边鉴定边繁殖，以最短的时间、最低的成本获取最大的效益。

二、杂交育种

杂交育种指不同种群、不同基因型个体间进行杂交，并在其杂种后代中通过选择而育成纯合品种的方法。杂交可以使双亲的基因重新组合，形成各种不同的类型，为选择提供丰富的材料；基因重组可以将双亲控制不同性状的优良基因结合于一体，或将双亲中控制同一性状的不同微效基因积累起来，产生在各该性状上超过亲本的类型。正确选择亲本并予以合理组配是杂交育种成败的关键。

（一）亲本选择

选择亲本的原则首先要尽可能选用综合性状好，优点多，缺点少，优缺点或优良性状能互补的亲本，同时也要注意选用生态类型差异较大、亲缘关系较远的亲本杂交。在亲本中最好有一个能适应当地条件的品种。要考虑主要的育种目标，选作育种目标的性状至少在亲本之一应十分突出。当确定一个品种为主要改良对象，亲本之一的目标性状应有足够的遗传强度，并无难以克服的不良性状。生态类型、亲缘关系上存在一定差异，或在地理上相距较远。

（二）组合方式

杂交方式亲本确定之后，采用什么杂交组合方式，也关系育种的成败。通常采用的有单杂交、复合杂交、回交等杂交方式。

（1）单杂交即两个品种间的杂交（单交）用甲×乙表示，其杂种后代称为单交种，由于简单易行、经济，所以生产上应用最广，一般主要是利用杂种第一代，如丰鲤、福寿鱼。

（2）复合杂交即用两个以上的品种、经两次以上杂交的育种方法。如果单交不能实现育种所期待的性状要求时，往往采用复合杂交，其目的在于创造一些具有丰富遗传基础的杂种原始群体，才可能从中选出更优秀的个体。复合杂交可分为三交、双交等。三交是一个单交种与另一品种的再杂交，可表示为（甲×乙）×丙,。双交是两个不同的单交种的杂交，可表示为（甲×乙）×（丙×丁）或（甲×丙）×（乙×丙）。

（3）回交即杂交后代继续与其亲本之一再杂交，以加强杂种世代某一亲本性状的育种方法。当育种目的是企图把某一群体乙的一个或几个经济性状引入另一群体甲中去，则可采用回交育种。如鲮鱼具有许多优良性状，但不能耐受低温，需要进行遗传改良。可先用耐受低温的湘华鲮与鲮杂交，杂交子一代再与鲮回交，回交后代继续同鲮进行多次回交，对回交子代选择的注意力必须集中在抗寒性这个目标性状上，从而最终育成一个具有抗寒性的优良的新品种。

（三）配合力

亲本的一般配合力较好，主要表现在加性效应的配合力高。杂交育种是培育油料植物新品种的主要途径之一。通过选用具有优良性状的品种、品系以至个体进行杂交，繁殖出符合育种要求的杂种群。在扩大杂种数量的同时要适当进行近交，加强选择，分化和培育出高产而遗传性稳定，并符合选育要求的各小群，综合为新品种。

（四）杂交技术

因不同作物特点而异，其共同要点为：调节开花期，通过分期播种、调节温度、光照及施肥管理等措施，使父母本花期相遇；控制授粉，在母本雌蕊成熟前进行人工去雄，并套袋隔离，避免自交和天然异交，然后适期授以纯净新鲜花粉，作好标志并套袋隔离和保护。用于杂交的父本和母本分别用 P1 和 P2 表示，其代表符号分别为 ♂ 和 ♀；×表示杂交。杂交所得种子种植而成的个体群称杂种一代（子一代），用 F1 表示。F1 群体内个体间交配或自交所得的子代为 F2、F3、F4 等表示随后各世代。安排亲本或杂种成对使之交配的杂交方式有：成对杂交（单交）即两个不同品种或系统间的杂交，两亲可互为父母本（正反交）；复合杂交，即几个品种分别先后进行多次杂交。回交是以杂种后代与亲本之一再交配的杂交方式。

（五）杂交育种的不足

杂交育种不会产生新基因，且杂交后代会出现性状分离，育种过程缓慢，过程复杂。杂交创造的变异材料要进一步加以培育选择，才能选育出符合育种目标的新品种。培育选择的方法主要有系谱法和混合法。系谱法是自杂种分离世代开始连续进行个体选择，并予以编号记载直至选获性状表现一致且符合要求的单株后裔（系统），按系统混合收获，进而育成品种。这种方法要求对历代材料所属杂交组合、单株、系统、系统群等均有按亲缘关系的编号和性状记录，使各代育种材料都有家谱可查，故称系谱法。典型的混合法是从杂种分离世代 F2 开始各代都按组合取样混合种植，不予选择，直至一定世代才进行一次个体选择，进而选拔优良系统以育成品种。在典型的系谱法和混合法之间又有各种变通方法，主要有：改良系谱法、混合－系谱法、改良混合法、衍生系统法、一粒传法。不同性状的遗传力高低不同。在杂种早期世代往往又针对遗传力高的性状进行选择，而对遗传力中等或较低的性状则留待较晚世代进行。选择的可靠性以个体选择最低，系统选择略高，F3 或 F4 衍生系统以及系统群选择为最高。选择的注意力也最高。因此随杂种世代的进展，选择的注意力也从单株进而扩大到系统以至系统群和衍生系统的评定。试验条件一致性对提高选择效果十分重要。为此须设对照区，并采取科学和客观的方法进行鉴定，包括直接鉴定、间接鉴定、自然鉴定或田间鉴定、诱发鉴定或异地鉴定。杂种早代材料多，一般采取感官鉴定，晚代材料少，再作精确地全面鉴定。

作物育种程序在中国一般包括以下环节：原始材料观察、亲本圃、选种圃、产量比较试验。杂交育种一般需 7~9 年时间才可能育成优良品种，现代育种都采取加速世代的做法，结合多点试验、稀播繁殖等措施，尽可能缩短育种年限。

三、诱变育种

诱变育种是指用物理、化学因素诱导动植物的遗传特性发生变异，再从变异群体中选择符合人们某种要求的单株/个体，进而培育成新的品种或种质的育种方法。它是继选择育种和杂交育种之后发展起来的一项现代育种技术。

（一）发展简史

1927 年美国 H·J·马勒发现 X 射线能引起果蝇发生可遗传的变异。1928 年美国 L·J·斯塔特勒证实 X 射线对玉米和大麦有诱变效应。此后，瑞典 H·尼尔松－埃赫勒和 A·古斯塔夫森在 1930 年利用辐射得到了有实用价值的大麦突变体；D·托伦纳在 1934 年利用 X 射线育成了优质的烟草品种"赫洛里纳"。1942 年，C·奥尔巴克发现芥子气能导致类似 X 射线所产生的各种突变，1948 年 A·古斯塔夫森用芥子气诱发大麦产生突变体。50 年代以后，诱变育种方法得到改进，成效更为显著，如美国用 X 射线和中子引变，育成了用杂交方法未获成功的抗枯萎病的胡椒薄荷品种 Todd's Mitcham 等。70 年代以来，诱变因素从早期的 X 射线发展到 γ 射线、中子、多种化学诱变剂和生理活性物质，诱变方法从单一处理发展到复合处理，同时，诱变育种与杂交育种、组织培养等密切结合，大大提高了诱变育种的实际意义。

中国在宋朝宣和年间曾有用药物处理牡丹的根，从而诱发花色变异的记载。但用现代方法进行诱变育种，则始于50年代后期。1965年以后各地陆续用此法育成了许多优良品种投入生产。据1985年的不完全统计，诱变育成的农作物优良品种有190多个。

通过近几十年的研究人们对诱变原理的认识也逐步加深。我们知道，常规助杂交育种基本上是染色体的重新组合，这种技术一般并不引起染色体发生变异，更难以触及到基因。而辐射的作用则不同，它们有的是与细胞中的原子、分子发生冲撞、造成电离或激发；有的则是以能量形式产生光电吸收或光电效应；还有的能引起细胞内的一系列理化过程。这些都会对细胞产生不同程度的伤害。对染色体的数目、结构等都会产生影响，使有的染色体断裂了；有的丢失了一段，有的断裂后在"自我修复"的过程中头尾接倒了或是"张冠李戴"分别造成染色体的倒位和易位。当然射线也可作用在染色体核苷酸分子的碱塞上，从而使基因(遗传密码)发生突变。至于化学诱变，有的药剂是用其烷基置换其他分子中的氢原子，也有的本身是核苷酸碱基的类似物，它可以"鱼目混珠"，造成DNA复制中的错误。无疑这些都会使植物的基因发生突变。理、化因素的诱导作用；使得植物细胞的突变率比平时高出千百倍，有些变异是其他手段难以得到的。当然，所产生的变异绝大多数不能遗传，所以，辐射后的早代一般不急于选择。

但是，可遗传的好性状一经获得便可育成品种或种质资源。据世界原子能机构1985年统计，当时世界各国通过诱变已育成500多个品种，还有大量有价值的种质资源。中国的诱变育种同样成绩斐然，在过去的几十年中，经诱变育成的品种数一直占到同期育成品种总数的10%左右。如水稻品种原丰早、小麦品种山农辐63，还有玉米的鲁原单4号、大豆的铁丰18、棉花的鲁棉Ⅰ号等都是通过诱变育成的。当然与其他技术一样，诱变育种也有自身的弱点：一是诱变产生的有益突变体频率低；二是还难以有效地控制变异的方向和性质；另外，诱发并鉴定出数量性状的微突变比较困难。因此，诱变育种应该与其他技术相结合，同时谋求技术上的自我完善。

(二)物理、化学诱变的方法及其机理

物理诱变应用较多的是辐射诱变，即用α射线、β射线、γ射线、X射线、中子和其他粒子、紫外辐射以及微波辐射等物理因素诱发变异。当通过辐射将能量传递到生物体内时，生物体内各种分子便产生电离和激发，接着产生许多化学性质十分活跃的自由原子或自由基团。它们继续相互反应，并与其周围物质特别是大分子核酸和蛋白质反应，引起分子结构的改变。由此又影响到细胞内的一些生化过程，如DNA合成的中止、各种酶活性的改变等，使各部分结构进一步深刻变化，其中尤其重要的是染色体损伤。由于染色体断裂和重接而产生的染色体结构和数目的变异即染色体突变，而DNA分子结构中碱基的变化则造成基因突变。那些带有染色体突变或基因突变的细胞，经过细胞世代将变异了的遗传物质传至性细胞或无性繁殖器官，即可产生生物体的遗传变异。

诱变处理的材料宜选用综合性状优良而只有个别缺点的品种、品系或杂种。由于材料的遗传背景和对诱变因素的反应不同，出现有益突变的难易各异，因此进行诱变处理的材料要适当多样化。由于不同科、属、种及不同品种植物的辐射敏感性不同，其对诱变因素反应的强弱和快慢也各异。如十字花科白菜的敏感性小于禾本科的水稻、大麦，而水稻、大麦的敏感性又小于豆科的大豆。另外，辐射敏感性的大小还同植物的倍数性、发育阶段、生理状态和不同的器官组织等有关。如二倍体植物大于多倍体植物，大粒种子大于小粒种子，幼龄植株大于老龄植株，萌动种子大于休眠种子，性细胞大于体细胞等。根据诱

变因素的特点和作物对诱变因素敏感性的大小，在正确选用处理材料的基础上，选择适宜的诱变剂量是诱变育种取得成效的关键。适宜诱变剂量是指能够最有效地诱发作物产生有益突变的剂量，一般用半致死剂量（LD50）表示。不同诱变因素采用不同的剂量单位。X、γ射线线吸收剂量以拉德（rad）或戈瑞（GY）为单位，照射剂量以伦琴（R）为单位，中子用注量表示。同时要注意单位时间的照射剂量（剂量率、注量率）以及处理的时间和条件。

辐照方法分外照射和内照射两种，前者指被照射的植物接受来自外部的γ射线源、X射线源或中子源等辐射源辐照，这种方法简便安全，可进行大量处理。后者指将放射性物质（如32P、35S等）引入植物体内进行辐照，此法容易造成污染，需要防护条件，而且被吸收的剂量也难以精确测定。干种子因便于大量处理和便于运输、贮藏，用于辐照最为简便。

化学诱变除能引起基因突变外，还具有和辐射相类似的生物学效应，如引起染色体断裂等，常用于处理迟发突变，并对某特定的基因或核酸有选择性作用。化学诱变剂主要有：①烷化剂。这类物质含有1个或多个活跃的烷基，能转移到电子密度较高的分子中去，置换其他分子中的氢原子而使碱基改变。常用的有甲基磺酸乙酯（EMS）、乙烯亚胺（EI）、亚硝基乙基脲烷（NEU）、亚硝基甲基脲烷（NMU）、硫酸二乙酯（DES）等。②核酸碱基类似物。为一类与DNA碱基相类似的化合物。渗入DNA后，可使DNA复制发生配对上的错误。常用的有5-溴尿嘧啶（BU）、5-溴去氧尿核苷（BudR）等。③抗生素。如重氮丝氨酸、丝裂毒素C等，具有破坏DNA和核酸的能力，从而可造成染色体断裂。

化学诱变主要用于处理种子，其次为处理植株。种子处理时，先在水中浸泡一定时间，或以干种子直接浸在一定浓度的诱变剂溶液中处理一定时间，水洗后立即播种，或先将种子干燥、贮藏，以后播种。植株处理时，简单的方法是在茎秆上切一浅口，用脱脂棉把诱变剂溶液引入植物体，也可对需要处理的器官进行注射或涂抹。应用的化学诱变剂浓度要适当。处理时间以使受处理的器官、组织完成水合作用和能被诱变剂所浸透为度。化学诱变剂大都是潜在的致癌物质，使用时必须谨慎。

（三）诱变育种存在的问题

诱变育种存在的主要问题是有益突变频率仍然较低，变异的方向和性质尚难控制。因此提高诱变效率，迅速鉴定和筛选突变体以及探索定向诱变的途径，是当前研究的重要课题。

经诱变处理产生的诱变一代，以M1表示。由于受射线等诱变因素的抑制和损伤，M1的发芽率、出苗率、成株率、结实率一般较低，发育延迟，植株矮化或畸形，并出现嵌合体。但这些变化一般不能遗传给后代。诱变引起的遗传变异多数为隐性，因此M1一般不进行选择，而以单株、单穗或以处理为单位收获。诱变二代（M2）是变异最大的世代，也是选择的关键时期，可根据育种目标及性状遗传特点选择优良单株（穗）。多数变异是不利的，但也能出现早熟、秆矮、抗病、抗逆、品质优良等有益变异，变异频率为0.1%～0.2%。诱变三代（M3）以后，随着世代的增加，性状分离减少，有些性状一经获得即可迅速稳定。经过几个世代的选择就能获得稳定的优良突变系，再进一步试验育成新品种。具有某些突出性状的突变系，还可用作杂交亲本。

1986年Louis报道：用5×10^4rad的r射线处理蓖麻种子，M2代花器出现4种类型：①雌雄同株花；②单雌花和雌雄同株花；③雌雄同株花，单独雄花和雌花；④雌雄同株异花．除辐射诱变外，在国外育种上还有应用化学诱变剂的。据苏联 Bokha（1990）报道：对 4 个蓖麻的品种的干燥种子，用 6 种化学诱变剂，在不同的剂量下进行处理，处理后第二代，在 4 万个植株中观察到有 80% 发生了突变，突变性状包括早熟、高产、矮秆。

四、油料植物基因工程育种

日新月异的基因工程技术开辟了作物育种的新途径，为作物品质改良提供了更深、更广、更快捷的技术平台，发达国家已经把生物技术和转基因育种作为现代育种最为普遍和有效的手段。在过去的几年中，尽管转基因作物受到了消费观念上的挑战，但由于其在丰产、稳产、降低生产成本和改善环境质量等方面的明显优势，转基因作物种植面积仍呈迅速增长势态。

（一）转基因油料植物的商品化应用

在 1996 年到 2002 年的 7 年内，全球转基因作物种植面积增加了 35 倍，从 1996 年的 170 万 hm^2 增加到 2002 年的 5870 万 hm^2。2002 年转基因大豆种植面积为 3650 万 hm^2，占全球转基因作物种植面积的 62%、全球大豆种植面积的 51%；转基因油菜种植面积为 300 万 hm^2，占全球油菜种植面积的 12%，其中加拿大转基因油菜种植面积已占油菜种植总面积的 60% 以上。据国际农业生物技术应用署（International Service fortheAcquisition of Agr – ibiotech Applications，ISAAA）预测，全球转基因作物的种植面积及其种植农户将继续增加。

油料植物是目前世界上应用基因工程技术培育新品种最多的作物，1994 年，美国孟山都（Monsanto）公司推出了商品名为 Roundup ReadySoybean（简称 RR 大豆）的转基因抗除草剂大豆，为最早获准推广的转基因油料植物品种。目前转基因油菜已有 16 个商品化的品系，主要分为三类，一类为具有耐除草剂功能，其中大部分是抗草丁膦(8 个)品系。第二类为油脂成分改变的品系，包括油酸含量增加和月桂酸、豆蔻酸含量提高的转基因品系。第三类为通过基因工程创造的雄性不育系和恢复系。转基因大豆共有 7 个商品化品系，以抗除草剂转基因大豆为主，目前在全球种植的转基因大豆均为抗除草剂大豆，低亚麻酸和高油酸转基因大豆各有一个商品化品系。我国转基因生物多在/热身之中，目前还没有大宗粮食、油料植物和其他食用的转基因作物获得生产许可。

（二）油料植物基因工程研究现状

除上述已商品化生产的转基因油料植物外，有关油料植物基因工程育种的研究则更为广泛和深入，特别是获得了大量采用常规育种手段难以实现的创新性种质材料。从转基因作物品种所改变的品种特性来看，主要可分为以下几个方面：

1. 油料植物基因工程抗性育种

（1）抗除草剂。草害是影响油料植物产量和品质的重要原因，为此，世界上对作物抗除草剂转基因品种的研究做了大量工作，现已明确除草剂抗性在大豆研究领域，周思军等采用农杆菌介导的大豆子叶节转化系统成功地将 Bt 基因（cryIA）导入大豆。转基因抗蚜虫大豆以及转 Bt 基因抗食心虫大豆也获准进入环境释放阶段。

（2）抗虫性。毒蛋白基因、蛋白酶基因、淀粉酶抑制基因和植物外源凝集素类基因的表达产物具有杀虫性。从抗虫效果和生产上的应用来看，以苏云金杆菌（*Bacillus thuringiensis*）晶体毒蛋白基因 Bt 基因的抗虫效果最好。世界上首例转 Bt 基因的工程植株是 1987 年在比利时 Montagu 实验室获得的，目前已育成了导入 Bt 基因的抗虫油菜。

（3）抗病性。基因工程培育抗真菌病害油料植物目前采用的技术途径主要是把降解植物病原菌菌丝体细胞壁的酶基因（如几丁质酶、葡聚糖酶基因）导入植物。我国油菜的主要病害是菌核病，目前在油菜上只有一些高抗材料，无真正的有效抗源。Broglie 从菜豆中分离出几丁质酶基因，并转化油菜，转基因植株表现对菌核病抗性增加，但无免疫型特点。

此外，在油料植物抗非生物胁迫研究中，通过在 canola 油菜中超量表达线粒体柠檬酸合成酶，提高了转基因植株对铝的耐受性。

2. 利用基因工程技术改良油料植物品质

当今国际上作物品质育种的总体趋势是根据市场和用途培育专用品种。适于不同应用目标的作物品种，对其成分构成具有各自特定的要求，基因工程为作物成分定向育种提供了有效的途径，并成为油料植物基因工程中最为活跃和深入的研究领域，涉及了种子储藏蛋白、油脂、维生素和其他营养成分等各个方面，产生了大量具有较高价值的油料植物材料和品系。

（1）高含油育种。植物油脂大约有 40 亿美元的巨大市场，目前，对其需求仍在增长。油脂和脂肪酸生物合成是植物体内研究较为透彻的代谢途径。现有研究表明，植物种子的油脂含量不仅受原来认为的限速酶 ACCase（乙酰辅酶 A-羧化酶）活性控制，而是由该途径的整体代谢流所决定。目前通过基因工程技术提高油菜种子含油率的技术途径主要有：①抑制蛋白质合成关键酶 PEPCase 活性以增加脂肪酸生物合成前体供应（含油率提高可达 25%）；②通过超量表达脂肪酸合成关键酶基因 ACC 以提高脂肪酸合成能力（含油率提高 5%）；③通过基因工程技术提高二酰基甘油酰基转移酶（DGAT）或溶血磷脂酸酰基转移酶（LPAAT）活性以提高脂肪酸与甘油骨架结合成油脂的能力（含油率提高 13%~15%）。

（2）种子脂肪酸成分改良。植物脂肪酸调控是代谢调控研究中一个具有吸引力的研究目标。在植物中已发现了 200 多种具有特殊功能特性的脂肪酸结构。为适应不同的用途，对植物油脂的脂肪酸组成具有不同的要求。对脂肪酸成分的调控所采用的技术途径包括：①通过脱饱和酶、硫脂酶（脂肪酸合成链终止酶）基因表达调控或导入异源脱饱和酶基因以改变油脂饱和度或在特定位置引入双键；②通过脂肪酸延伸酶或硫脂酶基因调控以获得特定碳链长度的脂肪酸；③在油料植物中表达环氧化酶、羟化酶等脂肪酸修饰酶基因，在脂肪酸骨架上导入羟基、环氧基、环丙烯基等功能基团。

已获得的脂肪酸成分改变的转基因油料植物有：油酸含量 86% 的大豆、89% 的甘蓝型油菜和 73% 的芥菜型油菜；硬脂酸含量 30% 的大豆和 40% 的油菜；C-亚麻酸含量 47% 的油菜；棕榈酸含量 34% 的油菜；月桂酸含量 58% 的油菜；癸酸含量 38% 的油菜；酮油酸含量 17% 的大豆和顺-5 二十碳烯酸含量 18% 的大豆等。

（3）种子蛋白质成分的改良。大豆是人们主要的植物蛋白来源，豆粕是优质饲料，在国际流通市场占有重要地位。双低油菜的选育成功，使菜籽粕也开始作为饲料。对油料植物蛋白成分的改良也开始受到重视。通过将巴西豆 2S 种子贮藏蛋白基因导入甘蓝型油菜，其编码的蛋白质在转基因油菜中的含量占种子总蛋白质的 2%~4%，提高了油菜种子中甲硫氨酸的含量。Herman 等通过转基因诱导基因沉默，使大豆种子中一种主要过敏原 Gly 蛋白在转基因大豆中被去除。

（4）其他营养成分的提高。油料植物除作为重要的油脂和植物蛋白来源外，还富含许多其他营养物质，这些成分的基因调控也多有报道。大豆异黄酮具有抗肿瘤、抗氧化、抗溶血，对心定尚处于广泛杂交筛选阶段，利用基因工程技术创造大豆杂交组合是一条有效途径。同时由于大豆是严格的自花授粉植物，不利于杂交，利用已鉴定的花瓣发育控制基因培育无花瓣大豆，也有助于大豆杂交优势的利用。

3. 我国油料植物基因工程育种研究进展

中国的农业生物技术研究于 20 世纪 80 年代初启动，并于 80 年代中期开始将生物技术列入国家高科技发展规划，即 863 计划。其后又经国务院批准设立了植物转基因专项，我国在油料植物基因工程研究领域的投入正逐步加大。目前，从技术力量和仪器装备情况看，已具备了跻身世界先进水平的实力，在油料植物基因工程育种领域取得了明显进展。

官春云等采用农杆菌介导法和子房注射法成功地将 Bt 基因导入甘蓝型油菜品种湘油13 号，转化植株对菜青虫具有明显抗性，现已获得遗传稳定的抗虫油菜新品系。张丽华等、蓝海燕等将几丁质酶单基因或几丁质酶和 B-1，3-葡聚糖酶双价基因导入甘蓝型油菜，获得了 H165 抗菌核病材料。张海燕等将商陆抗病毒蛋白（pokeweed antiviral protein，PAP）cDNA 导入油菜，卢爱兰等将芜菁花叶病毒基因导入油菜，均获得了对油菜黄化花叶病毒（TuMV）的抗性。

在油菜杂交育种领域，官春云、李胜国、曹光诚、彭仁旺等均获得了 TA29-barnase 和TA29-bastar 系雄性不育株与恢复株。陈锦清等从光合产物分配角度出发，利用反义 PEP基因调控籽粒油脂 P 蛋白质含量比率，成功育成了转基因油菜超油 1 号和超油 2 号，其含油率分别达到 47.84% 和 54.2%，含油率提高幅度 25% 以上，现已进入生产性试验阶段；利用反义 PEP 高油品系进一步开展了油菜作为芥酸等特种脂肪酸生物反应器的研究；将反义 PEP 基因导入杂交油菜恢复系和保持系，获得了含油率提高的杂交组合；陈锦清、赵桂兰等获得了含油率提高的反义 PEP 转基因高油大豆，含油率达 25.2%。陈正华等将反义油酸脱饱和酶基因（Fad2 基因）导入油菜，获得的转基因油菜种子中油酸含量升高，亚油酸、亚麻酸含量降低，其中油酸最高含量为 68.72%，比对照提高 20% 以上。

可由单基因控制，现有的转基因抗除草剂油料植物主要有 2 类。一类具有抗草甘膦特性，是在作物中导入了从大肠杆菌中分离的 EPSP 合成酶突变基因，Calgene 公司拥有草甘膦抗性基因专利；另一类具有抗草丁膦特性，是在作物中导入了从吸水链霉菌中克隆的抗草丁膦（PPT）基因（bar），能将 PPT 转化为无毒的乙酰化形式。由于 bar 基因等抗除草剂基因本身亦可作为植物转化过程中的抗性标记，因此许多具有其他改良性状的转基因油料植物同时也拥有抗除草剂特性。

4. 油料植物基因工程与生物柴油战略的结合

目前我国已提出了开发生物柴油的能源战略，欧美等生物柴油发展较快的国家均以油菜和大豆等植物油脂为原料，然而目前我国油料植物的生产成本和规模尚不适于生物柴油开发，必须对现有品种和耕作方式进行全面的改造方能适应其需要，这也为油料植物基因工程育种提供了契机。

（1）利用具有自主知识产权的基因工程高油育种技术，培育超高油油料植物新品种；以已育成的超高油油菜为基础，通过转基因和基因聚合，培育高产、多抗、广适性、适宜节本高效集约化生产的生物柴油原料专用油菜品种。

（2）筛选作为高品质生物燃油原料的最佳脂肪酸组合，利用构建的特种脂肪酸生物反应器通用技术平台，通过不同脂肪酸组分间合成底物流向的基因调控，获得具有特定碳链长度和结构的超高油生物燃油生产原料，并获得该技术的知识产权。

（3）利用油料植物种子作为口服饲用疫苗等高值产品生物反应器，大幅度提升油料植物蛋白质组分的价值，同时在规模上与作为生物柴油原料相匹配，提高油料植物整体价值，降低作为生物燃油原料专用油料植物的综合成本。

依照科学规律，根据现有研究基础，进行精心规划和布局，我国油料植物基因工程育种必将迎来一个高速发展的新阶段。

五、植物育种模拟的原理和应用

生物个体的表型是基因型和环境共同作用的结果，植物育种的主要任务是寻找控制目标性状的基因，研究这些基因在不同目标环境下的表达形式，聚合存在于不同亲本材料中的有利基因，从而为农业生产提供适宜的品种。一个常规育种项目一般每年要配置数百甚至上千杂交组合，然而最终只有1%~2%的组合可以选育出符合育种目标的品种，大量组合在不同育种世代的选择过程中被淘汰，育种在很大程度上仍然依赖表型选择和育种家的经验，传统育种中的周期长、效率低和预见性差等问题未得到根本解决。分子生物学和生物技术在植物育种中的广泛应用，使得对育种性状的认识和研究手段发生了根本的变化，目前已实现对数量性状基因（即 QTL）在染色体上的定位和作图，对 QTL 的主效应、QTL 之间的互作效应、QTL 与遗传背景和环境间的互作效应等已有大量研究，在此基础上，对控制数量性状的基因作单基因分解、精细定位，有的甚至已达到图位克隆。但是，如果没有适当的工具和手段，育种家将难以把这些遗传信息有效地应用于育种实践。依据传统数量遗传学的原理和方法，如遗传力和配合力的估计等，可以对一些简单的选择方法在简化的遗传模型下进行初步的分析和预测，但是这些分析方法建立在许多假设的基础上，如无基因型和环境互作、无上位性效应、无一因多效等，而实际情况往往不符合这些假设。模拟方法可以建立较真实的遗传模型，在育种家的田间试验之前，对育种程序中的各种因素进行模拟筛选和优化，提出最佳的亲本选配和后代选择策略，从而提高育种过程中的预见性。关于计算机模拟在育种上的应用，Frisch 等比较了不同标记辅助选择的效果，Podlich 等在考虑基因与环境互作的情况下研究不同轮回选择方法和多环境试验，但这些研究多针对育种过程中的某一个侧面，缺乏对整个育种过程的模拟研究。建立在 QU-GENE 基础上的遗传育种模拟工具 QuLine（又称 QuCim）则实现了对植物育种整个过程的模拟。

传统植物育种很大程度上依赖于表型选择和育种家的经验，分子生物学积累的大量遗传数据使得在基因水平上进行目标性状的选择成为可能，但是由于缺乏必要的工具，大量的遗传信息尚未在育种中得以有效利用。模拟方法可以利用各类遗传信息，在育种家进行田间试验之前，对杂交组合的表现、后代选择效果以及整个育种过程进行模拟，提出最佳的亲本选配、杂交和后代选择策略，从而提高常规育种的预见性和效率。

育种模拟的基本原理，包括遗传模型的构建、杂交类型和选择方法的定义等，概述育种模拟工具 QuLine 的基本功能及其在育种方法的比较、利用已知基因信息的亲本选配和设计育种等方面的应用。模拟方法通过定义复杂的遗传模型和育种方法实现对育种过程的模拟，在更真实的情形下比较不同育种方法的优劣、预测不同亲本杂交后代的表现，从而为育种家有效利用大量的分子信息和遗传数据提供了手段。

第三节　主要工业用油料植物新技术育种应用

一、耐高温高湿蓖麻育种

（一）蓖麻的细胞学与生物学特性

蓖麻（*Ricinus communist* L.）为大戟科（Euphorbiaceae）蓖麻属（*Ricinus*）双子叶一年生或多年生草本植物。蓖麻原产于非洲，Vavilov 提出原始起源中心是阿比尼亚，次生多样性中心是近东。先后传入亚洲、美洲和欧洲。

因其根系特别发达且庞大，适应性广、耐旱、耐盐碱，广泛生长在热带、亚热带和温带国家，是世界十大重要油料植物之一。蓖麻油具有凝固点低、耐高温等独一无二的化学特性，其应用前途十分广泛。优质蓖麻可作医用，也可生产生物柴油，其综合开发利用的经济价值极高。已被众多的化学家、生物学家、医学家、企业家所瞩目。目前世界蓖麻年产量为 110 余万 t，巴西、印度、俄罗斯和中国是最重要的生产国。美国和一些东欧国家在 20 世纪下半叶已在着力发展蓖麻的生产。

蓖麻属为单种属，Hilterbran（1935）报道有 4 个亚种：即 *R. persicus*，*R. chinensis*，*R. africanus* 和 *R. zanzibarinus*。第一个亚种产量最高，没有种阜；*R. chinensis* 有一小的种阜，后两个亚种都没有大种阜。蓖麻所有亚种和类型均为二倍体，$2n = 2x = 20$。据报道，它属于次级平衡多倍体，基数 $x = 5$。Nara（in 1974）认为，四倍体的出现系来自二倍体祖先（$2n = 10$），但现在已经绝种。如果是这样，那么这种演变必然发生在古代，因为像这样低的基数目前在大戟科中已不存在。蓖麻属所有亚种和类型可自由地互相杂交，并完全可育。有的专家认为，最早的亚种来自中国和非洲的两个品系之间杂交。

蓖麻是典型的雌雄同株，但却远亲繁殖。天然异型杂交率在 5%～50% 之间，某些矮生品种的异型杂交率可达 90%～100%，为远亲繁殖特性。蓖麻一般雌花占总状花序上部的 30%～50%，雄花位于下部。然而还有一些变异体，其总状花序类型有：①雄花和雌花相间；②雌花占 70%～90%；③雌花占 100%；④有一些两性花。这些现象受环境一定影响，但已育成遗传稳定、对环境不大敏感的品系。已发现 N - 雌花和 S - 雌花两个雌性类型。前者含有决定雌性的隐性开关基因 f。雌性原种（ff）可通过同胞交配（ff 或 Ff）来保持。在性转变变异体内部进行选择，可获得 S - 雌花类型，这些变异体开始时为雌花，以后转变为雌雄同株。Shifriss（1960）以及 Zimmerman 等（1966）阐述了性表现的遗传学和雌花品系在杂交种子生产中的利用。

（二）蓖麻性状的遗传研究

1. 数量性状遗传

Narkhede（1987）研究了蓖麻数量性状的遗传问题，发现累加基因对植株高度以及穗的长度影响占优势，对有效穗的数目以及初生和次生聚伞形花序数目和每株产量的影响起控制作用。上位基因影响茎节着生，茎节着生又直接影响第一果枝产生和每个主要穗的蒴果数。印度学者 Anjan（1997）研究表明，蒴果有刺为显性，无刺为隐性；苏联学者 Sachli 等（1980）根据 15 个性状间的相关性，通过主成分分析，揭示了高油脂质量相关选择与主成分构成因素。菲律宾学者 Aranez（1998）研究指出，不完全显性基因控制蒴果果刺，5 对基因决定种子产量，基因互作涉及茎、叶、花、梗颜色和花的遗传。

2. 单雌性状遗传

蓖麻单雌性状遗传规律研究是蓖麻杂种优势利用的基础及技术关键。美国学者 Classen 等（1950）发现蓖麻单雌现象属核型隐性单基因遗传，并育成 N145－4 两型雌性系；Shiffri（1960）报道了显性单基因控制的单雌蓖麻，并提出了杂种优势利用的可能性；Zimmerman 等（1966）在研究隐性核不育和温度敏感型嵌性雄花的基础上，育成了温敏型隐性雌性系。印度学者 Ankieedu 等（1973）成功选育了温敏型雌性系 240；罗马尼亚的 Vranceanu 等（1982）在综合种 sine IV 中发现一单雌株，通过遗传分析，发现该单雌性状受细胞质控制，并获得了恢复系。

20 世纪 80 年代中国奚蕴馥、张维锋等在蓖麻单雌性状遗传规律研究方面取得了进展。邓崇辉通过研究，把单雌性状的表现归结为 2 种类型：一种是未带有标志的单雌性状，另一种是带有标志的单雌性状。研究表明：有雄花发育的正常植株为显性基因 AA 控制，具单雌性状的受隐性基因 aa 控制，当单雌性状基因与正常两性有雄花发育的 Aa 测交时，其后代半数是杂合状态即正常有雄花发育株，半数为单雌株。进一步研究表明：单雌性状受细胞核基因控制，表现为多基因累加效应，同时存在抑制基因，并提出利用单雌蓖麻选育综合种的新思路。即有雄花发育和无标志性状是受两对紧密连锁的显性基因控制，而单雌性状和标志性状是受两对紧密连锁的隐性核基因控制。其遗传表现是，带标志性状的单雌株同其他品系、品种测交，F1 全部为正常两性株，F1 自交，正常两性株与带标志性状单雌株的比例为 3:1（$P > 0.995$）；F1 与带标志性状单雌株回交（或 F1 里的正常株与带标志性状的单姐妹交），正常株与带标志性状单雌株的比例为 1:1（$P > 0.995$）。

（三）蓖麻杂种优势利用研究

蓖麻杂种优势十分明显，杂交种比常规种增产 30% 以上。从 20 世纪下半叶以来，许多国家都开展了蓖麻杂种优势利用研究，蓖麻杂种优势利用研究十分活跃。

1. 性状配合力研究

Fatteh 等人（1988）通过 3 个雌性系和 8 个雄性测试材料配制的不同组合，研究了品系和测试种杂交的配合力，结果表明：附加基因对产量和 3 个产量相关性状没有显示明显的优势作用，面对另外 3 个性状发现有附加基因作用。母本 SKP4 对 50% 开花期和种子百粒重具有较好的一般配合力。而 VP1 品种对植株高度，产量、百粒重和有效分枝数有同样作用。父本 SPS43－3、J169、V19、J116 和 J121 对产量和几个产量构成因素有高的一般配合力。印度 Dobariy（1989）研究了杂种一代含油率配合力，指出不同基因型及其杂种的配合力不同，在 12 个基因型及其杂种一代含油率的遗传分析中，TMV5、JM3 和 240 品种具有最高的一般配合力，而 2－73－11×SH38，SH15×2－73－11 杂种 F1 代显示最高特殊配合力。

2. 杂种优势利用

杂种优势利用途径之一是通过选用雌性品系生产杂交种子。N-雌性品系可分离出 1F（f 雌雄同株）:1ff（雌性），种植在杂交圃内。将雌雄同株的植株去杂后，留下的植株同选出的雌雄同株近交系进行杂交生产杂交种。雌性品系则通过姐妹株来保持。美国于 1950 年育成属核型隐性单基因遗传的 N145-4 型雌性系（即群体内约 50% 的植株为雌株，50% 为两性株），提出两型雌性系作母本，采用人工去除两性株的办法生产 F1 杂交种子，并育成杂交种应用于生产。1966 年，L. H. Zimmerman 等人在研究隐性单基因和温度敏感型镶嵌性雄花基因独立遗传特性基础上，育成温度敏感型雌性系。该系在 7 月份日平均气温为 90 ℉的加利福尼亚州波劳里（BlamLey）能产生少量雄花，在隔离条件下可繁殖雌性系；而在 7 月气温为 75 ℉的该州戴维斯（Davis）雄花极少或无雄花，适宜于生产杂交种子。印度 G. Anrineedu 等人发展了 Zimmerman 的这一成就，结合本国气候条件，提出在同一地区的低温季节（10 月至翌年 2 月）生产杂交种种子，在高温季节（7～10 月）繁殖雌性系，并育成雌性系 240，推动了印度蓖麻生产的迅速杂交种化。之后又相继育成 SKR 系列及新 VP－1 等一大批温敏型雌性系，并育成一批杂交种在生产上应用，其中以 VP－1 为母本的 Ganch－1 和 GCH－2、3、4 号杂交种比推广的 Gauch－1 增产 9%～60%，显示了极强的杂种优势。前苏联育种家选育出了可使来自美国的两型雌性系 N145－4 中的雌株临时保持全雌的品系，并育成三交组合，比对照品种增产 10%。罗马尼亚 Vanceanu AV 等发现并育成了胞质型雌性系，并且获得了能使后代恢复雌雄同株的材料。中国山东省桓台县微生物研究所育成了桓杂 1 号、桓杂 2 号是利用自交系间杂交生产的杂交种，在五省二市蓖麻主产区生产上应用推广，比当地主推品种增产 26.9%～62.0%，表现了极强的杂种优势。内蒙古通辽市农研所、山西省农科院经作所，应用"一系两用""两系法"的杂种优势利用途径，育成了适合当地推广种植的蓖麻杂交种哲蓖杂 1 号、汾蓖 4 号、吕梁山 1 号，这些杂交种子生产投工量明显减少，去雄改为去除两性株，杂交种的纯度和产量也有一定提高。

关于开展蓖麻高效聚合育种技术与高油高产蓖麻新品种（新组合）选育研究中国蓖麻遗传育种与杂种优势利用研究起步较迟，虽然自 20 世纪 80 年代以来有长足的进展，但在基础研究上仍显薄弱。现阶段尤其要重视深化种质资源收集、保存、性状鉴定与利用研究，加强遗传资源多样性与亲缘关系的分子标记研究，利用基础研究工作的成果，开展高油、高产关键性状一般配合力与特殊配合力研究，为亲本选配和测交提供科学依据。为提高育种效率，可综合利用现代遗传育种技术，建立高效聚合育种技术体系，开展单雌性状"一系两用"或"两系法"高油高产杂种优势利用研究。提高中国蓖麻育种科研水平和生产水平。

（四）蓖麻抗高温高湿育种

在自然界中，温度和湿度总是同时存在，相互影响，综合作用，过高的温度和湿度，易造成蓖麻早衰，生育期缩短，病虫害加重，产量品质下降。因此，提高蓖麻的耐高温高湿能力是目前蓖麻育种研究的重要内容之一。

近年来，湖南省林业科学院开展了蓖麻抗逆性鉴定及生理遗传育种的理论、方法与技术研究，针对高温高湿环境进行抗性鉴定，制定生理遗传育种策略，快速培育出具有抗高温高湿和丰产基因型的新品种。下面我们探讨蓖麻抗高温高湿生理遗传育种的若干策略问题。

1. 抗高温高湿鉴定策略

（1）综合评价的原则。蓖麻耐高温高湿性综合鉴定评价是蓖麻耐逆性研究中一个高层次的概念，体现蓖麻不同种类在抵抗热湿双重胁迫上的协调与整体效应。蓖麻耐高温高湿性的综合评价必须遵循下列原则：①兼顾形态性状、生理生化性状、发育性状和产量性状；②指标贡献的不等值；③阶段与综合评价相结合；④定性分析与定量评价相结合；

⑤研究的环境条件或模拟的环境条件与自然条件相接近的原则。

（2）鉴定评价群体大小。蓖麻抗高温高湿性鉴定时要尽可能有一个较大的群体，理论上鉴定的群体越大，其结果越可靠。然而，鉴定的品种（系）数量和各品种（系）参试的个体数量之间存在矛盾，由于需要鉴定的品种（系）数量较多，工作量和物力（人工气候室、土地多少等）的限制，每一品种（系）只能鉴定适当数量的个体。笔者研究认为，芽期蓖麻抗高温高湿鉴定至少要有 100 个个体，苗期、现蕾期要有 30～50 个个体，田间自然胁迫抗高温高湿性鉴定每一个品种（系）要有 100 个个体。除了个体数量达到一定的要求以外，更重要的是所选个体的代表性要强，一般要求所选个体为生长势一致、无病虫害的植株。

（3）鉴定评价时期。到目前为止，国内外学者鉴定蓖麻耐逆性的生长发育时期归纳起来有：芽期、苗期、现蕾期、开花期、坐果期等。根据蓖麻抗高温高湿性鉴定的目的，笔者认为鉴定蓖麻抗高温高湿性主要在芽期、苗期和现蕾期。芽期设计的根据是鉴定方法便于掌握和操作，适宜大批材料的筛选；苗期、现蕾期设计的根据是华南地区生产实践中蓖麻热害湿害时期，能为蓖麻育种工作筛选相应的耐高温高湿亲本。

（4）鉴定评价衡量标准。综合评价蓖麻抗高温高湿性，必须有一个客观合理的衡量标准。这个标准必须适用于所有蓖麻品种，同时不受其他因素（如处理方法、研究手段、测定指标）的制约。根据这个要求，笔者认为鉴定蓖麻综合抗高温高湿性最基本的标准包括三个方面：①高温高湿双重逆境胁迫条件下，蓖麻生活史完成情况及程度。无论面对什么样的逆境，蓖麻反应和适应的过程如何，其最终的目标只有两个：一是存活，二是完成生活史。因此，综合评价蓖麻耐高温高湿性，高温高湿逆境条件下蓖麻生活史完成情况及程度是最基本的衡量标准。②高温高湿双重逆境胁迫条件下蓖麻的受损程度也是综合鉴定评价蓖麻耐高温高湿性的重要标准。③高温高湿双重逆境胁迫下蓖麻的忍耐程度和阈值是综合鉴定评价蓖麻耐热耐湿的可靠标准。

（5）指标筛选策略。在植物耐逆性研究中，选择可靠、有效的植物耐逆性鉴定评价指标一直是研究者们关注的焦点，并已形成了形态、生长发育、生理生化等多方面、多层次、多角度的抗逆性评价指标。因此，筛选蓖麻抗高温高湿的评价指标，应注意以下几点：①必须选择与蓖麻抗高温高湿性紧密相关的因子；②因子具有较高的综合性、独立性、可采集性；③兼顾各层次、各阶段的特点，选择适宜的评价指标。

2. 抗高温高湿育种目标

目前蓖麻育种主要是围绕高产、优质、多抗而进行，而我国生态区域跨度大，种植制度复杂，品种布局变化较大，一般育种成果很难适应这种复杂的演变。因此，高温高湿地区育种目标应当考虑当地的生态条件和生产条件，要扬长避短，发挥地区比较优势。另外，育种目标还要适应市场需要，只有市场真正需要的品种，才是优良品种。与普通育种目标相比，蓖麻抗高温高湿育种目标显得更具体。

抗高温高湿育种的总体目标是建立在良好的抗高温高湿性之上，以适应全球气候变暖和广东、广西、福建、江苏、浙江、台湾等高温多雨地区，以及温室大棚的生态条件和生产水平，充分发挥品种增产潜力，以及利用高温多雨环境资源为核心，以强抗高温高湿性和优质丰产潜力相结合为出发点，构建合理的群体和产量结构，以实现蓖麻高产优质高效多抗。可能不同时期有不同的生产要求，加上育种时间较长，难以及时跟上生产需求，这就要求蓖麻育种工作者必须具有超前意识，采取多路探索，增加不同类型，瞄准和推出相对应的品种，真正提高抗高温高湿育种的工作实效。抗高温高湿育种，是通过遗传育种途径把蓖麻的抗高温高湿性和丰产性有机地结合在所培育品种之中的一种育种方法，也就是在高温高湿环境下都有较高的产量，在有利条件下有更高的产量。在整个抗高温高湿育种过程中都要围绕这个主要目标。

3. 抗高温高湿生理遗传育种策略

传统抗高温高湿育种主攻两个方面，一是培育高产潜力的新品种；二是要使新品种具有能在高温高湿双重胁迫下尽量减少产量损失的能力（也就是常说的抗高温高湿性与适应能力）。传统抗高温高湿育种过程中，衡量作物抗高温高湿水平指标是比较群体在各种环境下的平均产量，而反映在统计学上则是不同环境下产量表现的稳定性参数。由于抗高温高湿性是稳定性参数的一个组分，稳定性参数只有在主要环境因素是高温和湿涝的情况下才可大概反映抗高温高湿性程度。由此可见，传统方法的最大问题就是把产量作为主要选择指数和在生物学上不能控制的环境中选择稳定性品种（系）。还有一个问题是在高温高湿环境下产量降低而产量的遗传力也跟着降低，根据产量指标来进行抗高温高湿育种效率不高。多年多点重复试验和保持庞大群体是传统抗高温高湿育种的根本，因此投资大，时间长。这些问题使新型抗逆育种策略应运而生。

（1）收集抗高温高湿种质资源、拓展其遗传基础。蓖麻育种是全世界蓖麻育种工作者在材料、方法上相互应用、相互促进的过程，是利用各种种质形成的分离群体，通过自然选择和人工选择的综合作用，使大量优良农艺性状逐渐向人类需要的方向集中的过程，是使育成品种（系）逐渐适应当地的生态环境、生产条件，提高整体综合性状的过程。

近几年来，蓖麻育种呈现进展速度缓慢的现象，品种的综合农艺性状虽有提高，但缺乏增产潜力更大、适应范围更广的新品种，特别是广东、广西、福建、江苏、浙江以及台湾等高温多雨地区。究其原因可能是遗传背景好的材料奇缺，特别是抗高温高湿的亲本少，因而要想育出产量更高、稳产性更好、抗高温高湿性更强、品质更佳的优良品种就比较困难。

要想改变这种被动局面就必须广泛开拓遗传资源，创造新型的种质材料，丰富资源库。通过蓖麻抗高温高湿鉴定与抗高温高湿遗传育种研究，初步提出了以下3种培育抗高温高湿、高产新品种（组合）的途径和方法：①用抗高温高湿性强的品种和丰产性好的品种杂交；②用三交法把蓖麻的抗高温高湿性和丰产性相结合，培育抗高温高湿高产三交种；③用复合杂交法培育抗高温高湿丰产良种。

（2）加强抗性亲本的创新研究，组合其优良遗传物质随着蓖麻育种方向的发展，抗高温高湿育种目标和方法也有一定的变化，必须符合当前社会发展的需求。在蓖麻抗高温高湿育种中，针对高温多雨地区和温室大棚对蓖麻优质的要求，在亲本选配方法上，必须选择有高产、优质、抗热、耐湿、抗病等特性的多个亲本，进行聚合杂交，特别是在广东省的南菜北运基地，黄皮、大果等特性尤其重要。另外，为了选育出新的蓖麻类型，必须选择遗传背景和地理差异较大，有远缘关系的国内外品种作为亲本，进行广泛杂交，将更多的优良性状聚合在一起。根据农艺性状进行合理亲本选配，多做大量的杂交组合是进行蓖麻抗高温高湿育种的一个策略，不同品种杂交，可为我们提供许多意想不到的效果。

（3）加强蓖麻物候期研究。常规育种是在国内外育种工作中应用最广泛、育种成效最大的一种方法。我国从19世纪70年代到现在，利用常规育种技术已育成了一大批高产、优质、高抗的新品种，使我国蓖麻产量显著提高，取得了巨大的社会经济效益。物候期的控制是抗高温高湿育种的常用手段，要使蓖麻在高温、湿涝敏感期避开高温高湿胁迫期，针对物候期进行遗传改良则比较困难。传统的耐逆性选育往往只注意蓖麻在某一时期（主要是苗期）对逆境的反应和适应。根据蓖麻短期的耐逆行为评判其耐逆性的强弱，得出的结论不能反映蓖麻的长期耐逆行为，以此筛选出的抗性品种在生产上使用具有局限性。蓖麻抗高温高湿育种应根据蓖麻不同的生长发育阶段进行抗高温高湿性选育。芽期，注重蓖麻的耐高温高湿发芽能力；苗期，不仅要关注幼苗的耐高温高湿能力，还要注重逆境条件下的长势；而成年植物，则强调逆境生产能力（经济产量、生物产量）和繁衍后代的能力。综合抗高温高湿性选育不仅考虑蓖麻的形态性状，生长性状，还要考虑其生理性状，产量性状。对蓖麻全方位抗高温高湿性的综合，选育出来的品种才具有生产实用意义。从选育方法上，必须注意短期选育和长期观察相结合。

（4）采用回交育种、建立生态育种观念。提高新品种的抗高温高湿性和丰产性，是抗高温高湿育种的重点和难点。研究发现，有部分蓖麻品种存在集多种抗性（抗逆性、抗病性）于一身的优异资源，但是可能农艺性状较差。应用回交育种技术将这些材料中的抗性基因转移到育种材料是完全有可能的，因为抗逆性、抗病性与果实类型并不存在遗传连锁关系。在杂交后代选育方面，目前有许多蓖麻育种单位采用了高温高湿地区与干旱区同时播种和交替选择的方法。即在高温高湿地区考察抗高温高湿性、抗病性和品质，在干旱区考察丰产性和稳定性以及株高等其他农艺性状，这样可以选择出具有一定抗高温高湿性、丰产性和优质性的材料，通过多年多点的生态穿棱育种，选育出具有较全面的抗高温高湿性和抗病性的稳定高产品种。

另外，各育种试验基地采用分期播种是同一地点创造不同生态条件、提高鉴定效果的有效手段。

二、工业用油料大豆

（一）高油酸大豆油

目前用于工业原料的大豆油基本都是脂肪酸组成未经遗传改良的传统大豆油。通过生物技术和育种技术改变油的脂肪酸组成，可以生产出更适合工业用途（如生物柴油）的大豆油。高油酸大豆在各种工业用途中备受关注。利用不同的△1，2 油酸去饱和酶基因（FAD2）突变体进行育种可以提高油酸含量。典型的 FAD2 酶负责将油酸转变为亚油酸。该酶主要利用油酸分子为底物生成 PC。通过 FAD2 突变或者抑制其表达可提高大豆种子的油酸含量（减少亚油酸含量），并使油酸成为种子油的主要成分。通过生物技术抑制 FAD2-1 基因同时下调棕榈酸酰基载体蛋白硫脂酶基因（FatB）可使油酸含量达到最高。通过这种方法，大豆油的油酸含量可高达 90%。抑制 FatB 表达还将这些油的棕榈酸含量降低到 4% 以下，获得低饱和脂肪酸含量的油。

高油酸（HO）大豆油不但油酸含量高，而且降低了多不饱和脂肪酸（亚油酸和亚麻酸）含量。例如，90% 油酸含量的豆油多不饱和脂肪酸和棕榈酸含量都不到 4%。通过育种可以将剩余的大部分多不饱和脂肪酸去除，得到亚麻酸含量低于 1% 的大豆。高油酸加上低多不饱和脂肪酸使得液态油的氧化稳定性大增。例如，油酸含量达 85% 的大豆油氧化稳定性（以皂化值为单位）是传统大豆油的 12 倍以上。如果将植物油用作润滑油（包括马达用油和液压用油），氧化稳定性将非常重要。与传统豆油相比，高油酸大豆油对生产生物柴油更加有利。高油酸大豆油多不饱和脂肪酸降低后不仅提高了大豆油的氧化稳定性而且氮氧化物（NO_x）排放量减少。由于棕榈酸含量降低（传统大豆的棕榈酸含量为约12%，高油酸大豆为约4%），高油酸大豆油的冷凝点得到改善。例如，用高油酸大豆油生产的甲酯浊点和倾点温度分别为 -5 ℃ 和 -9℃。与之相比，传统豆油的浊点和倾点温度分别为 0℃ 和 1℃。无疑，用转基因高油酸大豆品种作亲本，与其他用诱变育种获得的脂肪酸含量发生改变（如高硬脂酸）的大豆品种杂交可以培育出更多具有不同工业用途的油用大豆品种。

（二）利用大豆代谢基因工程技术生产工业用高价值脂肪酸油脂

改变大豆种子中五种常见脂肪酸的相对比例，就能产生更高的经济价值。高油酸大豆油性能优良，工业用途广，是高价值工业脂肪酸的油脂之一。另外，还可以通过转基因方法向大豆导入合成新型脂肪酸的外来基因，获得具有特殊工业用途的油脂。这些基因一般从种子油中含有异常脂肪酸的非农用物种分离获得。由这些基因编码的酶可改变脂肪酸的碳链结构，获得含羟基、环氧基或双键位置和构型改变的脂肪酸，甚至产生链长大于18个碳原子的脂肪酸。这些基因不但可以编码FAD2类似的酶，还能具有其他酶促功能。例如，蓖麻的油酸羟基化酶，它与典型的FAD2作用底物都是油酰—卵磷脂，但是它产生的产物是一个羟基，而不是在△12位置产生一个顺式双键。蓖麻酸（OH - 18:1△9）是一种羟基脂肪酸，在工业上具有广泛的用途，可用于润滑油、液压油、表面活性剂、化妆品和尼龙生产。蓖麻酸的羟基还可以增加生物柴油中脂肪酸甲酯的润滑性能。为了在大豆中生产蓖麻酸，有人研究将蓖麻羟基酶基因在种子特异表达启动子控制下转化大豆，获得了蓖麻酸含量高达15%的转基因大豆油。目前，正在对这些转基因种子的油脂进行评估，深入了解羟基化脂肪酸提高油脂润滑性的价值，以及增加油酸含量与改善油脂氧化稳定性的关系。

环氧化脂肪酸是脂肪酸的另一变型，由于可以提高大豆油脂的工业价值而引起人们兴趣。目前，主要采取化学方法使大豆油环氧化，产生增塑剂及前体物质（如多元醇），可用于涂料、黏合剂和生物聚合物的生产。大豆油脂肪酸环氧化作用是在酸性条件下脂肪酸的双键与过氧化氢反应产生的。对于大豆油脂肪酸中存在的△9、△12和△15双键来说，该反应是非特异性的。一些非农艺植物物种已经进化出特异性的酶，可以使亚油酸的△12双键转化为环氧脂肪酸斑鸠菊酸。含有斑鸠菊酸的植物油不仅可以用于环氧化大豆油的生产，还可以用于低含量挥发性有机化合物（VOC）油漆溶剂生产，因而引起人们兴趣。有人研究化学转化斑鸠菊酸生产工业上有用材料的新方法。斑鸠菊酸的△12环氧基可以在分歧FAD2环氧化酶的作用下由亚油酰卵磷脂（linoleoyl - PC）产生，也可以由结构上无关的细胞色素P450环氧化酶产生。将斑鸠菊的FAD2环氧化基因导入大豆获得了斑鸠菊酸含量7%左右的转基因大豆油。大豆体细胞胚表达大戟属植物细胞色素P450环氧化酶基因，得到了相似水平的斑鸠菊酸。

大豆油在工业上的一个主要用途是生产大豆油墨。大豆油墨广泛用于彩色报纸印刷。大豆油用于报纸印刷油墨的缺点是干燥速度较慢。为了改善大豆油墨的干燥速度，可以在大豆油中添加共轭脂肪酸含量很高的桐油。共轭脂肪酸的双键位于相邻的碳原子上，而大豆油的亚油酸和亚麻酸的双键是通过亚甲基隔开的。现在已有报道称，用大豆生产共轭脂肪酸异构体桐油酸和金盏酸。达两种脂肪酸都是在FAD2类似酶，即脂肪酸共轭酶作用下产生。这些酶将结合在卵磷脂上的亚油酸的一个顺式双键转化为两个共轭反式双键，得到一个共轭三烯脂肪酸。产生金盏酸的脂肪酸共轭酶将亚油酸的 △9 双键转化成 △8 反式和 △10 反式双键，而产生桐油酸的脂肪酸共轭酶将亚油酸的 △12 双键转化为 △11 反式和 △13 反式双键。来自金盏菊的 △9 修饰型共轭酶 cDNA 导入到大豆，产生了金盏酸含量达 10%～5% 水平的大豆油。同样，来自苦瓜、凤仙花和可可梅的 △12 修饰型共轭酶 cDNA 导入到大豆体细胞胚，获得了桐油酸含量达 20% 的油脂。

技术上讲，通过代谢工程方法将其他物种的基因导入大豆改变大豆油的脂肪酸成分是一个突破，但迄今为止，代谢工程获得的新型脂肪酸含量与天然品种积累的异常脂肪酸含量相比，绝大多数情况下要低得多。例如，蓖麻种子的蓖麻酸含量高达 90%，但表达蓖麻羟基化酶的转基因大豆蓖麻酸含量只能达到 15% 左右。异常脂肪酸含量太低，难以进行商业化开发。因此，提高转基因大豆的异常脂肪酸含量是未来必须突破的主要技术障碍。就分歧 FAD2 酶（趋异进化 FAD2）合成的脂肪酸而言，转基因种子中异常脂肪酸累积的瓶颈好像是由于该脂肪酸合成后异常脂肪酸从 PC 的流出存在缺陷。表达脂肪酸共轭酶的种子的表现型证明如此。表达 △9 和 △12 型共轭酶的拟南芥和大豆种子，共轭脂肪酸不但以三酰甘油形式积累，而且以相同或更高的比例以 PC 形式积累。例如，表达金盏菊共轭酶的转基因大豆，金盏酸在三酰甘油酸中占 20%，而且还以 PC 脂肪酸形式异常积累，含量高达 PC 脂肪酸的 25%。相反，金盏菊种子中三酰甘油形式的金盏酸含量约占 55%，PC 形式的不到 1%。可见，好像是金盏菊进化出一种限制金盏酸在 PC 中异常积累的机制，而大豆种子中不存在这种机制。天生产生共轭脂肪酸的其他物种的种子明显也进化出了这种代谢能力，从 PC 有效移除这些脂肪酸，因为即使是共轭脂肪酸占种子油脂肪酸的 80% 以上，共轭脂肪酸在 PC 中的含量很少高于 2%。有的植物可以通过 FAD2 相关酶的活动积累异常脂肪酸，目前的研究集中在从这些植物中发掘不同类型的磷脂水解酶。据推测，这种酶已进化出有效代谢异常脂肪酸的能力，将这些代谢酶和 FAD2 合成酶一起在大豆中共表达将有可能获得异常脂肪酸含量很高的大豆品种，从而达到工业生产上经济可行的水平。

三、工业用油菜品种

（一）高芥酸油菜油

双低油菜主要用作食油和动物饲料，而适用于工业的是高芥酸油菜油。

1. 廿二碳油脂化合物的用途

富含芥酸的植物油是一种典型的工业原料。芥酸的衍生物和芥酸的氢化产物山嵛酸即廿二碳油脂化合物具有黏附、软化、疏水和润滑等优良的物理化学特性。因此具有广泛的工业用途。它们可作为食物添加剂、化妆品、护发素、表面活性剂和去垢剂以及塑料添加物、润滑剂和燃料辅助物，还可作摄影和录音用的原材料。

2. 芥酸的商业源

随着低芥酸油菜栽培品种的出现，传统的高芥酸油菜的生产在世界范围内迅速下降。其结果使其他含芥酸的作物得以发展。在十字花科作物中，一种新的一年生的海甘蓝（Crambe abyssinica）备受重视。1993 年美国种植了约 2.5 万 hm^2 海甘蓝。欧洲的荷兰、德国和奥地利也在进行海甘蓝育种研究。海甘蓝的芥酸含量（55%～60%）高于油菜但因富含纤维的角果皮重量约占角果的 30%，所以仅能获得约 30% 油。此外，海甘蓝品种资源贫乏，使品种产量、抗病虫和饼粕品质的改良受到限制。饼粕的品质问题，主要是含有硫普，不宜作饲料。

通常作为香料或调味品的十字花科中白芥或黄芥已被作为另一种生产芥酸的一年生的夏季作物。在瑞典和德国有关白芥的几个育种项目已经开始进行。最近加拿大和以色列也着手这方面的工作。白芥具有易栽培、抗虫、抗病、抗落粒和生长季节短等特点，但其油分含量（30%～35%）和种子产量较低。白芥比甘蓝型油菜耐干旱，能在干旱区域种植。与海甘蓝相比，白芥的油分和硫含量变异幅度大。因此，培育高芥低硫的白芥品种是可行的。在欧洲和加拿大发展海甘蓝和黄芥并不影响双低油菜的种植。但这2种作物的总产不足冬油菜的50%，因此不能满足工业用油的需求。

由于含有45%～50%芥酸的古老油菜品种能产生较高的种子产量和油脂，使高芥酸的油菜育种再次兴起。为了获得适宜于工业用的油菜油，育种家、生化学家和遗传工程学家正试图通过基因工程途径提高芥酸比率。实际上，很多有关项目已在进行，只是由于生化方面的某些问题，使研究不能很快取得成效。

3. 高芥酸油菜的育种方案

（1）运用小孢子培养技术和加倍单倍体系。采用经典的系谱育种方法改良甘蓝型油菜的脂肪酸成分，从杂交到育成品种注册，至少要用10～12年时间。运用小孢子培养技术培育双单倍体系可以加快其改良进程。Luhs 和 Friedt（1994）用芥酸含量较高的冬池菜品种中的近交系配制杂交组合，将亲本和 F_1 代植株的小孢子培养成苗，并对小孢苗进行春化处理和秋水仙加倍，进而对从大量加倍单倍体植株上获得的种子子代进行选择，对其中的31个加倍单倍体系进行了田间试验，大多数系的芥酸含量提高到60%。

（2）小孢子胚的离体选择。甘蓝型油菜小孢子胚状体像发育中的油菜种子一样，能累积脂类。在子叶后期，小孢胚状体中的脂肪酸成分与合子胚和成熟种子中的几乎相同，因此，小孢子胚状体已成为品种的生化和分子研究的工具。例如，小孢子胚状体已经被用于鉴定贮存脂类和蛋白质的合成调节研究，并用于研究含高比率芥酸的三酰甘油酯的生物合成模式。因为三酰甘油酯只存在于发育的种子中的中性脂类部分，是贮存脂类合成起始的一个好标记。由于具有高的酶活性，小孢子胚状体的匀浆能产生三酰甘油酯。Taylor 等（1992）的试验证明，在1，2-dierucoylglycerol 和 erucoyl-CoA 存在下，小孢子匀浆合成了三芥酸甘油酯。

为了培育具有特殊脂肪酸的油菜，用半粒种子的芥酸分析方法对小孢子胚的群体进行了脂肪酸分析，并选出了理想的胚状体。要使选择准确，小孢子的培养条件必须适当，使一个群体的胚状体的发育（大小，胚龄和倍性水平）和脂肪酸合成同步。虽然在小孢子胚的子叶后期，芥酸累积比合子胚和成熟种子低，但在育种研究中，以小孢子胚为选择对象，仍是快速筛选高芥酸材料的一种好方法。Albreche 等（1995）报道，他们通过测定小孢子胚的一片子叶和由胚状体再生的植株上的种子的脂肪酸含量证明，约70%胚状体可以淘汰，不必再培养成植株。

（3）应用生物技术创造脂肪酸新变异。甘蓝型油菜是白菜和甘蓝天然杂交形成的双二倍体种。虽然对天然的甘蓝型油菜进行了大量的人工杂交，产生了油用型、瑞典油菜和饲用油菜等类型，但这个种的遗传基础相当窄。相反，甘蓝和白菜的类型则非常多，它们之中包括世界范围的重要的蔬菜、油用和饲用类型种。这两个二倍体种为甘蓝型油菜的改良提供了如此丰富的亲本材料。近 40 年中，在有关新种质资源研究和通过甘蓝×白菜途径合成育种桥梁材料方面做了大量的工作。现在采用同工酶和分子标记继续研究，结果表明，人工合成的很多甘蓝型油菜品系的遗传组成是双亲二倍体种的中间型，与天然的甘蓝型油菜不同。

在古老二倍体种中，芥酸含量存在着高度变异。白菜是 30.1%～61.4%，甘蓝（包括近缘野生种）是 28.2%～63.4%。特别是花椰菜，其芥酸含量是 46.6%～63.4%，平均 57.9%±0.3%。将白菜与芥酸含量 55%～60% 的甘蓝杂交，并通过胚珠培养合成了甘蓝型油菜。遗传研究证实，芥酸合成由两对等位基因以加性模式控制，每一基因控制合成芥酸 16%～17%，但是通过杂交、重组和累积高效等位基因的途径提高芥酸合成的几率却由富含芥酸的三酰甘油酯，特别是三芥酸甘油酯的合成受阻而减少。

在十字花科中，原生质体融合已成为将野生种的抗旱、抗落粒、抗虫和抗病等优良基因导入甘蓝型油菜或芥菜型油菜等芸薹属种的先进技术。芸薹属内和十字花科不同属的种间体细胞杂种已经产生。但有关更远缘的体细胞杂种的报道很少。最近，获得了甘蓝型油菜与拟南芥、甘蓝型油菜与遏蓝菜属中的 *Thlaspi perfoliatum* 的可育体细胞杂种。虽然脂肪酸遗传模式不像雄性不育那样由细胞质控制，但通过体细胞杂交重新合成甘蓝型油菜的目标是诱导脂肪酸的广泛变异。几个研究小组试图通过高芥酸油菜与遏蓝属和观赏植物中的缎花属种（*Lunaria annua*）间的体细胞杂交，改良甘蓝型油菜的长链脂肪酸。但这两个野生种种子油中所含的约 20% 神经酸在体细胞杂种子代中没测到。

（4）分子标记及其在油用油菜育种中的应用。用传统的方法将突变体或野生种的优良特性转到栽培种中要花多年的时间。近几年分子标记选择对回交育种的效率有很大作用。在诸多生化和分子标记中，RFLP，RAPD 和微卫星 DNA 对作物改良具有很大的作用。最近，Uzunova 等（1995）使用 RFLP 连锁图谱和甘蓝型油菜（*Marashodts hamburger* Raps × *Samourai* spp.）F_1 的小孢子双单倍体系，把控制芥酸合成的两对基因定位在第 6 和第 12 连锁群上。这种与基因连锁的标记可用于油菜芥酸育种。使用上述双单倍体系，把控制油分含量的 3 个数量特性位点也定位在第 6，10 和 12 连锁群上。其中的两个位点与控制芥酸含量的位点紧密连锁。这说明芥酸基因直接影响种子油分含量。这与 Klassen（1976）的报道一致。

（5）三芥酸甘油酯和油菜油的基因工程。虽然芥酸是油菜种子中三酸甘油酯的主要组分，但芥酸（长链脂肪酸）仅能在甘油主链的第 1 和第 3 个羟基上酯化，却不能与第 2 个羟基酯化。因此油菜油中检测不到三芥酸甘油酯。这意味着油菜油中芥酸含量的理论值最高是 66%。Sonntag（1991）认为，通过改良，油菜油中的芥酸含量比率可提高到约 95%。事实上在十字花科某些种，特别是花椰菜的油中，芥酸含量为 60%～63%。最近在花椰菜的一些基因型中发现芥酸被酯化在三酰甘油酯的中部羟基上。但种子油中没检测出三芥酸甘油酯。其原因不清楚，须进一步进行研究。

在油菜油中，芥酸大量合成的障碍是有关组装酰基辅酶 A（acyl-CoA）的溶血磷酸酰基转移酶（LPA-A T）的特异性和选择性，使芥酸不能进入甘油主链的第 2 羟基酯化。因此三芥酸甘油酯合成被阻。分子生物学家从 *L. irnnanthes douglasii* 植物的种子，分离出编码 1-酰甘油酯-3-磷酸酯酰基转移酶（IAGPAT）的 cDNA。这种酶基因控制 erucoyl-CoA 的产生。因而试图用 IAGPAT 酶基因代换油菜种子中的 LPA-AT 酶基因，使甘油主链中部羟基能酯化芥酸，形成三芥酸甘油酯。

（二）合成一年生的月桂酸油菜

近几年，为了提高油菜的月桂酸和其他中长链脂肪酸（C_{10} – C_{14}）含量，有关基因工程的几个研究项目已经开始。Calgene 研究所的科学家们将加利福尼亚月桂树中的酰基一载体蛋白 Acyl-[ACP]硫酯酶基因导入了油菜。在转基因油菜中，这种酶基因使种子的贮存三酰甘油酯累积约 45% ~ 50% 月桂酸。在油菜中，月桂酸的生物合成像三芥酸甘油酯一样受到抑制。Calgene 研究所的基因工程学家试图将椰子树中的溶血磷酸酰基转移酶（LPA-AT）酶基因转入油菜，以提高油菜月桂酸含量。

另一种引起关注的脂肪酸资源是千屈菜科萼距属（*Lythracea cuphea*）中的一些种。这些草本种的种子一般含有 30% ~ 33% 油分。其油中富含辛酸—豆蔻酸。与传统的月桂油源比较，萼距属种的种子油的一个重要特点是油中特殊单一脂肪酸如辛酸或癸酸的比率高达95%。这是很有价值的。最近，几科酰基载体蛋白硫酯酶 cDNA 和高含癸酸（83%）的萼距属中 *Lanceolata* 种的基因已在甘蓝型油菜中表达。在 1 株转基因油菜的种子中检测到了1% 辛酸、3% 癸酸和 7% 豆蔻酸，在另外 1 植株种子中检测出 15% 棕榈酸。这表明油菜油中辛酸—十八碳脂肪酸的生物合成模式是可改变的。

四、光皮树矮化早实育种

生物柴油产业发展面临的最大的问题是原料油成本高、规模持续供应难，相对石化柴油缺乏经济竞争力。据统计，生物柴油制备成本的 70% ~ 80% 是原料成本。采用低价原料油是降低生物柴油生产成本的重要途径，解决低成本、可持续的原料供应才有可能实现生物柴油的产业化和规模化。

我国发展生物柴油原料植物生产的原则是"不与粮争地，不与人争粮"，而食用油价格普遍高于成品生物柴油价格，供应缺口大，因此以食用油为原料生产生物柴油在我国不可取。开发新型、高产，非食用油料能源植物能在非耕地上种植的原料植物势在必行。

我国的国情是山地面积大，耕地面积小。全国耕地只有 18 亿亩，主要维持粮食和基本动物的饲料供应。但山地占了国土面积的 69%。市场需求很大的油料，其发展空间完全应该放在山上。木本油料植物主要生长在南方的丘陵山地，能把山地的潜力充分挖掘出来。特别是目前情况下，我们国家的土地资源非常紧张，山区依然贫困，在这个矛盾之下，更要注重开发山区的潜力，满足群众的期望。

丘陵山地规模种植木本油料植物制约因素有，物料运输提高、劳动力成本提高，选择矮化良种和矮化砧木种质资源，优化矮化基因型与环境的配置并创新矮化栽培技术模式，突破矮化栽培关键技术，在降低劳动强度和减少投入的基础上获得单位面积的高产。

以光皮树果实作为原料生产生物柴油具有多重优势，既不与粮争地，又可保持水土，涵养水源，改善环境。对高大木本油料植物光皮树其矮化资源可以提高育种过程的可操作性、降低操作难度、缩短营养生长（童期）周期。同时，矮化植株具有养分消耗低、光能和地力利用充分、增加产量、改善品质等优势。

光皮树能源林规模化建设可保障生物柴油原料的低成本、持续供应，从而降低生物柴油生产成本，提高生物柴油市场竞争力，促进生物柴油的产业发展，保障能源安全，缓解石化柴油引起的环境、资源等一系列问题。

因此，在已有光皮树良种选育、良种繁育和栽培技术研究的基础上，为适应油料能源植物集约化栽培的需要，有必要开展光皮树无性系高产矮化株型的育种主系统研究。

选择矮化光皮种质资源，扩大矮化遗传基础，优化矮化基因型与环境的配置并创新矮化栽培技术模式，突破矮化栽培关键技术，在降低劳动强度和减少投入的基础上获得单位面积的高产，提高光皮树的经济效益，促进光皮树能源林推广应用，推动我国生物柴油原料林建设，实现农民增收。

采用性状相关性分析光皮树根、茎、叶形态解剖结构及叶片生理生化等指标技术与生长势之间的关系，进一步通过主成分分析综合评价建立光皮树矮化资源预选技术指标，建立光皮树矮化预选技术体系，通过聚类分析将收集的光皮树种质资源分成 3 类（矮化型、半乔木型、乔木型）。采用数字基因表达谱差异分析矮化光皮树与乔木型光皮树之间的基因表达差异，进而挖掘与光皮树矮化相关的基因。通过拓展遗传基础、矮化砧木嫁接、树体和激素调控等技术，实现光皮树集约经营和规模化栽培，降低光皮树栽培成本，提高光皮树的经济效益。

1. 建立光皮树矮化种质资源预选技术体系，筛选出 6 个光皮树矮化无性系

通过对 10 个光皮树无性系的株高、地径、节间长和叶面积等营养生长指标、根和茎的形态解剖结构指标（横断面积、木质部面积、髓部面积、皮部面积、导管密度材部率、皮部此、材皮比、导管密度）、叶的形态解剖结构（叶片总厚度、上、下表皮厚度、栅栏组织厚度、海绵组织厚及各结构在叶片中的比）、叶片光合生理指标（气孔长度、气孔宽度、气孔密度、净光合率、气孔导度、胞间 CO_2 浓度、蒸腾速率、叶绿素 a 含量、叶绿素 b 含量、总叶绿素含量）、叶片生化指标（还原糖、可溶性糖、吲哚乙酸氧化酶、过氧化物酶、吲哚乙酸、脱落酸、赤霉素、玉米素核苷等的含量）等与其生长势的相关性分析，初步确定了地径粗、叶面积、根导管密度、茎皮部面积、茎髓部面积、叶片中栅栏组织比值、叶片中海绵组织比值、栅栏组织/海绵组织比值、光合速率、气孔导度、胞间二氧化碳、气孔密度、叶绿素 a 的含量、过氧化物酶含量、IAA + GA + ZR/ABA 比值 15 个矮化资源预选指标。进一步通过主成分分析、聚类分析等构建了光皮树矮化资源综合体系：主要包括了光合生理因子（光合作用速率、气孔导度、气孔密度、叶绿素 a）、营养形态因子（茎的髓部、叶的海绵组织、叶的栅栏组织、栅栏组织/海绵组织）和叶片生化因子（IAA + GA + ZR/ABA）等指标。10 个光皮树无性系的生长势排序为：G22 > G9 > G15 > G36 > G34 > G18 > G19 > G12 > G20 > G1，G1 生长势最弱，矮化程度最大，G22 生长势最强，矮化程度最小，2 年生实生苗的实测矮化顺序是：G1 > G12 > G34 > G20 > G15 > G36 > G19 > G18 > G9 > G22；3 年生实生苗实测高度矮化顺序为：G1 > G34 > G20 > G12 > G36 > G19 > G15 > G18 > G9 > G22。由此可知建立的矮化资源预选指标标体系具有一定的准确性。

利用此技术体系，将入选的 10 个光皮树无性系资源分成三大类：

第一类矮化型包括 G1、G20、G12、G18、G34、G19，主要体现生长势弱，植株矮、地径细、叶面积小等特点，主要农艺性状研究表明，紧凑型矮化型具有新梢短、尖削指数和粗长比大、节间短、叶片气孔密度小的特点。

第二类灌木类包括 G15、G36、G9，主要体现生长势较强；

第三类为乔木普通类为 G22，主要体现生长势强、植株高、地径粗、叶面积大等特点。

2. 选育光皮树矮化砧木类型，创建矮化嫁接苗早期预测指标体系

通过光皮树转录组和数字基因测序分析，挖掘与光皮树矮化相关的基因，结合田间调查、形态解剖、主要内源激素及氧化酶含量测定，建立了矮生砧木及矮化嫁接苗的早期预测指标体系：叶片内源激素 IAA/ABA、IAA + GA3 + ZR/ABA 和栅栏组织/海绵组织比值，根木质部面积占横断面面积比值和导管密度。

3. 分析乔化与矮化光皮树的数字基因表达谱，挖掘 104 个矮化基因

采用数字表达谱方法对乔化与矮化光皮树基因分析，根据 GO 功能显著性富集分析和 Pathway 显著性富集分析，从差异表达基因中鉴定出与光皮树矮化相关的主要基因 104 个，主要是与光合作用、氧化还原反应、糖代谢和核糖核蛋白组成相关，其中编码硫氧还蛋白、谷氧还蛋白和细胞色素等电子传递链重要组分的基因 10 个，编码单糖（去）磷酸化及相互转换、三羧酸循环等关键酶的基因 10 个，与鼠李糖和多糖（果胶、可溶性淀粉、纤维素、半纤维素等）生物合成相关酶的基因 18 个，编码核糖体蛋白的基因有 37 个。

4. 探讨光皮树嫁接矮化机理

通过分析光皮树砧木与嫁接苗根、茎、叶解剖结构及叶片中酶和内源激素含量相关性分析，探讨光皮树嫁接矮化机理：砧木与接穗的相互作用，改变根系结构与生长激素及其激素氧化酶的活性相关性，进而调节植物的生长；嫁接或是接穗对根的生长有一定的影响，影响的程度与方式有待进一步观测分析；嫁接苗叶片总厚度及各组织的相对厚度与砧木叶片对应结构保持一致的变化；嫁接苗的生长过程中砧木茎的形态结构对嫁接苗茎的及组织结构变化影响不明显，受砧木根影响较小；不同砧木对嫁接苗的形态结构、主要氧化酶及内源激素的相对含量产生不同的影响，不同的解剖结构、生化特性对植株生长产生不同影响，形成不同的树势。

5. 突破光皮树嫁接、人工造伤和激素处理等矮化关键技术

突破光皮树嫁接、人工造伤和激素处理等矮化关键技术，并建立相应的技术体系。① 光皮嫁接矮化技术体系：春接的时间分别为以 2 月下旬至 3 月中旬为宜，嫁接方法以采用三刀法腹接且留砧 10 cm，嫁接成活率高达 71.3%；秋接的时间以 9 月上旬至 10 月上旬为宜，嫁接方法以采用三刀法露芽腹接，成活率最高达 95.7%。② 光皮树人工造伤矮化技术体系：环割倒贴皮法、铁丝绞缢法、绳索绞缢法、环刻等不同的处理方法对光皮树生长产生不同影响，其中铁丝绞缢法较其他方法对树高生长的抑制作用和树主干地径的增粗具有较强的促进作用，其中 7 月份用铁丝绞缢法处理对光皮树树高的生长抑制作用更强，有效地促进地径的生长，与对照相比差异显著（$P < 0.05$）。③ 激素处理矮化技术体系：在芽萌动前的晚冬和早春季节对休眠芽喷施不同浓度的外源激素 6-BA、CCC、PP333 对光皮树营养生长产生不同的影响。其中 100mg/L 6-BA、200 和 300mg/L CCC 以及 1000 和 1500mg/L PP333 对一年生新枝营养生长具一定的抑制作用。

五、油棕育种

油棕是世界上最重要的油料植物，油棕生产的油脂约占总食用油（包括植物油和动物油脂）的 24.9%，超过了大豆的 23.9%。国际市场上的棕果油主要有两类，即果肉榨出的棕油或毛油（crude palm oil，CPO）和果仁榨出的棕仁油（palm kernel oil，PKO）。全球每年的毛油产量约为 3800 万 t，价值近 200 亿美元。它们主要产自亚洲、非洲和拉丁美洲的高

温高湿的热带地区，总种植面积约有 1300 万 hm^2，主要涉及印度尼西亚、马来西亚、巴布亚新几内亚、哥伦比亚、科特迪瓦、尼日利亚和泰国等国家，其中又以印度尼西亚(530万 hm^2)和马来西亚(420 万 hm^2)占据绝大部分面积。棕油是全球贸易中所占份额最大的植物油，其主要市场包括中国、欧盟、巴基斯坦、印度、日本和孟加拉国。棕油主要用于食品(约占 80%)，如烹饪油、人造黄油、氢化植物油或植物酥油和酥油等，剩下的 20% 是作为油脂化工以取代矿物油，用于洗涤剂、化妆品、医药/保健品、塑料、润滑油等行业。近年来，随着石油价格的不断上涨，以及《卡塔赫纳生物安全议定书》中寻求"绿色"或"可替代"资源限期的临近，棕油作为一种潜在的生物燃料(生物柴油)的需求巨大。此外，对环境及消费者健康等问题的关注造就了一些开发棕油次级和副产物的新产业，这些包括利用棕油生产维生素 A 和 E 以及其他抗氧化剂的保健品，利用棕仁生产动物饲料和有机肥，以及棕油提取过程中的泥粕和废弃物的开发利用。

(一)起源和驯化

油棕作为一种经济作物开发，源于寻求用于生产蜡烛、肥皂和人造黄油的动物油脂替代品的需求。为确保棕油的稳定供应，欧洲殖民者首先在印度尼西亚和马来西亚种植油棕。种植在印度尼西亚茂物植物园的 4 株油棕苗，很明显来自西非的同一果串通过辗转阿姆斯特丹和毛里求斯/留尼汪岛而来，它们最终孕育了现在的油棕产业。这 4 株具有厚壳或杜拉(Dura，D)果型的原始种的后代进行人工杂交和定向选育，获得的部分后代先后种植于苏门答腊岛的德力省，后来遍及马来西亚。从 1911 年直到 20 世纪 60 年代初，德力省的杜拉种作为主要的商业材料支撑了马来西亚和印度尼西亚油棕种植业的迅速发展。1941年，Beirnart 和 Vanderweyen 揭示了油棕壳控制基

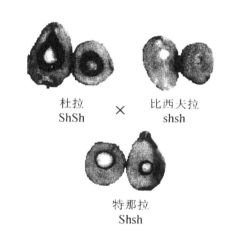

杜拉　　　　　　比西夫拉
ShSh　　×　　shsh

特那拉
Shsh

图 3-4　油棕杂交品种(杜拉 × 比西夫拉)
的商业化生产

因的单性遗传规律：厚壳 D 型种与薄壳(一般为雌性不育)的比西夫拉(pisifera，P)亲本杂交，子代 100% 为厚壳的特那拉(tenera，T)型果(图 3-4)，这表明壳控制基因为不完全显性；T × T、T × P 和 D × T 杂交，其子代的基因型会产生分离，且符合经典的孟德尔遗传定律，F 代为 1D:2T:1P，F_2 代为 1T:1P，F_3 代为 1D:1T。由于源自西非的 T 型种可迅速转换为 T 型杂交，因而常被作为商业材料引进。在私人育种公司促进下，该育种程序在商业杂交种的选育和油棕遗传育种研究中越来越受关注。时至今日，T 型混合种或 D × P 杂交种仍是主要的商业化材料。最近，通过组培途径获得的油棕新品种也已面市，但有限的量使其无法满足巨大的市场需求。

(二)遗传资源

鉴于现有油棕遗传资源背景(仅如 Deli、AVROS、Yangambi、LaMe 等)狭窄及马来西亚在快速发展的油棕产业中的利益关系，马来西亚农业研究与发展研究所(MARDI)及之后的马来西亚棕油研究所(PORIM)即现在的马来西亚棕油理事会(Malaysian Palm Oil Board，MPOB)，对非洲和拉丁美洲发起了一系列勘探非洲油棕和美洲油棕新种质的活动，

以拓展种质资源、促进遗传育种、保护起源地的油棕资源。首次系统的考察是在尼日利亚，与 NIFOR 及之后的国际遗传资源委员会（International Board of Genetic Resources）联合进行，旨在保护遗传资源，研究群体的遗传结构。对后代的遗传分析显示，科内的遗传变异比科间、种群间的大。在该调查结果的影响下，安哥拉、喀麦隆、冈比亚、几内亚、马达加斯加、塞拉利昂、坦桑尼亚和扎伊尔也开始对自有的种质资源进行收集、研究，以期获得有用的经济和农艺性状。对拉丁美洲油棕的勘探在巴西、哥伦比亚、哥斯达黎加、厄瓜多尔、洪都拉斯、巴拿马、秘鲁和苏里南进行，考察对象同时包含了其他产多不饱和脂肪酸和特有用途的产油类棕榈科植物（*Bactris gossipaes* 或 *Pejioaye* spp.、*Jessenia oenocapus*、*Orbignya martiana* 或 *Babassu* spp.）。这些种质以活的形式在马来西亚种植并保持，同时也在东道国留有相同的备份。从科学意义上讲，这些勘探是成功的，从中发现了许多优良性状及一些在现有的育种资源中已丢失的性状，这些性状已成功整合到原有的育种群体中或形成了一些新的种群。

（三）主要育种成就

Davidson（1993）认为，在早前 50 年里，马来西亚油棕产量的提高 70% 归功于品种的改良，30% 归功于农艺措施的改进。其中，仅由厚壳、薄中果皮（thinner oilbearing meso-carp）D 型果（中果皮占种子的 60%）转为薄壳、厚中果皮 T 型果（中果皮占种子的 80%）品种一项，就使鲜果束（fresh fruit bunch，FFB）的产量提高了 30%。

据估计，对商业混合杂交种中的优良单株进行选择、纯化可使产量提高 30%，而这成为油棕组培无性繁殖技术发展的重要动力。然而，鉴于现代商业杂交种的产量遗传力较低，Soh（1986）估计第一代纯系的产量增幅在 13% 左右。

除产量育种外，也有一些育种计划侧重于某些农艺/经济性状的改良，如矮化育种或油质改良。半矮化品种 Dumpy. AVROS 比常规品种矮 20%。MPOB 称利用尼日利亚的非洲油棕材料育成含高不饱和脂肪酸的矮化油棕品种，ASD 则通过美洲油棕与非洲油棕杂交获得株型紧凑的无性系。也有少数研究组称其利用优良亲本获得数量有限的双克隆（同时克隆父本和母本）和半克隆（只克隆一个亲本，通常是 dura 品种）的杂交种子。这些新型材料对生产的影响还有待观察。

（四）育种目标

棕油的多用性使得油棕及棕油目标性状的改良变得异常丰富。为达成共识，2003 年，MPOB 特意组织了一次由育种家、农艺学家、生物技术学家、油脂化学家、技术专家、棕油消费者和经营者参加的研讨会。由于在单个育种计划中涉及所有目标性状效率不高，因此会议对油棕需要改良的性状进行了排序。排名前 4 位的农艺性状依次为：含油率高、矮秆株型、抗基腐病和油酸含量高。前 3 个性状都与产量有关，这主要是因为油棕作为一种供于食用的经济作物，产量高可降低生产成本，并保障其与大豆油等产油植物的竞争能力。除油酸含量高外，其他像硬脂酸、胡萝卜素或生育三烯酸含量等油品质指标及一些附加值性状指标的排名则相对靠后，这种排名与马来西亚的国情是密切相关的。在非洲国家，抗旱和抗枯萎病需要优先考虑；在一些拉丁美洲国家，抗芽腐病需要优先考虑；在印度尼西亚，由于该国有大量的廉价劳动力，对高大油棕树的收获并不成问题。

（五）新型生物技术在油棕育种中的应用

1. 利用组织培养技术对油棕进行无性繁殖

商业化油棕种植材料由非均一的杂交后代混合而成，具有一定的遗传多样性，这样，一个商业种中势必存在单产大大超过平均产量的单株。利用传统的育种方法对这些优良单株进行繁殖需要 20 多年的时间。无性繁殖的初衷就是缩短育种周期，它通过从具有遗传多样性的种植材料中筛选优良单株，并对其进行克隆和批量繁殖，进而用于大规模的商业种植。

尽管早年已成功建立了用于无性繁殖的组织培养技术，并且在田间实验和试点上做了很多工作，但至今仍未见那些优良无性系大规模的商业化繁殖与种植。要想获得预期的目标，像体细胞变异、克隆效率、无性系原株/亲本的选择效率、再克隆及悬浮养体系等许多关键问题还有待解决和克服。

油棕体细胞变异会造成果穗成束发育受阻、不育、果实呈斗篷状（Corley et al.，1986）。在过去 20 年，这是商业化品种体外繁殖的主要障碍，以后它也将继续影响油棕商业化生产规模的扩大。不同无性系的体细胞变异程度不同，且随着继代培养、再克隆或液体培养的进行，变异风险会增加。体细胞变异的机理与基因的表观遗传改变有关，这涉及同源异型基因或控制开花的 MADS box 基因的甲基化。由于这些标记是无性系特异的，因此缺乏通用性。

应用农业资源私人有限公司（Applied Agricultural Resources Sdn Bhd，AAR）率先对培养方法进行了改进，发展出商业凝胶组培繁殖技术，这样不仅提高了克隆效率，同时通过采用无性系原株作为克隆材料将畸形果发生风险降到了最低。此法虽然广为其他实验室用于油棕的商业化繁殖，但同时也存在适于成批繁殖的油棕比例低、出苗能力差、劳动强度高和空间需求高等问题，其效率仍然比较低下，商业繁殖时通过每次采用大量的无性系原株作为培养材料以提高克隆效率和降低体细胞变异风险，因而为获得最大克隆产量就需要持续供给优良的无性系原株。

由于油棕含油率的可遗传性较低，因此对无性系原株或单株进行选择的效果不是很好。成熟的无性系检验方法对于鉴别优良克隆是必不可少的，而要利用这些优良克隆，就必须对其进行再克隆。由于存在克隆变异风险高、再克隆时又受凝胶组培系统效率低所限等问题，AAR 率先发展了适于克隆与再克隆的液体悬浮培养体系。该体系的优点在于生产同质小苗的能力很强，并适于利用生物反应器等进行自动化生产。这进展为优良无性系的商业繁殖及种植奠定了技术基础。

即便如此，要想占据世界最大杂交种市场（约 2.5 亿美元）的主要份额，最大的挑战还是如何提高无性繁殖规模，同时保证将体细胞变异降到最低。

2. 分子育种

分子标记因其可节约育种时间、空间和精力等现已广泛应用于植物育种，这样作为多年生乔木的油棕也就不能例外。虽然油棕 DNA 可从不同组织提取，但最常用的还是叶片。同工酶、RFLP、RAPD、AFLP 和 SSR – PCR 等分子生物学技术都可用于油棕分子标记的检测和确定。RFLP、AFLP 和 SSR 标记因稳定性和可信度高等特点常用于油棕遗传图的绘制。

多态性标记技术常用于油棕的 DNA 指纹分析，特别是基因型鉴定和遗传多样性评估。

为保护育种家新品种开发的利益，2004 年，马来西亚颁布了植物新品种保护法。在 MPOB 和产业相关成员的协助下，马来西亚农业部门按照植物新品种保护联盟（UPOV）针对品种特异性、一致性和稳定性起草了相关检测指南。DNA 指纹技术已成为基因型鉴定时形态学标记的重要补充。为保障育种家的利益，加强对新品种特别是对用于杂交种生产的优异无性系和育种亲本的保护显得尤为重要。但是，要对商业化油棕品种进行鉴定是比较困难的，因为它们是来源于亲本遗传背景很相近的混合杂交种。

由于现代遗传材料已经过高度选择，想要选育极端优异的株系变得愈加困难。通过遗传多样性分析估计材料间的遗传距离或相互关系，有助于鉴定亲缘关系适当的亲本以拓展遗传基础或提高子代或商业种子的杂种优势；同样，多样性分析也可用于评估纯系育种中自交材料的纯合性或自交水平及回交育种中恢复轮回亲本基因型。此外，遗传多样性分析也有助于加快对具有优良综合性状亲本的预测，因为在育种实验中对材料的预先选择，可以加快纯合自交亲本的获得。

分子标记对亲缘关系的评估能力也适用于对杂交组合或商业杂交种的质量评估。随着油棕育种和杂交种商业化种植力度的加大，育种和商业杂交材料的质量问题变得愈加重要。分子标记技术有助于对杂交过程进行质量控制，这样，育种和商业杂交种的生产会越来越高效。

遗传图谱的构建使通过遗传标记对特定性状进行遗传定位成为可能。分子标记辅助选择可用于理想脂肪酸、果实颜色、壳厚度、树干高度、成熟叶的长度等目标性状进行早期筛选，甚至在植株成熟前或性状表现出来之前，这样就有助于减少育种实验规模，增加获得具备某一特殊性状优良株系的概率，从而加速育种进程。像果实颜色和壳厚度等单基因控制的性状就可开发单独的选择标记。分子标记与目的基因的距离需要足够近以不至于发生重组，这样的标记才是可信的。绿色果实的标记是可信的，但壳基因的标记则不然。像上面提到的其他性状因为可能由多基因或数量性状控制，其选择就需要多个标记。控制数量性状的分子标记可存在于相同或不同的连锁群中，相关数量性状位点（QTL）可通过集群分离分析（BSA）等精细定位技术进行鉴定。目前流行的单核苷酸多态性（SNP）分析可进一步完善遗传图谱，从而有利于更多标记的精确定位。

荧光原位杂交（fluorescent in situ hybridisation，FISH）已用于检测美洲油棕（O）与非洲油棕（G）间杂交种中美洲油棕的 DNA 含量，即对 O 全基因组标记后，与 O × G 基因组进行杂交，然后检测荧光信号。由于含有 O 基因组的染色体在荧光显微镜下可发射荧光，这样就可显示出杂交材料中两亲本来源的遗传组成。研究结果显示，F1 代从两个亲本获得的遗传物质均为 50%，但当其与含目标性状的 G 进行多次回交，O 基因组所占比例由 50% 逐渐降至 O。在筛选油品质等目标性状前，可通过 FISH 对含有理想遗传组分的子代进行监控，这样就可减少所需回交的次数，这对生长周期长的作物非常重要。

如前面所述，造成油棕花畸形的体细胞变异的原因是 DNA 甲基化及其所影响的 MADS box 基因的表达。为检测 MADS box 基因的甲基化，有人开始着手对甲基化敏感的 MADS box 开展研究。另外，开发针对胚胎发生和花畸形等复杂的生物学过程的标记也备受关注。如果某些基因的表达水平与某些生物学事件一致时，这样就可开发相应的标记对这些事件进行检测。最近，胚胎发生相关的基因已通过 cDNA 文库分离出来，而更多的基因已通过高通量的基因芯片技术分析与鉴定。目前有些已分离的花畸形和胚胎发生相关基因正在进行表达分析和功能鉴定。

目前，抗 BASTA 的转基因油棕已通过基因枪转化法获得，同时 BASTA 也作为选择标记成功用于油棕的遗传转化。脂肪酸改良是油棕育种的重要目标，这可通过提高和（或）抑制某些脂肪酸相关关键基因来实现，这样的关键基因包括 β-酮酯酰-ACP 合酶 II（KAS II），它催化棕榈酸形成硬脂酸；硬脂酰-ACP 去饱和酶，它催化硬脂酸形成油酸；棕榈酰-ACP 硫脂酶和油酰-ACP 硫脂酶分别将棕榈酸和油酸从酰基载体蛋白上切割下来。其他值得导入油棕的基因还有生物塑料合成相关基因。利用合适的启动子可使这些基因特异地在叶片（如生物塑料合成相关基因）或中果皮（脂肪酸合成相关基因）中表达，相关转基因植株已获得并种植于苗圃中，还有待田间实验检验这些性状是否稳定整合与表达，以及生物安全论证。基于基因枪法转化效率低，常出现嵌合体，及插入基因不完整或多拷贝等问题，油棕中农杆菌介导法也开始着手研究。

六、麻风树育种

麻疯树（*Jatropha curcas* L.）又名亮桐、臭梧桐、桐油树、膏桐、小桐子等，属大戟科（Euphorbiaceae）麻疯树属（*Jatropha*）落叶灌木或小乔木，是建立"柴油林林场"的重要生物能源植物之一。该树种在热带及南亚热带干热河谷地区广泛分布，资源丰富，种仁含油率高达 50%~60%，是提炼环保清洁生物柴油的主要原料树种，具有较高开发价值和广阔的利用前景，已引起人们的广泛关注。

（一）麻疯树良种选育策略

麻疯树是一个近年来发展起来的树种，研究基础薄弱，并且由于林木生长周期长、遗传评价困难和短期效益不明显等特点，林业生物技术的地位远远超过了常规林木育种，常规林木育种面临严峻的挑战。但是，常规育种仍然是当今选育优良繁殖材料的主渠道，更确切地说是当今唯一的途径；育种新技术必须以常规育种项目为依托，才能真正发挥作用。因此，麻疯树育种策略贯彻轮回选择育种方针，按照边选择、边繁殖、边比较、边利用、边推广、边提高的思路制定进行良种选育。贯彻常规育种策略，以选育优质高产抗逆良种为主要目标，兼顾生态绿化良种。考虑现有野生或半野生麻疯树种质资源的遗传基础较窄的现状，育种群体的组织借鉴澳大利亚辐射松育种方案划分为主群体和精英群体，目前的主群体由 100~150 株优树组成，精英群体由 30~40 株较佳优树组成。麻疯树种质资源收集库为基础建立主群体，主群体是种质资源收集库的核心组成内容，同时以良种基地建设中的资源收集圃为基础建立精英群体。

（二）麻疯树资源分布

麻疯树主要分布于热带和亚热带地区，绝大多数生长在美洲和亚洲热带地区。在我国主要分布于广东、广西、云南、四川、贵州、台湾、福建、海南等省份，自然分布面积约有 111 万 hm^2。广西主要产于钦州、博白、蓉县、苍梧、南宁、邑宁、龙州、宁明、百色、凌云、都安等地；四川主要在攀枝花、盐边、米易、盐源、德昌、西昌、会理、金阳等地；海南主要产于澄迈、檐县、东方、白沙、乐东、保亭、陵水、崖县等地；贵州主要分布在红水河和南、北盘江流域，以罗甸、望漠、贞丰、册享县最多，其自然分布面积约 $100hm^2$，近年来新造麻疯树林的面积已超过 1500 hm^2。云南的西部、西南部、中部以及元江、金沙江、红河、澜沧江、南盘江和怒江等流域，海拔 1600 m 以下的地区都有分布，尤其是海拔 1200 m 以下的地区分布最多，长势好，含油率高，在云南元谋县分布的最高海拔为 1930 m。

（三）麻疯树繁殖技术研究成果

麻疯树主要以种子繁殖和扦插繁殖为主，种子繁殖成活率高，但 3~4 年后才能结果，而扦插繁殖具有生长快、分枝多、结实早（一般 1 年左右可结实）的特点。同时，麻疯树实验室组织培养技术也获得成功，为麻疯树的快速、大量、持续地获得再生植株提供了技术基础。

1. 种子繁殖

麻疯树结实丰富，种子大，用种子繁殖的可生长出典型的主根和 4 条侧根，3~4 年后可结果。在沟箐流滩上直播造林，一般要求在 5 月初进行，株行距 0.8 m×1.0 m；在流蚀草坡上，株行距 0.4 m×0.6 m。为保障出苗整齐，每塘播种 3~4 粒。

2. 扦插繁殖

麻疯树扦插繁殖应注重苗床的选择与消毒、采条母株的选择、插条的采取及制穗、扦插及管理等方面。扦插苗床应选择在地下水位较高，排水良好，土壤肥力中上等，质地疏松、平坦、排灌方便和利于移植的砂壤土上。土壤要深翻、细碎和平整、作厢，并施肥、消毒。采条母树最好选择本地 10 年生以内，树形完整，树体光洁，树枝无病虫害，结实丰硕的健壮树。取当年生已半木质化的枝条，生长健壮且无病虫害，直径 1.5~3.0 cm，长为 12.0~15.0 cm（有 2~3 个发芽点）。采枝截口要求以斜切椭圆形为好，切口用熔蜡涂封，及时用 50% 多菌灵 800 倍液浸泡消毒 10 min，捞起晾干后再放置于 20 mg/L 乙烯利液中促根浸泡 2 h。扦插在春、夏季进行均可，以湿热季节为最适宜时期。扦插时，枝条不宜栽插过深，先用比插条略大的带尖木棍在苗床上打斜孔，小孔方向一致，株行距为 15.0 cm×20.0 cm，孔深 6.0 cm。

将插条顺孔道放入至孔底，并用手摁实土壤使插条与土充分相触。插后及时浇水淋透苗床土层和搭拱棚增温保湿。插条生根发芽最适宜温度在 25~28℃，棚内湿度在 80% 以上。扦插苗长出 2~3 个小叶后，应先人工除草，并用 1% 尿素溶液浇淋厢面。移植前 5~7 天，再用 0.2% 磷酸二氢钾水溶液进行根外追肥，移植前 10 天开始控水炼苗。扦插后的植株次年单株产果可达 3kg 以后逐年增加。

3. 组织培养

麻疯树的种胚、子叶、上胚轴、下胚轴、叶柄、叶片，甚至老龄树（20 年以上）长出的幼嫩茎段均能通过组织培养分化成植株，达到既能保持后代遗传性稳定又能快速繁殖的目的，为有效利用麻疯树生物资源提供安全有效的技术基础。

麻疯树种子去壳后经消毒洗净，剥出子叶及种胚，接种在无菌苗萌发的培养基中，3 d 暗培养后，转入光培养，有愈伤组织产生，继续培养 15~30 天后，有 21.3%~57.8% 的种胚长成完整苗。从无菌苗上切下 0.5 cm² 大小的子叶和 0.5 cm 长的下胚轴接种到芽诱导培养基中，经培养均有芽的分化，分化频率分别为 51.2% 和 21%。同时，采用茎段培养也能分化出芽与根，生根频率高达 78.3%。陆伟达等以种子、叶柄、叶片（叶柄、叶片来自于树龄为半年生的麻疯树小苗）为材料，用不同浓度的 BA 和 IBA 对其不同外植体进行试验，发现用 MS 培养基加 BA 0.5 mg/L 和 IBA 1mg/L 对叶片的效果最佳；在相同的 BA 浓度处理条件下，减少 IBA 浓度会对下胚轴愈伤组织的出芽产生明显的效果；叶柄要求的浓度更低，BA 0.1 mg/L 和 IBA 0.1 mg/L 为最佳。WEI Qin 等以麻疯树上胚轴为材料在 MS 培养基中添加 IBA 和 BA 进行离体培养试验，结果表明在 IBA 0.1 mg/L 与 BA 0.2～0.7 mg/L 组合的条件下，不定芽从上胚轴外植体的表面直接被诱导分化，其中以在 MS + IBA 0.1 mg/L + BA mg/L 上的诱导率最高。

另外，采用老龄树(20 年以上)长出的幼嫩茎段为外植体，以 6-BA 2.5 mg/L 和 IBA 0.1～0.5 mg/L 激素组合对茎段芽的生长和增殖效果最佳，诱导出腋芽并生根长成完整植株。

另据报道，胚乳和花药培养也获得成功。麻疯树胚乳愈伤诱导以 2.0 mg/L 的 2，4-D 效果最好，NAA 次之，IBA 又次之，IAA 最差；BA 和 KT 诱导效果差异不显著，TDZ 的添加可促进胚乳愈伤组织的诱导。花药发育时期、预处理时间、素搭配和蔗糖浓度对麻疯树花药愈伤组织的诱导都有重要的影响，单核中晚期最适宜诱导，低温预处理以 4e、3～5 天为佳，培养基以 MS + NAA 2.0 mg/L + KT 0.4 mg/L + 9% 蔗糖较好。

（四）麻疯树的适应性评价

麻疯树栽植 2～3 年即可结果，结果期长达 30～50 年。麻疯树因生长地方不同，其种子的生物学性状也有差异。通过对云南元谋、六库、宾川、永胜、芒市、打洛、永仁、双柏，四川渡口、宁南、攀枝花、凉山州等地区的麻疯树从种子百粒重(g)、种仁百粒重(g)、出仁率(%)、种仁含油率(%)、生长及结实等方面综合比较分析，以云南元谋和四川攀枝花地区的麻疯树生长最为旺盛，而且种仁的含油率高，达 55.5%～56.4%，为适宜种植区。现四川攀枝花盐边县红格镇已建成 1000 hm^2 的原料种植基地。云南也正在积极规划并着手建立麻疯树种植基地。贵州人工种植的麻疯树粗脂肪含量接近 50%，在贞丰、兴义、罗甸等地初步建立了麻疯树的试验示范基地和种苗基地，新造麻疯树林的面积已超过 1500hm^2。福建南安市进行麻疯树引种育苗造林试验，结果表明种子发芽率平均为 81%，造林成活率达 92.18%；试验林在冬霜期间没有受冻害，生长良好；造林当年 9～10 月份有少量植株开花结果，单株结果数最多达 40 个，至 12 月份已逐渐成熟。通过引种试验，率先在福建省建立第一个麻疯树引种育苗基地和引种试验示范林，并取得初步成效。

罗通等分别选择云南永胜县、红河县及四川攀枝花市 3 个海拔高度(分别为 1639 m、450 m、1250m)代表性的麻疯树成熟种子，用 8℃ 的低温胁迫处理。结果表明低温胁迫对麻疯树造成明显伤害，表现为叶绿素含量减少，根系活力降低，生物膜的通透性增大。但各产地的麻疯树受冷伤害的程度不同，抗冷性为：永胜 > 攀枝花 > 红河。此外，用 25℃、12℃、8℃、4℃不同的低温，分别在 1 天、2 天、3 天、4 天不同时间段内胁迫麻疯树幼苗，结果表明低温对麻疯树幼苗造成显著伤害，且伤害程度与胁迫温度、胁迫时间密切相关，即胁迫温度越低，胁迫时间越长，麻疯树受害越严重。麻疯树在低温胁迫下生理活动减弱，以减小冷伤害，这是低温适应性反应，表明它具有抗冷性，尤其对12℃以上低温具有较大的耐受性。麻疯树垂直分布在海拔 400～1700 m 间，不同海拔地区产的麻疯树的抗冷性有可能存在差异，可为筛选耐冷性的麻疯树品种和引种奠定基础。张诗莹等对盆栽 1 年生麻疯树幼树进行光合特性测定，研究了麻疯树正常供水和干旱条件下的光补偿点、光饱和点及光合速率、气孔导度和蒸腾速率的日变化规律，结果表明正常供水情况下和干旱胁迫情况下，麻疯树光合速率日变化都呈双峰曲线且都有明显的午休现象，但在同一时间下，干旱胁迫处理的光合速率均低于正常供水的情况。因此，在夏季强光高温季节实施适宜的栽培技术降低中午的光照或温度，对提高光合强度是有效的。

（五）麻疯树生物技术基础研究

孙晴等对影响麻疯树 RAPD 扩增结果的多个因素，包括缓冲体系成分、Taq 酶、引物、模板浓度、PCR 循环数等进行了研究，确定了反应的最适条件范围是：25L 反应体系中 Mg2＋2mmol，dNTPs150～200mol/L，Taq 酶 1 U，引物 0.4L mol/L，模板 10～20 ng，进行 44 个 PCR 循环。为找出简易、快速、高效的 RNA 提取方法，罗言云等以麻疯树根、茎、叶为材料，选用了 4 种方法提取麻疯树中的总 RNA，但以改良的张年辉法提取的 RNA 比张年辉法提取的完整性更好，时间更短，条件更粗放。这种简易、快速、高效的改良张年辉法提取麻疯树根、茎、叶中 RNA 的方法，为麻疯树不同营养器官功能基因的研究提供实验基础。

为找出麻疯树转基因过程中筛选的最佳抗生素和最佳浓度，邓君萍等进行抗生素的抗性实验，筛选转化植株的最佳抗生素是卡那霉素，其最佳抗性筛选浓度范围为 10～25 mol/L。为麻疯树遗传转化体系的建立提供一定的研究基础。

国家发展与改革委员会批复了贵州 4 万 hm² 麻疯树种植基地建设项目，而良种壮苗是基地建设的基础，为此国家林业局高度重视，分别批复在贵州罗甸县国营林场实施国家麻疯树种质资源保存——贵州库建设，在黔西南州巧马采育林场实施麻疯树良种繁育基地建设项目，进行麻疯树种质资源的收集保护和良种选育。

（六）麻疯树良种选育

1. 种质资源收集及优树选择

贵州通过直接采集或交换已收集了 28 个种源（以县为单位）、128 个优良单株，296 份种质资源。这些种质资源主要保存在罗甸县国家麻疯树种质资源库，考虑麻疯树的自交亲和力较高而野生或半野生种质资源有限，贵州收集的野生或半野生种质资源中包含了部分候选优树。考虑野生或半野生麻疯树资源的分布以绿篱居多，选择优树时多采用主观评选法。人工林采用对比树选优法。初选时采用地径、开花结实量、雌雄花比例、千粒重等指标，复选以种子含油率和脂肪酸组成为主要指标。

2. 种源试验

贵州 2006 年进行了 13 个种源/家系的苗期试验，布置了造林试验。2007 年结合国家林木种质资源收集保存项目再次布置了全国主要麻疯树产区 37 个不同产地种子的播种育苗试验，参试种源间在播种后生长 6 和 8 个月的苗高和地径生长量差异不显著；2009 年结合优树子代苗期测定进一步开展苗期试验，种源造林试验将结合优树子代测定进行营造。

3. 优树子代测定

贵州 2008 年在罗甸县国营林场、巧马采育林场分别开展了 30 株、83 株优树的子代苗期测定，主要是自选的贵州和广西优树。为保障国家麻疯树种质资源保存——贵州库建设 6 和黔西南州巧马采育林场麻疯树良种繁育基地建设的用苗，2009 年对部分子代苗木进行无性扩繁，进一步营造子代测定造林试验。2009 年在罗甸县国营林场、巧马采育林场分别布置了 78 株、40 株优树子代的苗期测定，主要是自选的云南、四川及贵州优树。

4. 无性系选育

2007 年 9 月中旬至 10 月中旬，在巧马采育林场布置了 54 株优树无性系初级鉴定试验。受贵州 2008 年初发生特大雨雪冰冻低温气候影响，2008 年 6 月 16 日调查扦插无性系有 9 个全部受害死亡，只保留了 45 个优树无性系，其中贵州册亨 12 个，贵州望谟 14 个，贵州贞丰 6 个，广西隆林、凌云、百色、田林计 13 个，符合统计分析的有 17 个。初步评选出望谟 9 号、10 号、12 号和册亨 7 号等 4 个优良无性系。

通过对收集优良种质的扩繁，进一步完善无性系初级鉴定试验并布置多点区域试验和生产试验，通过 3～5 年的试验研究，有望评选出 2～3 个适宜贵州生长的优质高产抗逆无性系（品种）。

（七）基地建设进展

1. 采穗圃

贵州于 2007 年 1 月底使用超级苗在罗甸县沫阳镇营建了 2hm² 采穗圃。栽植密度 1m × 1m，在 2007 年 11 月调查，平均单株可产 1.1m 的穗条约 4.5 枝，可产出穗条 9 万余株。若用于扦插繁殖，生产上采用 30cm 长的穗条进行扦插，可培育无性系苗超过 30 万株；而直接使用插条扦插造林可营造 0.1 万 hm²，种植密度 2.5m × 2.5m，插条长 55cm。2008 初特大雨雪凌冻气候影响下采穗圃母株全部枝条受害，部分母株死亡，所有穗条未能得到利用，损失严重。经过 2008 年的恢复重建及抚育管护，所产穗条 2009 年全部应用于生产扦插造林。

黔西南州巧马采育林场麻疯树良种繁育基地建设项目营建采穗圃 2 hm²，以贵州省收集的优树、穗条和 1 年生超级苗为主，并引进部分优良繁殖材料及抢救龙滩水电站建设淹没的部分优树根兜为材料营建。建圃材料在 2009 年 10 月前完成收集及扩繁，定植计划在 2010 年 4～5 月完成。

2. 母树林

2007 年年初选择结实植株在罗甸县沫阳和茂井镇建立了 2.67 余 hm² 采种母树林，当年多数植株开花挂果。受 2008 年初特大雨雪凌冻气候影响，采种母树林出现与采穗圃类似状况，植株枝条受害严重，部分母株死亡，严重影响了开花结实。通过恢复重建，2009 年的第一、二次开花挂果基本正常。

贵州将营建种子园 8 hm²，其中实生初级种子园和无性系初级种子园规模各占一半。实生种子园以贵州优树子代 1 年生超级苗为主要入园材料，包含少量引种的外地优树 1 年生超级苗，入园家系为 50 个；无性系初级种子园使用优树穗条扦插苗作为建园材料，入园无性系经过苗期初步测定，建园无性系采用精英群体中的 35 个。种子园的入园家系采用有约束的随机小区排列，而入园无性系采用顺序错位排列配置。

第四节 展 望

育种策略是快速培育出适合社会经济发展所需要新品种的方案，是工业用油料植物产业发展的基础。在生物能源和生物材料快速发展的当今，制定正确的育种策略，应用合理的育种新技术和手段，能够使育种工作有条不紊地进行，并不断获得新品种，支持产业基地建设。工业用油料植物育种与传统油料植物育种既有相似之处，也有一些自己的特别之处。制定工业用油料植物育种策略的时候既要考虑高产、高含油率、脂肪酸组分、蛋白质含量等有利于提高经济效益的传统特征，还要注意能够节约成本和适应工业规模生产的矮化和便于机械收获的一致性等特征。多目标育种是工业用油料植物育种工作者必须长远坚持的方向。

常规育种技术获得新品种往往须有较长时间，难以适应工业用油料植物发展对品种的迫切需要。基因工程、分子设计育种、计算机模拟育种、诱变育种、代谢工程和分子标记辅助育种等新育种技术的运用有助于提高育种的准确性，有利于加快育种进程，早日培育出目标品种。确立工业用油料植物的近、中、远期育种目标，根据拥有的育种资源、人力、物力和财力，制定合理的育种方案，应用传统育种技术与新型育种技术相结合，有利于快速培育工业用油料植物新品种，促进产业发展需要。

种质资源和基础研是室育种工作的前提与基础，只有在掌握了核心育种资源，在充分了解的育种材料的生物学特性和生理生态特性的基础上，才容易培育出好的品种。

生物燃料的巨大需求大大刺激了棕榈原油价格的上涨，这促使印度尼西亚等国家开发更多的土地种植油棕，而对种子需求量的增加又促使种子公司加快了种子的牛产。无性系油棕种植材料主要由 6 ~ 8 家组培实验室供应，所占市场份额不到1%（约200万颗），估计 5 年内其数量可能上升至 500 万 ~ 1000 万株；造成无性系苗价格居高不下和供应有限的直接原因就是油棕的商业化组培效率太低。

当前世界，特别是发展中国家的人口仍在快速增长，而人口增加及人们生活水平的提高必然导致粮油消费量的增加。另外，由于石油价格过高及矿物油对环境的影响，用于生产生物燃料的植物油的需求量也日益增加。作为最廉价的油，棕油可持续生产，因而可满足这些需求。未来油棕的种植面积有望进一步增加，现有老品种也将不断被新品种所取代。因此，常规和生物技术手段的综合应用将使油棕育种及相关研究进一步拓展。

蓖麻是世界油料作物，产量高，种植面积大，因此育种的首要任务是，选育适合不同区域、不同气候类型的新品种。蓖麻在我国分布广，其中在广东、广西、福建、江苏、浙江以及台湾等高温多雨地区占有较大比例，为了提高蓖麻的抗高温高湿性，迫切需要培育出抗高温高湿性、高产稳产的蓖麻新品种。应继续以产量为目标，以形态、生理生化指标为依据进行品种选育，并加强生理遗传研究，将生理生化性状与分子标记结合起来进行相关研究。通过国外引种，并进行抗高温高湿种质资源创新和遗传特性研究，应用现代分子生物学手段，为最终培育抗高温高湿蓖麻新品种提供新方法、新途径是今后相当长时期的研究方向。

麻疯树常规育种技术的应用，可在较短时间内为生产提供良种。生产急需良种匮乏的状况随着采穗圃、母树林及种子园等良种基地的建立将得到有效改善，而种质资源收集保存库在为麻疯树良种选育提供基础材料的同时其保存的优良单株尚可向生产提供一定数量的优良繁殖材料。

麻疯树能源林基地建设目的与种子园营建主要目的相吻合即生产丰产稳产良种，由于麻疯树属于异花授粉植物，自交授粉率较高，选择种子园内结实优良的 6 ~ 10 个优良家系或无性系作为能源林基地建设的种苗繁殖材料，同时应用种子园营建管理技术将是能源林基地建设的优化栽培模式。优良无性系的应用可从遗传品质上保障麻疯树生物柴油原料林基地的优质高产，建立麻疯树优良无性系采穗圃可在当年或第二年就为生产提供优良繁殖材料。必须重视麻疯树优良无性系选育，它是生物柴油原料林基地品种化栽培不可逾越的环节，没有品种化栽培的原料林基地，就没有优质高产稳产高效的麻疯树生物柴油原料林。

对于光皮树、黄连木、无患子等高大乔木，育种的首要任务是矮化，通过矮化降低工业用油料植物经营成本。但是由于这些工业用油料植物的研究历史不长，很多育种材料的生物学特性和生理特性不是很清楚，因此必须进一步加速基础研究。

主要参考文献

1. ［奥］J. vollmann，［加］I. Rajcan. 油料作物育种学［M］. 卢长明，主译. 北京：科学出版社，2012.

2. 李昌珠，蒋丽娟，程树琪. 生物柴油绿色能源［M］. 北京：化工出版社，2005.

3. 王光明. 蓖麻育种与栽培［M］. 北京：中国农业出版社出版，2013.

4. 倪郁，李加纳. 多不饱和脂肪酸研究及植物育种策略［J］. 中国油料作物学报，2003，02：100 – 103.

5. 史雨刚，孙黛珍，杨进文，等，油料作物遗传育种原理与方法［M］. 北京：中国农业科学出版社，2009.

6. 殷梦华，何东平，陈涛. 产多不饱和脂肪酸微生物的研究［A］∥中国粮油学会、中国粮油学会油脂专业分会. 2005'北京国际油脂研讨会暨中国粮油学会油脂专业分会成立 20 周年庆典(14 届年会)论文选集［C］. 中国粮油学会、中国粮油学会油脂专业分会，2005：5.

7. 张荣灿，王一兵，柯珂，许铭本，庄军莲，雷富. 海藻多不饱和脂肪酸研究进展［J］. 食品研究与开发，2013(3)：111 – 115.

8. 张世煌. 玉米种质创新和商业育种策略［J］. 玉米科学，2006(4)：1 – 3 + 6.

9. 万志兵. 育种的目标性状、遗传改良和育种策略［J］. 安徽农学通报，2007(6)：80 – 81.

10. 孙其信. 作物育种策略与育种效率［J］. 北京农业大学学报，1992(2)：123 – 131.

11. 张明刚，杨莐，耿礼强，余金勇，姚淑均. 贵州经济林资源及育种策略［J］. 经济林研究，2005(4)：109 – 113.

12. 郭兴启，范国强，尚念科. 植物抗病毒基因工程育种策略及其进展［J］. 生命科学研究，2000(2)：112 – 117.

13. 韩阳，曹永强，赖冰冰. 植物抗病基因工程育种策略及其在大豆上的应用［J］. 大豆科学，2009(6)：1103 – 1107.

14. 姚祥坦，曹家树，李晋豫，王神云. 植物抗病毒病育种策略［J］. 细胞生物学杂志，2004(4)：362 – 366.

15. 刘胜毅. 油菜抗菌核病的特征与育种策略［A］∥中国植物病理学会. 中国植物病理学会 2009 年学术年会论文集［C］. 2009：1.

16. 白嘉雨. 低投入的育种策略［A］∥中国林学会林木遗传育种分会、广西林业科学研究院. 第三届南方林木育种研讨会论文(摘要)集［C］. 2006：4.

17. 顾万春，李百炼. 中国林木育种策略［A］∥中国林学会林木遗传育种分会、广西自治区林学会. 面向 21 世纪的中国林木遗传育种——中国林学会林木遗传育种第四届年会文集［C］. 1997：2.

18. 肖才升，杨春安，李育强，李庠. 湖南棉花育种策略［A］∥中国棉花学会. 中国棉花学会 2013 年年会论文集［C］. 2013：3.

19. 许玉兰，蔡年辉，胥辉. 生物能源树种麻疯树的研究进展及育种探讨［J］. 福建林业科技，2007(3)：238 – 243.

20. 孙寰. 作物育种策略浅谈［J］. 吉林农业科学，1986(4)：1 – 5.

21. 王汉中，刘贵华，王新发，华玮，刘静，胡志勇，杨庆. 油菜高含油量功能基因鉴定及分子育种策略［A］∥科技部 863 计划现代农业技术领域办公室. 全国植物分子育种研讨会摘要集［C］. 2009：1.

22. 戚存扣. 工业用油料植物脂肪酸及其改良［J］. 中国油料作物学报，2006(4)：492 – 497.

23. 孙晓波，马鸿翔，王澎. 基因工程在能源植物改良中的应用［J］. 生物技术通报，2007(3)：1 – 5.

24. 罗艳，刘梅．开发木本油料植物作为生物柴油原料的研究[J]．中国生物工程杂志，2007（7）：68－74．

25. 郭伦发，何金祥，王新桂，林春蕊，何成新．大戟科主要油料植物的开发利用研究进展[J]．中国油脂，2009，10：57－61．

26. 马超，尤幸，王广东．中国主要木本油料植物开发利用现状及存在问题[J]．中国农学通报，2009，24：330－333．

27. 陈娟，王雅鹏．林木生物柴油产业化开发问题探析[J]．华中农业大学学报（社会科学版），2010（4）：27－31．

28. 李凤鸣，白玉娥，张华新，冯永巍．分子标记在木本油料植物种质资源和育种研究中的应用[J]．天津农业科学，2010（4）：20－25＋29．

29. 程传智，程树棋．能源油料植物种类选择与研究[A]∥太阳能学会生物质能专业委员会、中国生物质技术开发中心．2004年中国生物质能技术与可持续发展研讨会论文集[C]．2004：4．

30. 杨文博，刘维佳，史磊，郑文明．中国木本油料植物生产生物柴油的现状及发展趋势[J]．林业资源管理，2011（4）：16－19．

31. 王幼平．高芥酸油料植物资源的研究[J]．生物学通报，1997，12：41－43．

32. 冯邦朝，黄艳，马博，朱镜如，罗克明．大戟科主要木本油料植物组织培养快繁技术研究进展[J]．南方农业学报，2012，11：1650－1654．

33. 周伟军，沈惠聪．介绍一种工业用油料植物斑鸠菊[J]．中国油料，1991（3）：77．

34. 徐伟．油桐属植物SSR分子标记的开发和种质遗传多样性的研究[D]．扬州：扬州大学，2012．

35. 杨文博，刘维佳，史磊，郑文明．中国木本油料植物生产生物柴油的现状及发展趋势[J]．林业资源管理，2011，04：16－19．

36. 王幼平．高芥酸油料植物资源的研究[J]．生物学通报，1997，12：41－43．

37. 徐伟．油桐属植物SSR分子标记的开发和种质遗传多样性的研究[D]．扬州大学，2012．

38. 李晓丹．油料作物种子脂肪酸累积模式及相关基因的克隆与序列比较研究[D]．北京：中国农业科学院，2007．

39. 胡亚平．油料作物油脂合成相关基因的转录、克隆和功能比较研究[D]．中国农业科学院，2009．

40. 王民．美国农作物品种培育和改良技术现状（三）[N]．农民日报，2001－07－12（6版）．

41. 孔爱明．高油南瓜子筛选及籽油脂肪、氧化稳定性研究[D]．太原：山西大学，2009．

42. 孙海波．利用TILLING技术研究油菜GL2基因等位变异对含油量的影响[D]．长沙：中南民族大学，2012．

43. 朱亚娜．油菜种子油脂基因的定位及温度对种子油分积累影响的分子机制[D]．杭州：浙江大学，2011．

44. 陈良，任峰，钟慧，江伟民，李学宝．油菜干旱、盐胁迫应答相关基因的筛选与鉴定[A]∥中国细胞生物学学会．细胞·生命·健康——第十一届中国细胞生物学学术大会暨2009西安细胞生物学国际会议论文集[C]．2009：1．

45. 张羽航，林炜铁，姚汝华，鲍时翔．植物油脂基因工程[J]．中国油脂，1999（5）：56－58

46. 韩阳，曹永强，赖冰冰．植物抗病基因工程育种策略及其在大豆上的应用[J]．大豆科学，2009（6）：1103－1107．

47. 张启鸣．基因工程在提高植物抗逆性上的研究进展[J]．大连教育学院学报，2010（1）：57－60．

48. 夏晗，王兴军，李孟军，肖寒．利用基因工程改良植物脂肪酸和提高植物含油量的研究进展[J]．生物工程学报，2010（6）：735－743．

49. 陈明．可诱导转基因植物雄性不育的研究[D]．北京：中国农业科学院，2003．

50. 张秀春．表达γ－亚麻酸的无标记转基因大豆的培育[D]．广州：华南热带农业大学，2005．

51. 任波，李毅．大豆种子脂肪酸合成代谢的研究进展[J]．分子植物育种，2005(3)：301 – 306.

52. 武小霞，李文滨．大豆抗虫基因工程研究进展及发展趋势[J]．东北农业大学学报，2005，04：502 – 506.

53. 唐浩，黄炳科，王丽君，郝继平，田秀平．大豆遗传育种中基因工程的应用现状与展望[J]．黑龙江八一农垦大学学报，2003(1)：34 – 38.

54. 梁慧珍，李卫东，许阳，常鸿杰，陈鑫伟．大豆雄性不育遗传及基因工程创造途径[J]．大豆科学，2004(4)：296 – 300.

55. 侯文邦，朱文文，马占强．植物基因工程在作物育种中的应用与展望[J]．中国农学通报，2005(1)：128 – 132 + 148.

56. 李宝健，许新萍，冯道荣，范钦，朱华晨，林莉．论改良生物体遗传性的多基因策略——Ⅰ．多基因改良策略将成为未来基因工程的主流方向[A]∥中国生物工程学会．中国生物工程学会第三次全国会员代表大会暨学术讨论会论文摘要集[C].2001：2.

57. 赵桂兰，陈锦清，李望丰，胡张华，尹爱萍．转基因超高油大豆的获得[A]∥中国植物生理学会．中国植物生理学会第九次全国会议论文摘要汇编[C].2004：1.

58. 王旺田．抗除草剂基因克隆、表达载体构建及油菜的遗传转化[D]．兰州：甘肃农业大学，2004.

59. 刘正祥，张华新，杨秀艳，刘涛．林木耐盐碱相关基因与基因工程研究进展[J]．世界林业研究，2012，05：11 – 17.

60. 陈金虎．中国农业机械化发展存在问题分析与对策研究[D]．荆州：长江大学，2012.

61. 刘佩军．中国东北地区农业机械化发展研究[D]．长春：吉林大学，2007.

62. 冯启高，毛罕平．我国农业机械化发展现状及对策[J]．农机化研究，2010(2)：245 – 248.

63. 石阶平，宋琳亮，王丹蕊，王蕾，赵坤霞．利用基因工程技术改造植物脂质的研究进展[J]．农业生物技术学报，2001(4)：403 – 408.

64. 沈建福，张志英．反式脂肪酸的安全问题及最新研究进展[J]．中国粮油学报，2005(4)：88 – 91.

65. 焦凌梅，龚加顺，袁唯．利用基因工程技术改善食品用油性质的研究进展[J]．粮油加工与食品机械，2004(3)：37 – 39.

66. 田歆珍，王贤磊，孙桂琳，李冠．γ – 亚麻酸的研究进展[J]．生物技术，2008(1)：89 – 92.

67. James C. Global Status of Commerciallzed Biotech/GM Crops：2007. ISAAA Brief NO 37, ISAAA，Ithaca, NY. 2007

68. Jiang H Y, Zhu Y J, Wei L M, Dai J R, Song T M, Yan Y L and Chen S J. Analysis of protein starch and oil content of single intact kernels by near infrared reflectance spectroscopy (NIRS) in maize (*Zea mays* L.)[J]. Plant Breed, 2007：126, 492 – 497.

69. Jones Q. Germplasm needs of oilseed crops[J]. Econ. Bot. , 2007：37, 418 – 422.

70. Josefsson E and Appelqvist L A. Glucosinolates in seed of rape and turnip rape as affected by variety and environment[J]. J. Sci. Food Agr, 1968：19, 564 – 570.

71. Kianian S F, Egli M A, Phillips R L, Rines, et al. Association of a major groat oil content QTL and an acetyl-CoA carboxylase gene in oat[J]. Theor. Appl. Genet, 1999：98, 884 – 894.

72. Knowles P F. Genetics and breeding of oilseed crops[J]. Econ. Bot, 1983：37, 423 – 433

73. Knowles P F. Cenetics and breeding of oil crop. In：G Robbelen, R. K. Downey and A. Ashri (Eds.), Oil/Crops of the World, Their Breeding and Utilization. McGraw-Hill. NewYork, 1989：260 – 282.

74. Kovalenko I V, Rippke G R and Hurbuwh C R. Deterrmnation of amino acid composition of soybeans (Glycine max) by near-irrared Hnf. ared spectroscopy[J]. J. Agric. Food. Chem, 2006：54, 3485 – 3491 .

75. Li M, Chen X and Meng J. Intersubgegnomic heterosis in rapeseed production with a partial newtyped *Brassica napus* contatning subgenome A' from B. rapa and and C from Brassica carinata[J]. Crop Sci. , 2006a：46,

234 – 242.

76. Li R J, Wang H Z, Mao H, Lu Y T and Hua W. Identification of differentially expressed genes in seeds of two near-isogenic *Brassica napus* lines with different oil content[J]. Planta, 2006b: 224, 952 – 962.

77. Li Z and Nelson R L. Genetic diversity among soybean accessions from three countries measured by RAPDs[J]. Crop Sci. , 2001: 41, 1337 – 1347.

（张良波、蒋丽娟、李昌珠）

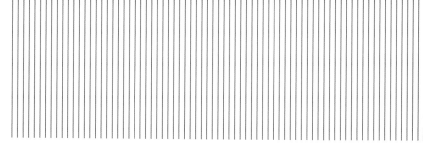

第四章
主要工业用油料植物各论

第一节　麻疯树

麻疯树（ *Jatropha curcas* ），又名青桐木、小桐子，为大戟科麻疯树属，原产美洲热带地区，后引种到东南亚各国，该属植物全世界约有 200 种。我国栽培的该属植物主要有五种，即麻疯树（ *J. Curcas* ）、佛杜树（ *J. podagrica* ）、珊瑚花（ *J. multifida* ）、棉叶麻疯树（ *J. gossypifolia* ）、琴叶珊瑚花（ *J. integerrima* ）。麻疯树在我国贵州、四川、广东、广西、海南和西藏南部等地均有栽培。麻疯树的种子含油率 40% ~ 60% ，经过加工制成的生物柴油，硫含量、一氧化碳和铅等的排放量以及其他技术指标均优于国内零号柴油。此外，麻疯树的树皮、叶、果实（包括榨油后的渣饼）及根均可入药，还可用来生产植物蛋白、生物农药、生物肥料、精制甘油等多种精细化工产品。

一、生物学特征

麻疯树为小乔木，树高 2 ~ 5m，树皮光滑，树液或枝液呈淡乳白色，叶互生，呈圆形，有长柄，丛集树端，全缘或 3 ~ 5 缘浅裂，长 10 ~ 15cm。长圆形的花瓣呈淡绿色，雄花上部花梗有节，雌花上部花梗无节，花细小，萼瓣均 5 裂雌蕊；8 ~ 12 枚，子房 2 ~ 4 室。果实呈黄色、球形似枇杷；成熟的种子为黑色，种衣呈灰黑色、平滑，除去外壳内有 3 个似花生样的籽，籽长圆形，长 18 ~ 20mm。

二、生态学特性

麻疯树对低温环境反应较敏感，正常生长发育需要充足的热量，当气温低于 −5℃ 时，幼嫩植株或嫩梢会发生冻害。生长要求年均温在 18～28℃，最适宜在无霜冻地区生长。麻疯树不耐涝，过分水湿对麻疯树的生长有较强的抑制作用。在土壤黏性强、透气性差、易积水的地方，麻疯树生长较差，结实亦受影响。在土层深厚透气性好的沙壤土上，麻疯树生长良好、种子产量高，尤其是公路边坡、道路两旁、泥石流及滑坡堆积坡地等土层深厚的地段，因此宜选择在土层厚度为 30 cm 以上、土质疏松、排水性与透气性良好的土壤造林。麻疯树为强喜光植物，极喜光照，在较阴蔽的环境下生长较差，结实不佳。虽然在干热河谷地区，麻疯树在各坡向均可种植，但在阴坡背光处结实不良，因此造林地宜选择在阳坡、半阳坡。

三、主要品种

麻疯树引入我国已有 200 多年的历史，然而我国麻疯树的科学研究工作却主要集中在近 30 年，尤其是近 10 年。研究的重点集中在麻疯树种质资源调查、生物学特性、人工繁育技术、药用成分及产业开发利用、生物柴油提取技术等方面。对产业发展亟需的麻疯树优良种质选育及定向培育技术研究比较滞后，总体处于起步阶段。

麻疯树长期处于野生状态，遗传变异和遗传改良的潜力较大，因此选择育种成为当前最大限度提高种质遗传增益的主要途径。为迅速摆脱无良种可用的窘境，找到新的变异品种，国内许多科研院所、高等院校等先后收集了众多地理种源，一些单位已开始建立种质资源圃，开展良种选育工作，但选育出的新品种数量十分有限。中国科学院西双版纳热带植物园报道选育出生物柴油'皱叶黑膏桐'新品种。通过鉴定，该新品种来源于膏桐(麻疯树)突变体，据测定，其突变体后代的种子含油率比老品种提高了 6.4%。广西于 2008 年审定一个麻疯树优良品种——优选 3 号，该品种耐瘠、耐旱、耐酸、耐碱，生命力强，生长迅速，种植 1 年树高可达 2.5m，树冠在 1.5～2.0m，四季均可移栽定植。云南省种苗站及各个麻疯树分布县都进行了麻疯树优树调查，结果表明，冠幅影响单果重、单粒重和出种率，随着冠幅的增大，单果重、单粒重和出种率有降低的趋势。此外，定植海拔对麻疯树的结实率和种子出油率影响也较大，海拔在 376～1384m，随着海拔升高，结实率和种子粗脂肪含量有增大趋势。

四、栽培技术

(一)林地清理

麻疯树造林地的林地清理通常采用块状或带状清理，并可与整地结合进行，边清理边整地。块状清理是以种植穴为中心，清除四周的灌丛和杂草，清理范围根据整地规格的大小而定，一般不小于 80cm×80cm；带状清理是以种植行为中心成带状地清除灌木、杂草，清理带与保留带交互平行配置，清理带宽度不小于 80cm。

(二)整地

麻疯树造林地区多为山区，多在坡地上进行造林，为减少水土流失，造林整地通常采用局部整地方式。

1. 带状整地

带状整地要沿等高线进行，为水平带，常见的形式有带状松土、水平阶、水平沟、反坡梯田、撩壕等。麻疯树造林多采用带状松土整地和水平阶整地，整地带宽度一般为 40～

100cm、深 30~50cm，带长根据地形确定，每隔一定距离应保留 50~100cm 自然植被。

2. 块状整地

块状整地又叫穴垦，即在种植点进行小块开垦，尤其适用于陡坡、水蚀和风蚀严重地带，常见的有鱼鳞坑整地和穴状整地。麻疯树造林多用穴状整地，常用规格有 30cm × 30cm ×30cm、40cm ×40cm ×40cm、50cm ×50cm ×40cm、60cm ×60cm ×40cm。

3. 带加穴整地

带加穴整地将上述 2 种方法结合进行，先在造林地上按设计的造林行距进行带状整地，后在带上按设计造林株距挖穴，穴的规格应小于带的宽度。

4. 施底肥及回填土

对土壤条件差、肥力低的造林地，造林前应根据土壤肥力状况施入一定数量的底肥以改良土壤，为苗木的生长发育创造良好的土壤条件和提供充足的养分。底肥多用有机肥等长效肥料为主，常用的农家肥、油麸、垃圾肥、磷钾肥、复合肥等配合，有条件的地方可以结合施用微量元素，如硼、镁等。常用底肥用量一般为：厩肥 5~10 kg/穴，油麸 1~3 kg/穴，火土灰 2~4kg/穴，复合肥 0.5~1kg/穴，火土灰 1kg + 油麸 1kg/穴，火土灰 1kg + 复合肥 0.5kg/穴，厩肥 5kg + 复合肥 0.5kg/穴。一般造林前 1~2 个月，结合施底肥进行种植穴回填，将肥料与定量的表土混合均匀，施入种植穴中下部距穴缘 15cm 处，心土回填于上部，回填土要高于地表 3~5cm。

（三）栽植技术

（1）造林密度。实生苗种植，可以采用株行距为 2m ×2m、2.5 m ×2.5m、3m ×3m。

（2）造林时间。栽植最适宜的时间为 2 月中下旬，在麻疯树分布区的桂北可以延至 3 月上中旬，南缘可提早至 2 月初。

（3）造林方法。麻疯树造林方法一般采用植苗造林和直播造林。由于直播造林要求的抚育强度大，在有条件的地区尽量采用植苗造林。

五、油脂理化性质

（一）麻疯树籽油的基本理化性质

据吴开金等研究表明：不同地区麻疯树籽油的密度（0.911~0.913g/mL）和折光率（1.4673~1.4701）相差不大。麻疯树籽油的酸值普遍较高，波动也较大，从贵州样品的最小值（9.92）到云南样品的最大值（27.8），增加了将近 2 倍；不同地区的麻疯树籽油的皂化值和分子量相差不是很大，分别为 188~197mg/g 和 850~900。不同地区的麻疯树籽油的基本理化性质的区别，可能与不同地区的海拔、气候、土壤等因素有关，也与采种树的年龄、种子成熟度等有关（表 4-1）。

表 4-1　不同地区麻疯树籽油的基本理化性质

种源	密度（g/mL）	折光率	酸值	皂化值	分子量
福建	0.913	1.4701	12.8	191.7	877.9
海南	0.911	1.4677	18.7	189.6	887.6
云南	0.911	1.4673	27.8	196.4	856.9
贵州	0.913	1.4698	9.92	188.2	894.3
广西	0.912	1.4685	15.3	193.4	870.2
四川	0.913	1.4695	25.6	192.3	875.2

（二）麻疯树种子油的脂肪酸组成

麻疯树种子中含有多种成分，主要有脂肪类物质、蛋白质和多肽、萜类物质及一些小分子物质，但不同的产地其物质含量不同。麻疯树的脂肪类物质主要分布在种仁中，成分含有醇、酸、酮、蒽等多种化学成分（表4-2）。其油脂含量很高，含油率高达40% ~ 60%，超过油菜和大豆等常见的油料作物，并且油的流动性好。麻疯树的种子油与柴油、汽油、酒精的掺和性很好，相互掺和后，在长时间内不分离，通过化学或生物学转换可以获得优于目前0号柴油的生物柴油。麻疯树种子中的蛋白质含量为18.2%，主要组分为麻疯树毒蛋白（cumin），它的毒性与蓖麻（*Ricinus communis*）种子的毒蛋白（ricin）和巴豆（*Croton tiglium*）种子的毒蛋白（crotin）相似。

表4-2   不同地方麻疯树种子油的脂肪酸组成

脂肪酸组成	攀枝花	宾川	宁南	永胜	双柏	罗甸
肉豆蔻酸（C14:0）	0.09	0.04	0.07	0.06	0.05	0.11
棕榈（C16:0）	17.25	16.84	16.64	13.47	14.88	16.41
棕榈油酸（C16:1）	1.08	0.53	0.9	0.74	0.87	1.13
十七碳酸（C17:0）	0.13	0.08	0.14	0.11	0.13	0.12
十七碳烯酸（C17:1）	0.06	0.03	0.06	0.07	0.05	0.07
硬脂酸（C18:0）	7.42	7.83	7.96	6.43	9.81	5.58
油酸（C18:1）	40.31	42.44	44.91	40.26	46.03	37.91
亚油酸（C18:2）	32.69	32.67	28.02	38.04	27.78	37.02
亚麻酸（C18:3）	0.4	0.21	1.06	0.38	0.4	0.64
花生酸（C20:0）	0.22	0.11	0.25	0.25		0.66
二十碳烯酸（C20:1）	0.23			0.1		0.15
山俞酸（C20:2）	0.13			0.1		0.18
总量	100	100	100	100	100	100
饱和脂肪酸	25.11	24.54	25.06	20.32	24.87	22.88
不饱和脂肪酸	74.89	75.46	74.94	79.68	75.13	77.12

六、加工利用

麻疯树为木本油料植物，其种仁含油约35% ~ 50%，最高可达60%。它是传统的肥皂及润滑油原料，同时也是一种重要的生物柴油原料树种，在医学上有泻下和催吐作用，油粕可作农药，对于绿化荒山、改善生态状况、提高环境质量都发挥着重要的作用。

（一）生物能源价值

麻疯树是优良的生物柴油原料树种。近年来，用麻疯树油作燃油的研究取得了较大进展，经改性的麻疯树油可适用于各种柴油发动机，并在闪点、凝固点、硫含量、一氧化碳排放量、颗粒值等关键技术上均优于国内零号柴油，达到欧洲二号排放标准。麻疯树种子油流动性好，它与柴油、汽油、酒精掺和性好，相互掺和后，在长时间内不分离。

（二）生物药用价值

麻疯树的药用功能在民间早已被利用。麻疯树油可治疗咳嗽、皮肤病，缓解风湿病的疼痛。麻疯树根可止血止痒，治痢疾，治跌打骨折、疥癣、顽疮；种子油可用于催泻和治疗多种疾病；叶可治风湿病、性病、心绞痛，也可治疗丹毒、牙痛、皮藓等。当前，随着科技发展，科技人员已从麻疯树中分离得到的一些生物提取物，主要有萜类、黄酮类、香豆索类、脂肪类、甾肪类、甾醇类和生物碱类等。这些提取物分别具有抗病毒、杀菌、避孕、防治糖尿病、抗恶性肿瘤(鼻癌、胃癌、血癌)、抗艾滋病等药效。

同时，由于麻疯树植株具有一定的毒性，可提取生物农药，特别是提取物—铁海棠碱，具有较好的灭螺效果。榨油处理后的种籽油渣、残油渣及树叶也可作农药，可作抗微生物、抗寄生虫中间宿主、抗白蚁虫蛀等药品的原料。

（三）饲用及生物肥料价值

麻疯树果实不能被牲畜食用，但经榨油处理后，其种籽油渣、残油渣及树叶等原料含有较高的蛋白质，去毒后可作为动物饲料。榨油处理后的残渣中富含 N、P、K 等营养元素，将其作为有机肥料用于造林，可改善造林地的土壤，提高立地质量，促进作物的生长和发育，提高作物产量和质量。

主要参考文献

1. 刘方炎，李昆，孙永玉. 中国麻疯树研究进展与开发利用现状[J]. 中国农业大学学报，2012，6：178 – 184.
2. 杨燕红，覃伟远. 麻疯树丰产栽培技术[J]. 广西林业科学，2009(38).
3. 姚能昌，段爱国. 麻疯树良种选育进展和产业化培育对策[J]. 安徽农业科学，2011，39(13)：7738 – 7740.
4. 吴开金，万泉，林冠烽，等. 不同地区麻疯树籽油的理化性质及脂肪酸组成[J]. 福建林学院学报，2008，28(4)：361 – 364.
5. 李化，陈丽，唐琳，等. 西南部分地区麻疯树种子油的理化性质及脂肪酸组成分析[J]. 应用与环境生物学报，2006，12(5)：643 – 646.

（皮兵、张良波、李昌珠）

第二节　光皮树

光皮树[*Cornus wilsoniana*(Wanger.)Sojak]，又名光皮梾木，为山茱萸科梾木属的落叶乔木。梾木属全世界共有 42 种，我国分布有 24 种。在光皮树核心分布区域湖南、江西、湖北、广西北部、广东北部等地，除光皮树外，其他梾木属植物主要有 5 种，分别是小梾木(*S. paucinervis*)，梾木(*S. macrophylla*)，毛梾(*S. wateri*)，长叶梾木(*S. oblonga*)，华南梾木(*S. austrosinensis*)。光皮树是一种新开发的、我国南方特有的木本油料植物，具有适应性强、结实早、盛果期长、产量高、全果含油率高(30% 左右)等特点。光皮树油可用于食用、医药、生物柴油原料和其他化学工业原料。光皮树是石灰岩的优势树种，广泛分布于黄河以南地区，其木材坚硬，纹理致密而美观，是很好的用材。此外，光皮树林落叶层厚，是水土保持和涵养水源的理想树种；可以用于石漠化治理，用于荒山、路旁、宅边、市区、庭园等地的绿化，目前光皮树栽培主要在湖南、江西、广东、广西等地，总栽培面积约 30 万亩。

一、生物学特征

（一）形态特征

光皮树高可达 30m，胸径 50cm，干性强，树干通直。幼树皮呈绿色或紫红色，成年树皮块状剥落，形成灰白色、绿色、紫红色的光滑斑块。小枝圆，深绿色，老时棕色，新枝被毛，老枝无毛。单叶对生，全缘，纸质或薄革质，椭圆形或卵状椭圆形，长 6~12cm，宽 2~5.5cm，先端渐尖或突尖，基部楔形或宽楔形，羽状脉，侧脉每边 3~4 条，叶表明显，叶背稍凸起，叶背密被丁字伏毛，叶柄长 0.8~2cm。圆锥状聚伞花序顶生，被灰白色短柔毛，花序总梗长 2~3cm。花白色，两性，萼齿三角形，花瓣 4 瓣，长披针形，瓣长 5mm，花柱圆柱形，柱头扁球形。果球形或卵形，径 5~8mm，成熟果黑色或紫黑色，被平贴短柔毛或近于无毛。果核球形或卵形，骨质，黄褐色，两瓣裂，裂缝线两侧有白色纵条纹，每核有种仁 1~2 粒。花期 5 月，果期 10~11 月。

（二）生长特性

光皮树幼树生长较快，对水肥要求较多，1 年生苗平均高平均 80cm 左右，最高可达 2m 多，3 年生树最高可达 3.5m，胸径最大为 5.0cm。进入结果期，光皮树开始由营养生长转变为生殖生长，树高生长缓慢。光皮树多寿命长，据湖南省林业科学院调查，在正常情况下 200 年以上的光皮树生长茂盛，可正常开花结果。光皮树分枝多（地面 1m 内开始分叉，有的分枝多达 9 叉），萌枝力强（平均在 94% 以上），成枝力强（抽生长枝数在 4 以上），耐修剪、易矮化，结实率高。湖南省林业科学院通过选育矮化品种，利用修剪等技术手段将光皮树无性系控制在 3m 以内，实现了近灌木状栽培技术。

（三）结实特性

光皮树从播种到结实，一般需要 5~8 年。生长在向阳、土层厚和水肥条件好的地方，始果较早；生长在阴坡地、土层薄、水肥条件不好的地方，始果较晚。光皮树结实大小年明显，有的甚至是结一年停一年，通常花果首先出现于 1 年生枝条的顶端，所以，保护好当年没有结果的长枝（产生翌年结果枝的枝条）非常重要，可以缩小大小年产量的差距。

1. 不同土层厚度光皮树生长结实性

一株成年的光皮树，盛产年最高可产鲜果 100kg，能榨油 30 kg 左右。光皮树结果早晚及产量高低与其立地的土层厚度密切相关（表 4-3）。

表 4-3　不同土层厚度光皮树生长结实性情况

生长指标 立地条件(cm)	树高 （m）	干高 （m）	地径 （cm）	冠幅 东西×南北 （m²）	6~7 年 结果株率（%）	6~7 年单位 产量（kg/株）
20~30	1.85	0.45	2.3	0.5×0.6	20.3	1.2
30~50	2.57	0.92	4.6	1.5×1.1	46.7	4.8
>60	3.86	1.75	7.1	2.6×2.3	84.9	7.6

注：土壤为石灰岩发育的红壤。

2. 光皮树形态指标与结实特性相关性分析

湖南省林业科学院利用 SPSS 软件分析了光皮树无性系树形、树高、干粗、分枝高、母枝长及母枝粗、聚伞花序花朵数形态指标与最终结实率的相关性。经统计分析，认为与最终结实率关系最大的为母枝粗，在95%的置信区间内，拟合度达到95.5%。在95%的置信区间内，树形拟合度超过50%，圆头形和开心形树形最终结实率较高。聚伞花序花朵数、树高、干粗、分枝高、母枝长等因素与最终结实率关系不大，在95%的置信区间内，拟合度都不到30%，对光皮树最终结实率影响都很微小（表4-4）。

表4-4　不同树形光皮树无性系早实性、矮化型、丰产性比较

树形	3年结果株率(%)	5年树高(m)	5年冠幅(cm)	单株产量(kg)	亩产(kg)
自然开心形	93	2.5	310×250	5.45	452.35
自然圆头形	96	2.6	270×320	6.26	519.58
未修剪的无性系CK	78	3.8	380×300	4.36	361.88

要取得较高的最终结实率，需加强肥水和树体管理，增强母枝的生长势，以得到发育良好的结果枝，多结高品质的果实。同时，要营造良好的树形结构（圆头形和开心形），增大结实面积，合理分配果实的养分，得到高的最终结实率。

3. 不同造林密度与产量关系

由于光皮树是喜光树种，其生长结实与栽植密度密切相关。栽植密度过小或过稀，单株产量较高，但单位面积产量低、经济效益低；过大或过密易造成的光照不足，病虫害多。合理密植，可提高土地和光能利用率，提高光皮树产果量。密度与郁闭度关系见表4-5，密度与产量的关系见表4-6。

表4-5　不同密度光皮树无性系郁闭度比较（4~6年）

密度(m²)	（株/亩）	第4年	第5年	第6年
2×2	166	1	1	1
2×3	111	0.9	1	1
3×3	83	0.7	0.9	1
3×4	55	0.6	0.7	0.8
4×5	30	0.4	0.5	0.5

由表4-5可知密度较大时光皮树无性系郁闭度较早，不利于通风与光照，影响光皮树产量，密度过大时，较难郁闭，虽然单株的光照好，但是由于没有充分利用空间，所以平均单位面积产量不高。

表4-6　不同密度生光皮树无性系树高比较（4~6年）

密度(m²)	（株/亩）	第4年结果株率(%)	单株产量(kg)	亩产(kg)
2×2	166	50	1.45	120.35
2×3	111	95%	4.16	438.67
3×3	83	100	5.51	457.33
3×4	55	100	6.36	349.8
4×5	30	100	7.37	221.1

从表4-6可看出种植密度为2m×3m、3m×3m时可获得较高产量,分别为438.67kg/亩和457.33kg/亩。

4. 钙质与光皮树结实的关系

光皮树喜钙耐碱、耐干旱瘠薄,根系发达,穿透力强,可沿石缝、石洞、石隙横向、纵向伸展,伸入岩隙深处的发达根系有利于增强抗旱能力。吴建平等(2008)认为土壤pH值和Ca含量是影响光皮树生长与结实的重要因素,当pH值≥4,交换性Ca≥0.5mmol/100g时,光皮树的生物量随供钙水平的提高而提高,Ca含量过低时甚至不结实,同龄、同品种的光皮树在酸性红壤上的结实量比石灰土上的结实量要低一半甚至更多。

二、生态学特性

光皮树适应能力强,适应酸性至碱性环境,pH值适应范围为4.5~8.6。自然主要分布在石灰岩山地,是湖南广布的9个石灰岩山地特有植物之一。光皮树还适应花岗岩、板页岩、紫色页岩、砂岩、白云岩和四纪红土等多种母岩母质发育的红壤、黄红壤、黄壤、紫色土、红色石灰土、黑色石灰土和水稻土等多种土壤。在盐分含量0.2%~0.39%的盐碱地上光皮树也能正常生长发育。光皮树对温度的适应范围广,可耐−18~−25℃的低温,也有报道称光皮树能耐42℃的高温及−30℃的严寒,对低温及降水不足有较强的适应能力。光皮树耐旱能力中等,耐涝能力弱;喜光,是喜光树种,耐阴能力最弱,具有较高的光补偿点和较低的光饱和点,对弱光的利用能力弱,对多种光环境的适应性较差,光照强度对净光合速率起主要调节作用。林缘光皮树生长发育状况和结实显著优于林内植株,空旷岗地、溪河两岸的散生木或孤立木显著优于林缘木,阳坡林显著优于阴坡林木。

三、主要品种

据赖颖考证(1987),于都县宽田人工栽培光皮树油料林始于清朝。但光皮树的科学研究工作却主要集中在近50年,尤其是近20年。研究的重点集中在光皮树生物学特性、人工繁育技术、栽培技术、提油技术及制备生物柴油技术等方面。

光皮树长期处于野生状态,遗传变异和遗传改良的潜力较大,因此选择育种成为当前最大限度提高种质遗传增益的主要途径。为迅速摆脱无良种可用的窘境,找到新的品种变异,国内一些科研院所、高等院校等先后收集了众多地理种源,一些单位已开始建立种质资源圃,开展良种选育工作,但选育出的新品种数量十分有限。湖南省林业科学院经过20多年的努力,选育出了16个光皮树优良无性系,6个通过国家林业局林木品种审定委员会认定,其中4个获得通过湖南省林木品种审定委员会审定。

(1)光皮树优良无性系湘林G1号(国R-SC-CW-008-2007)。湖南省林业科学院2001年选育出来,无性系特性:生长势旺、树冠为圆形、果实未成熟时为红黄色,成熟呈桃红色间灰白色,平均冠幅面积产果1.46kg/m²,鲜果千粒重126g,干果含油率为34.15%,平均亩产油量达80.16kg。适合光皮树分布区域种植。

(2)光皮树优良无性系湘林G2号(国R-SC-CW-009-2007)。湖南省林业科学院2001年选育出来,无性系特性:树体生长旺盛,树冠紧凑,分枝均匀;果实较小,果皮略薄,结实早,产量高,丰产性能好,出油率高。果实未成熟时为深绿色,成熟后黑色,平均冠幅面积产鲜果1.37 kg/m²,鲜果千粒重116g,干果含油率为32.71%,平均亩产油量达 90.16kg。

(3)光皮树优良无性系湘林 G3 号(国 R-SC-CW-010-2007)。湖南省林业科学院于 2001 年选育出的优良无性系。无性系特性:树体生长旺盛,树冠紧凑,分枝均匀;果实较大,果皮厚,结实早,产量高,果实含油率高,丰产性能好,出油率高。成熟果实呈黑紫色,平均冠幅面积产鲜果 1.43kg/m²,鲜果千粒 138g,干果含油率为 32.86%,平均亩产油量达 70.26kg。

(4)光皮树优良无性系湘林 G4 号(国 R-SC-CW-011-2007)。湖南省林业科学院于 2001 年选育出的优良无性系。树体生长旺盛,树冠紧凑,分枝均匀;果实成熟早,较小,果皮略薄,结实早,产量高,丰产性能好,出油率高,适合高海拔地区能力较强。果实呈紫黑色,平均冠幅面积产鲜果 1.15kg/m²,鲜果千粒重 116g,干果含油率为 33.12%,平均亩产油量达 88.26kg。

(5)光皮树优良无性系湘林 G5 号(国 R-SC-CW-012-2007)。湖南省林业科学院 2003 年选育出来。无性系特性:树体生长旺盛,树冠紧凑,分枝均匀;果实较大,果皮薄,结实早,在紫色页岩土壤上生长良好。成熟果实呈黑紫色,平均冠幅面积产果 1.76kg/m²,鲜果千粒重 146g,干果含油率为 30.15%,盛果期平均亩产油量达 100.10kg。

(6)光皮树优良无性系湘林 G6 号(国 R-SC-CW-013-2007)。湖南省林业科学院 2003 年选育出来。无性系特性:树体生长旺盛,树冠紧凑,分枝均匀;果实略大,果皮薄,结实早,产量高。成熟果实呈深紫色略黑,平均冠幅面积产果 1.76kg/m²,鲜果千粒重 180g,干果含油率为 30.75%,盛果期平均亩产油量达 100.50kg。

虽然,光皮树良种选育工作已经取得一定进展,但是与当前政府主导的生物柴油原料林基地建设技术要求相比,光皮树良种及其栽培技术方面等仍不能满足生物柴油产业发展对原料的需求,仍处于落后态势,今后需要进一步加强。

四、栽培技术

(一)造林地选择

造林地通常应该选择,海拔 1000m 以下,相对高度 200m 以下。西南高山地区可以选择 1800m 海拔区域种植。坡度 25°以下,土层中至深厚,红壤、黄壤或黄棕壤,pH 值在 4 ~8.6 之间。石灰岩和钙质页岩宜发展油材两用林。在山区,谷地宽度不足 50m、光照条件差的两侧山,不宜选用作油料林造林地。同时土层深浅、土壤的肥力和坡度 3 个因子符合表 4-7 指标。

表 4-7 光皮树立地因子等级表

等级	坡度 (°)	土层厚度 (cm)	肥力(土层 10~30cm)		
			有机质(%)	全 N(%)	容重(g/cm³)
I	10	>60	>1.2	>0.14	<1.00
II	10~20	40~60	1.0~1.2	0.08~0.14	1.00~1.30
III	25	<40	<1.0	<0.08	>1.3

(二)造林地清理

光皮树造林适宜带状清理、全面清理和团块状清理 3 种方式。

（1）带状清理。岩石裸露比例较小、灌木密度较大的斜坡（＜25°）采用带状清理，清除带内杂草、灌木，割带宽 2～3 m，保留带宽 1 m。

（2）全面清理。适用灌木密度较小或经营集约度高的造林地采用全面清除造林地杂草、灌木。

（3）团块状清理。适用岩石裸露比例较大、难以成片成行栽植的石灰岩地。以栽植点为中心，清除半径 0.5～1 m 范围内的杂草、灌木。

（三）整地

一般应在苗木定植一个月前整好地，亚热带宜秋季或冬季整地，暖温带可在春季植苗前整地。一般采用穴状整地，在丘陵、平原，穴规格为 50cm×50cm×50cm，在坡地和石灰岩地区，穴规格为 40cm×40cm×40cm。

（四）造林

1. 造林苗木

油料林：采用结果优良的无性系嫁接苗或扦插苗，苗木规格为Ⅰ、Ⅱ级苗木；

油料和用材兼用林：采用扦插苗或优良种子繁育的实生苗，苗木规格为Ⅰ、Ⅱ级苗木；

用材林：采用优良种子繁育的实生苗，苗木规格为Ⅰ、Ⅱ级苗木。

2. 苗木处理

造林前根据光皮树苗木的特点和土壤墒情，对苗木进行修根、修枝、剪叶、苗根浸水、蘸泥浆等处理；也可采用促根剂、蒸腾抑制剂和菌根制剂等新技术处理苗木。

3. 造林密度

油料林：密度为 833 株/hm²（4m×3m）。

油料和用材兼用用林：密度为 1111 株/hm²（3m×3m）。

用材林：密度为 1667 株/hm²（3m×2m）、2500 株/hm²（2m×2m）。

4. 造林时间

宜在冬季植苗，春季植苗应在苗木萌芽前半个月完成。冰冻严重地区及暖温带宜在春季冰冻解除、苗木萌芽前半个月完成。

5. 造林方法

栽植要做到"苗正、根舒、踏实"。苗正：先挖开已回填土和肥的栽植穴，把苗木放入穴内，苗干要放正。根舒：把苗放入穴时，要防止根系弯曲成团和根尖向上。放好苗后，用无杂草和石块的细土埋填，填土到根颈处，然后轻轻提一下苗，使苗根舒展。踏实：填土提苗后，用脚踏实，再填土再踏实，做到"三填两踩"。禁止用锄头用力捶打，防止伤害苗根。"三填两踩"后，要再培土成圆形土盘。

6. 补植

林成活率不合格的造林地，应在当年冬季和第二年早春及时进行补植或重新造林，植苗造林的补植应用同龄大苗。

（五）整形修剪

光皮树幼树生长快，直立性强，但是同时分枝多、萌枝力强、成枝力强。因此以产果实为主要目的油料林和油材两用林，需采取必要的整形修剪措施，促进丰产的树体结构的形成，以达到早实丰产的目的。

1. 整形

整形是指光皮树在幼林前期，通过整形修剪使枝干形成合理的树形，为丰产稳产奠定良好的基础。整形应顺应其分枝习性，因势利导，适当疏删，油料林以培养没有中心干的自然开心型树形或中心干不明显的自然圆头型树形，最为常见。

（1）自然开心形。油料林光皮树树冠开张，喜光性强，以外围枝结果为主，树冠外围要求具有凹凸面，使透光良好，应用自然开心型树形最为相宜。通常在苗高 40～50 cm 处定干，下部 25～30cm 作为主干，上部相间分生三大主枝，保持一定的分枝角，其他芽、梢及早抹除。以后在离主干 30cm 左右处的主枝上，在外斜方向选留副主枝，每一主枝上陆续相间培养 2～3 个，使在树冠外围具有明显的层次。整个树形的模式与落叶果树中的桃相同。整形中也采用拉枝等技术调整枝角。

（2）自然圆头形。油料林光皮树另外一种丰产树形为自然圆头形。这种树形基本上是按照光皮树自身的分枝情况，稍加疏删调整而成。苗木定干后，在分枝中选择 3～4 个健壮而分布均匀的枝条作为主枝，其上也配置一定数量的副主枝占据空间，每年主枝、副主枝不断分枝，并向外延伸，最终即成自然圆头形的树冠。这种树形修剪量轻，整形容易，但枝条密生，从属关系常不明显，盛果期后内膛无效容积较大而绿叶层较薄，需适当疏删缩剪大枝，否则产量不易提高。

（3）主干疏层形。用于油料林或者油材两用林的整形，方法按自然开心形培育法培育第一层主枝 3～4 个，第一层主枝完全形成后，继续保留中央主干，使其向上延伸，在延长的主干上端距第一层（最上）主枝 60～80cm 处选留第二层主枝 2～3 个，与第一层主枝方向互向错开。第二层主枝选留到位后不再保留中央主干。副主枝、侧枝培育法同自然开心形。

2. 修剪

修剪是在整形的基础上逐年修剪枝条，调节生长枝与结果枝的关系，培育均匀的坚强骨架，以达到速生丰产的目的。通过整形修剪，使树体结构充分利用空间，更有效地进行光合作用，调节养分防止结果层外移，这对光皮树幼林提早结果起到重要作用。幼树整形的头 3 年内，主要是培养骨干枝，迅速扩大树冠，对各级骨干枝的延长枝都要按要求短截，一般剪留 40～50cm。遇有花蕾出现时应全部摘除，不使挂果。进入结果期后，除需及时疏除干枯枝、细弱枝、密生枝和徒长枝外，对结果母枝也应根据具体情况适当剪截，以平衡结果与生长的矛盾。一般大年树应短截部分结果母枝，并对其他枝条适当重剪，疏密留稀，促发着梢；小年树则应尽量多保留结果母枝，使其结果，而适当轻剪。结果母枝抽梢结果后，在结果部位下方能抽发新梢的强壮母枝，结果后可缩剪到新梢发生处；如母枝当年没有抽梢，结果后可将原结果母枝疏除。对结果枝的修剪，带叶果枝采果后，生长健壮的当年可直接转变为结果母枝，应当保留；不能转变为结果母枝的，可适当短截使其发生新梢，重新形成新的结果母枝。无叶果枝采果后即自行干枯，可剪除。已结过果的下垂枝和衰弱的结果母枝应适当重缩剪，以利新结果母枝的培养。披垂性长枝具有一定连续结果的能力，结果后以适当缩剪多加保留为宜。结果枝组生长结果衰退时，可在 3～4 年生枝的部位上缩剪，以促进更新。

（六）抚育管理

1. 抚育

用材林和油材两用林，造林后前 3 年，每年于夏、秋两季各进行一次抚育，采用带状或穴状方式砍除定植的苗木周围的杂草、灌木，可围蔸松土。油料林每年中耕除草 2 ~ 3 次，全面砍除或铲除林地内杂草、灌木，并结合施肥围蔸松土。树盘下宜割草覆盖保墒。

2. 施肥

用材林和油材两用林，成林前可适当施肥，成林后可不施肥。油料林必须长期施肥。幼树施肥一般以促进树体营养生长的氮肥和有机肥为主，每株每年幼树追施 0.25kg 左右的复合肥或者 1kg 左右的有机肥。丰产树施肥一般分为果实膨大期施肥和采果后施肥。果实膨大期主要为果实的生长发育，每株施用约 0.2 ~ 0.5kg 的磷酸二氢钾；采果后施肥主要为树势恢复和第 2 年开花结果做准备，每株施用 30% 的有机肥 2kg 和氮磷钾为 1∶1∶1 的复合肥 1kg。

（七）花果管理

1. 疏花疏果

光皮树座果率特别高，通常可达 80% 左右，而太高的座果率会造成树体营养消耗过大，不利于果实生长发育，也不利于光皮树稳产高产。为提高果实品质，减少树体营养消耗，缩小大小年差异，应采取必要的疏花疏果措施。疏花的方法可以用枝剪剪除部分花序或花序分枝，也可以直接用手摘除。树势生长旺盛并有较多营养枝的结果树，一般疏去 30% 左右的花序；树势生长较弱的、营养枝较少的结果树一般可以疏去 50% 左右的花序。

2. 适度环割促果

盛果期在枝组上环割或铁丝绞缢 1 ~ 2 圈，有利于促进果增大和含油率的增加，同时对夏梢有抑制作用。可以防止大小年的出现。

3. 加强肥水管理

增施有机肥，保持土壤疏松、湿润，促进树势强健和果实生长发育；幼果期和膨大期出现异常高温干旱天气，对树冠喷施叶面肥（如施丰乐），可有效提高植物抗旱性，同时促进果实生长发育。

（八）主要病虫害防治

1. 食叶虫害防治

（1）人工收集地下落叶或翻耕土壤，以减少越冬蛹的基数，成虫羽化盛期应用杀虫灯（黑光灯）诱杀等措施，有利于降低下一代的虫口密度。

（2）在幼虫 3 龄期前喷施生物农药和病毒防治。地面喷雾，用药量 Bt 200 亿国际单位/亩、青虫菌乳剂 1 亿 ~ 2 亿孢子/mL、阿维菌素 6000 ~ 8000 倍。

2. 蛀秆害虫防治

一是捕捉或用农药喷杀啃食树皮的成虫。二是用锤子锤产卵的刻槽，以消灭卵块。三是用药签或药棉堵塞排粪孔，熏（毒）杀幼虫。

3. 白蚁防治

白蚁主要通过修筑泥被泥线，将光皮树树干用泥土包裹，然后取食树皮甚至心材，破坏韧皮部，造成环蚀，树的根系将因得不到有机物的供给而死亡，不久后整棵树也将死亡。对白蚁的防治，可用白蚁诱杀装置和白蚁诱饵剂进行诱杀。

4. 吉丁虫防治

应加强养护管理，不断补充水分，使之生长旺盛，保持树干光滑，而杜绝成虫产卵；在成虫羽化前，及时清除枯枝、死树或被害枝条，以减少虫源和蔓延；成虫羽化前进行树干涂白，防止产卵；成虫羽化期往树冠上和干、枝上喷 1500～2000 倍的 20% 菊杀乳油等杀成虫；幼虫初在树皮内为害时，往被害处（如已流胶应刮除）涂煤油溴氰菊酯混合液（1:1 混合），杀树皮内的虫。

五、油脂理化性质

（一）光皮树油的基本理化性质

肖志红等研究了索氏抽提法、低温压榨法、正丁醇浸提、水剂法和水酶法 5 种不同方法提取的光皮树果实油的理化性质，结果见表 4-8，可以看出不同提取方法光皮树油理化性质存在差异，具体分析得出以下结论。

（1）精炼前。低温压榨法提出的油脂中机械杂质较多、色泽较深，黏性较强，油脂的流动性较差；而化学法、水剂法提出的油脂沉淀较多；水剂法和水酶法提出的油脂外观和黏性跟索氏抽提法近似，比较清亮；其中纤维素酶与中性蛋白酶复合提出的油脂最清亮，几乎没有沉淀，其流动性也最好。

（2）精炼后。机榨油色泽最深、透明度最低；其次化学溶剂浸提油颜色较深，比较浑浊；生物酶法提取的油脂浅黄色，透明澄清，明显优于压榨法和化学溶剂浸提法提取的油脂。

（3）不同方法提取的光皮树油，其相对密度、折射率、黏度等特征常数有差异但不明显。其中以生物酶法得到的油折射率最大 1.6927，压榨法次之 1.6780，索氏抽提法得到的油折射率最小 1.6543。

（4）提取方法对油脂的相对密度影响很小，以生物酶法最高 0.9281 g/mL，压榨法次之 0.9247 g/mL，索氏抽提法最小 0.9195 g/mL。而黏度（内摩擦系数）以压榨法最低 53.7850 mm^2/s，生物酶法次之 54.5832 mm^2/s，化学溶剂浸提法 55.6214 mm^2/s，索氏抽提法 54.6754 mm^2/s，水剂法 54.8734 mm^2/s。

（5）几种不同处理方法得到的光皮树油脂的皂化值、酸值、过氧化值、碘值有明显的差异。化学浸提法得到的油脂皂化值最高 200.89 mgKOH/g；其次为索氏抽提法 198.49mgKOH/g；生物酶法提取的油脂皂化值最低 187.99mgKOH/g。几种油脂中游离脂肪酸含量较国家标准高，其中压榨法、索式抽提法、化学溶剂浸提法溶剂得到的油脂酸值均大于 5，水剂法油酸值最高达 8.23mgKOH/g，生物酶法次之为 7.11 mgKOH/g。油脂的过氧化值反映油脂被氧化的程度，压榨法提取的油脂的过氧化值最高 51.78 meq/Kg，显著高于其他几种方法。过氧化值水剂法提取的油脂为 37.18 meq/Kg，化学溶剂浸提油法为 21.68 meq/Kg，索氏抽提法为 21.05 meq/Kg，生物酶法提取的油脂过氧化值最低 20.78 meq/Kg。碘值的大小在一定程度上反映了油脂的不饱和程度，比较不同方法所提油脂的碘值，索氏抽提的最高 102.58 gI$_2$/100g，水剂法次之 101.29gI$_2$/100g，压榨法 99.86 gI$_2$/100g，化学浸提法 96.55 gI$_2$/100g，生物酶法提取的油脂碘值最低 84.285 gI$_2$/100g。

（6）不同提取方法对油脂中磷脂含量影响很大，索氏抽提法提取油脂中磷脂含量最高达 1.9117%，其次是化学溶剂浸提法为 1.8676%，磷脂含量最低的是生物酶法为

0.2866%，生物酶法油中磷脂含量显著低于压榨油和浸出油。水性强，以水为溶剂，起到了沉淀水化磷脂的作用。而采用水酶法制油，可以简化后续精炼工序，降低脱胶成本。

表4-8 不同制油方法提取的光皮树果实油脂性质

性状		索氏抽提法	化学浸提法	压榨法	生物酶法	水剂法
色泽	精炼前	Y31.9，R0.9，B0.7	Y54，R0.9，B0.9	Y78，R13，B89	Y59.9，R0.3，B0.1	Y52，R0.32，B0.
	精炼后	Y5.2，R0.5	Y6、R0.5，B0.1	Y7.2，R0.5，B0.1	Y4.6，R0.2	Y6.5，R0.5，B0.1
外观性状	精炼前	深绿色、稍浑浊	深绿色、浑浊	墨绿色、黏稠	深绿色、透明	深绿色、稍浑浊
	精炼后	黄色、透明	深黄色、稍浑浊	深黄色、浑浊	浅黄色、透明澄清	黄色、澄清
折射率		1.6543	1.6578	1.6780	1.6927	1.6674
密度(g/mL)		0.9195	0.9216	0.9247	0.9281	0.9227
黏度(mm²/s)		54.6754	55.6214	53.7850	54.5832	54.8734
皂化值(mgKOH/g)		198.49	200.89	191.25	187.99	190.78
酸值(mgKOH/g)		5.407	5.314	5.005	7.11	8.23
过氧化值(meq/Kg)		21.05	21.68	51.78	20.78	37.18
碘值(gI₂/100g)		102.58	96.55	99.86	84.285	101.29
磷脂含量(%)		1.9117	1.8676	0.3595	0.2866	0.3188

（二）光皮树油的成分分析

光皮树果实的基本组成为油脂(33.95%)、纤维(29.16%)、蛋白质(7.72%)和水分(9.36%)。王静萍等对光皮树油嗅味成分进行了鉴定，获得24个成分，其中包括C14～C31的烷烃18个。彭红等通过正己烷和乙酸乙酯等溶剂提取光皮树油并对提取的油脂进行GC-MS分析，结果表明，光皮树油主要由棕榈酸、硬脂酸、油酸和亚油酸组成，其中油酸含量高达42%，总不饱和脂肪酸相对含量超过70%。曾虹燕等采用GC-MS分析了超临界CO₂、超声波和微波3种方法提取的光皮树油，发现不同提取方法对光皮树油品质有一定的影响，其中以超临界CO₂提取的光皮树油质量最佳，油脂成分相对简单，只鉴定出9种成分；而超声波提取的光皮树油成分相对复杂，共分离出19个峰，鉴定出12种成分；而微波萃取所得的光皮树油分离出13个峰，鉴定出10种成分。不同方法提取的光皮树油的成分分析详见表4-9。

表4-9 光皮树油的成分分析

编号	保留时间(min)	化合物名称	分子式	分子量	相对含量		
					SFE	Ultra	Micro
1	7.588	环辛烯(Cyclooctene)	C_8H_{14}	110	2.032	0.383	—
2	8.870	己酸(Hexanoic acid)	$C_6H_{12}O_2$	116	—	—	1.522
3	9.626	1-甲基-2-吡咯酮(2-Pyrrolidinone，1-methyl-)	C_5H_9NO	99	—	1.449	0.431
4	13.949	辛酸(Octanoic acid)	$C_8H_{16}O_2$	144	—	—	0.707
5	15.795	E-2-癸烯醛[2-Dcenal，(E)-]	$C_{10}H_{18}O$	154	0.301	0.452	0.894
6	16.649	E，E-2，4癸二烯醛[2，4-Decadienal，(E，E)-]	$C_{10}H_{16}O$	152	—	0.531	0.431

（续）

编号	保留时间（min）	化合物名称	分子式	分子量	相对含量		
					SFE	Ultra	Micro
7	17.321	2，4-壬二烯醛（2，4-Nonadienal）	$C_9H_{14}O$	138	0.332	—	0.716
8	20.024	3-甲基-2-环己烯-1-酮（2-Cyclohexen 1-one，3-methyl-）	$C_7H_{10}O$	110	3.844	—	—
9	27.923	十四酸（Tetradecanoic acid）	$C_{14}H_{28}O_2$	228	—	0.126	—
10	31.620	软脂油脂酸（9-Hexadecenoic acid）	$C_{16}H_{30}O_2$	254	1.502	1.768	2.452
11	32.356	软脂酸（Hexadecenoic acid）	$C_{16}H_{32}O_2$	256	38.201	39.281	16.672
12	35.534	油酸（9-Octadecenoic acid）	$C_{18}H_{34}O_2$	282	49.259	0.811	—
13	36.048	亚油酸（9，12-Octadecenoic acid）	$C_{18}H_{32}O_2$	280	—	53.180	66.811
14	36.900	硬脂酸（Octadecenoic acid）	$C_{18}H_{36}O_2$	284	—	—	7.191
15	41.632	双（2-乙基己基）-1，2-苯二甲酸［1，2-Benzenedicarboxylic acid，bis（2-ethyl-hexade-cyl）］	$C_{24}H_{38}O_4$	390	0.905	—	—
16	44.208	二十四酸（Tetracosanoic acid）	$C_{24}H_{48}O_2$	368	0.318	0.239	—
17	46.453	三十二烷（Dotriacontane）	$C_{32}H_{66}$	451	—	0.201	—
18	52.084	十八醛（Octadecanal）	$C_{18}H_{36}O$	268	—	0.365	—

* SFE：CO_2超临界；Uitra：超声波；Micro：微波

六、加工利用

（一）采收

1. 采收时期

果实成熟期为每年的9下旬至11月下旬，果实颜色由绿色转为黑色时可以开始采摘。不同地区光皮树果实成熟期有一定差异，表现在从南到北逐渐提早。河南郑州光皮树成熟多在9月底到10月初，湖南、湖北、贵州、重庆、浙江等地的光皮树多在10月下旬到11月下旬成熟。江西南部、广西、广东等地成熟期在11月下旬到12月中旬。

2. 采收方式

光皮树果实成熟后，需要及时采收，以防鸟类(特别是飞经种植区域的候鸟)吃食，减少产量。采收方式可以采用人工采收或者机械采收(采收机械尚处于试验推广阶段)。人工采收：光皮树果实成熟后，由采收人员直接从树枝上将整窜光皮树果实采摘下来放入背篓、箩筐等容器；再背或者挑回家，摊薄在通风的地方风干、晒干或者烤干到含水10%以下，就可以贮存了。采收矮化的光皮树示范林果实需要2~3个工/亩。机械采收：湖南省林业科学院与内蒙古自治区林业科学院合作开发出光皮树果实采收器。目前还在调试与完善阶段，初步试验结果表明，采用光皮树果实采收器比人工采收，可以提高效率4倍左右。

3. 果实采收注意事项。

（1）光皮树果实成熟后，需要及时采收，以防鸟类(特别是飞经种植区域的候鸟)吃食，减少产量。

（2）光皮树枝丫比较脆，容易断，树干光滑，采收时最好不要爬树，以免采收人从树上滑落、掉落，造成意外伤害。在树下采收也应注意不要用力过大，以免将树枝拉断，造成对树体的伤害。

（3）高大结果树上的果实采收，可以采用高枝剪或手锯等将较大结果枝剪下，并运送到晒场，再将果实整穗摘下，晒干。在运送的过程中，要防止果实的脱落。

（4）光皮树果实采收后要及时风干、晒干或者烤干，鲜果不能堆放太厚，以免果实霉变。光皮树果实贮藏要求的含水率在10%以下。

（二）加工利用

1. 光皮树油制作生物柴油

光皮树果肉和种仁均含有油。干果果肉含油率达55%～59%，果核含油率达10%～17%，全果出油率为24%～34%，土榨出油率一般在25%左右。一般条件下，盛果期每亩产鲜果500～1000kg，折合产油90～180kg，盛果期50年以上，经济寿命可达200年。湖南省林科院李昌珠等通过试验，确认光皮树油为半干性油，主要含16～18碳烷酸，与柴油分子碳数接近。光皮树油通过酯化反应制取的生物柴油（脂肪酸甲酯）与0#柴油燃烧性能相似，安全（闪点＞105℃）、洁净（灰分＜0.003），是一种理想的物质燃料油，最佳反应条件为：醇油比5:1，催化剂用量1.1，反应温度60℃，反应时间180 min。辽宁省能源研究所邢义满等通过光皮树油酯化制取生物柴油中试，也确认光皮树生物柴油燃烧特性和动力性能接近0#柴油，其启动性能好，运转平稳，是一种优良的代用燃料。湖南省林产化工工程重点实验室温晓进行了超声波辅助光皮树脂交换制备生物柴油的研究，酯交换率达到96.24%，所得生物柴油性能与0#柴油燃烧性能相似，且闪点更高、灰分更低。同济大学汽车学院胡志远等对大豆、油菜籽、光皮树和麻疯树制备的生物柴油的生命周期能耗和排放进行了评价，研究结果表明，光皮树和麻疯树制备的生物柴油生命周期整体能耗比化石柴油低约10%；生物柴油不含硫，硫化物排放为零；生物柴油原料生产阶段吸收的碳与车辆使用阶段排放的碳相平衡；光皮树油制备生物柴油具有生命周期能源效率高、化石能源消耗低和排放低等特点，具有一定发展优势。

2. 光皮树油制作保健食用油

椋木（包括光皮树、椋木、毛椋）油可食，民间已有100多年食用椋木油的历史。江西于都县宽田、黄龙等地长期食用光皮树油，有的农户使用光皮树油占整个食用油的80%以上；山西阳城县的抬头、驾岭、河北，以及山东益都县的五里、王孔、杨集等地一直食用毛椋油。1973年，江西省粮食厅邀请中国科学院植物研究所等单位对于都县光皮树油脂开展科学考察，深入研究后认为，光皮树油可食，对人体无毒、无副作用，是一种好油脂，完全可以作食用油。至此，民间长期食用的光皮树油终于有了科学的食用依据。1975年5月3日，江西省粮食厅、江西省物价委员会联合下达通知，将光皮树籽、光皮树油（毛油）纳入统购，光皮树油正式成为江西省新的食用油脂。1981年6月，江西省粮食厅受国家粮食部委托，会同粮食部陕西油脂研究所、中国科学院北京植物研究所、湖北省粮食厅、福建省粮食厅5个单位科研人员对于都县光皮树制油、炼油技术进行鉴定，鉴定认为精炼后的光皮树油色泽透明，气味正常，油酸（含量29.1%）、亚油酸（含量39.7%）、亚麻酸（含量2.3%）、棕榈酸（含量23.9%）等近10种脂肪酸组成符合国家食用油脂标准，是一种新的食用兼药用油，食用价值可与茶油、橄榄油相媲美。至此，光皮树油正式上升为国家优质食用油，被列入星火计划重点开发和推广。2000年以来，南昌大学李臣等开展了精炼光皮树色拉油的研究，改变传统光皮树油的脱酸工艺，通过毛油过滤、磷酸-乙醇处理、碱炼、白土脱色、脱臭、脱蜡及冷冻，即得到精炼油，酸值由 13. 21 mg/g 降到 0. 15 mg/g，色泽由 Y30 R8.5 降到 Y30 R2.8，完全符合色拉油标准。磷酸—乙醇工艺为：磷酸1.0%，温度 85℃，加热 30min，乙醇: 毛油 = 0.8:1.0。此法工艺简单，成本低，设备要求不高，产品得率高达 90.8%，具有工业参考价值。光皮树油脂含有月桂酸和共轭亚油酸，月桂酸单甘油酯天然存在于母乳中，对婴儿的健康起着保护作用，共轭亚油酸是普遍存在于人和动物体内的营养物质，具有降低胆固醇、甘油三酯和脂蛋白，抗动脉粥样硬化的作用，还具有抗肿瘤、抗氧化、提高免疫力、提高骨骼密度、防治糖尿病等多种重要生理功能，还可以降低人体脂肪、增加肌肉等。光皮树油中的不饱和脂肪酸，以及非皂化物中的 β-谷甾醇具有降低胆固醇和甘油三酯的作用，可做降压和抗动脉粥样硬化的辅助药物。武汉医学院皇甫永穆等开展了椋木油对家兔动脉粥样硬化影响的研究，结果表明，椋木油可减轻家兔动脉动粥样硬化斑块的形成以及胆固醇在主动脉内膜的堆积。赣南医学院许安然、杨心华等开展了椋木油治疗高脂血症的临床研究，结果表明椋木油对胆固醇有较明显的降低作用，对 β 脂蛋白也有一定的效果，且无毒副作用，可作天然降脂药物应用。

3. 光皮树油脂的其他用途

据中国林业科学研究院林产化学工业研究所聂小安等研究，光皮树油含有大量的具有孤立双键的亚油酸，经过异构化反应后不仅可以生产许多高附加值的醇酸树脂及聚酯树脂，而且可合成化工领域有重要作用的多官能团物质 C21 二元醇、C22 三元醇、C36 二聚酸，并由此开发二元酸及三元酸系列产品，有利于我国油脂精细化工的发展。光皮树油脂富含油酸，油酸的钠盐或钾盐是肥皂的成分之一，纯的油酸钠具有良好的去污能力，可用作乳化剂等表面活性剂，油酸的其他金属盐也可用于防水织物、润滑剂、抛光剂等方面，其钡盐可作杀鼠剂。

4. 光皮树油脂加工副产物

光皮树榨油后得到的饼粕是良好的生物肥料或饲料，可以帮助农民发展畜牧水产业，促进农林牧副渔全面发展。光皮树果实在常温冷榨条件下压榨，经过粉碎，过孔径0.180mm 筛得到的光皮树饼粕，含果胶 5.10%，油脂 11.50%，蛋白质 8.50%，灰分7.80%，钙 1.80%，磷 0.17%，汞 0.031mg/kg，铅 0.056mg/kg 以下，将光皮树加工后的饼粕添加于平菇栽培料中，对平菇的铅、汞毒害有缓解作用，在被污染的料中加光皮树饼粕，表现出很强的螯合解毒和增产效果。

主要参考文献

1. 石山造林的好树种——光皮树[J]. 湖南林业科技，1977(1)：42 - 43.
2. 广西德保县林业局. 石山造林的好树种——狗骨木[J]. 林业科技通讯，1977(6)：12.
3. 柯晴. 木本油料树——光皮树和华山矾[J]. 陕西林业科技，1978(4)：76.
4. 中国科学院植物研究所植化室油脂组. 两种椋木的研究[J]. 中国油脂，1981(3)：69 - 72.
5. 江西省粮油科学技术研究所，江西省于都县粮食局. 关于椋木油做食用油脂的试验试验报告[J]. 中国油脂，1981(1)：7 ~ 12.
6. 皇甫永穆，吴万生，孙家寿. 来木油对家兔实验性动脉粥样硬化的影响[J]. 武汉医学院学报，1984，(1)：31 - 34.
7. 中国科学院植物志编辑委员会，中国植物志(第五十六卷)[M]. 北京：科学出版社，1985：59 - 60.
8. 王静平，孟绍江，李京民，等. 光皮树油的嗅味及其他不皂化成分[J]. 中国油脂，1986(2)：47 - 48.

9. 许安然，罗启桢，钟标元，等．来木油双盲法治疗高脂血症疗效观察[J]．赣南医专学报，1986，（2）：30－32.

10. 赖颖．珍稀木本油料资源——于都宽田光皮树[J]．江西农业科技，1987(9)：12

11. 中国油脂植物编写委员会．中国油脂植物[M]．北京：科学出版社，1987.

12. 祁承经．湖南植被[M]，长沙：湖南科学技术出版社，1990：173－175.

13. 程树琪．理想的生物质液体燃料光皮树油[J]．太阳能，1994(6)：15.

14. 敖惠修，何道泉．粤北石灰岩山地的造林树种及造林技术[J]．广东林业科技，1994，（1）：16－19.

15. 王静萍，袁立明，李京民，等．光皮棶木油的嗅味及非皂化物成分[J]．中国粮油学报，1995，10(2)：48－52.

16. 李正茂，邓新华，李党训．光皮树经济性状及生物质液体燃料开发研究构想[J]．湖南林业科技，1996，23(2)：11－13.

17. 杨心华，罗启桢，钟标元，等．棶木油治疗老年高脂血症疗效观察[J]．赣南医学学报，1996，16(2)：100－102.

18. 梁仰贞．光皮树的栽培技术[J]．中国土特产，1997(2)：13－14.

19. 喻勋林，肖育檩．湖南石灰岩特有植物的初步研究[J]．中南林学院学报，1999，19(2)：34－38.

20. 祁承经，林亲众．湖南树木志[M]．长沙：湖南科学技术出版社，2000：552－553.

21. 曾虹燕，李昌珠，蒋丽娟，等．不同方法提取光皮树籽油的GC-MS分析[J]．中国生物工程杂志，2004，24(11)：82－85.

22. 李昌珠，蒋丽娟，李培旺，等．野生木本植物油——光皮树油制取生物柴油的研究[J]．生物加工过程，2005，3(1)：42－44.

23. 曾虹燕，方芳，苏洁龙，等．超临界CO_2、微波和超声波辅助提取光皮树子油工艺研究[J]．中国粮油学报，2005，20(2)：67－70.

24. 李昌珠，赵江红．生物油料能源树种光皮树[J]．湖南林业，2007，2：18.

25. 李昌珠．光皮树优株遗传多样性及其果实脂肪酸的研究[D]．北京：北京林业大学，2007.

26. 万志洲，黄利斌，李晓储，等．明孝陵光皮树的生物学特性及繁育技术研究[J]．林业实用技术，2007，（2）：3－5.

27. 李臣，刘玉环，罗洁，等．精炼光皮树色拉油的研究[J]．粮油加工，2007(3)：76－78.

28. 王晓光，李蔚，刘先贵，等．光皮棶木种子的催芽技术研究[J]．湖北林业科技，2007(4)：26－28.

29. 李昌珠，陈景震，肖志红，等．光皮树油性质及其脂肪酸积累规律研究[A]．第二届全国研究生生物质能研讨会论文[C]．2007：411－414.

30. 陈景震，李昌珠，肖志红，等．光皮树果实生长发育规律研究[J]．湖南林业科技，2008，35(1)：4－5.

31. 向玉龙．不同密度、海拔及母岩对光皮树生长的影响[J]．湖南林业科技，2008，35(5)：33－34.

32. 吴建平，吴天乐．钙营养对光皮树体及结实量的影响[A]．中国土壤学会十一届全国会员代表大会暨第七届海峡两岸土壤肥料学术交流研讨会论文[C]，2008：223－226.

33. 宋庆安，李昌珠，童方平，等．光皮树优良无性系光合生理特性对光强的响应[J]．湖南林业科技，2008，35(6)：3－6.

34. 焦帅，刘玉环，罗洁，等．光皮树毛油精炼食用油及其生物活性物质的研究进展[J]．食品科学，2008，29(9)：632－633.

35. 罗永松．光皮树种实采收、调制和贮藏应注意的技术问题[J]．林业实用技术，2008(9)：24.

36. 向明，李昌珠，李培旺，等．光皮树无性系幼苗整形修剪技术[J]．湖南林业科技，2008，35(6)：59－60.

37. 国家林业局．光皮树培育技术规程LY/T 1837－2009[S]．北京：中国标准出版社，2009.

38. 何见，蒋丽娟，李昌珠，等．光皮树花芽分化的形态和解剖特征观察[J]．植物资源与环境学报，2009，18(2)：57－61.

39. 肖志红，李昌珠，陈景震，等．光皮树果实不同部位油脂组成分析[J]．中国油脂，2009，34(2)：72－74.

40. 聂小安，夏建陵，常侠．光皮树油催化异构化反应产物结构分析[J]．生物质化学工程，2009，43(2)：11－14.

41. 谢风，潘斌林，胡松竹，等．光皮树研究进展[J]．安徽农业科学，2009，37(7)：2961－2962.

42. 姚茂华，张良波，向祖恒，等．光皮树生物柴油原料林营林技术[J]．湖南林业科技，2009，36(3)：45－46.

43. 李昌珠，张良波，李培旺．油料树种光皮树优良无性系选育研究[J]．中南林业科技大学学报，2010，30(7)：1－8.

44. 冯兵，黄翠莉，吴苏喜．光皮树籽开发利用现状及前景展望[J]．农产品加工，2010(5)：68－70.

45. 向祖恒，张日清，李昌珠．武陵山区北部野生光皮树资源调查研究[J]．湖南林业科技 2010，37(3)：1－5，12.

46. 戴萍，尹增芳，顾明干，等．光皮树果实的数量性状变异[J]．林业科技开发，2010，24(5)：34－37.

47. 李正茂，李昌珠，张良波，等．油料树种光皮树人工林立地质量评价[J]．中南林业科技大学学报，2010，30(3)：75－79.

48. 陈家法，李志辉，李昌珠，等．光皮树人工林生长规律研究[J]．湖南林业科技，2010，37(2)：16－19.

49. 罗永松，林茂．光皮树造林的主要胁迫因子及应对措施[J]．现代农业科技，2010(4)：245，247.

50. 彭红，韩东平，刘玉环，等．光皮树籽抽出物的成分分析[J]．食品科学，2010，31(12)：197－199.

51. 向祖恒．武陵山区光皮树种质资源研究[D]．长沙，中南林业科技大学，2012.

（张良波、蒋丽娟、李昌珠）

第三节　黄连木

黄连木（*Pistacia chinesis* Bunge），又名楷木、楷树、黄楝树、药树、药木、黄华、石连、黄木连、木蓼树、鸡冠木、洋杨、烂心木、黄连茶等，为漆树科黄连木属。黄连木果壳含油量3.28%，种子含油量35.05%，种仁含油量56.5%；叶含鞣质10.8%，果实含鞣质5.4%，可提制栲胶。黄连木木材为环孔材，边材宽，灰黄色，心材黄褐色，材质坚重，纹理致密，结构匀细，不易开裂，气干容重0.713g/m³，能耐腐，钉着力强，可供建筑、车辆、农具、家具等用。黄连木树冠开阔，叶繁茂而秀丽，入秋变鲜红色或橙红色，又是"四旁"绿化树种。黄连木的树皮及叶可以药用；根、枝、叶、皮可制农药；鲜叶可提取芳香油；嫩叶可代茶，还可腌食。可见黄连木是一种优良的用材、观赏、药用和油料树种，也是一种可以带动多种产业发展的高效树种。

一、生物学特征

黄连木为雌雄异株落叶乔木，树高可达30m，胸径2m，寿命达数百年，树冠近圆球形。幼树皮灰棕色，较光滑，成年树皮暗褐色，小块状开裂，老树皮鳞片状剥落；幼枝灰棕色，具小皮孔。叶为偶数羽状复叶，小叶10～14枚，纸质，对生或近对生，披针形或卵状披针形，长 5 ~ 10cm，宽 1.5 ~ 2.5cm，先端渐尖或长渐尖，基部偏斜，全缘。黄连木花期 3 ~ 4 月，花单性，雌雄异株，先花后叶；雄花总状花序，长 6 ~ 7cm，花淡绿色，排列紧密，花被片 2 ~ 4，披针形，长 1 ~ 1.5mm；雌花圆锥花序，长 15 ~ 20cm，花紫红色，排列疏松，花被片 7 ~ 8，长 0.7 ~ 1.5mm，子房球形，径约 0.5mm，花柱短，柱头 3。核果，倒卵状扁球形，径约 6mm，先端具小尖头，初为黄白色，成熟时紫红色，干后具纵条纹；成熟种子铜绿色，虫蛀种子紫红色，种子千粒重 92g，每千克约 10840 粒，果实成熟期 9 ~ 10 月。

黄连木主根发达，能深入较深土壤吸收水分和养分，这使得其比较耐干旱贫瘠。黄连木萌芽力强，寿命长，能活 300 年以上。幼树生长较慢，以后生长加快，实生树 10 ~ 12 年后可开花结实，胸径 15cm 时，株年产果 50 ~ 75 kg，胸径 30cm 时，年产果 100 ~ 150kg。病害少，虫害多，主要虫害有黄连木种子小蜂和木尺蠖。

二、生态学特性

黄连木原产我国，分布很广，自然分布于我国 26 个省份。主要分布在河南、河北、湖南、湖北、山东、山西、陕西、甘肃、广东、广西、云南、贵州、安徽、内蒙古等省份。其中以河北、河南、山西、陕西最多。垂直分布，河北在海拔 600m 以下，河南在海拔 800m 以下，湖南、湖北见于海拔 1000m 以下，贵州可达海拔 1500m，云南可分布到 2700m。黄连木对土壤要求不严，耐干旱瘠薄，对土壤酸碱度适应范围较广（酸性、中性、微碱性土壤都能适应），在平原、低山、丘陵、沟旁以及石质山地均生长良好。黄连木喜光，不耐严寒，抗病力强，对二氧化硫和烟的抗性较强，据观察距二氧化硫源 300 ~ 400m 的大树不受害；抗烟力属 II 级。

三、主要品种

黄连木属的主要种有黄连木（*Pistacia chinensis*）、大西洋黄连木（*P. atlantica*）、黑黄连木（*P. terebinthus*）、德克萨斯黄连木（*P. texana*）、全缘黄连木（*P. htegeima*）、乳香黄连木（*P. lentiscus*）、钝黄连木（*P. motlca*）、阿富汗楷木（*P. cabulica*）、阿月浑子（*P. uera*）9 个种和巴勒氏登黄连木 1 个变种。中国林业科学研究院林业研究所对黄连木的优良类型与优良单株进行了选择，选出 5 个优良类型和 145 株优良单株。建立起良种繁育基地，进行了黄连木亲子代性状相关分析。

四、栽培技术

（一）育苗

黄连木的育苗方法主要包括种子育苗、嫁接育苗和扦插育苗等。

1. 种子育苗

黄连木种子育苗包括秋季育苗和春季育苗，秋季育苗可随采随播，不需要进行种子处理，但是在北方要求在秋季土壤封冻前播种，收集的种子须用草木灰水或石灰水浸泡后将脱去果皮的种子直接播种，翌春出苗早，而且生长健壮；如果翌年春播，当年要沙藏催芽，种子经过沙藏处理后，一般在 3 月中旬至 4 月中上旬播种。黄连木种子纯度一般为 90% ~ 95%，发芽率 50% ~ 60%，每亩用种量 10kg 左右，当年生苗高 60cm 左右，每亩产苗 20000~25000 株。

2. 嫁接育苗

嫁接时尽量采用共砧(共砧一般亲和力高、容易成活、生长旺盛、上下均衡、寿命较长),即用同一树种的优树接穗嫁接在同一树种的砧木上;接穗应主要采集优树或优树收集区树冠中上部一、二级侧枝的顶梢,这样的接穗嫁接后成活率高,不容易形成偏冠。春季嫁接的接穗应在休眠期采集,秋季嫁接的接穗应为当年生新枝,随采随接。

3. 扦插育苗

春季扦插育苗一般进行根插繁殖,嫩枝扦插一般在 5 月下旬至 7 月上旬进行,嫩枝插穗用清水浸泡 2h 后,窖棚内扦插生根率可以达到 92% 以上。

(二)造林

1. 整地

根据丘陵岗地土层薄的特点,在整地的方法上,应围绕保土蓄水、加厚土层为主要目的。其中,坡度较大、岩石裸露较多的山体上中部,采取鱼鳞坑整地或穴状整地。回填客土;在土层较厚的山坡下部和山脚,采取小梯田整地方式。

2. 栽植时间

可分为春季造林和秋季造林 2 种,但是在土壤疏松、肥沃、湿润的情况下,可以直播造林。春季造林在黄连木萌芽前进行;秋季造林在黄连木落叶后进行,冬季要注意培土防寒。

3. 栽植密度

依栽培目的、土壤条件、肥水条件、田间管理水平、地理环境条件等而定,不能千篇一律。例如,瘠薄土壤可种得密些,肥沃深厚土壤可种得稀些。干旱地区种得密些,多雨湿润地区种得稀些。平地壤土宜稀,砂荒地宜密。油料林,株行距为 3m×3m 或 4m×4m;用材林,株行距为 1.5m×2m 或 2m×2m。

4. 雌雄株配置

黄连木属于雌雄异株,为了提高果实产量,合理配置雌雄树木的比例显得非常重要,这就需要我们根据立地条件和气候条件,选择合适的雌雄株比例。例如河南省林业科学研究院提出的黄连木雌雄株比为 5~4:1 和 8:1 两种比例。

5. 苗木选择

采用无病虫害,苗干通直,色泽正常,芽发育饱满、健壮,充分木质化,无机械损伤的 1~4 年生苗木。

6. 苗木处理

造林前对苗木的根系进行处理,具体方法:一是在造林前,将苗木根系在调制好的GGR 200mg/L 溶液中进行速蘸,然后进行造林;二是在造林前将苗木根系在调制好的GGR 25mg/L 溶液中浸泡 1~2h,取出进行造林。

7. 栽植方法

采取截干造林,从离地面 5~10cm 处进行截干。栽植时先将熟土和基肥(基肥以农家肥为主,每穴 10~15kg)填入坑中,再将苗木放入坑中,苗干要放正,要防止根系弯曲成团和根尖向上。放好苗后,用无杂草和石块的细土埋填,填土到根颈处,然后轻轻提一下苗,使苗根舒展。填土提苗后,用脚踏实,再填土再踏实,做到"三填两踩",禁止用锄头用力捶打，防止伤害苗根。"三填两踩"后，要再培土成圆形土盘。栽植深度可适当深栽 1~2cm，栽后立即灌水。

（三）栽后管理

1. 松土锄草

每年松土锄草 2~3 次，防止杂草与黄连木竞争养分和水分，增加土壤的透气性。

2. 施肥

以有机肥为主，化学肥料为辅，氮、磷、钾合理配比。施肥量根据树龄大小、土壤肥力情况而定。一般一年施肥 2~3 次，时期分别为秋季落叶后施基肥，每株树施农家肥 10~15kg；春季萌芽后追肥，每株树施尿素 0.05~0.3kg，幼果期追肥，每株树施尿素 0.05~0.2kg、磷钾肥 0.1~0.3kg。施肥时采用树盘撒施方法，把基肥均匀地撒在黄连木树冠下，然后深翻 10~20cm，将肥料翻入土壤中。

3. 灌溉

在生长季节，视林地干旱情况，结合施肥进行灌溉。

（四）树体管理

树体管理是黄连木生产管理中的一项重要内容。这里所说的树体管理主要是指对黄连木树体所采取的整形修剪技术措施。它是在土、肥、水综合管理的基础上，根据黄连木生长发育特点，结合环境条件所进行的一项重要的管理技术。

1. 丰产树形

黄连木是喜光树种，要保证黄连木丰产优质，必须通过修剪创造良好的树体结构，扩大叶面积，提高光合强度。为使树冠光合面积和结果面积达到最大限度，使全树枝叶都处于光补偿点和光饱和点之间的最适范围内，理想的树冠构型是开放型的"三密三稀"结构，即枝条分布上稀下密，外稀内密，大枝稀小枝密，使树冠内外均结果。根据黄连木独特的发枝习性和喜光的特点，在树体管理中拟采用的丰产树形是小冠疏层形和开心形。这 2 种树形共同特点是枝干坚固稳定，层性明显，通风透光性好。

（1）小冠疏层形。种树形冠形小而紧凑，骨架牢固，成形快，光照条件好，便于管理和手摘采收。

树形特点：树高 2.5~3.0m。主干高约 50cm，全树有 6~7 个主枝，分三层着生在中心主干上。第一层主枝 3 个，基角 70°左右，长度 1~1.5m，向四周生长。第二层主枝 2 个，距第一层主枝约 80cm，基角约 80°左右，主枝长度 0.8~1m。第三层主枝 1~2 个，距第二层约 60cm，主枝长度约 60cm，向两侧方向生长。三层主枝之间不能互相重叠，主枝上不培养侧枝，只生长大型枝组或中小型枝组，每个枝组长 30~80cm，长短参差排列，以便充分利用阳光。

（2）开心形。黄连木喜光性强，采用开心形可更充分地满足这一特性。开心形树体通风透光好，结果多，着色好，树形培养较快，适合于密植，便于采收和管理。

树形特点：干高 80cm 左右，每株留 3 个主枝，向 3 个不同方向伸展，分枝角度约 60°，分别在每个主枝上选留培养 2~3 个侧枝，各侧枝分别在主枝的两侧背斜位置上，侧枝间相距 50cm 左右，各主枝、侧枝上着生结果枝组。

2. 修剪技术

黄连木整形修剪的目的是使骨架枝牢固，枝条配备合理，从而能改善光照条件，使生长与结果达到平衡，促进幼树早结果，达到丰产优质的目的。

（1）修剪的原则。控制枝条的分布，使枝条主从分明；因树修剪，随枝作形，改善通风透光条件，提高光能利用率；通过修剪使营养生长和生殖生长相辅相成，达到加速幼树生长，提早结果，盛果期树延长结果，老树更新，延长结果寿命等目标。

（2）修剪方法。分为冬季修剪和夏季修剪两个时期，每个时期采取的修剪方法不同，其修剪反应也不一样，但二者缺一不可，必须有机配合。

冬季修剪 一般于落叶后至翌年树液流动前进行。主要任务是利用疏剪、短截、回缩、开张角度等技术，对幼树进行整形，对结果树进行精细修剪，疏除交叉、重叠、密生、下垂、细弱、无用枝，轻截各级骨干不需延长生长的发育枝、结果枝组和枝条先端过于细弱衰老的节段，重截骨干枝背上隐芽萌发的密生、丛生发育枝。

夏季修剪 从萌芽后到落叶前的修剪措施。包括抹芽、摘心等。中心任务是控制营养生长，调节生长与结果的矛盾。

按树形修剪整形技术如下：

小冠疏层形整形 早春在距地面50cm处定干，定干后在加强田间管理的条件下，当年苗木上部主芽一般都能萌发，当新梢生长到约20cm时，保留顶端枝条作为中心干，在下部选3个生长旺盛且分布在3个不同方位的枝条作主枝，其他枝条剪除。第2年早春进行冬季修剪，重点培养第一层3个主枝，如果3个主枝均衡生长，同时高度不超过中心干，可以不修剪，但要把角度拉开，基角70°左右。如果3个主枝生长不平衡，则对生长旺盛的主枝要短截，控制其生长量。对中心枝留80cm长剪截，利用中心枝上的主芽抽生新生枝继续做中心枝。同时，利用中心枝条上的侧枝培养第二层主枝。对2年生树的夏季修剪也很重要，定植后第3年，树体生长量大，抹芽时要保留第一层3个主枝、第二层2个主枝和中心枝的优势，其余的萌芽要抹去或通过摘心加以控制。到夏秋之交，对中心干延长生长到60~80cm时进行摘心，对侧枝也适当摘心，减缓加长生长，促进加粗生长，促使摘心下的枝条和主芽发育充实，发育充实的枝条既能生长又能结果，可以达到早期丰产的目的。第3年早春冬季修剪时，重点培育第三层主枝，同时对第一、二轮主枝进行短截，在每个主枝上培养2~3个侧枝。

开心形整形 选优质壮苗定植于田间，早春在距地面30~50cm定干，定干后当年苗木上部会萌发3~5个新枝，当顶端枝条长到20~30cm时摘心，并在其下选定方向不同的3~4个枝条拟培养主枝。第2年早春修剪时，对拟培养主枝的枝条进行重截，刺激主枝萌发新枝，以开张角度。选留的3~4个主枝之间应该是轮生的，且主枝正好是一圈，互相之间呈90°~120°角，可形成3~4个具有合理空间的主枝。第3年早春进行冬季修剪，对所选留的3~4个主枝，在距主干中心80cm处短截，要特别注意树势的平衡，3~4个主枝中，对强的主枝要剪短一些，对弱的主枝要适当长留。对3~4个主枝短截时要剪到向外伸展的枝芽上部，使主枝上剪口下的主芽萌发生长成主枝延长枝。在各主枝上距树干40cm处，选择方向一致的枝条培养侧枝，当新生侧枝长到50~60cm时，进行摘心，培养成第一批侧枝。要求各侧枝的方向都能一致。例如，每个侧枝都在左外方向，这样侧枝之间不会交叉，排列合理。第4年，在各主枝的另一侧再配置1个侧枝，对内部无空间的萌芽及时抹除，完成整形后的树体主枝3~4个，侧枝8~10个，要保证各个主枝和各个侧枝的生长，其他萌枝要抹除。到夏秋之交，主枝延长枝生长到50~60cm时进行摘心，二次侧枝长到 30~50cm 时进行摘心，通过摘心可减缓枝条加长生长，促进加粗生长，促使摘心下的主芽发育充实，能尽快达到早期丰产。

五、油脂理化性质

黄连木油的比重为 0.9043，吸光度为 7.9250，折光指数为 1.4725，碘值为 95.42，不皂化物含量为 4.53%，皂化价为 148.9921，酸价为 25，水分及挥发物含量为 0.56%，油脂凝固点为 -4.2℃，脂肪酸凝固点 11.8℃，总脂肪酸含量 95.41%。

黄连木油脂中所含的脂肪酸主要包括 7 种，以不饱和脂肪酸油酸和亚油酸为主，其中不饱和脂肪酸高达 81.58%，油酸、亚油酸、棕榈酸三种脂肪酸的含量之和占脂肪酸总量的 95.73%，油酸 47.32%，亚油酸 31.58%，亚麻酸 1.69%，棕榈酸 17.50%，棕榈稀酸 0.99%，硬脂酸 0.92%。黄连木油脂脂肪酸碳链长度集中在 C16~C18 之间，由黄连木油脂生产的生物柴油的碳链长度集中在 C17~C20 之间，与普通柴油主要成分的碳链长度（C15~C19）极为接近，因此，黄连木油脂非常适合用来生产生物柴油。黄连木油脂中各种脂肪酸的含量在不同的分布区之间存在一定的差异，但并不十分明显。

六、加工利用

（一）采收

野生黄连木一般 12~15 年开始结实，人工栽培黄连木 10~12 年开始结果。采种宜在生长健壮的 20~40(60) 年生母树上采种。9~10 月当核果由红色变铜色、绿色或蓝紫色时要及时采收，否则成熟后自行脱落，种子不易收集。

（二）果实加工利用

黄连木种子含油率为 35%~42.46%，出油率为 22%~30%；果壳含油率 3.28%，种仁含油率 56.5%，油脂碘值 95.8，皂化值 192，酸值 4，脂肪酸（肉豆蔻酸微量、棕榈酸 23.35%、硬脂酸 1.7%、十六碳酸 1.9%、油酸 41.6%、亚油酸 1.55%）。

黄连木油为不干性油，其油质澄清纯净，素有"二香油"之誉。不但可以食用，同时又是加工生物柴油的优质原料。

1. 加工毛油

用全果制取毛油，可用压榨法或浸提法制取毛油，压榨可采用传统的热榨法，也可采用近年发展起来的低温冷榨新技术。

2. 精制食用油

黄连木果实油含油酸及亚油酸含量显著高于油菜，北方地区群众曾经有长期食用黄连木果实毛油习惯，而且利用现代油脂加工技术，毛油精炼脱色、脱臭后即为优质食用油。

3. 制取生物柴油

黄连木油是加工生物柴油的优质原料，用黄连木油经酯交换反应制取的生物柴油碳链长度集中在 C_{17}~C_{19} 之间，理化性质与普通柴油非常接近，一氧化碳、碳氢化合物有所下降，微粒和烟排放明显改善，在生物柴油发展方面具有极其重要的地位。2007 年，国家林业局与中国石油天然气公司决定在河北等地建立黄连木生物柴油原料林基地，黄连木因此成为国家林业局林油一体化项目确认的 4 个树种之一，开始大力发展。

4. 制润滑油或制皂

黄连木油可作润滑油,还可用于制皂。

5. 加工剩余物利用

黄连木加工剩余的饼粕可作肥料。

(三)木材利用

黄连木树体高大,树干通直,木纤维发达,材质坚重,坚硬致密,结构均匀,耐腐性强,不易开裂,钉着力强,心材为天然鲜黄色,能满足各种木制品生产要求,是优良的人造板、建筑、家具及雕刻等特种工艺用材。

(四)其他用途

(1)工业原料。黄连木木材鲜黄色,可提取黄色染料;叶、果和树皮含单宁,可提取栲胶;果和叶可提取黑色染料;鲜叶可提芳香油。

(2)作蔬菜及饮料。黄连木幼叶可作蔬菜,可腌食,可代茶作饮料。

(3)生态防护功能。黄连木具有较强的固碳释氧、防风固沙、保持水土、净化空气、抗污染和驱蚊蝇等生态作用。

(4)景观绿化。黄连木寿命长,树冠开阔,姿态雄伟,枝叶繁茂而秀丽;早春嫩叶红色,入秋叶又变成深红或橙黄色,是色彩鲜艳的色叶树种;红色的花序及果序也极美观。黄连木是城市及风景区的优良景观绿化树种。

(5)作农药。黄连木根、枝、叶皮也可作农药。

(6)药用及蜜源植物。黄连木树皮、叶可入药;黄连木花量大,是优良的蜜源植物。

主要参考文献

1. 侯新村,左海涛,牟洪香. 能源植物黄连木在我国的地理分布规律[J]. 生态环境学报,2010,19(5):1160 – 1164.

2. 刘启慎,魏玉君,谭浩亮,等. 中国黄连木性状变异及类型划分[J]. 河南林业科技,1999,19(1):1 – 4.

3. 祝学范. 安徽省生物柴油原料林黄连木的造林技术研究[J]. 安徽农业科学,2007,35(28):8890 – 8891.

4. 李晓旭,栗宏林,林善枝,等. 不同种源黄连木种子百粒重及含油量的比较分析[J]. 现代农业科学,2008,15(6):11 – 12.

5. 裴会明,陈明琦. 黄连木的开发利用[J]. 中国野生植物资源,2005,14(1):43 – 44.

6. 吴志庄,尚忠海,鲜宏利,等. 黄连木优良类型综合评价指标体系的构建[J]. 经济林研究,2008,26(4):22 – 25.

7. 刘杰,杨松,邵思常. 黄连木植物资源的研究与开发利用进展[J]. 阜阳师范学院学报,2008,25(1):43 – 46.

8. 侯新村,牟洪香,杨士春,等. 木本能源植物黄连木研究进展[J]. 安徽农业科学,2007,35(12):3524 – 3525.

9. 钱学射,张卫明,顾龚平,等. 燃料油植物黄连木的利用与栽培[J]. 中国野生植物资源,2007,26(5):10 – 12.

10. 杨吉华,张永涛,王贵霞,等. 栾树、黄连木、黄栌水分生理生态特性的研究[J]. 水土保持学报,2002,16(4):152 – 154,158.

11. 秦飞,郭同斌,刘忠刚,等. 中国黄连木研究综述[J]. 经济林研究,2007,25(4):90 – 96.

12. 牛正田，李涛，菅根柱，等．黄连木资源概况、栽培技术及综合利用前景[J]．经济林研究，2005，23（3）：68－71．

13. 段劼，陈婧，马履一，等．木本油料树种中国黄连木研究进展[J]．中国农业大学学报，2012，17（6）：171－177．

14. 庞有强，邱凌，张小燕．黄连木的植物学特性与综合利用[J]．干旱地区农业研究，2007，25增刊：235－237．

15. 符瑜，潘学标，高浩．中国黄连木的地理分布与生境气候特征分析[J]．中国农业气象，2009，30（3）：318－322．

16. 河南省林业科学研究院黄连木课题组．黄连木集约化栽培技术规程．

（陈景震、钟武洪、张良波）

第四节　文冠果

文冠果（*Xanthoceras sorbifolia* Bunge）又名文官果、文冠花、崖木瓜等，为无患子科文冠果属，原产于我国西北黄土高原。现野生文冠果广泛分布于内蒙古、陕西、甘肃、河北等省份，既是我国特有的木本油料植物和珍贵的观赏绿化树种，又是治疗高血脂、高血压等心脑血管疾病的常用中药，具有较高的经济价值、药用价值，生态效益和经济效益显著，开发利用价值极大。在国家林业局公布的我国适宜发展生物质能源的树种中，木本植物文冠果被确定为我国北方唯一适宜发展的生物质能源树种，被国家有关部门列为制造生物柴油的八大树种之一。文冠果在工业、食用、药用、绿化荒山、保持水土等方面都有极其深远的发展前景。

文冠果是我国特有的珍稀木本油料树种，作为生物柴油原料的发展潜力极大，是国家有关部门列为制造生物柴油的八大树种之一，有"北方油茶"之称。文冠果种子含油率为30%～36%，种仁含油率为55%～67%。8～10年生时，折算能生产生物柴油10500～15000 kg/hm^{2}或更多，经济效益显著。据研究，由文冠果籽油制备的生物柴油相关烃脂类成分含量高，内含18C的烃类占93.4%，而且无硫、氮，符合现行的优质生物柴油指标。

一、生物学特性

文冠果为落叶小乔木，高约8 m，树皮灰褐色，枝粗壮直立，嫩枝呈红褐色，平滑无毛，叶互生，奇数羽状复叶，小叶9～16枚，长椭圆形或披针形，无柄，多对生，小叶长2.5～6 cm，宽1.2～2.2 cm，边缘有尖锯齿，叶面暗绿，光滑无毛，花叶顶生。花为总状花序，多为两性花，花萼5枚，花瓣5片，白色质薄，基部里面呈紫红色斑纹，美丽而具香气，花单性或两性同生一株上，雄蕊8枚，花期5月上旬到6月上旬。5月是新梢生长高峰期，6月封顶停止生长，新梢长15～30 cm，最长60 cm。少数顶芽在立地条件好时，还能从7月开始，抽生5～20 cm秋梢，8月停止高生长，新梢加粗生长可持续到10月。嫩果有圆形、方形或三棱形，绿色，多数分为3或4室，果径4～6 cm，长4～8 cm，7～8月成熟，呈黄白色。每果有8～10粒种子，种子扁球形，暗褐色。种仁白色，千粒质量810g。10月下旬开始落叶，11月上旬落叶结束，生长期近200 d。

文冠果在播种当年就有花芽形成，2～3年就可开花结果，10年生每株产果50 kg以上，30～60年生单株产量也在15～35 kg。

二、生态学特性

文冠果原产我国北方，分布在秦岭、淮河以北，内蒙古以南，东起辽宁，西至青海，南至河南及江苏北部（即 33°~46°N，100°~125°E）。在黑龙江南部、辽宁西部、吉林，以及在年降水量仅 148.2 mm 的宁夏都有较大面积的文冠果散生林，生于海拔 52~2260 m 的荒山坡、沟谷间和丘陵地带。现有资源以陕西延安，山西临汾、运城和忻州，河北张家口和辽宁朝阳、内蒙古赤峰市为多。文冠果为温带树种，适应性很强，对土壤要求不严，在年降水量 250 mm 的干旱地区以及多石山区、沟壑边缘、黄土丘陵、石砾地和地下水位 2 m 以下的地方均能生长。但在中性、微酸或微碱性的肥沃土壤上生长更好，结实也明显增多。文冠果喜光，比较耐干旱瘠薄，抗寒性强，但不耐水涝，低湿地不能生长。

三、主要品种

从 20 世纪 70 年代开始，我国陆续开展文冠果的选育工作，并不断取得进展。内蒙古林学院 1974 年即开始文冠果良种选育工作，1979 年选出了内林 53 号优良单株；徐东翔选出内林 2 号，并对其经济性状进行了调查；杨凌金山农业科技有限责任公司近年成功培育出文冠果 1 号，彻底改良了野生文冠果素有的弊端。在理论上对文冠果染色体组型、大孢子、胚及胚乳的形成过程进行探索，为文冠果选育工作提供了细胞学方面的基础材料。在早期选育和理论探索的基础上，目前已经总结出文冠果选育的两个途径：一是选择优株。文冠果自然分布区内生态条件差别较大，必定存在着种源差异，可首先筛选出生长速度快，树势健壮，坐果率高，单株产量高，果大皮薄，籽粒饱满，出仁率和种子含油量高，抗病虫和生产能力大的优良母株；然后进行快速无性繁殖，形成遗传性状稳定的无性系，进而培育成优良品种。二是种育。文冠果遗传资源十分丰富，如能育成文冠果纯合二倍体（即自交系），然后配成优良杂交组合，进而建立杂交种子园，选择其杂种优势明显、后代表现型整齐一致的良种，也不失为一条有效途径。安守琴等就曾以无性繁殖和子代测定的常规育种为手段，通过表型选择、当代鉴定交配设计的子代测定，在 37 个无性系中，选出了当代表现及其较优良的 73 -006 优良无性系及 ♂73 -006 × ♀74 -032，♂74 -001 × ♀74 -031 最佳组合。

四、栽培技术

（一）苗木繁殖技术

1. 实生繁殖技术

分秋播和春播 2 种方法，秋播在 10 月中旬进行，种子无需处理。春播时需对种子进行层积沙藏处理，翌春 4 月上旬或中旬播种，发芽率一般为 80%~90%；如果来不及处理，也可用 30~40℃温水浸种 24 h，待露白后即可下种，但出苗不齐，所以多用秋播，省去了处理种子的工作量。播种育苗的最佳密度为 8 cm × 30 cm、8 cm × 40 cm，在这两个育苗密度下，播种苗的苗干通直，地径和苗高均较大。播种育苗目前仍是文冠果的主要繁殖方式。

2. 无性繁殖技术

主要有扦插、嫁接和组织培养。

（1）扦插。在扦插繁殖方面，文冠果根插育苗要优于枝插育苗。根插长度 10 cm，用浓度为 250 mg/L 的 NAA 或 IBA 或 ABT 处理插条基部 30 s 效果最好，生根率可达 92 % 左右。

（2）嫁接。主要有切接、插皮接、芽接等。一般芽接用得较多，尤其是带木质部大片芽接效果较好，砧木选用 1~2 年生的苗木，接穗选用丰产株上生长健壮的枝条，嫁接部位在砧木距地面约 15cm 处，有利于接口愈合。繁殖观赏型品种和选优单繁可采取嫁接繁殖方法，但现在普及不够。

（3）组织培养。文冠果组培研究仍处于初期阶段，目前文冠果的组织培养研究在培养基的选择配制、外植体筛选以及培养方式等方面取得了一些进展，有些以种胚为外植体的品种已成功获得完整植株，但现有的研究成果还没有从根本上解决文冠果组织培养中繁殖系数低与生根难的问题。

（二）造林技术

文冠果属于喜光、不耐涝树种，故建园应选土壤通气良好、无积水、排水灌溉条件良好的山坡中部和开阔地带或避风向阳的南坡地带。按坡度的大小采用挖带状沟、修筑返坡梯田或鱼鳞坑等方法整地。旱地栽植株行距为 2 m×2 m 或 2 m×3 m，有灌溉条件的地块株行距为 3 m×3 m。文冠果秋季、春季均可栽植，一般以秋季为好。栽植时，挖 60~80 cm 的定植穴，表土、心土要分开，每穴施入土杂肥 60~70kg 左右，碳酸氢铵、过磷酸钙 0.5~1.0 kg。栽植深度应适当浅栽 l.2 cm，以提高成活率和新梢生长量。栽后灌足定根水，并覆土或地膜保墒。

（三）整形修剪

萌芽前应及时定干，定干高度为 80 cm 左右，一般选留顶部生长健壮、分布均匀的 3~4 个主枝，其余枝条摘心或剪除。文冠果夏季修剪主要包括抹芽、除萌、摘心、剪枝，疏除交叉枝、过密枝、直立旺长枝，对生长强旺的直立枝进行扭枝，使树冠通风透光，提高结果量；冬季修剪主要是修剪骨干枝和各类结果枝，重点疏除细弱枝、病虫枝及重叠、密集大枝等，保持通风透光，促使早结果、丰产稳产，以提高文冠果的产量和质量。此外，对于开花量过大的树，可适度疏花；挂果过密的，应在果实有拇指大时及时疏果，留果量与复叶数之比控制在 1:40~1:50。

（四）土肥水管理

文冠果属抗旱耐瘠薄树种，对土壤适应性强。一般根据园地杂草生长状况，每年进行中耕除草 3~5 次。秋季深施基肥，一般在 10 月中上旬进行。施土杂肥 30~45 t/hm²，配合施入复合肥和微量元素肥料。追肥每年进行 3~4 次，分别在萌芽前、花后和果实膨大期 3 个时期进行，花前追施氮肥，果实膨大期施磷钾肥，可保花保果。灌水与施肥相结合进行，并注意防涝、排涝。一般在新梢生长、开花坐果及果实膨大期，适当灌水，可促进生长发育，获得稳产、高产。花谢后可适量灌水以减少落果，封冻前应灌越冬水以利早春保墒。此外，在雨季要进行排水，以防烂根。

（五）病虫害防治

1. 黄化病

由线虫寄生根部引起。线虫是透明细长的蠕虫，肉眼看不见。受害的叶片变黄，地下部分萎缩，逐渐枯黄而死，并长期不落。检视根部在根径下 10~20 cm 处，可见韧皮部和皮下组织由白色变为水渍状黄色，松散、腐烂并有臭味。可以加强苗期管理，及时进行中耕松土、铲除病株、实行换茬轮作、实行翻耕晾土等方法，以减轻病虫害的发生。

2. 煤污病

由木虱吸吮幼嫩组织的汁液而危害树木。分泌物和粪便银灰色，富含糖分，滴落枝干上诱发煤污病，严重时使全树呈现炭黑色。可在早春喷射 50% 乐果乳油 2000 倍液毒杀越冬木虱，以后每隔 7 天喷射 1 次，连续喷射 3 次就可控制木虱的发生。

3. 黑绒金龟子

春季成虫特别喜食文冠果嫩芽，一般在 5 月上旬无风的傍晚危害严重。可用 50% 辛硫磷乳油 3.75 kg/hm²，制成土颗粒剂或毒水，毒杀幼虫；早春越冬成虫出土前，可在树冠下撒毒土对其进行毒杀；成虫期可用 50% 杀螟松乳油 1000 倍液喷叶。

五、油脂理化性质

文冠果种子油的折光率和相对密度分别为 1.4665 和 0.9124，比其他植物油比相对较低；酸值为 0.93 mg/g 小于 2，油中游离脂肪酸含量较少；皂化价为 167.46 mg/g，计算其甘油三酯的平均相对分子质量为 1 008.83 g/mol；碘价为 101.32 g/100 g，属于半干性油（表 4-10）。

表 4-10 文冠果种子油理化性质

项　目	指　标
相对密度 d_{20}	0.9124
水分及挥发物（%）	10.13
折光率 20 ℃	1.4665
酸值（mg/g）	0.93
皂化值（mg/g）	167.46
碘值（g/100 g）	101.32

文冠果种子油主要含有 5 种脂肪酸。其中含量最高的是亚油酸（48.34%），其次分别为油酸（33.93%）、棕榈酸（7.87%）、硬脂酸（5.25%）、亚麻酸（4.61%）。不饱和脂肪酸（油酸、亚油酸和亚麻酸）约占总脂肪酸的 86.88%，可见文冠果种子油中不饱和脂肪酸含量较高（表 4-11）。

表 4-11 文冠果种子油脂肪酸组成及含量

序号	保留时间（min）	化合物名称	百分含量（%）	分子量（g/mol）
1	7.459	棕榈酸	7.87	256
2	10.039	硬脂酸	5.25	284
3	10.414	油酸	33.93	282
4	11.193	亚油酸	48.34	280
5	12.301	亚麻酸	4.61	278

六、加工利用

目前，文冠果油的提取主要有压榨法（传统热榨和冷榨）、浸出法，当然，还有一些新的方法，如超临界法、亚临界法、水酶法等，但是当前企业多以压榨法和预榨－浸出法为主。压榨法又分热榨和冷榨，传统热榨具有出油率低、油中活性物质含量低，影响其药效，从而降低了油的使用价值；新兴的冷榨法，也具有出油率低，但低温最大地保留了油中生物活性物质，采用冷榨工艺从文冠果中直接提取油，绿色、健康、无公害，冷榨是一种很好的、值得推荐的方法。对于高含油的植物种子来说，都要通过先压榨一部分油脂，并将压榨后的饼粕采用溶剂浸出的方法将其中的油脂萃取出来，这种方法叫预榨—浸出法。浸出法是一种食品级的萃取溶剂，将原料中的油脂最大限度的提取出来。浸出法提取文冠果油的效率较高，但投资大，成品油中有痕量溶剂残留。

文冠果堪称为不饱和油之王，而且所含不饱和脂肪较为稳定，比茶油籽油高 3%～8%，是高级保健食用油。文冠果油与橄榄油、花生油比较，其饱和脂肪的含量比橄榄油低 1.78 倍，比花生油低 1.9 倍。它的品质优于花生油、芝麻油，其保健作用也是橄榄油等无法比拟的。

文冠果含有 14 类 90 多种物质，易吸收，不易氧化沉积在人体血管壁、心脏冠状动脉等部位，从而可在医学和营养上的发挥重要作用而成为理想的食用油。其营养成分非常丰富，含人体所需的 19 种氨基酸，含钾、钠、钙、镁、铁、锌等 9 种微量元素和维生素 B_1、B_2、维生素 C、E、A、胡萝卜素。

（一）油的利用

文冠果是优良的木本油料树种，具有挂果早、产量高、出油率高、油品好的特点，营养丰富，含蛋白质 26.7%，含有多种人体所需要的脂肪酸，其中不饱和脂肪酸中的油酸占 52.8%～53.3%，亚油酸占 37.8%～39.4%，这些都易被人体消化吸收。含油量比油菜籽含油量高 1 倍多，是温带生产生物柴油的最佳木本植物原料。文冠果油是半干性油，色黄，芬香可口，似花生油，比豆油好吃，是很好的食用油；文冠果油含碘值 125.8，双烯值 0.45，亦是制造油漆、机械油、润滑油和肥皂的上等原料。油渣含有丰富的蛋白质和淀粉，故可作为提取蛋白质或氨苤酸的原料，经过加工也可以用作牲畜的精饲料。文冠果树木寿命特别长，人工选育的新品种 2 年生产量 3000 kg/hm² 左右，5 年生产种量为 4500～15000kg/hm²。8～10 年株产 20～50 kg，高产栽培产种子 30000～37500 kg/hm²，折算能生产生物柴油 10500～15000 kg/hm² 或更多，经济效益显著。

此外，果皮含糠醛 12.2%，是提取目前市场极为紧缺的重要工业原料糠醛的最好原料。

（二）药用

文冠果的枝、叶、于、种仁、果柄都含有一定的重要活性成分，均可入药。果壳、叶子及木材的提取物是制药的重要原料，具有抗炎、改善记忆、防治心血管疾病、抗病毒、抗癌等功效。茎枝干燥后煎服或用枝叶熬膏涂患处，可治疗风湿性关节炎。种仁可制取治疗心脏病、血管病、遗尿症、腹泻、脱发、皮肤病、智力低下及老年痴呆症等药物。叶中所含杨梅树皮甙具有杀菌、杀精子、稳定毛细血管、止血、降胆固醇作用。花萼片中含有的岑皮甙具有解热、安眠、抗痉挛等作用。文冠果壳乙醇提取物能显著抑制卵巢肿瘤细胞增长，其有效成分为文冠果壳苷。

（三）食用

文冠果鲜果可食用，种仁可炒食，其种仁含有丰富的蛋白质、粗纤维、非氮物质等，是上等食用干果。文冠果果实还可储藏加工，是上佳的绿色食品。文冠果油中不饱和脂肪酸含量高达94%，其丰富的亚油酸、亚麻酸、廿碳烯酸等是人体不能合成的，是十分难得的好油品。文冠果果粕中蛋白质含量高达40%，且富含18种氨基酸，是优质饮料和制造精饲料又一原料。叶中含蛋白质19.8%~23%，高于红茶，叶中咖啡因含量接近花茶，可作饮料。

（四）绿化造林

文冠果树姿婀娜，花香多姿，花色艳丽，花期较长，果似金橘，具有极高的观赏价值，适宜于行道、公路、风景区栽植。文冠果叶片对铅和锡富有吸集功能，能净化环境，可以作为大气污染的指示植物。另外，文冠果花期长，流蜜量大，是重要的蜜源植物。

文冠果属于深根性树种，根蘖能力强，侧根发达，具有很强的生态适应性，抗旱、耐瘠薄能力强，是防风固沙、小流域治理、荒漠化治理的优良树种。此外，文冠果木材纹理细致，抗腐性强，是制造高档家具、工艺品、居室装饰的高级木材；根是制作根雕及雕刻的上等材料。

文冠果的经济价值很高，被群众称为"一年种，百年收的铁杆庄稼"。生长3年后就可开花结实，15~20年进入结实盛期。一直可以持续130~150年，后期结实逐年下降。寿命长可达300年左右，有的可达600年。其种子含油率为30.8%，种仁含油率52%~66%，土法榨油出油率达25%。文冠果油呈橙黄色，似芝麻油，可食用，还可作为高级润滑油、增塑剂、油漆和肥皂等工业用油。文冠果果粕中蛋白质含量高达40%左右，且含有18种氨基酸，是制造精饲料的又一原料。文冠果油点灯无烟尘，叶子经加工可代茶用。果皮可提取糠醛；种皮和外果皮可制活性炭；种子黑褐色，圆形、粒大、有光泽，是旅游地的上等纪念品，种子炒食，具有油而不腻、食味清香、回味悠长之特点，是上好休闲食品；种仁乳熟期适于加工罐藏食品，具有色白味美、香气浓烈、味道可口等特点。文冠果材质棕褐色，坚硬致密，花纹美观，抗腐性强，是制作雕刻品的上等材料，也是根雕、木刻的优良选材，更是良好的水土保持树种。

文冠果的开发利用，将丰富我国的花卉资源，充实我国木材市场，美化自然环境，促进蓄水保水、蓄土固沙进程，补充我国油料资源，为西部开发作出贡献，在为人类健康做贡献的同时帮助农民致富，在有效改善生态环境的同时推动地域经济发展，实现经济效益和社会效益双赢。

主要参考文献

1. 李延生. 辽宁树木志[M]. 北京：中国林业出版社，1990：312
2. 程文全. 优良生态油料树种文冠果[J]. 特种经济动植物，2007(9)：34
3. 王涛. 中国能源植物文冠果的研究[M]. 北京：中国科学技术出版社，2012：155.

（吴　红、张良波、李昌珠）

第五节　无患子

无患子（*Sap indusmukorossi* Gaerth.），又名肥皂树或洗手果，为无患子科无患子属，在东南亚各国、我国的台湾省及淮河以南各省份均有分布。无患子的假种皮中富含皂苷，具有良好的起泡性和去污性能，可作为天然活性物质用于洗发香波及各种洁肤护肤化妆品中；还具有抗菌和止痒等生理功效，可用于脚癣和轮癣的治疗。无患子皂苷还是很好的农药乳化剂，对棉蚜虫、红蜘蛛和甘薯金华虫等均有较好的杀灭效果。药理研究表明，无患子果皮所含皂苷成分具有抗皮肤真菌和念珠菌作用、抑制肿瘤细胞增殖、抗幽门螺旋杆菌活性、保肝作用等多种生物活性。此外，该树种树形美观、根系发达，可吸收汽车尾气、空气中二氧化硫等有害气体，在绿化、水土保持、环保等方面也具有十分重要的价值。作为一种多功能植物，无患子的开发利用受到了越来越多的关注。

一、生物学特征

落叶乔木，高达 25m。枝开展，小枝无毛，密生多数皮孔；冬芽腋生，外有鳞片 2 对，稍有细毛。通常为双数羽状复叶，互生；无托叶；有柄；小叶 8～12 枚，广披针形或椭圆形，长 6～15cm，宽 2.5～5cm，先端长尖，全缘，基部阔楔形或斜圆形，左右不等，革质，无毛，或下面主脉上有微毛；小叶柄极短。圆锥花序，顶生及侧生；花杂性，小形，无柄，总轴及分枝均被淡黄褐色细毛；萼 5 片，外 2 片短，内 3 片较长，圆形或卵圆形；花冠淡绿色，5 瓣，卵形至卵状披针形，有短爪；花盘杯状；雄花有 8～10 枚发达的雄蕊，着生于花盘内侧，花丝有细毛，药背部着生；雌花，子房上位，通常仅 1 室发育；两性花雄蕊小，花丝有软毛。核果球形，径约 15～20mm，熟时黄色或棕黄色。种子球形，黑色，径约 12～15mm。花期 6～7 月，果期 9～10 月。

采摘成熟果实，除去果肉，取出晒干。种子球形，直径约 14mm。外表面黑色，光滑；种脐线形，周围附有白色绒毛。种皮骨质，坚硬。无胚乳，子叶肥厚，黄色，胚粗壮，稍弯曲。

二、生态学特性

无患子原产我国长江流域以南以及中南半岛、印度和日本，广东、福建、广西、江西、浙江等省份有栽培。无患子喜光、稍耐阴、耐寒、耐干旱、不耐水湿，对土壤要求不严，深根性，抗风力强，萌芽力弱，不耐修剪，生长较快，寿命长，对二氧化硫抗性较强，是工业城市生态绿化的首选树种。

三、主要品种

我国无患子属共 4 个树种，包括无患子（S. mukorossi）、毛瓣无患子（S. rarak）、川滇无患子（S. delavayi）、星月于菩提（S. tomentosus）。特产 1 种、1 变种，川滇无患子为我国特有树种，在国内有广泛分布；其余 3 种均与印度和马来西亚共有（表4-12）。全世界本属树种共 13 种，分布中心位于热带美洲，我国位于本属分布区的边缘。

表4-12　无患子属植物不同分布及用途

名称	分布范围	种子利用情况
无患子（S. mukorossi）	我国长江以南各省份，印度北部、尼泊尔、缅甸北部至中南半岛（老挝、越南北部）	种皮可提取皂苷，种仁可榨油
毛瓣无患子（S. rarak）	我国云南、台湾，印度、斯里兰卡、中南半岛、马来西亚至印度尼西亚（爪哇）	种皮可提取皂苷，种仁可榨油

（续）

名称	分布范围	种子利用情况
川滇无患子（*S. delavayi*）	我国云南、四川、广西，印度	种皮可提取皂苷，种仁可榨油
绒毛无患子（*S. tomentosu*）	我国云南，缅甸北部	种子多用于制作菩提子
三叶无患子（*S. trifoliatus*）	分布于亚洲南部和东南部	在泰国为传统药物，其果皮可用作止痒剂、天然表面活性剂和避孕药
西方无患子（*S. saponaria* var. *drummondii*）	美国西南部	种子育苗绿化

四、栽培技术

1. 选择造林地

根据无患子的生长习性，宜选择在海拔 1000 m 以下的宜林荒山荒地、采伐迹地、火烧迹地、退耕还林地作为无患子的造林地，尤以土壤疏松、肥沃湿润、富含腐殖质、土层深厚、排水良好的阳坡或半阳坡地块为最佳造林地。

2. 清林整地

造林整地前要进行清林作业，砍除造林地上的杂灌、草丛，将其堆腐或运出造林地。清林结束后，要及早细致整地，以保证造林质量，提高造林成活率。造林整地以大穴整地为主，对坡度在 10° 以下的平地或缓坡地可采用全垦或带状整地。造林宜采用穴植，规格为 60cm × 60cm × 60cm，将表土填入底部，施入基肥，与表土拌匀，再覆盖 10cm 厚的细土。每穴可施腐熟厩肥 5kg，磷、钾肥各 0.5kg 的基肥。

3. 苗木质量

选用苗高 90cm 以上，地径 0.8cm 以上，无病虫害、机械损伤，长势良好的 1 年生苗木。应将苗木进行分级，将不同规格的苗木分别栽植，以便于经营管理。

4. 造林密度

营造经济林，造林株行距宜采用 4m × 3m，密度为 56 株/667m²。林粮间作时可适当加大造林株行距。

5. 造林时间

在每年的 11 月下旬至翌年的 3 月中旬均可进行栽植，以春季造林最佳。

6. 植苗

裸根苗栽植前要做好苗木浆根工作，可在泥浆中加入 ABT 生根粉溶液来提高苗木成活率。在栽植前要严格执行"三埋两踩一提苗"的栽植技术，做到苗正、根伸、分层填土压实，浇透定根水，栽植深度一般以超过苗木根颈为宜。盖土要稍高于地面，使窝面呈馒头状。

7. 抚育管理

栽植后到幼林郁闭前，每年至少中耕除草 2 次，第 1 次在 4 ~ 6 月，第 2 次在 8 ~ 10 月，中耕除草要避免伤及幼树。林地郁闭后，每隔 1 ~ 2 年 应进行 1 次清除杂草，砍除藤蔓和培土正苗。适时施肥，无患子生长至第 3 年，根系发育良好，吸收能力较强，管理以施肥为主。在 5 ~ 6 月，挖环状沟进行 1 次施肥，每 667m² 施氮肥或复合肥 20 ~ 30kg。第 4 年后，每年秋末施入适量腐熟的厩肥或堆肥。

五、油脂理化性质

据王建章等的测定，无患子种仁油率高达 40.7%，全果压榨出的油脂中油酸和亚油酸高达 62.5%。无患子籽油酸值达 4.13，皂化值 21.03，碘值 103.22。无患子脂肪酸组成为 C16 脂肪酸 4.98%，C18 脂肪酸 70%，C20 脂肪酸 25%，可见无患子籽油的成分主要是以 C18 和 C20 为主的脂肪酸（三甘酯）。无患子油主要理化特性及脂肪酸质量分数见表 4-13、表 4-14。

表 4-13　无患子种仁油的质量分数及籽油主要理化特性

项　目	种仁油的质量分数（%）	酸　值（mg/g）	皂化值（mg/g）	碘　值（g/100g）	水分及挥发物（%）
指标	40.700	4.130	214.030	103.220	0.328

表 4-14　无患子籽油脂肪酸组成及其相对质量分数

编号	脂肪酸名称	相对质量分数（%）
1	棕榈酸	4.75
2	棕榈烯酸	0.24
3	硬脂酸	1.52
4	油酸	55.62
5	亚油酸	6.88
6	亚麻酸	1.15
7	花生酸	6.14
8	顺-11-二十碳烯酸	21.83
9	山嵛酸	0.96

通过对比，无患子籽油酸值（4.13mg/g）比麻疯树籽油的酸值（9.7~10mg/g）要低得多，说明无患子籽油中游离脂肪酸的质量分数比麻疯树籽油中的低。油脂的酸度值是指中和单位质量油脂中的酸性物质所需碱的量。生物柴油的酸度对发动机的工作状况影响很大，酸度（值）大的生物柴油会使发动机内积炭增加，造成活塞磨损，使喷嘴结焦，影响雾化和燃烧性能，所以理想的生物柴油原料油应要求较低的游离脂肪酸（较小的酸值）。无患子籽油碘值（103.02g/100g）与麻疯树籽油的碘值（100.85g/100g）十分相近，证实无患子不饱和脂肪酸的质量分数（80.40%）与麻疯树籽油中的（82.04%）十分接近。而同一些常见植物油脂的碘值（椰子油 8%~10%、棕榈油 48%~58%、蓖麻油 81%~90%、橄榄油 74%~94%）相比仍较高。生物柴油碘值的大小表征着不饱和程度，碘值越高表明生物柴油的不饱和烃类或不饱和脂肪酸越多，其凝点越低。碘值高的生物柴油不仅凝点较低，而且活性较高。此外，作为理想的生物柴油原料油，应该是 C20 以下的直链脂肪酸要占多数，最好是 C16 和 C18 的脂肪酸，而亚麻酸应小于 1.2%，十八碳四烯酸应小于 1%。无患子籽油脂肪酸的碳链长度为 C16~C22，其中 C16~C20 的脂肪酸就占了 98%。无患子籽油亚麻酸的质量分数仅为 1.15%，而且不含十八碳四烯酸。因此，无患子籽油作为生物柴油原料油的几项指标是十分理想的。

六、加工利用

近年来，随着化石能源的日益枯竭，世界各国都开始寻求能源替代品，针对我国的特殊国情，考虑到耕地面积的红线问题，开发林业生物质能源成为我国生物质能源的发展趋势。无患子种仁含油率高达 40.7%，无患子油氧化稳定性好，全果压榨出的油脂中油酸和亚油酸高达 62.5%，其中 C16～C20 的脂肪酸占 98.2%，其各项指标都符合生物质原料油的要求。同时无患子产种量大，在我国南方分布广泛，是开发生物柴油的理想树种。

无患子以往多从皂苷植物的角度进行研究。其果皮中的皂苷是一种天然的非离子型表面活性剂，去污能力强，与化工合成洗涤剂相比，易降解，无污染；同时其皂苷具有洗脱重金属铅、锰、铬、砷和汞等的能力，洗脱率超过 90%，皂苷和苷元还具有多种生物活性如抗细菌、抗真菌、抗肿瘤、免疫调节、抗病毒、杀精和镇痛等。无患子皂苷经提取后可制成肥皂、洗发精、杀虫剂、生物农药、丝毛净、贵重首饰清洗剂、癫痫药、避孕药、降血压药和镇痛药等。无患子在国外研究也多以日化、药用研究为主。印度和缅甸称之为洗手果，用于制作肥皂。例如：印度药物 Consap 的避孕霜剂；法国 Christian Dior 的 Capture Lift 精华系列；日本 DHC 的深层嫩白洁肤系列；日本 FANCL 的控油精华素、毛孔深层洁净面膜；日本 Pigeon 的婴儿洗发泡沫慕斯；日本更将无患子(菩提子)载入《功能性化妆品原料》录用的提取物；中国台湾地区无患子(菩提子)的使用更是流行，除了日用化妆品外，更有高档衣物冷洗精、蔬果洗洁精(可降解农药)及抗菌洗手液。中国大陆已有小批量的美容护发及洗涤产品在中高端市场进行销售，市场反应强烈，消费者接受度良好。

另外，其木材含有天然皂素，具有防虫效果，可以制作家具、雕刻和工艺品等以发展有机木材产业；传统使用的打鬼棒，也是由无患子木材制成；无患子树根可入药，嫩叶可制成菩提茶；同时无患子根系发达，抗逆性强，水土保持能力也很强；其树形优美，抗病虫害，秋季叶色金黄，硕果累累，是我国南方常见的绿化树种。

主要参考文献

1. 李丽. 珍贵的乡土树种——无患子[J]. 江西园艺，2005(2)：37－38.
2. 郑万钧. 中国树木志[M]. 北京：中国林业出版社，2004(6)：4157－4157.
3. 吴征镒，云南省植物研究所. 云南植物志[M]. 北京：科学出版社，2006.
4. 夏念，罗献瑞. 中国无患子科的地理分布[J]. 热带亚热带植物学报，1995，3(1)：13－28.
5. 王建章，吴子斌. 无患子籽油成分分析与提取工艺研究[J]. 农业科学研究，2010，31(1)：48－50.
6. 尹道刚，马开敏，张彦林. 无患子播种繁育及造林技术[J]. 四川林业科技，2011(3)：121－123.
7. 贾黎明，孙操稳. 生物柴油树种无患子研究进展[J]. 中国农业大学学报，2012(6)：191－196.

（皮兵、张良波、李昌珠）

第六节　油　桐

油桐(*Vernicia* spp.)，大戟科油桐属植物的统称，是重要的工业油料树种。从油桐种子榨取或提取的油称为桐油，是世界上最优质的干性油，广泛应用于工业、农业、渔业、建筑、交通运输、印刷、国防等行业。同时，油桐也是重要的木本生物质能源树种。

油桐在我国栽培历史悠久，远在唐代陈藏器所著《本草拾遗》中就有"罂子桐生山中，树似梧桐"及其他关于油桐栽培和利用的历史记载。唐宋以后，油桐在我国南方山区广为栽培，桐油主要用于照明、涂抹农具、家具和船舶、治疗疥疮肿毒。19 世纪末 20 世纪初，由于世界涂料（油漆）工业快速发展，而桐油又是最好的油漆原料，各国相继从我国进口桐油，成为我国大宗的出口贸易商品。出口量的增加也大大地刺激了我国的油桐生产，至 20 世纪 80 年代，全国油桐栽培面积达 180 万 hm^2。

一、生物学特性

油桐栽后第 1 年仅 1 个主干。第 2 年分枝，枝条轮生。以后每年在主干或主枝、侧枝抽生 1 轮枝条。一般第 3 年开始结果，第 5 年进入盛果期，20 年后开始衰老。但因品种不同而存在很大差异，对年桐 6～7 年就进入衰退期，而大米桐类品种 30 年以上还结实良好。油桐属浅根性树种，主根不很发达，伸入土层的深度通常不超过 1m；但侧根非常发达，而且再生能力很强，当主根或各级侧根被切断后，就会很快产生大量次生根，满足植株对土壤水分和养分吸收的需要。

油桐在上年完成花芽分化，花序抽生于上年生枝条顶端的混合芽，先花后叶或花叶同步。雌花常着生于花序主轴及侧轴的顶端，形成单果或丛生果序。虫媒花，开花期的晴朗天气有利于传粉受精。北方干冻和南方低温阴雨会影响油桐的开花和传粉。

物候期因地域不同而存在较大差异。湖南中部的油桐一般在 3 月上旬开始萌动，4 月 20 日前后开花，10 月 20 日前后果实成熟，11 月中下旬落叶。千年桐在广西南部于 3 月上旬萌动，4 月下旬为盛花期，10 月下旬为果实成熟期，11 月中下旬为落叶期。

二、生态学特性

油桐属典型的中亚热带树种，在我国 22°15′～34°30′N，97°50′～121°30′E 的广大亚热带地区，包括重庆、贵州、湖南、湖北、四川、广西、广东、云南、陕西、河南、安徽、江苏、浙江、江西、福建、台湾等地都有分布，其中以重庆、贵州、湖南、湖北、广西等地栽培面积和总产量最大。油桐的中心栽培区是重庆、贵州、湖南、湖北 4 省（直辖市）毗邻区。千年桐是典型的南亚热带树种，在我国 18°30′～34°30′N，99°40′～122°07′E 有栽培分布，主要栽培区为广东、广西及福建南部。

油桐是喜光树种，喜温、喜水，但又不耐水湿。油桐适应暖湿气候，千年桐适应热湿气候。油桐适宜在年均温 15.5～17℃、年降水量 1026～1596mm、相对湿度 70%～80%、年日照时数 1045 h 以上的地域栽培。千年桐适宜在年均温 18.4～21.3℃、年降水量 1200～2057mm、年均相对湿度 68%～85%、年日照时数 1250h 以上的地域栽培。油桐忌风，不宜种植在当风之处。

油桐喜钙，在板岩、页岩和石灰岩发育的富含腐殖质、土层深厚、中性或微酸性土壤上生长最好，在贫瘠的红壤上也能正常生长结实。

三、主要品种

油桐属植物共有 3 种：油桐、千年桐和日本油桐。桐油质量以油桐最佳，千年桐次之，日本油桐又较千年桐为次。我国作为工业油料树种栽培的有油桐和千年桐。

（一）油桐（*V. fordii* Hemsl）

又名三年桐、光桐，古代也称罂子桐，原产中国。落叶小乔木，高 2～10m，幼树树皮光滑，成年树和老树树皮粗糙并有纵裂；主枝近轮生，粗壮无毛；单叶互生，叶阔卵形或心脏形，长宽各 10～15cm，先端尖，通常全缘，有时 1～3 裂；花单性，顶生，雌雄同株，圆锥状聚伞花序；花白色，花瓣基部有淡红色纵条及斑点，也有开淡绿色或淡黄色花的植株；花径 4～7cm，萼片 2 枚，基部合生；雄花瓣 5 枚，雌花瓣 5～9 枚；雄蕊 8～12 枚，2 层轮生，花丝基部合生；子房上位，一般 3～5 室，柱头 2～3 裂，具绒毛；单生或丛生果序，球形或扁球形，单果重 50～120g；每个果实有种子 4～5 粒。叶柄与叶片连接处有 2 个紫红色半球形无柄腺体；果皮光滑。油桐有如下主栽品种：

（1）‘四川小米桐’。又名‘细米桐’，为小米桐类品种。树高 5m 以下；分枝矮而平展，轮间距短，主枝分轮不明显。果实通常 5～6 个丛生，多时可达 20 个以上。果实球形或扁球形，略具果尖。果小，果径 4.0～5.5cm，平均鲜果重约 59g。果皮薄，光滑，气干果出籽率 58.5%，气干果出仁率 59%，种仁含油率约 66%。栽后 3～4 年开始结果，5～6 年进入盛果期；单产高，盛果期株产一般 8～10kg，最高可达 30～40kg；油质好；栽培面积广。但大小年明显，不耐荒芜，适宜选择立地条件好的地域进行集约栽培。

（2）‘葡萄桐’。又名‘湖南葡萄桐’‘泸溪葡萄桐’，为小米桐类品种。植株较矮小，树高 2.5～5m，主干和分枝分层明显。枝条平展或下垂，轮间距大，枝条较稀疏。一般每丛果序 6～15 个果，最多可达 60 个以上。果实球形或扁球形，略具果尖，果小，果径 4.0～5.5cm，平均鲜果重约 58g。果皮薄，光滑，鲜果出籽率 41%，气干果出仁率 56%，种仁含油率约 66%。本品种果实丛生性极强，单产高，进入盛果期早。但不耐瘠薄，抗叶斑病能力弱，宜优良立地条件下集约栽培。

（3）‘浙江少花球桐’。又名‘浙江少花吊桐’，为小米桐类品种，是浙江等地的主要栽培品种。树体中等大小，树高 4～6m，主杆分层多为上 2 轮，枝条密度较大而细短。少花花序，雄花着生花轴枝顶，丛生果序，常 3～5 个为一序。中小型果，球形或扁球形，果径 5.0cm，单果鲜重约 65.1g。气干果出籽率 53.5%，出仁率 64.2%，种仁含油率 66.2%。3 年开始结果，4～5 年进入盛果期，盛果期持续 10 年左右，15 年以后逐步衰老。该品种雌性较强，单产高，但不耐瘠薄，宜选择在水肥条件好的立地上种植。

（4）‘四川大米桐’。又名‘大果桐’，为大米桐类品种，是重庆、贵州、湖南、四川等地的主要栽培品种。树体高大，树高 6～10m，主干明显，分层清楚，常 3～4 轮层轮生。果实单生或 2～5 个丛生，大型，果径 7.1cm，单果重 115g。出籽率 53%，出仁率 63%，种仁含油率 67%。4～5 年始果，6～8 年进入成果期，成果期长达 20～30 年或以上；树势强健，适应性强，产量稳定。

（二）千年桐[*V. montana*(Lour) Wils]

又名皱桐、木油树，原产中国，现南美洲有栽培。落叶乔木，高 15m，树皮褐色；主枝近轮生，小枝无毛；单叶互生，叶阔卵形或心脏形，长 8～20cm，先端渐尖，常 3～5 裂，叶柄顶端和叶缺裂处有青绿色杯状腺体；花单性，顶生，雌雄异株，稀雌雄同株，聚伞花序抽生于当年生枝顶端；雄花序伞房状，雌花总状花序；花初开为白色，后花瓣基部出现红色条纹；花瓣 5，花径 3～5cm，萼片 2～3 枚；雄蕊 8～10，2 层轮生；子房上位，一般 3 室；果实核果状，卵形，果径 4～6cm，果皮上有 3 条突出纵棱，并有许多不规则横棱或皱纹；每个果实有种子3粒。千年桐可划分为雌雄异株和雌雄同株2大类群。主要栽培品种有：

（1）'桂皱27号无性系'。由广西林业科学研究所于1975年育成。具有结实早、产量高、适应广、抗性强等特点。成年树高7~8m，主枝4~5轮。树冠广卵形或伞形，冠幅5~7m。圆锥状聚伞花序，主轴长平均8.7cm，有雌花20~30朵，果实丛生，通常每序4~8果。单果重54g，含种子3粒。在广西南部，萌动期3月5~10日，盛花期4月25~30日，果实成熟期10月20日至11月5日，落叶盛期11月20日至12月5日。种后第2年开花结实，5~6年进入盛果期，可持续15~20年。盛果期年产桐油300~450kg/hm²。气干果种20.7g，出籽率42.7%，籽重3g，出仁率56.9%，干仁含油率56.9%，桐油酸值0.77，折光指数1.5150。属雌雄异株类型。适合纯林经营和桐农混种。

（2）'桂皱1号无性系'。由广西林业科学研究所育成。成年树高7~8m，主枝4~5轮，主枝开展。树冠广卵形或伞形，冠幅5~7m。栽后第2年开花结实，5~6年进入盛果期。可持续15~20年。盛果期年产桐油460kg/hm²。气干果重26.3g，出籽率41.8%，籽重3.9g，出仁率60.4%，干仁含油率61.2%，桐油酸值0.33，折光指数1.5169。

（3）'浙皱7号无性系'。由中国林业科学研究院亚热带林业研究所与浙江永嘉县林业局于1987年合作选育而成。7年生树高5.5m，冠幅5~6m，主枝4~5轮；圆锥花序至总状花序，每花序有花20~30朵。果形三角状近球形，3纵棱。单果重46.6g，种子3粒。7年生平均产油量766.8kg/hm²。在浙江永嘉，萌动期3月8~16日，盛花期5月10~15日，果实成熟期11月10~20日，落叶盛期11月30日至12月7日。种后第2年开花结实，5~6年进入盛果期。盛果期年产桐油300~450kg/hm²。气干果重20.7g，出籽率45.7%，籽重2.7g，出仁率55.6%，干仁含油率64.9%，桐油酸值0.59，折光指数1.5130。属雌雄异株类型。适合于千年桐北缘地区种植。

四、栽培技术

（一）苗木繁殖

1. 实生苗的培育

油桐在实生繁殖条件下，树形和结实等性状的遗传稳定性比较高，所以一般采用实生苗造林或种子点播造林比较多。

（1）种子采收和贮藏。10月中下旬，当果实呈黄红色、红色或红褐色时，采收果实。桐果采收回来以后，堆放在干燥阴凉的室内或场地，切勿曝晒和放在积水处。堆放10~15天，待果皮变软即可进行机械和人工剥壳。

榨油用的种子　种子经晒干、风净即可装袋，送入库房；库房要求通风、干燥、防潮、防鼠；种子贮藏时间太长影响油质，最好能在翌年2~3月榨油。

播种的种子　种子不能在太阳下曝晒，只能摊开阴干，风净后贮藏。种子不多时，一般采用袋藏。即把风干的油桐种子装入布袋中，于干燥、避风的室内贮藏。在冬季气温高的南缘产区，适合沙藏。沙藏要注意水分微有湿润即可，防止霉烂劣变。大量种子适合库藏，库藏适宜温度为4℃，适宜湿度为30%~40%。

（2）播种和实生苗管理。选择排水良好、灌溉方便、土层深厚肥沃的微酸性土地作苗圃地。冬季深翻，春季播种前再深耕一次，除去杂草，击碎土块，施足基肥，起厢整平，开具播种沟。播种前需要对种子进行催芽处理。处理方法有 2 种。一是种子浸泡催芽，即用冷水浸泡种子 24~48h，让种子吸足水分，并弃去上浮的种子，留沉水的种子播种；二是混沙沉积催芽，即将浸泡后的种子与湿润河沙分层堆积在室内进一步催芽，种胚萌动露芽后于 2 月下旬至 3 月上旬播种，播种时间最迟不应超过 5 月上旬。播种方法为点播，各粒种子相隔 20cm 为宜，覆土 3~5cm，再覆适量稻草以保持水分及抑制杂草生长。种子用量为 300~375kg/hm^2。出苗后及时间苗、补苗、松土除草、追肥、灌溉、排水。7 月中旬后，可适量追施钾肥，若苗木在 60cm 以下，则还需适量追施氮肥。

2. 嫁接苗培育

（1）砧木培育。砧木培育可在苗圃进行，也可在林地进行。嫁接砧木可选用千年桐，也可用三年桐。选用千年桐作砧木可以消除枯萎病对油桐栽培造成的危害，还有一定的乔化作用，因此枯萎病多发地区经常采用。使用本砧时，一般选择树体高大、抗逆性强的品种如大米桐、柴桐作砧木，以扩大树冠、延长经济寿命、提高抗逆能力。

苗圃地砧木培育方法见实生苗培育，直播造林地的砧木培育方法见油桐直播造林。

（2）采穗圃营建及优良穗条的培育采集。采穗圃地的选择与苗圃地选择条件大致相同。采穗树以大穴栽植，穴大小为 1m×1m×0.7m，每穴施土杂肥 30kg，饼肥 0.5kg，过磷酸钙 0.2kg。定植于采穗圃的苗木应选用一级优株嫁接苗，株行距为 2m×3m~2m×2m。栽后及时中耕除草、施肥。当采穗树树达 0.5~0.7m 高时须进行定干，即摘除顶芽，促进一级分枝。一级分枝一般保留 4~5 个，最多不超过 6 个。当一级分枝长达 0.6~0.7m 时，又需摘除顶芽，促进二级分枝，二级以上侧枝的保留数量视采穗圃的立地条件、经营管理水平、品种及发枝能力及采穗季节而定。优良接穗的标准是：年龄在 1 年生以内，且充分木质化；径粗 2cm 左右，不大于 3.5cm，不小于 1.5cm；芽眼饱满，可利用的腋芽数量多。

新鲜接穗嫁接易于成活，如采穗圃与嫁接圃相隔较近，应随采随接。油桐顶芽的枝条对腋芽有明显的抑制作用，可在采穗嫁接前 1 周将顶芽去除，这样有利于腋芽的发育，提高腋芽的质量。剪取穗条时，应在枝条基部留茬 3~5cm（具 1~2 个腋芽），保证今后的枝条萌发。穗条剪取后，去掉叶片，用湿润的草纸或稻草包裹，装入桶内，携至圃地嫁接。若嫁接地离采穗圃很远，必须对所采穗条进行处理。具体方法是：剪取穗条，保留叶片；将穗条水培 1~2h，使穗条吸足水分；剪去叶片；用石蜡对穗条末端剪口封蜡；剪口再用湿润草纸或苔藓、稻草包裹，每 20~30 枝一捆，用塑料薄膜包扎穗条基部，露出穗条顶部以利通气；装入木箱中运至嫁接地。

（3）嫁接季节和时间。嫁接季节分为春接、夏接和秋接。具体嫁接时间因嫁接方法和地域气候不同而略有差异。枝接宜在早春进行，温度太高不宜枝接。芽接则可在春、夏、秋季均可。春接，在清明、谷雨进行，立夏之前完成，适用于枝接和芽接，中亚热带一般在 4 月中下旬。南缘产区在 3 月中下旬至 4 月上旬，北缘产区在 4 月下旬至 5 月上中旬。夏接，在小满、芒种、夏至进行并立秋之前完成，适用于芽接。应掌握在梅雨季节完成。秋接，在白露、秋分进行，南缘分布区可迟至寒露、霜降，北缘分布区可早至立秋、处暑，适用于芽接。秋接的关键是不断砧，不让接芽萌发以免遭受冻害。

（4）嫁接方法。油桐嫁接一般比较容易成活。但也要选择健壮的砧木、适当的季节和天气进行嫁接。油桐体内含单宁物质较多，单株嫁接时间尽可能短，这样有利于提高嫁接成活率。油桐嫁接方法有枝接和芽接。枝接法又有切接和劈接 2 种，其操作方法与一般果树的切接和劈接相同。油桐最常用的是芽接。芽接又有方块芽接和 T 字形芽接。

方块芽接 用刀片从接穗上切取带腋芽的小方块(2.5cm×2.0cm)树皮(不带木质部)，在砧木上开一个大小相同的接口；将接穗(带芽树皮)补贴在砧木接口处，用塑料袋绑缚即成。该嫁接方法操作简单，成活率高，容易推广。

T 字形芽接 在砧木上划一 T 字形接口，深达木质部，用芽接刀角片沿纵线向左右两边将树皮撬开。取一带少量木质部的盾形芽片，自接口由上而下插入砧木树皮内，接口树皮覆盖芽片后用塑料带捆绑即可。T 字形芽接的成活率亦可达 90% 以上。

(5)嫁接苗的管理。油桐嫁接 10 天左右，伤口就基本愈合，可检查嫁接成活率。凡嫁接成活的，其芽和接穗树皮均保持新鲜青绿的颜色，而未成活的则均为暗褐色，需及时补接。嫁接后 15~20 天，接穗芽开始萌动，需及时解除扎缚带。此后要经常注意嫁接苗的遮阴、保湿、去砧萌、中耕除草、施肥、整形修剪及病虫害防治等工作。

(二)造林

1. 造林地选择

油桐中心产区是油桐生态最适区域，气候条件一般都能满足油桐生长发育的要求，其林地选择主要注意坡向、坡位、坡度和土质情况。在油桐的北缘和南缘产区则要注意根据小地形、小气候来选择适宜的造林地。宜选择阳坡和半阳坡、坡度在 20℃ 以下、海拔高度 800m 以下的山谷、山腹和山腰为油桐丰产造林地。山顶、山脊、亢阳和土壤干燥的地方不宜种植油桐。油桐适合于土层深厚，排水良好，呈中性或微酸性，有机质含量丰富，含适量的氮、磷、钾、钙、锰、镁的土壤上生长，一般以板岩、页岩发育的褐色土、黄壤、红黄壤，紫色页岩，紫色砂页岩发育的紫色土为宜，西部喀斯特地貌石灰岩发育的土壤也非常适合油桐的生长。低丘红壤地区种植油桐时要注意多施有机肥，并适量施用石灰。

2. 林地整理

分为全垦整地和局部整地。

全垦整地适合于坡度较小(一般小于 10°)，立地条件好及进行桐作混种、纯林经营的地域。全垦整地分为三个步骤，即炼山、冬垦和造林前的林地整理。

在坡度较大(大于 10°)、立地条件较差的地域适合局部整地。局部整地有梯状整地、带状整地和块状整地。梯状整地是最好的水土保持整地方式，适合于坡度不是很大(15° 以下)的地块，先按等高线放样，按样线开梯。一般采用半挖半填的方式，把坡面一次性造成水平台阶。梯面宽度因林地坡度和栽培品种不同而异。坡度越大，梯面越窄。一般每梯种植一行油桐。带状整地合适于坡度较大的地域，一般采用等高带状整地。沿等高线按一定宽度开垦，在开垦带种植油桐，带与带之间不开垦，留作生土。块状整地适合于石质山区坡度较大、土壤疏松的地域，在种植点周围整地。整地深度要求达 20~25cm，一般栽植穴大小要求达 1.0m×1.0m×0.7m。基肥施于栽植穴内。

3. 造林方法

根据所用材料不同，油桐造林方法可分为直播造林和植树造林。油桐在实生繁殖条件下，树形和结实等性状的遗传稳定性比较高，所以一般采用种子点播造林或实生苗造林比较多。

(1)直播造林。将优良品种的种子直接点播在林地上，出苗成林、不需移栽的造林方法。直播造林是油桐林营造的传统方法，特点是方便省工。直播造林用种必须是经过鉴定的优树种子，应从种子园或优树上直接采集。种子气干重200~220粒/kg。

播种方法：按设计的株行距定点挖穴，施足腐熟基肥。每穴播放经催芽处理的优质种子2粒，覆土5~7cm，上覆一层干草。注意种子不能直接播在肥料上。

（2）植树造林。将苗圃培育的优质品种的嫁接苗和实生苗定点栽植在经过整理的林地的造林方法。实生苗：选用苗高80~100cm，地径1.2cm以上苗造林；嫁接苗：选用苗高60cm、地径1.0cm以上，根系长度25cm以上，顶芽饱满苗造林。造林前定点挖穴，每穴施腐熟的土杂肥10kg，桐麸0.5kg，过磷酸钙0.5kg，上覆表土。填坑与施基肥必须在造林前15~20天完成，以免发酵烧死苗木。栽植时，于造林坑中挖一大小为40cm×40cm×40cm的穴，将油桐根部和茎部放入穴中，使根自然舒展，将细泥填入穴中，填至一半时，将树苗稍稍用力提起，然后将其他土填入穴中，一边填一边踩实。填完后浇3~5kg压根水，再覆3~5cm的松土和稻草，以保持土壤的湿润。

（3）造林季节。无论是植树造林还是直播造林，一般都是选择春季油桐萌动前，而且通常都是先植树造林后直播造林。即立春（2月上旬）至惊蛰（3月上旬）期间进行。

（4）造林密度。油桐造林密度的确定因品种、立地条件、经营方式及经营水平不同而略有差异。具体而言，树体高大的品种宜稀，矮小的品种宜密；经营水平高的宜稀，经营水平低的宜密；立地条件好的宜稀，立地条件差宜稀；平地宜稀，坡地可稍密；南坡、西坡宜稀，东坡、北坡可稍密；土层深厚宜稀，土层浅薄宜密；土壤肥沃宜稀，土壤贫瘠宜密；石灰岩区宜稀，页岩区宜密；行距宜稀，株距宜密；桐农混种宜稀，纯林经营宜密。

小米桐类品种纯林经营的栽植密度为：立地经营类型为一级时，最佳密度范围为495~555株/hm²，即栽培株行距为4m×5m~4m×4.5m；立地经营类型为二级时，最佳密度范围为630~720株/hm²，即栽培株行距为4m×4m~3.5m×4m；立地经营类型为三级时，最佳密度范围为750~945株/hm²，即栽培株行距为3.5m×3.8m~3m×3.5m。千年桐的栽植密度一般为7m×7m~8m×8m。

（三）抚育管理

1. 整形修剪

油桐第2年开始分枝，主枝为轮生，然后1年1层。油桐顶端优势明显，具有自然的中央主枝，通过整形修剪能够培养成理想的3~4层中央主干形树冠。若顶端优势去除，其潜伏芽萌芽能力很强。若幼树高达1m以上还不分枝，需要剪去顶芽促进分枝。待长出4~6个主枝后，将最上面的一个枝扶为主干，其余作为第一轮主枝。以此方法，可以控制干预各轮侧枝生长。当一轮分枝达6~10个时，可根据空间的均匀分布，疏去弱枝和密枝，以形成良好的树冠。

幼树的整形修剪一般在生长季节进行，而成年树的修剪一般是在冬季或休眠期进行。主要剪去弱枝、干枯枝、病虫枝、过密枝、交叉枝和重叠枝。

2. 施肥

为促进油桐幼林的营养生长，应以施氮肥为主，辅以少量的磷肥和钾肥。造林前要施足基肥，造林后第二年追肥以氮肥和钾肥为主。6月上中旬施氮肥，每株施尿素25g，或硫酸铵50g，7月下旬至8月上旬除施用氮肥外，还需要适量钾肥，一般用0.1%水溶液喷施，以促进枝条的木质化。第3年追肥与第2年的时间、次数、肥料种类都相同，施用量可增加 50%。

油桐进入结果期以后，每年开花结实需消耗大量的养分，而且被果实带走，对肥料需要量及需肥时间与幼树存在差异，因此，油桐成林的施肥与幼林有所不同。成林的施肥一般分为基肥与追肥。一般来说基肥施用要早、追肥施用要巧。基肥宜施有机肥，一般为堆肥、厩肥、土杂肥等，让其逐渐分解，长期供油桐吸收利用，通常在冬季结合土壤垦复时施用。具体方法是油桐树周围挖沟、埋入土中。追肥需要很快吸收，一般使用化肥。花前施肥为促进开花，以施氮肥为主，适当辅以磷肥。果实膨大期，追施方法一般为沟施，也可进行叶面喷施，特别是缺少某种元素时宜用喷施，施肥量应根据立地条件树龄而定。

3. 中耕除草

垦覆是油桐栽培最重要的技术措施。油桐极不耐荒芜。桐农有谚语："一年不垦叶发黄，二年不垦减产量，三年不垦树死光"。垦覆能显著改善油桐林地土壤的理化性质和桐林吸收土壤养分的状况，还有利于消灭土壤中化蛹的害虫。垦覆一般在冬季进行，深翻20~25cm。用耕牛犁山的垦覆办法可大幅提高工效，垦覆效果好。横耕有利于保土、蓄水，一般从山脚开始，自下而上犁耕。

夏季杂草生长旺盛，与油桐争夺养分和水分。中耕松土有利于铲除杂草、减少土壤水分蒸发，增强土壤通透性和蓄水保肥能力，促进油桐生长。松土深度一般为 10cm 左右。铲下的杂草埋在桐树周围，以增加土壤有机质和改善土壤条件。

（四）病虫害防治

1. 主要病害及其防治

油桐病害共有十余种，最常见的病害主要有油桐枯萎病、油桐黑斑病、油桐根腐病。

（1）油桐枯萎病。它是油桐的一种毁灭性病害。在广西和广东最为严重，其他产区亦有发生，病菌从根部侵入，通过维管束向树干、枝条、叶梢和叶脉扩展，引起全株或部分枝干枯死，是一种典型的维管束病害。发病初期很难判断，病原菌为尖孢镰刀菌（*Fuarium oxysporum*），是一种弱寄生真菌，可在土壤或病株残体中存活，适宜条件下从油桐须根侵入，也可从根部和根茎的伤口侵入。病菌在植株内分泌毒素，使组织变色坏死；或由于菌丝在细胞间或细胞内扩展，影响植物正常的水分运输，导致桐树枯萎死亡。

防治措施：① 以千年桐作砧木嫁接繁殖是防治油桐枯萎病的根本措施；② 适地适树；③ 清除病株，及时烧毁，并用石灰处理病土，防治蔓延。

（2）油桐黑斑病。又称黑疤病、角斑病，主要危害油桐叶和果实，引起早期落叶、落果，降低油桐产量，我国油桐产区普遍发生。叶片和果实染病初期出现褐色小斑，慢慢扩展为褐色角斑或褐色硬疤，后期病斑长有病菌子实体。病原菌为油桐尾孢菌（*Cercospora alearitids*）。病菌在病叶、病果内越冬，翌年春季形成子囊腔，子囊腔孢子成熟后借气流传播，从气孔侵入新叶，产生分生孢子进行再次侵染。侵染果实后形成病疤。黑斑病在 8 ~ 10 月最为严重，引起落叶落果。

防治措施：① 结合桐林抚育管理，清除病叶、病果；② 化学防治，染病前喷施波尔多液。

（3）油桐根腐病。病株先是须根腐烂，后是侧根和主根腐烂，叶失水萎蔫，枯黄脱落，最后全株干枯死亡。该病多在 8 ~ 9 月发生，幼树和成年树都可染病，潮湿或水淹过的油桐地容易发生根腐病，造成大面积桐树死亡。病原菌可能是镰刀菌。

防治措施：① 避免积水，深翻土壤，保持土壤透气良好；② 清除病株，石灰消毒病土；③ 药剂防治，70%敌百松粉剂700倍液或甲醛溶液200倍液浇灌病株。

2. 主要害虫及其防治

危害油桐的害虫种类比较多，最为常见和严重的害虫种类主要有：油桐尺蛾、油桐蓑蛾、大蓑蛾、丽绿刺蛾、六斑始叶螨、桑白蚧、油桐大绵蚧等。

（1）油桐尺蛾（*Buzura uppressaria*）。属鳞翅目尺蛾科，是我国南方油桐、油茶、茶树的重要害虫，我国各产区均有发生。危害方式是幼虫啃食油桐叶片，叶片食光后，还取食树下杂草灌木。湖南、浙江1年发生2~3代。以蛹在树干中越冬。翌年4月羽化，5~6月为第一代幼虫发生期，7月化蛹，7月下旬羽化产卵，8~9月中旬为第二代幼虫发生期。9月中旬开始化蛹越冬。油桐尺蛾的发生与气候条件关系密切。夏季高温干旱，土壤干燥，常使蛹大量死亡，第一代羽化率低，第二代成虫密度也大为下降。在油桐与其他杂草、灌木块状混交时虫害发生率较低。天敌对控制虫口密度有一定的作用。

防治措施：① 垦复灭蛹，人工拾蛹；② 拍蛾刮卵；③ 保护天敌；④ 释放赤眼蜂；⑤苏云金杆菌喷杀2~5龄幼虫；⑥药物防治，90%敌百虫800~1000倍液，20%速灭杀丁4000~6000倍液消灭4龄前幼虫。

（2）油桐蓑蛾（*Chalia larminati*）。属鳞翅目蓑蛾科，分布于福建、湖南、浙江等地，以幼虫取食油桐叶片和果实，且以护囊上部的柔丝缢束枝条，使缢束枝条处上端枝条死亡。1年发生1代，以幼虫在囊中过冬，成虫4月中下旬羽化，5月中下旬新幼虫开始危害。雄幼虫7龄，雌幼虫8龄，3龄以后幼虫危害严重。

防治措施：① 摘除蓑囊；② 喷洒苏云金杆菌、杀螟杆菌液；③ 喷洒多角病毒；④ 化学防治，在幼龄期用95%敌百虫800~1000倍液喷洒。

大蓑蛾（*Clania variegata*）危害方式与油桐蓑蛾相同，防治方法两者相同。

（3）丽绿刺蛾（*Latoia lepida*）。属鳞翅目刺蛾科。危害油桐、乌桕、茶树、咖啡、柿树、悬铃木等。以幼虫大量取食叶片，危害油桐生长结实。江西、浙江1年发生2~3代。幼虫在茧中越冬，在茧中化蛹。6月下旬为第一代幼虫盛期，危害最重，8月中旬为第二代幼虫盛期，第三代幼虫在9月中旬。

防治措施：① 摘除虫叶；② 消灭虫茧；③ 灯光诱杀；④ 释放赤眼蜂；⑤ 喷洒苏云金杆菌；⑥ 喷洒多角体病毒；⑦ 保护天敌；⑧ 喷洒90%敌百虫1000~2000倍液等。

（4）六斑始叶螨（*Eotetrangchus sexmaculus*）。俗称油桐黄蜘蛛，属蜱螨目叶螨科，是油桐的主要害虫。在四川1年发生15~19代。以成虫及卵在芽鳞间越冬，少数在树干裂缝中越冬。4月份油桐展叶，越冬虫就迁移到新叶上危害，取食叶片。幼虫活动能力弱，爬行慢，若虫、成虫活动能力强。成虫和若虫具负趋光性，多在避光的叶片背面危害。该虫繁殖快，世代重叠，其增殖速度与食物、气候条件关系密切。5月下旬至6月中旬，气温适宜，虫口增殖快，6~7月虫口密度最大，危害最大；8~9月气温高，桐叶老化，虫口密度减少。

防治措施：① 加强桐林管理，提高抗虫力；② 保护天敌；③ 摘除虫叶；④喷洒3000倍40%乐果乳剂液。

（5）桑白蚧（*Pseudaulaeaspis pentagona*）。属同翅目盾介科，为世界性害虫，是油桐、桑、桃的重要害虫，还危害茶、梅、杏、李等。长江中下游年发生1~3代，以受精雌虫在枝条上越冬。雌虫产卵 40~200 粒于介壳下，初孵幼虫从母虫介壳下爬出，成群固定在 2~3 年生枝条或幼树树干上。以口器刺入树皮，不再移动，分泌蜡质逐渐形成介壳，被害树干如涂了一层白色粉末。天气和天敌是影响桑白蚧发生的 2 个主要因素。天气潮湿、林分荫蔽容易发生，夏季高温抑制其发生且有利于寄生蜂繁殖，危害较小。

防治措施：① 合理密植，注意林内通风透光，修剪虫枝；② 用抹布擦去树干上的介壳虫；③ 保护天敌；④ 喷洒 80% 敌敌畏乳剂 1000 倍液。

（6）油桐大绵蚧（*Megapulvinaria matima*）。属同翅目预介科，是油桐的毁灭性害虫。1 年发生 2 代，以若虫在枝条上越冬，翌年 4 月下旬变成成虫。每个雌虫可产卵 1000~2000 粒。5 月中旬第一代若虫孵化，初孵若虫在嫩枝上爬行固定后，吸取汁液。多集中在 1~2 年生枝条上，4~5 年生幼树主干上便有寄生。被害树轻者生长衰弱，枝梢干枯，重者全株死亡。虫体排泄大量蜜露还容易招致煤污病。

防治措施：① 保护天敌，主要是瓢虫；② 成虫产卵和若虫孵化后半个月，可用 50% 马拉硫磷 1000 倍液等喷洒；③ 人工刮去成虫及卵囊，摘除虫叶，冬前剪去越冬虫枝。

五、油脂理化性质

桐油是一种天然的甘油三酯混合物。其脂肪酸种类含量主要有 6 种：即棕榈酸、硬脂酸、油酸、亚油酸、亚麻酸和桐酸。棕榈酸和硬脂酸为饱和脂肪酸，约占总脂肪酸含量的 5%，其余近 95% 为不饱和脂肪酸，其中又以桐酸含量最高，占总脂肪酸含量的 80% 左右。桐酸是决定桐油性质的主要成分，含有 3 个共轭双键，化学性质极为活泼，可引入各类官能团，聚合成许许多多的桐油族化合物。桐酸的同分异构体主要有 α-桐酸和 β-桐酸。桐油中约 90% 为 α-桐酸，其余为 β-桐酸和其他同分异构体。α-桐酸常呈液体状态，熔点为 48℃；β-桐酸很容易析出为固体物质，熔点为 71℃。桐油的特殊性质和品质好坏主要决定于桐酸的含量，而桐酸含量的多少主要决定于 α-桐酸的含量。α-桐酸与 β-桐酸在桐酸含量中成负相关。β-桐酸的增加导致 α-桐酸的减少，使桐油质量劣变。

我国制定了桐油的国家检定标准和出口标准。检定指标内容包括色状、气味、比重、折光指数、碘价、酸价、皂化价、水分杂质、掺杂试验、华司脱试验、β 型桐油试验。其中最为重要的理化指标是折光指数和酸价，桐果采收过早，桐油储藏时间过长都会导致酸价过高而影响桐油质量。

六、加工利用

（一）桐油提取

1. 机械榨油

又可分为人工木榨和榨油机机榨。人工木榨为我国传统的榨油方式，一台旧式榨油坊需 5 人操作，日加工油桐种子约 200kg，出油率为 20%~25%，桐饼残油率为 10%~15%。榨油机有液压式榨油机和螺旋式榨油机 2 种。平均每人每天可以加工桐籽 250kg，桐籽出油率可达 25%~30%。桐饼残油率为 6.8%~8.6%。

2. 浸出法制油

利用有机溶剂将桐籽中的油脂浸出，然后利用油脂与有机溶剂的沸点不同而将两者分离，最终得到纯净桐油的制油方法。该方法出油率高、残油率低、工业化生产程度高。

（二）桐油利用

1. 油漆

桐油传统用途最大的是油漆工业。桐油的干燥性能优于亚麻油，可用于研制系列具有特殊性能的新型涂料，如水性涂料、无溶剂涂料、辐射固化涂料、防火涂料等。新型桐油船舶涂料具有更强的抗海水腐蚀及减少海洋生物附着、长年浸泡不脱落的特性。以桐油、甘油、苯酐等原料制成的桐油醇酸树脂涂料在我国已批量生产。13 类合成树脂涂料和环氧树脂、聚酯树脂等都是以桐油为原料，经桐油改性后的树脂涂料，性能得到很大改良，柔韧性、干燥性、黏附性、绝缘性及耐腐蚀性都有大幅度提高。此外还可制成桐油水性涂料、食品罐内壁涂料，也可作涂料的辅助材料。

2. 油墨

桐油第二大传统用途是做油墨，是高级油墨生产的主要原料。用桐油与马来酸酐制成的马来化桐油是制成水基油墨的基本原料。这种油墨具有无味、无毒、无着火危险、成本低（溶剂为水）等特点，印刷中不黏结、印刷性能好、印刷速度快。环戊二烯（石油加工副产品）制成的涂料膜质脆，用桐油改性后制成的油墨具有干燥快、性能稳定、成膜强度高、光泽度好的特点。用桐油还可制成具有节能、无公害、成膜性好、光泽度高、耐摩擦、抗化学腐蚀的光敏性固化油墨及柔性薄膜用油墨、静电复印油墨等。

3. 树脂

桐油可用于合成各类树脂。如合成桐油不饱和树脂，合成桐油、松香改性不饱和树脂、合成桐油改性酚醛树脂等等。

4. 粘合剂

桐油可代替环氧树脂，用于合成各类粘合剂。如桐油耐水粘合剂、光固化密封胶、高温导电胶、桐油高聚粘合剂、桐油乳胶、防裂剂等。

5. 阻燃剂系列产品

以桐油、磷、卤素等化合物为原料，可制备用于塑料、橡胶及各种树脂的阻燃剂和阻燃树脂的反应中间体，具有优良的阻燃性。还可制备各种化工产品，如塑料、橡胶的增塑剂、表面活性剂、分散剂、乳化剂、涂料用的固化剂、触变剂、抗静电剂、纸张上胶剂等等。

6. 生物柴油原料

2006 年以来，许多研究人员开展了使用油桐作为生物柴油的试验研究，随后进行了以桐油制备生物柴油的工艺研究，以及桐油制备生物柴油的最佳工艺条件、酯交换过程、配料比例、影响因素及非溶液系统桐油与甲醇的酯交换反应条件等方面的研究 。例如，2008 年，中国科学院广州能源研究所的研究人员参与了桐油生产生物柴油的产量及特性的研究。在用桐油代替部分石化柴油的初步研究中，中国科学院植物种质创新与特色农业重点实验室采用掺炼法，在催化裂化柴油中掺入 5%～10% 的桐油原料后，产物的十六烷值得到显著提高，而且掺炼后生成的第二代生物柴油的硫、氮等杂质含量及密度有所降低，亦即提升了环保效果；以桐油作为生产第二代生物柴油的原料，在炼油厂加工成柴油的调和组分，当掺炼量达 10% 时可显著改善催化柴油的主要性质。因此，油桐是重要的生物能源树种，具有广阔的开发利用前景。

（三）桐饼的利用

桐饼中含有机质 77.58%，氮 3.6%，磷酸 1.3%，氯化钾 1.3%。100 kg 桐饼相当于 20kg 硫酸铵，10kg 过磷酸钙，2kg 氯化钾，是水稻、蔬菜、果树和经济林木的优质有机肥料。油饼含有毒物质，脱毒后可用于生产饲料。

（四）桐壳的利用

桐壳占整个果实的 2/3~3/4。桐壳中含丰富的钾，将桐壳烧成灰后，钾以碳酸钾形式留在灰分中，水渍溶解钾，经过滤蒸发，得固体土碱，精制后与工业磷酸中和制成磷酸二氢钾，作化肥使用。

桐壳中还含有丰富的糠醛（10% 以上），通过氧化、氢化、硝化、氮化等工序可制取大量衍生物。

（五）其他用途

油桐是荒山主要的造林树种，又是山区四旁绿化的先锋树种。油桐木材纹理通顺，材质较轻，木材洁白，加工容易，可用于制造轻型家具。油桐的根、叶、果均可以药用，民间使用历史悠久，特别是油桐叶有消肿解毒之功效，能治疗冻疮、疥癣、烫伤、痢疾、肠炎等疾病。油桐根可以消积驱虫，祛风利湿，用于治疗蛔虫病、食积腹胀、风湿筋骨痛、湿气水肿。油桐子味甘、辛，性寒，有毒，能消肿毒、吐风痰、利二便，可用以治疗扭伤肿痛、冻疮皲裂、水火烫伤及风痰喉痹、二便不通等疾症。近年有关研究者发现，从油桐中得到的共轭三烯脂肪酸及共轭亚油酸表现出对人体肿瘤细胞有很强的毒性作用。

主要参考文献

1. 胡芳名，谭晓风，刘惠民. 中国主要经济树种栽培与利用[M]. 北京，中国林业出版社，2006：408–417.
2. 何方. 何方文集[M]. 北京：中国林业出版社，1998.
3. 张玲玲，彭俊华. 油桐资源价值及其开发利用前景[J]. 经济林研究，2011，29(2)：130–136.
4. 谭晓风. 油桐的生产现状及其发展建议[J]. 经济林研究，2006，24(3)：62–64.
5. 方嘉兴，阙国宁. 油桐//全国油桐生产技术训练班讲义. 1981.

（张良波、李二平、李昌珠）

第七节　乌　柏

乌桕（*Sapium sebiferum*），为大戟科乌桕属，可作为园林观赏植物，其形、叶和果均具有极高的观赏价值。乌桕种子为外被白色蜡质假种皮的黑色圆球，所含油可制油漆，假种皮为制蜡烛和肥皂的原料。乌桕是中国特有的经济树种，已有 1400 多年的栽培历史。

乌桕原产长江流域及珠江流域，主要分布于中国黄河以南各省份，在陕西和甘肃也有分布，以浙江为最多。东亚、南亚和东南亚以及欧美和非洲均亦有栽培。

一、生物学特性

乌桕一般播种后 15~20 天后即可发芽，一周左右基本出齐。幼苗生长很快，在速生期的 7~8 月，生长量可占年生长量的 70%~80%。侧枝自 8 月生长，于 9 月转入粗生长期，10 月停止生长，并随着气温下降而开始落叶。一年生苗木高度可达 1.5m，地径 1m，主根长 25 ~ 30cm，侧根 5 ~ 6 轮，根系发达。

乌桕在一年中的不同物候期，对气候条件的要求也不同。在春梢生长期，春梢生长和花序发育要求雨水充足，温暖而日照长。在开花期，有利于开花受精和花器发育要求天气晴暖，低温多雨或长期干旱均为不利天气。在果实生长期，雨水充沛调匀为有利天气，而长时间降雨则易导致果实发霉，影响果实质量。在乌桕幼苗期，霜冻将危害顶梢。乌桕开花期在 6 ~ 7 月，穗状花序顶生，花小，黄绿色。蒴果三棱状球形，10 ~ 11 月成熟，熟时黑色，三裂，种皮脱落。种子黑色，外被白蜡，固定于中轴上，经冬不落。

二、生态学特性

乌桕在我国分布区域很广，主要栽培区为长江流域及其以南各省份，如浙江、湖北、四川、贵州、安徽、云南、江西、福建等省份，以及河南省的淮河流域地区。垂直分布在浙江、湖北、湖南、安徽等省份可达海拔 600 ~ 800m，在云南有的地区可达 1850m。乌桕为亚热带树种，喜温暖湿润气候，不耐寒冷。在年均温 15℃ 以上，年降雨量 50mm 以上的地区均可生长。主产区年均温 16 ~ 19℃，年降雨量在 1000 ~ 1500mm。

三、主要品种

广西植物研究所金代钧等人曾于 1997 年对我国乌桕品种进行详细的研究，并按其表型结构划分成葡萄桕、鸡爪桕、长爪桕和鸡葡桕等 4 个品种群。金代钧等人描述各种群性状如下：

（一）葡萄桕品种群

葡萄桕品种群的春梢顶端只抽生一两性花序，上部和下部分别着生雄花和雌花，雌花授粉后形成单穗果序结构的各品种。

（1）'小粒铜锤桕'。该品种主要分布于在四川、贵州、广西，适应性强。树冠呈倒立鸡蛋状，枝梢细密（产果枝比率 90% ~ 94%）；树叶中等大小，呈鹅卵形。两性花序和果穗较小，每支果穗着生果 8 ~ 12 个，果实沿果穗轴向密集排布，果穗状如铜锤；果实和果柄较小，尺寸均小于 1.3cm；种子千粒重 128 ~ 150g，果蜡层薄，含蜡率 25%，全籽油脂率 40% ~ 45%。虽然，该品种具有果穗多和产量稳定等特点，但是产量不高、籽粒小和蜡层薄，不宜推广发展。

（2）'小粒短棒桕'。该品种主要分布于江苏、江西、广西，适应性强。树冠呈展开状，枝梢稀疏（产果枝比率 77% ~ 84%）。树叶呈卵形，叶面较宽，叶柄短粗。两性花序直立，果穗着果紧密，呈短棒状，果穗长 9cm 左右，粗 4 ~ 5cm，每穗有小型球果 18 ~ 30 个不等，果径和果柄分别为 1.4cm 和 0.5cm；种子千粒重 140 ~ 150g，果蜡层较厚，含蜡率 36%，全籽油脂率 45% ~ 48%。此品种为中熟品种，具有适应性强，产籽量和油脂率较高、油质好等优良性状。

（3）'小粒短筒桕'。该品种主要分布于湖南、湖北、贵州交界和四川南部地区。树冠呈椭圆形，枝梢粗壮（产果枝比率 85% ~ 90%）。树叶呈大椭圆形叶，叶缘向内翻转，叶柄短粗。两性花序直立，长 14 ~ 16 cm，花序下部着生雌花 17 ~ 30 朵不等；果穗呈圆筒状，每支果穗紧密均匀着果 20 个左右；果柄短齐，果皮厚，成熟时果皮变黑而不开裂。种子小，千粒重 123～150g；含蜡率 36%，全籽油脂率 44%；中熟品种。

（4）'小粒短葡萄柏'。该品种主要在四川、云南、贵州和广西交界及湖南西部地区栽培。树冠和枝梢外观与小粒铜锤柏相似；叶柄和花序较长，叶面呈鹅卵形；果穗小而直立，长 7cm 左右，其上稀疏均匀着生三角形小果 15 个左右；果横径 1.4～1.6cm，皮光滑，柄长 0.7～1.5cm；种小而蜡层薄，千粒重 102～146g，含蜡率 24%，全籽油脂率 37%～39%；晚熟品种。

（5）'小粒长叶柏'。该品种主要在湖南西部地区栽培。树冠呈长鸡蛋形，枝梢细长下垂（产果枝比率较低，为 75% 左右）；树叶呈斜长菱形，两性花序细长而弯曲，长 16cm 左右；果穗长 5～6cm，每穗着生扁球形小果 6～10 个，果实和果柄较小，尺寸均小于 1.3cm；种子小，千粒重 130～140g，果蜡层薄，含蜡率 32%，全籽油脂率 43%；早熟品种。

（二）鸡爪柏品种群

本种群按照果序的果穗数多少、籽粒大小共划分为 5 个品种。

（1）'小粒鸡爪柏'。该品种在全国各产区均有栽培。树冠呈鸡蛋状，枝梢细密（产果枝比率高达 95%）；树叶较小，呈菱状鹅卵形。叶柄和雄花序都较短，长 13cm 左右。雄花序基部只抽生 2～3 个两性花序，且两性花序小，长不足 10cm；果序轴长 2～3cm，由 2～3 个果穗组成，每支果穗着扁三角状小果 3～4 个，每果内含小圆球状种子 3 粒，果柄长 0.9cm 左右；果皮和蜡皮都较薄，千粒重 100～126g，含蜡率 31%，全籽油脂率 40% 左右；早熟品种。

（2）'中粒鸡爪柏'。该品种在全国各产区均有栽培。树冠形与小粒长叶柏相似，枝梢粗壮（产果枝比率 70% 左右）；树叶厚大，呈鹅卵形，柄长 4～5cm。雄花序较大，长 15cm 左右，从基部抽生 4～5 个两性花序，两性花序长 9cm 左右；果序由 4～5 个果穗组成，穗轴长 6～8cm，着生着生扁三角状中等大果 4～6 个，果实横径 1.5cm 左右，柄长 0.9cm 左右；种子千粒重 165g，平均含蜡率 32%，平均全籽油脂率 41%；中熟品种。

（3）'中粒寿桃鸡爪柏'。该品种在贵州以及湖南、湖北西部产区有栽培。树冠呈倒立鸡蛋状，枝梢细密（产果枝比率高达 90% 以上）；树叶较大，呈菱形，长宽约 8cm，柄长 6cm；雄花序长 15～20cm，基部平均抽生 3 个两性花序；果序由 2～4 个果穗组成，轴长 6～8cm，每果穗子，种子千粒重 156～180g，含蜡率 32～38%，全籽油脂率 45%～50%；中熟品种。

（4）'大粒鸡爪柏'。该品种在湖南、广西和贵州地区有栽培。树冠较圆，枝梢粗长（产果枝比率 70% 左右）；树叶厚大，呈鹅卵形，叶柄粗长。雄花序大，长 25cm 左右，基部平均抽生 4 个两性花序，两性花序长 13cm 左右；每果序由 3～5 个果穗组成，每果穗着生扁球形大果 10～16 个，果穗轴长 5cm 左右；果横径达 2.0cm，果柄粗短，长 1.0cm 左右；种子大，蜡皮层厚，呈半球形，纵径达 1.1cm 左右，横径 0.9cm，千粒重 280～340g，平均含蜡率 39%，全籽油脂率 45.2%～52.7%；晚熟品种。

（5）'中粒多爪鸡爪柏'。该品种在湖南洞庭湖及湖南西部有栽培。树冠呈椭圆状，枝梢粗壮（产果枝比率 70% 左右）；树叶呈菱状鹅卵形，叶柄平均 6cm 长。雄花序长 17cm 左右，基部抽生 8 个左右两性花序，两性花序垂直着生于花序总轴两侧；每个果序含有较多果穗（平均 8 个），果穗轴下长上短，每果穗着生扁球形果 7～8 个，果实横径 1.5～

1.6cm，果柄长1.0cm左右；种子千粒重160~180g，含蜡率约30%，全籽油脂率约40%；中熟品种。

（三）长爪柏品种群

本品种群与鸡爪品种群不同的是果序由夏梢上的两性花序形成的，因此果穗轴长，且轴上具有叶痕。

（1）'小粒长爪柏'。该品种主要分布在江西、湖南、湖北、四川和贵州地区。树高枝梢粗（产果枝比率低于70%）；树叶较宽大，呈菱形。每个果序由5~6个果穗组成，总轴肥大，每支果穗平均轴长14cm，每支穗稀疏生长三角状小果4~8个，果实皮薄柄短；种子小，蜡皮层薄，千粒重128~146g，含蜡率低于30%，全籽油脂率约40%；中熟品种。

（2）'小粒钢杈柏'。该品种主要分布在浙江、江西地区，在河南省也有栽培。枝梢较细（产果枝比率达90%）；树叶较小，呈菱状鹅卵形。每支果序由2~3个果穗组成，果穗轴细而坚硬，长13~16cm，每穗密集着生三角状小果4个左右；果壳薄，内含小种子，蜡皮层厚，千粒重146g，含蜡率约45%，全籽油脂率高于60%；中熟品种。

（3）'中粒长爪柏'。该品种主要分布于江西、贵州、湖北地区。枝梢较粗（产果枝比率70%左右）；树叶较大，呈鹅卵形。每支梢顶可生1个两性花序，每个两性花序形成1个果穗；每个果序平均由3个果穗组成，每果穗着生扁球状果6~14个。果实皮厚，果横径和果柄长分别为1.7cm和1.5cm左右；种子中等大，千粒重160~175g，平均含蜡率低于40%，全籽油脂率约40%；晚熟品种。

（四）鸡葡柏品种群

本品种群包括同株上既有鸡爪果序又有葡萄果序表型结构的品种，也包括同一果序上既具鸡爪果序结构又有葡萄结构表型的品种。

（1）'小粒鸡葡柏'。本品种分布有限，仅在湖南和湖北个别地区有栽培。枝梢生长茂密，产果枝比率高；树叶呈鹅卵形，叶柄粗短。每株上葡萄果序和鸡爪果序数量比为1:2。果实形状为三角状小果，千粒重132~148g，平均含蜡率32%，平均全籽油脂率40%；中熟品种。

（2）'中粒鸡葡柏'。本品种分布有限，仅在江西和浙江个别地区有栽培。树冠宽大，呈鹅卵形，枝梢粗长，结产果枝比率70%左右；树叶宽大，呈鹅卵形，叶柄长。复穗果序和单穗果序的数量比为1:2。果实形状为扁球形，果柄长1.5cm，种子千粒重190~205g，含蜡率35%~40%，全籽油脂率42%~45%；中熟品种。

（3）'小粒复爪柏'。本品种分布有限，仅在江西和湖南个别地区有栽培。枝梢细密，树叶呈菱状鹅卵形。果实较小，扁三角形，果皮薄，但不易开裂；种子小，蜡皮层薄，千粒重125~135g，含蜡率可35%~43%，全籽油脂率达45%~51%；中熟品种。

（五）乌桕优良品种

（1）'浙选分水葡萄柏-1号'。本品种树冠高展，产果枝比较高；树叶呈宽大鹅卵形；结三角形小果，种子蜡皮白厚，种子平均千粒重约239g，全籽油脂率约43%，可在11月中旬成熟。目前是我国最优良的乌桕无性系良种之一，造林12年可累计收果近1000kg，比对照无性系增产2.03倍，比同龄实生树增产6.91倍。

（2）'浙选铜锤柏-11号'。本品种树形较小，树冠半球形，产果枝粗；树叶厚大；结扁球形大果，种子大而蜡皮厚，种子平均千粒重约253g，全籽油脂率约47%，可在11月下旬成熟。目前是我国最优良的乌桕无性系良种之一，造林 12 年可累计收果近 837kg，比对照无性系增产 1.56 倍，比同龄实生树增产 5.66 倍。

（3）'浙选蜈蚣柏－1号'。本品种树形高展；鹅卵大树叶；三角形大果，种子大而呈椭圆形，种子平均千粒重约 257g，全籽油脂率约 47%，可在 11 月中旬成熟。目前是我国最优良的乌桕无性系良种之一，造林 12 年可累计收果近 900kg，比对照无性系增产 1.86 倍，比同龄实生树增产 6.54 倍。

（4）'浙选鸡爪柏－2号'。本品种树冠圆球形；树叶深厚；扁球形大果，种子大而蜡皮层厚，种子平均千粒重约 287g，全籽油脂率约 46%，可在 12 月下旬成熟。目前是我国最优良的乌桕无性系良种之一，造林 12 年可累计收果近 840kg，比对照无性系增产 1.56 倍，比同龄实生树增产 5.67 倍。

（5）'赣选棒槌柏－1号'。品种原名赣丰 1 号。本品种树冠倒立鸡蛋状；树叶深厚，呈菱形；三角形果，有独子果和二子果，种子平均千粒重约 166g，全籽油脂率约 50.7%，可在 12 月上旬成熟。造林 3 年产果株比率可达 50%，造林 5 年产籽 65.1kg/667m²，造林 8 年产籽 84kg/667m²，比对照增产 1.42 倍。

（6）'赣选葡萄柏－2号'。品种原名赣丰 2 号。本品种树冠较大，呈倒立鸡蛋状；树叶宽大，呈鹅卵形；三角形果，有独子果和二子果，种子平均千粒重约 144g，全籽油脂率约 47%，可在 11 月上旬成熟。造林 3 年产果株比率可达 70%，造林 5 年产籽 69kg/667m²，造林 8 年产籽 136kg/667m²。

（7）'赣选复序柏－3号'。品种原名赣丰 3 号。本品种树冠呈圆球状；树叶宽厚；着果密而小，果柄较短；种子平均千粒重约 156g，全籽油脂率约 41%，可在 12 月下旬成熟。造林 3 年产果株比率 15%，造林 5 年产籽 59kg/667m²，造林 8 年产籽 141kg/667m²。

（8）'赣选鸡爪柏－4号'。品种原名赣丰 4 号。本品种树冠呈圆球状；树叶宽厚，呈鹅卵形；扁球状大果，果皮较厚；种子平均千粒重约 259g，全籽油脂率约 45%，可在 12 月中旬成熟。造林 3 年不见产果株，造林 5 年产籽 80kg/667m²，造林 8 年产籽 123kg/667m²。

（9）'桂选葡萄柏－9号'。品种原名桂选分水葡萄柏 9 号。树冠呈圆球状；树叶宽厚，呈鹅卵形；扁球状大果；种子平均千粒重约 249g，全籽油脂率约 47%，可在 11 月中旬成熟。造林 3 年产果株比率 70%，造林 5 年产籽 86kg/667m²，造林 8 年产籽 122kg/667m²，比对照无性系增产 1.82 倍。

（10）'桂选短棒柏－1号'。品种原名枫选 1 号。树冠呈倒立鸡蛋状；树叶宽厚，呈鹅卵形；扁球状大果；种子平均千粒重约 189g，全籽油脂率约 53%，可在 11 月中旬成熟。造林 3 年产果株比率 100%，造林 5 年产籽 68kg/667m²，造林 8 年产籽 124kg/667m²，比对照无性系增产 1.46 倍。

（11）'桂选蜈蚣柏－2号'。品种原名广西蜈蚣柏 2 号。树冠呈圆球状；树叶宽厚，呈菱形；三角形大果；种子平均千粒重约 252g，全籽油脂率约 53%，可在 11 月中旬成熟。造林 3 年产果株比率 70%，造林 5 年产籽 93kg/667m²，造林 8 年产籽 158kg/667m²，比对照无性系增产 1.68 倍。

四、栽培技术

乌桕的栽培技术包括采种、育苗、栽植、抚育管理、病虫害防治和采收储存等方面。

（一）采种

优良无性系嫁接造林是最适宜的乌桕采种技术。种子的质量要求包括适应性强、产籽量高、含蜡质高和亚麻油酸含量高等。15~40年生的健康母树能够满足砧木的培育要求，而采种时间宜为11~12月。

（二）育苗

育苗所用土地质量要求包括土层深厚、疏松肥沃、排水良好和阳光充足等。播种前，首先应当对苗圃深耕和施肥，施以施肥量3000kg/667m²的厩肥。每年2~3月的春播期是较为合适的播种期。砧木苗培育前，种子需在80℃热水中浸泡，待自然冷却后继续浸泡，种子蜡质可采用2%的热碱液浸泡2天或人工揉搓法去除，湿润砂土催芽。3月中旬为合适的播种期，播种量宜为7.5kg/667m²（大种子）或15kg/667m²（小种子）。播种行距40cm（条播），覆土厚度2~3cm，淋水保湿。发芽后，可加强水肥管理，并除草和间苗，定苗株距可定为8~15cm。

（三）栽植

乌桕的栽植期可选定为落叶后至翌年3月间，早栽有利于成活和生长。生长健壮、根系发达、完整且无病虫害的一级乌桕苗（苗高80cm以上，地径80mm以上）可作为栽植苗。栽植时，宜将苗木根部置于穴中央，回填土直至根部基本埋没，并轻提苗木以使根系舒展，进而堆土压紧，使堆土呈馒头状，浇以定根水，并覆松土。

（四）抚育管理

乌桕属于深根型树种，因而可在冬季深挖施肥，改良土壤条件，促进根系更新复壮，利于翌年的春梢和花序生长。春季在春梢前或初期，施入速效肥。7月为果实生长期，需要施入较多的水分和肥分。

五、油脂理化性质

乌桕籽可榨出2种油：一种从表皮榨出的高硬度白色油脂，称为皮油（12%~35%出油率），皮油比重0.918~0.922，碘值20~29，皂化值200~209，脂肪凝固点45~53℃，其中月桂酸2.5%，棕榈酸57.6%，肉豆蔻酸3.6%，硬脂酸1.8%，油酸34.5%；另一种从种子榨出的干燥快、光泽澄清的油脂，称为梓油，梓油为干性油，含有毒素，不宜食用，其相对密度（25/25℃）0.936~0.944，折射率（25℃）1.481~1.484，酸值7mgKOH/g，碘值169~190，皂化值202~212 mgKOH/g。主要成分为油酸、亚油酸、亚麻酸的甘油酯，并含有少量2,4-癸二烯酸和棕榈酸的甘油酯。

六、加工利用

乌桕种籽一般在11~12月成熟，待果实的果皮变黑、开裂脱落或种子露白时采收。乌桕的采摘可与修剪同时进行。采收方式有采大枝、只采果穗不采枝、短截结果枝等。短截结果枝是将果穗和结果枝上部一同剪下，留下果枝基部一段作为翌年的结果母枝。采摘的桕籽应当晾干，而不能暴晒，以保持果实的安全含水率在7%以内。果实可用麻袋或木桶在通风干燥处贮藏。榨油用桕籽要边脱粒边加工，以提高榨油效果。育苗用果实则应选结实丰富、种粒大、种仁饱满和蜡皮厚的果实脱粒，晒1~2天，用麻袋或木桶装籽放于干燥通风的室内。

（一）乌桕油利用

乌桕的蜡皮一般占全籽重的36%、种仁占30%、种壳占34%。100kg桕籽可榨取桕脂23～25kg、梓油16～18kg，得到皮饼8～9kg和梓饼10～11kg。乌桕林经正确经营，每公顷桕籽产量可达到3000kg以上，可榨出油脂1.3t，高于油茶、油桐和油棕。

乌桕籽油可分为梓油和皮油。其中，梓油为乌桕籽经脱白、剥壳、打粉、蒸坯和榨饼后得到的桕油。而皮油是乌桕籽表面包裹的白色蜡状物，即桕白。

（1）炒茶。我国传统的制茶工艺主要采用人工炒茶，需要在锅里抹些乌桕油起到润滑作用，以保证炒茶过程的流畅程度。然而，新近研究发现，乌桕油易在高温条件下加速茶叶变黑，影响外观。同时，乌桕油混入茶叶，使得冲泡时茶水表面有油花产生，严重影响名优茶叶的品质和卖价。同时，目前国内大部分茶叶企业均采用机械炒茶，不再使用人工炒茶。因此，乌桕油在制茶业中的应用已逐年减少。

（2）蜡烛和肥皂。由于乌桕油富含蜡质，在中国古代乌桕油是制备蜡烛和肥皂的原料之一。

（3）食用油。乌桕皮油富含脂肪酸、糖、蛋白质、6种人体必需微量元素、18种氨基酸和多种维生素，营养丰富，无异味，对人体的生长发育和新陈代谢具有特殊的功能，是一种重要的食品和保健品工业原料。目前常用的乌桕油提取工艺为超临界CO_2法，可以在不粉碎乌桕籽的情况下，通过CO_2流体与乌桕籽皮油充分接触而得到有效成分。

（4）生物柴油。乌桕梓油中总脂肪酸含量超过92%，其中主要成分含量按由高到低排序为亚麻酸、亚油酸、油酸、软脂酸和癸烯酸等，而乌桕果皮油中主要成分含量按由高到低排序为棕榈酸、油酸、亚油酸和亚麻酸等。因此，乌桕梓油和皮油均可通过酯交换反应制备高品质生物柴油。可通过浸提法和超临界CO_2流体萃取技术，将梓油和皮油从乌桕果实中提取出来。在酯交换过程中，工业上常采用碱性催化剂，例如KOH和NaOH等。而纳米固体催化剂和脂肪酶等新型催化剂也正在尝试阶段。

（二）乌桕饼粕的利用

（1）做饲料。乌桕饼粕富含蛋白质和糖类，能够替代蛋白饲料作为动物饲料的配料，掺入日粮饲料中。但是，乌桕饼粕的掺入比例不可过高，一般6%的掺入比例比较合适，可以使动物瘦肉率高，肉质好，味鲜美，降低成本，提高10%以上的经济效益。

（2）做食用菌辅料。乌桕饼粕是很有潜力的食用菌生产辅料，特别是在相对贫瘠的草栽食用菌栽培料中。乌桕饼粕中的饱和脂肪酸能缩短食用菌菌丝萌发时间，不饱和脂肪酸能促进食用菌菌丝分枝，并对食用菌的生长具有增加的效果，而乌桕饼粕中有毒的萜类物质不会向食用菌籽实体中转移。

主要参考文献

1. 蒙剑，许杰. 乌桕生物质能源开发利用现状及产业化发展对策[J]. 黑龙江生态工程职业学院学报，2009(4)：36－37.

2. 刘火安，姚波. 乌桕油脂成分作为生物柴油原料的研究进展[J]. 基因组学与应用生物学，2010(2)：402－408.

3. 金代钧，黄惠坤，唐润琴，童庆元，石东扬，侯正生. 中国乌桕品种资源的调查研究[J]. 广西植物，1997(4)：345－362.

4. 胡保安. 湖南省乌桕品种(类型)的调查研究[J]. 经济林研究，1985(2)：7－11.

5. 周平华，柯先雨．乌桕栽植技术[J]．农技服务，2009(2)：133，166.

6. 张良波，陈景震，王丽云，李培旺，李昌珠．乌桕育苗与造林研究进展[J]．湖南林业科技，201(4)：68－71.

7. 万志兵，何结良．乌桕育苗及幼苗生长节律研究[J]．湖南农业科学，2010，23：132－134.

8. 金莹，郭康权，何蔚娟，孙艳萍．乌桕籽皮油超临界 CO_2 流体萃取及其成分分析[J]．食品科学，2009(1)：63－65.

9. 罗洁．乌桕籽对食用菌菌丝营养生长及产品品质影响的研究[D]．南昌：南昌大学，2008.

10. 谢日芬．乌桕的栽培技术[J]．吉林农业，2011(4)：186.

11. 魏永进．乌桕的繁育与栽培[J]．湖南林业，2007(11)：22.

（李培旺、张良波、蒋丽娟）

第八节　蓖　麻

蓖麻(*Ricinus communis*)，又名大麻子、老麻子、肚蓖、天麻子果等，为大戟科蓖麻属，是世界十大油料作物之一，种子含油量高，蓖麻籽含油率为46%～56%，籽仁含油率高达70%以上。蓖麻油中含蓖麻醇酸、油酸、亚油酸、硬脂酸、甘油等，其中蓖麻醇酸的含量约为82%。蓖麻油具有在500～600℃高温下不变质、不燃烧，在－18℃的低温下不凝固的特性，是重要的工业原料。

蓖麻起源于非洲东部埃塞俄比亚一带。并由非洲向外传播，先传入非洲，又经亚洲传到美洲，后传欧洲，再传拉丁美洲的墨西哥、危地马拉等地区。我国由印度传入，1400年前就有栽种的记载。我国现有蓖麻种植面积15万～20万 hm^2，年产蓖麻籽15万～25万t，平均单产在1200～1300kg/ hm^2，主要分布在内蒙古、吉林、山西、新疆等地。

一、生物学特性

种子在10℃以上才能发芽，当温度在10～30℃时，发芽速度随温度升高而加快。当温度在15℃时，4.5天后有98.5%的种子发芽；温度为20℃时，4.3天后有98.5%的种子发芽；温度为30℃时，只需2.3天便会有98.5%的种子发芽。当温度高于35℃时，种子发芽便会受到抑制。在田间，当昼夜平均温度保持在15～18℃，在砂质土壤中，土壤湿度达14%，即可发芽，但发芽比较迟缓；而当土壤水分上升到16%～18%时，发芽迅速而整齐。在黑黏土条件下，土壤水分必须达到20%，才能发芽，而最适合土壤湿度是22%～24%，肥力中等的土壤中，覆土3～4cm，经过15～17天后，便会有50%的幼苗出土。

蓖麻要完成生长发育过程，需要有充足的光和热量。从出苗至成熟，需要10℃以上2000～3500℃的昼夜有效积温。在生长初期和开花至种子灌浆时期，蓖麻需要35%～40%的土壤含水量(即土壤湿润而不潮)，空气相对湿度也需达65%～80%。当月平均降雨量少于50mm时，就应进行灌溉。当然，不同的类型和品种之间差异很大。在4月份种植的一年生的中国东北蓖麻亚种，在其生长发育过程中，6、7、8三个月的温度至关重要。6月的平均温度不能低于20℃，7、8两个月的温度不能低于23～24℃，否则，蓖麻生长发育延缓，种子的产量和含油量降低。宿生蓖麻如果在有条件的情况下，在中亚热带和南亚热带，3月灌水，新发出的果枝便能迅速现蕾开花，在5、6、7(此时20℃的温度在上述地区一般都能得到保证)三个月开花结实，此时是其关键时期，即第一次生殖生长时期，也是当年的丰产期。在 7 月份收获后，经过修剪、施肥、管理，迎来的第二次生殖生长时期，9 月和 10 月便是此阶段的重要时期，此时的温度在这个地区一般都能得到保证，但在中亚热带的部分地区要注意秋季的低温多雨气候。而在北亚热带，往往这一时期的气温很低，甚至不能完全成熟。

二、生态学特性

蓖麻对土壤的酸碱性具有一定的适应能力。土壤溶液的 pH 值在 4.5 ~ 8.5 的范围内均能生长，但却以有机质含量多，排水性好，又有一定的保水性的土壤为佳。如砂壤土、黑钙土的熟化土壤最适合蓖麻生长。不宜提倡在贫瘠红壤、酸性较强红壤和瘠薄的轻质砂土上种植。

三、主要品种

我国已经收集蓖麻种质资源 2074 份，并选育出一系列蓖麻良种。

(1)'湘蓖 1 号'。湖南省林业科学院选育出的中熟品种，2009 年湖南省农作物品种审定委员会审定命名。特征：播种至出苗 10 ~ 20 天，出苗期 45 天左右，现蕾至主穗成熟 50 ~ 55 天。株高 2.0 ~ 2.5m，株型紧凑，主茎节数 13 节，主茎穗位高 63cm，茎秆紫色，分枝能力中等。种皮光滑硬脆，红至黑褐色，上有浅色花纹，种子百粒重 39g 以上。在一般立地条件和栽培管理技术下，主穗有效长 30 ~ 40cm，一级分枝穗 3 个，有效穗长 28 ~ 35cm，二级分枝穗 4 ~ 5 个，有效穗长 20 ~ 25cm，单株成熟穗 8 ~ 10 个，单株有效果数 300 ~ 400 个。油质好，种子含油率高达 50.83%，籽仁含油率高达 67.12%，蓖麻酸含量 80.12%。平均亩产 248.3 ~ 286.2kg。

(2)'淄蓖 7 号'。淄博市农业科学研究院育成的中熟蓖麻杂交种，2010 年山东省农作物品种审定委员会审定。特征：从出苗到主穗成熟 120 天左右。株高 225cm，一级分枝 4 ~ 5 个。果穗宝塔形，主穗长 65 ~ 95cm，蒴果有刺，着生密集。种子椭圆形，有棕红色花纹，百粒重 52g 左右，出仁率 74.7%，种子含油率 50.08%，种仁含油率 67.04%，平均亩产 334.7kg，适于全国各地无霜期 135d 以上的地区种植。

(3)'淄蓖 8 号'。淄博市农业科学研究院育成的中熟蓖麻杂交种。2007 年 12 月通过新疆伊犁哈萨克自治州农作物品种审定委员会审定。特征：出苗至主茎穗成熟 100 天左右，株高 210cm 左右，茎粗 2.94cm 左右，茎色多为紫红色，主茎 7 ~ 10 节，有蜡粉；穗宝塔形，蒴果密度中紧，蒴果绿色，有刺，不易开裂；主茎穗：穗位 51.26cm 左右，穗长 55 ~ 67cm，平均蒴果数 92 个；一级分枝：分枝数 4 ~ 5 个，平均穗长 63.2cm，平均蒴果数 78 个；二级分枝：平均穗长 47.6cm，平均蒴果数 54 个；种子椭圆形，有棕褐色花纹，百粒重 41g，出仁率 75.81%，种子含油率 51.06%，种仁含油率 67.35%，亩产 300kg 以上，较耐盐碱，对枯萎病有较强的抗性。适于全国各地无霜期 120 天以上的地区种植，在东北、西北、华北等地表现特别突出。

(4)'晋蓖麻 2 号'。山西省农业科学院经济作物研究所选育的蓖麻杂交种。1999 年经山西省品种审定委员会第三届四次会议审定命名。特征：株高 150 ~ 170 cm，主穗位高 55cm，株形较紧凑，茎秆绿色，叶色深绿，果穗塔形，平均有效果穗 4.5 个，平均果穗长

63 cm，籽粒椭圆形。种子黑色，出仁率 76%，籽粒含油率 51.87%，平均亩产 291.1kg。该品种生长势强，性状稳定，抗旱耐瘠薄，在河南、河北、广西、新疆、宁夏、陕西等地推广种植。

（5）'晋蓖麻 4 号'。山西省农业科学院经济作物研究所选育的蓖麻杂交种。2005 年通过山西省农作物品种审定委员会审定。特征：从出苗到主穗成熟 105 天左右，主茎节数 11~13 节，属中早熟品种，适宜华北、西北无霜期 125 天以上的地区种植。茎秆及叶柄均为绿色，有轻度蜡层，蒴果有刺，成熟整齐一致，不炸果，不落粒。属高抗病品种。该杂交中生长势强，性状稳定，早熟抗病，抗旱耐瘠薄，增产潜力大，适应性广，平均亩产 250kg 左右。

（6）'哲蓖 4 号'。内蒙古哲盟农研所选育的中熟蓖麻杂交种。1999 年经内蒙古自治区农作物品种审定委员会审定命名。特征：从出苗到主茎穗成熟 94 天左右，茎秆紫色，蒴果无刺，株高 208cm，主茎穗位 38.7cm，一级分枝穗位 114cm。单株成熟穗 6~7 个，单株粒数 306 粒，单株粒重 97g，出仁率 75.3%，籽仁含油率 67.74%，种子含油率 50.4%，平均亩产 175.6kg，蒴果成熟时不裂蒴、不炸果、不落粒、易采收，适宜集中收获。抗枯萎病、灰霉病，抗旱、涝、耐瘠，适应性强。

（7）'福航优 2 号'。福建农林大学作物科学学院选育出的光钝感晚熟杂交品种。2012 年福建省农作物品种审定命名。特征：生长期 135 天，平均株高 460.8cm，始果高度 433.5cm，茎粗 2.26cm，鲜皮厚 1.47mm，单株鲜茎重 844.5g，单株鲜皮重 369.8g，单株干皮重 85.8g，晒干率 23.19%。炭疽病病情指数 2.5，炭疽病病株率 4.6%，立枯病病株率 3.6%，杆枯病病株率 5.3%。

（8）'滇蓖 2 号'。云南省农业科学院选育出抗性强的蓖麻杂交品种，2012 年通过云南省林业厅新品种注册登记。生长健壮整齐、分枝多、花序雌花多，种子含油率 55.2%，百粒重 65g 左右，生育期（主穗成熟）130 天左右，亩产量达 216kg。适宜在云南省海拔 2100m 以下的地区种植，最适宜种植区为：海拔 1900~800m，降雨量 800~1200mm 的地区种植。同时，该品种还适宜在缅甸、老挝、柬埔寨的高温、高湿及冬春干旱地区大面积推广。

（9）'白蓖 20 号'。吉林省白城农业科学院选育出的蓖麻杂交新品种，2007 年经吉林省农作物品种审定委员会审定。特征：植株茎秆绿色，株高 211cm，分枝 45 个，单株成穗 3 个。果穗宝塔形，主穗长 70~90cm，蒴果有刺，种子椭圆形，呈灰底褐纹，百粒重 30.76g，含油率 53.28%。亩平均产量 180kg。出苗至主穗成熟 120d，需 ≥10℃ 积温 2500℃ 左右，全株成熟需要有效积温 2700℃。

四、栽培技术

1. 播种

在北方可在 4~5 月上旬播种，长江流域可在 3 月上旬至 4 月上旬播种，云南、贵州、四川、广西、湖南等地虽播种期可以放宽一些，但以昼夜温度在 10℃ 以上，土壤水分达到湿润，满足种子发芽，幼苗生长为宜，尽量提早播种为好，一般每个塘为 2~3 粒，蓖麻播种后，覆土深度要适当。墒情差，覆土太浅，表皮干燥，种子不易出苗；覆土太深，幼苗出土困难。蓖麻是双子叶植物，而且子叶较大，出苗是两片子叶先出土，消耗的能量比较大，所以覆土不能太深。在土壤水分适中的情况下，覆土深度以 3~5cm 为宜。

2. 整枝打顶

在蓖麻的主茎上潜伏着许多腋芽，为促进腋芽的提早萌动，使其多分枝，多结果，常采取用手摘去主茎顶端的生长点的办法，以求第一、第二分枝的生长，这一措施叫"打顶"或"摘心"。蓖麻的适时"打顶"，可控制蓖麻生长的高度，抑制徒长，促进早熟。该措施能有效地促进第一分枝的发育，提高种子的产量和质量。在南亚热带和中亚热带，不仅能使第二分枝成熟，而且获得第三级分枝的大部分产量，使单株产量和群体产量有机地结合起来，获得优质高产。"打顶"的方法是：在有 7~8 片真叶时，掐掉主茎顶芽，但不要损伤顶芽两旁已张开的幼嫩真叶(有的 5~6 片真叶时可进行)。

3. 肥水管理

现蕾开花亩追尿素 10~15kg，磷酸二铵 5kg；结果灌浆追适氮肥和微肥；追肥结合浇水。雨后排干水，切忌大水漫灌(也可每次亩施复合肥 7~10kg)。

4. 病虫害防治

苗期主要害虫是地老虎，危害蓖麻幼苗，从幼苗基部将其咬断，造成缺苗断垄。可采取播种时每亩施入映喃丹 1.5~2.5kg 防治，苗期撒毒麸皮、毒草等毒饵诱杀。蓖麻灰霉病是常见的蓖麻病害，以危害果穗为主，一旦发病，无法用促进蓖麻再生长来补偿，在病害始发期使用 5% 百菌清粉尘剂或 10% 灭克粉尘剂，每亩每次 1000g 喷粉，9 天一次，连续 2~3 次。在病害发病初期，使用 45% 灰霉灵可湿性粉剂 500 倍，50% 扑海因可湿性粉剂 1500 倍，60% 防霉宝(多菌灵盐酸盐)超微粉 600 倍等，注意交替使用上述药剂，以防产生抗药性。蓖麻四星尺蛾一般发生在 7~9 月份，在产卵高峰 2~3 天后至幼虫三龄前喷洒 80% 敌敌畏乳油 1000~1200 倍液或 90% 晶体敌百虫 800~900 倍液，叶用蓖麻可在喷后 7 天采叶喂蚕；籽用蓖麻还可喷洒 30% 乙酰甲胺磷乳油 1000 倍液。

5. 采收

蓖麻花期长，是果实陆续成熟作物。蓖麻成熟后果壳逐渐干枯，果皮开裂，子粒容易脱落。一般开花后 50 天左右，含油率达最大值。当植株主茎上的蒴果成深褐色，毛刺变硬，且蒴果凹陷并有部分发生裂痕时，蒴果达到生理成熟，即有 80% 的蒴果变成黄褐色，果实凹入部分有明显的裂痕，用手可以捏开时，用剪刀剪下。成熟一批，采收一批，一般收 3~4 次，到严霜降临后一次收完。分批晾晒，严防子粒霉变，有蓖麻脱壳机脱后晾干入库，在脱壳中如发现有破损的种子要及时剔除，以免子粒受潮霉变，影响蓖麻油的质量。

五、油脂理化性质

蓖麻油是一种天然脂肪酸的甘油三酸酯，有 75% 左右的三甘油酯含三个蓖麻酰基，其余的三甘酯主要含两个蓖麻酰基和一个其他长链脂肪酰基。脂肪酸中最主要的成分是蓖麻油酸，占脂肪酸总质量分数 89%，亚油酸占 4.2%，油酸占 3.0%，硬脂酸占 1.0%，棕榈酸占 1.0%，亚麻酸占 0.3%，二羟基硬脂酸占 0.7%。蓖麻油的羟基平均官能度为 2.7 左右，属于不干性油，密度 0.95~0.974 g/cm^3，凝固点 -10~18 ℃，碘值为 80~90 mg，皂化值 170~190 mgKOH/g，羟值 156~165 mgKOH/g。蓖麻油几乎不溶于石油烃类溶剂，但可溶于乙醇，具有良好的贮存性能。

六、加工利用

(一) 蓖麻油的利用

蓖麻籽通过不同的制油工艺可抽取不同级别的蓖麻油。蓖麻油其主要成分为蓖麻油酸 (顺式-12-羟基十八碳-9-烯酸),含量最高,其他还有棕榈酸、硬脂酸、蓖麻油酸、油酸、亚油酸等脂肪酸。蓖麻油是高级脂肪酸的甘油,含有双键、羟基和酯基三种功能基团,因而可以发生多种反应,如皂化(水解)、磺化、酯化、酰胺化、卤化、氢化、硫酸化、环氧化、乙氧基化、裂化、脱水、碱解和酯交换等,可进行广泛的化学深加工合成表面活性剂(纤维加工油剂、染色助剂、润滑剂、化妆品、肥皂、香波、餐洗剂、漂白、润湿和柔软剂等)、香料(12-氧杂十六烷内酯、11-氧杂十六烷内酯、十三烷二酸环乙撑酯、环十五内酯、正庚醛、α-戊基肉桂醛、γ-壬内酯、二氢茉莉酮、α-戊基苯丙醛、三己酸甘油酯、己酸乙酯、己酸烯丙酯)、医药(十一烯酸锌、十一烯酸乙酯、十一烯酸单乙醇胺、十一烯酸磺化琥珀酸酯、己基间苯二酚、己酸孕酮、正己酸等)、其他精细化学品及其中间体(癸二酸二丁酯、癸二酸二辛酯、壬二酸、壬二酸二辛酯、双癸二酸酯、尼龙 1010 盐及纤维、尼龙 610、失水蓖麻油酸内酯、氧化蓖麻油、氢化蓖麻油、十二羟基硬脂酸、辛二酸、仲辛醇、聚氨酯等)。

(二) 蓖麻粕的利用

蓖麻饼粕中含有丰富的蛋白质,粗蛋白含量达 33%~35%,为粮食作物的 3 倍。脱壳脱脂饼粕粗蛋白含量可高达 69%,蓖麻蛋白中含有球蛋白 60%,谷蛋白 20%,清蛋白 16%,不含或含少量动物难以吸收的醇溶蛋白。蓖麻饼粕中含有少量毒素,它们是蓖麻碱、毒蛋白、血球凝集素、变应原。其中蓖麻碱(ricinine)为 N-甲基-3-氰基-4-甲氧基-2-吡喃酮,占籽重的 0.15%~0.2%,在脱脂饼粕中占 0.3%~0.4%;毒蛋白又称蓖麻毒素(ricin)是高分子蛋白毒素,占籽重的 0.5%~1.5%,占脱脂饼粕的 2%~3%;变应原(anatoxin)属脲类,约占籽重的 0.4%~0.5%。除此之外,蓖麻粕的其他主要成分是纤维、灰分、多缩聚糖、色素、植酸盐等,蓖麻饼是含有较高氮、磷、钾和微量元素的有机肥料,其中含氮 7.50%、磷 2.25%、钾 6.96%、可溶性糖 2.58%、铁 1490 mg/kg、铜 93.5 mg/kg、锌 107.0 mg/kg、锰 52.8 mg/kg。因此,蓖麻粕可以提取蓖麻毒素用于抗癌药物的研究,也可以制成高蛋白的动物食料,还可以制颗粒农药载体、制压塑粉(模塑粉)填料和活性炭、制作有机肥料等。

(三) 蓖麻其他利用

蓖麻的籽、根、茎、叶可制成的植物杀虫剂,具有良好的杀虫防虫效果。蓖麻叶含有丰富的蛋白质、脂肪、碳水化合物、多种维生素和矿物质,营养丰富,可以用于养蓖麻蚕。蓖麻丝纤维的性能与桑蚕丝、柞蚕丝相似,具有弹性好、吸湿性优、可纺性佳等优点,是绢纺工业三大原料之一。蓖麻秸秆皮的纤维较长,抗拉强度较大,除了可以直接制作麻绳、麻类编制物外,还是麻纺工业、造纸工业、人造木材工业的优质材料,并可制作高级新闻纸和高级卷烟纸;将秸秆粉碎后,经干燥、调拌胶液、装模、加热和加压,可制成人造木板,用于建筑、装修、包装等工业,以代替木材使用;在制作人造木板的过程中,加入添加剂,可制成具有防水、防火、防腐、保鲜、清香等特点的木板系列产品,以供特殊之用。

主要参考文献

1. 严兴初. 特种油料作物栽培与综合利用[M]. 武汉：湖北科学技术出版社，2000.
2. 王光明. 蓖麻育种与栽培[M]. 北京：中国农业出版社，2013.
3. 潘国才，丁爱华. 蓖麻的综合利用现状[J]. 农业科技与装备，2009(1)：1-5.
4. 蒋旭红，宋光泉. 蓖麻饼粕的综合开发与利用[J]. 仲恺农业技术学院学报，2001，14(1)：54-59.

（李培旺、张良波、李昌珠、王光明）

第九节 漆 树

漆树（*Toxicodendron* spp.），又名大木漆、山漆树，因产生漆而得名，为漆树科漆属落叶乔木、灌木或木质藤本，具白色乳汁，是优质天然涂料和装饰原料。漆树是我国重要的特用经济林。漆是天然树脂涂料，素有"涂料之王"的美誉。木材坚实，生长迅速，为天然涂料、油料和木材兼用树种。该物种为中国植物图谱数据库收录的有毒植物，其毒性在树的汁液，对生漆过敏者皮肤接触即引起红肿、痒痛，误食引起强烈刺激，如口腔炎、溃疡、呕吐、腹泻，严重者可发生中毒性肾病。漆树核果果皮具蜡质，可制取漆蜡；种仁富含油脂，可制取漆油。漆蜡、漆油是重要的工业油料。

一、生物学特性

漆树为落叶乔木，高可达20m。树皮灰白色，粗糙，呈不规则纵裂，小枝粗壮，被棕黄色柔毛，后变无毛，具圆形或心形的大叶痕和突起的皮孔；顶芽大而显著，被棕黄色茸毛。奇数羽状复叶互生，常螺旋状排列，有小叶4~6对，叶轴圆柱形，被微柔毛；叶柄长7~14cm，被微柔毛，近基部膨大，半圆形，上面平；小叶膜质至薄纸质，卵形或卵状椭圆形或长圆形，长6~13cm，宽3~6cm，先端急尖或渐尖，基部偏斜，圆形或阔楔形，全缘，叶面通常无毛或仅沿中脉疏被微柔毛，叶背沿脉上被平展黄色柔毛，稀近无毛，侧脉10~15对，两面略突；小叶柄长4~7mm，上面具槽，被柔毛。圆锥花序长15~30cm，与叶近等长，被灰黄色微柔毛，序轴及分枝纤细，疏花；花黄绿色，雄花花梗纤细，长1~3mm，雌花花梗短粗；花萼无毛，裂片卵形，长约0.8mm，先端钝；花瓣长圆形，长约2.5mm，宽约1.2mm，具细密的褐色羽状脉纹，先端钝，开花时外卷；雄蕊长约2.5mm，花丝线形，与花药等长或近等长，在雌花中较短，花药长圆形，花盘5浅裂，无毛；子房球形，径约1.5mm，花柱3。果序多少下垂，核果肾形或椭圆形，不偏斜，略压扁，长5~6mm，宽7~8mm，先端锐尖，基部截形，外果皮黄色，无毛，具光泽，成熟后不裂，中果皮蜡质，具树脂道条纹，果核棕色，与果同形，长约3mm，宽约5mm，坚硬。花期5~6月，果期7~10月。

漆树的根为直根系，主根不明显，侧根发达，成年树根幅可达10m左右。根的初生结构仅在主根或各级侧根的根毛区，构成根系的主要部分是次生结构，由外至内为周皮、次生韧皮部、形成层和次生木质部。次生韧皮部具韧皮射线，韧皮射线由1列薄壁细胞构成，韧皮射线之间具漆汁道。3月上中旬，当土温达到15℃左右时，根系开始活动，吸收养分和水分。10 月中下旬，树液停止流动，土温降至 15℃ 以下时，根系停止生长。

漆树茎的初生结构仅限于更新芽部分，其余均为次生结构。次生结构由外到内为周皮、次生韧皮部、形成层和次生木质部。次生韧皮部和次生木质部的组成同根系。漆树各类器官均具漆汁道，漆汁道是由 1 层分泌细胞和 2~3 层薄壁细胞包围形成的椭圆形或近圆形的腔道，是生漆分泌和贮藏的场所。树干次生韧皮部具众多的漆汁道，是采割生漆的主要部位。生漆主要在细胞质体和内质网中合成，各种成分及含量随漆树品种、气象因子、生长环境、割漆时间和采割技术的不同而有差异。4 月上中旬，萌芽抽梢，5 月下旬快速生长，成年树 7~8 月停止生长，幼苗、幼树 8~9 月停止生长，10 月中下旬叶片脱落。贵州大木漆的胸径、树高速生期分别为 4~12 年和 4~11 年，年均生长量分别为 0.86cm 和 0.56m。

漆树一般为雌雄异株，雌花中雄蕊退化，雄花中雌蕊退化。漆树的果实为核果，果皮分外果皮、中果皮和内果皮 3 层。外果皮由 1 层增厚且木质化的表皮细胞以及 2~4 层薄壁细胞构成；中果皮占果皮的绝大部分，主要成分是漆蜡，呈浅黄色或灰绿色；内果皮由石细胞构成。具 1 枚无胚乳种子。5 月下旬至 6 月上旬开花，9~10 月果实成熟。

二、生态学特性

漆树在我国分布广泛，跨越亚热带和暖温带。南起北纬 19° 的海南，北至北纬 42° 的辽宁，西起东经 97° 的西藏，东至东经 125° 的东南沿海，包括 24 个省份 500 多个县（市、区）。漆树分布海拔 100~3000m，以 400~2000m 居多。介于 26°34′~34°29′N、103°53′~112°10′E 之间的秦岭、大巴山、武当山、邛崃山、巫山、武陵山、武夷山、大娄山及乌蒙山，漆树的常见度和群集度高，品种繁多，割漆历史悠久，是我国漆树分布中心。秦巴山地和云贵高原为漆树分布集中的地区。云南、四川、贵州三省的产量最多，福建是我国著名漆器产区。

漆树为喜光树种，不耐阴，喜生于背风向阳、光照充足、温和湿润的环境，阳坡生长优于阴坡。漆树最适宜的气候条件：年均气温 15℃ 左右，1 月平均气温 2.5~5℃，极端最低气温 -10℃ 左右，≥10℃ 活动积温 4500℃ 左右，年降水量 750~1200mm，相对湿度 70% 以上。漆树生长量随海拔升高而下降。漆树在土层深厚肥沃的山坡中下部生长良好，在土层 50cm 以下，土壤瘠薄、质地黏重、易积水的地方生长不良。漆树适应 pH 值 4.5~7.5 的环境，在酸性土壤中生长较慢，割漆较晚，但漆质较好，在碱性土壤中生长较快，割漆较早，但漆质较差。

三、主要品种

（一）主要种类

漆树属全世界约 150 种，分布于亚洲东部和北美至中美，中国产 15 种。

（1）漆树（*T. vernicifluum*）。落叶乔木，高 20m；幼树皮较光滑，灰白色，老树皮不规则纵裂，灰褐色，小枝幼时被棕黄色茸毛，后变无毛，具圆形或心形叶痕，皮孔突起，顶芽被棕黄色绒毛。奇数羽状复叶互生，小叶 4~6 对，薄纸质、卵形、卵状椭圆形或长圆形，长 6~13cm，宽 3~6cm，先端急尖或渐尖，基部圆形或阔楔形，偏斜，全缘，叶表无毛或仅沿中脉被柔毛，叶背沿叶脉被柔毛。总状或圆锥状花序，微被柔毛；雌雄异株或杂性，花黄绿色。果序下垂；核果肾形或椭圆形，略呈扁状，长 5~6 mm，宽 7~8 mm，先端锐尖，基部楔形；外果皮黄色，具光泽，成熟不开裂；中果皮蜡质；果核棕色，坚硬，长约 3 mm，宽约 5 mm。花期 5~6 月，果期 7~10 月。产黑龙江、吉林、内蒙古、新疆以外的各省份，主要分布在温暖湿润地区，海拔 500~2800m；日本、朝鲜、印度、越南、泰国、菲律宾、柬埔寨、缅甸、伊朗等地有栽培。陕西南郑果实含油 29.4%；湖北恩施果肉含油 45.7%、种子含油 11.6%；辽宁抚顺、贵州大方、云南云龙、四川蒲江种子含油率分别为 9.8%、11.4%、12.5%、16.7%。

（2）野漆树（*T. succedaneum*）。落叶乔木或小乔木，高 10m；植物体各部无毛；小枝粗壮，顶芽紫褐色。羽状复叶常集生枝顶，小叶 4~7 对，对生或近对生，薄革质，长椭圆形或卵状披针形，长 5~16cm，宽 2~5.5cm，先端渐尖或长渐尖，基部圆形或阔楔形，偏斜，全缘，叶背常具白粉。圆锥花序长 7~15cm，多分枝；花黄绿色，径约 2mm。果序下垂；核果偏斜，压扁状。花期 5~6 月，果期 7~10 月。产华北及长江以南，海拔 150~2500m；国外分布印度、中南半岛、朝鲜和日本。木材暗黄色，坚硬，致密，供家具、装饰、工艺品用。茎皮含鞣质 21.35%，可提栲胶。广东封开果实含油 18.5%，四川灌县种子含油 9.3%。

（3）小漆树（*T. delavayi*）。落叶小灌木，高不超过 2m；植物体各部无毛，树皮灰褐色，皮孔小，椭圆形突起，幼枝紫色，常被白粉。奇数羽状复叶互生，小叶 2~4 对，纸质，披针形或卵状披针形，长 3.5~5.5cm，宽 1.2~2.5cm，先端急尖或渐尖，基部阔楔形或圆形，略偏斜，全缘或上半部具疏锯齿，叶背被白粉。总状花序，花淡黄色，径约 2mm。果序下垂；核果斜卵形，略呈扁状。花期 4~5 月，果期 8~9 月。产云南及四川西南部，海拔 1100~2500m。云南昆明种子含油 17.1%。

（4）毛漆树（*T. trichocarpum*）。落叶乔木或灌木；小枝灰色，幼枝被黄褐色微硬毛，顶芽密被黄色茸毛。奇数羽状复叶互生，复叶各部密被黄褐色微硬毛，小叶 4~7 对，纸质，卵形、椭圆形或倒卵状长圆形，长 4~10cm，宽 2.5~4.5cm，先端渐尖，基部圆形或截形，略偏斜，叶片有时呈波状，全缘或具粗齿，具缘毛。圆锥花序，密被黄褐色微硬毛，花黄绿色。果序下垂；核果扁圆形，长 5~6mm，宽 7~8mm；花期 6 月，果期 7~9 月。产湖南、湖北、贵州、江西、福建、浙江、安徽等地，海拔 900~2500m；国外分布日本和朝鲜。

（5）黄毛漆（*T. fulvum*）。落叶乔木，高 10m；幼枝被锈色茸毛，老枝无毛。奇数羽状复叶互生，复叶各部密被锈色茸毛，小叶 4~6 对，革质，长圆形，长 8~14cm，宽 3.5~4cm，先端渐尖或急尖，基部圆形或截形，偏斜，全缘或上部具不明显细齿。圆锥花序，密被锈色茸毛。果序直立；核果近球形，略呈压扁状，径 5~6mm；外果皮黄色，具光泽，成熟时不规则开裂，裂片外卷。产云南南部，海拔 1000m；国外分布泰国北部。

（6）绒毛漆（*T. wallichii*）。落叶乔木，高 5~7m；小枝密被锈色茸毛。奇数羽状复叶互生，密被锈色茸毛，小叶 3~5 对，革质，卵形、椭圆形或长圆形，长 10~13cm，宽 5~7cm，先端渐尖，基部圆形或近心形，全缘。圆锥花序，密被锈色茸毛，花淡黄白色。果序直立，果密集排列；果球形，径 8~10mm；外果皮略具光泽，成熟时不规则开裂。产西藏南部，海拔 1850~2400m；国外分布印度北部及尼泊尔。

（7）硬毛漆（*T. hirtellum*）。落叶小灌木，高约 1.2m；各部密被黄色微硬毛；小枝纤细，灰棕色。奇数羽状复叶互生，小叶 2 ~ 3 对，卵形或卵状长圆形，纸质，长 1.5 ~ 3.5cm，宽 1 ~ 1.5cm，先端急尖，基部圆形或阔楔形，偏斜，全缘或上半部具粗齿，具缘毛。总状或圆锥状花序。果序下垂；外果皮黄绿色，具光泽，成熟时不开裂。产四川西南部，海拔 1400m。

（8）大叶漆（*T. hookeri* var. *microcarpum*）。落叶小乔木，高 6m；小枝灰褐色，幼枝被毛，老枝无毛。奇数羽状复叶互生，小叶 3 ~ 4 对，革质，椭圆形或长圆形，叶片较大，长 14 ~ 23cm，宽 6 ~ 9cm，先端急尖或渐尖，基部圆形，全缘，叶面无毛，叶背被锈色毛。圆锥花序。果序直立；果近球形，径 4 ~ 5mm；外果皮黄色，具光泽，成熟时不规则开裂。花期 7 月，果期 8 ~ 11 月。产云南西北部、西藏东南部，海拔 1250 ~ 2600m。

（9）尖叶漆（*T. acuminatum*）。落叶乔木，高 4 ~ 7.5m；枝叶无毛，灰褐色，顶芽褐色。奇数羽状复叶互生，小叶 2 ~ 4 对，纸质，椭圆形或长圆形，长 5 ~ 11cm，宽 2 ~ 5cm，先端长尾尖，基部圆形或阔楔形，全缘，叶背被白粉。圆锥花序，微被柔毛。果序下垂；核果对称椭圆形，长 4 ~ 5mm，宽 5 ~ 6mm，略具光泽，无毛，成熟时不开裂。花期 4 ~ 6 月，果期 8 ~ 9 月。产云南西南部、西藏南部，海拔 1650 ~ 2600m；国外分布于印度、尼泊尔、不丹和克什米尔地区。云南勐腊果实含油 16.1%。

（10）大花漆（*T. grandiflorum*）。落叶乔木或灌木，高 3 ~ 8m；小枝紫褐色，无毛，被白粉，顶芽紫褐色。奇数羽状复叶常集生枝顶，复叶轴和复叶柄紫色，无毛，被白粉；小叶 3 ~ 7 对，纸质，倒卵状椭圆形、倒卵状长圆形或披针形，长 5.5 ~ 10cm，宽 1.5 ~ 3.5cm，先端渐尖或急尖，具钝头，基部楔形或下延，全缘，两面无毛，叶背被白粉。圆锥花序，花淡黄色，径约 4mm。果序下垂；果压扁状，长 6 ~ 7mm，宽 7 ~ 8mm，极偏斜；外果皮淡黄色，具光泽，成熟时不开裂。花期 5 ~ 6 月，果期 9 ~ 10 月。产云南东南部至西北部、四川西南部，海拔 700 ~ 2700m。云南昆明种子含油 17.0% ~ 19.0%。

（11）裂果漆（*T. griffithii*）。落叶小乔木；小枝圆柱形，灰褐色，无毛或近无毛。奇数羽状复叶互生，小叶 3 ~ 5 对，革质，长圆形或卵状长圆形，长 9 ~ 25cm，宽 4 ~ 8cm，先端渐尖，基部圆形或近心形，全缘，叶背锈色。圆锥花序，微被柔毛。果序直立；果近球形，略呈压扁状；外果皮淡黄色，具光泽，微被柔毛，成熟时不规则开裂。产云南中部、贵州西南部，海拔 1300 ~ 2250m；国外分布于印度、缅甸和泰国。

（12）云南漆（*T. yunnanense*）。落叶小灌木，高 1 ~ 1.5m；幼枝红褐色，被黄色柔毛，顶芽密被黄色茸毛。奇数羽状复叶互生，被黄色柔毛，复叶轴上部具条纹或狭翅，小叶 3 ~ 4 对，纸质，卵状披针形或椭圆状披针形，长 3.5 ~ 8.5cm，宽 1.2 ~ 3.8cm，先端长渐尖，基部阔楔形或圆形，偏斜，叶缘具波状圆齿和缘毛。总状花序，被黄色柔毛，花白色。果序下垂；果斜卵形，压扁状，偏斜，长 4 ~ 5mm，宽 5 ~ 6mm；外果皮具光泽，无毛，成熟时不开裂。产云南中部，海拔 1650 ~ 2200m。

（13）石山漆（*T. calcicolum*）。落叶灌木或小乔木，高 3 ~ 7m；植物体各部无毛；树皮灰褐色，幼枝紫红色，被白粉。奇数羽状复叶常集生枝顶，小叶 3 ~ 4 对，膜质或纸质，镰状披针形，长 4 ~ 8.5cm，宽 1 ~ 3.5cm，先端渐尖，具弯曲细尖头，基部圆形或阔楔形，偏斜，全缘或上部具疏齿。圆锥花序多分枝，花小，径不超过 2mm。产云南东南部，海拔 1500m。

（14）木蜡树（*T. sylvestre*）。落叶乔木或小乔木，高 10m；树皮灰褐色，幼枝和芽被黄褐色茸毛。奇数羽状复叶互生，复叶各部密被黄褐色茸毛，小叶 3 ~ 6 对，纸质，卵形、卵状椭圆形或长圆形，长 4 ~ 10cm，宽 2 ~ 4cm，先端渐尖或急尖，基部圆形或阔楔形，不对称，全缘。圆锥花序，密被锈色茸毛，花黄色。果序下垂；核果长约 8mm，宽 6 ~ 7mm，极偏斜，具光泽，无毛，成熟时不开裂。花期 5 ~ 6 月，果期 9 ~ 10 月。产长江流域以南各省份，海拔 140 ~ 2300m；国外分布朝鲜和日本。木材暗黄色，坚硬致密，供家具、建筑、装饰、工艺品用。湖北罗田果肉含油率 41.9%；广东高要果肉含油 24.9%、种子含油 7.4%。

（15）毒漆藤（*T. radicans*）。落叶攀援状灌木；小枝棕褐色，具条纹，幼枝被锈色柔毛。掌状复叶，3 小叶，被黄色柔毛；顶生小叶倒卵状椭圆形或倒卵状长圆形，长 8 ~ 16cm，宽 4 ~ 8.5cm，先端急尖或短渐尖，基部渐狭；侧生小叶长圆形或卵状椭圆形，长 6 ~ 13cm，宽 3 ~ 7.5cm，基部圆形，偏斜，全缘。圆锥花序，被黄褐色微硬毛，花黄绿色。核果斜卵形，长约 5mm，宽约 6mm；外果皮被长达 1mm 的黄色刺毛。花期 6 月，果期 8 ~ 10 月。产四川、云南、贵州、湖南、湖北和台湾，海拔 630 ~ 2230m。

（二）主要栽培品种

漆树传统栽培的主要目的是割取生漆，其次是生产漆籽和木材。在长期的栽培实践中，人们培育出了众多的漆树品种。20 世纪 80 年代，我国开展了全国性的漆树调查选优工作，在 24 个省份 500 多个县中发现漆树品种 200 多个，鉴定栽培品种 130 多个，根据流漆量、漆酚含量、漆油、漆蜡及生长速度和遗传变异的多样性等指标筛选出农家品种 97 个、优良品种 46 个、特优品种 14 个。四川（现重庆）'城口漆'、湖北'毛坝漆'、陕西'牛王漆'与'安康漆'、云南'镇雄漆'、贵州'大方漆'及浙江建德一带的'严漆'是中国生漆的佳品。浙江台州'金漆'自然氧化风干后呈金黄色，因产量少而十分珍贵。

根据漆树生物学特性，可将众多的漆树品种归为"大木漆树"和"小木漆树"2 大品种群（类型）。

1. 大木漆主要优良品种

大木漆树主要分布在海拔较高的中高山区，低山区有少量分布。树体高大，成年树高 15 ~ 20m，胸径 80 ~ 100cm，树皮厚，生命力强，耐性强，寿命长，一般可活 50 年以上。大木漆树分枝多平展，节间长，当年生小枝较光滑。叶色较淡，质薄，叶背脉上疏生绒毛。花多为黄白绿色或淡黄色。果形小，长宽近相等，漆籽较饱满。大木漆树开割期较晚，割漆周期较长，年产漆量较低，但生漆干燥性好。结果多，出蜡率较高。

（1）'大红袍'。树高 8 ~ 12m，分枝高 2m 左右，树冠钟形，小枝粗壮。树皮厚 10 ~ 13mm，布满红色皮孔，树皮裂纹、新稍、芽、嫩叶均呈紫红色，叶柄深红色，叶背面密被棕色茸毛。雌花发育不良，结果极少或不结果。生长快，栽植 8 ~ 9 年可割漆，产漆量 0.6 ~ 0.9kg/株，漆质好，漆酚总量 81.04%，割漆寿命长达 15 年左右。病虫危害轻。它是全国 130 多个漆树品种中唯一的自然三倍体品种，是以产漆为主漆材兼用的优良品种，以'牛王漆'盛名于世。产陕西平利、岚皋及镇坪县。20 世纪 70 年代以来，先后引种到陕西省安康、石泉、旬阳、洋县、商南等 24 个县（市），以及河南、湖北、湖南、江西、四川、贵州、福建等 15 省栽培。适宜在北亚热带海拔 300 ~ 800m 低山、丘陵区栽培。

（2）'红皮高八尺'。树干通直，树高 15m 左右，分枝高 3m 左右，树冠伞形，侧枝细，顶芽尖瘦。花稠密，结籽量大。生长快，产漆量 0.3 ~ 0.5kg/株，漆酚总量 77.78%。出材多，材质好，适应性强，是漆、材、籽兼用的优良品种。产陕西平利、岚皋及镇平县。适宜海拔 1500m 以下地区栽培。

（3）'毛坝大木漆'。也称阳岗大木漆。寿命长，产漆量 0.5kg/株，漆质较好，漆酚总量 81.3%。它是以产漆为主的漆材兼用优良品种。产湖北利川、咸丰、恩施和宣恩。适宜湖北西南地区发展。

（4）'镇雄大木漆'。产漆量 0.3kg/株，漆质好，结籽多。产云南镇雄。

（5）'天水大叶漆'。树高可达 17m，胸径可达 60cm，树干通直，分枝高 2~2.5m，树冠圆形，结籽较多。耐寒性强，产漆量 1kg/株，品质好，漆酚总量 73.36%。产甘肃天水、西和、礼县、张家川等地，主要分布在 800~1500m 的浅山及林缘地带，适应低温、干燥气候及贫瘠土壤，是西北地区优良的漆材兼用品种，适宜在冷凉、干燥地区栽培。

（6）'资源大木漆'。开割早，产漆量 0.5kg/株，漆质好。产广西资源。

（7）'大叶高八尺'。主干通直，树高 15m，树冠塔形，侧枝不规则轮生。生长快，寿命长，产漆量 0.5kg/株，漆质好，结籽多，漆蜡厚，是优良的漆、籽兼用品种。产陕西岚皋，主要分布在海拔 800m 以下地区。

（8）'黄茸高八尺'。树干高大通直，树高 12~15m，分枝高 3m 左右，小枝密生黄褐色茸毛，树冠伞形或尖塔形，分枝较少，顶芽尖瘦，出材多。花稠密，结籽多。适应性强，速生，材质好，产漆量 0.28kg/株，漆酚总量 71.64%。材、籽、漆兼用品种。产重庆城口。适宜在海拔 1200~2000m 地带栽培。

（9）'红壳大木'。树高 12m，胸径 40cm，年年开花，结实较少。生长快，幼树年高生长量 1m 以上，胸径生长量 1cm 以上，栽植 7 年可割漆。树干高大，活树皮厚，柔软，无褐色，割口愈合快，耐割，产漆量 0.5~0.75kg/株，漆质优良，漆酚总量 73.71%。它是以产漆为主漆、籽、材兼用的优良品种。主要分布在湘西北的龙山、永顺、花垣、桑植、永定等县（区）。适宜海拔 800~1000m，年均气温 15.5~16.8℃，≥10℃ 活动积温 4200~5100℃，年降水量 1200~1400mm 的地区栽培，宜在武陵山区发展。

（10）'反早'。树高 10m，胸径 30cm，年年开花结果。栽后 6~7 年可割漆，隔年采割，经济寿命达 30 年。树干粗大，活树皮厚，割口愈合快，产漆量 0.5~0.75kg/株，漆质优良，漆酚总量 73.44%。是以产漆为主漆、籽、材兼用的优良品种。主要分布在湖南龙山—花垣—凤凰一线至贵州高原东缘，以及湘西北桑植—石门一线至鄂西南山区。适宜海拔 1000m 左右，年均气温 16℃ 以下，≥10℃ 活动积温 4200~5000℃，年降水量 1200~1400mm 的地区栽培，宜在武陵山区发展。

（11）'高明大木'。树高 10m，胸径 30cm，年年开花结实。栽后 6 年可割漆，隔年采割，活树皮厚，割口愈合快，产漆量 0.5kg/株，漆质优良，漆酚总量 66.99%。是以产漆为主漆、籽、材兼用的优良品种。主要分布在湖南雪峰山区及湖南西部低山区。适宜海拔 500~800m，年均气温 16~17℃，≥10℃ 活动积温 4800~5300℃，年降水量 1200~1800mm 的地区栽培，可在湖南西部、中部及东部低山区发展。

2. 小木漆主要优良品种

小木漆树主要分布在低山、丘陵区，中山区有少量分布。树体低矮，成年树高 5~12m，寿命较短。小木漆分枝上倾，节间较短，当年生小枝密生绒毛。叶色较浓，质厚而软绵，叶背脉上密被绒毛。花多为黄绿色或黄色。果形大，宽多大于长，漆子多皱纹。小木漆树开割期较早，割漆周期较短，年产漆量较高，但生漆干燥性不如大木漆树。结果较少，有的甚至不结果，出蜡率较低。

（1）'贵州红漆'。树干分枝较多，分枝高约2.5m，主干不明显，树冠宽阔，侧枝粗短，幼枝被红褐色茸毛。树皮厚，裂口呈红褐色。小叶卵形，深绿色，较肥厚。芽和叶背密生红褐色绒毛。结籽多。产漆量1kg/株，漆质好，寿命长。主要分布陕西岚皋、紫阳、镇坪、平利等县海拔1200m以下地区。

（2）'毛坝小木漆'。也称阳岗小木。产漆量0.7kg/株，漆质好，结籽少。产湖北利川、咸丰、恩施和宣恩及重庆西阳。

（3）'冲天小木漆'。树高10~12m，多双叉主干，分枝高2~3m，胸径22cm，主干通直、圆满，侧枝多对生、轮生，分枝角度小，伞形树冠窄小。嫩叶红色，后浓绿色。着花较密集，结实少，空壳率高。7年开割，产漆量0.5kg/株，漆质好，无割漆间隔期，可连割10~14年，寿命18~20年。产湖北建始、巴东、咸丰、恩施，以建始县最多。适宜海拔700~900m地区栽培。

（4）'灯台小木漆'。开割早，产漆量1kg/株，漆质好，漆酚总量78.02%。漆、籽兼用品种。产重庆西阳、黔江、彭水。

（5）'酉阳小木漆'。树高7m，树冠圆形，枝条稠密。产漆量0.4kg/株。抗逆性强。产重庆西阳。

（6）'竹叶小木漆'。开割早，产漆量1kg/株，漆质好，耐割漆。产湖南龙山、重庆西阳。

（7）白皮小木漆。开割早，流漆快，产漆量0.5~0.8 kg/株，漆质好。结籽多，籽形大。产广西资阳、灌阳、阳朔。

（8）'白冬瓜'。高3.5~5m，胸径14cm，分枝高0.6~1m，树冠宽广。花雄性，不结实。4~5年割漆，产漆量0.3kg/株，漆酚含量73.31%，可连割10~15年。优良产漆品种。产安徽金寨，海拔100~600m。

（9）'核桃小木漆'。树高6~8m，胸径12cm。生长快，栽后4年可割漆，可年年采割，产漆量0.4~0.5kg/株，漆质优良，漆酚总量77.24%，寿命15~20年，可连续采割8~10年。只开花不结果，或果实无种子，是产漆优良品种。产湖南雪峰山脉南部低山丘陵区。适宜海拔300~600m，年均气温16~17℃，≥10℃活动积温5000~5300℃，年降水量1200mm以上地区栽培，宜在湘中、湘南低山区发展。

（10）'水柳子'。又名浪高黄或高脚黄。高5~8m，胸径20cm，分枝高1.8~2.1m，树冠椭圆形或塔形。生长快，4~5年采割，连年割漆，产漆量0.3kg/株，漆酚含量72.7%。漆质好，干燥性强，寿命25~30年，可割漆20年左右。产江西宜春，海拔200~800m。

（11）'火炮'。高5~6m，分枝高0.5~0.7m，树皮灰褐色，小枝黄褐色，密被茸毛，冬芽肥大，三角状。流漆快，质量好，产量多而稳定。产浙江建德、桐庐、谆安、临安一带，是"严漆"主要产漆品种。

3. 野漆树主要栽培品种

野漆树（*T. succedaneum*）可采割生漆，但人工栽培则主要以采籽利用为目的。目前，国内尚未选择出野漆树优良品种，而日本则自日本野漆树（*T. succedaneum*）中选择了一批以采籽产蜡为目的的品种 100 多个。引入我国江西、湖南等地丘陵区红壤、紫色土上栽培的日本野漆树，均表现出较强的适应性，病虫害发生率低，结籽量大，籽粒大（比中国漆树籽大 0.5～1 倍），漆蜡含量高，漆蜡品质优良，采摘方便，经济效益好。

引入我国的日本野漆树优良品种主要有'伊吉''昭和福''平迫''松山'等。

四、栽培技术

中国周代已有漆树栽培并有征收漆林税的制度。春秋战国时期，山东、河南已成为著名产漆区。战国著名思想家庄周，曾任"漆园吏"。以后各代都曾大面积营造人工漆林。据《本草纲目》记载："漆树人多种之，以金州者为佳，故世称金漆。"金州为今陕西安康，历来盛产生漆，至今还保留有清代关于保护漆树的碑文。

（一）育苗方法

漆树可用播种和埋根两种方法育苗。两者各有其优缺点。种子外皮坚硬附有漆脂，水分很难进入。产区群众采用"开水烫种，碱水脱脂，浸泡种壳，温水催芽"的方法。处理后的种子进行撒播或条播，每亩可出苗 6000 株左右。埋根育苗一般在立春后进行。选择健壮母树，在距树干 1m 以外、顺根延伸方向挖取 0.5～1cm 粗的侧根，剪成约 20cm 长，捆成小捆，埋入背风向阳、排水良好的砂壤土中催芽。约 1 月后，即可放入苗床育苗。从出圃的良种壮苗根部修剪下适量的苗根，较之挖大树根苗更节约劳力，埋根成活率可提高 30% 左右。70 年代在陕西安康地区和湖北恩施地区推广采用丁字形芽接法繁殖漆树苗，操作简便，工效快、成活率也高。

（二）造林

春季是主要的造林季节，但春季干旱多风的地区宜在秋季造林。造林密度视立地条件和品种而定，一般树冠宽阔的品种（如'大红袍'）每亩 30 余株；冠幅中等的品种（如阳高小木）每亩 50 余株；冠幅小的品种（如'火罐子'）每亩 100 株左右。70 年代以来进行了飞机播种营造漆林的试验。漆树与华山松或油松混播，效果良好。由于漆树萌芽力很强，当经过若干年采割漆液的大树树势衰退时，可对之进行萌芽更新。

（三）抚育管理

1. 施肥

幼树阶段，适当施肥促生长，开割以后也必须松土施肥。在农家肥充足，且运输实施可行的情况下，可于冬季或早春施肥一次，每株施肥量按树的年龄大小定。幼年时每株应施厩肥 20～30kg，成年以后每株应施 30～40kg，施肥时每株加入过磷酸钙 2～3kg 效果更好。当厩肥来源不足时，可用高效饼肥替代，小树每株施 1.0～2kg，大树每株施 2.5～5kg。也可于春、夏季施用化肥，幼树每株可施尿素 0.1～0.3kg，成年大树每株可施尿素 0.5kg。

2. 中耕除草

幼树阶段，每年必须中耕除草，一般林分每年春、夏季中耕除草一次，将杂草晒干后埋于根际附近作肥料。中耕的方法，多采用刨树盘的方法，刨的深度以 10～15cm 为宜。成年树成林后每隔 2～3 年对林地深翻一次。

3. 水分管理

定植的头 3 年应注意灌溉，特别是夏秋高温干旱时进行灌水保成活，成林以后则每次追肥后必须灌水。一般情况可不必灌溉。

（四）病虫害防治

1. 主要病害防治

漆树的病害主要有漆树毛毡病、漆树膏药病、漆树褐斑病等。

（1）漆树毛毡病。主要危害苗木和幼树，与螨类害有关，叶、芽、嫩茎等被侵染后，变为畸形，如腋芽变为鸡冠形，顶芽成棒状，叶背面凹陷，表面突出，若毛毡状。

防治措施：要结合杀螨，发芽前喷波美 5 度石硫合剂，杀越冬螨；6 月份发病初期用 20% 螨卵脂 800 ~ 1000 倍液，或 25% 倍乐霸可湿性粉剂 1000 ~ 2000 倍液喷洒。带螨苗木要烧掉，不从有毛毡病植株采根育苗。

（2）漆树膏药病。本病的发生与立地条件、生长状况与介壳虫相关。主为害漆树的枝干，影响植株生长乃至死亡。

防治措施：加强抚育管理，增强树势，保证林内通风透光，以免林内过分阴湿。注意防治介壳虫，喷雾是防治蚁类常用方法，用内吸性药剂，注意抓住防治最佳时期，只有在若虫盛孵期，最好是第一代若虫盛孵期，防治效果才好。所用农药种类较多，如有机磷乳油有 40% 杀扑磷 1000 ~ 1500 倍液、48% 乐斯本 1000 ~ 2000 倍液、50% 马拉松 1000 倍液、80% 敌敌畏 1000 倍液等。还可用刷子蘸农药直接涂在有虫的枝上，如在休眠期涂 95% 机油乳剂（或 99.1% 敌死虫乳剂）100 ~ 150 倍、95% 蚧螨灵（机油乳剂）150 ~ 200 倍、45% 结晶石硫合剂 50 倍等。

（3）漆树褐斑病。主要为害叶部，严重时可使树叶枯黄脱落，影响树木生长和生漆的产量。

防治措施：加强管理，增强树势，注意漆割方式，勿割太狠，注意栽培抗病品种，大红袍易感此病。有条件的地方，8 月份前后可喷 50% 的退菌特 1000 倍液，或 50% 福美双 500 ~ 800 倍液。

2. 主要虫害防治

漆树虫害主要有漆树金花虫、漆蚜、梢小蠹、天牛等。

（1）漆树金花虫。一年一代，以成虫在杂草、枯枝落叶、石块土隙中越冬，次年 4 ~ 5 月漆树发芽后，成虫出来为害并产卵于叶背，幼虫孵化出来多在叶背取食为害，约一个月左右，在土内化蛹，蛹期半个月，8、9 月间成虫潜伏越冬。

防治措施：成虫期利用其假死性可震动树干，使其坠落而扑灭之，也可在冬前于树下铺草，诱集成虫越冬，翌年成虫活动前加以烧毁。幼虫可用 50% 二溴磷乳剂 1000 倍液，或 90% 敌百虫 1000 倍液喷洒。

（2）梢小蠹。寄居漆树枝条，使枝条枯死，影响树木的生长。

防治措施：发现被害后及时防治，还可人工剪除被害枝，集中销毁。

（3）天牛。蛀干为害，主要危害衰弱树和成年漆树。特点是危害隐蔽，发生周期长，初期不易发现，一旦发现则树木已濒临死亡。

防治措施：主要采用营林措施，促进林木健壮生长，如加强肥水管理。发现危害时，可人工捕杀和药杀结合，如人工捕杀成虫；成虫产卵期（5 ~ 6 月）用铅丝刷刷产卵疤痕，刺杀卵或初孵幼虫；用钢丝从虫孔钩杀幼虫，或放入蘸有 50% 敌敌畏乳油 30 ~ 50 倍液的棉花团，或放入 1/4 片磷化铝，然后用泥封住虫孔，进行药杀。

（五）漆液采割

生漆是由漆树乳汁道中产生和贮存的乳汁状液体。漆树的乳汁道遍布于漆树体内的各个器官中，但以漆树主干树韧皮部分分布最多，从横切面看，一般成年树每平方毫米有乳汁道 3~6 个，漆树生长到一定年龄后，树皮增厚，乳汁道发育完全后才能进行割漆。

漆树开始割漆的树龄因品种、立地条件和管理水平等不同而有很大差异，早的 5~7 年生就可开始割漆，迟的要到 10~15 年生后才能开割。但漆树开始采割的树龄，主要是根据树干直径来决定，胸径达 15cm 以上开割比较恰当。

漆树采割季节因各地区气温高低而略有迟早，气温高的地方，"夏至"开割，"霜降"停刀，可延缓 120 天。气温较低的地方，一般在"小暑"开刀，"寒露"收刀，历期约 90 天。一般均须每隔 4~7 天割一次，每年采割 12~20 次（刀）。初开割的漆树，以 1~3 个割口为宜。随着树干的增粗，可以逐年增加割口。一般应将树干分为 2~4 个割面，每年更换，轮流采割。每一个割面上的割口要排在同一直线上，割口相距 50~60cm，第一个割口距离地面 16cm 左右，除生长特别旺盛的漆树外，一般均为隔年采割。

割漆方法从割口形状可分为斜口形和 V 口形 2 类。

斜口形是在选择好的割口位置上，开一条长 7~10cm 呈 45°的斜线，以后每次割漆在原割口上下各轻拉一刀，只能割至韧皮部，不能伤木质部。割口经多次采割后，即形成"画眉眼"形状。

V 字形是在距地面 20cm 处割 V 字割口，V 字两刀斜度一般为 40°~45°，长度因树干粗细而定，一般为 7~10cm，以后相隔 4~7d 采割一次，沿 V 字形上下两侧共割 4 刀，先割上刀，后割下刀，但割口较宽较长，伤口愈合慢，一般隔 3 年才能再开刀。陕西各地推广"牛鼻形"采割法，这种割口是将 V 字形割口中间不割断，留一条上宽 2cm，下宽 1cm 的营养带。这种口形愈合较快。

五、油脂理化性质

从漆树的果实（皮油）中提取的植物油脂叫漆树蜡，也叫中国木蜡。主要成分由脂肪酸甘油酯、游离脂肪酸、游离脂肪醇、脂溶性色素、甾醇类化合物等组成，由于其熔点高，常温下呈固态，所以被称为蜡（表 4-15）。

表 4-15　漆树蜡的主要理化指标

项目	指标
熔点（℃）	52.0
碘值（I）/（g/100 g）	18.5
酸值（KOH）/（mg/g）	56.0
过氧化值/（mmol/kg）	19.6

漆树蜡中大多数脂肪酸是饱和脂肪酸，不饱和脂肪酸含量较低，在常温下呈固态。漆树蜡中饱和脂肪酸的含量较高，主要为棕榈酸，含量为 76.28%，其次为硬脂酸，含量为 5.97%；不饱和脂肪酸主要以油酸为主，占总脂肪酸含量的 15.47%；另外漆树蜡中还含有少量中碳链 C6 和 C8 脂肪酸，C6 和 C8 脂肪酸一般常见于乳脂中，在其他植物油脂中未曾发现（表 4-16）。

表 4-16 漆树蜡的脂肪酸组成及含量

脂肪酸	含量（%）	脂肪酸	含量（%）
己酸	0.46	硬脂酸	5.97
辛酸	0.02	油酸	15.47
肉豆蔻酸	0.20	亚油酸	0.78
棕榈酸	76.28	花生酸	0.53
棕榈油酸	0.30		

六、加工利用

（一）生漆的采收利用

1. 生漆成分

生漆是漆树的生理分泌物，是漆树皮被人为刺伤后，从韧皮部流出的乳白色黏稠液体，主要成分是漆酚、漆酶、含氮物、树胶质、水分、油分，以及微量的钙、镁、铝、钾、钠、硅、有机酸、葡萄糖等。

2. 生漆采割

生漆于 7~10 月采割。选择漆树的扁平面作采割面，确保流漆正常和生漆质量。最低位置第一割口开在树干基部离地面至少 35cm 处，第二割口在第一割口上方 50~60cm 处，余依次类推。向上每个割口间的距离视口型大小而定，使之既能充分利用漆树资源，又能保护漆树生机。每次割去树皮的宽度为 0.2cm，不超过 0.3cm，切割长度不超过 7cm，割口与主干呈 45°夹角，割口深度以树皮厚度的 3/4 为宜。阴天和晴天采割，雨天停割。采割周期低山 4 天、高山 7 天以上。漆属树木均可参照本法采割生漆。

3. 生漆利用

漆树原产中国，生漆利用历史悠久，曾出土过 7000 多年前的河姆渡文化时期的朱漆木碗和鬃漆木筒。栽培、割漆历史有 4000 多年。据《韩非子·十过篇》及《说苑》记载，我国禹夏时代即已将漆器作为食器和祭器使用。生漆易干燥，在常温下能结成坚硬富有光泽的黑色漆膜。漆膜具有独特的耐磨性、耐热性、耐油性、耐水性、耐久性和绝缘性，附着力及遮盖力强，耐酸性能良好，对强碱和强氧化剂具有一定的耐腐蚀能力，是一种优质天然涂料和装饰原料，主要用于涂漆海底电缆、机器、车床、建筑物、家具、工艺品、电线及广播器材等。

生漆的漆酚、漆酶、漆多糖、糖蛋白等均可作精细化应用，开发漆酚缩甲醛、漆酚环氧树脂、漆酚钛环氧树脂、漆酚聚氨酯树脂、漆酚有机金属螯合物、漆酚有机硅、漆酚冠醚、漆酚抗氧剂等漆酚基功能高分子材料，以及生漆漆多糖等药学活性与生理活性物质，应用前景广阔。

（二）漆籽的采收和加工

1. 漆籽采收

10~11 月漆籽（果实）成熟后，采下果穗，日晒风干，轻揉，脱出籽粒，去掉果穗轴等杂物，贮藏备用。漆属各树种均可参照本法采种利用。

2. 漆籽加工

漆籽中漆蜡含量约为 35%~50%，漆籽脱蜡后的籽核（种子）含油率 10%~20%。漆籽加工目的是提取漆蜡和漆油。油脂传统加工方法是水煮法和压榨法，现代加工方法还有溶剂浸提法等。漆籽现代加工方法如下。

(1)乙醚浸提＋超临界CO_2萃取法。用乙醚浸提漆籽籽皮中的漆蜡，漆蜡萃取率64%；再采用超临界CO_2萃取漆籽籽核中漆油，萃取率20.2%。漆籽漆蜡、漆油总萃取率40.7%。

(2)漆蜡热回流萃取法。石油醚萃取，回流温度80℃，固液比1:20，萃取时间60 min，提取2次。萃取率70%以上。

(3)正己烷浸提法。利用正己烷浸提日本野漆树籽，是日本制取木蜡的主要方法。

(三)漆蜡利用技术

漆蜡是从漆树果皮中提取的高熔点、低碘值的固态油脂，呈淡黄色或黄绿色。漆蜡主要成分是高级脂肪酸甘油三酯(含量90%以上)，以及少量二元酸甲酯和高级脂肪醇。一般蜡类主要成分为高级脂肪酸的饱和一元醇脂。漆蜡含10种脂肪酸，其中棕榈酸约70%，油酸约15%，硬脂酸6%~8%，其他脂肪酸2%以下。漆蜡可直接制取棕榈酸、硬脂酸、油酸和亚油酸，以及三十烷醇等高级脂肪醇，是制皂、洗涤、润滑、增塑等行业的重要表面活性剂。漆蜡可代替白蜡、蜂蜡、羊毛脂等动物蜡以及巴西的棕榈蜡、小烛树蜡、芳香蜡和米糠蜡等植物蜡作表面活性剂及高档化妆品。也可代替石蜡等矿物蜡在食品工业、印刷业及其他轻工业中应用。

日本野漆树籽提取的"木蜡"，呈浅黄色或乳白色，含大量独特的二元酸及二元酸交联的甘油酯，富有弹性，具有其他漆蜡没有的细腻质地和黏韧性，且溶点高、碘值低、利用率高，在化妆品、水果保鲜剂、防水剂、润滑剂、粘接剂、焊接剂、填充剂、家具擦亮剂、电子摄影调色剂以及蜡纺印花等轻化电子产业中应用潜力巨大。

(四)漆油利用技术

漆树果实脱蜡后的籽核含油率10%~20%。用脱蜡后的漆树籽核(即种子)制取的油脂称漆油，为黄色或橘黄色的液体，为半干性或近干性油，无毒。漆油可直接分离精制棕榈酸、硬脂酸、油酸和亚油酸。

(1)作食用油。漆油含亚油酸60%、油酸20%，漆油食用历史悠久，在云南怒江傈僳族地区应用广泛，是傈僳族人民主要的食用油。

(2)作生物柴油。以漆油为原料，采取二次酯化的方法将漆油的酸值降至1以下，添加0.5%的NaOH作催化剂，经酯交换反应可制取符合国家标准的生物柴油。

(五)漆粕利用

漆籽加工漆蜡、漆油后的漆粕营养成分丰富，含粗蛋白20%、脂肪5%、粗纤维30%、糖类36%。漆粕无毒副作用，通过调整补充营养成分的方式可生产各种畜禽饲料。

(六)漆材利用

漆树木材为散孔材，软硬适中，花纹美观，耐湿，耐腐，抗虫害能力强，可作建筑、家具、乐器、工艺品等用材。

(七)医药保健用品

漆油具有调节血脂和抗动脉硬化作用，能减少心血管疾病的发病率和死亡率，具有很高的保健功能。漆酶、漆酚衍生物具有显著的抑制肿瘤作用，可作癌抑制剂。漆蜡具有破血化淤功能，妇科上用于治疗行血不通。漆蜡还有散寒功能，可作产妇和绝育手术者的滋补品。

（八）生态功能

漆树根系发达，枝叶繁茂，树冠覆盖度大，枯落物丰富。雨季能有效拦截降雨，增加土壤入渗，减少径流，减轻水土流失；旱季可减少土壤蒸发，保持土壤水分，改善生态环境。漆树还是重要蜜源植物。

主要参考文献

1. 中国科学院植物志编辑委员会. 中国植物志(第四十五卷第一分册)[M]. 北京：科学出版社，1980：106-125.
2. 傅淑颖，魏朔南，胡正海. 漆树生物学的研究进展[J]. 中国野生植物资源，2005，24(5)：12-16.
3. 李萍，侯雪棉. 中国漆树研究发展概况[J]. 中国生漆，1991(4)：18-24.
4. 张鹏，廖声熙，崔凯. 中国漆树资源与品种现状及产业发展前景[J]. 世界林业研究，2013，26(2)：65-69.
5. 张飞龙，张武桥，魏朔南. 中国漆树资源研究及精细化应用[J]. 中国生漆，2007(2)：36-50.
6. 狄娜丽. 全国漆树良种选育简报[J]. 经济林研究，1991(1)：91-92.
7. 刘显旋. 湖南漆树优良品种生态地理区划研究[J]. 中国生漆，1988(2)：17-20.
8. 赵一庆，薄颖生. 生漆及漆树文献综述——生漆及漆树资源[J]. 陕西林业科技，2003(1)：55-62.
9. 唐丽，傅超凡，王森. 野漆树研究综述[J]. 中国园艺文摘，2010(9)：119-121.
10. 余江帆，谢碧霞，胡亿明. 漆树果实性状研究（Ⅰ）——果实蜡质层的含蜡率[J]. 中南林业科技大学学报，2008(6)：35-39.
11. 余江帆，谢碧霞，胡亿明. 漆树果实性状研究（Ⅱ）——漆籽的含油率[J]. 中南林业科技大学学报，2009(1)：10-14.
12. 董艳鹤，王成章，叶建中. 漆蜡的提取工艺及其化学成分[J]. 北京林业大学学报，2010，32(4)：256-260.

（向祖恒、张良波、李昌珠）

第十节　山苍子

山苍子[*Litsea cubeba* (Lour.) Pers.]，又名山鸡椒、毕澄茄、豆豉姜、山胡椒，为樟科木姜子属植物。在我国，野生山苍子生长地域辽阔，广东、广西、福建、浙江、江苏、安徽、江西、湖南、湖北、四川、贵州、云南、西藏、台湾都是盛产地。除野生外，我国人工栽培技术相当成熟，在20世纪70年代初，栽培面积就已达到6万多亩。

山苍子中最具利用价值的是从果皮中通过水蒸法得到的精油，其含量占果实湿重的3%~4%，已经确定的化学成分有17种，其主要成分为柠檬醛，占60%~80%（最高可达90%），是合成香料及制药工业的重要中间体。此外，还含有甲基庚烯酮、香茅醛、蒎烯、莰烯、苎烯及松油醇等，是合成紫罗兰酮系列高级香料的主要原料。经水蒸之后的山苍子核仁中含有大量脂肪油和脂肪酸组分，其脂肪酸组成主要为月桂酸、癸酸、肉豆蔻酸和棕榈酸，是制备能源产品表面活性剂的重要原料。

一、生物学特性

山苍子是落叶小乔木，高3~5m；除花序有毛外，其余均无毛。小枝绿色，搓之有樟脑味。叶互生，常聚生于枝梢，圆形至宽倒卵形，长 6 ~ 8cm，宽 5 ~ 7cm，先端圆，基部圆形或楔形，纸质，嫩叶紫红绿色，老叶上面深绿色，下面粉绿色，羽状脉，侧脉每边 5 ~ 6 条，中脉、侧脉在叶两面均突起；叶柄长 2 ~ 3cm。伞形花序常生于枝梢，与叶同时开放；总花梗长 3 ~ 4mm，被黄色柔毛；每一花序有雄花 9 ~ 11 朵；花梗细长，长 1 ~ 1.5cm，有稀疏柔毛；花被裂片 6，卵形或宽卵形，长约 3mm，黄色；能育雄蕊 9，花丝无毛，第 3 轮基部的腺体大，有柄；退化雌蕊无毛。果球形，直径 5 - 6mm；果梗长 1 ~ 1.5cm，先端略增粗。花期 4 ~ 5 月，果期 8 ~ 9 月。山苍子根系分布较浅，树体早熟早衰，其萌蘖能力较强，常见伐茬更新成灌木丛。山苍子结果期较早，2 年生树体开始开花结果，以后每年开花结实，3 ~ 5 年生树体结果量迅速上升进入结果盛期，7 ~ 8 年生树体进入衰退期。

二、生态学特性

山苍子喜温暖湿润的环境，适应性强，适宜的年平均气温为 10 ~ 18℃，短期可耐 -12℃低温，在年降水量为 900 ~ 1200mm 的地区均为自然生长，但以降水量为 1200 ~ 1800 mm 的地区为最适宜山苍子生长地区。山苍子对土壤条件要求不严，在酸性黄壤、中性至微碱性紫色土、山地黄壤、山地红、黄壤以及红壤土上均能生长，而以缓坡、沟谷、丘陵地带上的土层深厚、肥沃、排水良好的土壤上生长最好，在低洼积水处不宜于山苍子的生长。山苍子海拔垂直分布各地不一，在云南省其分布地区可达海拔 2400 m，在四川省西昌地区其分布地区可达 3000 m，在长江流域各省份一般多分布于 600 ~ 1800 m 的丘陵和山地。山苍子是属中性偏喜光树种，除幼苗期需要遮阴以外，成年树具有喜光的特性。而在缺乏光照的条件下，山苍子生长发育不良，有效成分含量少。其自然分布多在向阳的荒地、采伐迹地或新开垦地，在林缘及林中空地也有生长。据调查，山苍子生长在阳坡的荒地或杂草丛中及阳坡湿润或近水而略有庇荫的地方，结实率高，果实肥大，果皮含油量也较高；生长在无庇荫、光照强烈的地方，则结实率显著降低；生长在阴坡及郁闭度较大的常绿阔叶和落叶阔叶混交林内，结实率低，含油量亦较低。山苍子在天然分布区内常与钓樟、茅栗、化香、楠木等组成的杂灌木，也有混生在杉木和油茶疏林内。

三、主要良种

我国山苍子生产以野生为主。自 20 世纪 50 年代开始，福建、湖南和四川等省份有人工栽培。一般造林密度为 2145 ~ 3000 株/hm²。雌雄比为 8:1，"品"字形栽培，使雄株均匀分布。繁殖方法以播种为主，还有扦插和组织培养等方式。目前，人工栽植用于生产山苍子油的品种基本来自野生优良树种，主要有山苍子[*L. cubeba*（Lour）Pers.]、清香木姜子（*L. euosma* Smith）、毛叶木姜子（*L. mallis* Hwmsl.）、天目木姜子（*L. auriculata* Chienet Cheng）和杨叶木姜子[*L. populifolia*（Hemsl.）Gamble]等，这些树种柠檬醛含量较高。

四、栽培技术

（一）苗木繁殖技术

1. 种子繁殖

山苍子的采种宜选择树龄为 6 ~ 8 年生的优良单株，留作采种母树。在 8 月至 9 月初，当果实表皮呈紫黑色时，即可采种。种子采回，完成后熟作用后，拣去果柄和枝叶。如果播种未经任何处理的种子，其发芽率仅为17%，而除去果皮果肉后，出芽率则上升为51%，因为种子含有抑制其发芽的抑制物质，利用草木灰揉搓种子，用 H_2O_2 浸种均可以去除山苍子种子中的抑制物质，提高其发芽率，发芽率分别高达67.5%和71.0%，说明去除山苍子种子中的抑制物质，是提高种子发芽率的关键。如果需要保存种子，可以采回果实去除果皮和果肉后，用5%的高锰酸钾溶液消毒处理3~5h，取出阴干，然后按1:3的比例混沙贮藏，沙的湿度以能用手捏成团松手即散开为宜。以后每隔2天翻动种子1次，并注意保持沙的湿度，可用喷雾器喷少量的水保湿。

2. 扦插繁殖

山苍子插条的采集部位与其成活率有很大关系，从根颈部位采集萌芽条作为扦插材料比从树冠南、北部采集嫩枝扦插生根成活率要高得多，其生根成活率可达70.0%。如因扦插繁殖材料来源有限，也可采用树冠上嫩枝给予适当生根措施来处理和繁殖，其生根成活率亦可达到51.7%和55.0%。随着气温升高插条生根需要的时间缩短，成活率提高。11月份扦插，温度低，光照弱插条生根慢；3月份气温逐渐回升，扦插生根快，且成活率可达到67%以上，扦插育苗宜选择在春季3~4月份进行。经100~50 mg/L 的 IBA 和 ABT6 处理的插条，平均根长较长，侧根多，且根系粗壮，表明低浓度的生根试剂对根系生长有一定促进作用。

3. 组织培养繁殖

通过对山苍子不同外植体的组织培养，山苍子芽的萌动最早，且成活率高，生长时间短，诱导效率高达63.7%，适合于作为快速繁殖材料；茎的愈伤形成率为53.01%，速度较慢，但形成愈伤组织颗粒大，且茎横放时的诱导速度较快，诱导出的愈伤多，取材方便，因而亦比较适合大规模生产；叶的愈伤形成率为10.26%，生长速度慢，且极易褐变，产生愈伤组织的能力差，因而不宜用作组织培养材料。

（二）造林技术

（1）造林地选地。可选缓坡和丘陵灌木林地、疏残林地及杉木林采伐后的火烧迹地造林。

（2）苗木选择。选高产、稳产、富含柠檬醛的1年生优良植生苗或营养袋苗。

（3）造林密度。设计新造林地株行距为 2 m×1.6 m，种植密度为3000 株/hm²。

（4）穴规。穴规为 40 cm×40 cm×30 cm。

（5）放基肥覆土。每穴底撒施钙镁磷肥150 g，并覆土5 cm。

（6）种植。2~3月选雨后阴天栽植，每穴栽2株（因山苍子雌雄异株），6000 株/hm²。栽前用1:5的磷肥黄泥浆蘸根或用 ABT6 号生根粉250 mg/kg 溶液蘸根，以提高成活率。

（7）抚育管理。植后1个月施用尿素50 g/株，植后2~3个月施复合肥100 g/株，采用沟施法，沟深15~20 cm。施后第4~5年时，进行去雄留雌，即隔一定距离保留配置适量的授粉雄株，其余的雄株一律砍除覆土。连续3年进行扩穴抚育劈草施复合肥，每年1次，到第4~5年时，进行去雄留雌，即隔一定距离保留配置适量的授粉雄株，其余的雄株一律砍除。

（三）病虫害防治

6月应注意防治白轮盾蚧。可用机油乳剂连续喷2~3次；对红蜘蛛可用蛇蝇灵喷杀；对蚕蛾等食叶虫可用敌百虫喷杀。

五、油脂理化指标

(一)山苍子精油理化性质

山苍子精油是指用山苍子未成熟的果实提取的芳香油，是一种外观浅黄色至黄色澄清液体，具有清闲香甜的果香，有酸柠檬气息，相对密度为 0.882~0.905，沸点 232℃，室温下折射率 1.4810~1.4880，旋光度为 +2~+12，闪点 54.5℃（表 4-17）。

表 4-17　山苍子精油理化性质

外观	浅黄色至黄色澄清液体
香气	清闲香甜的果香，有酸柠檬气息
相对密度	0.882~0.905
沸点（℃）	232
折射率（20℃）	1.4810~1.4880
旋光度（20℃）	+2~+12
闪点（℃）	54.5

(二)山苍子精油组成

山苍子中挥发油主要组分为单萜和倍半萜类化合物，含量在 0.2%~3.1%，不同部位的含量也有所差别，其中以花中 3.1% 最高，依次是花蕾 2.3%、果实 2.1%、叶 1.3%、根 0.3% 和茎 0.2%。花挥发油主要成分有 1,8？桉树脑，α-柠檬醛及 β-柠檬醛等，花蕾中主要含 β-水芹烯等。果实挥发油即山苍子油的主要成分为 α-柠檬醛及 β-柠檬醛、柠檬烯等。叶挥发油主要成分有 1,8-桉树脑，沉香醇等。根和茎挥发油主要成分都有香茅醛和香茅醇等，此外根挥发油还主要含柠檬烯和 α-蒎烯等。除了萜类物质外，挥发油中还含有苯丙素类物质，有些甚至为某些植物挥发油的主要成分。苯丙素是一类含一个或几个 C_6—C_3 单元的化合物，在苯核上有酚羟基或烷氧基的取代。丁香酚是属于苯丙素中的苯丙烯类物质，这类化合物多具有挥发性和较高亲脂性。在山苍子的根、茎、叶和果实中均发现有且只有一种苯丙烯即丁香酚，测定其相对含量约为 1%。

(三)山苍子核仁油组成（表 4-18）

表 4-18　山苍子核仁油组成

化合物	保留时间（min）	含量（%）
C10:1（%）	16.4	2.203
C10:0（%）	16.622	13.677
C12:1（%）	19.183	16.019
C12:0（%）	19.432	41.707
C14:1（%）	21.559	2.045
C14:0（%）	21.761	4.029
C16:0（%）	24.027	2.169
C18:2（%）	27.13	4.548
C18:1（%）	27.229	12.566
C18:0（%）	27.631	ND
C22:1（%）	27.897	1.038
其他		1.037

六、加工利用

山苍子各器官均可入药，是一味传统的中药材。山苍子的根、叶、花及果皮均含有芳香油，是我国重要的芳香植物。从果实中提炼的芳香油，可广泛用于食品、医药、农药、化妆品以及其他日用品。提炼芳香油后的果实再经压榨可获得核子油，是我国化工、轻工和环保等行业生产的重要原料，是我国主要的林业特产之一。

（一）采收与加工

山苍子果实采收季节掌握适时极为重要。如采摘过早，果实尚未成熟，含柠檬酸少，柠檬酸含量如低于60% 就会影响销路；如过晚采摘，果实过老，也会影响出油率。掌握果实的成熟度各地均有些经验，一般如用手捻碎，果实流出白浆汁液，表示果实还嫩；如果表皮已成黑色，并已起皱，则表示果实过老。山苍子果实呈蓝黑色时，才充分成熟。因此，适宜采摘山苍子季节应在大暑至立秋前后，一般是大暑过后到立秋期间，将带几片叶子的细枝剪下，逐粒采摘。鲜果摘下后，要及时蒸油，不要放干，因为鲜果比干果出油率高，同时也预防发热腐烂，避免造成不必要的损失。

（二）山苍子油的提取

用山苍子未成熟的果实提取芳香油——山苍子油，是目前山苍子利用最主要的方式。山苍子油的主要成分是柠檬醛，是芳香植物精油中柠檬醛含量(70%左右)较高的一种。以柠檬醛为原料，可以合成目前世界上最为昂贵的香料——紫罗兰酮系列香料和鸢尾酮，它们是调制高级香精的重要原料，广泛用于高档化妆品和香皂等日用化工和食品生产中。以柠檬醛为原料，还可以合成维生素 A、维生素 E、β-胡萝卜素等，用作现代医药原料。

山苍子挥发油主要存在于果实中，而其皮、叶、花也均含有挥发油成分。山苍子果实、花、叶和皮采用水蒸气蒸馏法分别对成熟鲜山苍子、干品山苍子进行提取，结果为干果出油率为4%~6%，鲜果为2.5%~4%。

目前对山苍子挥发油提取的方法为蒸气蒸馏法、索氏提取法、微波提取法和 CO_2 超临界提取法。前2种方法为传统提取法，后2种为近年来新采用的方法。每种方法提取挥发油的研究结果表明：采用微波提取和超临界提取，挥发油得率均高于传统的蒸气蒸馏法和索氏提取法。刘晓庚等分别对水蒸气蒸馏法和微波提取法提取山苍子挥发油进行研究结果表明，微波提取法提取率比传统水蒸气蒸馏法高5个百分点。张德全等采用超临界 CO_2 流体技术萃取山苍子油的最适工艺研究结果表明，最佳的工艺条件为：山苍子粉粒度60~80目，萃取压力25 MPa，萃取温度45℃，CO_2 流量1.5mL/min，萃取时间60min，此条件下可以获得30.19%的山苍子油萃取率。

（三）山苍子壳油的提取

山苍子核仁油是除去果皮后的山苍子核中所含的油分，一般含油率为38%~40%，主要成分为脂肪酸。提取原料通常为采用水蒸气蒸馏法提取山苍子挥发油后的残核。山苍子核仁油提取方法可采用压榨法、有机溶剂萃取及 CO_2 超临界流体技术提取。汤青云等分别采用压榨法和有机溶剂萃取法提取山苍子核仁油，将经蒸馏法提取山苍子油后的残核于水中浸泡、搓洗，促使果皮与果核充分分离。静置后捞去上层的果皮残渣，以利于降低油脂中残留的色素，提高出油率。收集下层果核晒干炒至半熟，研成细粉入甑蒸至70℃ 左右，踩饼上榨油出油率约为32%。山苍子核仁油采用汽油为萃取剂。用萃取法提取出油率可达

3% 以上。陈铁毕通过单因素和正交试验发现，在超临界 CO_2 萃取山苍子核仁油的过程中影响核仁油在 CO_2 中萃取率的主要因素是温度和时间，确定的最优工艺条件为：萃取压力为 25MPa，温度为 45℃，时间为 80min，萃取率在 84.5% 以上。

（四）山苍子核子油的提取

提取完山苍子油后的种子中含有约 40% 的脂肪油，即核子油。山苍子核子油中的脂肪酸组成与椰子油的相似，因此可代替进口椰子油，在表面活性剂工业上应用很广。由于用天然油脂制成的表面活性剂能完全生物降解，有利于环境保护，且对人体皮肤刺激小，因此，广泛用于食品工业和家用洗涤剂及化妆品生产中。

（五）绿化造林

山苍子还具有较高潜在的园林应用价值。山苍子树形优美，枝繁叶茂，尤其是其花果飘香，具有新鲜的柠檬果香味，其花期持续 1 个月左右，果期可长达 6 个月左右，春季可观花，夏秋可观叶、观果，冬季可观形。山苍子在用于绿化、美化城市环境的同时，还具有一定的香化保健功能，其潜在的园林应用价值较高。

山苍子为浅根性树种，具有生长快、耐贫瘠、萌发力强、易繁殖等特点，是我国南方地区退耕还林适宜树种之一。在荒山尤其是江河两岸种植山苍子，既可绿化环境，还可减少水土流失。在一些矿山废弃地，山苍子可以作为先锋树种进行种植，有利于矿山废弃地的植被恢复。

（六）防治病虫害

在农业生产实践中，人们发现在茶场、果园和蔬菜地周围种植山苍子树可减少病虫害，其原因是山苍子树体所释放出来的化学物质（主要是芳香成分）对病虫有显著的驱抑作用。山苍子油对病虫具有明显的驱、抑、杀的作用。如，山苍子油对防治茶树、棉花黄萎病、茶毛虫和红锈草病均有一定的作用，同时山苍子油作为优质的杀抑霉菌制剂，用于防治各种农作物的黄霉、绿霉和烟煤病；又如，山苍子油对储粮害虫、食品害虫、卫生害虫等具有显著的抑杀作用，山苍子油还有驱蚊虫功效等等。更重要的是山苍子油不但对人体无毒，而且不污染环境，又有宜人的香味，因此，山苍子油在防治病虫害方面发展前景广阔。

（七）药用

山苍子性温，味辛，微苦，有香气，无毒，全株均可入药。夏秋时节，当山苍子果实成熟后即可采集，去枝叶，晒干，入药，中药名称为荜澄茄。荜澄茄具有温中散寒、理气止痛的功效，可用于胃寒所致的呃逆呕吐、脘腹疼痛等症，也可用于寒疝腹痛、寒症小便不利及寒湿淤滞引起的小便混浊，还可治疗风寒感冒、咳嗽气喘、消化不良等症。另外，荜澄茄还可治疗血吸虫病。用山苍子叶捣烂外敷，可治疗疮疖肿痛、乳腺炎、虫蛇咬伤，预防蚊虫；山苍子根煎水热敷或热浸可治疗风湿骨痛、四肢麻木、腰腿病及跌打损伤。

现代医药研究表明，山苍子油对治疗心脏病有较好的效果，主要表现为抗心律失常、治疗冠心病、治疗心肌梗死等，另外还具有平喘和抗过敏、抗菌、抗阴道滴虫等方面作用。此外，山苍子油还可作为合成维生素 E、K、A 等的原料。

（八）作饲料

山苍子果渣是良好的饲料及饲料天然防霉剂资源。对提取挥发油、核子油之后的山苍子果渣的营养成分进行测定表明，水分为 13.5% 的山苍果渣含粗蛋白 19.82%、粗脂肪

5.23%、粗纤维9.89%，还有多种氨基酸及钙、磷等矿物元素。山苍子果渣的乙醇萃取物对多种霉菌均有抗性作用，其抗菌效力与丙酸相近，优于辣椒和橘皮乙醇萃取物。有试验表明，6%的山苍子果渣饼粉对饲料的防霉效果与0.3%的丙酸相当，防霉性能明显优于辣椒粉和橘皮粉。表明山苍子果渣不仅可以直接作为饲料原料，而且还兼有饲料天然防腐剂的功能。

（九）用于食品增香与防腐

山苍子果实及花蕾町直接用作腌菜的原料，并可去鱼腥，对人具有开胃功效，可作食用调味品。精制的山苍子油具有新鲜柠檬果香味，是符合《食品安全国家标准食品添加剂使用标准 GB 2760—2014》规定允许使用的天然食用香料，直接用于糖果糕点、口香糖、冰淇淋饮料、酱类调味品、调味油及焙烤食品等的调味增香。山苍子油还具有抗氧化作用以及抑制食物中黄曲霉产生黄曲霉素等作用。有研究表明，山苍子挥发油主要生物活性成分为柠檬醛，具有很强的抑制植物病原真菌生长的能力，其食品保鲜作用明显。

山苍子除了在上述香料、食品、医药及饲料工业上的重要用途之外，在诸如塑料、油墨等生产中也是不可缺少的原料。

主要参考文献

1. 刘晓棠，张卫明，张玖. 山苍子资源开发利用的研究[J]. 中国野生植物资源，2008，27（4）：20 – 22，28.

2. 叶毓铭. 山苍子精油及脂肪酸的利用[J]. 四川化工与腐蚀控制，1998（4）：36 – 39.

3. 陈孟平，何德庭，梅小宝，等. 景宁县野生山苍子的开发利用[J]. 现代农业科技，2009（18）：135，138.

4. 全国中草药汇编组. 全国中草药汇编（上册）[M]. 北京：人民卫生出版社. 1976：104 – 105.

5. 王超，张广良. 山鸡椒的价值与育苗造林技术[J]. 林业实用技术，2008（4）：46.

6. 周宏辉，葛发欢. 山鸡椒化学成分和药理作用的研究概况[J]. 中药材，1990，13（9）：43 – 45.

7. 矧白良，吴士业，刘达玉. 山苍子果渣的营养成分及其抗霉菌作用研究[J]. 粮食与饲料工业，1998（7）：45 – 46.

8. 李世华. 综合开发利用山鸡椒[J]. 云南林业科技，2000（6）：41.

9. 周宏辉，葛发欢. 山鸡椒化学成分和药理作用的研究概况[J]. 中药材，1990，13（9）：43 – 45.

10. 黄梁绮龄，陈增瞻. 山鸡椒挥发油成分分析及其抗真菌保鲜作用的研究[J]. 天然产物研究与开发，1994，6（4）：1 – 5.

（吴红、张良波、肖志红）

第十一节　续随子

续随子（*Euphorbia lathyris* L.），又名千金子、小巴豆或一把伞，大戟科大戟属植物。续随子的果实中富含油，含油量超过45%，并且其脂肪酸组成与柴油替代品分子相似，为半烯萜，富含巨大戟二萜醇 3 —十六烷酯，植株乳汁富含大量烯烃类碳氢化合物，是生产生物柴油的理想原料之一。续随子产于我国大部分地区，亦广泛分布于欧洲、北非、中亚、东亚和美洲。

一、生物学特性

续随子为 2 年生草本，高约 1m，全株无毛，有白色乳汁，细嫩时表面被白粉。根短，呈圆锥状而稍弯曲，乳白色，老时木质化。茎直立，圆柱形，淡绿色，或有时带粉红色，单一，顶端在开花前分生 4 枝呈伞状。单叶交互对生而举展，有短柄，叶先被针形状或卵形状针形，由下而上渐大，长 6～12cm，宽 0.8～1.3cm。先端短尖，基部心形而多抱茎，全缘。总花序顶生，呈伞状，2～4 伞柄，每伞柄又分数回 2 叉状分枝，在分叉处着生三角状卵形苞片 1 对。夏初开绿黄色小花，着生于分叉处，花单性，雌雄同生在筒状总苞的中央，呈杯状聚伞花序，花序总苞杯状，顶端 4～5 裂，腺体新月形，两端具短而钝的角，边抽生伞状分枝边开花结实，花果期一般 3～5 个月。蒴果三角状扁球形，无毛，熟时表面有黑褐相间的斑纹。果期 7～8 月，果实成熟期不一致，在同一植株上均有先结先熟、后结后熟的现象，采收时常会自然落果掉果。种子较小，千粒重 42 g 左右，果壳不易脱离。续随子生育期长达 220～270 天，早期（8～11 月）和中后期（3～5 月）生长较快，中期（12 月至翌年 2 月）生长较慢，种子表面有棕黑两色相间的斑纹。

二、生态学特性

续随子原产欧洲，我国引种栽培已有 1000 余年历史，在贵州海拔 500 m 左右的南亚热带地区至海拔 2300 m 以上的中亚热带地区均能正常生长。分布于黑龙江、吉林、辽宁、河北、河南、山西、陕西、江苏、浙江、福建、台湾、湖南、湖北、广西、四川、重庆、贵州和云南等省份，野生与栽培资源并存。喜温暖湿润、光照，怕水涝，较抗旱，但在高温高湿期（3 月后至 12 月前）易发生枯萎病、褐斑病、灰霉病等。以土质疏松肥沃、排水良好的砂质壤土或黏壤土为宜。一般在 8 月中下旬至 9 月中上旬播种，翌年春暖后进入生殖生长期，5～6 月份成熟采收。生长期需水量不大，宜于种植在不适合种粮食的干旱山地、向阳山坡。

金梦阳等以不同地理来源续随子品系为试验材料，分别在干旱胁迫及对照条件下测定其形态及生理指标，并用基于主成分分析的隶属函数综合评价法对各品系抗旱性进行综合评价。结果表明，5 个供试续随子品系抗旱性的综合评价值依次为安徽（0.839）＞河南（0.524）＞吉林（0.321）＞福建（0.275）＞重庆（0.179）。安徽续随子品系在综合评价中表现出较强的抗旱优势，可作为续随子抗旱性研究的代表材料。

三、主要品种

目前国内还没有经正式审定或认定的续随子品种。龚德勇等按收集引进的试验材料来源进行试验编号，以种植时间较长的 NX－1 号为对照，将新收集引进和人工辐射诱变选出的变异新材料作为参试品种（材料）分别编为试验号 NX－08/2（河南社旗县引进）、NX－08/3（河北安国市引进）、NX－08/7（广西南宁引进）、GF－08/2（人工辐照变异材料）共 4 个品种材料进行性状观察和分析比较。结果表明：4 个续随子品种（材料）平均株高分别达到 114.2～127.6 cm，从高到矮依次为 GF－08/2＞NX－08/7＞NX－08/3＞NX－08/2＞NX－08/1（CK）；产量达到 111.79～143.67 kg/667m²，NX－08/2＞NX－08/3＞GF－08/2＞NX－1（CK）＞NX－08/7；含油率达到 40.6%～45.4%，从高到低依次为 NX－1（CK）＞NX－08/3＞

GF – 08/2 > NX – 08/2 > NX – 08/7。从适应性看,4 个续随子品种(材料)都可在贵州喀斯特山区进行选择推广。

四、栽培技术

(1)整地。选排水良好而肥沃的砂质壤土进行土地深耕 20 ~ 30cm,耙碎耙平,做宽 1 ~ 1.4m 的高畦。

(2)播种。在北方春播 3 月下旬至 4 月下旬,南方进行秋播为 9 月中旬至 10 月初进行。直播及育苗均可,以直播为佳。用种量为 30 ~ 37.5kg/hm²。行株距各为 33 ~ 40cm,根据土地肥力而定。

(3)直播。分为条播或穴(点)播,条播按行距 30 ~ 40cm 开沟,深 3cm,将种子播入,覆土 2 ~ 3cm 厚度。点播按行距 30cm,株距 25cm 开穴,每穴播种 5 ~ 6 粒,覆土 2 ~ 3cm 厚。

(4)育苗。采取撒播的方式,将种子均匀地撒入苗床,覆土压实盖稻草或草木灰 1 层,2cm 左右再浇水湿润。

(5)条播法。按行距 10cm 开条沟,深 5 ~ 7cm,然后将种子均匀播入沟中,覆土 1 ~ 2cm,浇水湿润。至翌年 3 月下旬后移栽,苗高 10cm 左右时进行移栽,有条件情况下,可带土移栽,按计划密度进行。

(6)田间管理。当幼苗高达 10cm 左右时,每穴留壮苗 1 ~ 2 株。生长期中松土除草 3 或 4 次,幼苗长高达 20cm 左右时进行第一次培土。开花前,施追肥 2 次,以氮肥为主,适当加施磷钾肥。在天气干燥的情况下,注意适当灌水,在雨季注意排水,防止受涝。在夏季高温多雨的季节,易发生叶斑病,可用 1:200 波尔多液防治,还可用克菌丹防治。若发现枯萎病可撒石灰粉消毒。有地老虎、蛴螬危害,可用 90% 晶体敌百虫 1000 ~ 1500 倍液穴灌。

(7)采种。秋季种子成熟后,南方一般在 7 月中旬和下旬;北方 8 ~ 9 月上旬,结果实变黑褐色时采收,割取植株,晒干,脱粒,扬净,再晒至全干。

五、理化性质

续随子种子含油率达到 44.39% ~ 46.77%,种仁含油量为 60.97% ~ 64.54%。通过气相色谱法对续随子种子油的脂肪酸组成进行分析,结果表明:其脂肪酸组成成分以 C16、C18、C20 为主,与理想柴油替代品的分子式 $C_{19}H_{36}O_2$ 的组成相类似,其含量达 80% 以上。主要有油酸 59.2% ~ 81.3%、棕榈酸 4.4% ~ 7.2%、亚油酸 5.3% ~ 2.71%、亚麻酸 1.2% ~ 2.8% 等。

六、加工利用

续随子的种子、茎、叶以及茎中白色乳汁均可入药,有逐水消肿、破症杀虫、导泻、镇静、镇痛、抗炎、抗菌和抗肿瘤等作用。临床报道可治疗晚期血吸虫病腹水、毒蛇咬伤和妇女经闭等症。续随子的种子浸提液可做土农药,用于防治螟虫和蚜虫等。续随子植株较强健,茎叶挺拔浓绿;蒴果近球形,较小,表面有褐黑双色斑纹,有一定观赏价值,可做花坛背景培植或自然式庭院培植用。

续随子作为一种有利用前途的能源植物，颇受欧美一些国家的重视。续随子的叶、茎、种子均含有碳氢化合物，经处理后即可得到与石油相似成分的油。江苏植物研究所与中科院林业土壤所曾对续随子油成分进行联合研究，发现续随子种子油中含有脂肪油、萜类、甾类、香豆素和黄酮类等化学成分，其中萜类物质与石油成分相似。同时，续随子油产量较高，据测算，每公顷续随子每年可生产 25～25 桶石油。续随子冷榨油中含 7 种脂肪酸，主要为油酸（达 84.42%），不饱和脂肪酸占其总量的 92.98%，具有很好的营养价值；且续随子油的脂肪酸成分以十六碳和十八碳脂肪酸为主，且油酸质量分数高达 84.42%，与理想柴油替代品的分子组成相类似，所以续随子油是生产生物柴油的理想原料。

主要参考文献

1. 龚德勇，张燕，欧贵珍，等. 能源油料植物续随子的综合性状分析[J]. 贵州农业科学，2010（1）：53－56.

2. 刘冲，洪立洲，王茂文，等. 能源植物续随子及其研究进展[J]. 安徽农学通报，2011，23：119－121.

3. 程莉君，钱学射，顾龚平，等. 能源作物续随子的综合利用和栽培[J]. 中国野生植物资源，2007（4）：19－22.

4. 宋炜，蒋丽娟，李昌珠. 多用途能源植物——续随子[J]. 太阳能，2009（5）：20－21.

5. 龚德勇，张燕，王晓敏，等. 能源油料植物续随子的生物学及开发利用研究[J]. 江西农业学报，2011（8）：39－41.

6. 张燕，王晓敏，张显波. 续随子栽培技术及其利用价值[J]. 中国新技术新产品，2010，10：229.

7. 金梦阳，段先琴，赵永国，等. 不同施肥处理对续随子产量的影响[J]. 湖北农业科学，2010（4）：835－837.

8. 杨利民，韩梅. 一种多用途植物——续随子的利用价值[J]. 生物学通报，1994（8）：46－47.

（李辉、李培旺、张良波）

第十二节　油　茶

油茶（*Camellia* spp.）是山茶科山茶属中种子含油量高、具有生产价值的油用植物的总称，是我国南方重要的木本食用油料植物，与油橄榄、油棕和椰子并称为世界四大木本食用油料植物。茶油是深受群众喜爱的优质食用油，其不饱和脂肪酸含量高达90%以上，且以油酸和亚油酸为主，不含对人体有害的芥酸。长期食用能降低血清胆固醇含量，起到预防和治疗高血压和常见心脑血管疾病的作用。茶油及其副产品在工业、农业、医药、化工等方面具有多种用途。油茶适应性广，耐干旱瘠薄，是我国南方低山丘陵地区的主要造林绿化树种。

油茶原产我国，在我国南方低山丘陵地区已有2300多年的栽培历史，我国现有油茶栽培面积约5000万亩，年产茶籽80万t，产茶油20多万t。涉及我国长江流域以南的18个省份，其中又以湖南、江西和广西三省份为集中栽培区。

一、生物学特性

油茶属直根植物，主根发达，幼年阶段主根生长量一般大于地上部分生长量，成年时正好相反。成年时主根能扎入 2～3m 深的土层；吸收根主要分布在 5～30cm 深的土层中，且以树冠投影线附近为密集区，根系生长具明显的趋水趋肥性。油茶根系每年均发生大量新根，每年早春当土温达到 10℃时开始萌动，3 月份春梢停止生长之前出现第一个生长高峰，这时的土温 17℃左右；其后与新梢生长交替进行，当温度超过 37℃时根系生长受到抑制，所以夏季树蔸基部培土或覆草能降低地温，减少地表水分蒸发，利于根系的生长。9 月份，果实停止生长至开花之前又出现第二个生长高峰，这时的土温是大约 27℃、含水量 17%左右。12 月后逐渐缓慢。

油茶的新梢主要是由顶芽和腋芽萌发，有时也从树干上萌生的不定芽抽发。油茶顶端优势明显，顶芽和近顶腋芽萌发率最高，抽发的新梢结实粗壮，花芽分化率和座果率均较高。树干不定芽萌发常见于成年树，有利于补充树体结构和修剪后的树冠复壮成形。油茶幼树生长旺盛，在油茶主产区立地条件好、水肥充足时一年中可抽发春、夏、秋和晚秋等多次新梢，进入盛果期后一般只抽春梢，生长旺盛的树有时亦抽发数量不多的夏秋梢。春梢数量多，粗壮充实，节间较短，是当年开花、制造和积累养分的主要来源之一，强壮的春梢还可以成为抽发夏梢的基枝。春梢的数量和质量，决定于树体的营养状况，同时也会影响到树体生长和来年结果枝的数量和质量，所以培养数量多、质量好的春梢是争取高产稳产的先决条件之一。夏梢一般 6～7 月；幼树能抽发较多的夏梢，促进树体扩展。初结果树抽发的夏梢，少数组织发育充实的也可当年分化花芽，成为来年的结果枝。秋梢一般 9～10 月；以幼树和初结果的或挂果少的成年树抽发较多，但由于组织发育不充实，不能分化花芽，在亚热带北缘的晚秋梢还容易受到冻害。

油茶的芽属于混合芽。花芽分化是从 5 月份春梢生长停止后、气温大于 18℃时开始，当年春梢上饱满芽的花芽原基较多，以气温 23～28℃时分化最快，到 6 月中旬已能从形态上区分出来，7 月份时已可通过解剖观察到花器的各个主要部分了，但要到 9 月份才能完全发育成熟。

在正常栽培情况下，油茶实生树一般 3～4 年开花结果，而油茶嫁接树则提早 2～3 年；5～6 年开始挂果并有一定产量，8～10 年后逐渐进入盛果期。一般盛果期平均每公顷产茶果 3000～9000kg。油茶的挂果能力与结果枝或结果母枝的质量和数量密切相关。所谓结果枝是在当年春季由混合花芽抽发的新梢，该新梢能分化出花芽，并能当年开花挂果。

油茶花期在长江流域主产区是 10 月下旬到 12 月上旬，以 11 月中旬为盛花期。油茶开花座果后，在 3 月份第一次果实膨大时有一个生理落果高峰，7～8 月是油茶果实膨大的重要高峰期，这个时期的果实体积增大占果实总体积的 66%～75%，也可能存在第二次落果高峰；8～9 月份为油脂转化和积累期，油脂积累占果实含油量的 60%。油茶"寒露籽"和"霜降籽"类型分别于 10 月上旬和下旬成熟。

二、生态学特性

油茶广布于中国长江流域及以南的 18 个省份，越南、老挝、泰国和缅甸等国家的北部、日本南部部分地区也有少量分布。在垂直分布上可从中国东部地区的海拔不到 100m

到西部云贵高原的海拔2200m以上。庄瑞林等根据我国的地理条件和不同特种的生态适应性将其分为西南高山、华南丘陵、华中和华东丘陵及北部边缘四个大分布区。普通油茶最适生区为湖南、江西的低山丘陵地区。

油茶根系发达，枝叶繁茂，四季常绿，耐干旱瘠薄，是生态效益和经济效益兼备的优良树种，在南方红黄壤土地治理和退耕还林工程中广泛应用。油茶是喜酸性的喜光树种，幼苗时稍耐阴，根系直立发达，在pH值4.5~6的酸性红壤上生长良好，寿命长达100年以上。油茶属两性虫媒花，花期10~12月，果实翌年10月成熟，经济收益期达40~50年，在立地条件好的百年大树也有挂果累累的。

三、主要品种

山茶属是山茶科中最大的属，目前已知的有238种，其中种子含油率高的种有50多种。以普通油茶分布最为广泛，其他如滇山茶、浙江红花油茶、攸县油茶、小果油茶、越南油茶等在特定地方也有一定的栽培面积。其主要栽培的物种：

（一）主要栽培物种

（1）普通油茶（*C. oleifera*）。又名油茶、中果油茶等。是目前的主栽种，生产上可分为"寒露籽"和"霜降籽"2大类型。常绿灌木或小乔木，树高一般3~4m，最高可达8m。树龄可达100~200年。树皮棕褐色或灰色。单叶，椭圆形，互生，革质，长3.5~9cm，宽1.8~4.2cm。两性花，白色，顶生，花瓣5~7，分离。蒴果，直径1.8~2.2cm。种子含油30%以上，茶籽油脂肪酸组成为棕榈酸8.03%，硬脂酸1.05%，油酸81.91%，亚油酸8.05%，亚麻酸0.51%。主要分布于我国南方18个省区，湖南、江西和广西是其中心产区。

（2）小果油茶（*C. meiocarpa*）。灌木或小乔木，分枝角度小。叶椭圆形，长2.5~5.5cm；10月下旬至11月中旬开白色花，花瓣5~8枚，倒披针形。蒴果于10月上旬成熟，通常为球形、桃形、近橄榄形，果皮极薄，每果有1~3粒种子。单果平均重3.4~16.0g，鲜出籽率44%~58%，干籽出仁率66%~70%，种仁含油率40.02%~48.52%，干籽含油率20.5%~31.6%。

（3）攸县油茶（*C. yuhsienensis*）。又名长瓣短柱茶、薄壳香油茶。常绿灌木，树皮灰白色或黄褐色，分枝角度小；叶多为宽卵形、椭圆形，先端渐尖。2月中旬至3月底开花，花白色，花瓣5~7枚；蒴果10月底成熟，中等大小，果皮极薄。平均果重6.0g，每果有子1~12粒。鲜出籽率和干出籽率很高，油质好。主要分布在湖南中部、江西、湖北、贵州和云南等地。

（4）越南油茶（*C. vietnamensis*）。又名高州油茶、陆川油茶。乔木，高4~8m，枝叶茂密，灰褐色。叶多为椭圆形，花期在11月下旬至元月，花白色，10月底至11月初果熟。蒴果球形，中等大，平均果重38.0g。为南亚热带主要栽培种。

（5）浙江红花油茶（*C. chekiangoleosa*）。常绿小乔木，树皮灰白色、平滑；叶长椭圆形，边缘疏生短锯齿。花芽单生枝顶，花艳红色，2月中旬至3月下旬开放，花瓣5~7枚。蒴果，每果有7~10粒种子，9月中旬果熟，多为红色，球形或桃形。主要分布在浙江、福建、湖南和湖北等地。

（6）滇山茶（*C. reticulata*）。又名腾冲红花油茶。常绿乔木，叶长椭圆形，长4.0~

9.7cm。花单生于小枝顶端，呈艳红色，花瓣 5 ~ 6 枚。蒴果，果大，平均果重 60 ~ 100g。每果有种子 4 ~ 16 粒。分布在云南省腾冲、龙陵、保山等县。腾冲红花油茶播种后 8 ~ 9 年才能开花结果，15 年进入盛果期，花成果率高，种仁含油率高，油质好，是高寒山区的油用物种。

（二）主要优良品种

除普通油茶外的物种均处于野生或半野生状态，所以目前生产上所使用的主要栽培品种大都从普通油茶中选育出来的，主要分为如下几种类型。

1. 优良农家品种

农家品种是介于类型与品种之间的比较复杂的育种群体，只有通过进一步的选育才能提升为品种。

（1）'岑溪软枝油茶'。广西壮族自治区林业科学研究院选育出的良种，2002 年通过国家良种审定。该品种生长快，结果早，产量高，种植后 3 ~ 4 年开花，7 年生进入盛果期。10 年生产油达 375 kg/hm²，丰产时可达 915kg；种仁含油率 51.37% ~ 53.60%。油质酸价 1.06 ~ 1.46，低于 3% 要求。适宜种植范围为 18°21′ ~ 34°34′N，98°40′ ~ 121°40′E，海拔 800m 以下的适宜地区均可种植，对土壤要求不严，但选择低丘林地，土层深厚，肥沃，排水良好的微酸性土，生长发育最好。

（2）'永兴中苞红球'。永兴县油科所和湖南省林业科学院共同选育。是"霜降籽"与"寒露籽"在长期自然杂交和人工选择过程中逐渐形成的一大类群，主要形态特征介于两者之间，但主要经济性状偏向于前者，经测定 4 年平均产油 462 kg/hm²，比本地霜降籽增产 41.56%。该农家品种适应性较广，经引种试验证明在中北亚热带大部分地区表现较好。

（3）'衡东大桃'。中国林科院亚林所与湖南省衡东县选育。果大桃形，早实高产稳产，造林后一般 3 年开花，4 年后有收，8 ~ 10 年进入盛果期，产油 150 kg/hm² 以上。适应性较广，在长江以南的湖南、江西、广西、浙江、福建、广东以及云贵高原等均有栽植。

（4）'巴陵籽'。由湖南省林科所和岳阳地区林业局共同选育，属寒露籽类型，3 年平均产油 434 kg/hm²，比普通寒露籽增产 53.3% ~ 95.9%。适应于湖南湘北、湘中及大部分寒露籽主产区。

2. 主要优良无性系

（1）'湘林 1'。湖南省林业科学院选育出的优良无性系，4 年平均产油 722.5 kg/hm²，树势旺盛、树体紧凑，花期稍晚，湖南通常于 11 月中下旬至 12 月中旬；果实橄榄形，每 500g 果数 20 ~ 26 个，鲜出籽率 46.8%，鲜果含油率 8.869%。在湖南、江西、广西、浙江等全国区试中平均产油 684 kg/hm²。适应于各主要油茶产区。

（2）'湘林 104'。湖南省林业科学院选育出来的寒露籽优良无性系，2006 年通过国家良种审定。特征：树冠自然圆头形；花期 10 ~ 12 月；果实成熟期 10 月中旬，果球形或桔形；每 500g 果数 15 ~ 50 个，鲜出籽率 42.3%，种仁含油率 49.56%；鲜果含油率 8.76%，亩产油 56.0kg。适应于各主要油茶产区。

（3）'XLC15'。湖南省林业科学院选育出的霜降籽优良无性系，2006 年通过国家良种审定。特征：树冠自然圆头形；花期 10 ~ 12 月；果实成熟期 10 月下旬，果球或桔形；每 500g 果数 15 ~ 30 个，鲜出籽率 44.8%，干籽含油率 36% ~ 41%；亩产油 41.3kg。

（4）'湘林5'。湖南省林业科学院选育出的优良家系，2006年通过国家良种审定。特征：树冠近球形；花期11~12月；果实成熟期10月中下旬，果黄，球形；每500g果数15~30个，鲜出籽率41.9%，干仁含油率44.88%；鲜果含油率7.06%，亩产油36.8kg。

（5）'XLJ14'。湖南省林业科学院选育出的优良家系，2006年通过国家良种审定。特征：树冠紧凑成锥形；花期11~12月；果实成熟期10月中下旬，果红，橄榄形，每500g果数20~30个，鲜出籽率42.5%；鲜果含油率7.5%，亩产油32.7kg。

（6）'赣无1'。江西省林业科学院选育出的优良无性系，2007年通过国家良种审定。特征：树冠自然圆头形；花期10~12月；果实成熟期10月下旬，果橄榄形；每500g果数30~58个，鲜出籽率56%，干仁含油率54.4%，干籽含油率38.2%；鲜果含油率13.4%，亩产油67.3kg。

（7）'长林53号'。中国林业科学研究院亚热带林业中心选育出来的优良无性系。2003年通过江西省林木良种认定。平均树高1.82m，每株平均产果量2.79kg，产果量2.08kg/m²，每1kg鲜果数40个，平均产油量0.135kg/m²，平均产油量885.75kg/hm²，与对照比增产189.2%；鲜果出籽率为56%，干出籽率32%，种仁含油率43.58%；果形呈葫芦形，红绿色，大果。抗病力强，对果实炭疽病有极高的抗性。

（8）'桂无2号'。广西林业科学研究院选育出来的油茶优良无性系。已通过国家林业局和广西区良种审定。具有早实丰产、适应性广、抗炭疽病等特性。4年平均产油量798.6 kg/hm²，比参试无性系平均值增产159.07%；果油率10.2%，鲜出籽率47.0%，干出籽率27.0%，种仁含油率53.60%。

（9）'亚林1号'。由中国林业科学研究院亚热带林业研究所选育出来的'霜降籽'类型油茶优良无性系。2007年通过国家良种审定。树势旺盛，冠开张，分枝力强，果实红桃形，抗病力强。产油量达525.1 kg/hm²，鲜出籽率45.98%，种仁含油率47.35%。

四、栽培技术

（一）造林地选择

选择海拔100~500m、坡度25°以下的山地，土壤为红壤、黄壤和黄红壤，呈微酸性或酸性。

由砂岩、页岩、变质岩、花岗岩和第四纪红色黏土等成土母质发育而成的红壤和黄红壤为主的缓坡或低山丘陵。土层厚度应在60cm以上。以壤土、轻壤土、轻黏土为佳，土壤要求呈微酸性或酸性，pH值为4.0~6.5；土壤石砾含量不超过20%，孔隙度应在50%以上，土壤中有机质、速效氮、速效磷和有效钾含量要高，相对较肥沃，排水良好等。海拔以500m以下为宜，最好不要超过800m。坡向宜选择南向、东向或东南向。坡度宜选择25度以下。坡位选择下坡和中坡为宜。

（二）造林规划

在建园时须进行林地规划，才能达到适地适树，充分发挥油茶的优良特性，达到高产稳产的目的。可根据地形和造林面积大小，一般采用1:10000比例尺将造林地范围、面积及大区、道路等测绘成图。大区顺沿山势，小区根据生产实际需要进行划分，要合理配置道路。小区林地两侧，从上至下开设纵坡林道、排水沟，水平方向开设水平林道和横向排水沟，纵横相通。在降水不均、干旱比较严重的地方，应修建灌溉和蓄水设施，开设水平竹节沟。

表4-19　油茶主要适生立地因子

编号	立地因子	适生条件
1	地貌	低山、丘陵、岗地和坡耕地等
2	母岩母质	第四纪红色黏土、花岗岩、页岩、砂岩、板岩、千枚岩、片麻岩、白云岩等
3	土壤类型	红壤、黄壤、黄红壤、黄棕壤等
4	海拔高度(m)	<800
5	坡度(°)	<25
6	坡向	南、东坡
7	坡位	中、下部
8	腐殖质层厚度	
9	土壤厚度(cm)	>60
10	立地类型(级)	>5
11	土壤质地	
12	土壤酸碱度	4~6.5
13	有机质(g/kg)	5.9~43.9
14	有效氮(mg/kg)	0.9~6
15	有效磷(mg/kg)	30~140
16	有效钾(mg/kg)	35~140
17	极端最低温度	-11
18	全氮(mg/kg)	500~1400
19	全磷(mg/kg)	600~1300
20	全钾(mg/kg)	5100~9500

（三）整地

1. 整地时间

一般秋冬季整地，以10~12月为宜。

2. 整地方法

根据小班坡度、土壤、植被情况，因地制宜采取全垦、带垦（水平梯级）和穴垦等整地方式。提倡机械化整地和杂灌粉碎还山。

（1）全垦整地。坡度小于5°的平地或缓坡地，提倡全面整地，实施全垦。整地时可顺坡由下而上挖垦，并将土块翻转使草根朝上；挖垦深度视土壤情况而定，一般30cm左右。全垦后可沿水平等高线每隔4~5m行距开挖一条宽深30cm的拦水沟。

（2）带状整地。坡度大于10°而小于25°采用带状整地。先自上而下顺坡拉一条直线，而后按行距定点；再自各点沿水平方向环山定出等高点开带。垦带采取由上向下挖筑水平阶梯的方法，筑成内侧低、外缘高的水平阶梯。

（3）穴垦或鱼鳞坑整地。在坡度较陡或岩石裸露地采用穴垦或鱼鳞坑整地方式。先拉线定点，然后按规格挖穴，表土和心土分别堆放，先以表土填穴，最后以心土覆盖在穴面。根据油茶的适生性选择土层深厚，排水良好，pH值为4.0~6.0的阳坡山地建园，根据坡地坡度的缓陡进行全垦或整土成梯，然后撩70cm×70cm宽深的壕沟或挖80cm×

80cm×80cm 长宽深的大穴，挖穴后应施基肥，用厩肥、堆肥和饼肥等有机肥作基肥，每穴施农家肥 10～20kg 或饼肥 3kg、复合肥 0.5kg 或钙镁磷肥 0.5kg，基肥应施在穴的底部，与回填表土充分拌匀，然后回填表土，填满待稍沉降后栽植。

（四）栽植

1. 栽植时间

油茶栽植在冬季 11 月下旬到翌年春季的 3 月上旬均可。且以春季定植较好。定植宜选在阴天或晴天傍晚进行，雨天土太湿时不宜。

2. 栽植密度

定植密度需根据坡度，土壤肥力和栽培管理水平等情况而定，大至每公顷 900～1800 株。适宜的行距为 2.5～3.0m，株距为 2.0～3.0m。

3. 栽植方式

采用植苗造林方式。栽植时要做到苗正、根舒、土实，深浅要适当，嫁接苗一般使嫁接口与地面平，踩紧、压实。二年生苗造林，应适当修剪部分侧枝、叶片。造林要搞好品种配置，选择花期、果期一致、适宜本地区生长的优良品系 5 个以上，采用行状或小块状方法配置造林。

栽植坑宜小，坑底要平，忌挖成"锅底坑"，以保证容器苗底部与坑底结合紧密。对使用塑料袋等不能降解的材料作为容器时，要去掉容器后方可栽植，操作要细致，苗木要直立，位于坑中央。回填土要从容器周边向容器方向四周压实，使土壤与容器紧密结合，切不可向下挤压容器。

4. 栽后管理

（1）覆土培蔸与地表覆盖。油茶新造林后及春夏雨季后，幼苗随表土下沉或根系裸露，容易导致水渍或干旱死苗现象，应及时培蔸覆土，及时以细土将苗木根基 20cm 范围内培成龟背形（覆土高度一般在油茶苗接口 2.0cm 以上）。二是进行地表覆盖。尽量做到在油茶苗根基 40cm 范围内覆盖稻草、谷壳、杂草、林下凋落物及腐殖质等覆盖物等，并在覆盖物上盖土，覆盖物应保证一定的厚度和覆盖面积，一般要达到 60cm×60cm 的面积，厚度需要达到 2cm 以上，以保湿、保墒，提高新造油茶成活率。采用地膜覆盖的，要在苗基 30cm 范围内覆土，堆成龟背形，苗基周围覆土一定要严实，不得透气，以免灼伤苗木。苗基 30cm 范围以外要破地膜以降温透水。

（2）补植。发现缺株和病株，要以同龄壮苗补植，并加强管理，使补植苗与林地幼苗生长基本保持一致。同时对未栽正的或根系裸露的苗木要及时扶正及培土。

5. 整形修剪

（1）树形培育。油茶定植后，在距接口 30～50cm 上定干，适当保留主干，第一年在 20～30cm 处选留 3～4 个生长强壮，方位合理的侧枝培养为主枝；第二年再在每个主枝上保留 2～3 个强壮分枝作为副主枝；第 3～4 年，在继续培养正副主枝的基础上，将其上的强壮春梢培养为侧枝群，并使三者之间比例合理，均匀分布。油茶在树体内条件适宜时，具有内膛结果习性，要注意在树冠内多保留枝组以培养树冠紧凑，树形开张的丰产树形。在培养树形时要注意摘心，控制枝梢徒长，并及时剪除扰乱树形的徒长枝，病虫枝，重叠枝和枯枝等。幼树前 3 年需摘掉花蕾，不让挂果，维持树体营养生长，加快树冠成形。

（2）成林修剪技术。油茶修剪多在采果后和春季萌动前进行。一般剪去干枯枝、衰老枝、下脚枝、病虫枝、荫蔽枝、蚂蚁枝、寄生枝等。先剪下部，后剪中上部，先修冠内，后修冠外，要求树干结构匀称，通风透光良好，尽量保留内膛结果枝，增大结果体积。

油茶挂果数年后，一些枝组有衰老的倾向，或因位置过低或内膛枝因光照不足而变弱，且易于感病，应及时进行回缩修剪或从基部全部剪去，在旁边再另外选择适当部位的强壮枝进行培养补充。保持旺盛的营养生长和生殖生长的平衡。对于过分郁闭的树形，应剪除少量枝径 2~4cm 的直立大枝，开好"天窗"，提高内膛结果能力。通过合理修剪可使产量增长 39% 以上，枝感病率降低 70%。

6. 施肥

(1)幼林施肥技术。幼树期以营养生长为主，施肥则主要施以氮肥，配合磷钾肥，主攻春、夏、秋三次梢，随树龄大小使施肥量从小到多，逐年提高。切忌冬季追肥。定植当年通常可以不施肥，有条件的可在 6~7 月树苗恢复后适当浇些稀薄的人粪尿或每株施 25~50g 的尿素或专用肥。从第二年起，3 月份新梢萌动前半月左右施入速效氮肥，11 月上旬则以土杂肥或粪肥作为越冬肥，每株 5~10kg，随着树体的增长，每年的施肥量逐年递增。

(2)成林施肥技术。盛果期为了适应树体营养生长和大量结实的需要，施肥要氮磷钾合理配比，一般 $N:P_2O_5:K_2O=10:6:8$。每年每株施速效肥总量 1~2kg，有机肥 15~20kg。增施有机肥不但能有效改良土壤理化特性，培肥地力，增加土壤微生物数量，延长化肥肥效，而且还能提高果实含油量。在施追肥的基础上，还可根据年情、土壤条件和树体挂果量适当进行叶面施肥，对促花保果、调节树势、改善品质和提高抗逆性大有帮助。叶面施肥多以各种微量元素、磷酸二氢钾、尿素和各种生长调节剂为主，用量少、作用快，宜于早晨或傍晚进行，着重喷施叶背面效果更好。

7. 中耕除草

(1)幼林培蔸除草。油茶幼林一般每年除草 2 次，第一次在 5~6 月份进行，第二次在 8~9 月进行。旱季来临前中耕除草一次，并将铲下的草皮覆盖于树蔸周围的地表，给树基培蔸，以减轻地表高温的灼伤和旱害。培蔸做到不伤根、不伤皮、不伤枝、蔸边浅、冠外深，逐年加深。林地土壤条件较好的要以绿肥或豆科植物为主进行合理间种，实行以耕代抚，还能增加收入。

(2)成林中耕除草。夏季旱季来临前中耕除草一次，并将铲下的草皮覆于树蔸周围的地表，给树基培蔸。在夏季进行浅锄，浅锄 1 年一次，深度 10~15cm。

(3)成林深挖垦复。深挖垦复可以疏松土壤，促进土壤熟化，提高肥力，改良土壤理化性状，增加水分蓄积，促根舒展，扩大根系分布和吸收范围，提高其抗旱、抗冻能力，保持丰产稳产，减少病虫害，增加产量。一般挖 20~25cm 深，隔年深挖。垦复时做到荒山宜深，熟山宜浅；平坡深，陡坡浅；大树老树深，幼树浅；树冠外深，树冠内浅。垦复一般在 3 月或秋冬 11 月份结合施肥时进行，要注意保护粗根。

8. 水分管理

油茶怕渍水和干旱，所以雨季要注意排水，夏秋干旱时应及时灌水。

油茶大量挂果时也会消耗大量水分，长江流域一般是夏秋干旱，月的降水量大多不足 300mm，而此时正是果实膨大和油脂转化时期，欲称"七月干球，八月干油"。当油茶春梢叶片细胞浓度≥19% 时，或土壤平均含水量≤18.2% 时、田间持水量≤65% 时，油茶已达到生理缺水的临界点，这时合理增加灌水可增产30%以上，如果叶片细胞浓度达到25%~28%时，叶片开始凋萎脱落。但在春天雨季时又要注意水渍。

9. 科学间种

油茶幼林期间，可利用林地间隙种植绿肥、药材、油料等矮秆作物，以中耕施肥代替抚育，能有效地抑制杂草灌木生长，提高土壤蓄水保肥能力，改善林间小气候，降低地表温度，提高林间湿度，从而促进油茶幼林根系生长和树体的生长发育，达到速生、早实的目的。间种作物应选耐干旱瘠薄、生长快、长势旺、适合酸性土壤生长；植株矮小、枝叶稀疏、不过分荫蔽幼林、地下根幅小、吸肥不多的作物。包括一年生豆科作物：花生、黄豆、蚕豆、绿豆、豌豆等；绿肥作物：紫穗槐、紫云英、苜蓿、满园花、印度猪屎豆等；以及适宜的药用植物等。

间种时要勤加管理，及时施肥，花生、豆类的茎秆要堆沤还山，绿肥要压青，要做到以山养山。必须妥善轮作，切忌连作。间作时注意在幼树周围不得间种高秆作物（如玉米、花木）和藤蔓作物（如西瓜、红薯等），以免妨碍油茶正常生长。间作距树蔸的距离，造林初期控制在60cm以上，随着油茶长大，根系扩展，间种与树蔸间距应当逐渐扩大。注意选择和油茶没有共同病害、虫害的作物，以免形成新的中间寄主或新的传染源。

10. 病虫害防治

据调查，我国危害油茶的病虫害很多、虫害有10目300多种，病害有50多种。其中危害很大，在生产上造成巨大损失的，在油茶成林上有油茶炭疽病和软腐病，此外在油茶幼苗期有油茶根腐病等。

（1）主要病害及其防治。

油茶炭疽病　由油茶炭疽病菌（*Colletotrichum camellias* M）引起，其有性世代是子囊菌纲鹿角菌目的围小丛壳菌（*Ghmerella dngulata* S）无性世代是半知菌黑盘胞目的茶赤叶枯刺盘孢菌（*Colletotrichum gloeosporioides* P）。主要在果实、叶、枝和树干上发病。造成果实开裂、果实和叶片大量脱落、枝条枯死、树干溃疡等，会严重影响树体生长和茶果产量，严重时整个植株干枯死亡。发生时，在果实、枝叶上出现红褐色小点，后逐渐扩大成淡褐色病斑，病斑中的不规则轮纹，后期病斑上出现黑褐色的小点。

油茶炭疽病通常发生时间是5~8月高温高湿季节，7~8月是发病高峰期，成林在8~9月会见到大量落果落叶，在发病植株的树干上见到溃疡病斑。

油茶炭疽病分布广，受害面积大，防治困难，目前尚未有很有效的防治方法。生产上注重抗病性育种，配合营林措施减少病源、增强树势等综合治理方法。在苗期时春夏季节定期喷施1%的波尔多液预防，发病早期可用50%的多菌灵等内吸性杀菌剂防治，可达到70%的效果。

油茶软腐病　由真菌引起，其无性世代为半知菌丛梗孢目、伞座孢属油茶伞座孢菌（*Agarocodochium camellia* L），未见有性世代。油茶软腐病主要在果实、叶、芽和梢上发生，造成大量落叶落果，芽梢枯死。受害油茶往往成片发生，如遇连续阴雨天扩散速度更快。

油茶软腐病的发生与环境的温度和湿度有密切关系，风雨是病原菌近距离传播的主要方式。通常于3~6月和10~12月为发病高峰期，在南方油茶苗期，则全年都有可能发生，造成苗木落叶后成片死亡。

油茶软腐病是油茶常见病，对油茶成林造成大量落果但不至整株死亡，对油茶苗木的危害最大。其防治主要采用营林管理措施，改善通风透光条件，防治上以预防为主，浙江省油茶常山油茶研究所进行防治研究试验认为1%波尔多液预防效果较好，达到96.7%，多菌灵和托布津的防治效果分别为67.6%~82.2%。

油茶根腐病　病原菌的无性世代为半知菌无孢菌群的罗氏白绢小菌核菌（*Sclerotum rolfsil* S），有性世代为担子菌纲的罗氏白绢病菌（*Pellicularia rolfii* W）。根腐病主要为害油茶一年生苗木，先侵染苗木根颈部，患部组织初期褐色，后长出白色绵毛状物（菌索），受害苗木根部腐烂叶片凋落最后死亡。在高温高湿条件下，病菌苗根周围形成大量白色的丝状膜层，所以也称白绢病或霉根病，后来从白色变成黄褐色，即病原菌的菌核。

油茶根腐病主要发生于4~5月和9~10月份，为发病高峰期，7~8月是重病株死亡期。病原菌适宜生长于pH值为4左右的土中，特别是对土壤黏重、排水不良的圃地时。于感染部位和根茎处土壤越冬，主要从伤口或幼嫩表皮侵染。

油茶根腐病的综合防治，特别是进行苗木培育时，须从圃地选择开始，包括土壤质地、排水情况、前期作物等。发病后首先尽可能清除重病株，以熟石灰拌土覆盖，或50%退菌特、50%多菌灵等浇灌根茎处，防治效果均可达到75%以上。

（2）主要虫害及其防治。油茶害虫主要有以油茶尺蠖（*Biston marginata*）和茶毒蛾（*Euproctis pseudoconspersa*）为代表的食叶害虫，包括刺蛾类、蓑蛾类、金龟子类和叶甲类；以茶梢尖蛾（*Parametriotes theae*）和油茶绵蚁（*Metaceronema japorwca*）为代表的枝梢害虫，包括油茶姓梗虫和蚁虫类；以蓝翅天牛（*Chreorwma atriarsis*）为代表的蛀干害虫；以及种实害虫茶籽象甲（*Curcnlio chinensis*）等。

油茶害虫的防治多采用综合治理的措施，加强营林管理，增强树势，破坏和恶化害虫的生存和为害环境；通过修剪清除和减少病虫枝和过弱枝，消灭越冬害虫；采用生物防治，保护天敌。化学防治时须针对不同害虫进行，鳞翅目和鞘翅目食叶害虫可在2~3龄时以90%敌百虫、50%辛硫磷乳油等防治均有很好的效果。对蚜虫和介壳虫等刺吸式害虫，可用40%乐果乳油或氧化乐果乳油防治。对茶梢蛾和茶蛀梗虫等钻蛀性害虫，应在成虫盛发期，卵初孵化或幼虫转移蛀梢盛期，以40%氧化乐果乳油等强渗透内吸作用化学农药喷洒效果较好。

五、油脂理化性质

（一）茶油的理化性质

李兰香等对12种茶油的水分、比重、折光率、碘值、酸值、皂化值和不皂化物等理化常数进行了测定，结果如表4-20。可以看出，茶油的理化特征参数有不同于其他植物油的地方。一是碘值低。碘值是鉴别脂肪的一个重要常数，可以判断脂肪所含脂肪酸的不饱和程度。碘值高，则不饱和键多，容易被氧化而引起油脂的酸败变质。茶油碘值小于100，是典型的不干性油，不易氧化。二是茶油在0℃还能保持液体状态，凝固点远远低于动物油脂，食用后易消化，吸收率高。一般合格猪油的凝固点仅为32~49℃。

茶油具备的其他突出特性有：

（1）烟点高，约220℃，不易因油温的升高和重复使用而产生对人体有害的物质，是一种理想的烹饪油。一般食用油的烟点约100℃。

（2）不含芥酸和三愈酸等难以消化吸收的组分。同时，也不含有致癌性很强的黄曲霉毒素。

（3）维生素 E 含量丰富，为 669.25μg/g，比一般植物油含量高。

（4）茶油还富含生理活性物质甾醇、角鲨烯，以及橄榄油中所没有的特定活性物质山茶苷、茶多酚等。

表 4-20　12 种茶油的理化常数

项目\品种	水分（%）	比重 D_{25}	折光率	碘值 I_2（g/100g）	酸值 KOH（mg/g）	皂化值 KOH（mg/g）	不皂化物（%）
普通油茶	0.10	0.9091	1.4655	52.72	1.71	225.27	3.60
越南油茶	0.08	0.9509	1.4727	98.03	2.30	186.22	2.04
浙江红花茶	0.06	0.9001	1.4732	75.96	2.53	252.99	1.10
多齿红花茶	0.14	0.9495	1.4710	56.25	1.32	189.08	2.26
单籽油茶	0.16	0.9297	1.4653	56.99	2.54	175.64	4.16
广宁红花油茶	0.09	0.9122	1.4667	75.83	2.48	192.54	2.01
广宁白花油茶	0.10	0.9234	1.4663	55.31	0.28	208.49	1.58
高州油茶	0.10	0.9247	1.4670	73.77	1.13	188.44	1.45
南荣油茶	0.01	0.9004	1.4690	62.01	1.08	140.29	1.05
北流红花油茶	—	0.9226	1.4681	62.91	2.44	137.70	1.01
扁糙果油茶	—	0.9124	1.4675	61.61	1.10	140.55	1.01
大红花油茶	—	0.9067	1.4660	75.55	3.41	130.51	0.89

（二）茶油的脂肪酸组成

茶油由脂肪酸、山茶苷、磷脂质、皂苷、维生素 E、鞣质等成分组成。茶油的不饱和脂肪酸含量丰富，高达 93%。其中单不饱和脂肪酸含量超过了 75% 以上，有的甚至高达 90%，其余才是亚油酸、亚麻酸等多不饱和脂肪酸。李兰香等对 12 种茶油的脂肪酸组成进行了分析，结果如表 4-21。

表 4-21　12 种茶油的脂肪酸组成

脂肪酸\品种	肉豆蔻酸	棕榈酸	硬脂酸	油酸	亚油酸	花生酸	亚碳烯酸	芥酸	亚麻酸
普通油茶	0	10.50	2.50	78.30	8.70	0	0	0	0
越南油茶	0	9.45	1.44	70.90	18.21	0	0	0	0
浙江红花茶	0	8.29	2.19	71.84	17.67	0	0	0	0
多齿红花茶	0	8.30	1.68	69.62	20.33	0	0	0	0
单籽油茶	0	6.85	1.47	70.05	21.63	0	0	0	0
广宁红花油茶	0	9.50	3.30	73.10	14.10	0	0	0	0
广宁白花油茶	0	9.90	3.70	74.20	12.20	微量	0	0	0
高州油茶	0	9.70	2.20	75.00	13.10	微量	0	0	0
南荣油茶	微量	9.60	3.50	66.40	20.50	0	微量	0	0
北流红花油茶	微量	9.00	1.40	65.40	24.20	0	微量	0	0
扁糙果油茶	微量	12.80	2.50	58.70	26.00	0	微量	0	0
大红花油茶	微量	9.60	3.50	66.40	20.50	0	0	0	0

六、加工利用

（一）油茶籽的采收和粗加工

油茶一般10月逐渐成熟，寒露籽类于上旬寒露节、霜降籽类于下旬霜降节前后进行收摘。茶籽收摘主要有摘果和收籽2种方式，摘果是果实成熟时直接从树上采摘鲜果，然后集中处理出籽，是目前普遍采用的采收方式。而收籽则是让果实完全成熟后，种子与果壳分离、从树上掉下来后再捡收，此法适用于坡度较陡、采摘运输不方便的种植区。但由于成熟期不一致，采收时间长，而且遇雨天种子易霉烂变质，影响质量。

油茶采摘后拌上少量石灰，在土坪上堆沤3~5天，完成油脂后熟过程，再摊晒脱籽。晾干作种或再曝晒干燥后用于榨油。

（二）茶油的利用

茶籽通过压榨后取得的茶油是一种优质食用油，其不饱和脂肪酸含量高达90%以上，且以油酸和亚油酸为主，不含对人体有害的芥酸。长期食用可降低血清胆固醇，有预防和治疗心血管疾病的作用。茶油符合现代饮食追求的"天然、营养、安全、保健"的新时尚，具有广阔的市场前景。

茶油在工业上可制取油酸及其酯类，可通过氢化制取硬化油生产肥皂和凡士林等，也可经极度氢化后水解制硬脂酸和甘油等工业原材料。茶油本身也是医药上的原料，用于制作注射用的针剂和调制各种药膏、药丸等。民间用茶油治疗烫伤和烧伤以及体癣、慢性湿疹等皮肤病。茶油还能润泽肌肤，用来擦头发，可使头发乌黑柔软。近年，通过研究证实高亚油酸茶油有滋养皮肤、吸收对人体最有害的 $290\sim320\mu m$ 短波紫外线（UVB）的功能，茶油通过精炼制作的天然高级美容护肤系列化妆品和高级保健食用油等，可成倍提高经济效益。

许多研究结果证实，茶多酚对降低人体胆固醇和抗癌具有明显的功效，但茶多酚等物质是茶籽油苦涩的主要呈味物质，是目前精制加工必除的成分。精炼后的茶油经过脱酸、脱色、脱臭等加工处理，已丧失大部分的酚类和大量的抗氧化物质，稳定性很差，贮存效果明显下降。因此，在精加工中其去留问题将是一个有待深入研究的问题。

（三）茶枯的利用

茶枯是油茶籽经压榨出油后的固体残渣，内含有大量的多糖、蛋白质和皂素。茶枯的深加工是油茶综合利用中开展最早和最深入的项目。

（1）提取残油。茶枯中的残油含量因加工的方法和操作工艺的水平而有很大差异，就目前最广泛的机械压榨方法而言，残油量一般在5%~9%，有的甚至高达10%以上。这些残油绝大部分随茶枯而浪费了。通过研究采用的溶剂浸提法提残油，提取率5%~6%。而且，提取残油也是茶枯进行深加工如提取皂素加工的必要环节。

（2）提取皂素。油茶皂素即茶皂角甙，是一种很好的表面活性剂和发泡剂，有较强的去污能力，广泛用于化工、食品和医药等行业，生产洗发膏、洗涤剂、食品添加剂、净化剂和灭火器中的起泡剂等。油茶种籽中的皂素含量随果实成熟而逐渐降低，到采收时含量在20%~25%。当前皂素提取法有水萃取法和溶剂萃取法，并以采用甲醇、乙醇和异丙醇为溶剂的萃取法最为常用。采用有机溶剂可将茶枯中残油的85%左右提取出来，经三次浸提，茶皂素得率可达8.57%~9.17%，提取率75%以上。这样萃取的为粗皂素浆，可直接使用或进一步通过加热沉淀结晶等方法进行精制提纯，制成各种成品型皂素，而且经脱脂和提取茶皂素的茶枯饼残渣中糖类和蛋白质含量分别增加23.2%~28.3%，是很好的饲料。一般可从茶枯中提取9%左右的工业用皂素。

（3）作饲料。茶枯中蛋白质和糖类总含量为40%~50%，是很好的植物蛋白饲料。但由于茶枯中含有20%的皂素，皂素味苦而辛辣，且具有溶血性和鱼毒性，虽然可用作虾、蟹等专业养殖场的清场或有害鱼类的毒药剂，但不能直接作为饲料使用，必须脱除皂甙去毒。脱毒后的茶枯可掺拌或直接用来饲喂家畜或用于各类水产养殖。

（4）制作抛光粉。抛光粉是用于车床上制作打磨各种部件时用的润滑剂。茶枯具有特殊的物理颗粒结构，研究证明：用提取残油后的茶枯饼粕经粉碎加工成200目的粉状颗粒，可以作为高级车床的抛光粉，价格和效果均优于现有的同类抛光粉。目前，国内外需求量日益上升。

（5）其他用途。茶枯中的氮、磷、钾含量分别为1.99%、0.54%、2.33%，可作有机肥使用。广西植物研究所试验证明每株油茶树穴施1.5kg茶枯，当年新梢增长度比对照长28%~23%。茶枯还可作农药，既可杀虫防病，又可改良土壤结构，提高土壤肥力。还可直接用来作洗涤剂、生产灭火器的起泡剂、制作人造液体燃料或医治支气管炎和老年慢性支气管炎等疾病的药剂配方等。

（四）茶壳的利用

茶壳也就是油茶果的果皮，一般占整个茶果鲜重的50%~60%。每生产100kg茶油的茶壳，可提炼栲胶36kg，糠醛32kg，活性炭60kg，碳酸钾60kg，并能衍生出冰醋酸6.4kg，醋酸钠25.6kg。同时每生产100kg茶油的茶枯，可提取皂素90kg，粗茶油20kg，优质饲料200kg。中南林学院姚天保等（1986）利用油茶壳经炭化、活化后再加入适当的化学药剂处理，生产高效除臭剂。

（1）制糠醛和木糖醇。糠醛是无色透明的油状化工产品，广泛用于橡胶、合成树脂、涂料、医药、农药和铸造工业，是一种很重要的化工原料。茶壳制糠醛是通过对多缩戊糖的水解得到，其理论含量为18.16%~19.37%，接近或超过现今用于制糠醛的主要原材料玉米芯（9.00%）、棉子壳（7.50%）和稻谷壳（12.00%）等。多缩戊糖的水解也能生成木糖，经加氢而成为木糖醇。木糖醇是一种具有营养价值的甜味物质，易被人体吸收，代谢完全，不刺激胰岛素，是糖尿病患者理想的甜味剂，也是一种重要的工业原材料，广泛用于国防、皮革、塑料、油漆、涂料等方面。茶壳生产木糖醇的得率为12%~18%。

在水解多缩戊糖生产糠醛或木糖醇过程中，还可以生产工业用葡萄糖、乙醇、乙酸丙酸、甲酸和醋酸钠等副产品，一般每生产1t糠醛成品可收回1.2~1.3t结晶醋酸钠。

（2）制栲胶。茶壳中含有9.23%的鞣质，可用水浸提法提取栲胶。栲胶是制革工业的主要原料，还可作为矿产工业上使用的浮选剂。提取栲胶后的残渣可用于制糠醛或作肥料。

（3）制活性炭。活性炭是一种多孔吸附剂，广泛用于食品、医药、化工、环保冶金和炼油等行业的脱色、除臭、除杂分离等。茶壳中含有大量的木质素，且具特有物理结构，是生产活性炭的良好材料。茶壳经热解（炭化、活化）可生成具有较大活性和吸附能力的活性炭，其综合性能良好，各项质量指标如活性、得率、原料消耗及生产成本等均接近或优于其他果壳或木质素材料。江西省玉山活性炭厂利用茶壳为原材料生产的G-A糖炭，

1985 年获部优产品称号。茶壳生产活性炭主要有气体活化法和氧化锌活化法，以氧化锌活化法较常用，且效果较好，成品得率为 10%～15%。

（4）作培养基。茶壳中含有多种化学成分，作栽培香菇、平菇和凤尾菇等食用菌的培养基，所生产的食用菌，其外部形态和营养成分接近或优于棉子壳、稻草和木屑等培养材料。用油茶壳屑栽培香菇以含量 40%～50% 为宜，产量略高于使用纯壳斗科木屑，氨基酸含量则提高 50%。用每吨培养料降低成本 16.7%～20.8%，可产鲜菇 900kg（干菇 90kg），价值 2700 元，同时每吨油茶壳还可节省 1m³ 木材。

主要参考文献

1. 胡芳名，谭晓风，刘惠民. 中国主要经济树种栽培与利用[M]. 北京：中国林业出版社，2006：370 – 383.

2. 陈永忠. 油茶栽培技术[M]. 长沙：湖南科学出版社，2008.

3. 陈永忠，杨正华. 油茶树体培育技术[M]. 北京：中国林业出版社，2012.

4. 唐丽丽. 茶油加工及综合应用研究[M]. 现代农业科技，2010：375 – 376.

5. 朱彬，钟海雁，曹清明，等. 油茶活性成分研究进展与展望[J]. 经济林研究，2010，28（3）：140 – 145.

6. 李兰香，史然，马丹炜，等. 12 种山茶种子油脂理化性质和茶油品质的初步分析[J]. 四川师范大学学报，1989，46（4）：99 – 105.

（张良波、李二平、李昌珠）

第十三节 油 棕

油棕（*Elaeis guineensis* Jacq）为棕榈科棕榈属，是世界上生产效率最高的产油植物，平均每公顷年产油量高达 4.27t，是花生的 5～6 倍、大豆的 9～10 倍，有"世界油王"之称。原产地在 10°S～15°N、海拔 150m 以下的非洲潮湿森林边缘地区，主要产地分布在亚洲的马来西亚、印度尼西亚，非洲的西部和中部，南美洲的北部和中美洲，我国海南、广东、广西和云南等省份也有种植。油棕作为一种新兴的、潜力巨大的木本能源树种，是国家林业局确定的重要能源树种之一，发展油棕产业可为我国发展生物能源提供原料，开发利用前景广阔。

一、生物学特征

油棕为常绿乔木，是著名的热带油料树种。油棕植株高大，茎粗 30～40cm；干单生，高 4～10m；叶极大，顶生，羽状全裂，裂片线状披针形，长达 1m，叶柄边缘有刺；佛焰花序短而厚，由叶腋内抽出，雌雄花序分生；雄花小，为稠密的穗状花序，总轴延伸于外似粗芒，萼片和花瓣长方形，雄蕊 6 个，花丝合生成管；雌花较雄花大，有长角状的苞片，子房 3 室；果卵状或倒卵状，长约 4cm，聚合成稠密的果束，有种子 1～3 颗；果皮油质，内果皮硬，有顶孔 2～4 个。

二、生态学特性

油棕具备独特的生态学特性：结果期长，含油量高。油棕定植后第 3 年开始结果，6～7 龄进入盛产期，经济寿命 20～25 年。油棕果含油量高达 50% 以上。适应性强，便于管理。油棕能够在干旱和贫瘠的地区生长，病虫害少、树冠覆盖率高且稳定。生产成本较低，管理粗放，操作方便，投资回报的期限长。

油棕喜高温、湿润、强光照环境和肥沃的土壤。年平均温度 24~27℃，年降雨量 2000~3000mm，分布均匀，每天日照 5h 以上的地区最为理想。年平均温度 23℃ 以上，月平均温度 22~30℃ 的月份有 7~8 个月以上，年降雨量 1500mm 以上，干旱期连续 3~4 个月的地区能正常开花结果，但出现季节性产果。土层深厚、富含腐殖质、pH 值 5~5.5 的土壤最适于种植油棕。

三、主要品种

我国目前栽培的油棕主要有 3 个变种。

（1）杜拉种(*E. guineensis var. dura*)。内果皮厚，中果皮与核壳之间无纤维轮，产量中等，果穗含油率 16%~18%。

（2）薄壳种(*E. guineensis var. lenera*)。内果皮薄，厚度只有 1~2.5mm，中果皮与核壳之间有纤维轮，种核大，果穗含油率 22%~24%。

（3）无壳种(*E. guineensis var. pisifera*)。核壳无或薄如纸，果穗含油率 23%~26%。

3 个变种中性比率(雌花序和混合花序占叶片数的百分比)和败育率(雌花序死亡率)杜拉种较大，薄壳种次之，无壳种较小；而果穗败育率(干枯率)以无壳种最大，杜拉种次之，薄壳种最小。

四、栽培技术

油棕种子没有休眠期，只要连续在 38℃ 高温的作用下，就能开始发芽，在 40℃ 时，发芽最快，低于 36℃ 时发芽缓慢。选择油棕种子，应选择活力高的、籽粒饱满、无病害无缺损的种子。前提是已确定在当地可以正常生育的高产优质栽培种。

需要注意的是油棕种子不耐贮藏，一般不应超过 4 个月为宜，种子的含水量应保持在 10%~15% 之间，过高过低都会影响种子的发芽率。在贮藏的期间应每周检查种子一次，以免受潮发霉。通常种壳为淡灰棕色时(杜拉种)，其种子的含水量约在 15% 以内，如果颜色变深，意味着种子含水量过高，应取出阴干，保持种子适当含水量时的颜色。

（一）种子处理

油棕种子除无壳种外，一般核壳坚硬，吸水和透气性能较差。在催芽前，种子需用清水浸种 4~6 天，新鲜种子的浸种时间可短些。而后用清水洗净、阴干，在沙床上密播成行，行距 7cm，床面盖中砂厚约 2cm，并搭好活动荫棚，进行苗圃催芽。晴天每日淋水 1~2 次，在发芽期间，中午披盖荫棚，防止日灼。一般经过塑料袋育苗，12~14 个月生的苗木就能出栽。

（二）田间管理

定植后死株、病株或弱苗，应在植后 6 个月内，用大苗补植，确保全苗。注意巡苗，出现病株应及时清理。出现病虫害应及时治害，防止病虫害蔓延、扩展。另外在幼龄油棕生长过程中常见的有缺素症。根据不同缺素症在油棕幼株上的表现，及时追肥，防止油棕生长受到抑制，影响生产。

四、油脂理化性质

油棕的主要产品是从果肉压榨出的棕榈油（palm oil，PO）和从果仁压榨出的棕榈仁油（palm kernel oil，PKO）。PO 含有 50% 的饱和脂肪酸、40% 的单不饱和脂肪酸和 10% 的多不饱和脂肪酸。而 PKO 的脂肪酸组成和性质与椰子油非常相似，月桂酸含量达 50% 左右，是世界上仅有的两种月桂油之一。PO 和 PKO 的脂肪酸含量如表 4-22 所示。PO 中十六烷酸含量为 41.77%，十八碳烯酸含量为 36.61%；PKO 中十二烷酸含量为 42.78%，十八碳烯酸含量为 18.39%，十四烷酸含量为 18.09%（表 4-22）。

表 4-22 棕榈油和棕榈仁油的脂肪酸含量（%）

脂肪酸	辛酸	壬酸	癸酸	十一烷酸	十二烷酸	十三烷酸	十四烷酸	十五烷酸	十六碳烯酸	十六烷酸	十七烷酸	十八碳二烯酸	十八碳烯酸	十八烷酸	二十碳烯酸	二十烷酸	二十二烷酸	二十四烷酸
棕榈油				0.09			1.13	0.04	0.20	41.77	0.10	14.20	36.61	4.51	0.19	0.34	0.08	0.11
棕榈仁油	3.52	0.01	2.65	0.04	42.78	0.06	18.09	0.01	0.02	9.28	0.02	3.20	18.39	1.56	0.17	0.10	0.02	0.06

五、加工利用

棕榈油（PO）一般用作食用油；研究结果表明，PO 富含生物活性物质，其中类胡萝卜素含量为 500～700 mg/kg，维生素 E 含量为 500～800mg/kg。人体对 PO 的消化和吸收率超过 97%，和其他食用植物油一样，PO 本身不含胆固醇。经医学专家实验验证，食用 PO 不但不会增加血清中的胆固醇，反而有降低胆固醇的趋势，主要是因为 PO 含有丰富的维生素 E 和类胡萝卜素，二者是天然的抗氧化剂，对人体健康十分有益。而棕榈仁油（PKO）目前一般用于油脂化工行业。

棕榈油种含有胡萝卜素，因此颜色较深。其成分包括 43% 的饱和脂肪酸、43% 的单元不饱和脂肪酸和 13% 的多元不饱和脂肪酸，并含有丰富的维生素 K 和其他元素。由于其果实含油量甚高，因此被许多动物食用。在工业深开发利用上棕榈油的果仁油被用于制造人造黄油、巧克力、雪糕和食用油脂，果仁渣饼用作饲料。特别注意的是，油炸方便面是必须用棕榈油；果肉油被广泛应用于制造肥皂、香皂、蜡烛、清洁剂、润滑油、甘油、颜料、化妆品、发膏、铁器防锈剂及汽车燃料。果壳可用来作燃料及铺油棕园内的路。棕油可提炼维生素、蛋白质、抗生素等。

主要参考文献

1. 雷新涛，曹红星，冯美利，等．热带木本生物质能源树种——油棕[J]．中国农业大学学报，2012．（6）：185－190．

2. 李艳，王必尊，刘立云，等．我国油棕研究现状与发展对策[J]．现代农业科技，2007，23：216－217．

3. 胡芳名，谭晓风，刘惠民．中国主要经济树种栽培与利用[M]．北京：中国林业出版社，2006：389－391．

4. Sundram K, Sambanthamurthi R, Tan Y A. Palm fruit chemistryand nutrition［J］. Asia Pacific J. Clin. Nutr. 2003，12(3)：355－362.

5. Shu Jing Wu, Lean Teik Ng. Antioxidant and antihepatoma activities of palm oil extract［J］. J. Food Lipids, 2007，14：122－137.

6. Neo Y P, Ariffin A, Tan C P, et al. Determination of oil palmfruit phenolic compounds and their antioxidant activities usingspectrophotometric methods［J］. Int. J. Food Sci. Tech. 2008，43：1832－1837.

7. Pantzaris T P, Mohd Jaaffar Ahmad. Properties and utilization of palm kernel oil［J］. Palm Oil Developments, 2001，35：11－23.

8. 夏秋瑜，李瑞，唐敏敏，等. 海南文昌油棕油脂的脂肪酸组成及抗氧化活性研究［J］. 热带作物学报, 2011，32(5)：906－910.

（钟武洪、皮兵、张良波）

第十四节 微 藻

微藻(*Microalgae* spp.)是一类古老的、低等的、肉眼不可见的、光合利用度高的自养水生植物。细胞微小，大部分为单细胞或简单的多细胞。种类繁多，既有原核种类，也有真核种类，通常是指含有叶绿素 A 并能进行光合作用的微生物的总称，广泛分布于海洋、淡水湖泊等水域，是地球上最古老的初级生产者之一。

一、生物学特性

与其他生物相比，微藻主要具有如下特点：

(1)微藻是最低等的、自养的放氧植物。

(2)微藻具有单细胞或者简单的多细胞结构，呈群体或丝状的，且大多数是浮游藻类。

(3)微藻是种类繁多且分布极其广泛的一个生物类群。

(4)微藻极易生存，在有光及潮湿的任何地方都能生存。如海洋、淡水湖泊等水域，或是潮湿的土壤、树干等处。

(5)微藻的生长周期很短，一般只有几天。

(6)微藻可通过光合作用，直接利用阳光、二氧化碳和含氮、磷等元素的简单营养物质快速生长，并产生各种各样的代谢产物。其中能源微藻能在细胞内合成大量油脂，含量可达细胞干重的 30%～70%，其中生长快的藻种通常含油量为 10%～20%，含油量大于 60% 的藻种则生长速度较慢。

(7)微藻细胞小(平均约 5μm)、细胞壁大多坚硬，因此用于制造生物柴油需要具有较好的藻体收获和细胞破壁技术。

(8)微藻对水有净化作用。

二、种类

自然界藻类种类多，微藻资源尤为丰富，估计地球上有超过 5 万种。1980 年获得第一株纯的小球藻藻株，截至 21 世纪初鉴定藻株有 4 万多种，其中已有研究和分析的有 3 万余种，微小类群就占了 70%，即 2 万余种，其中可食用的藻类约有 50 多种。

微藻可以分为原核微藻和真核微藻 2 大类。根据微藻的生长环境可分为水生微藻、陆生微藻和气生微藻 3 种生态类群，其中水生微藻又可分为淡水生和海水生或根据分布分为浮游微藻和底栖微藻。限于不同藻类对生存环境的需求，并不是所有的微藻都能用于人工培养，目前已工业化生产或有应用价值、能大量培养的微藻种类主要分别属于蓝藻门、金藻门、绿藻门和褐藻门 4 个门类。其中原核微藻的代表是蓝藻门，而真核微藻的代表是绿藻门和硅藻门。

三、主要经济微藻

（一）螺旋藻

螺旋藻是一类低等植物，属于蓝藻门颤藻科螺旋藻属。目前，螺旋藻共有 35 种，常用于培养的螺旋藻有钝顶螺旋藻（A. platensis）、极大螺旋藻（A. maxima）和盐泽螺旋藻，而作为保健品食用的主要是极大螺旋藻和钝顶螺旋藻。

螺旋藻中含有大量的蛋白质，占净重的 55% ~ 77%；含有丰富的 β-胡萝卜素和 B 族维生素；含有人体必需的多种微量元素，如钙、镁、钠、钾、磷、碘、硒、铁、铜、锌等；含有具有独特造血净血功能的叶绿素 A；含有很高的 γ-亚麻酸以及具有多种生理活性的多糖。

螺旋藻已经在世界各地都有广泛培植并用作膳食补充剂。联合国粮农组织 2008 年的报告显示，美国、日本和墨西哥螺旋藻产量虽然还在上升，但多数螺旋藻都作为饲料原料，用作保健品加工的比例从 2008 年之前的 30% 下降到了 13%。而美国食品药品管理局等机构始终认为螺旋藻只能作为应对饥荒的暂时口粮，并不认可它具有保健功效。从 2000 年开始，中国的螺旋藻保健品产业逐渐扩大，2004 年中国的螺旋藻产量超过了 4 万 t，2011 年中国螺旋藻粉的产量达到 1500 万 t，居世界首位。

（二）小球藻

小球藻是绿藻门绿藻纲绿球藻目小球藻科的一属，属于单细胞绿藻，是真核生物。目前已知的约十余种，我国常见种为小球藻（Chlorella vulgaris）、椭圆小球藻（C. ellipsoidea）和蛋白核小球藻（C. pyrenoidesa）。

小球藻产于淡水或咸水。淡水经常生长在较肥沃的水体中，有时在潮湿土壤、岩石、树干上也能发现。在自然条件下水体中的个体不多，但在人工培养条件下能大量生长繁殖，产量很高。小球藻具有很强的光合作用，细胞内含有丰富的叶绿素、蛋白质、维生素、矿物质、食物纤维以及核酸等，特别是含有令人瞩目的生物活性物质糖蛋白、多糖体以及高达 13% 的核酸等物质。另外小球藻体内富含的一种生长因子（CGF）能迅速恢复机体造成的损伤，并可作为食品风味改良剂，广泛应用于食品及发酵领域。人们曾设想将小球藻作为外太空生存的理想的宇宙食物，顺便在其生长过程中还可以被用来做气体交换发生器。

小球藻是被最早开发的藻类蛋白，早在 20 世纪 60 年代初，日本就开始工厂化生产。小球藻也是全世界微藻产业中产量最多的品种。1984 ~ 2006 年，在日本 2000 多种健康食品中，小球藻稳居十大健康食品排行榜第一名。日本在小球藻的研发及利用方面也一直处于世界的领先地位。在日本，小球藻已应用于临床，对创伤、便秘、白细胞减少、缺铁性贫血、少儿偏食造成的营养不良、高血压、糖尿病、动脉粥样硬化和高胆固醇血症以及肿瘤等进行辅助治疗。

（三）杜氏藻

杜氏藻是一种无细胞壁的双鞭毛单细胞真核绿藻，隶属绿藻门绿藻纲团藻目多毛藻科杜氏藻属。杜氏藻是目前世界上最耐盐的光合生物，主要生活在盐湖、盐田以及海洋等高盐环境中，因此，又称为"盐藻"。

杜氏藻富含类胡萝卜素、甘油、脂类、维生素、矿物质和蛋白质，是一种重要的海洋经济藻类，在食品、医药、保健、化工和养殖业中具有独特的商业价值。杜氏藻在胁迫条件下可大量积累 β-胡萝卜素，最高可达干重的 14%，为自然界所有生物之首。例如在条件适当的情况下，杜氏藻可在体内大量合成 β-胡萝卜素，从 10kg 鲜藻内可获得约 1kg β-胡萝卜素，这比胡萝卜高出了 500 倍左右。因此，第一个被用来商业化生产 β-胡萝卜素。目前，澳大利亚、美国和中国等国家已利用杜氏藻来大规模生产天然 β-胡萝卜素，并开发了其他类胡萝卜素产品（如八氢番茄红素、番茄红素、玉米黄质等）生产工艺。

四、主要成分及其应用领域

微藻细胞中含有蛋白质、脂类、藻多糖、β-胡萝卜素、多种无机元素，如 Cu、Fe、Se、Mn、Zn 等高价值的营养成分和化工原料。因此微藻在医药工业、食品工业、动物饲料、环境检测及净化、生物能源等领域具有广泛的应用价值（表 4-23）。

表 4-23 大规模培养并开发利用的重要微藻

微藻名称	产品或应用	状态	国家
Chaetoceros muelleri	渔用饲料	商业化	全球
Chlorella spp.	健康食品	商业化	日本、中国台湾、捷克、德国
Crypthecodinium cohnii	二十二碳六烯酸	商业化	美国
Dunaliella salina	β-胡萝卜素	商业化	澳大利亚、以色列、中国、印度
Dunaliella tertiolecta	渔用饲料	商业化	全球
Haematococcus pluvialis	虾青素	商业化	美国、以色列、瑞典
Isochrysis spp.	渔用饲料	商业化	全球
Monochrysis lutheri	渔用饲料	商业化	全球
Nannochloropsis spp.	渔用饲料	商业化	全球
Pavlova spp.	渔用饲料	商业化	全球
Porphyridiumcruentum	多糖、藻胆色素	研究开发	以色列、法国
Skeletonema spp.	渔用饲料	商业化	全球
Spirulina platensis	健康食品、藻青蛋白	商业化	泰国、美国、中国、印度、越南
Tetraselmis suecica	渔用饲料	商业化	全球
Thalassiosira pseudonana	渔用饲料	商业化	全球

（一）医药工业

目前，从微藻中提取出来的重要生理活性物质主要有藻胆蛋白、多糖、类胡萝卜素（β-胡萝卜素和虾青素）以及多不饱和脂肪酸（花生四烯酸、γ-亚麻酸、十二碳五烯酸、二十二碳六烯酸等）等，这些生理活性物质具有抗肿瘤、抗病毒、抗真菌、抗氧化、防治心血管疾病、降低胆固醇、增强人体免疫功能等生理保健功能与药用性能，并已开发出多种相关产品，如藻蓝蛋白，天然胡萝卜素口服液、冲剂、口含片、水分散型干粉，DHA 胶囊，微藻多糖胶囊等。另外，微藻中还存在着许多未鉴定清楚的抗生素和毒素等活性物质，这些物质也有望开发成医药产品。

同时，利用微藻生长周期短等特点，有望将微藻开发成为新型的生物反应器，利用藻类细胞生产口服疫苗等医药产品。

（二）食品工业

小球藻、螺旋藻、杜氏盐藻等微藻产生的功能性脂肪酸、色素、蛋白质、肽和多糖等代谢产物，已分别以粉剂、丸剂、提取物等形式投放功能性食品市场或用作食品添加剂。

（三）动物饲料

微藻在饲料行业主要有 2 种使用方式：一种使用方式是直接将微藻作为饵料生物投喂。微藻营养丰富，大小适宜，可直接作为鱼类、虾蟹类、贝类等水产动物的饵料，其中螺旋藻是一种成功应用于水产饲料的微藻；另一种是将微藻粉作为一种优质蛋白原料和功能性物质在畜禽、水产动物配合饲料中使用，以促进养殖动物生长、改善动物品质和提高动物成活率。螺旋藻是一种成功应用于动物饲料中的微藻。

（四）环境检测及净化

由于微藻具有对环境的敏感性、生物体的多样性以及对重金属离子的选择性，因此，微藻的生长状况能直接反映水质情况，判断空气中的毒性气体，打破常规气体样品的分析和检测。目前，微藻已在工业废水监测、生物传感器以及元素富集分析中得到研究与应用。

微藻可吸收污水中的氮和磷合成自身需要的有机物，并与好氧菌形成藻菌共生系统，从而促进污水中有机物的氧化分解，降低氮和磷的浓度，清除有毒重金属离子和放射性元素。因此，微藻在环境保护中具有重要作用，引起了国内外的广泛研究和应用。

（五）生物能源

微藻不仅具有快速生长能力，同时也是非常高效的太阳能转换器。微藻能够高效地利用水、二氧化碳和其他营养物质，产生各种代谢产物，同时在细胞中积累的淀粉、糖类和脂类物质都能作为包括生物柴油、甲烷、乙醇、丁醇和氢在内的多种生物燃料的原料。因此，通过大规模培养微藻，使微藻吸收利用大气中的二氧化碳，进一步通过光合作用，将二氧化碳转化成油脂和碳水化合物等，用作生物燃料或可降解塑料等的原材料（图 4-1）。

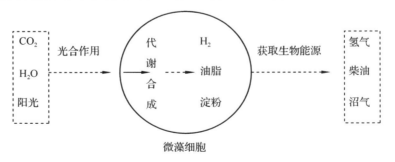

图 4-1　利用微藻获取生物能源的基本原理

虽然微藻用于生产生物能源的优势非常明显，但微藻生物能源技术链是一个非常复杂的系统工程，涉及多个科学与工程技术问题。目前，微藻能源产业化的最大瓶颈是微藻原料的获得困难和微藻生物能源产品成本过高。研究能源微藻藻种的选育，大规模、低成本、高效率的培养系统及培养技术，微藻生物质的高效低成本采收技术以及微藻的能源转化技术是有效解决微藻能源产业化问题的关键。

优良藻种的筛选是微藻能源发展的基础。因此，在过去的几十年里，许多研究者在藻种筛选方面做了大量的工作，先后筛选出一批高油脂含量的微藻（表4-24）。有的微藻含油量甚至超过其生物总量的70%。目前作为生物柴油原料的微藻有绿藻、硅藻和部分蓝藻。

表4-24 部分产油微藻的油脂含量和油脂产率

微藻名称	油脂含量(%，干重)	油脂产率[mg/(L·d)]
缺刻缘绿藻(*Parietochloris incisa*)	60	—
微拟球藻(*Nannochloropsis sp.*)	60	204
南极冰藻(*Neochloris oleoabundans*)	56	13.22
小球藻(*Chlorella vulgaris*)	42	12.77
寇氏隐甲藻(*Crypthecodinium cohnii*)	41.14	82
斜生栅藻(*Scenedesmus obliquus*)	43	—
南极冰藻(*Neochloris oleoabundans*)	38	133
微拟球藻(*Nannochloropsis sp.*)	28.7	90
小球藻(*Chlorella vulgaris*)	27	127.2
眼点拟微绿球藻(*Nannochloropsis oculata*)	30.7	151
杜氏藻(*Dunaliella peircei*)	67	33.5
小索囊藻(*Choricystis minor*)	21.3	82
原始小球藻(*Chlorella protothecoides*)	50.3	—
小球藻(*Chlorella vulgaris*)	21	54

开发高密度、高效率、低成本、易放大的培养系统是实现微藻能源产品工业化的重要环节。微藻光生物反应器是微藻规模化培养过程中的关键设备，也是目前限制微藻规模化培养的主要技术瓶颈之一。目前用于大规模培养微藻的光生物反应器主要有开放式光生物反应器和封闭式光生物反应器，这两种光生物反应器各有优缺点，具体见表4-25。开放式光生物反应器可以分为跑道式、圆池式和斜坡式等类型，而封闭式光生物反应器包括管式、柱式、板式及一些其他特殊类型。目前微藻商业化养殖最主要的培养系统仍是循环跑道式户外池塘。

表4-25 开放式光生物反应器与封闭式光生物反应器比较

参数	开放式光生物反应器	封闭式光生物反应器
结构	简单	复杂，形状多样
成本	建设与操作费用低	建设与操作费用较高
占地面积	大	小
生产周期	长，一般为6~8周，且生产受地域及季节等自然条件限制	短，一般为2~4周，且受环境影响小
水分损失	高	低
CO_2利用效率	很低	高
光利用效率	很低	高
温度控制	不能	能
污染控制	容易被污染，很难实现无菌培养	容易控制污染，可以实现无菌培养

（续）

参数	开放式光生物反应器	封闭式光生物反应器
气体转换	很低	高
收获效率	低	高
产品质量	低	高
产量及发展前途	$10 \sim 20$ g/$(m^2 \cdot d)$，产量较低且接近系统最大限度	$15 \sim 30$ g/$(m^2 \cdot d)$，产量较高且进一步提高产量的潜力较大
面积/体积比	$1 \sim 10$	$25 \sim 125$
CO_2转移率	低	很高
混合效率	低	很高
O_2浓度	低	高
定期维护	少	多
重复性	低	高
适用范围	仅适用于少数能耐受极端环境的微藻	适用于各种微藻的培养
商业化应用技术	易	难

注：a. 薄平板光生物反应器；b. 垂直柱状光生物反应器；c. 垂直管状光生物反应器；d. 水平管状光生物反应器；e. 新型中试光生物反应器。

主要参考文献

1. 杨黎. 微藻能源技术研究展望[J]. 中国工程咨询，2013，（3）：38 - 40.

2. Gouveia L. Microalgae as a feedstock for biofuels[M]. Berlin：Springer Berlin Heidelberg Publisher，2011.

3. Lucas J. S, Southgate P. C. Aquaculture：Farming Aquatic Animals and Plants[M]. (second edition). UK：Blackwell Publishing Ltd，2012.

4. Olguín E. J. Dual purpose microalgae-bacteria – based systems that treat wastewater and produce biodiesel and chemical products within a biorefinery[J]. Biotechnol Adv，2012，30(5)：1031 - 1046.

5. Wijffels R. H, Kruse O, Hellingwerf K. J. Potential of industrial biotechnology with cyanobacteria and eukaryotic microalgae[J]. Curr Opin Biotechnol，2013，24(3)：405 - 413.

（田云、李培旺）

第十五节　芳香油植物

一、芳香油植物的概念

芳香油植物是指植物体器官中含有芳香油的一类植物。芳香油亦称精油或挥发油，它与植物油不同，主要化学成分有萜烯类化合物、芳香族化合物、脂肪族直链化合物和含硫含氮化合物等，其中萜烯类是最重要的成分，这些挥发性物质大多具有发香团，因而具有香味。在一般情况下芳香油比水轻，极少数（如檀香油）比水重，不溶于水，能被水蒸气带出，易溶于各种有机溶剂、各种动物油及酒精中，也溶于各种树脂、蜡、火漆及橡胶中，在常温下，大多呈易流动的透明液体。

二、我国的芳香油植物

我国的芳香植物种类很多，在种子植物中有 260 多科 800 余属的植物含有芳香油，其中最重要的有 20 余科，如松科、柏科、樟科、芸香科、唇形科、桃金娘科、伞形科、菊科、蔷薇科、牻牛儿苗科、莎草科、败酱科、檀香科、木犀科、龙脑香科、金粟兰科、金缕梅科、堇菜科、禾本科、姜科、木兰科等，已发现的香料植物近 400 种。

每个省份都有近百种或更多的香料植物。如云南省有芳香植物 360 多种，可供开发利用的约有百余种，主要生产桉叶油、黄樟油、山苍子油、樟脑、八角茴香油、香叶油和树苔浸膏等。广西有开发利用价值的芳香植物约 100 多种，现已开发利用 40 余种，主要有山苍子油、茴油、桂油、香茅油、柠檬桉叶油、黄樟油、白樟油等。四川省已在生产上开发利用的有 20 余种，如岩桂、香樟、蜡梅、甘松、缬草、黄樟、柠檬、香叶天竺葵等。湖北省有开发利用价值的芳香植物近 110 种，其中猕猴桃、山苍子、野菊花等资源最为丰富。河南省约有芳香植物 90 种，主要有厚朴、紫楠、野花椒、吴茱萸、野胡萝卜、短毛独活、藿香、海州香薷、裂叶荆芥、黄花蒿、魁蒿等。山东省有芳香植物近 100 种，有利用价值的如缬草、山胡椒、赤松、菖蒲、百里香、野薄荷、香附、黄花蒿、白莲蒿等。甘肃省有野生和栽培的芳香植物 214 种，隶属 50 科 122 属，形成工业生产规模的主要是苦水玫瑰油，其他如沙枣、丁香、七里香蔷薇、香薷、油樟、华山松、烈香杜鹃等十余种野生芳香植物资源丰富。辽宁省有芳香植物约 90 种，其中百里香、藿香、裂叶荆芥、香附子、月见草、铃兰等是具有强烈芳香、含精油量高、贮量较多的香料植物。吉林省有芳香植物 100 余种，如铃兰、杜香、百里香、香薷、黄檗、紫椴花、缬草等香气较浓的种类已经开始开发。

三、芳香油的化学成分组成

芳香油大多是由几十种至几百种化合物组成的复杂混合物。研究其化学成分不仅有利于合理和有效地利用香料，还可对芳香油作进一步改善，也可对合成香料品种提供新方向。很多成分的立体光学异构体对香气有较大的影响，如左旋香茅醇的香气较好，左旋薄荷脑的凉味较强；作为几何异构体与香气的关系，如叶醇和茉莉酮，人们都喜欢它们的顺式体的香气。因此，研究芳香油的化学成分及其结构，是发展香料工业重要的一环。

芳香油（或称精油）在化学上可分为 4 大类：即含氮含硫化合物、芳香族化合物、脂肪族的直链化合物、萜类化合物等，简要介绍如下：

(一) 含氮含硫化合物

含氮化合物常见的有吲哚、茉莉花油、蜡梅花油、苦橙油、甜橙油、柠檬油、柑橘油、柑皮油等。含氮杂环化合物的吡嗪类，是重要的食品香成分，可可制品、咖啡、花生、豌豆、青椒、芝麻中都有，如花生中含有 2-甲基吡嗪和 2，3-二甲基吡嗪，可可和咖啡中含有 2，3，5，6-四甲基吡嗪，茶叶中曾发现 34 种吡嗪化合物。含硫的芳香成分，姜汁中有二甲基硫醚，大蒜中有二丙烯硫醚，异硫氰酸丙烯酯是芥子油的主要成分，在葱芥属（*Allaria*）、碎米荠属（*Cardamine*）和大蒜芥属（*Sisymbrium*）等的芳香油中也有；异硫氰酸γ-丁烯酯在油菜子（*Brassica napus*）和芸薹（*B. campestris*）中有。

（二）芳香族化合物

苯环化合物一般都有芳香，故一般称为芳香化合物。在香料植物中，这类化合物较多，仅次于萜类。

（1）芳香族烃类。烃类有机化合物仅由碳原子和氢原子构成，故又称碳氢化合物。在香料工业中用的烃类化合物为数不多。如苏合香油中的苏合香烯；山紫苏油中的对－聚伞花烃。

（2）芳香族醛类。醛类的特点在于分子中的烃基及一个氢原子联结在羰基上，此类化合物在芳香油中占有重要地位，其中苯甲醛（C_7H_6O）存在于金合欢浸膏，水仙浸膏以及杏仁油、苦杏仁油、桂皮油、藿香油中均有，而且常以苷的形式存在，有苦杏仁香气，作皂用香精用量很大，在洋茉莉香精、烟草香精中亦有应用；莳萝醛（$C_{10}H_{12}O$）是茴香油的主要成分，在肉桂油、各种桉叶油和荆球花油等芳香油中皆有，有辛辣气味，用于香料工业；洋茉莉醛（$C_8H_6O_3$），多存在于黄樟油、黄樟叶油等芳香油中，用途甚为广泛，在调制化妆品香精、香水香精、皂用香精等时为主剂或定香剂；肉桂醛（C_9H_8O）是桂叶、桂皮及肉桂皮油的主要成分，常作药用或香料工业上用作调制栀子、素馨、铃兰和玫瑰等香精用，亦作定香剂。

（3）芳香族酮类。酮类化合物的特点是联结于羰基上的是两个烃基，许多有价值的香料均属此类。酮类又可细分为芳香族酮类、脂肪族酮类、环萜酮类、倍半萜酮类等几种类型。芳香族酮类如苯乙酮（C_8H_8O）为 *Stirlingia latifolia* 植物芳香油的主要成分，具强烈的甜香味，用于调和花香型香精、皂用香精及烟草香精；对甲基苯乙酮（$C_9H_{10}O$），存在于含羞草植物的花油中。

（4）芳香族醇类。醇类可以看做是芳香烃侧链上的氢或脂肪族烃上的氢被烃基取代所产生的衍生物。醇类中有许多具有让人感到愉快的化合物，这些化合物是香水和花露水的重要成分，在香料工业中有很大作用。醇类可分为芳香族醇、脂肪族醇、环萜醇类和倍半萜醇类等几种类型。芳香族醇类是芳香油的主要成分，最重要的有苯甲醇、苯乙醇、肉桂醇等。苯甲醇（$C_6H_5CH_2OH$）存在于荆球花、月下香等的芳香油中；乙酸苯甲酯则存在于茉莉、栀子等的花油中。这两类化合物在香精、化妆品和香皂中应用广泛，常作定香剂。苯乙醇（$C_8H_{10}O$）为无色液体，是蔷薇、老鹳草等芳香油中的一种组成成分，具特殊的玫瑰香气，在香精、化妆品和制皂工业中是重要的定香剂，用它能调配出各种香精，特别是玫瑰型香精。肉桂醇（$C_9H_{10}O$）是一种未饱和的一元醇，见于肉桂皮和苏合香中，多以酯的形式存在。肉桂醇是优良的定香剂，在香精、化妆品和皂用工业中用途广泛。

（5）芳香族醚类。是芳香族醇的羟基上的氢被一有机醚根所取代而衍生的一种有机化合物。如存在于石菖蒲中的胡椒酚甲醚和榄香烯，存在于细辛中的α-细辛醚和β-细辛醚。

（三）脂肪族直链化合物

精油成分中除萜类、芳香族化合物外，脂肪族化合物为数不少根据它们所具有的功能团，有醛、酸、酯和烃类，但香料中属于烃类的不多。

（1）醇类。属于脂肪族醇类的直链化合物中有经过发酵的茶叶中有顺式3-己烯醇，具有青草的清香。2-甲基正庚烯-2-醇-6存在于伽罗木油中，具有青草鲜果香气。调香时常用少量于配方中作为头香。人参挥发油中含有人参炔醇［$CH_2＝CH—CH—（C＝C）—CH_2—CH＝CH(CH_2)_6—CH_3$］。

（2）醛类。脂肪族醛类在精油中不占重要地位。低级醛类如甲醛、乙醛可能是水蒸气蒸馏时，由于复杂化合物的分解而生成。但乙醛在有些水果香气中起到重要的头香作用。醛类在未成熟的植物中比成熟的植物中含量多些，如在薄荷油和桉叶油的生物合成的中间阶段，有低级醛类生成。由于未成熟的植物常有低级醛类存在，往往使精油带有不适的气味，如庚醛具有显著的脂肪气味。醛类的香气比较强烈，精油中含量虽少，会影响精油香气的格调。在不饱和的脂肪醛中，有2-己烯醛，又称叶醛，是构成黄瓜清香的天然重要醛类。壬二烯，又称紫罗兰叶醛，存在于紫罗兰叶中，香气浓烈，除用于配制紫罗兰、黄瓜香基外，还用于水仙、玉兰、金合欢等香精配方。

（3）酮类。脂肪族酮类在精油中见到的不多。低级酮可能是水蒸气蒸馏的分解产物。丙酮常常存在于馏出水中。丁二酮存在于香根鸢尾油中。甲基正庚基酮又称芸香酮，是芸香油的主要成分，也存在于白柠檬油中。甲基正己基甲酮又称辛酮－2，微量存在于某些柑橘果实中。后两者都可作为调配剂用于各种配方以增加新鲜感和扩散作用。甲基庚烯酮（$C_8H_{14}O$）存在于柠檬油、柠檬草油、香草油、姜草油等芳香油中，常与芳樟醇、香叶醇和柠檬醛共存，具有类似醋酸戊酯的果香。

（4）酸类。酸类化合物分子内含有羧基，许多精油因有一定数量的脂肪酸，因而有一定的酸值。酸值的增加说明精油质量变劣。脂肪酸通常没有愉快的香气。低级脂肪酸多半以酯类状态存在，酯类在蒸馏中分解成羧酸，游离存在。但有些精油含高级脂肪酸，如鸢尾油中含85%的肉豆蔻酸，秋葵子油中含棕榈酸。在香料生产上，可用酸类作生产酯类的原料。用酸类制成的酯不仅广泛用于香料工业，也用于食品工业中。羧酸的酯类可以直接用羧酸和醇作用而制得。酯类是天然精油中的组成部分，在食品工业中可使产品有果子香味。酸类及酯类化合物的代表有：桂皮酸（$C_9H_8O_2$），存在于肉桂油中；乙酸龙脑酯（$C_{12}H_{20}O_2$），具有清新香味，为公共场所、室内喷雾香精，存在于多种裸子植物如华山松、华北冷杉、马昆松、云南松、山刺柏等的芳香油中；醋酸芳樟酯（$C_{12}H_{20}O_2$），存在于芸香料植物玳玳花、蟹橙等的芳香油中；牻牛儿醇醋酯（$C_{10}H_{17}O—OC—CH_3$），存在于多种植物的芳香油中，如柴胡芳香油，味甜香，用于香料工业。

（四）萜类化合物

广义地讲，萜不仅包括$(C_5H_8)_n$为基础的一切化合物，甚至还包括化学结构上和亲缘上稍远的化合物。像檀香烯只有9个碳原子，也看作萜的一种。具有5个碳原子的称为半萜（ssemiterpene），在精油中并不存在。具有10个碳原子的称为单萜（monoterpene），存在于精油的低、中沸点的部分。高沸点部分中存在具有15个碳原子的，则称为倍半萜（sesquiterpene）。二萜（C_{20}）和三萜（C_{30}）是萃取而得产品的成分。在蒸馏法获得的精油中，因它们沸点较高，都不含有。至于四萜和多萜多半都不属于香料，如四萜类的胡萝卜素及多萜的橡胶等。

（四）芳香油的提取方法

自植物中提取芳香油时，其方法有下述4种：

1. 水蒸气蒸馏法

芳香油的沸点甚高，但易随水蒸气蒸馏而出，此法操作容易，热度又不会分解芳香油中的香成分，加之设备简单，故应用最广泛。水蒸气蒸馏法所用设备形式很多，可从根、茎、叶、枝、果、种子及部分花类中提取芳香油。提取方法有3种。

（1）水中蒸馏法。将粉碎的植物原料直接放在水中，用直火或封闭的蒸气管道加热，使芳香油随水蒸气蒸馏出来。如玫瑰花、橙花等容易黏着的原料均用此法。

（2）直接蒸馏法。即蒸锅内不放水，只放原料，而将水蒸气自另一蒸气锅通过多孔气管喷入蒸馏锅的下部，再经过原料把芳香油蒸出。

（3）水气蒸馏法。将芳香植物原料放在蒸馏锅内设置的一个多孔隔板上，锅内放水，水的高度在隔板之下。当水蒸气通过多孔隔板和板上的原料时，芳香油便可随水蒸气蒸馏出来。

以山苍子油提取为例，具体过程如下：

山苍子采收及处理：花期 2～3 月，果实采收为 7～8 月，种子成熟期 8～9 月。7～8 月当山苍子果实外皮呈青色、带有光泽、无皱纹、果壳比较坚硬、用手指剥开可嗅到浓烈的柠檬芳香味，剥开果壳内有浅红色的核仁，并带有微量的浆液，这时柠檬醛含量与出油率最高，是最适宜的采摘时期。摘下来的果实均须带果柄。采集的果实应铺开，置于阴凉通风处，堆放厚度不超过 6 cm，每天翻动 1～2 次，以防止发热变质，采后 24h 内必须加工。

山苍子油加工：① 工艺流程：进料加水→供气蒸馏→冷凝→油水分离→排气排渣。② 进料加水：将山苍子和永州山泉水按 1：1 的比例加入蒸馏器中。③ 供气蒸馏：待高压锅炉温度≥160℃和压力≥0.2MPa 时开始送汽加热。④ 冷凝：开始送气后，即开启冷凝系统。⑤ 油水分离：送汽 18min 后开始出油，蒸馏时间为 2h，当量标里的水面中无油时方可排渣。⑥ 排气排渣：关好送汽阀门，5min 后打开进料口盖排气，然后再排渣，清洗蒸馏器后方可进料。

质量要求：①感官特色：浅黄至黄色清澈液体，有柠檬醛香气。②理化指标：理化指标如表4-26。

表 4-26　山苍子油的理化指标

项　目	指　标
相对密度（20/20℃）	0.880～0.905
折光指数（2℃）	1.4810～1.4880
旋光度（20℃）	+2～+12
柠檬醛含量（色谱）	≥66.0%

（二）溶剂萃取法

目前通用的是挥发性溶剂萃取法。采用该法时，用低沸点而且能很好溶解植物芳香油成分的有机溶剂，如石油醚、乙醚、苯或酒精等，在室温下浸提，再蒸去溶剂，从而得到芳香油。提取出的芳香油因混有一些植物蜡，故常呈固态或半固体状态。这种产品又叫浸膏。此法对易溶于水或遇热易分解而不能采用水蒸气蒸馏法来加工芳香油的植物，如茉莉、晚香玉、香堇、铃兰、水仙、金合欢、玫瑰、白兰、栀子、素馨、月下香等的花朵效果最佳。此外，萃取法还有以下 2 种：

（1）冷吸法。此法是将精制过的牛油、猪油或橄榄油等涂于玻璃板上，然后将花朵摊在油脂上，让油脂充分吸收花香约 24h 左右，以后再换一批鲜花直到油脂吸足香气为止。吸足香气的油脂再用温浸法处理。此法不需加热，但成本高，故目前已渐趋不用。

（2）温浸法。此法与冷吸法相似，所不同的是把花朵浸在温热的油脂中，加工时间较冷吸法短，但制品的质量较差。此法现已完全淘汰。

（三）直接压榨法

此法适用于柑橘类芳香油，如柠檬油、甜橙油、香柠檬油、柑橘油等的制取。用此法得到的芳香油中含有被压碎的细胞和细胞液，如经离心和过滤，可获得纯粹的芳香油。芳香油能保持原有鲜果香味，质量远较用水蒸馏为好。

（四）生物技术法

这类方法中有组织培养法生产羟基苯甲醇、原儿茶醛、香草酸和薄荷油；微生物发酵法生产萜烯类化合物如香茅醇、香叶醇、里那醇、橙花醇；微生物酶法来游离芒果、西番莲、葡萄中的萜稀类化合物。

五、天然香料产品开发应用研究

（一）在香料、香精中的应用

天然香料有着工业合成香料无法替代的独特香韵，而且对人体无害，有取代人工合成香料的趋势。

（二）在医药行业的应用

芳香疗法可以增加人体免疫力，治疗呼吸系统疾病，消除疲劳与忧虑，减轻精神压力，促进睡眠，如迷迭香和薰衣草能治疗气喘病。法国化学家 Renem Gattefesss 于 20 世纪 30 年代首创了植物芳香疗法（aromatherapy），证明了薰衣草精油有治疗烫伤的作用。

（三）在食品行业的应用

（1）食品添加剂。香精油除药用和芳香成分以外，还含有抗氧化物质、抗菌物质及天然色素等成分，可作为食品行业中的调味调香剂、防腐抑菌剂、抗氧化剂和食用色素。

（2）芳香蔬菜。芳香蔬菜的开发和应用在欧美国家源远流长。目前芳香蔬菜在国内方兴未艾，各大城市不断出现以芳香蔬菜为主题的餐馆。芳香蔬菜不仅丰富了餐桌的内容，而且含有大量营养成分和微量元素，具有独特的保健功能，如食用艾蒿嫩茎叶有节制食欲作用。

（3）芳香花草茶。早在 300 年前欧洲人已经有意识地选择一些色香味俱全又有保健功能的植物调配成日常饮料，称为花草茶或药草茶（herbal tea）。不同于中国传统茶和药用保健茶，其入茶材料全部为芳香植物——具有保健功能而且香甜可口，目前已经发展成为一种休闲情趣饮品，如用桂花、柠檬草、少量西红花配制的茶有活血美颜的功效。

（4）芳香酒。用高度白酒再加适量冰糖泡制，可直接饮用或调制鸡尾酒。适宜制作芳香酒的植物有柠檬草、紫苏、西洋甘菊、薄荷、薰衣草、百里香、罗勒、桂花等。

（四）在杀虫剂中的应用

精油作为一种化学信息物质，对植物和动物具有独特效应。精油对害虫的作用方式大致可归纳为引诱、驱避、拒食、毒杀和生长发育抑制等。澳大利亚生物学家迪克先生利用遗传工程技术，培育出一种兼有 2 种植物优势性状的特殊植物——蚊净香草。试验证明，1 盆冠幅 20～30 cm 的蚊净香草有效驱蚊面积可达 $15m^2$。

（五）在饲料中的应用

食用芳香植物作为饲料的天然添加剂，可以促进家禽、家畜的食欲，集调味增香、抗菌抗氧化、抑菌防病、调节机体、改善畜禽肉质等多种功能于一身，是合成饲料添加剂所无法比拟的。目前应用较多的有丁香、肉豆蔻等。

（六）在园艺和旅游中的应用

多数芳香植物本身就是美丽的观赏植物。"芳香主题旅游"更具有诱人市场潜力，如法国、日本采用"花境"形式经营芳香植物农场，每年都吸引大批游客；国外还有以芳香植物为制作主题的植物园、芳香医院等。此外，还可将芳香植物加工成干燥花、香囊、香枕等旅游纪念品。

此外，还应用于牙膏、洗涤剂、橡胶、塑料、卫生用品、文具、纸张等行业中，芳香油也是电镀工业良好的增光剂和工业助剂。它在油墨、纺织品、建筑材料和革制品等也有应用。

参考文献

1. 杨利民. 植物资源学[M]. 北京：中国农业出版社，2008：231 – 273.
2. 梁呈元，傅晖，李维林，等. 薄荷油不同提取方法的比较[J]. 时珍国医国药，2007(09).
3. 罗珊珊，凌建亚，马小清，等. 超临界 CO_2 萃取技术在天然药物研究中的应用[J]. 上海中医药杂志，2004(11).
4. 莫开林. 山苍子油的深加工及产品利用[J]. 四川林业科技，2005(4).
5. 黄敏，刘杰凤，周如金，等. 分子蒸馏新技术在天然香料分离中的应用[J]. 化工进展，2006(3).
6. 陆志科，黎深. 快速提取分离八角茴香油的新方法[J]. 福建林业科技，2007(1).
7. 马强，何璐，王玉龙，等. 小茴香挥发油超声波提取工艺优化及抗菌活性研究[J]. 安徽农业科学，2007(7).

（吴　红、张良波、蒋丽娟）

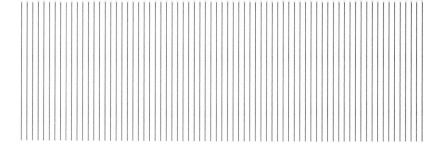

第五章
植物油脂制取工艺技术

植物油料中含有脂肪、蛋白质、糖类、磷脂和维生素等多种营养物质，其中油脂又是植物油料的重要组成部分。由油脂所得的油脂化学品（如脂肪酸、脂肪醇等）可以生产蜡烛、化妆品基料、表面活性剂、乳化剂、增塑剂、润滑剂、石油添加剂和织物处理剂等。

油脂工业的主要任务是从植物油料中提取油脂，并对提取的毛油进行精炼，去除其中的非油脂物质，得到精制的合格油脂产品；利用油脂改性技术，生产多种油脂制品；在提取油脂的过程中保持并改善饼粕的质量，得到高品质的饲用饼粕或食用饼粕；对油料进行深加工和综合利用，从油料加工副产物中提取高附加值的产品。

本章概述了油料的基本性质、加工制油工艺和油脂精炼技术，为油料加工选择合理的工艺、制造符合工业需求的产品和实现资源的充分利用等提供了参考依据。

第一节　油料的基本性质与加工工艺技术选择

一、油料的基本性质

（一）油料分类

一般而言，凡是油脂含量达 10% 以上，且具有制油价值的植物种子和果肉等均称为油料。根据植物油料的植物学属性，可将植物油料分成 4 类：① 草本油料：常见的有大豆、油菜籽、棉籽、花生、芝麻和葵花籽等。② 木本油料：常见的有棕榈、椰子、油茶籽等。③ 农产品加工副产品油料：常见的有米糠、玉米胚、小麦胚芽。④ 野生油料：常见的有野茶籽、松籽等。

根据植物油料的含油率高低，可将植物油料分成 2 类：① 高含油率油料：菜籽、蓖麻、棉籽、花生、芝麻等含油率大于 30% 的油料。② 低含油率油料：大豆、米糠等含油率在 20% 左右的油料。

油料籽实的形态结构是判别油料种类、评价油料工艺性质、确定油脂制取工艺与设备的重要依据之一。油料籽粒由壳及种皮、胚、胚乳或子叶等部分组成。种皮包在油料籽粒外层，起保护胚和胚乳的作用。种皮含有大量的纤维物质，其颜色及厚薄随油料的品种而异，据此可鉴别油料的种类及质量。胚是种子最重要的部分，大部分油脂储存于胚中。胚乳是胚发育时营养的主要来源，其内存有脂肪、糖类、蛋白质、维生素及微量元素等。但是有些种子的胚乳在发育过程中已被耗尽，因此可分为有胚乳种子和无胚乳种子两种。无胚乳种子，营养物质储存在胚内。

（二）油料种籽的细胞

油料种子的细胞大小和形状，以大豆、花生的细胞最大，棉籽的细胞最小；形状一般呈球形，也有呈圆柱形、纺锤形、多角形等；由细胞壁和细胞内容物构成，细胞壁由纤维素、半纤维素等物质组成，细胞壁的结构具有一定的硬度和渗透性。用机械外力可使细胞壁破裂，水和有机溶剂能通过细胞壁渗透到细胞的内部，引起细胞内外物质的交换，细胞内物质吸水膨胀可使细胞壁破裂。细胞的内容物由油体原生质、细胞核、糊粉粒及腺粒体等组成。

油料种子中的油脂主要存在于原生质中，通常把油料种子的原生质和油脂所组成的复合体称作油体原生质。油体原生质在细胞中占有很大体积，是由水、无机盐、蛋白质、脂肪、碳水化合物等组成。在成熟干燥的油料中，油体原生质呈一种干凝胶状态，并富有弹性。

（三）油料种子的主要化学成分

油料种子的种类很多，其化学成分及其含量不尽相同，但一般都含有油脂、蛋白质、糖类、脂肪酸、磷脂、色素、蜡质、烃类、醛类、酮类、醇类、油溶性维生素、水分及灰分等物质。表 5-1 列出了几种常见油料种子的主要化学成分。

表 5-1　几种常见油料种子的主要化学成分

名称	水分（%）	脂肪（%）	蛋白质（%）	磷脂（%）	碳水化合物（%）	粗纤维（%）	灰分（%）
大豆	9～14	16～20	30～45	1.5～3.0	25～35	6	4～6
花生仁	7～11	40～50	25～35	0.5	5～15	1.5	2
棉籽	7～11	35～45	24～30	0.5～0.6	—	6	4～5
油菜籽	6～12	14～25	16～26	1.2～1.8	25～30	15～20	3～4
芝麻	5～8	50～58	15～25	—	15～30	6～9	4～6
葵花籽	5～7	45～54	30.4	0.5～1.0	12.6	3	4～6
米糠	10～15	13～22	12～17	—	35～50	23～30	8～12
玉米胚	—	35～56	17～28	—	5.5～8.6	2.4～5.2	7～16
小麦胚	14	14～16	28～38	—	14～15	4.0～4.3	5～7

注：—，Noclear.

1. 油脂

油脂是油料种子在成熟过程中由糖转化而形成的一种复杂的混合物，是油料种子中主要的化学成分。油脂是由 1 分子甘油和 3 分子高级脂肪酸合成的中性酯，又称为甘油三酸酯。在甘油三酸酯中脂肪酸的相对分子质量占 90% 以上，甘油仅占不到 10%，构成油脂的脂肪酸性质及脂肪酸与甘油的结合形式，决定了油料作物中油脂的物理状态和性质。

根据脂肪酸与甘油结合的形式不同，可分成单纯甘油酯和混合甘油三酸酯。在甘油三酸酯分子中与甘油结合的脂肪酸均相同则称之为单纯甘油三酸酯；若组成甘油三酸酯的 3 个脂肪酸不相同则称为混合甘油三酸酯。

构成油脂的脂肪酸主要有饱和脂肪酸和不饱和脂肪酸两大类。最常见的饱和脂肪酸有软脂酸、硬脂酸、花生酸等；甘油三酸酯中饱和脂肪酸含量较高时，在常温下呈固态而称之为脂。不饱和脂肪酸有油酸、亚油酸、亚麻酸、芥酸等。甘油三酸酯中不饱和脂肪酸含量较高时，在常温下呈液态而称之为油。

油脂中脂肪酸的饱和程度常用碘价反映，碘价用每 100g 油脂吸收碘的克数表示。碘价越高，油脂中脂肪酸不饱和程度越高。按碘价不同油脂分成 3 类：碘价 < 80 为不干性油；碘价 80 ~ 130 为半干性油；碘价 > 130 为干性油。植物油脂大部分为半干性油。

纯净的油脂中不含游离脂肪酸，但油料未完全成熟及加工、储存不当时，均能引起油脂的分解而产生游离脂肪酸，而游离脂肪酸的存在使油脂的酸度增加从而降低油脂的品质。常用酸价反映油脂中游离脂肪酸的含量。酸价用中和 1g 油脂中的游离脂肪酸所使用的氢氧化钾的毫克数表示。酸价越高，油脂中游离脂肪酸含量越高。

2. 蛋白质

蛋白质是由氨基酸组成的高分子复杂化合物，根据蛋白质的分子形状可以将其分为线蛋白和球蛋白两种。油籽中的蛋白质基本上都是球蛋白。按照蛋白质的化学结构，通常又将其分为简单蛋白质和复杂蛋白质(或简称朊族化合物)两类，其中最重要的简单蛋白质有白朊、球朊、谷朊和醇溶朊等几种，而重要的复杂蛋白质则有核朊、糖朊、磷朊、色朊和脂朊等几种。

在油料籽中，蛋白质主要存在于种仁的凝胶部分。因此，蛋白质的性质对油料的加工影响很大。蛋白质除醇溶朊外都不溶于有机溶剂；蛋白质在加热、干燥、压力以及有机溶剂等作用下会发生变性；蛋白质可以和糖类发生作用，生成颜色很深的不溶于水的化合物，也可以和棉籽中的棉酚作用，生成结合棉酚；蛋白质在酸、碱或酶的作用下能发生水解作用，最后得到各种氨基酸。

3. 磷脂

磷脂即磷酸甘油酯，简称磷脂。两种最主要的磷脂是磷脂酰胆碱(俗称卵磷脂)和磷脂酰乙醇氨(俗称脑磷脂)。油料中的磷脂是一种营养价值很高的物质，其含量在不同的油料种子中各不相同。其中以大豆和棉籽中的磷脂含量最多。磷脂不溶于水，可溶于油脂和一些有机溶剂中；磷脂不溶于丙酮。磷脂有很强的吸水性，吸水膨胀形成胶体物质，从而在油脂中的溶解度大大降低。磷脂易被氧化，在空气中或阳光下会变成褐色至黑色物质。在较高温度下，磷脂能与棉籽中的棉酚作用，生成黑色产物。磷脂还可以被碱皂化，可以被水解。另外，磷脂还具有乳化和吸附作用。

4. 色素

纯净的甘油三酸酯是无色的液体。但植物油脂带有色泽，有的毛油甚至颜色很深，这主要是各种脂溶性色素引起的。油脂中的色素一般有叶绿素、类胡萝卜素、黄酮色素及花色苷等。个别油脂中还含有一些特有的色素，如棉籽中的棉酚等。油脂中的色素能够被活性白土或活性炭吸附除去，也可以在碱炼过程中被皂脚吸附除去。

5. 蜡

蜡是高分子的一元脂肪酸和一元醇结合而成的酯，主要存在于油料种子的皮壳内，且含量很少，但米糠油中含蜡较多。蜡的主要性质是熔点较甘油三酸酯高，常温下是一种固态黏稠的物质。蜡能溶于油脂中，溶解度随温度升高而增大，在低温会从油脂中析出影响其外观，另外，蜡会使油脂的口感变劣，降低油脂的食用品质。

6. 糖类

糖类是含有醛基和酮基的多羟基有机化合物，按照糖类的复杂程度，可以将其分为单糖和多糖2类。糖类主要存在于油料种子的皮壳中，仁中含量很少。糖在高温下能与蛋白质等物质发生作用，生成颜色很深且不溶于水的化合物（美拉德反应）。在高温下糖的焦化作用会使其变黑并分解。

7. 维生素

植物油料含有多种维生素，但制取的油脂中主要有脂溶性的维生素 E，维生素 E 能防止油脂氧化酸败，增加植物油的储藏稳定性。

8. 其他物质

油料中除含有上述化学成分外，还含有甾醇、灰分以及烃类、醛类、酮类、醇类等物质，这些物质的含量很小且对油脂生产的影响很小。个别油料中含有一些特殊成分，如大豆中含脲素酶、胰蛋白酶抑制素、凝血素，棉籽中有棉酚，芝麻中有芝麻酚、芝麻素和芝麻酚，花生中有黄曲霉毒素，菜籽中有含硫化合物等。

（四）油料种子的物理性质

油料种子的物理性质，如容重、散落性、自动分级、导热性、吸附性等，对油料的安全储存、输送、加工生产均有直接或间接的影响。本节重点介绍油料的导热性和吸附性。

1. 质量热容和热导率

使 1kg 油料的温度升高 1℃所需要的热量，称为油料的质量热容，以千焦/（千克·摄氏度）[kJ/（kg·℃）]表示。油料质量热容的大小与油料的化学成分及其比例有关，与油料的含水量有关。

热导率为面积热流量除以温度梯度。热导率越大，导热性越好。油料是热的不良导体，其热导率很小，一般为 0.12～0.23W/（m·℃）。由于油料的导热性差，因此在储存、加热等过程中应注意散热及加热的均匀性。

2. 吸附性和解吸性

油料是一种多细胞的有机体，从油料表面到内部分布着无数直径很小的毛细管，这些毛细管的内壁具有从周围环境尤其是从空气中吸附各种蒸汽和气体的能力。当被吸附的气体分子达到一定的饱和程度时，气体分子也能从油料表面或毛细管内部释放出来而散发到周围的空气中，油料的这种性能称为吸附性和解吸性。由于油料具有吸附性，因此当油料吸湿后水分增大时，容易发热霉变，给油料的安全储存带来困难。油料吸附有毒气体或有味气体后不易散尽，造成油料污染，因此应避免油料接触有毒或有味的气体。

二、油脂制取与加工工艺流程的选择

多数植物油料的油脂制取与加工工艺流程基本相同，区别仅在于个别工序和设备型式的不同，但个别油料也采用一些特殊的油脂生产工艺。其流程的选择与油料品质、产品质量、副产品质量、生产规模、技术条件和环境保护等要求都有关。虽然工业应用的油脂制取和精炼工艺仅几种，然而生产过程中各工序的配合和工艺条件却千变万化。为此，有必要了解和掌握各种油料加工技术的特性和共性，选择合适的工艺流程，提高油脂生产效果。

（一）根据油料品质不同

植物油料种类繁多，不同油料的化学成分、含量和物理性状有差别。因此，油脂生产工艺的选择首先要考虑油料品种。

（1）根据不同油料的共性将其分类，这样就有可能选择几种典型方法来实现生产要求。例如，对绝大多数油料都可以采用压榨法取油；对高含油料采用预榨浸出；对低含油料采用直接浸出；对带壳油料多采用剥壳后取油；对高酸价毛油采用物理精炼，等等。

（2）为保留某些油料所含油脂的特殊风味，应选择合理的油脂生产工艺。不少油脂或油料蛋白具有消费者喜爱的独特风味，为保持其产品不失去原有的风味和油料的品质，应选择合理的油脂生产工艺和条件。

（3）某些油料中含有抗营养因子或影响产品质量的特殊成分，在选择油脂生产工艺和操作条件时，必须考虑除去这些成分以改善其产品质量。

（4）避免油料中油脂或其他成分发生化学变化而使其品质劣变。

（二）根据产品及副产品的质量要求

油脂生产的主要目的是要获得品质好、质量符合要求的产品，而油脂生产所得产品的种类和等级又有多种，有时还需要同时考虑副产物的质量要求。因此，油脂生产工艺选择的另一个重要因素是产品及副产品质量的要求。

（1）根据油脂产品的用途和质量等级选择油脂生产工艺和操作条件。如油脂产品有普通食用油脂、高级食用油脂、食用专用油脂制品和工业用油脂等。最终产品的用途和质量要求不同，所选择和采用的油脂生产工艺和条件会有很大差别。

（2）根据成品粕的用途和质量等级选择不同的生产工艺。例如，饲用豆粕的生产，要求其生产工艺和操作条件能够有效破坏抗营养成分，使其充分熟化等等。

（3）对于食品级油脂及粕的生产，还必须保证其生产工艺和条件符合食品卫生指标。

（4）在选择油脂生产工艺和条件时，还需要考虑副产品的质量要求。

（三）根据油脂生产技术的发展和具体生产条件

（1）采用成熟而先进的工艺和设备，实现最佳技术经济效果。随着油脂生产理论和生产技术的不断发展和完善，不断有先进的工艺技术和设备在油脂工业中得到应用。在选择油脂生产工艺时，应特别关注和追踪最新技术的发展和应用。如油料全脱皮工艺、油料膨化工艺技术、湿粕 DTDC 处理技术、油料物理精炼技术、生产节能技术、油脂生产废物控制和处理技术等。

（2）根据生产规模选用油脂生产工艺。大规模油脂生产应选用工艺完善、设备配置精良、自动化程度高和副产物利用充分的生产工艺。小规模油脂生产应选用投资节省、容易改变油料品种、生产灵活和技术容易掌握的生产工艺。

（3）根据油料资源、品种及供应情况选择生产工艺。例如，经常需要改变油料品种，就应选择能适应多种油料生产的工艺，但这种工艺和设备配置通常较复杂。如加工油料品种单一,应选择单纯的生产工艺,以简化工艺和节省设备投资。

(4)生产工艺的选择还要考虑油脂生产废物的形成和处理,应选择废物形成量少、对环境影响小的工艺。例如,选择不产生废水或很少产生废水的油脂物理精炼工艺,选择生产废水排放量少、加热蒸汽冷凝水重回锅炉房再利用,甚至生产废水零排放的浸出生产工艺等。

(5)其他诸如工艺技术和设备的成熟可靠程度、劳动生产力水平、能源供应、厂址选择等都是在选择生产工艺时应考虑的因素。

第二节 植物油料的预处理

植物油料制油工艺对油料的性质具有一定的要求。因此,制油前应对油料进行一系列的处理,使油料具有最佳的制油性能,以满足不同制油工艺的要求。通常在制油前对油料进行清理除杂、剥壳、破碎、软化、轧坯、膨化、蒸炒等工作统称为油料的预处理。

一、油料的清理

(一)油料清理的目的和要求

油料清理是指利用各种清理设备去除油料中所含杂质的工序的总称。植物油料中不可避免地夹带一些杂质,一般情况油料含杂质达1%~6%,最高达10%。混入油料中的绝大多数杂质在制油过程中会吸附一定数量的油脂而存在于饼粕内,造成油分损失,出油率降低。混入油料中的有机杂质会使油色加深或使油中沉淀物过多而影响油的品质,同时饼粕质量较差,影响饼粕资源的开发利用。混入油料的杂质,往往会造成生产设备效率下降,生产环境的粉尘飞扬,空气混浊。因此,采用各种清理设备将这些杂质清除,能减少油料油脂损失,提高出油率;提高油脂及饼粕的质量;提高设备的处理能力;保证设备安全工作;保证生产环境卫生。清理后油料不得含有石块、铁杂、绳头、蒿草等杂质。油料中总杂质含量及杂中含油料量应符合规定。花生、大豆含杂量不得超过0.1%;棉籽、油菜籽、芝麻含杂量不得超过0.5%;花生、大豆、棉籽清理下脚料中含油料量不得超过0.5%;油菜籽、芝麻清理下脚料中含油料量不得超过1.5%。

(二)油料清理的方法及机理

油料中杂质种类较多。油料与杂质在粒度、密度、表面特性、磁性及力学性质等物理性质上存在较大差异,根据油料与杂质在物理性质上的明显差异,可以选择稻谷、小麦加工中常用筛选、风选、磁选等方法除去各种杂质。对于棉籽脱绒、菜籽分离,可采用专用设备进行处理。选择清理设备应视原料含杂质情况,力求设备简单,流程简短,除杂效率高。

二、油料的剥壳及仁壳分离

(一)剥壳的目的

大多数油料都带有皮壳,除大豆、油菜籽、芝麻含壳率较低外,其他油料如棉籽、花生、葵花籽等含壳率均在20%以上。

含壳率高的油料必须进行脱壳处理,而含壳率低的油料仅在考虑其蛋白质利用时才进行脱皮处理。油料皮壳中含油率极低，制油时不仅不出油，反而会吸附油脂，造成出油率降低。剥壳后制油，能减少油脂损失，提高出油率。油料皮壳中色素、胶质和蜡含量较高。在制油过程中这些物质溶入毛油中，造成毛油色泽深，含蜡高，精炼处理困难。剥壳后制油，毛油质量好，精炼率高。油料带壳制油，体积大造成设备处理能力下降，皮壳坚硬造成设备磨损，影响轧坯的效果。

（二）剥壳的方法

油料剥壳时根据油料皮壳性质、形状大小、仁皮结合情况的不同，采用不同的剥壳方法。

（1）摩擦搓碾法。借粗糙工作面的搓碾作用使油料皮壳破碎。如圆盘剥壳机用于棉籽、花生的剥壳。

（2）撞击法。借壁面或打板与油料之间的撞击作用使皮壳破碎。如离心式剥壳机用于葵花籽、茶籽的剥壳。

（3）剪切法。借锐利工作面的剪切作用使油料皮壳破碎。如刀板剥壳机用于棉籽剥壳。

（4）挤压法。借轧辊的挤压作用使油料皮壳破碎。如轧辊剥壳机用于蓖麻子剥壳。

（5）气流冲击法。借助于高速气流将油料与壳碰撞，使油料皮壳破碎。

油料剥壳时，应根据油料种类选择合适的剥壳方式。同时应考虑油料水分对剥壳的影响。油料含水量低，则皮壳脆性大，易破碎，但水分过低，剥壳过程中易产生粉末。油料经剥壳机处理后，还需进行仁壳分离，仁壳分离的方法主要有筛选和风选2种。

三、油料的破碎与软化

（一）破碎

破碎是在机械外力作用下将油料粒度变小的工序。对于大粒油料如大豆、花生仁破碎后粒度有利于轧粒操作，对于预榨饼经破碎后其粒度符合浸出和二次压榨的要求。对油料或预榨饼的破碎要求：破碎后粒度均匀，不出油，不成团，粉末少。对大豆、花生仁要求破碎成 6~8 瓣即可，预榨饼要求块粒长度控制在 6~10mm 为好。为了使油料或预榨饼的破碎符合要求，必须正确掌握破碎时油料水分的含量。水分过低将增大粉末度，粉末过多，容易结团；水分过高，油料不容易破碎，易出油。破碎的设备种类较多，常用的有辊式破碎机、锤片式破碎机，此外也有利用圆盘剥壳机进行破碎。

（二）软化

软化是调节油料的水分和温度，使油料可塑性增加的工序。对于直接浸出制油而言，软化也是调节油料入浸水分的主要工序。软化的目的在于调节油料的水分和温度，改变其硬度和脆性，使之具有适宜的可塑性，为轧粒和蒸炒创造良好操作条件。对于含油率低的、水分含量低的油料，软化操作必不可少；对于含油率较高的花生、水分含量高的油菜籽等一般不予软化。软化操作应视油料的种类和含水量，正确地掌握水分调节、温度及时间的控制。一般原料含水量少，软化时可多加些水，原料含水量高，则少加水；软化温度与原料含水量相互配合，才能达到理想的软化效果。一般水分含量高时，软化温度应低一些；反之软化温度应高一些。软化时间应保证油料吃透水气，温度达到均匀一致。要求软化后的油料碎粒具有适宜的弹性和可塑性及均匀性。

四、油料的轧坯

油料称为生坯，生坯经蒸炒后制成的料坯称为熟坯。其目的是通过轧辊的碾压和油料细胞之间的相互作用，使油料细胞壁破坏，同时使料坯成为片状，大大缩短油脂从油料中排出的路程，从而提高制油时出油速度和出油率。此外，蒸炒时片状料坯有利于水热的传递，从而加快蛋白质变性，细胞性质改变，提高蒸炒的效果。轧坯后，要求料坯厚薄均匀，大小适度，不露油，粉末度低，并具有一定的机械强度。

（1）生坯厚度要求。大豆＜0.3mm，棉仁＜0.4mm，菜籽＜0.35mm，花生仁＜0.5mm。

（2）粉末度要求。过20目筛的物质不超过3%。

五、挤压膨化

油料生坯的挤压膨化是利用挤压膨化设备将生坯制成膨化颗粒物料的过程。生坯经挤压膨化后可直接进行浸出取油。该工艺大有取代直接浸出和预榨浸出制油工艺的趋势。

（一）挤压膨化的目的

油料生坯经挤压膨化后，其容重增大，多孔性增加，油料细胞组织被彻底破坏，酶类被钝化。这使得膨化物料浸出时，溶剂对料层的渗透性和排泄性都大为改善，浸出溶剂比减小，浸出速率提高，混合油浓度增大，湿粕含溶降低，浸出设备和湿粕脱溶设备的产量增加，浸出毛油的品质提高，并能明显降低浸出生产的溶剂损耗以及蒸汽消耗。

（二）挤压膨化原理

油料生坯由喂料机送入挤压膨化机，在挤压膨化机内，料坯被螺旋轴向前推进的同时受到强烈的挤压作用，使物料密度不断增大，并由于物料与螺旋轴和机膛内壁的摩擦发热以及直接蒸汽的注入，使物料受到剪切、混合、高温、高压联合作用，油料细胞组织被较彻底地破坏，蛋白质变性，酶类钝化，容重增大，游离的油脂聚集在膨化料粒的内外表面。物料被挤出膨化机的模孔时，压力骤然降低，造成水分在物料组织结构中迅速汽化，物料受到强烈的膨胀作用，形成内部多孔、组织疏松的膨化料。物料从膨化机末端的模孔中挤出，并立即被切割成颗粒物料。

六、油料的蒸炒

油料的蒸炒是指生坯经过湿润、加热、蒸坯、炒坯等处理，成为熟坯的过程。

（一）蒸炒的目的与要求

蒸炒的目的在于使油脂凝聚，为提高油料出油率创造条件；调整料坯的组织结构，借助水分和温度的作用，使料坯的可塑性、弹性符合入榨要求；改善毛油品质，降低毛油精炼的负担。

蒸炒可使油料细胞结构彻底破坏，分散的游离态油脂聚集；蛋白质凝固变性，结合态油脂暴露；磷脂吸水膨胀；油脂黏度、表面张力降低。因此，蒸炒促进了油脂的凝聚，有利于油脂流动，为提高出油率提供了保证。

蒸炒可使油料内部结构发生改变，其可塑性、弹性得到适当的调整，这一点对压榨制油至关重要。油料的组织结构特性直接影响到制油操作和效果。

蒸炒可改善油脂的品质。料坯中磷脂吸水膨胀，部分与蛋白质结合，在料坯中大部分棉酚与蛋白质结合，这些物质在油脂中溶解度降低，对提高油脂质量极为有利。

料坯中部分蛋白质、糖类、磷脂等在蒸炒过程中，会和油脂发生结合或络合反应，产生褐色或黑色物质会使油脂色泽加深。

蒸炒后的熟坯应生熟均匀，内外一致，熟坯水分、温度及结构性满足制油要求。以湿润蒸炒为例：蒸炒采用高水分蒸炒、低水分压榨、高温入榨、保证足够的蒸炒时间等措施，从而保证蒸炒达到预定的目的。

（二）蒸炒的方法

蒸炒方法按制油方法和设备的不同，一般分为 2 种。

（1）湿润蒸炒。湿润蒸炒是指生坯先经湿润，水分达到要求，然后进行蒸坯、炒坯，使料坯水分、温度及结构性能满足压榨或浸出制油的要求。湿润蒸炒按湿润后料坯水分不同又分为一般湿润蒸炒和高水分蒸炒。一般湿润蒸炒中，料坯湿润后水分一般不超过 13%～14%，适用于浸出法制油以及压榨法制油。高水分蒸炒中，料坯湿润后水分一般可高达 16%，仅适用于压榨法制油。

（2）加热蒸坯。加热蒸坯是指生坯先经加热或干蒸坯，然后再用蒸汽蒸炒，是采用加热与蒸坯结合的蒸炒方法。主要应用于人力螺旋压榨制油、液压式水压机制油和土法制油等小型油脂加工厂。

第三节　油料制油技术（毛油）

一、制油理论

（一）机械压榨法制油

机械压榨法制油就是借助机械外力把油脂从料坯中挤压出来的过程，其特点：工艺简单，配套设备少，对油料品种适应性强，生产灵活，油品质量好，色泽浅，风味纯正。但压榨后的饼残油量高，出油效率较低，动力消耗大，零件易损耗。

1. 压榨法制油过程

主要分为三个阶段：

第一阶段为压榨过程：在压榨取油过程中，榨料坯的粒子受到强大的压力作用，致使其中油脂的液体部分和非脂物质的凝胶部分分别发生 2 个不同的变化，即油脂从榨料空隙中被挤压出来和榨料粒子经弹性变形形成坚硬的油饼。

第二阶段为油脂从榨料中被分离出来的过程：在压榨的开始阶段，粒子发生变形并在个别接触处结合，粒子间空隙缩小，油脂开始被压出；在压榨的主要阶段，粒子进一步变形结合，其内空隙缩得更小，油脂大量压出。压榨的结束阶段，粒子结合完成，其内空隙的横截面突然缩小，油路显著封闭，油脂已很少被榨出。解除压力后的油饼，由于弹性变形而膨胀，其内形成细孔，有时有粗的裂缝，未排走的油反而被吸入。

第三阶段为油饼的形成过程：在压榨取油过程中，油饼的形成是在压力作用下，料坯粒子间随着油脂的排出而不断挤紧，由粒子间的直接接触、相互间产生压力而造成某粒子的塑性变形，尤其在油膜破裂处将会相互结成一体。榨料已不再是松散体而开始形成一种完整的可塑体，称为油饼。油饼的成型是压榨制油过程中建立排油压力的前提，更是压榨制油过程中排油的必要条件。

2. 影响油料压榨制油的因素

在油料被压榨制油的过程中，压力、黏度和油饼成型是压榨法制油的三要素。压力和黏度是决定榨料排油的主要动力和可能条件，油饼成型是决定榨料排油的必要条件。榨料受压之后，料坯间空隙被压缩，空气被排出，料坯密度迅速增加，发生料坯互相挤压变形和位移。这样料坯的外表面被封闭，内表面的孔道迅速缩小。孔道小到一定程度时，常压液态油变为高压油。高压油产生了流动能量。在流动中，小油滴聚成大油滴，甚至成独立液相存在料坯的间隙内。当压力大到一定程度时，高压油打开流动油路，摆脱榨料蛋白质分子与油分子、油分子与油分子的摩擦阻力，冲出榨料高压力场之外，与塑性饼分离。压榨过程中，黏度、动力表现为温度的函数。榨料在压榨中，机械能转为热能，物料温度上升，分子运动加剧，分子间的摩擦阻力降低，表面张力减少，油的黏度变小，从而为油迅速流动聚集与塑性饼分离提供了方便。排油深度压榨取油时，榨料中残留的油量可反映排油深度，残留量愈低，排油深度愈深。排油深度与压力大小、压力递增量、黏度影响等因素有关。压榨过程中，必须提供一定的压榨压力使料坯被挤压变形，密度增加，空气排出，间隙缩小，内外表面积缩小。压力大，物料变形也就大。压榨过程中，合理递增压力，才能获得好的排油深度。在压榨中，压力递增量要小，增压时间不过短。这样料间隙逐渐变小，给油聚集流动以充分时间，聚集起来的油又可以打开油路排出出外，排油深度方可提高。土法榨油总结"轻压勤压"的道理适用于一切榨机的增压设计。

排油的必要条件就是饼的成型。如果榨料塑性低，受压后，榨料不变形或很难变形，油饼不能成型，排油压力建立不起来，坯外表面不能被封闭，内表面孔道不被压缩变小，密度不能增加。在这种状况下，油不能由不连续相变为连续相，不能由小油滴聚为大油滴，常压油不能被封闭起来变为高压油，也就产生不了流动的排油动力，排油深度也就无从谈起。饼的顺利成型，是排油必要条件。料坯受压形成饼，压力可以顺利建立起来，适当控制温度，减少排油阻力，排油深度就会提高。

饼能否成型，与以下因素有关：① 物料含水量要适当，温度适当，使得物料有一定的受压变形可塑性，抗压能力减小到一个合理数值，压力作用就可以充分发挥起来；② 排渣、排油量适当；③ 物料应封闭在一个容器内，形成受力而塑性变性的空间力场。

3. 影响压榨制油效果的因素

压榨取油效果的好坏决定因素很多。主要包括榨料结构与压榨条件2方面。

榨料结构性质主要取决于油料本身的成分和预处理效果。

预处理效果。榨料中被破坏细胞的数量愈多愈好，这样有利于出油。榨料颗粒大小应适当。如果粒子过大，易结皮封闭油路，不利于出油；如粒子过细，也不利于出油，因压榨中会带走细粒，增大流油阻力，甚至堵塞油路。同时颗粒细会使榨料塑性加大，不利于压力提高。榨料容重在不影响内外结构的前提下愈大愈好，这样有利于设备处理量的提高。榨料要有适当的水分，流动性要好。榨料要有必要的温度，尽量降低榨料中油脂黏度与表面张力，以确保油脂在压榨全过程中保持良好的流动性。榨料粒子具有足够的可塑性。榨料的可塑性必须有一定的范围。一方面，它须不低于某一限度，以保证粒子有相当完全的塑性变形；另一方面，塑性又不能过高。否则榨料流动性大，不易建立压力，压榨时会出现"挤出"现象，增加不必要的回料。同时塑性高，早成型，提前出油，易成坚饼而不利出油，而且油质较差。

榨料本身的性质。榨料性质不仅包括凝胶部分，同时还与油脂的存在形式、数量以及可分离程度等有关。对榨料性质的影响因素有水分、温度以及蛋白质变性等。①水分含量：随着水分含量的增加，可塑性也逐渐增加。当水分达到某一点时，压榨出油情况最佳。一旦略为超过此含量，则会产生很剧烈的"挤出"现象，即"突变"现象。另一方面，如果水分略低，也会使可塑性突然降低，使粒子结合松散，不利于油脂榨出。②温度：榨料加热，可塑性提高；榨料冷却，则可塑性降低。压榨时，若温度显著降低，则榨料粒子结合就不好，所得饼块松散不易成型。但是，温度也不宜过高，否则将会因高温而使某些物质分解成气体或产生焦味。因此，保温是压榨过程重要的条件之一。③蛋白质变性：是压榨法取油所必须的。但蛋白质过度变性，会使榨料塑性降低，从而提高榨油机的"挤出"压力，这与提高水分和温度的作用相反。榨料中蛋白质变性充分与否，衡量着油料内胶体结构破坏的程度。压榨时，由于加热与高压的联合作用，会使蛋白质继续变性，但是温度、压力不适当，会使变性过度，同样不利于出油。因此，榨料蛋白质变性，既不能过度而使可塑性太低，也不能因变性不足而影响出油效率和油品质量，如油中带入未变性胶体物质而影响精炼。

2. 压榨条件对出油效果的影响

压榨条件即工艺参数(压力、时间、温度、料层厚度、排油阻力等)是提高出油效率的决定因素。

榨膛内的压力　对榨料施加的压力必须合理，压力变化必须与排油速度一致，即做到"流油不断"，螺旋榨油机的最高压力区段较小，最大压力一般分布在主榨段。对于低油分油料子粒的一次压榨，其最高压力点一般在主压榨段开始阶段；而对于高油分油料子粒的压榨或预榨，最高压力点一般分布在主压榨段中后段。同时，长期实践中总结的施压方法——"先轻后重、轻压勤压"是行之有效的。

压榨时间　是影响榨油机生产能力和排油深度的重要因素。通常认为，压榨时间长，出油率高。然而，压榨时间过长，会造成不必要的热量散失，对出油率的提高不利，还会影响设备处理量。控制适当的压榨时间，必须综合考虑榨料特性、压榨方式、压力大小、料层厚薄、含油量、保温条件以及设备结构等因素；在满足出油率的前提下，尽可能缩短压榨时间。

温度的变化　将直接影响榨料的可塑性及油脂黏度，进而影响压榨取油效率，关系到榨出油脂和饼粕的质量。若压榨时榨膛温度过高，将导致饼色加深甚至发焦，饼中残油率增加，以及榨出油脂的色泽加深。用冷的、不加热的榨油机压榨，不可能得到成型的硬的压榨饼和榨出最多的油脂。因此，保持适当的压榨温度是不可忽视的。合适的压榨温度范围，通常是指榨料入榨温度(100～135 ℃)。不同的压榨方式及不同的油料有不同的温度要求。但是，此参数只是控制入榨时才有必要和可能，压榨过程中温度的变化要控制在上述范围实际是很难做到的。

(二)溶剂浸出法制油

浸出法制油就是用溶剂将含有油脂的油料料坯进行浸泡或淋洗，使料坯中的油脂溶解在溶剂中，经过滤得到含有溶剂的混合油。加热混合油，使溶剂挥发并与油脂分离得到毛油，毛油经水化、碱炼、脱色等精炼工序处理，成为符合国家标准的工业油脂。此外，挥发出来的溶剂气体，经过冷却回收，循环使用。

采用浸出法制油，出油率高，粕中残油可控制在1%以下，粕的质量好。由于溶剂对油脂有很强的浸出能力，浸出法取油完全可以不进行高温加工而取出其中的油脂，使大量水溶性蛋白质得到保护，饼粕可以用来制取植物蛋白。加工成本低，劳动强度小。缺点：一次性投资较大；浸出溶剂一般为易燃、易爆和有毒的物质，生产安全性差。此外，浸出制得的毛油含有非脂成分数量较多，色泽深，质量较差。

1. 浸出法制油的原理

油脂浸出过程是油脂从固相转移到液相的传质过程。这一传质过程是借助分子扩散和对流扩散2种方式完成的。

(1)分子扩散。指以单个分子的形式进行的物质转移，是由分子无规则的热运动引起的。当油料与溶剂接触时，油料中的油脂分子借助其本身的热运动，从油料中渗透出来并向溶剂中扩散，形成混合油；同时溶剂分子也向油料中渗透扩散，这样在油料和溶剂接触面的两侧就形成了两种浓度不同的混合油。由于分子的热运动及两侧混合油浓度的差异，油脂分子将不断地从其浓度较高的区域转移到浓度较小的区域，直到两侧的分子浓度达到平衡为止。

(2)对流扩散。指物质溶液以较小体积的形式进行的转移。与分子扩散一样，扩散物的数量与扩散面积、浓度差、扩散时间及扩散系数有关。在对流扩散过程中，对流的体积越大，单位时间内通过单位面积的这种体积越多，对流扩散系数越大，物质转移的数量也就越多。

油脂浸出过程的实质是传质过程，其传质过程是由分子扩散和对流扩散共同完成的。在分子扩散时，物质依靠分子热运动的动能进行转移。适当提高浸出温度，有利于提高分子扩散系数，加速分子扩散。而在对流扩散时，物质主要是依靠外界提供的能量进行转移。一般是利用液位差或泵产生的压力使溶剂或混合油与油料处于相对运动状态下，促进对流扩散。

2. 浸出溶剂

(1)具有较强的油脂溶解能力。于室温或稍高于室温的条件下，能以任何比例很好地溶解油脂，而对油料中的其他成分，溶解能力要尽可能小，甚至不溶。这样就能一方面把油料中的油脂尽可能多地提取出来，另一方面使混合油中少溶甚至不溶解其他杂质，提高毛油质量。

(2)既要容易汽化，又要容易冷凝回收。为了容易脱除混合油和湿粕中的溶剂，使毛油和成品粕不带异味，要求溶剂容易汽化，也就是溶剂的沸点要低，汽化潜热要小。但又要考虑在脱除混合油和湿粕的溶剂时产生的溶剂蒸汽容易冷凝回收，要求沸点不能太低，否则会增加溶剂损耗。实践证明，溶剂的沸点在65~70℃范围内比较合适。

(3)具有较强的化学稳定性。溶剂在生产过程中是循环使用的，反复不断地被加热和冷却。一方面要求溶剂本身物理、化学性质稳定，不起变化；另一方面要求溶剂不与油脂和粕中的成分发生化学变化，更不允许产生有毒物质；另外对设备不产生腐蚀作用。

(4)在水中的溶解度小。在生产过程中，溶剂不可避免要与水接触，油料本身也含有水。要求溶剂与水互不相溶，便于溶剂与水分离，减少溶剂损耗，节约能源。

（5）安全性。溶剂在使用过程中不易燃烧，不易爆炸，对人畜无毒。在生产中，往往因设备、管道密闭不严和操作不当，会使液态和气态溶剂泄漏出来。因此，应选择闪点高、不含毒性成分的溶剂。

3. 浸出制油的工艺类型

（1）直接浸出。油料经一次浸出，浸出其中的油脂之后，油料中残留的油脂量就可以达到极低值，这种取油方式称为直接浸出取油。该取油方法常限于加工大豆等含油量在20%左右的油料。

（2）预榨浸出。对一些含油量在30%~50%的高油料加工，若采用直接浸出取油，粕中残留油脂量偏高。为此，在浸出取油之前，先采用压榨取油，提取油料内85%~89%的油脂，并将产生的饼粉碎成一定粒度后，再进行浸出法取油。这种方法称作预榨浸出。棉籽、菜籽、花生、葵花籽等高油料，均采用此法加工。预榨浸出不仅提高出油率而且制取的毛油质量高，同时提高了浸出设备的生产能力。

4. 油脂浸出方式

按溶剂与油料的混合方式，可分为浸泡式、喷淋式和混合式等3种。浸泡式：油料浸泡在溶剂之中，完成油脂溶解出来的过程；喷淋式：溶剂喷洒到油料料床上，溶剂在油料间往往是非连续的滴状流动，完成浸出过程；混合式：溶剂与油料接触过程中，既有浸泡式，又有喷淋式，2种方式在同一个设备内进行，这种浸出方式称混合式。

目前国内使用的罐组式浸出器、U形拖链式和Y形浸出器，均属浸泡式；履带式浸出器是典型的喷淋式浸出器；平转、环形浸出器，均属混合式浸出器。

5. 浸出法制油的工序

浸出法制油工艺一般包括预处理、油脂浸出、湿粕脱溶、混合油蒸发和汽提、溶剂回收等工序。

油脂浸出　经预处理后的料坯送入浸出设备完成油脂萃取分离的任务。经油脂浸出工序分别获得混合油和湿粕。

湿粕脱溶　从浸出设备排出的湿粕，一般含有25%~35%的溶剂，因此，必须进行脱溶处理，才能获得合格的成品粕。

湿粕脱溶　通常采用加热解吸的方法，使溶剂受热汽化与粕分离。浸出油常称之为湿粕蒸烘。湿粕蒸烘一般采用间接蒸汽加热，同时结合直接蒸汽负压搅拌等措施，促进湿粕脱溶。湿粕脱溶过程中要根据粕的用途来调节脱溶的方法及条件，保证粕的质量。经过处理后，粕中水分不超过8.0%~9.0%，残留溶剂量不超过0.07%。

混合油蒸发和汽提　从浸出设备排出的混合油是由溶剂、油脂和非油物质等组成，经蒸发和汽提处理，从混合油中分离出溶剂而获得浸出毛油。

混合油蒸发　利用油脂与溶剂的沸点不同，将混合油加热至沸点温度，使溶剂汽化与油脂分离。混合油沸点随混合油浓度增加而提高，相同浓度的混合油沸点随蒸发操作压力降低而降低。混合油蒸发一般采用二次蒸发法。第一次蒸发使混合油质量分数由20%~25%提高到60%~70%，第二次蒸发使混合油质量分数达到90%~95%。

混合油汽提　指混合油的水蒸气蒸馏。混合油汽提能使高浓度混合油的沸点降低，从而使混合油中残留的少量溶剂在较低温度下尽可能完全地被脱除。混合油汽提在负压条件下进行油脂脱溶，对毛油品质更为有利。为了保证混合油汽提效果，用于汽提的水蒸气必须是干蒸汽，避免直接蒸汽中的水分与油脂接触，造成混合油中磷脂沉淀，影响汽提设备正常工作，同时还可以避免汽提液泛现象。

溶剂回收　溶剂回收直接关系到生产的成本、毛油和粕的质量，生产中应对溶剂进行有效回收，并进行循环使用。溶剂回收包括溶剂气体冷凝和冷却、溶剂和水分离、废水中溶剂回收、废气中溶剂回收等。

6. 影响浸出法制油的主要因素

在浸出过程中，有许多因素影响浸出速率，主要的影响因素包括6个方面。

(1)料坯和预榨饼的性质。料坯和预榨饼的性质主要取决于料坯的结构和料坯入浸水分。

料坯结构应具有均匀一致性，料坯的细胞组织应最大限度地被破坏且具有较大的孔隙度，以保证油脂向溶剂中迅速扩散。料坯应该具有必要的机械性能，容重和粉末度小，外部多孔性好，以保证混合油和溶剂在料层中良好的渗透性和排泄性，提高浸出速率和减少湿粕含溶。

料坯的水分应适当。料坯入浸水分太高会使溶剂对油脂的溶解度降低，溶剂对料层的渗透发生困难，同时会使料坯或预榨饼在浸出器内结块膨胀，造成浸出后出粕的困难。料坯入浸水分太低，会影响料坯的结构强度，从而产生过多的粉末，同样削弱了溶剂对料层的渗透性，进而增加了混合油的含粕沫量。物料最佳的入浸水分量取决于被加工原料的特性和浸出设备的形式。一般认为料坯入浸水分低一些为好。

(2)浸出温度。浸出温度对浸出速度有很大影响。提高浸出温度，可以促进扩散作用，分子热运动增强，油脂和溶剂的黏度减小，从而提高了浸出速度。但若浸出温度过高，会造成浸出器内汽化溶剂量增多，油脂浸出困难，压力增高，生产中的溶剂损耗增大，同时浸出毛油中非油物质的量增多。一般浸出温度控制在低于溶剂馏程初沸点 5 ℃左右，如用浸出轻汽油作溶剂，浸出温度为 55 ℃左右。若有条件的话，也可在接近溶剂沸点温度下浸出，以提高浸出速度。

(3)浸出时间。根据油脂与物料结合的形式，浸出过程在时间上可以划分为 2 个阶段。第一阶段提取出位于料坯内外表面的游离油脂，第二阶段提取出未破坏细胞和结合态的油脂。浸出时间应保证油脂分子有足够的时间扩散到溶剂中去。但随着浸出时间的延长，粕残油的降低已很缓慢，而且浸出毛油中非油物质的含量增加，浸出设备的处理量也相应减小。因此，过长的浸出时间是不经济的。在实际生产中，应在保证粕残油量达到指标的情况下，尽量缩短浸出时间，一般为 90 ~ 120min。在料坯性能和其他操作条件理想的情况下，浸出时间可以缩短为 60min 左右。

(4)料层高度。料层高度对浸出设备的利用率及浸出效果都有影响。一般说来，料层提高，对同一套而言，浸出设备的生产能力提高，同时料层对混合油的自过滤作用也好，混合油中含粕沫量减少，混合油浓度也较高。但料层太高，溶剂和混合油的渗透及滴干性能均会受到影响。高料层浸出要求料坯的机械强度要高，不易粉碎，且可压缩性小。应在保证良好效果的前提下，尽量提高料层高度。

(5)溶剂比和混合油浓度的影响。浸出溶剂比是指使用的溶剂与所浸出的料坯质量之比。一般来说，溶剂比愈大，浓度差愈大，对提高浸出速率和降低粕残油愈有利，但混合油浓度会随之降低。混合油浓度太低，增大溶剂回收工序的工作量。溶剂比太小，又达不到或部分达不到浸出效果，而使干粕中的残油量增加。因此，要控制适当的溶剂比，以保证足够的浓度差和一定的粕中残油率。

对于一般的料坯浸出，溶剂比多选用 $1:0.8 \sim 1$。混合油质量分数要求达到 $18\% \sim 25\%$。对于料坯的膨化浸出，溶剂比可以降低为 $1:0.5 \sim 0.6$，混合油浓度可以更高。

（6）沥干时间和湿粕含溶剂量。沥干时间：料胚经浸出后，尚有一部分溶剂（或稀混合油）残留在湿粕中，须经蒸烘将这部分溶剂回收。为了减轻蒸烘设备的负荷，往往在浸出器内要有一定的时间让溶剂（或稀混合油）尽可能地与粕分离，这种使溶剂与粕分离所需的时间，称为沥干时间。生产中，在尽量减少湿粕含溶剂量的前提下，尽量缩短沥干时间。沥干时间依浸出所用原料而定，一般为 $15 \sim 25min$。

二、几种常用的制油方法及设备

（一）机械压榨法

目前压榨设备主要有 2 大类：间歇式生产的液压式榨油机和连续式生产的螺旋榨油机。油料品种繁多，要求压榨设备在结构设计中尽可能满足多方面的要求，同时，榨油设备应具有生产能力大、出油效率高、操作维护方便、一机多用、动力消耗少等特点。

（1）液压榨油机。液压式榨油机是利用液体传送压力的原理，使油料在饼圈内受到挤压，将油脂取出的一种间歇式压榨设备。该机结构简单，操作方便，动力消耗小，油饼质量好，能够加工多种油料，适用于油料品种多、数量又不大地区的小型油厂，进行零星分散油料的加工。但其劳动强度大，工艺条件严格，已逐渐被连续式压榨设备所取代。

（2）螺旋榨油机。螺旋榨油机是国际上普遍采用的较先进的连续式榨油设备。其工作原理是：旋转着的螺旋轴在榨膛内的推进作用，使榨料连续地向前推进，同时由于榨料螺旋导程的缩短或根圆直径增大，使榨膛空间体积不断缩小而产生压力，把榨料压缩，并把料坯中的油分挤压出来，油分从榨笼缝隙中流出。同时将残渣压成饼块，从榨轴末端不断排出。

螺旋榨油机取油的特点是：连续化生产，单机处理量大，劳动强度低，出油效率高，饼薄易粉碎，有利于综合利用，故应用十分广泛。

（二）溶剂浸提法（6#溶剂）

我国目前普遍采用的"6 号溶剂油"俗称浸出轻汽油。轻汽油是石油原油的低沸点分馏物，为多种碳氢化合物的混合物，没有固定的沸点，通常是指沸点范围（馏程）。

6 号溶剂油对油脂的溶解能力强，在室温条件下可以任何比例与油脂互溶；对油中胶状物、氧化物及其他非脂肪物质的溶解能力较小，因此浸出的毛油比较纯净。6 号溶剂油物理、化学性质稳定，对设备腐蚀性小，不产生有毒物质，与水不互溶，沸点较低易回收，来源充足，价格低，能满足大规模工业生产的需要。

然而，6 号溶剂油轻汽油最大缺点是容易燃烧爆炸，并对人体有害，损伤神经。6 号溶剂油的蒸汽与空气混合能形成爆炸气体；轻汽油蒸汽易积聚在地面及低洼处，造成局部溶剂蒸汽含量超标；溶剂蒸汽对人的中枢神经系统有毒害作用，所以工作场所每升空气中的溶剂油气体的含量不得超过 0.3mg，并注意工作场所中低洼地方的空气流通。另外，6 号溶剂油的沸点范围较宽，在生产过程中沸点过高和过低的组分不易回收，造成生产过程中溶剂的损耗增大。

在国外丙烷作为浸出溶剂已成功地应用于植物油脂的工业化生产。美国 FDA 规定，2000 年以后己烷和轻汽油不能用做浸出溶剂。所以，用丙烷或丁烷等低碳有机溶剂作为浸出溶剂是浸出法制油的发展方向。

（三）超临界流体萃取法制油

1. 原理

超临界流体萃取技术是用超临界状态下的流体作为溶剂对油料中油脂进行萃取分离的技术。

（1）临界点。一般物质，当液相和气相在常压下平衡时，两相的物理特性如密度、黏度等差异显著。但随着压力升高，这种差异逐渐缩小。当达到某一温度 T_c（临界温度）和压力 Pa（临界压力）时，两相的差别消失，合为一相，这一点就称为临界点。

（2）超临界流体。在临界点附近，压力和温度的微小变化都会引起气体密度的很大变化。随着向超临界气体加压，气体密度增大，逐渐达到液态性质，这种状态的流体称为超临界流体。

（3）性质。超临界流体具有介于液体和气体之间的物化性质，其相对接近液体的密度使它有较高的溶解度，而其相对接近气体的黏度又使它有较高的流动性能，扩散系数介于液体和气体之间，因此其对所需萃取的物质组织有较佳的渗透性。这些性质使溶质进入超临界流体较进入平常液体有较高的传质速率。将温度和压力适宜变化时，可使其溶解度在 100~1000 倍的范围内变化。

一般地讲，超临界流体的密度越大，其溶解力就越强；反之亦然。换而言之，超临界流体中物质的溶解度在恒温下随压力 P（$>Pc$ 时）升高而增大，而在恒压下，其溶解度随温度 T（$>Tc$ 时）增高而下降。这一特性有利于从物质中萃取某些易溶解的成分，而超临界流体的高流动性和扩散能力，则有助于所溶解的各成分之间的分离，并能加速溶解平衡，提高萃取效率。因此通过调节超临界流体的压力和温度来进行选择性萃取目标产物。

2. CO_2 超临界流体萃取技术的优点

（1）CO_2 超临界流体萃取可以在较低温度和无氧条件下操作，保证了油脂和饼粕的质量。

（2）CO_2 对人体无毒性，且易除去，不会造成污染，食用安全性高。

（3）采用 CO_2 超临界流体分离技术，整个加工过程中，原料不发生相变，有明显的节能效果。

（4）CO_2 超临界流体萃取分离效率高。CO_2 超临界流体具有良好的渗透性、溶解性和极高的萃取选择性。通过调节温度、压力，可以进行选择性提取。

（5）CO_2 成本低，不燃，无爆炸性，方便易得。

3. 萃取工艺

超临界流体萃取工艺主要由超临界流体萃取溶质和被萃取的溶质与超临界流体分离两部分组成。根据分离过程中萃取剂与溶质分离方式的不同，超临界流体萃取可分为 3 种加工工艺形式。

（1）恒压萃取法。从萃取器出来的萃取相在等压条件下，加热升温，进入分离器溶质分离。溶剂经冷却后回到萃取器循环使用。

（2）恒温萃取法。从萃取器出来的萃取相在等温条件下减压、膨胀，进入分离器溶质分离，溶剂经调压装置加压后再回到萃取器中。

（3）吸附萃取法。从萃取器出来的萃取相在等温等压条件下进入分离器，萃取相中的溶质由分离器中吸附剂吸附，溶剂再回到萃取器中循环使用。

（四）水溶剂法制油

水溶剂法制油是根据油料特性及水油物理化学性质的差异，以水为溶剂，采取一些加工技术将油脂提取出来的制油方法。根据制油原理及加工工艺的不同，水溶剂法制油有水代法制油和水剂法制油 2 种。

1. 水代法制油

水代法制油是利用油料中非油成分对水和油的亲和力不同以及油水之间的密度差，经过一系列工艺过程，将油脂和亲水性的蛋白质和碳水化合物等分开。水代法制油主要运用于传统的小磨麻油的生产。芝麻种子的细胞中除含有油分外，还含有蛋白质和磷脂等，它们相互结合成胶状物，经过炒籽，使可溶性蛋白质变性成不可溶性蛋白质。当加水于炒熟磨细的芝麻酱中时，经过适当的搅动，水逐步渗入到麻酱之中，油脂就被代替出来。

2. 水剂法制油

水剂法制油是利用油料蛋白（以球蛋白为主）溶于稀碱水溶液或稀盐水溶液的特性，借助水的作用，把油、蛋白质及碳水化合物分开。其特点是以水为溶剂，食品安全性好，无有机溶剂浸提的易燃、易爆之忧。能够在制取高品质油脂的同时，获得变性程度较小的蛋白粉以及淀粉渣等产品。水剂法提取的油脂颜色浅，酸价低，品质好，无需精炼即可作为食用油。与浸出法制油相比，水剂法制油的出油率稍低，与压榨法制油相比，水剂法制油的工艺路线长。水剂法制油主要用于花生制油，同时提取花生蛋白粉的生产。将花生仁烘干、脱皮，然后研磨成浆，加入数倍的稀碱溶液，促使花生蛋白溶解，油从蛋白中分离出来，微小的油滴在溶液内聚集，由于密度小而上浮，部分油与水形成乳化油，也浮在溶液表层。将表面油层从溶液中分离出来，加热水洗，脱水后即可得到质量良好的花生油。另外，在蛋白溶液中加盐酸，调节溶液的氢离子浓度（pH 值），在等电点时蛋白质凝聚沉淀，最后经水洗、浓缩、干燥而制成花生蛋白粉。

（五）水酶法

虽然传统的油料机械压榨和有机溶剂（6#溶剂）浸出制油这两种方法具有较高的出油率，但在压榨或浸出前，油料大多需进行湿热处理，这会导致油料中蛋白质因变性而降低其利用价值，不利于油料的综合利用。在水剂法制油工艺的基础上，通过在浸提溶剂中加入不同类型的酶如纤维素酶、半纤维素酶、葡聚糖酶、果胶酶、聚半乳糖醛酸酶等，用于破坏植物种子细胞壁，使其中油脂得以释放，取得了大量具有较高学术价值和应用价值的研究成果，这种制油方法称为水酶法。对不同油料也都进行了大量的探讨性研究，大宗油料如大豆、花生等；小宗油料如橄榄、可可等。本节就水酶法方面的问题做一阐述。

1. 水酶法提油的原理及特点

水酶法是以机械和生物酶的手段来破坏植物种子细胞壁，使其中油脂得以释放。细胞壁主要是由纤维素为骨架，而纤维素是由许多 D-葡萄糖残基以 β-1,4-糖苷键聚合而成的多糖。它的聚合度范围非常宽，可以从几百到 15000 左右。纤维素链之间存在着氢键，通过氢键的缔合作用形成纤维束。分子密度大的区域成平行排列，形成结晶区；分子密度小的区域，分子间隙大，定向差，形成无定形区；同时，纤维素又被木质素和半纤维素包围着，形成一种很牢固的木质纤维结构，所以完整的纤维素高度不溶于水，难以被降解。纤维素酶的使用，有效地解决了纤维素的难降解问题。同时，蛋白酶、糖酶的使用，释放了"脂蛋白""脂多糖"中的油脂，提高了出油率。

水酶法提油作为一种环保提油工艺，它的一个显著特点就是安全性好，无传统浸出方法中溶剂易燃易爆问题，也不会产生有毒的有机挥发气体。另一个重要特点就是酶解条件温和，温度不高于蛋白质快速变性温度(80 ℃)，因而不仅能耗明显低于传统方法，更重要的是油料蛋白质的性能可以保持很好，达到同时利用油脂和蛋白质的目的，且油料不经高温处理，所提油脂的品质有所提高。另外，油料中存在的脂蛋白和脂多糖，不仅阻碍油脂的提取，而且这些复合物本身会对油分子起包埋作用。传统的热处理难以打破这种包埋，而通过酶法就能降解此类复合物，释放油脂，提高出油率。水酶法生产过程相对能耗低，没有溶剂损失的问题，废水中有机物含量明显减少，使废水中 BOD 与 COD 值大为下降，易于对废水进行处理，且废水处理费用相对较低。酶法提油工艺得到的油脂不需脱胶处理，它相当于在酶解的同时也达到了脱除磷脂等胶体物质的目的，简化了油脂精炼工艺。

2. 水酶法提油的工艺及影响因素

(1)水酶法提油工艺。油料水酶法提油工艺常见的有 3 种形式：水相酶解工艺、溶剂辅助水相酶解工艺和低水分酶法提油工艺。其中，以水相酶解工艺最为常见，其余 2 种工艺有一定的局限性。水相酶解工艺是以水作为分散相，酶在水相中水解，油料在水相中进行酶解，以水为溶剂来提取油脂，从而释放油脂的过程。该工艺可用于油料果实和籽的提油，油料经研磨后调整适当的固液比，加入酶进行水解，酶解结束后固液分离，液相为油和水的混合物，其中包含水溶性蛋白质，蛋白质可通过酸沉法获得，液相经破乳、分离得到油脂。Bocevska 等人即采用过此工艺来提取玉米胚芽油，效果较好。王瑛瑶等人也采用过水相酶解方法来提取花生油，清油与花生水解蛋白得率分别达到 86% 与 89%，效果相当不错，不过他们采用的工艺与此有所不同。其工艺碱提取位于酶解之前，且只采用了蛋白酶进行水解。

(2)工艺影响因素。包括油粒的种类、酶的种类及浓度、酶解时的温度与 pH 值和时间、酶沉破乳、微波及超声波技术的使用以及其他因素。① 油料的种类。不同的油料具有不同的性质，如油含量的差异、蛋白质含量的不同等等。有些油料还有其自身的特点，以米糠为例，加工前需先钝化解脂酶，之后才能进行后续工艺。比较 Tano-Debran 等人的可可脂水提油工艺、Hanmoungjai 等人的米糠油提油工艺、Sosulski 等人的 Conola 水酶法提油工艺及 Shankar 等人的大豆水酶法提油工艺，可以发现其工艺都有所不同。② 酶的种类及浓度。酶有很强的专一性，不同种类的酶能降解油料中不同的成分，从而影响油脂的提取率。目前试验较多的有纤维素酶、半纤维素酶、果胶酶、蛋白酶等。酶的专一性导致采用单一酶酶解有很大的局限性，因而许多试验中都采用了混合酶。一般认为，酶浓度的增加会提高出油率和分离效果，但也存在一个适度，即所谓"经济浓度"。值得注意的是，当酶用量大于最适浓度时，其效果将会不明显，甚至变差。③ 酶解时的温度、pH 和时间。酶解温度随油料的不同而异，一般在 40 ~ 55 ℃。控制的温度以有利于酶解而不影响最终产品油和蛋白质的质量为目的，可采用恒温和程序升温 2 种方式。酶解 pH 随所用酶类而异。pH 既影响酶的活性，又影响油与蛋白的分离。就目前研究的酶类而言，pH 范围多数在 3~8，最适 pH 与酶解工艺有关。酶解时间随油料和酶的种类而异，短的只需 0.3h，长的达 10h 以上。适宜的酶解时间应从油料细胞有较大程度的降解及提取油的效果两方面来确定，反应时间过长使乳状液趋于稳定，破乳困难，对提油不利。④ 酸沉破乳。水酶法工艺中，经固液分离后，液相中主要含有油、水和蛋白质 3 种物质，蛋白质此时可以扮演表面活性剂角色，它减小了油水界面张力，可形成油水乳化体系，不仅破坏困难，而且需较复杂的设备，工艺过程也不稳定，一般需 15 000r/min 以上的大型离心机，能耗较大，且不易实现工业化。目前，较常采用的破乳手段是酸沉，由于蛋白质的等电点一般在 4~5，故酸沉的 pH 值也控制在此范围。破乳效果如何，将直接影响油的得率。⑤ 微波及超声波技术的使用。微波是频率大约在 300MHz 至 300GHz 范围内的电磁波，微波加热的原理为：在高频电磁场作用下，极性分子从原来的随机分布状态转向依照电场的极性排列取向，这些取向按照交变电磁场的频率不断变化，这一过程造成分子的运动和相互摩擦从而产生热量，同时这些吸收了能量的极性分子在与周围其他分子的碰撞中把能量传递给其他分子，使介质温度升高。与传统加热相比，微波加热属于内部加热方式，加热均匀，速度快，体现出节能、环保等诸多特点。超声波是指频率大于 2×10^4 Hz 的声波。在超声波传播时，弹性介质中的粒子产生摆动并沿传播方向传递能量，从而产生机械效应、热效应和声空化。其中，声空化是超声波机械效应的一种特殊现象，它可以导致分子破碎等化学反应的发生。有些研究者采用微波或超声波等现代手段处理纤维素时发现，微波处理能使纤维的分子间氢键发生变化，使纤维素分子的结晶度和晶区尺寸发生较大变化，这有利于提高破壁的彻底性；超声波预处理对细胞壁有剪切作用，使纤维细胞壁出现裂纹，细胞壁发生位移和变形，初生壁和次生壁外层破裂脱除；次生壁中层暴露出来，或使纤维产生纵向分裂，发生细纤维化，纤维表面积增加，有利于提高纤维对试剂的可及度。这表明用超声波对纤维素进行预处理，能提高纤维对试剂的可及性和反应活性，从而使破壁更加彻底。Shan 等人证实了这一点，他们认为超声波在水酶法当中的应用可以将出油率由 67% 提高到 74%，同时可将处理时间由 18h 降低到 6h，具有极大的发展潜力。⑥ 其他因素。油料预处理方式的不同也可以影响工艺效果。油料酶解前处理是通过机械方式对油料细胞进行破坏，达到初步破坏细胞结构的目的。油料的破碎有干法和湿法之分。若采用干法破碎，粉碎度成为重要的一个影响因素。一般来说，油料粉碎度大，出油率相应增高。但是，粉碎度过大，蛋白质颗料太小，又会导致油水乳化，增加破乳难度，降低出油率。因此，具体粉碎颗粒大小应根据不同油料而定。湿法研磨工艺比较适合于高含油油料，且国外较国内常见，如 Ranalli 等人所做的橄榄油水酶法提油工艺即采用此方法。不过这种方法有其缺点，由于水磨的作用激活了油料中固有酶类，可能会引发某些不利的副反应，同时由于水的参与会提前导致乳化，从而可能影响后面的提油效果。水酶法提油的效果还与是否使用添加剂有关。在酶解过程和提油过程中添加一些物质，可提高酶解效果，增加出油率。如 1 或 2 价阳离子可增加果胶酶的活力，而一定浓度下对纤维素酶和蛋白质酶无影响。因此，在提取橄榄油时常加入 2%~3% 的 NaCl 和 0.5%~1.0% 的 $CaCl_2$，以提高酶活。

3. 问题与展望

纵观国内外的研究可以发现，许多文献中都提到了复合酶可以提高提油效果，却没有涉及各组成酶的具体比例，如何确定各酶的最佳比例，以达到提高出油率和降低酶成本的双重目的，还有待研究。虽然酶的造价不断降低，但酶的成本相对于油脂行业来说仍然较高，现今的酶解工艺都是在酶解结束后通过钝化酶达到使酶失活的目的，这无疑是一种资源的浪费，如何回收酶以降低生产成本也成为能否推动水酶法工艺向前发展的关键问题。水酶法工艺中，离心分离能耗较高，如何进行更有效的破乳以降低分离能耗势在必行。虽然酶解条件较为温和，可以很好地保持蛋白质活性，是水酶法的一大优点，但对某些油料作物来说这个优点却可能成为一个障碍。以花生为例，水解条件使花生油的香味受到影响，由水酶法提取的花生油在香味上要差于蒸炒压榨工艺得到的花生油，因而这就涉及水酶法提油的用途问题，可见加强水酶法应用的广泛性也需要克服一些问题。

尽管水酶法工艺目前还存在不少问题，仍不够完善，但由于其在油料提取方面具有巨大的优势，可以同时提取油脂和蛋白质，这赋予了它蓬勃的生命力。可以预见，不远的将来，水酶法必将成为油脂加工业新技术的一次革命。

（六）亚临界萃取法

对于一种合适的萃取溶剂，当温度高于其沸点时以气态存在，对其施以一定的压力压缩使其液化，在此状态下利用其相似相溶的物理性质用做萃取溶剂，这种萃取溶剂称为亚临界萃取溶剂，其萃取工艺称为亚临界萃取工艺。该萃取技术已应用到十几种植物精油提取工业化生产，本节主要介绍亚临界流体萃取植物油技术。

1. 亚临界流体的性质及选择

选择要求亚临界流体温度高于其沸点时，以气态形式存在，对其施加一定的压力能使其液化，在此状态下利用其相似相溶的性质，用做植物萃取的溶剂。亚临界流体溶剂及其性质见表5-2。从表5-2得出，丙烷和丁烷价格低廉，是法规（中华人民共和国卫生部公告2008年第13号）所允许的工业化亚临界萃取安全溶剂，具备易挥发、溶解性强和临界压力低等优势，所以对于热敏性强的物质可以用亚临界或液体丙烷来完成萃取。

表5-2　亚临界流体物理性质及价格

亚临界流体	物理性质										参考价格（元/t）
	沸点（℃）	蒸汽压（20℃）（MPa）	临界温度（℃）	临界压力（MPa）	液体密度（kg/L）	气体密度（kg/m³）	介电常数	汽化潜热（kJ/kg）	操作上下限（%）	性状	
丙烷	-42.07	0.83	96.8	4.25	0.49	20.15	1.69	329	9.5~2.3	无色有味	6200
丁烷	-0.50	0.23	152.8	3.60	0.57	6.18	1.78	358	8.5~1.9	无色有味	6200
二甲醚	-24.90	0.53	129.0	5.32	0.66	—	5.02	410	37~3.5	无色有味	3700
四氟乙烷	-26.20	0.60	101.1	4.07	1.20	—	—	213	—	无色无味	48000
液氨	33.40	0.88	132.3	11.30	0.61	0.60	16.90	1369	25~16	无色有味	2500

2. 亚临界流体萃取的基本原理

适合于亚临界萃取的溶剂沸点都低于我们周围的环境温度，一般沸点在0℃以下，20℃时的液化压力在0.8MPa以下。其原理：在常温和一定压力下，以液化的亚临界溶剂对物料进行逆流萃取，萃取液在常温下减压蒸发，使溶剂气化与萃取出的目标成分分离，得到产品。气化的溶剂被再压缩液化后循环使用。整个萃取过程可以在室温或更低的温度下进行，所以不会对物料中的热敏性成分造成损害，这是亚临界萃取工艺的最大优点。溶剂从物料中气化时，需要吸收热量（气化潜热），所以蒸发脱溶时要向物料中补充热量。溶剂气体被压缩液化时，会放出热量(液化潜热)，工艺中大部分热量可以通过气化与液化溶剂的热交换达到节能的目的。

(3)亚临界流体萃取工艺。亚临界溶剂生物萃取工艺流程如图 5-1 所示。

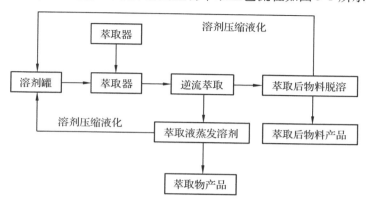

图 5-1　亚临界流体萃取工艺流程

(1)装料。将待萃取的物料用输送机送入压力容器结构的萃取器中，关闭进料器后，抽出萃取器中的大部分空气。

(2)萃取。打入液化的萃取溶剂进行多次逆流萃取。

(3)物料脱溶。达到最佳萃取率工艺要求时，抽完萃取器中液体溶剂后，打开萃取器的出气阀，使物料中吸附的溶剂气化与物料分离，排出萃取器。

(4)萃取液蒸发。萃取液打入蒸发系统，经过连续的(大产量时采用)或罐式间歇(小产量时采用)的蒸发，使溶剂与萃取物分离，得到萃取物产品，再经提纯，可得到目标产品。

(5)溶剂回收。溶剂中组分的沸点大多在 0 ℃以下，其中丙烷沸点 - 42.07 ℃，丁烷沸点 - 0.50 ℃，在常温常压下为气体，加压后为液态。从物料中和萃取液中蒸发出的溶剂气体，经过压缩液化。液态的溶剂流回溶剂循环罐，循环使用。

(6)热量的利用。萃取工艺中溶剂的气化吸热与液化放出的热量是相等的，通过使这些热量进行热交换，可以最大限度地节能。脱溶过程中因溶剂气化所需吸收的热量一部分来自系统本身，另一部分由供热系统供给。

4. 亚临界流体萃取装置

(1)实验装置、萃取设备。CEB - 5L 亚临界流体萃取成套实验设备。安阳市天然产物亚临界流体萃取与分离工程技术研究中心自行设计建造的多功能亚临界萃取分馏装置，亚临界流体萃取装置的主要设备是萃取釜和分离釜两部分，再配以适当的加压和加热配件，见图 5-2。

(2)操作步骤及条件。将粉碎后的物料装入料筒放入萃取罐中，封闭萃取罐，打开真空泵将萃取罐抽到真空状态；注入正丁烷，料溶比为 1.5:1，通过萃取罐夹套进行热水加热，使萃取过程温度控制在 40 ± 1 ℃。压力为 0.5MPa，萃取 40min 后将萃取液转入蒸发罐中；然后再将正丁烷注入萃取罐，进行二次萃取，整个萃取过程共 4 遍；每次萃取的萃取液均打入蒸发罐进行蒸发，在蒸发罐底部夹层热水的加热下，萃取液中的正丁烷不断气化，气化的正丁烷经压缩机压缩后通过冷凝降温成为液态，回流到溶剂罐循环使用。当蒸

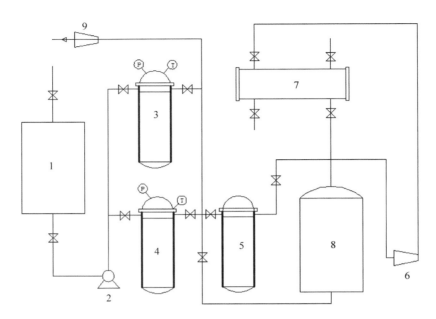

图 5-2　亚临界萃取装置

1. 热水箱　2. 热水泵　3. 萃取釜　4. 蒸发釜　5. 缓冲釜
6. 压缩机　7. 冷凝器　8. 溶剂罐　9. 真空泵

发罐中的正丁烷完全汽化后，剩下的就是萃取的目标产物。

5. 亚临界流体萃取的应用

（1）在食用油萃取生产中的应用。目前以大豆为代表的食用油生产主要采用己烷溶剂进行浸出（萃取）生产，有许多植物油料的有用成分由于这种浸出工艺过程中的加热而被破坏，应用丙烷和丁烷亚临界萃取工艺，不但确保了萃取出油中的热敏成分不损坏，也保证了粕中植物蛋白等成分不变性，使产品的价值充分利用。在这方面已工业化生产的物料有大豆、花生、核桃、小麦胚芽、葡萄籽和杏仁等。

（2）在植物色素萃取生产中的应用。传统的植物脂溶性色素用己烷溶剂提取，水溶性色素用水或乙醇提取，都有加热脱溶的工艺过程，影响产品质量。用丙烷、丁烷、二甲醚以及它们的混合溶剂进行亚临界萃取，有很大的技术优势。例如，在万寿菊叶黄素的生产方面，已有十几套丁烷、丙烷混合溶剂萃取生产线投产，无废水排放，节约能源。在色素方面已工业化生产的物料有万寿菊叶黄素、辣椒红色素等。

（3）在功能性和药用植物提取生产中的应用。这方面的原料品种极其繁多，但总体上分为脂溶性和水溶性两大类，脂溶性如月见草、沙棘、林蛙、灵芝孢子等以丁烷溶剂萃取已工业化生产。水溶性如植物多酚类、植物多糖类、生物碱类、植物黄酮类、植物甙类也在工业化生产的试验中。以二甲醚和丁烷混合溶剂，在不破坏烟叶形状的前提下，部分提取烟叶中的生物碱和焦油基料，实现烟草行业的减害降焦要求，此项目的大规模工业生产装备已在设计中。

（4）在植物精油提取生产中的应用。植物精油的成分多为脂溶性化合物，以丁烷、丙烷对鲜湿的花朵、茎叶进行亚临界萃取，可得到浸膏产品，国外很早就有这方面的报道，目前已进行工业化批量生产的有玫瑰、十香菜等，姜、茴香、大蒜等的精油提取都已进行了很多研究试验。具备了工业化生产的条件。例如：大蒜精油目前主要用水蒸气蒸馏法，煮过的大蒜排渣污染严重，仅提出少量的精油就损失了大蒜的全部。采用亚临界萃取工艺后，提过精油的蒜片形状不变，仍有很多利用价值。

3. 结论

亚临界流体萃取技术作为一种绿色环保技术在天然植物精油提取领域内得到了广泛而深入的研究。其优点：① 萃取设备装置属于中、低压压力容器范围，大幅度降低了装置制造过程的工艺难度和工程造价；② 利用亚临界流体沸点较低的特性，通过提高工艺过程的真空度，使萃取溶剂在 10～50 ℃ 的温度下快速蒸发，提高了萃取溶剂回收率，降低了能源消耗，生产无"三废"污染，属于环保工程；③ 可根据萃取对象不同，灵活选择不同的亚临界萃取介质，同时也可根据原料目标物质的含量大小，灵活选择多种萃取方式；④ 通过调节压力可提取纯度较高的有效成分；⑤ 选择适宜的溶剂可在较低温度分离、精制热敏性物质和易氧化物质；⑥ 具有良好的渗透性和溶解性，能从固体或黏稠的原料中快速提取出有效成分；⑦ 容易使溶剂从产品中分离，无溶剂污染，且回收溶剂过程能耗低。

综上所述，亚临界流体萃取天然植物精油是一种极有前途的方法，明显提高了目标产物萃取率，缩短了提取时间，不破坏功效成分，具有高效、低耗、环保的优点，是应用前景广阔的天然植物精油提取新技术，也是环境友好化学的发展趋势。

（七）带溶剂研磨制油技术

1. 技术研发背景

正丁醇早就用作中药的提取溶剂，从 20 世纪 60 年代到现在价格均为 1.2 万元/t 左右，而 6#溶剂油从 0.3 万元/t 提高到 0.8 万元/t。正丁醇的价格维持不变主要归功于加工技术的改进。近年来，中国科学院过程研究所由玉米芯研制正丁醇已在东北长春建成大规模生产厂并投产，为开发正丁醇浸提制备植物油提供了条件。经过长时间的查找资料和实验对比发现，正丁醇可以作为油料浸提制备植物油的溶剂，主要具有三方面的优势：①正丁醇对油脂的溶解能力强于乙醇，能以任意比例与油脂混溶。尤其是具有对维生素 E、角鲨烯、麦角甾醇和卵磷脂等有很强的溶解能力，这是 6#溶剂或正己烷所没有的。②正丁醇类似于乙醇，可通过粮食、玉米芯等农作物发酵得到，允许作为食品添加剂使用（GB 2760 −2011），极少的残留正丁醇不会影响人体健康。③正丁醇的沸点为 117.5 ℃，难挥发，真空为 −0.095kPa 时，沸点为 75 ℃。常温下，正丁醇与水直接混合时，仍会分层，上层为溶解 20% 水的丁醇相，下层为溶解有 90% 丁醇的水相，通过膜透析可以回收水中的丁醇。正丁醇的闪点为 35 ℃；6#溶剂的闪点为 −30 ℃，虽然正丁醇还属于二级危险品，但比正丁烷与 6#溶剂的安全系数高。蒸发回收丁醇时可在 80℃ 以下进行，避开了高温对油料加工的不利影响。

综合正丁醇上述优势，构建多级连续浸提研磨取油技术，能够实现低温、高效提取植物油脂，降低油脂中有害物质苯并芘的含量，增加维生素 E、麦角甾醇和角鲨烯等健康元素的含量。

2. 技术内容

该技术是提供一种采用正丁醇为浸提溶剂，通过分级研磨浸提技术实现特种油料加工制油的新工艺，有利于提高毛油质量，减少操作工序，缩短生产周期，增加油脂中维生素

E、角鲨烯等活性物质和营养成分的含量，进而提高油脂的保健功效。

正丁醇可与油脂任意比例混合，对维生素 E、角鲨烯、麦角甾醇、卵磷脂等对人体有益的成分有较强的溶解能力。用正丁醇作溶剂可以得到质量上乘的植物油，同时副产得到茶皂素和磷脂等高附加值产品。整个工艺过程都在 80 ℃以下进行，可以避免苯并芘和反式脂肪酸生成，并保证了油料中的蛋白不变性，为蛋白资源的开发提供了基础条件。

该技术的具体操作步骤如下：① 去壳：对于含有硬质外壳的油料果实，需要进行去壳处理，得到含油量高的果仁；② 浸泡：用含水 5%～10% 的丁醇溶液浸泡果仁 4～48 h，使其软化；③ 磨料：将步骤②所得的果仁经"连续多级浸提磨"（自制设备）进行研磨，使其颗粒粒度达到 0.1～0.2 mm；④ 压滤：采用压力式过滤器进行过滤，收集滤液；⑤ 二次提取：向步骤④的滤渣中补加含水 5%～10% 的丁醇溶液，浸泡 30min 后重复磨料和压滤等操作；⑥ 三次提取：重复⑤的过程；⑦ 一次减压蒸馏：将三次提取得到的滤液合并，在 70～75 ℃进行减压蒸馏去除该提取液的水（部分丁醇也会被蒸馏出）；⑧ 离心：采用离心机进行离心分离，离心转速为 3600r/min，使皂素和油相分离；⑨ 二次减压蒸馏：在 75～80 ℃下通过再次减压蒸馏彻底去除油相中的丁醇，丁醇蒸出后静置 5 min，磷脂便可以聚集在一起形成沉淀了，同时得到相应的油脂；⑩ 通过①～⑨的步骤，可以得到相应的油脂、皂素和磷脂。

在一个具体实施方案中，其中步骤②和⑤中所述加入含 5%～10% 水的丁醇溶液的量，其体积（L）与果实籽仁质量（kg）比为 0.5～2.0∶1。

3. 技术效果

① 正丁醇研磨取油技术。不采用传统的浸提工艺，而是使用常用的钢磨，将溶剂与种仁一起入磨，在磨的过程中又粉碎又浸提，物料逐步变细，有利于浸提完全。② 副产品浓缩与溶剂回收技术。使用丁醇含有 5%～10% 的水，油料果实中一般也含有 8%～12% 的水分，使浸提液中水分不超过 20%，成单相。有多种植物种仁（如大豆、油茶等）都含有皂甙，皂甙易溶于含水的丁醇，而在丁醇逐步析出。水的沸点低于丁醇，一次蒸发进行到水分已被蒸出，还有部分丁醇，浸取液已浑浊，通过离心分离得到皂素。第一次蒸发后浸提液中还含有卵磷脂，进行二次蒸馏，完全回收丁醇，卵磷脂不溶于油脂，得到的油中卵磷脂能沉淀析出。③ 可以得到有利于人体健康的食用油，提高了维生素 E、角鲨烯和麦角甾醇的含量，降低了苯并芘、反式脂肪酸的含量。④ 可以提高出油率，并可同时得到皂素、卵磷脂等产品，有利于提高资源利用率。⑤ 相对于 6#溶剂或正己烷浸提法加工油料，安全性要好一些，并有利于保护环境。

4. 附图说明

用正丁醇作溶剂提取植物油的工艺流程见图 5-3。

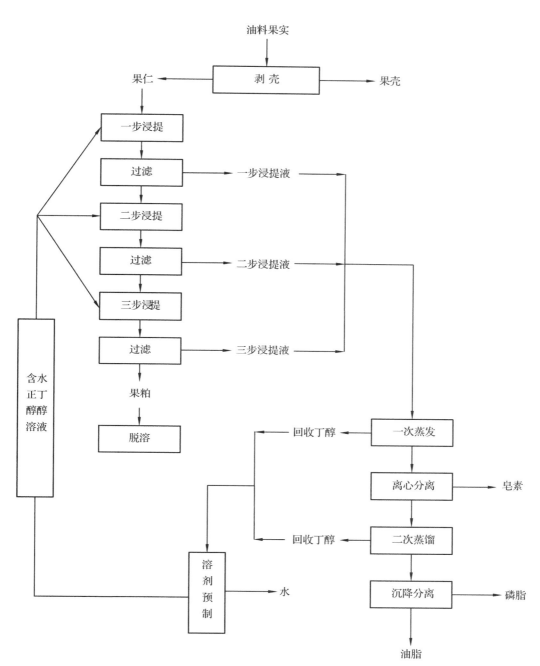

图 5-3 油料果实带溶剂研磨制油技术工艺路线

第四节 油脂精炼技术与工艺

一、基本概念与理论

油脂精炼主要是为了增强油脂储藏稳定性、改善油脂风味和色泽，为油脂深加工制品提供合格的原料。毛油中绝大部分为混脂肪酸甘油脂的混合物，即油脂，只含有极少量的杂质（或称为脂质伴随物）。这些杂质虽然量小，但在影响油脂品质和稳定性上却"功不可没"。如悬浮杂质：泥沙、料胚粉末、饼渣；水分；胶溶性杂质：磷脂、蛋白质、糖以及它们的低级分解物；脂溶性杂质：游离脂肪酸（FFA）、甾醇、生育酚、色素、脂肪醇、蜡；其他杂质：毒素、农药。针对这些不同的杂质，现已形成了不同的操作工序来处理，主要包括脱胶、脱酸、脱色和脱臭。

（一）脱胶

油脂胶溶性杂质不仅影响油脂的稳定性，而且影响油脂精炼和深度加工的工艺效果。油脂在碱炼过程中，会促使乳化，增加操作困难，增大炼耗和辅助剂的耗用量，并使皂脚质量降低；在脱色过程中，增大吸附剂耗用量，降低脱色效果。

脱除毛油中胶溶性杂质的过程称为脱胶。我们在实际生产中使用的方法是特殊湿法脱胶，是水化脱胶方法的一种。油脂的胶质中以磷脂为主，水化脱胶是利用磷脂等胶溶性杂质的亲水性，将一定量电解质溶液加入油中，使胶体杂质吸水凝聚后与油脂分离。在水分很少的情况下，油中的磷脂以内盐结构形式溶解并分散于油中，当水分增多时，它便吸收水分，体积增大，胶体粒子相互吸引，形成较大的胶团，由于比重的差异，可从油中分离出来。

影响水化脱胶的因素主要有水量、操作温度、混合强度与作用时间和电解质。电解质在脱胶过程中的主要作用是中和胶体分散相质点的表面电荷，促使胶体质点凝聚。磷酸和柠檬酸可促使非水化磷脂转化为水化磷脂。磷酸、柠檬酸螯合、钝化并脱除与胶体分散相结合在一起的微量金属离子，有利于精炼油气味、滋味和氧化稳定性的提高。使胶粒絮凝紧密，降低絮团含油，加速沉降。

（二）脱酸

植物油脂中总是有一定数量的游离脂肪酸，其量取决于油料的质量。种籽的不成熟性、种籽的高破损性等，乃是造成高酸值油脂的原因，尤其在高水分条件下，对油脂保存十分不利，这样会使得游离酸含量升高，并降低了油脂的质量，使油脂的食用品质恶化。脱酸的主要方法为碱炼和蒸馏法。蒸馏法又称物理精炼法，应用于高酸值、低胶质的油脂精炼。这里主要介绍碱炼法。

烧碱能中和粗油中的绝大部分游离脂肪酸，生成的钠盐在油中不易溶解，成为絮状物而沉降。生成的钠盐为表面活性剂，可将相当数量的其他杂质也带入沉降物，如蛋白质、黏液质、色素、磷脂及带有羟基和酚基的物质。甚至悬浮固体杂质也可被絮状皂团携带下来。因此，碱炼具有脱酸、脱胶、脱固体杂质和脱色素等综合作用。烧碱和少量甘三酯的皂化反应引起炼耗的增加。因此，必须选择最佳的工艺操作条件，以获得碱炼油的最高得率。

（三）脱色

植物油中的色素成分复杂，主要包括叶绿素、胡萝卜素、黄酮色素、花色素以及某些糖类、蛋白质的分解产物等。油脂脱色常用吸附脱色法。吸附脱色法原理是利用吸附力强的吸附剂在热油中能吸附色素及其他杂质的特性，在过滤去除吸附剂的同时也把被吸附的色素及杂质除掉，从而达到脱色净化的目的。

吸附剂主要有漂土、活性白土、活性炭和凹凸棒土。

（1）漂土学名膨润土，是一种天然吸附剂。多呈白色或灰白色。天然漂土的脱色系数较低，对叶绿素的脱色能力较差，吸油率也较大。

（2）活性白土是以膨润土为原料，经过人工化学处理加工而成的一种具有较高活性的吸附剂，在工业上应用十分广泛。对于色素及胶态物质的吸附能力较强，特别是对于一些碱性原子团或极性基团具有更强的吸附能力。

（3）活性炭是由木屑、蔗渣、谷壳和硬果壳等物质经化学或物理活化处理而成。具有疏松的孔隙，比表面积大、脱色系数高，并具有疏水性，能吸附高分子物质，对蓝、绿两色色素的脱除特别有效，对气体、农药残毒等也有较强的吸附能力。但价格昂贵，吸油率较高，常与漂土或活性白土混合使用。

（4）凹凸棒土是一种富镁纤维状土，主要成分为二氧化硅。土质细腻，具有较好的脱色效果，吸油率也较低，过滤性能较好。

影响吸附脱色的因素：

（1）吸附剂。不同的吸附剂有不同的特点，应根据实际要求选用合适的吸附剂。油脂脱色一般多选用活性度高、吸油率低和过滤速度快的白土。

（2）操作压力。吸附脱色过程在吸附作用的同时，往往还伴有热氧化副反应，这种副反应对油脂脱色有利的一方面是：部分色素因氧化而褪色，不利的方面是：因氧化而使色素固定或产生新的色素以及影响成品的稳定性。负压脱色过程由于操作压力低，热氧化副反应较弱，一般采用负压脱色，真空度为 0.096MPa。

（3）操作温度。吸附脱色中的操作温度决定于油脂的品种、操作压力以及吸附剂的品种和特性等。脱除红色较脱除黄色用的温度高；常压脱色及活性度低的吸附剂需要较高的操作温度；减压操作及活性度高的吸附剂则适宜在较低的温度下脱色。常用脱色温度为105℃左右。

（4）操作时间。吸附脱色操作中油脂与吸附剂在最高温度下的接触时间决定于吸附剂与色素间的吸附平衡，只要搅拌效果好，达到吸附平衡并不需要过长时间，过分延长时间，甚至会使色度回升。工业上一般将脱色温度控制在 20～30min 左右。

（5）搅拌。脱色过程中，吸附剂对色素的吸附，是在吸附剂表面进行的，属于非均相物理化学反应。良好的搅拌能使油脂与吸附剂有均匀的接触机会。现实生产中采用直接蒸汽搅拌。

（6）粗油品质及前处理。粗油中的天然色素较易脱除，而油料、油脂在加工或储存过程中的新色素或因氧化而固定了的新色素，一般较难脱除。脱色前处理的油脂质量对油脂脱色效率的影响也甚为重要，当脱色油中残留胶质和悬浮物或油溶皂时这部分杂质会占据一部分活性表面，从而降低脱色效率。一般脱色前处理的油脂质量应满足如下条件：P≤10mg/L、残皂≤100mg/L。

（四）脱臭

各种植物油都有它本身特有的风味和滋味，经脱酸、脱色处理的油脂中还会有微量的醛类、酮类、烃类、低分子脂肪酸、甘油酯的氧化物以及白土、残留溶剂的气味等，除去这些不良气味的工序称脱臭。

1. 脱臭方法

脱臭的方法有真空汽提法、气体吹入法、加氢法等。最常用的是真空汽提法，即采用高真空、高温结合直接蒸汽汽提等措施将油中的气体成分蒸馏除去。

2. 脱臭机理

脱臭的机理是基于相同条件下，臭味小分子组分的蒸汽压远大于甘三酯的蒸汽压，即臭味物质更容易挥发。因此应用水蒸气蒸馏的原理进行汽提脱臭。水蒸气蒸馏脱臭的原理，是水蒸气通过含有臭味组分的油脂时，汽－液表面相接触，水蒸气被挥发的臭味组分所饱和，并按其分压的比率逸出，从而达到了脱除臭味组分的目的。

3. 影响脱臭的因素

（1）温度。汽提脱臭时，操作温度的高低，直接影响到蒸汽的消耗量和脱臭时间的长短。在真空度一定的情况下，温度增高，则油中游离脂肪酸及臭味组分的蒸汽压也随之增高。但是，温度的升高也有极限，因为过高的温度会引起油脂的分解、聚合和异构化，影响产品的稳定性、营养价值及外观，并增加油脂的损耗。因此，工业生产中，一般控制蒸馏温度在245～255℃。

（2）操作压力。脂肪酸及臭味组分在一定的压力下具有相应的沸点，随着操作压力的降低而降低。操作压力对完成汽提脱臭的时间也有重要的影响，在其他条件相同的情况下压力越低，需要的时间也就越短。蒸馏塔的真空度还与油脂的水解有关联，如果设备真空度高，能有效地避免油脂的水解所引起的蒸馏损耗，并保证获得低酸值的油脂产品。生产中一般为300～400 Pa，即2～3 mm 汞的残压。

（3）通汽速率与时间。在汽提脱臭过程中，汽化效率随通入水蒸气的速率而变化。通汽速率增大，则汽化效率也增大。但通汽的速率必须保持在油脂开始产生飞溅现象的限度以下。汽提脱臭操作中，油脂与蒸汽接触的时间直接影响到蒸发效率。因此，欲使游离脂肪酸及臭味组分降低到产品所要求的标准，就需要有一定的通汽时间。但同时应考虑到脱臭过程中油脂发生的油脂聚合和其他热敏组分的分解。这个脱臭时间也与脱臭设备结构有关，现通常为85min。

（4）脱臭设备的结构。脱臭常用设备有层板式、填料和离心接触式等几种，车间常用层板式塔。

（5）微量金属。油脂中的微量金属离子是加速油脂氧化的催化剂。其氧化机理是金属离子通过变价(电子转移)加速氢过氧化物的分解，引发自由基。因此脱臭前需尽可能脱除油脂内的铁、铜、锰、钙和镁等金属离子。

二、影响精炼油得率主要因素

（一）精炼损耗

（1）碱炼损耗。为脱除毛油中存在的胶质、游离脂肪酸、水分、杂质等形成的损耗；在处理过程中由于中性油皂化、乳化引起的损耗。

理论计算公式：碱炼损耗 = 0.2 + 1.25 ×（FFA% + 磷脂含量% + 水分% + 杂质% + 0.3%）

（2）脱色损耗。主要为吸附脱色时废白土吸油所引起的损耗，应尽量降低废白土含油率。

$$脱色损耗 = 废白土 × 废白土干基含油率$$

（3）脱臭损耗。包括脱臭过程中脂肪酸以及小分子的醛、酮等物质，甾醇、维生素 E 等不皂化物，甘三酯的蒸馏挥发损失；在汽提过程中油脂的飞溅损失。

$$脱臭耗 = 0.2 + 1.1 \times (进脱臭塔\ FFA\% + POV/80 + 水杂\%)$$

(4)在生产过程中由于操作不当或因设备等原因引起的跑、冒、滴、漏等现象造成的损耗。此类损耗应该尽量避免。

(二)影响精炼成本的因素

(1)提高精炼率。精炼率是影响精炼成本的最主要因素，与毛油品质、精炼的工艺及精炼的操作都有非常密切的关系。

(2)降低辅料消耗。辅料包括液碱、磷酸、柠檬酸、白土和柴油，同样的油品，采用不同的操作方法，都可以达到产品的标准，应该在操作过程中寻找辅料消耗较低的方法。

(3)降低能耗。包括水、电、汽的消耗。在生产过程中，应避免能源的浪费。

(4)降低人工成本，加强生产管理。

(三)影响精炼油品质的主要因素

(1)温度。温度是影响化学反应速度的一个重要因素。对一般化学反应，温度每上升10℃，反应速度约增加一倍；对于油脂氧化速度，温度也起重要的作用。

(2)水分。它会引起和促进亲水物质(如磷脂、酶、微生物等)的腐败变质，加强酶的活性，有利微生物繁殖，导致水解酸败，增加油脂过氧化物的生成。

(3)光和射线。光，特别是紫外线，能促进油脂的氧化。这是由于光氧化作用能使油脂中痕迹量的氢过氧化物分解，产生游离基，并进入连锁反应，加速了油脂的氧化。高能射线(β-或γ-射线)辐照食品能显著提高氧化酸败的敏感性，通常将这种现象解释为辐射能诱导游离基的产生的缘故。

(4)氧气。自动氧化和聚合过程是油脂与氧气发生反应的过程，自动氧化和聚合过程的氧气吸收量是逐渐增加的。一般情况下，氧气的浓度越大，氧化速度就越快。在储存容器中，氧气的分压越大，氧化进行得越迅速。

(5)催化剂。油脂中存在许多助氧化物质，微量金属特别是变价金属有着显著的影响，它们是油脂自动氧化酸败的强力催化剂，由于它们的存在，大大缩短了油脂氧化的诱导期，加快了氧化反应的速度。

三、几种典型的油脂精炼工艺

(一)大豆油

豆油是我国大宗油脂，若原料品质好、取油工艺合理，则毛油的品质较好，游离脂肪酸含量一般低于2%，容易精炼。

(1)粗炼油精炼工艺流程(间歇式)(图5-4)。操作条件：滤后毛油含杂不大于0.2%，水化温度90~95℃，加水量为毛油胶质含量的3~3.5倍，水化时间30~40min，沉降分离时间4h，干燥温度不低于90℃，操作绝对压力4.0kPa，若精炼浸出毛油时，脱溶温度160℃左右，操作压力不大于4.0kPa，脱溶时间1~3h。

(2)精制油精炼工艺流程(连续脱酸和间歇式脱色脱臭)(图5-5)。操作条件：过滤毛油含杂不大于0.2%，碱液浓度18~22°Bé，超量碱添加量为理论碱量的10%~25%，有时还先添加油量的0.05%~0.20%的磷酸(浓度为85%)，脱皂温度70~82℃，洗涤温度95℃左右，软水添加量为油量的10%~20%。吸附脱色温度为80~90℃，操作绝对压力为2.5~4.0kPa，脱色温度下的操作时间为20min左右，活性白土添加量为油量的2.5%~

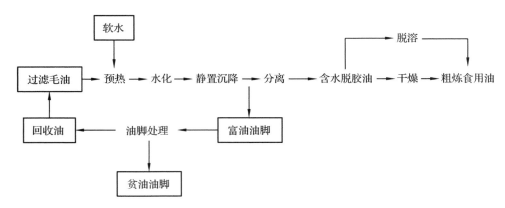

图 5-4 大豆油粗炼油精炼工艺流程

5%，分离白土时的过滤温度不大于 70℃。脱色油中 P < 5mg/L、Fe < 0.1mg/L、Cu < 0.01mg/L，不含白土，脱臭温度 230℃左右，操作绝对压力 260 ~ 650Pa，汽提蒸汽通入量 8 ~ 16kg/(t·h)，脱臭时间 4 ~ 6h，柠檬酸(浓度 5%)添加量为油量的 0.02% ~ 0.04%，安全过滤温度不高于 70℃。

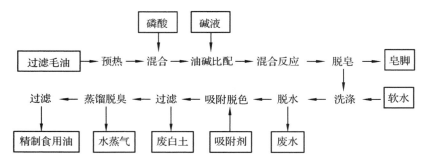

图 5-5 大豆油精制油精炼工艺流程

(二)棉籽油

棉籽油也是大宗油料。其油中含有棉酚(含量约 1%)、胶质和蜡质(含量视制油棉胚含壳量而异)，品质较差，不宜直接食用，其精炼工艺也较为复杂。

(1)粗炼棉清油精炼工艺流程(连续式)(图 5-6)。操作条件：过滤毛油含杂不大于 0.2%，碱液浓度 20 ~ 28°Bé，超量碱为理论碱的 10% ~ 25%，脱皂温度 70 ~ 95 ℃，转鼓冲洗水添加量为 25 ~ 100L/h，进油压力 0.1 ~ 0.3MPa，出油背压力 0.1 ~ 0.3MPa，洗涤温度 85 ~ 90℃，洗涤水添加量为油量的 10% ~ 15%，脱水背压力 0.15MPa，干燥温度不低于

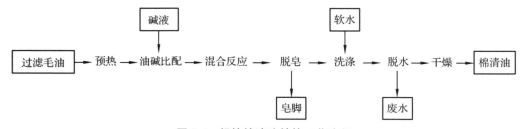

图 5-6 粗炼棉清油精炼工艺流程

90℃，操作绝对压力 4.0kPa，成品油过滤温度不高于 70℃。

（2）精制棉油精炼工艺流程（图 5-7）。操作要点：碱炼前操作条件同粗炼油，复炼碱液浓度 6～12°Bé，添加量为油量的 1%～3%，复炼温度 70～90℃，出油背压 0.15MPa。洗涤、脱色、脱臭等操作条件与花生油精制食用油的操作条件相近。如果在脱臭后再进行脱脂，其成品油的品级就为精制冷餐油（色拉油）。脱臭工艺以后的工艺流程为见图 5-8。

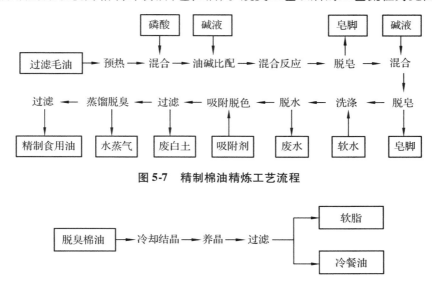

图 5-7　精制棉油精炼工艺流程

```
脱臭棉油 ──→ 冷却结晶 ──→ 养晶 ──→ 过滤 ──┬──→ 软脂
                                          └──→ 冷餐油
```

图 5-8　精制棉油精炼脱臭工艺以后的工艺流程

操作条件：冷却结晶温度 5～10 ℃，冷却水与油脂温差 5 ℃左右，结晶时间 8～12h，养晶时间 10～12h。

（三）菜籽油

菜籽油是含芥酸的半干性油类。除低芥酸菜籽油外，其余品种的菜籽油均含有较多的芥酸，其含量占脂肪酸组成的 26.3%～57%。高芥酸菜油的营养不及低芥酸菜油，但特别适合制船舶润滑油和轮胎等工业用油。在制油过程中芥子甙受芥子酶作用发生水解，形成一些含硫化合物和其他有毒成分，从而影响了毛油的质量。一般的粗炼工艺对硫化物的脱除率甚低，因此食用菜籽油应该进行精制。

（1）粗炼菜油精炼工艺流程。粗炼菜油工艺流程及操作条件参阅大豆油粗炼。

（2）精制菜籽色拉油精炼工艺流程（间歇式）（图 5-9）。操作条件：碱炼操作温度初温 30～35 ℃，终温 60～65 ℃，碱液浓度 16°Bé，超量碱添加量为油量的 0.2%～0.25%，另加占油量 0.5% 的泡花碱（浓度为 40°Bé），中和时间 1h 左右，沉降分离时间不小于 6h。碱炼油洗涤温度 85～90 ℃，第一遍洗涤水为稀盐碱水（碱液浓度 0.4%，添加油量 0.4% 的食盐），添加量为油量的 15%。以后再以热水洗涤数遍，洗涤至碱炼油含皂量不大于 50mg/L。脱色时先真空脱水 30min，温度 90 ℃，操作绝对压力 4.0kPa，然后添加活性白土脱色，白土添加量为油量的 2.5%～3%，脱色温度 90～95℃，脱色时间 20min，然后冷却至 70 ℃以下过滤。脱色过滤油由一、二级蒸汽喷射泵形成的真空吸入脱臭罐加热至 100 ℃，再开启第三级和第四级蒸汽喷射泵和大气冷凝器冷却水，脱臭温度不低于 245 ℃，操作绝对压力 260～650Pa，大气冷凝器水温控制在 30 ℃左右，汽提直接蒸汽压力 0.2MPa，

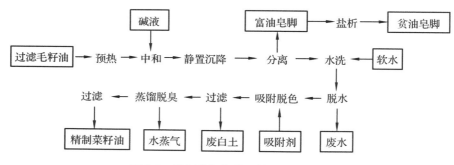

图 5-9　精制菜籽色拉油精炼工艺流程

通入量为 8 ~ 16kg/(t·h)，脱臭时间 3 ~ 6h，脱臭结束后及时冷却至 70℃再过滤。

（3）精制菜籽色拉油精炼流程（全连续）（图 5-10）。操作条件：过滤毛油含杂不大于 0.2%，碱液浓度 18 ~ 22°Bé，超量碱添加量为理论碱量的 10%~25%，有时还先添加油量的 0.05%~0.20% 的磷酸（浓度为 85%），脱皂温度 70 ~ 82 ℃，洗涤温度 95℃左右，软水添加量为油量的 10%~20%。连续真空干燥脱水，温度 90 ~ 95 ℃，操作绝对压力为 2.5 ~ 4.0kPa。吸附脱色温度为 100 ~ 105 ℃，操作绝对压力为 2.5 ~ 4.0kPa，脱色温度下的操作时间为 30min 左右，活性白土添加量为油量的 1%~4%。利用立式叶片过滤机分离白土时的过滤温度不低于 100 ℃。脱色油中 P≤5mg/L、Fe≤0.1mg/L、Cu≤0.01mg/L。脱臭温度 240 ~ 260℃左右，操作绝对压力 260 ~ 650Pa，汽提蒸汽通入量油量的 0.5%~2%，脱臭时间 40 ~ 120min，柠檬酸（浓度 5%）添加量为油量的 0.02%~0.04%，安全过滤温度不高于 70 ℃。

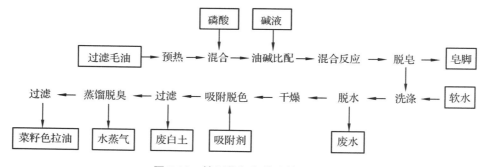

图 5-10　精制菜籽色拉油精炼流程

（四）米糠油

米糠油属于弱半干性油。由于米糠中解脂酶含量高，所制取毛油的酸价较高，质量较差，给油脂精炼带来困难。精制米糠油的精炼工艺流程如图 5-11。

操作要点：滤后毛油含杂不大于 0.2%，中和前先添加油量的 2% 热水脱胶，脱胶温度 60 ~ 70℃、搅拌 15min，随即添加碱液中和脱酸，碱液浓度 18 ~ 24°Bé，超量碱为理论碱的 75%，碱液于 15min 内加完，搅拌 20 ~ 25min，加热终温 75 ~ 80 ℃。到达终温后添加油量的 3%~4% 食盐溶液（浓度 10%、95℃）继续搅拌 5 ~ 10min，然后静置沉降 10 ~ 12h。分离皂脚后洗涤，洗涤温度 75 ~ 80 ℃，添加油量 5% 的盐水（浓度 5 ~ 6°Bé、85℃），然后再以热水洗几遍，直至残皂量≤50mg/L。脱色温度 95 ~ 100 ℃，操作绝对压力 4.0kPa，

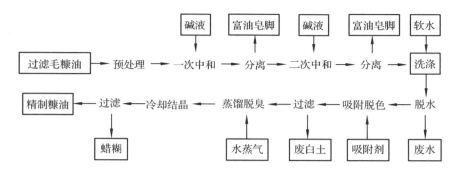

图 5-11 米糠油精炼工艺流程

活性白土添加量为油量 3% 的左右，脱色时间 30min。脱臭温度 235 ~ 250 ℃，操作绝对压力不大于 0.65kPa，汽提蒸汽通量 8 ~ 16kg/(t·h)，脱臭时间 6h，冷却脱蜡温度 6 ~ 10 ℃，结晶时间 50 ~ 70h，过滤温度 15 ℃。

（五）棕榈油

棕榈油取自棕榈果肉，其脂肪酸组成中饱和酸占 40% ~ 50%，其中 80% 是棕榈酸，不饱和酸中以油酸为主，其次为亚油酸，富含维生素 A 和维生素 E，带有较深的棕黄色泽。由于棕榈果实在收获和制油前受解脂酶的分解，加之加工方法和储运条件的影响，毛棕榈油游离脂肪酸含量较高，一般为 10% 左右，高的达 30% 以上。棕榈油的主要用途是制皂和供分提各种品级的食品专用油脂。

（1）精制棕榈油精炼工艺流程（图 5-12）。

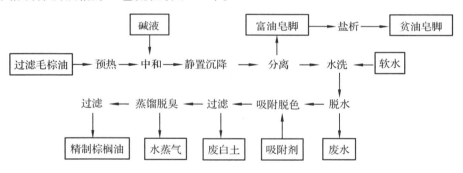

图 5-12 精制棕榈油精炼工艺流程

（2）分提棕榈油精炼工艺流程。工艺流程（Ⅰ）见图 5-13 所示。工艺流程（Ⅱ）见图 5-14 所示。操作要点：除杂过滤温度不低于 50 ℃，滤后油含杂不大于 0.2%。间歇中和初温 30 ~ 35 ℃，终温 60 ~ 65 ℃，碱液浓度 16 ~ 18°Bé，超量碱占油量 0.2% ~ 0.3%，中和时间 1h 左右；连续中和碱液浓度为 20 ~ 28°Bé，超量碱占理论碱的 10% ~ 25%，脱皂温度为 70 ~ 95 ℃，转鼓冲洗水为 20 ~ 25L/h，进油压力为 0.1 ~ 0.3MPa、出油背压为 0.1 ~ 0.15MPa、脱皂油洗涤温度为 85 ~ 90 ℃，洗涤水添加量占油量 10% ~ 15%、洗涤油残皂不大于 50mg/L。固脂、液油脱色温度为 105 ~ 110 ℃，操作绝对压力 2.5 ~ 4.0kPa，时间为 15min，活性白土添加量占油量的 3%。蒸馏脱酸脱臭温度 240 ~ 250 ℃，操作绝对压力 0.2 ~ 0.4kPa，时间为 80 ~ 100min。冷却结晶温度初温为 70 ~ 80 ℃，24h 左右缓冷至终温 20 ℃，冷却水与油的温差为 5 ~ 8 ℃，分离时过滤压力不宜高。

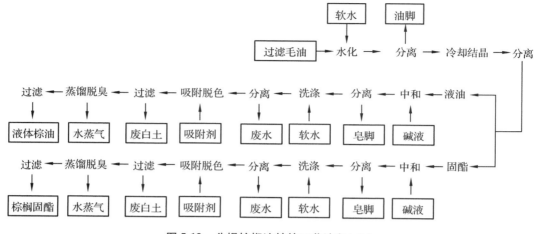

图 5-13　分提棕榈油精炼工艺流程（Ⅰ）

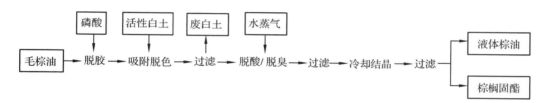

图 5-14　分提棕榈油精炼工艺流程（Ⅱ）

（六）棕榈仁油和椰子油

棕榈仁油和椰子油为不干性油类。脂肪酸组成中以月桂酸为主（占脂肪酸组成 45%~51%），其次是豆蔻酸（占 13%~25%），胶质含量较低，特别适宜物理精炼脱酸。棕榈仁油和椰子油分皂用级和食用级。精制食用油的精炼工艺流程如图 5-15。

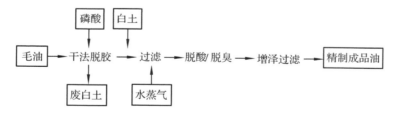

图 5-15　棕榈仁油和椰子油精炼工艺流程

操作要点：干法脱胶主要目的是脱除胶杂及微量金属离子，脱胶时添加浓度 85% 的磷酸占油量的 0.1%~0.2%，搅拌 15min 后加入占油量 2%~3% 的活性白土脱色和进一步吸附脱胶，操作温度为 105~110 ℃，操作绝对压力 2.5~4.0kPa，反应时间 10~15min，过滤分离白土温度不高于 70 ℃，预处理油要求 $P \leqslant 5mg/L$，$Fe \leqslant 0.1mg/L$，$Cu \leqslant 0.01mg/L$。蒸馏脱酸脱臭温度 240~250 ℃，操作绝对压力 0.2~0.4kPa，汽提蒸汽量占油量的 1%~4%，脱酸脱臭时间 40~100min。

（七）葵花籽油

葵花籽油为我国北方地区的大宗油源之一。富含亚油酸（占总脂肪酸含量 54%~70%）

和油酸(约占 39%),营养价值较高,但粗油中含有微量蜡质(约 0.10%)和含氧酸,影响品质和储存稳定性。市售葵花籽油分粗炼和精制食用油 2 种品级。

(1)粗炼葵花籽油精炼工艺流程(图 5-16)。操作要点:过滤除杂操作要求同前述工艺。碱化操作温度为 9℃ 左右,碱液浓度为 15°Bé,添加量占油量的 1.36% 左右,Al₂(SO₄)₃(水溶液浓度为 14%~24%),添加量占油量的 0.25%~0.5%,碱化反应时间为 70min 左右,脱蜡分离温度为 16~18 ℃,其余操作参阅前述工艺。

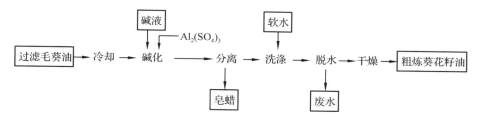

图 5-16   粗炼葵花籽油精炼工艺流程

(2)精制葵花油工艺流程(图 5-17)。操作要点:操作参阅菜油色拉油精炼工艺及脱脂工艺和操作。

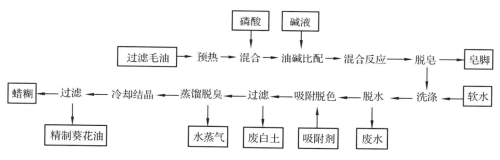

图 5-17   精制葵花油工艺流程

(八)红花籽油、玉米胚油

红花籽油和玉米胚油脂肪酸组成整齐,油酸、亚油酸含量高(油酸占 13%~49%,亚油酸为 34%~76%),是营养价值较高的油品,可通过精制加工成"营养油"。精炼工艺流程,操作要点可参阅菜油色拉油精炼(图 5-18)。

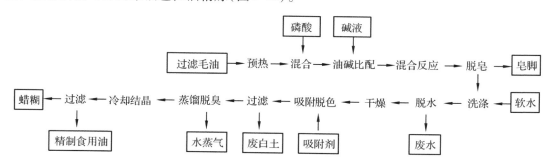

图 5-18   红花籽油、玉米胚油精炼工艺流程

（九）亚麻仁油

亚麻仁油由亚麻籽制取，属于干性油类。其脂肪酸组成中亚麻酸含量高达 44% ~ 61%，具有很好的干性，是油漆、油墨涂料工业的重要原料。亚麻仁油中胶质含量较高，不少为非亲水性，应用常规水化方法达不到脱胶工艺要求，需添加辅助剂脱胶。粗炼工业用亚麻仁油的精炼工艺流程如图 5-19。

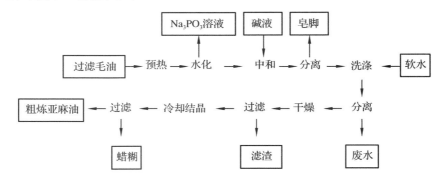

图 5-19　粗炼工业用亚麻仁油的精炼工艺流程

操作要点：水化操作温度为 25 ~ 30 ℃，磷酸三钠添加量为油量的 0.28% ~ 0.3%（配制成 1.3% 水溶液），搅拌 30min 后添加碱液中和脱酸，碱液浓度为 20°Bé，超量碱占油量的 0.06% ~ 0.1%，中和反应时间约 1h 左右，终温控制在 60 ~ 65 ℃，沉降分离时间不低于 4h。洗涤操作温度为 85 ℃左右，洗涤水添加量占油量的 10% ~ 15%，沉降分离废水的时间不小于 2h。真空脱水温度为 120 ℃左右，操作压力低于 5kPa，干燥后将油温冷却至 30 ~ 35 ℃，进行第一次过滤，滤压不大于 0.2MPa，滤后油冷却至 20 ~ 25℃结晶 32h 左右，再过滤脱除蜡质，滤压不大于 0.1MPa。

（十）蓖麻油

蓖麻油是含羟基酸的不干性油。蓖麻酸的含量约占脂肪酸组成的 87.1% ~ 90.4%，广泛应用于航空、精密仪表、医药、涂料、增塑剂、乳化剂、绝缘油及纺织和制革等工业。由于其结构特性，脱胶不宜采用常规水化工艺，多以淡碱脱胶，精制蓖麻油的精炼工艺流程如图 5-20。

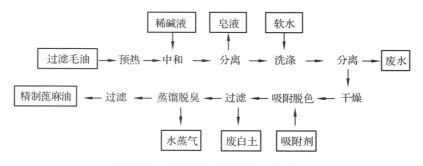

图 5-20　精制蓖麻油的精炼工艺流程

操作要点：稀碱中和操作温度为 25 ~ 35 ℃，中和搅拌时间为 15min 左右，终温为左右 90 ℃，中和结束，添加油量 25% 的软水溶皂，静置 15 ~ 20min，然后将中层和下层皂水溶液转入皂液罐回收残油，上层半净油转入水洗罐洗涤残皂，洗涤温度为 85 ~ 90 ℃，洗涤水添加量占油量的 15% ~ 25%，洗涤至废水酚酞检查合格为止。脱色操作温度为 85℃ 左右，操作压力 2. 5 ~ 4. 0kPa，脱色时间为 20min，活性白土添加量占油量的 4% 左右。脱臭操作温度为 175 ~ 180 ℃，操作压力为 0. 3 ~ 0. 6kPa。汽提蒸汽通量为 8 ~ 16kg/（t·h），脱臭时间为 5h 左右。

第五节　问题与展望

一、问题分析

　　我国油脂工业的发展与其他工业一样，在相当长的时期内，受历史条件的限制，发展极其缓慢。至新中国成立前夕，我国植物油料加工在大多数地区仍然采用以人力为主的土法榨油，机械化生产的油脂加工厂寥寥无几。据有关资料记载，1949 年全国植物油产量只有 9 万多 t。植物油厂所有的动力螺旋榨油机仅 30 多台，浸出油厂 1 家，其余大多采用土榨和水压机榨等。整个油脂工业远远落后于世界水平。到 20 世纪 80 年代，油脂浸出技术被列为国家"六五"重点推广项目。由此，我国的浸出法制油得到了飞跃发展。

　　我国早期的油脂精炼只是采用过滤、脱胶等简单的技术。新中国成立后，国家曾在 1962 年、1974 年和 1978 年分别对油脂精炼设备及工艺进行了标准化工作。进入 20 世纪 80 年代，中国粮食系统的企业引进了 40 多套油脂连续精炼设备，其中包括物理精炼、化学精炼、脱色、脱臭、氢化、冬化、人造奶油、起酥油及代可可脂等工艺与加工设备。我国油脂精炼能力也逐渐增长，从而进入一个崭新的发展阶段。

　　中国的油脂工业经过油脂界多年的艰苦努力，取得了长足的发展和进步。特别是近年来，随着我国经济的高速持续发展和改革开放的深入进行，油脂工业进入一个迅猛发展阶段，大型外资企业的建立及国外先进技术的引进和消化吸收更是大大加快了我国油脂工业的发展进程，使油脂生产工艺技术、生产设备、产品质量以及综合经济技术指标等都达到相当高的水平，促进了中国油脂工业的现代化。

二、技术发展趋势

　　（1）油脂生产规模向大型化发展。在全世界范围内，油脂工程的建设规模越来越大。近年来，中国油脂工程的建设规模也呈现出不断扩大的特点。这是因为大型化油脂工程采用先进的工业技术、生产设备以及自动化装置更具有其投资的经济合理性，大型化油脂工厂有可能实现油料资源和能源的综合利用，使产品质量稳定可靠，生产成本大大降低，综合技术经济指标更具优越性。

　　（2）采用更先进的工艺技术，加快技术更新。单靠扩大生产规模降低生产成本不是无限的，提高油脂生产的综合效益还要考先进的工艺技术。例如，除采用常规的油脂生产技术外，油脂超临界萃取技术、超滤和反渗透技术等有望在油脂工业生产上最终获得应用。以酶工程、微生物工程、蛋白质工程为代表的生物工程技术也已经在油脂生产及功能性油脂产品的开发中获得成功。油脂工业正在不断地积极吸纳和分享着技术的进步，为其自身的发展创造新的生机。

（3）生产装备水平提高。具备优良的工艺性能和机械性能的生产设备是保证生产连续高效稳定运行的前提条件，对提高产品质量也起着重要作用。国外的油脂生产企业和国内的外资企业都十分重视生产设备的装备水平对提高油脂生产综合效果的作用，因此，其生产设备的装备水平通常都很高。近年来，国内的许多油脂生产企业也正在改变原有的为节省而轻视生产设备质量的观念，在设备的装备水平方面显示出很大的进步，油脂工业正在逐步摆脱传统的生产装备简陋、粗糙的局面，向现代化的生产装备水平方向迈进。同时，大型化油脂工厂的建设也促进和带动了大型生产设备、输送设备及其他配套设备的研制和发展。

（4）产品和副产品的质量提高，产品品种增多。传统的油脂生产以获取油脂为主要目的，而今油脂工业的产品和副产品种类繁多，产品质量优良。高等食用油、各种风味和营养调和油、浓香花生油、清香花生油、芝麻香油、人造奶油、起酥油等多种油脂产品，可以满足不同人群、不同用途的消费需求。根据油料饼粕的用途不同，可以在油脂生产过程中通过调节工艺条件生产多种饼粕产品。如不同蛋白质含量的等级饲用豆粕，适用于提取食用油料蛋白的低温豆粕。利用低温豆粕生产各种用途的大豆蛋白粉、大豆浓缩蛋白、大豆分离蛋白等。随着油脂生产技术的进一步提高，将会有更多的新产品问世，为油脂企业创造更高的经济效益。

（5）关注油料的综合利用和精深加工，提高生产附加值。在植物油料中含有多种微量成分和生物活性成分，在油脂生产中或之后将这些成分提取出来，可以大大提高其利用价值，提高油脂生产的附加值。如从豆粕、豆皮、油脚、脱臭馏出物甚至醇洗浓缩蛋白生产副产物蜜糖中提取磷脂、脂肪酸、维生素 E、异黄酮、皂甙和低聚糖等。在油脂生产工艺和技术条件的选取上就要考虑其副产物的提取和利用，加大对副产物综合利用的开发力度，也将成为油脂工业发展的一项内容。

（6）加强环保意识，对油脂生产废弃物进行有效控制和处理。植物油脂生产与其他工业生产一样，总会伴随着生产过程产生一些废弃物，尽管这些废弃物不会像某些化学工业的废弃物那样对环境造成严重的污染，但仍对环境保护形成不良的影响和潜在的危害。随着我国油脂工业逐步向高标准的新型化产业发展，对油脂生产废弃物的有效控制和处理，也已成为油脂生产的一项重要内容。对油脂生产中废水、废气和固体废物的控制和处理，在国内小型油厂是一个薄弱的环节，几乎没有有效的处理装置。新建的大型油厂基本都配置了有效的废物处理设施，然而大多是对废水处理，对其他废弃物的控制和处理还显欠缺。随着环境保护法规实施力度的加大，所有油脂生产企业都必须积极主动地在生产过程中控制废物的产生，建设废物排放量及废物的污染物浓度。之后，采用完善的废物处理工艺技术，有效地对其进行处理，使其达到国家要求的废物排放标准，甚至实现生产废物的零排放。因此，研究和应用排污少的油脂生产工艺，改进浸出溶剂质量或寻找新型溶剂，选用安全的油脂脱臭高温热媒介等，都是油脂生产中环境保护选用考虑的问题。

传统的植物油脂提取方法已经不能满足现代工业发展和国际竞争的要求，须对其工艺进行必要改进和改善，已提高出油率、工作效率及保证安全生产。新型的油脂提取工艺已经慢慢地崭露头角。随着其研究的不断加深，朝着工业化方向的不断迈进，必将给油脂工业带来飞速发展。

主要参考文献

1. 姚惠源. 谷物加工工艺学[M]. 北京：中国轻工业出版社，1999.

2. 刘玉兰. 植物油脂生产与综合利用[M]. 北京：中国轻工业出版社，1999.

3. 武汉粮食工业学院. 油脂制取工艺与设备[M]. 北京：中国财经出版社，1983.

4. 罗学刚. 农产品加工[M]. 北京：经济科学出版社. 1997.

5. 魏振华，胡家贞. 中小植物油厂实用技术[M]. 北京：中国工人出版社，1993.

6. 石彦国，任莉. 大豆制品工艺学[M]. 北京：中国轻工业出版社，1993.

7. 黄凤洪. 花生芝麻加工技术[M]. 北京：金盾出版社，1995.

8. 尤新. 玉米深加工技术[M]. 北京：中国轻工业出版社，1999.

9. 王宏健，李春升. 膨化技术在油脂制取工艺中的最新进展[J]. 西部粮油技术，1999.

10. 陈合，杨辉等. 超临界流体萃取方法的研究及应用[J]. 西北轻工业学院学报，1999，17(3).

11. 辉国钧，葛发欢，王海波，等. 超临界 CO_2 萃取工艺在紫苏子脂肪油提取中的应用研究[J]. 中国医药工业杂志，1996，27(2)：51－53.

12. 孙爱东，尹卓容. CO_2 超临界萃取技术提取月见草油的工艺研究[J]. 中国油脂，1998，23(5)：40－42.

13. 葛保胜，王秀道，石滨. 药用大蒜提取物的超临界 CO_2 萃取研究[J]. 中成药，2002，24(8)：571－573.

14. 张素萍. 超临界萃取技术在中药材有效成分提取中的应用[J]. 贵州科技工程职业学院学报，2008，3(2)：21－24.

15. 周建，张晓辉，马忠强，等. 分析规模亚临界/超临界萃取装置的研制[J]. 现代科学仪器，2008(1)：108－111.

16. 张玉祥，邱蔚芬. CO_2 超临界萃取银杏叶有效成分的工艺研究[J]. 中国中医药科技，2006，13(4)：255－256.

17. 霍鹏，张青，张滨，等. 超临界流体萃取技术的应用与发展[J]. 河北化工，2010，33(3)：25－29.

18. 甘孟瑜，陈琦，潘登，等. 亚临界甲醇中麻疯树油制备生物柴油的研究[J]. 广州化工，2010，38(3)：70－72.

19. 魏金婷，叶舟. 枇杷仁中苦杏仁苷乙醇提取工艺研究[J]. 莆田学院学报，2007，14(5)：38－40.

20. 徐卫东. 四号溶剂浸出工艺影响溶剂消耗因素[J]. 粮食与油脂，2005(6)：35－36.

21. 祁鲲. 液化石油气浸出油脂工艺：中国，90108660[P]. 1993－08－25.

22. 程能林. 溶剂手册[M]. 北京：化学工业出版社，2008.

23. 杜彦华，张连富. 水酶法提油工艺初步研究[J]. 粮食与油脂，2005，(6)：10－12.

24. Sugarman N. Process for simultaneously extracting oil and protein from oleaginous materials[P]. US Patent：2762820，1956.

25. Rhee K C. Simultaneous recovery of protein and oil from raw peanuts in an aqueous system[J]. J. Food Sci.，1972，37：141－145.

26. 刘玉兰，汪学德，马传国，等. 油脂制取与加工工艺学[M]. 北京：科学出版社，2003.

27. 宋贤良，温其标，朱江. 纤维素酶法水解的研究进展[J]. 郑州工程学院学报，2001，22(4)：67－71.

28. Rosenthal A，Pyle D I，Niranjan K. Aqueous and enzymatic processes for edible oil extraction[J]. Enzyme and Microbial Technology，1996，19(11)：402－420.

29. 钱俊青，谢祥茂. 酶法提取植物油的工艺方法及特点[J]. 中国油脂，2003，28(4)：14－17.

30. Bocevska M，Karlovlc D. Turkulv J. et al. Quality of corn germ oil obtained by aqueous enzymatic extraction[J]. J. Am. Oil Chem. Soc.，1993，70(12)：1270－1277.

31. 王瑛瑶，王璋. 水酶法从花生油中提取蛋白质与油——碱提工艺研究[J]. 食品科技，2002，（7）：6-8.

32. Tano-Debran K，Ohta Y. Application of enzyme-assited aqueous fat extraction to cocoa fat[J]. J. Am. Oil Chem. Soc.，1995，72(11)：1409-1411.

33. Hanmoungjai P，Pyle D L，Niranjan K. Enzymatic process for extracting oil and protein from rice bran[J]. J. Am. Oil Chem. Soc.，2001，78(8)：817-821.

34. Sosulski K，Sosulski F W. Enzyme-aided vs. two-stage processing of canola：Technology，product quality and cost evaluation[J]. J. Am. Oil Chem. Soc.，1993，70(9)：825-829.

35. Shankar D，Agrawal Y C，Sarkar B C，et al. Enzymatic hydrolysis in conjunction with conventional pretreatments to soybean for enhanced oil availability an d recovery[J]. J. Am. Oil Chem. Soc.，1997，74(12)：1543-1547.

36. Sengupta R，Bhattacharyya D K. Enzymatic extraction of mustard seed and rice bran[J]. J. Am. Oil Chem. Soc.，1996，73(6)：687-692.

37. Bocevsha M. Quality of com germ oil obtained by aqueous enzymatic extraction[J]. J. Am. Oil Chem. Soc.，1993，70：1273-1277.

（刘汝宽、李昌珠）

第六章
油脂基能源和化工产品

植物油料是一种重要的能源、化工原料。随着人们生活水平的不断提高,迫切要求能源、化工产品朝着低毒、天然、对环境无污染的方向发展,由于植物油料转化的能源、化工产品具有毒性低、易生物降解、环境友好等优点,因此以植物油料为主要原料的能源、化工产品取代以石油、天然气、煤为主要原料的化工产品是油脂工业的主要发展方向之一。当今世界资源日趋紧张,植物油料是具有极大潜力的再生资源,作为不可缺少的工业原料,其重要价值受到高度重视。

第一节 生物柴油

随着全球石油资源的过度开采利用,石油资源面临衰竭的危险,同时石化燃油的废气污染也是人类面临的巨大挑战。随着人们生活水平的提高和环境保护意识的增强,人们逐渐认识到石油作为燃料所造成的空气污染的严重性,特别是光化学烟雾、酸雨的频繁出现对人类生存造成了极大的危害,CO_2产生的温室效应严重破坏了自然界生态平衡。因此,国际石油组织认为开发一种新的能源来替代石油燃料已迫在眉睫。大量研究表明,生物柴油是一种很有发展前途的柴油机替代燃料。

美国生物柴油协会定义生物柴油是一种以植物、动物油脂等可再生生物资源生产的可用于压燃式发动机的清洁替代燃料。从化学成分来看,生物柴油是一系列长链脂肪酸甲酯。天然油脂多由直链脂肪酸的甘油三脂肪酸酯组成,经酯交换反应后,分子量降至与柴油相近,并且具有接近于柴油的性能,是一种可以替代柴油使用的环境友好的替代燃料。

生物柴油与石化柴油相比具有显著的优越性:① 具有优良的环保特性。生物柴油中硫含量低,不含芳香烃,燃烧尾气对人体损害低于柴油,生物柴油的生物降解性高;②

具有较好的润滑性能。在石化柴油中加剂量仅为 0.4％ 时，生物柴油就显示出较高的抗磨损作用，可以缓解由于推行清洁燃料硫含量降低而引起的车辆磨损问题，增强车用柴油的抗磨性能；③ 具有较好的安全性能。由于闪点较石化柴油高，生物柴油不属于危险燃料，在运输、储存、使用方面的优点显而易见的；④ 具有良好的燃烧性能。其十六烷值高，燃烧性好于柴油。燃烧残留物呈微酸性使催化剂和发动机机油的使用寿命延长；⑤ 具有可再生性能。作为可再生能源，其供应不会枯竭；⑥ 使用生物柴油的系统投资少。原有的引擎、加油设备、储存设备和保养设备等基本不需改动；⑦ 生物柴油以一定比例与石化柴油调和使用，可以降低油耗、提高动力性，降低尾气污染。

一、植物油料转化生物柴油的进展和原理

（一）国内外生物柴油发展情况

生物柴油研究最早始于 20 世纪 70 年代，最初的研究目的主要是解决当时的能源危机。当时，出于石油危机的影响，世界石油价格上涨，一些发达国家为了解决自身的能源危机，便致力于开发来源于生物质的能源。研究主要集中在利用植物油或者动物脂肪直接作为燃料使用。但是由于植物油及动物脂肪分子量较大、碳链较长，直接作为燃料使用时存在黏度高、低温性能差、易碳化结焦、堵塞油嘴等致命缺点，再加上不易完全氧化，使植物油直接代替柴油的想法受到重大打击。

近年来随着能源危机的日益紧迫，以及环境问题日益尖锐，迫使人们寻找出一些不仅可以再生而且是清洁的、对环境友好的能源。由于生物柴油不仅与矿物柴油有着相似的燃烧与动力特性，而且具有矿物柴油没有的环境友好特性，逐渐吸引了环境工作者及能源工作者的注意，并且把生物柴油的开发研究工作推进到一个新阶段。

1. 国内生物柴油发展情况

我国开展生物柴油的研究开发工作相对于国外稍晚一些，1981 年才开始用菜籽油、光皮树果实油等植物油生产生物柴油的试验研究。近年来，一些科研单位和大专院校先后进行了生物柴油的研究工作，并研制成功利用菜籽油、大豆油、废煎炸油等为原料生产生物柴油的工艺。我国政府也制定了一系列优惠政策和措施支持生物柴油的研究开发工作，这有利于我国生物柴油产业快速发展。

据有关文献报道，我国生物柴油原料将主要来自两个方面，废弃油脂和油料树木种子。其中废弃油脂主要包括：① 炒菜和煎炸食品过程产生的煎炸废油；② 烤制食品过程中产生的动物性油脂；③ 动物制品常温加工过程中产生的下脚料经处理得到的动物性油脂，如用废猪皮等下脚料熬制的油品；④ 餐饮废油，也称泔水油，主要指从剩余饭菜中经过油水分离得到的油脂；⑤ 地沟油，主要指在餐具洗涤过程中流入下水道中的油品；⑥ 厨房通风系统的凝析油，如家庭与餐馆抽油烟机冷凝的油脂；⑦ 酸化油脚。

油料植物可规模推广应用的主要包括油棕（*Elaeis guineensis*）、椰子（*Cocos nucifera*）、光皮树（*Swida wilsoniana*）、油桐（*Vernicia fordii*）、乌桕（*Sapium sebiferum*）等。近年来，有学者对麻疯树（*Jatropha curcas*）、文冠果（*Xanthoceras sorbifolia*）、光皮树（*Swida wilsinina*）、黄连木（*Pistacia chinensis*）和元宝枫（*Acer truncatum*）的种籽油作为生物柴油原料进行了研究。我国含油植物种类丰富，共有 151 科 1553 种，其中种子含油量在 40％ 以上的植物为 154 种，可用作建立规模化生物质燃料油原料基地乔灌木树约 30 种，并能利用荒山、沙

地等宜林地进行造林，建立起规模化的良种供应基地的生物质燃料油植物在 10 种左右。科技部在"十五"科技攻关计划中，从种植→资源→能源一体化系统出发，选育适合不同地域生长的优良燃料油植物种植，建立燃料油植物种植资源发展基地和生物燃料油生产示范工程，采用基因工程等现代技术改良物种性状，培育高产燃料油植物新品种；开展优良种源及无性系速成丰产栽培示范，对有重要经济价值的国外油料植物种类和优良无性系进行引种、驯化和小面积栽培实验。

我国生物柴油产业规模化生产刚刚起步，生产量比较小，目前以生物柴油混配清洁燃料正在发展。目前国内生产企业均采用各自的企业标准进行生产。我国已把发展生物柴油列入国家能源发展计划中，着眼于生物柴油的长期使用，为了加强生物柴油的生产和管理，及时制订生物柴油的国家标准无疑是十分必要的。

国内生物柴油存在着生产规模小、技术落后、整体经济效益低等缺点。由于我国在税收上对生物柴油没有实行免税政策，使得生产生物柴油的产品成本居高不下（其中 75% 的成本是原料的成本），约为矿物柴油的 3 倍，因而很难实现大规模生产。目前各科研院所及企业主要以开发廉价原料的生物柴油的生产技术为主攻方向。海南正和生物能源有限公司、四川古杉油脂公司、湖南北大未名生物能源公司和福建卓越新能源发展公司等都已开发出拥有自主知识产权的技术。北京市科委可持续发展科技促进中心正与中国石油大学合作，利用北京市餐饮业废油为原料来制造生物柴油。江西巨邦化学公司进口美国转基因大豆油和国产菜籽油生产生物柴油，正在建设 $10 \times 10^4 t$/年的生产装置。四川大学生命科学院正筹备以麻疯树果油为原料，计划建立 $2 \times 10^4 t$/年的生产装置。

湖南未名创林生物能源有限公司是由湖南省林业科学院、湖南省生物柴油工程中心共同合作创立的一所专门从事生物能源研发及生产的高新技术企业。生物柴油项目是根据湖南省政府和北京大学签署的省校合作协议，以及北大未名生物工程集团与湖南省林业科学院于 2009 年 6 月 28 日签订的《生物油脂产业化基地建设合作框架协议书》的有关条款规定优先合作投资的生物能源项目。以湖南省生物柴油工程中心为依托，以国有主渠道销售为产品推广服务平台，以省科技进步一等奖的能源植物种植技术及生物柴油、醇基燃料的研发成果为基础，针对燃油市场的巨大需求和南方石化资源匮乏的实际现状，结合两型社会建设的契机及湖南省重点工程项目的政策支持，建立生物质能研发平台和产业化基地。

2. 国外生物柴油发展情况

目前在美国以及欧洲、亚洲的一些国家和地区已开始建立商品化生物柴油生产基地，并把生物柴油作为代用燃料广泛使用。

生物柴油应用最多的是欧洲，生产原料主要是菜籽油。欧洲议会免除生物柴油90%的税收，欧洲国家对替代燃料的立法支持、差别税收以及油菜籽生产的补贴，共同促进了生物柴油产业的快速发展。2003 年，欧洲国家生物柴油的产量超过了 176 万 t，预计到 2010 年，欧洲国家的生物柴油产量将达到 830 万 t。其中德国是生物柴油利用最广泛的国家，日前生产和消费生物柴油 110 万 t，约占世界总生产量 350 万 t 的 1/3。

美国是最早研究生物柴油的国家之一。目前，美国已经有多家生物柴油生产厂和供应商，生产原料主要以大豆油为主，年生产生物柴油 30 万 t 以上，并且生物柴油的税率为零。

美国在生产大豆生物柴油的同时，也积极探索其他途径生产生物柴油。美国可再生资源国家实验室通过现代生物技术制成"工程微藻"。实验室条件下可以使其脂质含量达到40%~60%，预计每英亩"工程微藻"可年产6400~16000L生物柴油，为生物柴油的生产开辟了一条新途径。截至2005年4月，包括筹建的工厂在内，美国共有60家生物柴油生产厂，并计划到2011年生产生物柴油115万t，2016年达到330万t。

纯态形式的生物柴油又称为净生物柴油，已经被美国能源政策法正式列为一种汽车替代燃料。依据原料和生产商的不同，目前美国净生物柴油的价格不及0.515~0.793美元/L；80%生物柴油成分的混合生物柴油的市场价格，每升比传统柴油要贵7.93~10.57美分。

日本主要以煎炸油为原料生产生物柴油，目前生物柴油年生产能力达40万t。巴西以蓖麻油为主要原料生产生物柴油，正在推广实验中。

迄今世界上许多国家在发展生物柴油技术和产业方面投入重金，并已取得了不同程度的研究进展，见表6-1。

表6-1 世界生物柴油生产国情况

国家	生物柴油产量（万t）	生物柴油比例（%）	原料	现状
美国	30	10~20	大豆	推广使用中
德国	55	5~20，100	油菜籽、大豆	广泛使用中
法国	40	5~30	各种植物油	研究推广中
意大利	33	20~100	各种植物油	广泛使用中
奥地利	5.5	100	油菜籽、废油脂	广泛使用中
日本	40	5~20	废油脂	广泛使用中
保加利亚	0.03	100	向日葵、大豆	推广使用中
巴西			蓖麻油	行车实验中
澳大利亚		100	动物脂肪	研究推广中
瑞典		2~100	各种植物油	广泛使用
比利时	24	5~20	各种植物油	广泛使用中
阿根廷		20	大豆	推广使用中
加拿大		2~100	桐油、动物脂肪	推广使用中
韩国		5~20	米糠、回收植物油	推广使用中
马来西亚			棕榈油	研究推广

（二）油料转化生物柴油原理

酯交换反应过程是通过以下三个连续可逆反应完成的，每一步反应都会生成一种脂肪酸酯：

$$TG + MeOH \rightarrow DG + ME$$

$$DG + MeOH \rightarrow MG + ME$$

$$MG + MeOH \rightarrow GL + ME$$

式中：TG为甘油三脂肪酸酯；DG为甘油二脂肪酸酯；MG为甘油一脂肪酸酯；GL为甘油；ME为脂肪酸甲酯。

1. 碱催化反应原理

碱催化酯交换机理见图6-1。无论以碱金属氢氧化物还是以烷氧化物为催化剂，都是首先形成烷氧阴离子RO－，然后RO－攻击甘油三脂肪酸酯sp2杂化的第一个羰基碳原子，形成四面体结构的中间体，再与甲醇反应生成新的烷氧阴离子 RO－，最后四面体结构的中间体重排生成甘油二脂肪酸酯。类似的，甘油二酯生成甘油一脂肪酸酯，甘油一脂肪酸酯生成脂肪酸酯。

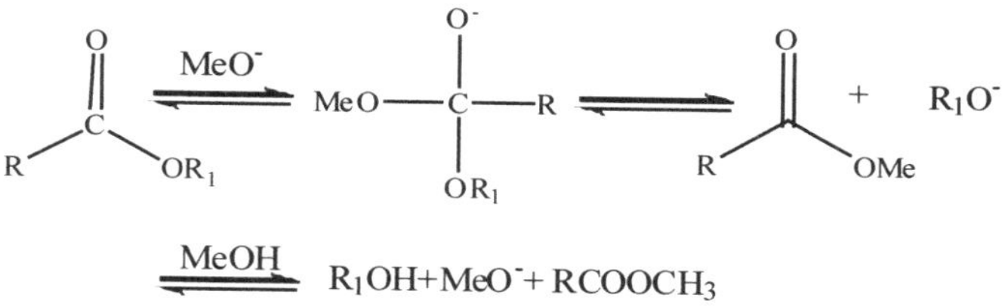

图 6-1　碱催化醇解机理

图中 R 为脂肪酸上的碳链：

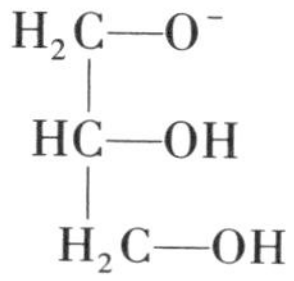

2. 酸催化反应原理

酸催化酯交换机理见图 6-2。首先甘油三脂肪酸酯上的羰基质子化形成碳正离子物 a，然后与甲醇发生亲核反应得到四面中间体 b，最后生成新的脂肪酸酯。从反应机理可以看出，水的存在易使 a 发生水解，大大降低了脂肪酸酯的产率。

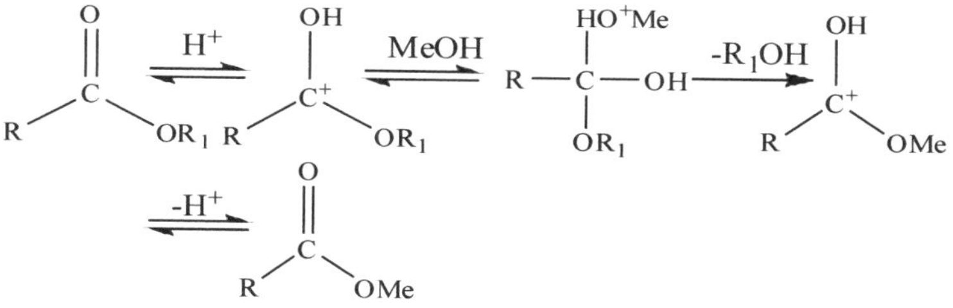

图 6-2　酸催化醇解机理

图中 R_1 为脂肪酸上的碳链：

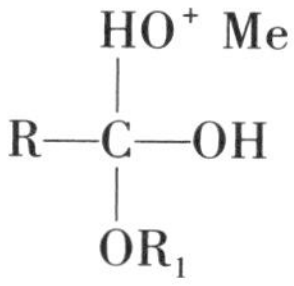

3. 酶催化反应机理

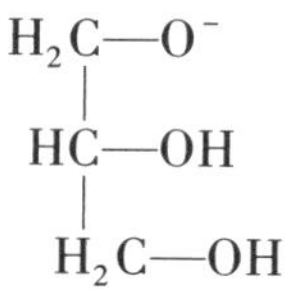

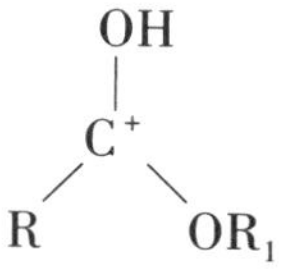

酶催化酯交换机理见图 6-3。酶催化剂也是一类比较重要的酯交换反应催化剂。酶促酯交换反应通常能够在比较温和的条件下进行，所需醇油比低，反应不受游离脂肪酸的影响。虽然酶促反应条件温和，醇油比低，但是反应时间较长，通常需要 4~40h，并且酶的价格昂贵、催化对象比较单一、寿命较短等不利因素都制约着酶催化剂的广泛应用。下面是酶催化酯交换的反应机理。

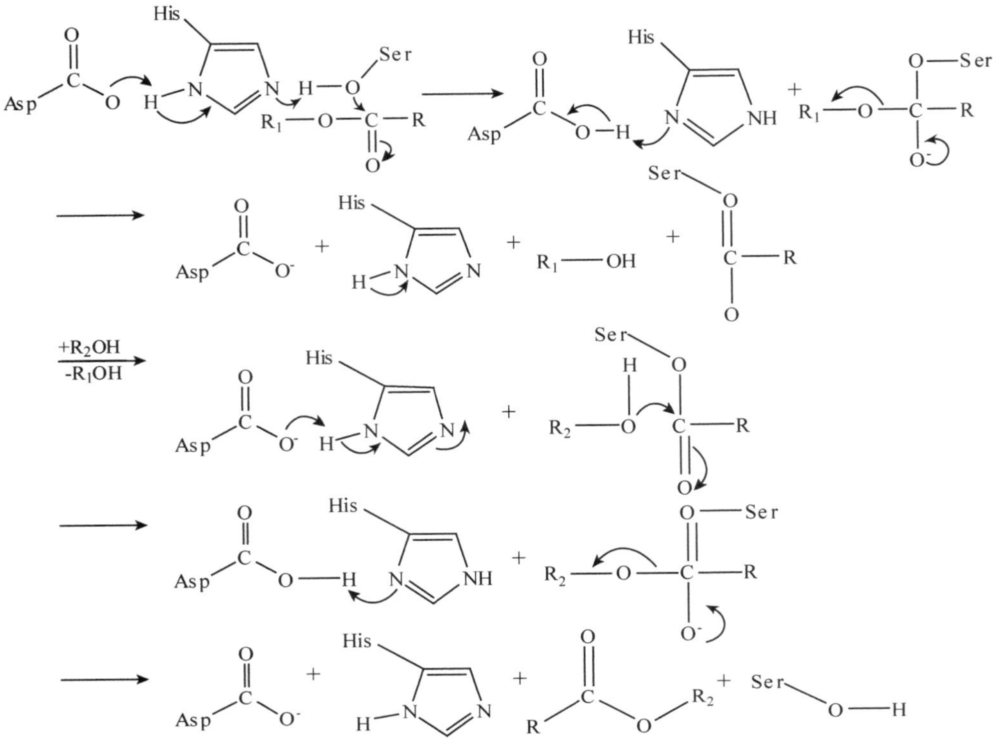

图6-3　酶催化醇解机理

（三）生物柴油应用前景

目前，在全球能源安全问题的影响下，中国的能源安全形势也变得日益严峻起来。针对中国原油资源有限，将长期依赖大量进口石油的国情，发展立足于本国工业油脂原料大规模生产替代液体燃料——生物柴油，对增强国家石油安全具有重要的战略意义。

1. 植物油料生物柴油的可再生性

植物油料生物柴油的生产、加工、消费是碳的一个有机的闭合循环过程。生物柴油的原材料植物通过光合作用能把太阳能转化为能储存的生物能，通过加工制成生物柴油，生物柴油经过人的消费，其中的碳以二氧化碳的形式回到大气中，作为下次光合作用的原料。因此，生物柴油的生产、加工和消费是一个可持续发展的过程。生物柴油的可再生性可以缓解石化能源枯竭而引起的能源危机，减缓对食用植物油的竞争压力。

2. 发展植物油料生物柴油战略意义

面对世界化石能源资源日益枯竭、环境污染日益严重以及全球气候变暖威胁增加，人类再一次把目光转向取之不尽的生物能源。可再生能源的开发和利用受到全世界的高度重视。很多国家已将开发可再生能源作为能源战略的重要组成部分。生物柴油可以作为一种战略资源储备，这种战略储备的作用表现为：①保障燃油供给，即保证一段时间内的燃油应急供应，使国民经济各重要部门特别是军队能够正常运行。②稳定能源价格。庞大的战略燃料储备本身对市场就起着制衡作用。生物柴油是一种生物质能，能够广泛应用于生活、生产、军事等领域的新兴能源，是石化柴油很好的替代品。因此，生物柴油的布局更合理，在能源上更加独立，使得各国的能源不易受到别国的干涉和控制，减少对石油市场的依赖。生物柴油的发展可以解决目前由于石油而引起的一系列矛盾，有利于维护国际环境稳定。

3. 植物油料生物柴油发展建议

生物柴油具有较高的闪点，可降解，无放射线危害，不容易发生爆炸、泄漏等安全事故。不管是生产、运输、使用等方面都比较安全。另一方面，生物柴油是对环境友好的能源，对人类健康无害，保证了环境安全。

中国在发展生物柴油的同时应注重本国国情，充分利用边缘性低质土地种植能源作物，充分利用现有动、植物油料资源，优化生产工艺，避免对环境造成二次污染，同时要尽量减小能耗，简化生产装置。发展林木生物柴油产业需要遵循以下几点建议：

（1）制定油料能源树种发展和生物柴油开发利用总体规划。培育油料能源树种资源，具有投资少、见效快、再生性强和一次种植多年"产油"的特点，是一项利国、利民、利企业的阳光产业，具有"小果实、大产业、可持续发展"特性。建设绿色大油田，具有资源产业化培育的可行性、技术开发的可行性、经济利用的可行性和市场体系建立的可行性，需要科学地发展资源和开发利用资源。建议由主管部门牵头，组织各地开展油料树种资源评价和发展潜力研究，为科学地制定资源发展和开发利用规划提供翔实依据。并根据资源分布和发展状况，明确生物柴油发展方向和目标，完成开发加工生物柴油的布局规划。

（2）建立和完善生物柴油产业化生产体系和市场发展机制。要从油料树种品种选育、种植管理、经营采收、运输处理，到生物柴油制取标准化、产品商品化、经营市场化等各环节入手，研究建立有利于生物柴油产业化体系和市场运作机制，以激发企业开发生产生物柴油积极性，并以此调动地方大规模种植油料能源树种的积极性和社会投资营造油料能源树种基地的积极性，最终形成相互促进、相互依存的可持续发展局面。国家已出台的一系列扶持开发生物能源的优惠和补贴政策，以及在生产生物柴油实现的减少温室气体排放可进行的国际碳贸易（CDM）等，将成为促进生物柴油产业发展和降低加工成本的重要因素。

（3）加强油料能源树种的良种选择、繁育研究，建设高效能源林基地。油料能源树种种类较多，但其品质差异大，而且我国食用油生产水平低于世界平均水平，其价格又高于燃料油价格。这些极大地制约了人们对其作为能源树种开发应用的积极性。因此，用食用型油料植物生产生物柴油有很大困难，不符合中国国情，利用非食用型油料植物生产生物柴油是当今发展的趋势。目前，加强良种繁育研究和能源林基地建设是当务之急。寻找一些繁殖能力强、生长周期短、生物量大、产油量高和对环境适应性强的有开发利用潜力的非食用型油料植物，充分利用各种常规育种手段和生物技术手段开展对现有油料树种的种质改良工作，培育和筛选一些优良的燃料油植物，或者对食用油料类树种进行优化改造后，作为生产生物柴油的主要原料。具体措施如下：一是在南方和北方建立国家油料能源树种良种繁育中心，加快能源林培育实现良种化；二是在油料能源树种适宜分布区建设高效能源林基地，以确保生物柴油产业化开发的资源供给。结合荒山造林与生态建设，因地制宜地进行燃料油植物树种资源选择和生物柴油原料林建设。

生物柴油产业是新兴高新科技产业，中国已明确提出发展各种石油替代品，并将发展生物液体燃料确定为新兴产业发展方向，生物柴油发展前景光明（表6-2）。

表6-2　主要林业产能潜力总览

树种	分布	种植面积（hm²）	平均产出[t/(hm²·年)]	主要地区	可利用土地（hm²）
光皮树	湖南、湖北、江西、贵州、四川、广东、广西	约10000	4.5~9.0	主要产于南方省份	至少200万
麻疯树	广东、广西、云南、四川、贵州、福建、台湾、海南	在四川超过16000	9.75	主要在热带地区、亚热带地区	至少200万
黄连木	河北、河南、安徽、陕西	约66700	7.5	集中在太行山，河北中南部，河南北部	至少30万
文冠果	陕西、山西、湖北、内蒙古、宁夏、甘肃、河南	约25000	45（仅指生物柴油生产）	主要在西北部和北部中国	至少400万

二、生物柴油清洁转化工艺技术

（一）生物柴油制备方法

生物柴油作为一种重要的替代能源，经过长时间的发展，人们对植物油燃料的研究更加系统化。生物柴油主要有以下几种制备方法：酸碱催化剂法、生物酶法、超临界法等。

1. 酸碱催化剂法

化学合成方法即用植物和动物油脂与甲醇或乙醇等低碳醇在酸性或者碱性催化剂作用下进行酯交换反应，生成相应的脂肪酸甲酯或乙酯，再经洗涤干燥即得生物柴油，生产过程中可产生10%左右的副产品甘油。酸催化反应的催化剂可选用无机液体酸（硫酸、磷酸和盐酸等）、有机磺酸、酸性离子液体、强酸性离子交换树脂和固体酸等，在酯交换过程中不会发生皂化，但反应速率较慢；碱催化剂主要有KOH、NaOH、碳酸盐、烷基氧化物（如甲醇钠、异丙醇钠等）、固体碱（如CaO等）和含氮类有机碱等。碱催化的反应时间短，工艺较成熟，目前生产厂家大都采用该法生产生物柴油。在碱催化生产生物柴油的工艺中，为了提炼生物柴油，需要酸中和、水洗和分离等一系列复杂的工序，催化剂在生产过程中往往被溶解，无法再回收利用。

原料油脂中游离脂肪酸能使碱催化剂失活，已有研究报道显示，碱精炼法、溶剂抽出法、蒸汽精炼法、添加过量催化剂法、高温高压反应法和预酯化法等可消除游离脂肪酸的影响。预酯化法能将原料油脂中的游离脂肪酸转换成脂肪酸烷基酯，所以原料利用率高，适合大规模的工业生产。但该方法仍存在不足，在使用硫酸等作为催化剂的预酯化法均相反应工艺中，为了除去残留的酸催化剂以及反应生成的水，一般采用大量的低碳醇进行萃取，结果造成工艺复杂、操作费用高；而在使用阳离子交换树脂作为催化剂的固定床反应工艺中，特别是使用杂质含量高的废油脂时，离子交换树脂失活快，需要频繁交换催化剂。

化学法合成生物柴油工艺复杂，醇必需过量，后续工艺应有相应的醇回收装置；能耗高，色泽深；同时由于脂肪中不饱和脂肪酸在高温下容易酸败，产物甲酯难以回收，成本高且生产过程有废碱液排放。

2. 生物酶法

脂肪酶是一种很好的催化醇与脂肪酸甘油酯的酯交换反应的催化剂。为了解决化学合成法中存在的问题，人们开始借助生物酶法即脂肪酶进行酯交换反应，反应结束后，通过静置即可使脂肪酸甲酯与甘油分离，从而可获取较为纯净的柴油。但它对甲醇和乙醇的转化率低，并且醇的碳原子数越少，造成的酶不可逆失活能力就越强。如果在体系中添加有机溶剂（正己烷）或水时，脂肪酶对甲醇的耐受能力会有一定程度的提高。也可以用乙酸甲酯替代甲醇作为酶法催化酯交换的底物，即使乙酸甲酯和油的物质的量之比为 12∶1，也不会造成脂肪酶（*Candida antarctica*）的失活。Hama 等人则用固定化根霉（*Rhizopm oryzae*）细胞作为细胞催化剂来催化大豆油和甲醇合成生物柴油。清华大学化工研究院刘德华课题组开发了酶法生产生物柴油的生产工艺，选用的脂肪酶包括 Novozym 435、Lipozyme TL 和 Lipozyme RM。该工艺解除了甲醇和甘油对酶反应活性的影响，脂肪酶不需处理即可应用于下一批次反应，在反应器上连续运转 10 个多月后，酶活性未见下降，表现出较好的操作稳定性。

3. 超临界法

在超临界体系中进行酯交换反应，甲醇在超临界状态下具有疏水性，油脂能够很好地溶解在超临界甲醇中，油脂与醇的互溶性能够得到极大改善，从而加速酯交换反应的进行。因此超临界体系用于生物柴油的制备具有反应迅速、转化率高等优点，对原料油脂的适应性强，即使当脂肪酸含量高达 30% 以上，对生物柴油的转化率也基本上没有影响，水含量超过 30% 的原料也能达到 90% 以上的转化率。但是该反应需要的醇油摩尔比非常大（通常大于 20∶1）。回收大量的醇，增加了操作成本，而且体系的温度和压力都非常高，能耗较大，对设备的材质要求很高。

（二）生物柴油酯交换反应动力学模型

1. 建立动力学模型

工业用油料植物油脂在催化剂作用下，与甲醇的酯交换反应由一系列的可逆反应组成，甘油三酯分步转变成二甘油酯、单甘酯，最后转变成脂肪酸甲酯和甘油，每一步反应均产生一种酯。

$$TG + MeOH \rightarrow DG + ME \tag{1}$$

$$DG + MeOH \rightarrow MG + ME \tag{2}$$

$$MG + MeOH \rightarrow GL + ME \tag{3}$$

其中，TG，DG，MG 和 GL 分别代表三油酸甘油酯、二油酸甘油酯、单油酸甘油酯和甘油；ME 表示油酸甲酯；M 表示反应原料甲醇。基于对三油酸甘油酯酯交换反应的认识，在建立动力学模型之前不妨做以下假设：①忽略油酸甘油酯中一些杂质对反应的影响，即认为只存在 TG 的酯交换反应；②反应过程中催化剂浓度不变，因而正逆反应速率遵循质量作用定律，即与反应物浓度成正比。

根据（1）~（3）式列出的反应机理和以上 2 点假设，可以得到 TG 酯交换反应过程中各组分的动力学微分方程：

$$\begin{cases} \dfrac{d[TG]}{dt} = -k_1[TG][M] + k_{-1}[DG][ME] \\[2mm] \dfrac{d[TG]}{dt} = k_1[TG][M] - k_{-1}[DG][ME] - k_2[TG][M] + k_{-2}[DG][ME] \\[2mm] \dfrac{d[MG]}{dt} = k_2[TG][M] - k_{-2}[MG][ME] - k_3[MG][M] + k_{-3}[GL][ME] \\[2mm] \dfrac{d[MG]}{dt} = k_1[TG][M] - k_{-1}[DG][ME] + k_2[DG][M] - k_{-2}[MG][ME] \\[2mm] \qquad\quad + k_3[MG][M] - k_{-3}[GL][ME] \end{cases} \quad (4)$$

利用反应产物与反应原料及中间产物之间的平衡关系，可以得到以下各组分浓度之间的约束条件方程：

$$[M] = [M]_0 - [ME] \quad\quad\quad (5)$$

$$[GL] = [TG]_0 - [TG] - [DG] - [MG] \quad\quad (6)$$

微分方程组（4）的初始条件（$t=0$）为

$$[TG] = [TG]0, \quad [DG] = 0$$

$$[MG] = 0, \quad [GL] = 0 \quad\quad\quad (7)$$

2. 酯交换反应动力学模型参数的确定

采用四阶龙格—库塔法 H 求解微分方程组（4），利用 Matlab 编程，同时使用 9 组实验数据，将计算得到的各组浓度与实验值对比，加和全部实验值与计算值之间的相对偏差并求出平均相对误差 S，即

$$S = \sum_{i=1}^{y} \sum_{0}^{t} (|y_i(t)_{exp} - y(t)_{cal}|/y_i(t)_{exp})/N \quad\quad (8)$$

其中，$y_i(t)$ 为离子液体 i 催化体系中油酸甲酯在 t 时刻的浓度值；N 为实验测定各种离子液体催化体系中油酸甲酯浓度值的总个数。以式（8）中的平均相对偏差 S 取极小值为优化目标，即可修正得到各组正逆反应速率常数。① 速率常数的确定。通过模拟计算得到不同酯交换反应的反应速率常数，包括 k_1、k_{-1}、k_2、k_{-2}、k_3、k_{-3}。② 计算结果与实验数据的比较。利用模拟得到的正逆反应速率常数和动力学微分方程组（4），可以计算出任何温度和任何初始浓度条件下反应体系各组分浓度随反应时间的变化，进而可以计算得到反应物的转化率和产物的收率。

二、生物柴油清洁生产工艺

（一）化学法酯交换制备生物柴油工艺技术

目前，化学法制备生物柴油按催化剂分类为均相催化和非均相催化，按操作方式分类为间歇式和连续式。均相催化主要是使用液碱或液酸为催化剂，该法是目前常用的方法，但最大的问题是酸碱催化剂容易造成环境污染。非均相催化是利用固体催化剂进行酯交换制备生物柴油，具有环境友好、催化剂易回收的优点。间歇法通常采用独立的反应釜来进行，一般最佳醇油比为 6∶1，反应釜接有甲醇冷凝回流装置，一般操作温度为 70～80℃。这种方法所需设备相对简单，资金投入少，但是效率低下。

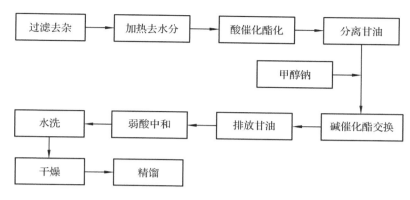

图 6-4　生物柴油间歇式工艺

如图 6-4 所示，精炼油油、催化剂和甲醇按顺序加入搅拌式反应器中进行醇解酯交换反应，醇从油相通过蒸发或水洗分离，甘油通过沉淀在反应器底部分离。粗甲酯经中和、洗涤除掉残余催化剂和盐类，经干燥送入精制单元。

目前生物柴油精制工艺主要有以下几种：

真空蒸馏　由于生物柴油粗产品中含有不饱和成分（如油酸甲酯、亚油酸甲酯等），因此在蒸馏时应尽量缩短升温时间及控制较低蒸馏温度，以防高温下发生聚合反应影响产品的收率和质量。把常压下难于蒸馏的生物柴油粗产品进行真空蒸馏得到生物柴油成品，例如，在 0.665kPa 的压力下收集 160～220℃ 范围内的馏分、在 2kPa 的压力下收集 230～310℃ 之间的馏分。比一般精馏而言，真空蒸馏操作温度降低、原料受热时间缩短，但温度还是过高，操作时间稍长，在蒸馏过程中甘油分子往往被携带蒸出。

分子蒸馏　分子蒸馏是在高真空（0.133～1.000Pa）条件下利用不同种类分子逸出液面后平均自由程不同的性质来实现物质分离的，可在远低于沸点的温度下进行操作，且物料受热时间短和分离程度高，特别适用于高沸点、高热敏性及易氧化物质的分离提取纯化，能解决大量用常规分离技术难于解决的问题。采用分子蒸馏技术处理生物柴油粗产品，不需要水洗及干燥过程，工艺流程简单，不产生废水，节省水处理费用，但分子蒸馏要求过高的真空度，能耗和设备投资均比较高。

超临界萃取精馏　将生物柴油粗品通过超临界萃取进行精制，可以脱除生物柴油中残留的催化剂、磷脂、甘油、甾醇，同时结合超临界流体精馏吸附技术脱除其他甘油酯，同减压蒸馏技术相比可以降低能耗，而且超临界萃取分离杂质比较彻底；此外，釜底物质可通过分离精制得到植物甾醇等高附加值产品，从而降低生物柴油的生产成本。另外，Peter 等将生成的脂肪酸酯用一种近临界萃取剂从反应混合物中萃取出来，优选的萃取剂是二氧化碳、丙烷、丁烷、二甲醚、乙酸乙酯或它们的混合物，这样得到的脂肪酸酯产率高且纯度极高。缺点是与真空蒸馏、分子蒸馏等方法相比，超临界萃取精馏生产规模较小，其生产成本较高，在相同规模情况下投资较大。所以超临界萃取更适用于高附加值、生产规模较小物质的分离。

微滤膜分离　微滤膜分离具有操作压力低、高效节能、对环境无污染等优点，已成为现代膜分离领域中应用范围最广泛的一种分离方法。研究表明，磷脂、皂和甘油在生物柴油（脂肪酸甲酯）体系中可以形成胶束，这种胶束表观分子量远大于脂肪酸甲酯，因此当用膜微滤粗生物柴油时，磷脂、皂和甘油被截留，而脂肪酸甲酯透过膜。汪勇等引用了耐有机溶剂、化学性质稳定的陶瓷膜直接微滤由棕榈油制备的粗生物柴油，结果表明，当陶瓷膜孔径为 $0.1\mu m$、浓缩比为 4:1 时，膜通量可以维持在 $300L/(m^2 \cdot h)$，膜通量稳定。微滤总滤过液中 K^+、Na^+、Ca^{2+}、Mg^{2+} 和游离甘油含量都达到了欧盟生物柴油标准（EN14214）。此外，孟庆华等采用陶瓷膜直接微滤由菜籽油制备的粗生物柴油也取得了令人满意的结果，微滤总滤过液中金属元素和磷脂含量均达到了要求，游离甘油去除率在 72% 以上，甲醇的去除效果也非常显著。可见陶瓷膜微滤法可以有效去除生物柴油粗产品中微量的皂、游离甘油、磷脂和甲醇。同传统生物柴油精制方法相比，陶瓷膜微滤法无需水洗步骤，具有工艺简单、能耗低、无二次污染的优势，但目前基本还处于研发阶段。

离子交换吸附精炼　　最近，罗门哈斯公司采用了一种干式精炼法，在固定柱中填充 Amberlite BD10DRY 型离子交换树脂，然后使原料流经固定柱，利用树脂填料的吸附作用来分离和精炼生物柴油燃料层和甘油层，可从任何原料生产的生物柴油中去除不必要的杂质，并可完全去除微量皂类和催化剂以及残余的甘油，可满足全球任何生物柴油标准，包括 ASTM D-6751-06 和 EN14214。该工艺无需用水，所以能够消除精炼工序中出现的大量废水。固定柱可以作为过滤器使用，无需其他的过滤器及相关附属装置，系统安装面积小，使用温度范围大，可简便地配备于任何生物柴油燃料生产工序，只是固定柱中的填料在使用一定时期后需要再生处理。

1. Esterfip-H 工艺

法国石油研究院开发的 Esterfip-H 固体碱两段反应工艺是具有代表性的间歇式生物柴油生产技术。该工艺采用尖晶石型的混合金属氧化物固体碱催化剂，在较高的反应温度下进行，采用两段反应以提高转化率。

该工艺酯交换的温度比均相反应的温度高，加入的甲醇过量。油脂和甲醇经过第一级固定床反应器后，部分闪蒸甲醇，并进行甘油沉降分离，上层粗脂和补充的甲醇一起进入二级固定床反应器，然后再闪蒸甲醇，进行甘油沉降和分离，对上层粗脂进行减压蒸馏并脱甘油，得到生物柴油，纯度超过 99%，油脂的转化率接近 100%。该工艺与以氢氧化钠或甲醇钠为催化剂的液相反应相比，废水排放少，甘油浓度高（超过 98%，而液相反应得到的甘油相纯度仅为 80%）。

2. Henkel 酯化工艺

德国 Henkel 高压工艺是将过量甲醇为精炼油和催化剂预热至 240℃，送入压力为 9MPa 的反应器，反应的油脂与甲醇体积之比为 1:0.8，反应后将甘油和甲酯分离。甘油相结果中和提纯后得到甘油，同时回收的甲醇可重新在酯交换过程中使用。甲酯相进行水洗，以除去残留的催化剂、溶解皂和甘油，然后再经过分离塔将其加以分离。随后再次以稀酸洗涤，以使残留的皂从甲酯中分离出来。最后，产物经蒸发以除去醇和溶解水后得到精制生物柴油成品。

Henkel 酯化工艺流程可使原料中甘油三酯的转化率接近 100%，游离脂肪酸也可以与甲醇发生酯化反应而生成脂肪酸甲酯，但同时也会形成部分皂化物存在于上层甲酯相与下层甘油相之间，因此后续工段包括除皂、中和、洗涤、干燥等。此工艺的优点是可使用高酸值原料，催化剂用量少，工艺流程短，得到的产品质量高、颜色浅、纯度高、甘油酯含量低，适合规模化连续生产；缺点是反应条件苛刻，对反应条件苛刻，对反应器要求高，甘油回收能耗较高，高投资，高能量消耗，较高的浊点，由于经过蒸馏抗氧化性差。

3. 鲁奇工艺

鲁奇工艺液碱催化制备生物柴油工艺技术是代表性的连续生产工艺。该工艺以精制油脂为原料，采用二段酯交换和二段甘油回炼工艺，催化剂消耗低，是目前世界上应用最多的技术。

油脂、甲醇与催化剂进入第一级酯交换反应器，在搅拌下反应，生成的混合物分离甘油相后进入第二级反应器，补充甲醇和催化剂进行反应，反应产物溢流进入沉降槽分离。分离后的粗甲酯经水洗后脱水得到生物柴油。

鲁奇公司两级连续醇解工艺与常用二段酯交换工艺的区别和优势在于：第二段酯交换后分离出的含有较高浓度甲醇和含液碱催化剂的甘油一起作为原料直接进入第一段酯交换反应器参与反应，从而减少催化剂用量。该工艺的缺点是对原料要求苛刻，生产过程中废液排放较多。

4. Connemann 工艺

Connemann 工艺在 20 世纪 80 年代开始推出，菜籽油和甲醇在烧碱催化条件下发生连续甲酯化。目前在德国已有多家工厂，可以生产高质量的生物柴油，同时配套甘油蒸馏设备后还可以生产医药级甘油。

Connemann 工艺流程是菜籽油加热后加入甲醇和催化剂进行第一级反应，菜籽油部分被甲酯化，生成的甘油与甲醇混合物被连续带出，用离心机来分离第一级反应部分甲酯化的物料。分离出菜籽油/甲醇与甘油/甲醇混合物，甲醇与甘油在后续工艺中被回收。鞋子有/甲醇混合物在第二级反应中进一步甲酯化，再次加入甲醇与催化剂，在第二级反应中菜籽油几乎完全被甲酯化，用离心机再次分出反应后的两相。经过两级甲酯化反应后产物进入水洗工艺，水洗步骤分两次进行，第一次水洗时使用普通水，第二次使用加酸水。用离心机来分离洗涤水。水洗过的菜籽甲酯经过真空干燥再通过换热冷却即得生物柴油。

该工艺的优点是甲醇纯度高；原料适用广，动植物油脂均可；由于工艺分两步完成酯交换反应，每次反应生成的甘油都被离心分离，油料转化率99%以上；因甲醇纯度高，按该工艺生产的甲酯的纯度可以和蒸馏脂肪酸甲酯相比。缺点是不适用于游离脂肪酸含量高的酸化油或粗油料。

（二）超临界流体制备生物柴油工艺技术

纯净物质要根据温度和压力的不同，呈现出液体、气体、固体等状态变化。在温度高于某一数值时，任何大的压力均不能使该纯物质由气相转化为液相，此时的温度即被称之为临界温度 T_c；而在临界温度下，气体能被液化的最低压力称为临界压力 P_c。在临界点附近，会出现流体的密度、黏度、溶解度、热容量、介电常数等所有流体的物性发生急剧变化的现象。当物质所处的温度高于临界温度，压力大于临界压力时，该物质处于超临界状态。温度及压力均处于临界点以上的液体叫超临界流体（supercritical fluid，简称 SCF）。

工业用油料植物油脂与超临界甲醇反应制备生物柴油的原理与化学法相同，但超临界状态下甲醇具有疏水性，能够很好地油脂互溶成为均相，均相反应的速率常数较大，所以反应时间短。另外，由于在反应体系中不使用催化剂，因此反应后续分离工艺较简单，不排放废碱液，其生产成本比化学法大幅度降低，目前收到广泛关注。但是超临界法制备生物柴油需要高温高压，对设备要求很高，因此要规模化应用于工业生产，还需要进一步的研究。

Saka 等使用管式反应器生产生物柴油。将菜籽油与甲醇按一定摩尔比在管式反应器中混合，并迅速将反应器放入预热的装置中进行超临界状态下的酯交换反应。整个过程中，通过监控反应装置内的温度和压力来判断超临界的实时状态。

Ayhan Drbas 使用高压反应釜生产生物柴油。高压反应釜容量为 100mL，耐压为 100MPa，最高温度为 850K，其内温度、压力可通过监测设备实时监测。将一定比例的醇油注入装置中，预热 15min，用铁 – 铜温差电偶将反应器内温度控制在 30℃，反应结束后，将气体放出，并将液体产物从高压反应釜中导出。

我国武汉工程大学王存文教授等也对超临界法制备生物柴油进行了系统和深入研究。研究表明，超临界法的酯交换反应时间大大缩短(4～5min 反应时间能达到 95% 以上的转化率)；原料适用性广(可适当含水且油脂中游离脂肪酸含量不影响产品收率和产品质量)；无需催化剂，但弱酸催化的条件下可以较大程度上降低反应温度和压力；几乎无废弃物产生；产品分离简单；利用闪蒸发可以实现甲醇的循环利用；可大规模连续化生产；技术经济性评价完全可与传统的化学法相比。在研究的基础上，王存文教授等设计开发了连续超临界法制备生物柴油的成套工艺技术，完成了小试和扩大试验，取得了较好的效果。

中国石化股份有限公司石油化工科学研究院(RIPP)开发的超近临界甲醇醇解工艺(SRCA 工艺)于 2009 年已经成功应用于中国海油海南东方生物能源有限公司 6 万 t/ 年生物柴油装置上。SRCA 工艺流程如图 6-5。

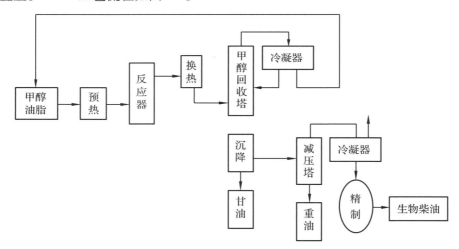

图 6-5　SRCA 工艺流程示意

与传统工艺相比，SRCA 工艺不使用催化剂，在 6.5～8.5MPa 压力下进行反应，对原料适应性强，可适用于废弃油脂、棕榈油以及桐籽油，高酸值油脂能够直接加工，不需要脱酸预处理；产品收率高，质量可达到国家柴油机燃料调合用生物柴油 BD100 质量标准；副产甘油的浓度达 90%，甘油精制成本不到传统工艺的一半。废渣、排放不到传统工艺的 40%，废水不到 20%，废水中不含酸碱，处理成本低。

（三）生物酶法制备生物柴油工艺技术

脂肪酶是一类可以催化油脂合成和分解的酶的总称，它同时还可以催化酯交换反应。工业化的脂肪酶主要有动物脂肪酶和微生物脂肪酶，其中微生物脂肪酶种类较多，一般通过发酵法生产。酶催化法生产生物柴油的研究始于 20 世纪 80 年代，我国则在 90 年代后期开始了这方面的研究。用于生物柴油生产的脂肪酶主要有酵母脂肪酶、根霉脂肪酶、曲霉脂肪酶、毛霉脂肪酶、猪胰脂肪酶等，有商品化的固定化脂肪酶和游离脂肪酶等。酶法生产生物柴油工艺简单、反应条件温和、耗能低、使用范围广，脂肪酶催化剂容易与产品分离，固定化酶可以重复使用，废弃的酶则可以生物降解，不会产生工业废水；反应产生的甘油，分离简便；反应过程中无酸、碱物质，不会造成皂化反应，生产稳定性好；反应中不需要过量的甲醇，分离、提取简单，耗能小，生物酶法生产生物柴油受到了越来越多研究者的关注。

直接影响生物酶法制备生物柴油转化速率的因素包括油醇比、酶种类、酶用量、反应温度、水含量等。反应时间不直接影响酶法制备生物柴油的转化率，但直接影响反应平衡程度和反应产物饱和度等。随着反应时间的延长，生物柴油的转化率最后趋于一定值。

酶活性直接受反应体系中甲醇含量的影响。当底物为混合物时，反应体系中甲醇的含量可适当提高。为避免酶失活，可将甲醇分次加入。盛梅等研究固定化酶催化菜籽油与甲醇合成生物柴油的反应时发现，有机溶剂的使用可以明显改善固定化脂肪酶的活性和稳定性。同时，分批加入甲醇可以避免一次性加入时过量甲醇对固定化脂肪酶活性的抑制作用。

李俐林等用叔丁醇作为反应介质，利用固定化脂肪酶催化优质原料甲醇醇解反应制备生物柴油，消除了甲醇和甘油对酶的负面影响，酶的使用寿命显著延长。

1. 固定化脂肪酶工艺

固定化脂肪酶因其具有稳定性高、可重复使用、容易从产品中分离等优点，在工业规模生产中极具吸引力。酶的固定化方法很多，其中吸附法制备过程简单、成本较低，商业化脂肪酶大部分均采用吸附法进行酶的固定化，如诺维信公司的 NOVOZYM435、LIPOZYME TL 等。也有一些学者致力于其他的固定化方法进行脂肪酶的固定化，如交联、包埋等。

固定化脂肪酶应用于生物柴油制备已有不少研究报道。常规酶法工艺中，酶的使用寿命较短，从而导致酶的使用成本过高。其中，反应物甲醇和副产物甘油对酶催化性能的负面影响是导致酶使用寿命过短的主要原因。甲醇在油脂中溶解性差，体系中过多甲醇的存在极易导致酶失活。另外，副产物甘油极易黏附在固定化酶表面，影响传质，从而对酶催化活性及稳定性产生严重的负面影响。不少学者致力于降低甲醇及甘油负面影响的研究，Shimada 等率先提出采用分步加入甲醇以降低甲醇对酶的毒害作用。另有一些学者提出定期用有机溶剂冲洗固定化脂肪酶以除去附着在酶表面上的甘油，这些措施可以在一定程度上改善酶的催化活性和操作稳定性。

另外，也有一些学者尝试利用有机介质体系进行酶促油脂制备生物柴油的研究。酶促油脂酯交换反应制备生物柴油体系属于典型的非水相酶反应体系。根据非水相酶催化基本理论，生物酶在疏水性较强的有机介质中可以保持较高的催化活性，故目前用于酶促油脂制备生物柴油的有机介质都限于疏水性较强的有机溶剂，如己烷、石油醚等。但实际上，虽然这些疏水性较强的有机溶剂本身对脂肪酶催化活性的负面影响较小，但在脂肪酶催化油脂与甲醇转酯化反应制备生物柴油的过程中，这些疏水性较强的有机溶剂难以溶解甲醇（虽然可以很好地溶解油脂），未溶的甲醇与酶接触后同样会导致脂肪酶严重失活，故由甲醇引起的负面影响在这种疏水性较强的有机介质中难以消除；同样，这些疏水性较强的有机溶剂又不能很好地溶解甘油，故由甘油产生的负面影响依然存在。所以，在这些疏水性较强的有机介质体系中脂肪酶仍然表现出较差的操作稳定性。

陈志锋等研究固定化脂肪酶 Novozym435 催化高酸废油脂与乙酸甲酯酯交换制备生物柴油时发现，导致酶促交换反应速率和甲酯产率显著下降的主要原因是废油脂中高含量的游离脂肪酸与乙酸甲酯反应产生的副产物乙酸对酶有抑制作用。此外，实验证明在反应体系中添加适量的有机碱不仅能大大提高酯交换反应速率和甲酯产率，还能显著提高固定化酶的操作稳定性。

高阳等研究大孔吸附树脂是固定化假丝酵母脂肪酶的优质载体，在正庚烷介质中固定化效果显著。非极性树脂 NKA 固定化假丝酵母脂肪酶在微水有机相中能够有效地催化大豆油脂与甲醇的酯交换反应，对于生物柴油（即脂肪酸单酯）的生物合成具有很大的应用潜力。

Iso 等用固定化 *Pseudomonas fluorescens* 脂肪酶催化油脂醇解制备生物柴油，发现当以甲醇或乙醇作为底物时，需要添加 1，4-二氧杂环乙烷作为溶剂使得甲醇或者乙醇溶解在红花子油中。当用正丙醇和正丁醇作为底物时，就不需要添加剂。这说明有机溶剂的加入能够提高底物和产物之间的传质，降低短链醇在底物中的浓度，从而降低其对酶蛋白的毒性，延长酶的使用寿命。同样的酶对不同的底物其耐受程度是不一样的。

Lara 等研究发现，只有在废弃漂白土和正己烷共同存在的情况下，脂肪酶催化废弃植物油与短链醇才能得到最高的 90% 酯交换率。有机溶剂虽然能提高脂肪酶对甲醇的耐受程度，但是并不能提高反应的总转化率。

Nelson 等利用固定化 *R. miehei* 脂肪酶催化油脂与甲醇的转酯反应时发现，有机溶剂体系的反应效果要明显优于无溶剂体系。在无溶剂体系中，生物柴油得率只能达到 19.4%，而在正己烷体系中，生物柴油得率可达到 94% 以上。利用游离的毛霉脂肪酶和假丝酵母酶对牛油和短链醇的酯交换反应进行催化，利用正己烷作为有机溶剂，结果发现毛霉脂肪酶对催化动物油与甲醇的反应效果较好，假丝酵母酶则对动物油与乙醇的反应催化效果较好。

清华大学开发出生物酶法制备生物柴油新工艺，突破了传统酶法工艺制备生物柴油的技术瓶颈。清华大学同湖南海纳百川公司合作，采用该新工艺建成的全球首套酶法工业化生产生物柴油装置于 2006 年 12 月 8 日成功投产，改造后生产能力达 4 万 t/年（图 6-6、图 6-7），运行结果表明该酶法新工艺在经济上可与目前广泛采用的化学工艺竞争，具有很好的应用推广前景。

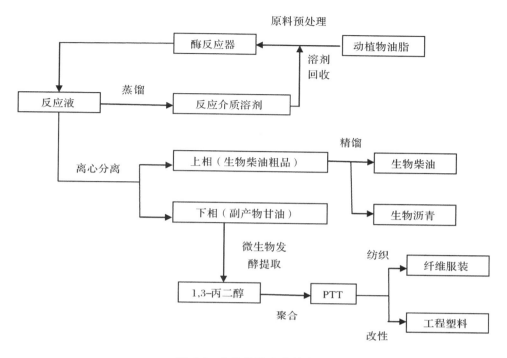

原料预处理

动植物油脂 → 酶反应器 → 反应液

溶剂回收

反应液 → （蒸馏）→ 反应介质溶剂

离心分离

上相（生物柴油粗品）→（精馏）→ 生物柴油

上相（生物柴油粗品）→ 生物沥青

下相（副产物甘油）

下相（副产物甘油）→（微生物发酵提取）→ 1,3-丙二醇 →（聚合）→ PTT

PTT →（纺织）→ 纤维服装

PTT →（改性）→ 工程塑料

图 6-6 生物柴油产业链流程

图 6-7 湖南海纳百川生物酶法制备生物柴油装置

2. 全细胞催化剂在生物柴油制备中的应用

直接利用胞内脂肪酶催化合成生物柴油是一个新的研究思路。酶法生产生物柴油进入商业化的最大障碍是脂肪酶的成本太高。一个很有前景的解决方法是以全细胞生物催化剂的形式来利用脂肪酶，这样就无需酶的提取纯化，即杜绝了酶活性在此过程中的大量损失，又节省了大量的设备投资和运行费用。图 6-8 和图 6-9 比较了胞外和胞内脂肪酶合成生物柴油的过程。对于工业化的生物转化过程来说，以此形式利用脂肪酶不但具有更高的成本效率，还具有更多的优势：第一，经过简单培养就能制取且分离简单；第二，截留在胞内的脂肪酶可看作被固定化；第三，产生脂肪酶的絮凝性微生物细胞在培养中就能自发地固定在多孔渗水的支撑微孔中，这些都为工业化生产提供了发展空间。

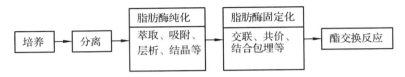

图 6-8　胞外脂肪酶合成生物柴油的过程

图 6-9　胞内脂肪酶合成生物柴油的过程

在全细胞生物催化剂的发展中，选择高效的表达系统是细胞生物催化的技术关键，酵母细胞是一种有用的工具。酵母细胞有一层相对刚性的细胞壁，在有机化合物和有机溶剂存在的条件下，仍能保持其结构，而且研究人员已经开发出一些增强酵母细胞渗透性的方法，能显著提高细胞的反应活性。Mastumoto 等构建了能大量表达米根霉脂肪酶的菌株酿酒酵母 MT8 - 1，其胞内脂肪酶的活性达到 474.5IU/L。用预先经冻融或风干方法增强了渗透性的酵母细胞来催化大豆油合成脂肪酸甲酯，最后反应液中甲酯质量分数达到 71%。这是第一个作为全细胞生物催化剂应用于工业的重要反应。2002 年 Mastumoto 等还进一步利用热带假丝酵母异柠檬酸裂解酶 5' 上游区域作为诱导系统，用 3 - 磷酸甘油醛脱氢酶的启动子作为组成型表达系统，并优化了温度、碳源和碳源的初始浓度等重要的培养条件，使得酿酒酵母细胞内能有表达活性米根霉脂肪酶，从而制备更高效的全细胞生物催化剂，为全细胞催化剂研究奠定了基础。

Kazuhior 等将用丙酮干燥过的米根霉 FIO4697 细胞固定在聚氨酯泡沫微粒内，直接用来催化大豆油生产生物柴油。为增强固定化细胞的转酯化活性，在培养时添加了一些相关底物，其中添加橄榄油或油酸效果显著，但必须不含葡萄糖。在反应体系含水质量分数为 15% 和分步添加甲醇的条件，反应液中甲酯质量分数达 90%，达到了用胞外酶催化的水平，但却比利用胞外酶经济方便。Kazuhiro 等还考察了戊二醛交联处理对固定在支撑微粒内的米根霉细胞的脂肪酶活性的影响。用质量分数为 0.1% 的戊二醛溶液处理后，胞内脂肪酶的活性在 6 批次产生甲酯的反应中并没有明显下降；反之，如不用戊二醛溶液处理，则酶的活性每批次都会显著下降，这可能是由于每次反应会带走一些游离的脂肪酶。由于生产过程简单和脂肪酶活性长期稳定，用固定化并用戊二醛溶液等交联剂处理的全细胞生物催化剂是生物柴油工业化生产的一个很有潜力的途径。

Mastumoto 等构建了一个新的酵母细胞表面作为 FS 蛋白或 FL 蛋白的细胞壁锚定区。含有一个来自米根霉的先导序列（rProROL）的重组脂肪酶蛋白能与 FS 蛋白或 FL 蛋白相融合，此融合蛋白在一个诱导启动子的控制下表达并分布在新构建的细胞表面。免疫荧光显微方法证实，细胞表面分布有 FSProROL 和 FLProROL 融合蛋白，细胞表面的脂肪酶活性达 61.3IU/g(细胞干重)。用这种细胞作为全细胞生物催化剂,能成功地催化从甘油三酯和甲醇生产脂肪酸甲酯,反应 72 小时,产率达到 78.3%。这是细胞表面分布高活性脂肪酶的第一个例子,而且分布有 FLProROL 蛋白的酵母细胞表现出很强的絮凝性。因此,以 FL 蛋白为基础的细胞表面分布系统赋予酵母菌株新型的酶分布方式和强的絮凝能力,并有着广泛的应用前景。

在生物柴油的工业化生产中,使用全细胞生物催化剂更有前途,而且通过基因工程技术还能进一步提高脂肪酶的使用效率,例如提高脂肪酶的表达水平或对甲醇的耐受性等。因此,全细胞生物催化剂在工业生产中的应用潜力巨大。为进一步提高全细胞生物催化剂的催化效率应加强该细胞的培养、预处理和应用基因过程的研究,力争早日将其用于工业化应用。

(四)二代生物柴油合成工艺技术

二代生物柴油不含氧和硫,具有较低的密度及黏度,并具有高的十六烷值和更低的浊点,同样质量单位的发热值更高。

二代生物柴油利用催化加氢技术对动植物油脂进行加氢处理,从而得到类似柴油组分的烷烃,其制备过程包含了多种化学反应,主要有动植物油中不饱和脂肪酸的加氢饱和、加氢脱氧、加氢脱羧基、加氢脱羰基反应,还有临氢异构化反应等。动植物油脂的主要成分是脂肪酸三甘酯,其中脂肪酸链长度一般为 C12 – 24,以 C16 和 C18 居多。油脂中典型的脂肪酸包括饱和酸、一元不饱和酸及多元不饱和酸,其不饱和程度随油脂种类不同而有很大差别。在催化加氢条件下,甘油三酯将首先发生不饱和酸的加氢饱和反应,并进一步裂化生成包括二甘酯、单甘酯及羧酸在内的中间产物,经加氢脱羧基、加氢脱羰基及加氢脱氧反应后,生成正构烷烃反应的最终产物主要是 C12 – 24 正构烷烃,副产物包括丙烷、水和少量的 CO、CO,其主要的反应式如下所示:

$$\underset{\underset{H}{|}}{\overset{\overset{O}{\|}}{RCOCH_2R'}} + H_2 \longrightarrow \underset{\underset{H}{|}}{\overset{\overset{OH}{|}}{RCOCH_2R'}} \overset{H_2}{\longrightarrow} \overset{\overset{OH}{|}}{RCH_2} + R'CH_2OH \qquad (1)$$

油脂加氢制备的生物柴油的十六烷值可达 90 ~ 100,无硫和氧,不含芳烃,可作为高十六烷值组分与石化柴油以任何比例调和使用。但是由于正构烷烃的熔点较高,使得所制备的生物柴油的浊点偏高,低温流动性差,可以通过临氢异构化反应将部分或全部正构烷烃转化为异构烷烃,从而提高其低温使用性能。

二代生物柴油的生产工艺是基于催化加氢的基础上发展起来的,目前第二代生物柴油的生产工艺主要有加氢直接脱氧、加氢脱氧异构和柴油掺炼 3 种工艺。其反应条件及技术特点如表6-3 所示。

由表6-3 可以看出,3 种生产工艺中尤以加氢脱氧再临氢异构工艺在技术和生产成本上最为优化。此工艺生产的生物柴油具有高的十六烷值,与石化柴油相近的黏度和发热值,较低的浊点,可以在高纬度地区使用,并且可以大大减少发动机的结垢,使噪音明显下降,且氮氧化合物及颗粒物的排放量也显著降低,是一种理想的石化柴油替代燃料。

表6-3 二代柴油工艺条件

工艺	反应温度（℃）	反应压力（MPa）	空速（h^{-1}）	催化剂	技术特点
加氢直接脱氧	240~450	4~15	0.5~5.0	Co-Mo Ni-Mo	高温高压下油脂的深度加氢过程，羧基中的氧原子和氢结合成水分子，而自身还原成烃。此项工艺简单，同时产物具有高的十六烷值，但得到的柴油组分中主要是长链的正构烷烃，使得产品的浊点较高，低温流动性差，在高纬度地区受到抑制，一般只能作为高十六烷值柴油添加组分
加氢脱氧异构	300~400	2~10	0.5~5.0	Co、Mo、Ni、Pt、分子筛	该工艺包括2个阶段：第1阶段为加氢脱氧阶段，与直接加氢脱氧的条件相近；第2阶段为临氢异构阶段，即将第一阶段得到的正构烷烃进行异构化。异构化的产品具有较低的密度和黏度，发热值更高，不含多环芳烃和硫，具有高的十六烷值和良好的低温流动性，可以在低温环境中与石化柴油以任意比例进行调配，使用范围得到进一步拓宽
柴油掺炼	340~380	5~8	0.5~2.0	Ni-Mo/Al_2O_3 Co-Mo/Al_2O_3	掺炼动植物油脂，改善了产品的十六烷值，节省油脂加氢装置的投资，简单而又经济。但由于油脂加氢是强放热反应，以及加氢脱氧反应与石化柴油的加氢脱硫反应存在竞争因素，这些可能会影响加氢装置对石化柴油的脱硫精制效果，增加工艺装置操作难度和生产成本

随着全球对生物柴油的需求量逐年增大，近年来二代生物柴油发展迅速。据 Global Data 发布的全球生物柴油市场报告，全球生物柴油生产量从 2001 年的 9.59 亿 L 增长到 2009 年的 157.60 亿 L，年均增长率为 41.9%。全球领先的生物柴油生产商芬兰耐斯特石油公司（Neste Oil）近日表示，2020 年全球可再生生物柴油年需求量将从当前的 1000 万 t 大幅增加至 3500 万 t。当前耐斯特石油公司在芬兰波尔沃已经拥有 2 套生物柴油装置，合计产能为 38 万 t/年。此外，该公司还投资了 5.5 亿欧元在新加坡新建 1 套 80 万 t/年的可再生生物柴油装置，同时还投资 6.7 亿欧元在荷兰鹿特丹新建了 1 套 80 万 t/年的可再生生物柴油装置。

四、生物柴油产品质量

随着经济的发展和人们消费水平的提高，产品标准已成为用户、销售者鉴别产品质量和政府进行项目采购的依据。制订生物柴油标准是加快生物柴油产业发展的基本保障。生产生物柴油的原料和工艺有很多种。由于原料油脂品种不同，其脂肪酸成分和含量不同，因而会造成生物柴油质量上的差异，例如酸值、冷凝点、低温流动性、十六烷值以及抗氧化性等方面的差异；生产方法、提纯步骤不同也同样会造成其质量上的差异，如后续处理不够充分、高甲醇含量将引起生物柴油闪点降低、高水分含量将导致储存过程中酸值的增加等。为了规范生物柴油生产工艺、保障生物柴油产品质量、保护消费者利益和规范市场，积极促进生物柴油产业健康发展，生物柴油标准的制订是非常必要、迫切的。

生物柴油标准是一个系统工程，不仅包括生物柴油的质量标准，而且还包括不同产品的混配标准、原料储存标准、生物柴油加工设备规范等一系列标准。只有相关标准出台实施后，才能根据生物柴油产量、市场销售情况、汽车业反映等因素，考虑制订更细化的标准，才有可能实现我国生物柴油发展的路线图——近期利用废油、中期开发油料植物、远期发展工程藻类等。

（一）国内生物柴油标准

生物柴油质量标准评价指标包括酸值、密度、硫含量、十六烷值、动力黏度、闪点、灰分、冷滤点、残炭、水分、机械杂质、甘油含量、氧化安定性等。其中密度、含硫量、十六烷值、闪点及冷滤点等也是石化柴油需测量的一般性指标，而甘油含量、甲醇含量及磷含量则是一类特殊的可以描述生物柴油化学组分及脂肪酸酯纯度的指标。

1. 酸值

油品酸值增高会导致油品安定性降低，油中游离脂肪酸形成脂肪酸皂类物质能够促使油质乳化，破坏油品性能，影响设备的安全运行。并且燃油酸值过高会导致燃料油导电性增加，降低油品的绝缘性能，引起伺服阀腐蚀，威胁机组的安全运行。目前我国对生物柴油酸值规定其值为不大于 0.80mg KOH/g。

2. 质量密度

油品密度的大小对燃料喷嘴的射程和油品雾化质量有很大的影响。燃油密度和黏度的变化会导致发动机功率的变化，最终导致燃油消耗和发动机排放物也发生变化。降低油品的密度可降低 HC、NO_x 和颗粒物的排放。生物柴油密度比石化柴油稍大，欧盟标准规定生物柴油密度在 0.86~0.90g/cm^3。

3. 运动黏度

生物柴油分子较大（约为石化柴油的 4 倍）、黏度较高（约为石化柴油的 12 倍），表现为其冷滤点比矿物柴油有所升高，作为燃料使用时喷射效果不佳。同时因为雾化质量不高，油束在燃烧室内分布不均匀，导致燃烧不完全，耗油量增加，碳烟排放增加。残留甘油和甘油酯也会大大增加生物柴油的黏度，它们的含量主要取决于酯交换的工艺过程。提高生物柴油的应用程度，应尽量降低生物柴油的黏度。欧洲标准规定其值为 3.5~5.0mm^2/s（40℃）。

4. 硫含量

油品的腐蚀性主要与其含硫量有关。油品中的含硫化合物对发动机的寿命影响很大，其中的活性含硫化合物（如硫醇等）对金属有直接腐蚀作用，而且硫燃烧后形成 SO_2、SO 等硫氧化物，这些硫氧化物不仅会严重腐蚀高温区的零部件，而且还会与汽缸壁上的润滑油起反应，加速漆膜和积炭的形成。同时，硫或硫化物还存在使油品发生恶臭、着色、造成环境污染等危害。生物柴油一个主要的优点就是硫含量低，欧洲标准要求硫含量不大于 0.001%，美国 D6751-02 要求硫含量不大于 0.05%，D6751-03 要求硫含量不大于 0.0015%，这远远低于我国轻柴油国家标准 GB252—2000 的要求（硫含量不大于 0.2%）。

5. 十六烷值

十六烷值是衡量柴油点火性能、影响柴油燃烧特性的参数。十六烷值低，则燃料点火困难，滞燃期长，发动机工况粗暴；十六烷值高，则可以保证油品均匀燃烧，热功率高，耗油量少，发动机工作平稳。十六烷值又是关系到节能的一个指标，十六烷值低的燃油在燃烧过程中所发出的热量不均匀，增加了燃料的消耗；十六烷值高的燃油，燃烧均匀，热功率高，可降低燃料消耗。碳链长度的增加有助于十六烷值的提升，而不饱和双键数目的增加则会使十六烷值有所下降。通常来说，长链分枝的饱和碳氢化合物的十六烷值较高，而分枝不饱和碳氢化合物的十六烷值则较低。构成生物柴油的脂肪酸甲酯的碳链长度多为14～20个碳，不饱和双键多为2个。所有形式的生物柴油的十六烷值都较传统的石化柴油偏高。除少数国家没有明确规定生物柴油的十六烷值外，大部分国家标准规定大于45。

6. 闪点

闪点不仅是衡量生物柴油在储存、运输和使用过程中安全程度的重要指标，还是表示其蒸发性的一项指标。油品中馏分越轻，蒸发性越大，其闪点就越低；反之，若馏分越重，蒸发性越小，其闪点就越高。因此，生物柴油标准对闪点的限定在一定意义上来说是用来限制生物柴油中残留的甲醇的含量。生物柴油分子碳链的平均长度较矿物柴油分子长，比原植物油分子长度小，所以生物柴油的闪点比矿物柴油高（高甲醇含量的生物柴油除外），几乎所有国家生物柴油标准规定其闪点在100℃以上。由此可见，生物柴油不易发生爆炸，还具有较高的抗震性，与常用的0#柴油相比，生物柴油在储存、运输及使用时有着良好的安全性。

7. 低温流动性

燃油的低温流动性与柴油发动机燃料供给系统在低温下能否正常供油密切相关。生物柴油低温流动性能如倾点、凝点、冷滤点是其质量的重要指标。生物柴油低温流动性较石化柴油差，这在很大程度上限制了纯生物柴油在低温天气下的使用。如何改善生物柴油的低温流动性是生物柴油作为石化柴油替代品一个急需解决的问题。纯植物油生物柴油的低温流动性能主要与生物柴油中的饱和脂肪酸甲酯的含量和分布有关。饱和脂肪酸甲酯的含量越高，饱和脂肪酸甲酯中的长链脂肪酸甲酯含量越多，该生物柴油的低温性能越差，因此制备生物柴油时应该防止原料中含有过高的饱和脂肪酸。此外，还可以通过生物柴油与石化柴油混合使用、加入添加剂的方法来改善生物柴油的低温流动性能。

8. 氧化安定性

欧洲标准 DIN EN14214 要求生物柴油在加油站要保持一定的氧化安定性。据资料介绍，生物柴油比石化柴油更容易氧化，因为生物柴油中含有的双键不稳定，多个双键共轭还会有协同作用，使之更容易氧化降解。

另外，水分、甘油及甲醇含量等也是非常重要的质量评价指标，它们关系到生物柴油的燃烧性能及储存性能。水分会引起油品水解、微生物污染，是导致生物柴油储存性能下降的主要因素之一。甲醇会影响生物柴油的闪点。甘油会引起生物柴油黏度的增加，进而较大程度地影响生物柴油的雾化性能。甘油还会在生物柴油储存过程中吸收水分，致使生物柴油储存性能下降。因此，许多国家对生物柴油中甘油和甘油酯的含量有着严格的规定。

（二）国外生物柴油标准

国外生物柴油的使用基本上可以分为3种情况：一种是作为石油基柴油的润滑性添加剂使用，一般加剂量为体积比5%以下；第二种是作为石油基柴油的调和组分，一般掺入量为体积比20%～30%；第三种是以德国为代表的使用纯态的生物柴油。目前已制订生物柴油标准的国家有奥地利、捷克共和国、德国、法国、意大利、瑞典、美国等（表6-4）。

表 6-4 国外现行生物柴油生产标准

项 目	欧盟 EN14214	德国 DIN E51606	美国 ASTM 6751-02	澳大利亚 ONC1191	捷克共和国 CSN65 6507	法国 Journal official	意大利 UNI 10635	瑞典 SS 155436
生产日期	2005	1997-09	1999-07	1997-07	1998-09	1997-09	1997-04	1996-11
产品名称	FAME	FAAME	FAMAM	FAME	RME	VOME	VOME	VOME
密度(15℃) (g/cm³)	0.86~0.90	0.87~0.90	0.87~0.89	0.85~0.89	0.87~0.90	0.87~0.90	0.86~0.90	0.87~0.90
运动黏度(40℃) (mm²/s)	3.5~5.0	3.5~5.0	1.9~6.0	3.5~5.0	3.5~5.0	3.5~5.0	3.5~5.0	3.5~5.0
馏程(95%)(℃)	—	—	90% 360℃	—	—	<360	<360	—
闪点(℃)	>120	>110	>100	>100	>110	>100	>100	>100
冷滤点(℃)	各国不同	0/-10/-20	—	0/-15	-5	—	—	-5
硫含量(质量分数)(%)	<10	<0.01	<0.0015	<0.02	<0.02	—	<0.01	<0.01
焦化值(质量分数)(%)	—	<0.05	<0.05	<0.05	<0.05	—	—	—
氧化物灰分(质量分数)(%)	<0.3	—	—	—	—	—	<0.01	<0.01
硫酸盐灰分(质量分数)(%)	—	<0.03	<0.02	<0.02	<0.02	—	—	—
水分(mg/kg)	<500	<300	<500	—	<500	<200	<700	<300
机械杂质	<24	<20	—	—	<24	—	—	<20
铜片腐蚀(50℃,3h)(级)	1	1	3	—	1	—	—	—
十六烷值	>51	>49	>45	>49	>48	>49	—	>48
酸值(mgKOH/g)	<0.5	<0.5	<0.8	<0.5	<0.5	<0.5	<0.5	<0.6
甲醇含量(%)	<0.2	<0.3	—	<0.2	—	<0.1	<0.2	<0.2
甲酯含量(%)	>96.5	—	—	—	—	>96.5	>98.0	>98.0
单甘脂(%)	<0.8	<0.8	—	—	—	<0.8	<0.8	<0.8
二甘酯(%)	<0.2	<0.4	—	—	—	<0.2	<0.2	<0.1
三甘酯(%)	<0.2	<0.4	—	—	—	<0.2	<0.1	<0.1
游离甘油含量(质量分数)(%)	<0.02	<0.02	<0.02	<0.02	<0.02	<0.02	<0.05	<0.02
总甘油含量(质量分数)(%)	<0.25	<0.25	<0.24	<0.24	<0.24	<0.25	—	—
碘值	<120	<115	—	<120	—	<115	—	<125
磷含量(mg/kg)	<12	<10	<10	<20	<20	<10	<10	<10
碱含量(Na+K)(mg/kg)	<10	<5	—	—	<10	<5	—	<10

（1）奥地利是世界上第一个制定生物柴油标准的国家。在 1973 年能源危机后，出于对能源安全性的考虑，奥地利政府开始了从农业产品中寻找燃料替代品的工作。1980 年开始进行油菜籽油甲酯作为柴油替代品的研究工作，并于 1991 年颁布了世界上第一个油菜籽油酸甲酯（RME）的标准（ONC1190）。经过几年的使用和修改后，于 1997 年颁布了现行的脂肪酸甲酯（FAME）标准（ONC1191）。从两个标准的性能指标上看，由于 ONC1191 标准所规定的产品为脂肪酸甲酯，为此在密度指标上比 ONC1191 放宽，同时在十六烷值上略有提高，并且增加了碘值的控制指标。1999 年 12 月，奥地利又颁布了 ONC1191 的修改单，主要修改点如下：硫含量≤0.003mg/kg；碘值≤115gI/100g；水含量≤300mg/kg；总污染物≤20mg/kg。在使用方面，奥地利政府规定在石油基柴油中脂肪酸甲酯的掺入量为 2%~3%。目前，奥地利共有 3 套生产生物柴油的生产装置，总的生产能力可以达到 55 万 t/年。

（2）捷克共和国于 1990 年开始生物柴油的研究工作，并在拖拉机上进行了长时间的相关研究试验。1998 年，颁布了以油菜籽为原料生产油菜籽油酸甲酯（RME）的生物柴油标准，即 CSN 656507。目前，捷克共和国共有 176 个加油站销售生物柴油，使用的是 B30 生物柴油（即生物柴油与石油基柴油的比例为 3:7）。

（3）德国是目前全球范围内生物柴油消耗量最大的国家。根据资料统计，德国生物柴油的生产能力已经达到 100 万 t/年，其生物柴油的使用量占石油基柴油市场的 3% 左右。占整个欧洲消费量的 46%。在使用方式上，德国主要以纯态生物柴油 B100 作为车用燃料。目前，德国已经建立了 1000 余个生物柴油加油站，其中 40% 的生物柴油的销售通过加油站来实现，而剩余的 60% 则是通过集中供应完成的。1994 年，为了控制生物柴油的质量水平，德国推出了以油菜籽为原料生产生物柴油 RME 的标准，即 DINV51606。而后又经过几年的使用和修订，德国于 1997 年 9 月推出了原料范围使用较宽的生物柴油（FAME）标准，即 DINE51606。从两个生物柴油标准的指标来看，后者将产品的闪点由原来的"不小于 100℃"修改为"不小于 110℃"，同时严格了产品的灰分含量，并增加了对产品中碱金属含量的控制；同时考虑到生产原料的扩大。对某些相关的性能指标也进行了必要的调整。

（4）法国使用生物柴油始于 20 世纪 90 年代初期，目前已经成为欧洲生物燃料（生物乙醇和生物柴油）使用量最大的国家。法国拥有世界上生产能力最大的生物柴油加工装置，其生产能力为 44 万 t/年。2001 年法国生物柴油的消费量为 31 万 t，占整个欧洲市场的 40% 左右，生物乙醇则占到欧洲市场的 42%。在法国，大部分生物柴油直接供给炼油厂，以 5% 的调和比例加到石油基柴油中进入市场。同时在排放控制严格的地区，B30 生物柴油也可作为公共交通燃料。1990 年，法国标准研究机构开始生物柴油技术规范的研究工作。1993 年 12 月 31 日，法国以官方文件的形式颁布了生物柴油技术规范（Journal Official），后又经修订，现行的有效官方文件是 1997 年发布的。

（5）意大利在欧洲生物柴油的产量仅次于德国和法国，占第三位。1995 年意大利开始进行工业化规模的生物柴油生产，目前生产能力已达 35 万 t/年。意大利的生物柴油主要用于柴油车辆和农业机械方面，基本上使用纯态生物柴油作为车用燃料。目前意大利执行的生物柴油标准是 1997 年颁布的 UNI 10635，该标准所规定的产品是以蔬菜籽为原料生产蔬菜油酸甲酯 VOME 生物柴油。

（6）瑞典 1997 年生物柴油的生产量为 8000t/年，计划发展到 18000t/年。在免税方面，瑞典到 2001 年有 30000t 的全额免税配额。80% 的生物柴油产品作为纯燃料，15% 的生物柴油产品以 2% 的加剂量作为柴油的润滑添加剂使用。瑞典采用的生物柴油标准是 SS 155436。

（7）在美国生物柴油作为一种替代燃料已经被美国能源发展委员会（DOP）、美国环境保护委员会（EPA）和美国试验与材料协会（ASTM）等三大机构认可。目前，美国共拥有 4 套以大豆为主要原料生产生物柴油的工业化生产装置，总生产能力可达 30 万 t/年；已有 40 个州的众多城市使用生物柴油。预计到 2010 年，美国生物柴油产量可提高到 120 万 t。在使用方式上美国与欧洲国家不同，主要是以 B20 调和燃料为主（即 20% 生物柴油与 80% 石油基柴油调和）应用于环保要求高的城市的公共交通、政府车队、海上娱乐船和地下采矿业等方面。在标准制订方面，1994 年 6 月 ASTM 的 E 委员会、D2 委员会联合成立工作组，研究生物柴油标准，并于 1999 年发布了 PS 121 - 99 标准。经过几年的试用，ASTM 又于 2001 年 12 月发布了新的生物柴油正式标准 ASTM D6751 - 02，以替代 PS 121 - 99。该标准规定了用于调配 B20 柴油的 B100 生物柴油的标准；2003 年，美国将 ASTM D6751 - 02 标准修订为 ASTM D6751 - 03 标准，主要变动是依据产品硫含量的不同，将生物柴油分为 S15 和 S500 产品牌号。

（8）伴随着欧洲的一体化进程，欧盟为了规范整个欧洲生物柴油的生产和市场，在 2000 年颁布了 EN PR14214 标准。在总体上，欧洲国家的生物柴油标准要严于美国标准，其主要技术指标的确定与各国生物柴油的使用方式密切相关，同时又与其所使用的生产原材料有关。为此应根据中国目前生物柴油的生产和使用情况，制订适宜的控制生物柴油的技术要求才能达到有效管理和合理使用的目的。

（三）国内生物柴油调和燃料标准

世界上许多国家和地区都先后制定和实行了生物柴油调和燃料标准，我国已于 2007 年实施了首个生物柴油国家标准 GB/T 20828-2007《柴油机燃料调和用生物柴油（BD100）》（表 6-5），这是作为调和组分的生物柴油的标准，并不能直接作为燃料使用。满足该标准的生物柴油与矿物柴油调和后才能作为替代柴油用的柴油机燃料，而调和后的产品尚未制定国家标准。因此，为促进我国生物柴油技术的推广应用，必须制定生物柴油与矿物柴油调和燃料的国家标准。在此背景下，根据国家标准化管理委员会项目"含 5% 生物柴油的柴油机调和燃料（B5）国家标准的制定"（编号 20074542-T-469）要求，由石油化工科学研究院负责起草生物柴油国家标准。2007 年年底，石油化工科学研究院在中粮集团有限公司协助下完成征求意见稿，2008 年 3 月完成送审稿，2009 年 3 月在北京通过了全国石油产品和润滑剂标准化技术委员会石油燃料和润滑剂分技术委员会（SAC/WC280/SC1）的会议审查。标准名称改为《生物柴油调和燃料（B5）》，2010 年 9 月以标准号 GB/T 25199—2010 发布。

GB/T25199—2010《生物柴油调和燃料（B5）国家标准》不仅涉及技术、原料、现状等条件，而且要考虑到国际国内柴油发动机的应用和变化，以及我国国情等因素，因此，我国的 B5 标准出台是平衡多方面因素后的一个结果（表 6-6、表 6-7）。

表 6-5　柴油机燃料调和用生物柴油（BD100）

项　目		质量指标		试验方法
		S500	S50	
密度(20℃)(kg/m³)		820 ~ 900		GB/T2540[a]
运动黏度(40℃)(mm²/s)		1.9 ~ 6.0		GB/T 265
闪点(闭口)(℃)	不低于	130		GB/T 261
冷滤点(℃)		报告		SH/T 0248
硫含量(质量分数)(%)	不大于	0.05	0.005	SH/T 0689[b]
10%蒸余物残炭(质量分数)(%)	不大于	0.3		GB/T17144[c]
硫酸盐灰分(质量分数)(%)	不大于	0.020		GB/T 2433
水含量(质量分数)(%)	不大于	0.05		SH/T 0246
机械杂质		无		GB/T 511[d]
铜片腐蚀(50℃，3h)/级	不大于	1		GB/T 5096
十六烷值	不小于	49		GB/T 386
氧化安定性(110℃)(h)	不小于	6.0e		EN 14112
酸值(mg KOH/g)	不大于	0.80		GB/T 264[f]
游离甘油含量(质量分数)(%)	不大于	0.020		ASTM D 6584
总甘油含量(质量分数)(%)	不大于	0.240		ASTM D 6584
90%回收温度(℃)	不高于	360		GB/T 6536

注：a. 也可用 GB/T 5526、GB/T 1884、GB/T 1885 方法测定，以 GB/T 2540 仲裁。

b. 可用 GB/T 380、GB/T 11131、GB/T 11140、GB/T 12700 和 GB/T 17040 方法测定，结果有争议时，以 SH/T 0589 方法为准。

c. 可用 GB/T 268 方法测定，结果有争议时，以 GB/T 17144 仲裁。

d. 可用目测法，即将试样注入 100mL 玻璃量筒中，在室温(20℃±5℃)下观察，没有悬浮和沉降的机械杂质。结果有争议时，按 GB/T 511 测定。

e. 可加抗氧化剂。

f. 可用 GB/T 5530 方法测定，结果有争议时，以 GB/T 264 仲裁。

表 6-6　GB/T 25199-2010B5 轻柴油技术要求和试验方法

项　目		质量指标				试验方法
		10 号	5 号	0 号	-10 号	
氧化安定性，总不溶物(mg/100mL)	不大于	2.5				SH/T 0175
硫含量(质量分数)(%)	不大于	0.15				GB/T380[a]
酸值(mgKOH/g)	不大于	0.09				GB/T 7304[b]
10%蒸余物残炭[c](质量分数)(%)	不大于	0.3				GB/T 17144
灰分(质量分数)(%)	不大于	0.01				GB/T 508
铜片腐蚀(50℃，3h)(级)	不大于	1				GB/T 5096
水含量(质量分数)(%)	不大于	0.035				SH/T 0246
机械杂质		无				GB/T 511[d]
运动黏度(20℃)(mm²/s)		3.0 ~ 8.0				GB/T 265

（续）

项目		质量指标				试验方法
		10 号	5 号	0 号	−10 号	
闪点（闭口）（℃）	不低于	55				GB/T 261
冷滤点（℃）	不高于	12	8	4	−5	SH/T 0248
凝点（℃）	不高于	10	5	0	−10	GB/T 510
十六烷值	不小于		45[e]			GB/T 386
密度（20℃）（kg/m³）			报告			GB/T 1884 GB/T1885[f]
馏程：						
50% 回收温度（℃）	不高于		300			GB/T 6536
90% 回收温度（℃）	不高于		355			
95% 回收温度（℃）	不高于		365			
生物柴油（脂肪酸甲酯，FAME）含量（体积分数）（%）			2 ~ 5			GB/T23801[g]

注：a. 可用 GB/T 11140、GB/T 17040、SH/T 0253 和 SH/T 0689 方法测定，结果有争议时，以 GB/T 380 方法为准。

b. 可用 GB/T 264 方法测定，结果有争议时，以 GB/T 7304 方法为准。

c. 若柴油中含有硝酸酯型十六烷值改进剂，10% 蒸余物残炭的测定，应用不加硝酸酯的基础燃料进行。柴油中是否含有硝酸酯型十六烷值改进剂的检验方法见附录 A。可用 GB/T 268 方法测定，结果有争议时，以 GB/T 17144 方法为准。

d. 可用目测法，即将试样注入 100mL 玻璃量筒中，在室温（20℃ ±5℃）下观察，没有悬浮和沉降的机械杂质。结果有争议时，按 GB/T 511 测定。

e. 由中间基或环烷基原油生产的石油柴油调和的 B5 轻柴油十六烷值允许不小于 40（有特殊要求时，由供需双方确定）。

f. 可用 SH/T 5530、GB/T 2540 方法测定，结果有争议时，以 GB/T 1884 和 GB/T 1885 方法为准。

g. 可用 ASTM D7371 方法测定，结果有争议时，以 GB/T 23801 方法为准。

表 6-7 GB/T 25199-2010B5 车用柴油技术要求和试验方法

项目		质量指标			试验方法
		5 号	0 号	−10 号	
氧化安定性，总不溶物（mg/100mL）	不大于		2.5		SH/T 0175
硫含量（质量分数）（%）	不大于		0.035		GB/T0689[a]
酸值（mgKOH/g）	不大于		0.09		GB/T 7304[b]
10% 蒸余物残炭[c]（质量分数）（%）	不大于		0.3		GB/T 17144
灰分（质量分数）（%）	不大于		0.01		GB/T 508
铜片腐蚀（50℃，3h）（级）	不大于		1		GB/T 5096
水含量（质量分数）（%）	不大于		0.035		SH/T 0246
机械杂质			无		GB/T 511[d]
运动黏度（20℃）（mm²/s）			3.0 ~ 8.0		GB/T 265
闪点（闭口）（℃）	不低于		55		GB/T 261
冷滤点（℃）	不高于	8	4	−5	SH/T 0248
凝点（℃）	不高于	5	0	−10	GB/T 510

（续）

项　目		质量指标			试验方法
		5 号	0 号	-10 号	
十六烷值	不小于		49		GB/T 386
密度(20℃)(kg/m^3)			801～850		GB/T 1884 GB/T 1885[e]
馏程：					
50% 回收温度(℃)	不高于		300		GB/T 6536
90% 回收温度(℃)	不高于		355		
95% 回收温度(℃)	不高于		365		
润滑性(HFRR)，磨痕直径(60℃)(μm)	不大于		460		SH/T 0765
生物柴油(脂肪酸甲酯，FAME)含量(体积分数)(%)			2～5		GB/T23801[f]
多环芳烃(质量分数)(%)	不大于		11		SH/T0606[g]

注：a. 可用 GB/T 380、GB/T 11140、GB/T 17040 和 SH/T 0253 方法测定，结果有争议时，以 GB/T 0689 方法为准。

b. 可用 GB/T 264 方法测定，结果有争议时，以 GB/T 7304 方法为准。

c. 若柴油中含有硝酸酯型十六烷值改进剂，10% 蒸余物残炭的测定，应用不加硝酸酯的基础燃料进行。柴油中是否含有硝酸酯型十六烷值改进剂的检验方法见附录 A。可用 GB/T 268 方法测定，结果有争议时，以 GB/T 17144 方法为准。

d. 可用目测法，即将试样注入 100mL 玻璃量筒中，在室温(20℃ ±5℃)下观察，没有悬浮和沉降的机械杂质。结果有争议时，按 GB/T 511 测定。

e. 可用 SH/T 0604、GB/T 2540 方法测定，结果有争议时，以 GB/T 1884 和 GB/T 1885 方法为准。

f. 可用 ASTM D7371 方法测定，结果有争议时，以 GB/T 23801 方法为准。

g. 可用 SH/T 0806 方法测定，结果有争议时，以 SH/T 0606 方法为准。

生物柴油的氧化安定性与普通石化柴油相比要差很多，其酸值及吸水性也比石油柴油大，由此会造成柴油发动机和车辆一系列问题，如喷嘴结焦和堵塞、清净性变差、氧化产物堵塞滤网、金属腐蚀和橡胶材料溶胀变形、润滑油的换油周期缩短等。此外，还应考虑我国生物柴油的生产现状，由于国情所限，我国不可能利用如欧美使用的植物油为原料来生产生物柴油，而只能以非食用油脂或酸化油地沟油生产生物柴油。因此，生物柴油在我国的应用也应当首先以小比例掺入进行试点，合适的时机再向大比例推广，制定生物柴油调和燃料(B5)标准并试点推广生物柴油调和燃料(B5)具有现实意义。为避免上述的生物柴油对发动机的不利影响，必须规定调和的前提是纯生物柴油(BD100)要满足国家标准 GB/T20828-2007 的要求，调和后的产品必须满足生物柴油调和燃料(B5)标准的要求。

1. 类别和牌号的划分

《生物柴油调和燃料(B5)》按用途分为 B5 轻柴油和 B5 车用柴油两个类别。B5 轻柴油是 2%～5%（体积分数）生物柴油(BD100）与 95%～98%（体积分数）石油柴油的调和燃料，适用于 GB 252 所适用的压燃式发动机；B5 车用柴油是 2%～5%（体积分数）生物柴油(BD100)与 95%～98%（体积分数）石油柴油的调和燃料，适用于 GB 19147 所适用的压燃式发动机。根据我国柴油标准的习惯和实际应用的情况，牌号的划分与轻柴油以及车用柴油相同，但考虑到我国生物柴油的实际低温流动性能，取消了产量少、较难调和的 -20 号、-35 号和 -50 号柴油指标。另外，根据目前国内柴油的生产和销售情况，B5 车用柴油也取消了产量极少的 10 号及其技术要求。B5 轻柴油质量要求增加的指标只有生物柴油含量，变化的指标有硫含量从 0.2 降低到 0.15；酸度指标改为酸值指标，其限值范围大致相同，用"水含量"指标代替"水分"指标。B5 车用柴油质量要求增加的指标只有生物柴油含量和酸值指标，变化的指标是用"水含量"指标代替"水分"指标。从牌号范围来说，B5 车用柴油也没有 20 号、-35 号和 -50 号柴油规格。

2. 氧化安定性

氧化安定性是生物柴油质量的一个重要指标，氧化安定性差的生物柴油易生成如下氧化产物：①不溶性聚合物（胶质和油泥），这会造成发动机滤网堵塞和喷射泵结焦，并导致排烟增大、启动困难；②可溶性聚合物，其可在发动机中形成树脂状物质，可能会导致熄火和启动困难；③老化酸，这会造成发动机金属部件腐蚀；④过氧化物，这会造成橡胶部件的老化变脆而导致燃料泄漏等。生物柴油的氧化安定性比石油柴油差，正因如此，汽车业界对大比例生物柴油调和燃料还有顾虑。生物柴油（BD100）氧化安定性的评价方法目前全球普遍认可的是欧盟方法 EN 14112：2003 – 脂肪酸甲酯氧化安定性测定法（加速氧化法），一般规定生物柴油在 110℃ 下的诱导期不低于 6h，而对于生物柴油调和燃料（B5）用该方法分析则不能得到试验结果或者结果重复性差。对该方法修订以评价生物柴油调和燃料 B5 氧化安定性的方法为 EN 15751：2008。欧盟车用柴油标准 EN 590：2009 已经要求氧化安定性用 EN 15751：2008 测得的诱导期不低于 20h。目前全球范围内普遍认可的方法还是测定石油柴油氧化安定性的方法，即馏分燃料氧化安定性的测定（加速氧化法）。我国的方法号为 SH/T 0175，美国的方法号为 ASTM D2274，国际标准化组织的方法号为 ISO 12205。石油柴油总不溶物数值大，则生物柴油调和燃料（B5）结果也大；由地沟油、酸化油等氧化安定性差原料生产的生物柴油调和的 B5 的总不溶物数值要大于其他植物油为原料生物柴油调和的 B5。因此，用 SH/T 0175 方法可以区分出生物柴油调和燃料（B5）氧化安定性的优劣。参照国际上对生物柴油调和燃料氧化安定性的规格要求以及我国柴油标准的现状，GB/T 25199—2010 规定生物柴油调和燃料（B5）氧化安定性总不溶物为不大于 2.5mg/100mL。日本经济产业省认为用 ASTM D 2274 方法测定 B5 总不溶物来评价氧化安定性太粗略，即满足总不溶物不大于 2.5mg/100mL 的 B5 调和燃料氧化安定性还会导致一系列问题，建议采用测 B5 氧化前后酸值变化的方法，但这一建议还没有得到广泛认可，而 EN15751：2008 方法将来可能会在 B5 调和燃料中广泛应用。考虑到 EN 15751 方法比 ASTM D2274 操作简便、重复性好，将来我国生物柴油调和燃料产品标准中很可能应用此方法来测定氧化安定性。

3. 硫含量

硫含量对于发动机磨损以及尾气污染物的排放都有很大影响。清洁燃料的一个重要指标就是低硫要求。欧洲和美国目前柴油标准中对硫质量分数的要求分别为不大于 0.0010% 和不大于 0.0015，我国也将在近期对轻柴油国家标准（GB 252）和车用柴油国家标准（GB/T 19147）进行修订，主要的内容就是对硫含量更严格限值。本标准中 B5 轻柴油要求硫的质量分数不大于 0.15%，B5 车用柴油要求硫质量分数不大于 0.035%。用户可根据其柴油发动机的用途选择合适硫含量的柴油机燃料。应当指出，由于现行的轻柴油标准 GB 252—2000 要求硫质量分数不大于 0.2，要调配 B5 轻柴油需要特别注意用来调配的轻柴油的硫含量，尽量选择硫质量分数不大于 0.15 的轻柴油。硫含量的分析方法很多，例如

SH/T 0253（电量法）、SH/T 0689（紫外荧光法）、GB/T 380（燃灯法）、GB/T 11131（灯法）、GB/T 11140（X 射线光谱法）、GB/T 12700（Wickbold 燃烧法）和 GB/T 17040（能量色散 X 射线荧光光谱法）等。GB/T 380 方法测定高硫含量样品的数据与其他分析方法相差不大，而对于测定低硫含量的样品误差较大，但 GB/T 380 方法仪器价格低，国内比较普遍，且一直被用作轻柴油标准硫含量的指定仲裁方法。因此对于硫质量分数不超过 0.15 的 B5 轻柴油，推荐使用 GB/T 380 方法来仲裁；对于 B5 车用柴油，推荐以 GB/T 20828 相同的硫含量仲裁方法 SH/T 0689 来仲裁。

4. 酸值

酸值是指中和 1g 油品中的酸性物质所需要的氢氧化钾毫克数。生物柴油酸值是用来表示存在于生物柴油中的游离脂肪酸的量。高酸值的生物柴油能加剧燃料油系统的沉积并增加腐蚀的可能性，同时还会使喷油泵柱塞的磨损加剧，喷油器头部和燃烧室积炭增多，从而导致喷雾恶化以及柴油机功率降低和气缸活塞组件磨损增加。BD100 国家标准 GB/T 20828—2007 中要求生物柴油的酸值不大于 0.8mgKOH/g。石油柴油中可能含有少量的石油酸，因而也可能具有一定的酸性。我国轻柴油国家标准对酸度有要求，规定酸度不大于 7mgKOH/100mL，测定方法 GB/T 258，换算成酸值单位为 0.08 ~ 0.09mgKOH/g。酸值的测定有 2 种方法，一种是 GB/T 264 石油产品酸值测定法，另一种是 GB/T 7304 石油产品和润滑剂酸值测定法（电位滴定法）。这 2 种方法都可用于测定生物柴油调和燃料（B5）的酸值。生物柴油的酸值对生物柴油调和燃料（B5）的酸值有很大影响，酸值高的生物柴油调配的生物柴油调和燃料（B5）酸值也很大。我国目前轻柴油标准规定酸度"不大于 7mg KOH/100mL"的要求经过多年应用，证明对柴油车辆的使用未发现异常现象，但国外同类标准一般都对酸值作要求（方法为 ASTM D664），同时从分析方法的准确性上考虑，GB/T 258、GB/T264 方法都不如 GB/T 7304，因此将我国标准定为酸值不大于 0.09mg KOH/g，与酸度"不大于 7mg KOH/100mL"的要求相当，测试方法 GB/T 7304，此方法等效于 ASTM D664。GB/T 264 方法在国内比较普遍，测试成本低，可作为酸值的测定方法，但应当以 GB/T 7304 仲裁。

5. 含水量

水会导致生物柴油的氧化并与游离脂肪酸生成酸性水溶液，水本身对金属就有腐蚀。水的另一个危害就是其能促进生物柴油中微生物如酵母菌、真菌和细菌的生长，这些有机体可形成淤泥并有可能堵塞滤网。生物柴油 BD100 国家标准 GB/T 20828 要求水质量分数不大于 0.05%，测试方法 SH/T 0246［轻质石油产品中水含量测定法（电量法）］。应当指出生物柴油与石油柴油相比更容易吸水，当水含量高的生物柴油与石油柴油调和后在低温下有可能使原先溶于生物柴油中的水析出，或者使调和样品变浑。由于石油柴油容水量小，因此目前我国石油柴油标准对水的限定比较粗略，要求水分不大于痕迹，测试方法为 GB/T 260 或简单用目测。GB/T 260 方法不能很好区分出生物柴油以及调和燃料的水含量。欧洲车用柴油标准 EN590：2004（含 B5）要求水质量分数不超过 0.02。根据反馈意见以及我国气候特点，最终将水质量分数放宽到不大于 0.35%。

6. 十六烷值和十六烷值指数

十六烷值是指在规定条件下的发动机试验中，采用和被测定燃料具有相同发火滞后期的标准燃料中正十六烷的体积百分数。十六烷值可以评价燃料油的点火性能、白烟影响及燃烧强度。十六烷值规格要求取决于发动机的设计尺寸，转速、负载变化特性以及初始和大气条件。十六烷值高的燃料，自燃点低，整个燃烧过程发热均匀，可降低发动机机械负荷、防止工作粗暴的发生，同时也使油品启动性能好，发动机轴承负荷低。十六烷值的测试方法为 GB/T 386。生物柴油的十六烷值一般都高于石油柴油，生物柴油调和燃料（B5）的十六烷值与石油柴油接近。B5 轻柴油将来主要用于拖拉机、内燃机车、工程机械、船舶和发电机组等压燃式发动机，因此其十六烷值的要求相应较低；而 B5 车用柴油十六烷值要求与 GB 19147 类似，即 5 号到 -10 号生物柴油调和燃料（B5）的十六烷值不低于 49。十六烷指数计算值，如测试方法 GB/T 11139 或 SH/T 0694，不可以用来估计生物柴油的十六烷值。如果用来计算生物柴油调和燃料的十六烷指数的误差目前还不确定，B5 计算的十六烷指数不同方法有差异，而且与十六烷值测定值差别较大。因此，本标准暂不将十六烷指数以及计算方法列入。待数据积累后，或者这些计算方法标准对生物柴油作相应修订后，再考虑将十六烷指数列入标准。

7. 生物柴油脂肪酸甲酯含量

由于生物柴油的主要组分是脂肪酸甲酯（FAME），且用于调和满足本标准要求的纯生物柴油（BD100）必须满足标准 GB/T 20828 要求，同时，通过红外方法来定量测定的也主要是甲酯的含量，因此本指标设定的名称为"生物柴油（脂肪酸甲酯）含量"。该指标的设定是为了规范生物柴油的调和以及调配的比例。生物柴油调和燃料中脂肪酸甲酯含量的测定方法目前全球普遍认可的是欧盟方法 EN 14078：2003。中国石化股份公司石油化工科学研究院也起草了基于此方法的国家标准 GB 23801-2009。另一种方法是 ASTM D 7371，这是一种红外光谱法。

（四）国外生物柴油调和燃料标准

生物柴油的研究和应用在欧美最为活跃，欧盟生物柴油 2009 年产量 904.6 万 t，2010 年估计生产能力达到 2190.4 万 t。欧盟从 2004 年开始允许在柴油中加入生物柴油，欧盟车用柴油标准 EN 590：2004（欧Ⅳ）规定了只要满足欧盟标准 EN 14214：2003 要求的生物柴油就可在车用柴油中加入，但体积比不得超过 5%，也就是说欧盟车用柴油标准 EN590 本身就含 B5 标准。2009 年欧盟开始执行的车用柴油标准 EN 590：2009（欧Ⅴ）中对生物柴油的加入量已经提高到体积比不超过 7%（B7），生物柴油质量也要满足最新的标准 EN 14214：2008。

美国 ASTM 国际组织（ASTM International）直到 2008 年 10 月才发布含有生物柴油的柴油标准。柴油标准 ASTM D975-08a 允许柴油中可含体积分数不超过 5% 的生物柴油，新制定的含 6%～20% 生物柴油的调和燃料（B6～B20）标准为 ASTM D 7467-08a，生物柴油都要满足 ASTM D 6751-08a。

南非柴油标准 SANS 342：2006 允许含有体积分数不超过 5% 且满足标准 SANS 1935：2004 要求的生物柴油。

印度从 2005 年 4 月执行的柴油标准 IS 1460：2005（BS-Ⅱ）允许含有体积分数不超过 5% 的满足标准 IS 15607：2005 要求的生物柴油，目前执行的是 IS 1460：2005（Bs-Ⅱ）。

可见，对于生物柴油含量低的调和燃料多数国家或地区都采取将其包含于柴油标准中，而对于生物柴油含量高的调和燃料制定新标准。但也有对生物柴油含量低的调和燃料制定新标准的国家或地区。加拿大从 2005 年 4 月执行生物柴油体积分数在 1%～5% 的调和燃料标准 CAN/CGSB – 3.520 – 2005（该国柴油标准为 CAN/CGSB – 3.517）。日本从 2007 年 3 月实施生物柴油质量分数不超过 5% 的经济产业省 B5 标准。越南从 2009 年 1 月执行 B5 标准 TCVN 8064：2009，生物柴油要满足标准 TCVN7717：2007 要求。

　　国外现行的含低比例生物柴油的调和燃料标准如表 6-8 所示。

表 6-8　国外低比例生物柴油调和燃料标准情况

国家或地区	欧盟	美国	南非	印度	越南
标准编号	EN 590：2009	ASTM D 975 – 10b	SANS 342：2006	IS 1460：2005	TCVN 8046：2009
实施日期	2009-10	2010-08	2006-07	2010-04	2009-01
密度密度(15℃)(kg/m³)	820~845	—	≥800(20℃)	820~845	820~860
运动黏度(40℃)(mm²/s)	2.00~4.50	1.3~2.4	2.2~5.3	2~4.5	2~4.5
闪点(闭口)(℃)	≥55	≥38	≥55	≥35	≥55
硫含量(质量分数)(%)	≤0.0010	≤0.0015	≤0.0050	≤0.0350	≤0.050
10%蒸余物残炭(%)	≤0.30	≤0.15	≤0.20	≤0.30	≤0.30
灰分(%)	≤0.01	≤0.01	≤0.01	≤0.01	≤0.01
水含量%	≤0.02	—	≤0.05	≤0.02	≤0.02
总污染物(%)	≤0.0024	—	≤0.0024	≤0.0024	≤0.0024
铜片腐蚀(50℃，3h)(级)	≤1	≤3	≤1	≤1	≤1
冷滤点(℃)	全国自定	—	3(夏)/－4(冬)	18(夏)/6(冬)	—
倾点(℃)	全国自定			15(夏)/3(冬)	
十六烷值	≥51	≥40	≥45	≥51	≥46
十六烷值	≥46	≥40	—	≥46	≥46
氧化安定性，总不溶物(g/m³)	≤25		≤20	≤25	≤25
氧化安定性，诱导期(110℃)(h)	≥20			—	—
馏程					
250℃回收温度(%)	≤65				
350℃回收温度(%)	≥85			≥85	
90%回收温度(℃)	—	≤288	≤362	—	≤360
90%回收温度(℃)	≤360		—	≤360	
多环芳烃(%)	≤11	—	≤11	≤11	—
润滑性(HFRR)，磨痕直径(μm)	≤460	≤520	≤460	≤460	
生物柴油(脂肪酸甲酯，FAME)含量(%)	≤7	≤5	≤5	≤5	4~5

　　注：以 1 – DS15 为例。

<h1 align="center">第二节　生物润滑油</h1>

　　生物润滑油是指在使用性能满足机器工况要求的前提下，其耗损产物对生态环境不造成危害，或在一定程度上为环境所容许，具有较好的生态效应的油脂基润滑油。而生态效应包括：可生物降解性、生物积聚性、毒性和生态毒性、耗损产物、可再生性资源等。传

统的润滑油绝大多数以矿物油作为基础油，它为减少摩擦磨损、节约能源、延长机器寿命及满足苛刻工况条件下的润滑需要发挥了巨大作用。但矿物基润滑油在自然环境中可生物降解能力很差，在环境中积聚会对生态环境造成污染，因此一些发达国家已制定严格的法律来控制润滑油的排放。目前生物润滑油产品主要包括生物基础油和生物添加剂两大类。

　　开发与使用绿色润滑油最早的是一些欧洲国家，德国与英国自 20 世纪 70 年代初就开始研究开发绿色润滑油，70 年代末，在欧洲市场上就出现了绿色润滑油（即环境友好润滑剂），80 年代早期研制出了与环境兼容的舷外二冲程发动机油。1986 年，用于森林开采的可生物降解链锯油进入市场，现在年使用量已达 30000 t。1988 年，可生物降解液压油投入使用，它最初采用价廉的菜籽油作为基础油，后来逐渐被性能更佳的合成酯替代。

　　近 10 多年来，可生物降解润滑剂的发展更为迅速。到目前为止，已有大量成熟的商业化产品问世，其类型以合成酯、植物油等基础油为主，主要品种和牌号见表 6-9。我国对绿色润滑油的研究是从 20 世纪 90 年代末开始的，上海交通大学、清华大学、中国科学院兰州物理化学研究所、北京石化科学研究院、中国石油兰州润滑油研发中心、重庆后勤工程学院、南开大学等都相继开展了绿色润滑油的研究工作。湖南省林业科学院组建科研团队在蓖麻油基润滑油领域作了深入探索，采用非苯酚稀释的催化裂解新工艺制备癸二酸及其衍生物，从分子层面采用定向重组、催化转化、绿色合成等技术，研发了蓖麻油基合成高性能车用润滑油核心技术。主导产品"替代石油蓖麻基车用发动机润滑油"黏度级别达 0W/50，适合 -50～50℃大跨度温度范围，换油周期不低于 2 万 km，具有发动机冬夏季通用特点，符合美国石油协会（API）SM/CI-40W/50 高质量级别 SM 级要求。

表 6-9　国外主要润滑油公司环境友好润滑剂商品

产品	生产公司	商品牌号	主要性能
二冲程发动机油	Total	Neptunsa 2T	合成基础油
液压油	Castrol	Carelube HTG	三甘油酯基础油
		Carelube HEC	高性能酯基基础油
	Mobil	Mobil EAL224H	菜籽油基础油
	Binol	Binol Hydrap 11	部分合成液压油，含有部分添加剂
	Bechem	Hydrostar HEP	合成酯基础油
		Biostar Hydrulic	菜籽油基础油
		Hydrostar UWT	聚乙二醇基础油
	Fuchs	Plantohyd 40N	菜籽油基础油
	Total	Hydrobio 46	生物降解性大于 90%
	ICI	Emkarox HV	水/乙二醇抗燃液压液
链锯油	Fuchs	Plantotac	菜籽油基础油
	Bechem	Biolubricant 150	植物基础油
齿轮油	Castrol	Carelube GTC	三甘油酯基础油
	Bechem	Carelube GES	高性能酯基基础油
润滑脂	Bechem	Biostar LFB	优质高性能酯基润滑脂
		Biostar GR5	稠化菜籽油的复合钙基酯
		Biostar VE4 - 000	半液体润滑脂
		Biostar VR11	多功能润滑脂
		Biolubricant	含石墨
		Biolube	船用润滑脂
	Castrol	Carelube LC	锂钙复合酯
		Carelube LCM	含 MoS_2 的润滑脂

（续）

产品	生产公司	商品牌号	主要性能
金属加工液	Binol	Filium 101	削切油乳液
		Filium 102	植物油沥青乳液
		Filium201MD／HD	含 EP 的切削液
		Filium 202	纯削切油
		Filium 202E	纯植物削切油
		Filium 203	磨刀油
		Filium 205	攻丝润滑剂
		Filium 301	磨削液
		Filium 311	透明磨削液
		Filium 621	植物油微乳液
		Filium 701	可与水混溶的金属加工液，用于铝合金和不锈钢等金属
	bechem	Biostar VS 451	生物降解的多功能削切油

一、生物润滑油基础油

基础油是组成液体润滑油的主要成分，一般约占润滑油组成的95%。天然植物油、合成酯类油具有优良的生物降解性能，是基础油的首选品种。另外，合成烃、聚醇等其他一些品种也有作为环境友好润滑油的潜力。目前，国内外对环境友好型基础油的研究主要集中在合成酯、植物油和其他一些基础油如聚二醇、PAO 等，其中广泛应用的基础油主要是合成酯和植物油（表6-10）。

表6-10　各类基础油的理化性质

项　　目	矿物油	聚醚	合成酯	植物油
密度（20℃）（kg/m^3）	880	1100	930	940
黏度指数	100	100～200	120～220	100～250
剪切稳定性	好	好	好	好
倾点（℃）	－15	－40～20	－60～20	－20～10
与矿物油相溶性		不溶	好	好
水溶性	不溶	易溶	不溶	不溶
可生物降解性（%）	10～30	11～99	10～100	70～100
氧化稳定性	好	好	好	差
水稳定性	好		好	差
相对成本	1	2～4	4～20	2～3

（一）合成酯

基础油合成酯不仅具有众多矿物基础油无可比拟的环境优越性能，还能以来源广泛的可再生资源为原料制成环境兼容型润滑油（EAL）的基础油，具有很大的市场潜力。在二战期间，德国在喷气式飞机发动机上首次应用了合成酯作润滑。此后随着涡轮喷气式发动机的发展，对航空润滑油提出了耐高温、低温的苛刻要求，此时一般矿物润滑油已不能满足，从而加速了合成酯的发展。合成酯根据不同的分子结构和组成通常可分为5类：单酯、双酯、芳香酯(苯二甲酸酯和偏苯三酸酯)、多元醇酯、复合酯。

基础油合成酯主要有以下几点特性:

(1)优良的高温性能与低温性能。倾点远低于矿物油,但黏度指数高于矿物油。合成酯的物理化学性质与其结构组成有密切关系:链长增加,黏度和黏度指数增大,倾点升高;异构化侧链,黏度和黏度指数增大,倾点下降,但侧链离酯基越远,对黏度和黏度指数影响越小;双酯的黏度较小,但黏度指数较高,一般都超过120,高的可达180。双酯的倾点一般都低于−60℃,而闪点则通常超过200℃,这是同黏度矿物油很难达到的。多元醇酯的黏度较双酯大,黏度指数低于双酯,但高于同黏度的矿物油,倾点也远低于矿物油。复酯的黏度高,但倾点低,黏度指数高,一般用作调和组分,提高油品黏度。

(2)好的热氧化安定性。矿物油的热分解温度一般在260~340℃之间,双酯的热分解温度比同黏度的矿物油要高。多元醇酯的热分解温度都在310℃以上。酯类油的热安定性与酯的结构有较大关系,酯的结构不同,在高温下热分解机理不同。研究表明,支链醇和纯油酸反应制得的合成酯具有很好的性能,纯油酸的使用提高了酯类油的热氧化安定。

(3)较好的生物降解功能。合成酯的生物降解性与其化学结构有很大关系,大多数合成酯生物降解性比较好。一般情况下直连非芳烃的短链分子更容易降解,所以作为环境友好润滑油基础油的合成酯一般为双酯或多元酯。酯基(−COOR)的存在为微生物攻击酯分子提供了活化点,使得酯分子具有可生物降解性。Randles S. J. 对不同结构的酯类化合物的生物降解性进行了研究,发现支链和芳烃的引入会降低合成酯的生物降解性。不同合成酯的可生物降解性见表6-11。从表中降解率数据可以看出,最适合用作可绿色润滑剂的合成酯一般是双酯和多元醇酯。

表6-11 不同合成酯的可生物降解性

合成酯类型	生物降解性试验方法	
	OECD301B(20d)(%)	CECL-33-A-93(21d)(%)
单酯	30~90	70~100
双酯	10~80	70~100
苯二甲酸酯	5~70	40~100
偏苯三酸酯	0~40	0~70
直链多元醇酯	50~90	80~100
支链多元醇酯	0~40	0~40
复合酯	60~90	70~100

(4)较好的摩擦润滑特性。合成酯的润滑性能优于矿物油和聚α-烯烃。合成酯的分子结构中含有较高活性的酯基基团,易于吸附在金属表面形成牢固的润滑剂膜;有助于增加添加剂和油泥的溶解度,防止油泥的生成。多元醇酯的润滑性能优于双酯。在同一类型酯中,长链酯较短链酯润滑性好(表6-12)。

表 6-12　合成酯的润滑性能

名　称	四球试验			SRV 实验	
	最大无卡咬负荷 P_B(N)	烧结符合 P_D(N)	综合磨损值 ZMZ(N)	磨痕直径 d(mm)	摩擦系数
精制矿油	392	1236	182	0.54	0.135
三羟甲基丙万酯($C_7 - C_9$)	441	1372	198.9	0.42	0.07
季戊四醇酯($C_5 - C_8$)	392	1224	222.5	0.41	0.08
季戊四醇酯($C_5 - C_8$)	490	—	248.9	0.38	0.07
癸二酸二-2-乙基己酯	313.6	1234.8	227.4	0.47	0.08
新戊基二元醇双酯(C_9)	372.4	1568	309.7	0.45	0.08
二异十三醇癸二酸酯	392	1234.8	270.5	0.34	0.08
三羟甲基丙烷己二酸 C_7酸复酯	617.4	1960	360.6	0.37	0.08

（5）低的挥发性。合成酯的高温蒸发损失，低于相同黏度下的矿物基础油和聚 α - 烯烃，合成酯能在比矿物油更高的温度下工作。

（6）酯类基础油具有较低的毒性。酯类基础油对皮肤具有较低的刺激性，部分酯类油的毒性见表 6-13。

表 6-13　酯类基础油毒性

名　称	毒　性
癸二酸二乙基己酯	LD_{50} 1280mg/kg
苯二酸二乙基己酯	TDLO 143mg/kg
三羟甲基丙烷三己酯	鼠口服 56.3mL/kg 全部存活
甘油 $C_8 - C_{10}$脂肪酸酯	鼠口服 28.22mL/kg 全部存活
三羟甲基丙烷三油酸酯	鼠口服 56.3mL/kg 全部存活

　　尽管合成酯用作绿色润滑剂基础油有很多优点，但合成酯水解安定性较差，而且相对价格较高，与天然植物油相比其相对成本比较高，这在很大程度上限制了其进一步的推广使用。

（二）植物油

　　橄榄油、菜籽油、蓖麻油和棕榈油等植物油早已被人们简单用作润滑剂，但是由于这些天然油脂有氧化安定性差等缺点，导致其在使用过程中发生腐败和变质，一部分会转化成酸性物质，对金属表面造成腐蚀。19 世纪的工业革命开始，人们依赖石油基矿物油来满足对廉价、耐热、抗氧化润滑剂的需求。1920 年以来发展起来的汽车工业进一步推动了石油基润滑剂的发展。近年来，由于环保的需求，将植物油用作可生物降解润滑剂的基础油又逐渐引起人们的重视。

　　现在市场上有许多品牌的可生物降解润滑剂采用植物油作基础油。植物油用作绿色润滑剂基础油的主要特性有以下几点（表 6-14）：

　　（1）具有优良的润滑性能，黏度指数高，无毒且易生物降解（生物降解率在90%以上）。

　　（2）资源丰富且可再生，价格比合成酯低廉。

　　（3）热氧化稳定性、水解稳定性和低温流动性差，不足以使其应用于循环系统。

目前，可用作生物降解润滑剂基础油的植物油有菜籽油、葵花籽油、大豆油、棕榈油、蓖麻油、花生油等种类。菜籽油、葵花籽油在欧洲应用最多，这主要是因为其热氧化稳定性在某些应用领域是可以接受的，且其流动性能优于其他植物油。植物油的主要成分是三脂肪酸甘油酯。

三脂肪酸甘油酯

构成植物油分子的脂肪酸有油酸、亚油酸、亚麻酸、棕榈酸、硬脂酸以及羟基脂肪酸如蓖麻酸、芥酸等，而且不饱和酸含量越高，其低温流动性就越好，但氧化安定性就越差。一般在植物油中，含有大量的 C＝C 不饱和键(碘值一般在 100 以上)，所以在植物油分子中存在大量活泼的烯丙基位，而氧化的机理一般是自由基反应机理，这正是其氧化安定性差的主要原因。尤其是含二个和三个双键的亚油酸和亚麻酸的成分，在氧化初期就被迅速氧化，同时对以后的氧化反应起到一个引发作用(表 6-14)。

表 6-14　不同植物油的部分理化性质

植物油	运动黏度(mm²/s)		黏度指数	碘值 (gI/100g)	皂化值(mg KOH/g)	凝点 (℃)
	40℃	100℃				
大豆油	27.5	6	75	123~142	188~195	-18~-15
菜籽油	35	8	210	94~120	168~182	-12~-10
棉籽油	24	—	—	99~123	189~198	5
葵花籽油	28	7	188	110~143	188~194	-18~-16
花生油	10	—	—	80~106	187~196	0~3
蓖麻油	232	17	72	82~86	176~187	18

1. 棕榈油

棕榈油是从棕榈果的果肉中提取出来的，盛产于热带非洲、东南亚、南美洲等地区。我国海南也有少量的生产。棕榈油常温下是半固体状态。棕榈油中含有 500~700mg/kg 的类胡萝卜素，类胡萝卜素本身具有抗氧化作用，但其氧化物却具有促进油脂氧化的作用，所以毛棕榈油氧化稳定性能较差。经过精制处理出去胡萝卜素，使棕榈油的稳定性有了显著提高。

表 6-15　棕榈油脂肪酸组成

脂肪酸	含量(%)	脂肪酸	含量(%)
月桂酸	0.1~1.0	油酸	37.3~40.8
十四碳烷酸	0.9~1.5	亚油酸	9.1~11.0
棕榈酸	41.8~46.8	亚麻酸	0~0.6
棕榈油酸	0.1~0.3	花生酸	0.2~0.7
硬脂酸	4.2~5.1		

棕榈油脂肪酸变化范围很小，其棕榈酸和油酸含量之和超过脂肪酸总量的80%（表6-15）。

2. 葵花籽油

主要产于俄罗斯、加拿大和美国等地，我国华北地区也有较大产量。葵花籽是一类含油量很高的油料，含油量40%~50%。葵花籽油脂肪酸组成以亚油酸为主，其次是油酸，再次是软脂酸和硬脂酸，不饱和脂肪酸含量超过85%。葵花籽油的脂肪酸组成受气候影响比较大，一般寒冷地区亚油酸含量高，温暖地区亚油酸含量低。另外葵花籽在葵花盘上的位置不同脂肪酸组分也不同。葵花籽油的脂肪酸构成见表6-16。

表6-16　葵花籽油脂肪酸组成

脂肪酸	含量(%)	脂肪酸	含量(%)
C_{14}以下烷酸	<0.1	亚油酸	20~75
十四碳烷酸	<0.5	亚麻酸	<0.7
棕榈酸	3.0~10.0	花生酸	<1.0
棕榈油酸	<1.0	二十碳烯酸	<0.5
硬脂酸	1.0~10.0	二十二碳烷酸	<1.0
油酸	14~65	芥酸	<0.5

葵花籽油中含有少量蜡质，在较低温度下容易浑浊。葵花籽油中除含有100mg/100g油的维生素E外，还含有一定量的绿原酸。绿原酸也具有一定的抗氧化作用。

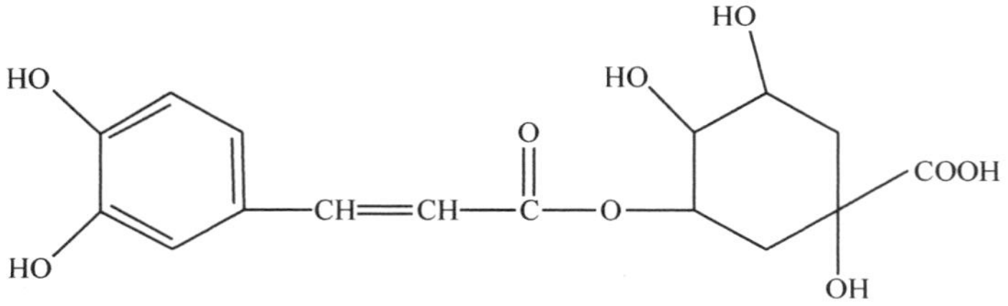

绿原酸

3. 蓖麻油

蓖麻油是最重要的羟基酸油脂。蓖麻籽含油大于50%，其脂肪酸组成与其他油脂组成有很大不同，主要为蓖麻油酸，约占总量的80%以上。蓖麻油具有很高的羟值、乙酸值、较大的黏度。蓖麻油脂肪酸构成见表6-17。

表6-17　蓖麻油脂肪酸组成

脂肪酸	饱和酸	油酸	亚油酸	蓖麻酸
含量(%)	2.4~4.0	2.0~3.5	4.1~4.7	87.1~90.4

蓖麻油是植物油中唯一具有高羟基脂肪酸含量的油品，其在环境温度下的黏度（40℃黏度为252mm²/s）为大多数植物油的5倍多，且具有满意的黏度指数（黏度指数为90），在225℃时沉积生成物生成趋势低于高油酸葵花籽油，润滑性与其他植物油相当；合成酯类润滑油的系统研究开始于二次世界大战前夕，当时主要用作航空发动机润滑油，迄今为止仍在航空领域广泛应用（世界上的喷气发动机润滑油几乎全部是合成酯类油），近年来也被用作内燃机润滑油以及其他许多特种润滑脂，弥补了矿物油在某些性能上的缺陷。

4. 菜籽油

油菜、甘蓝、芥菜等十字花科植物的种子统称菜籽，含油 30%~50%，所提取的油脂叫做菜籽油。菜籽油脂肪酸中含有大量芥酸，一般可达 20%~60%，菜籽油不饱和酸含量在 90% 以上。

菜籽油中含有 1.0%~1.2% 的磷脂，主要为卵磷脂、脑磷脂和肌醇磷脂，但菜籽油磷脂的脂肪酸组成中不含有芥酸。菜籽油中维生素 E 含量不高，但由于菜籽油中多元不饱和脂肪酸含量不高，仍有较好的氧化稳定性（表6-18）。

表6-18 菜籽油主要脂肪酸组成

脂肪酸	含量(%)	脂肪酸	含量(%)
C_{14}以下烷酸	—	亚油酸	14.0
十四碳烷酸	0.5	亚麻酸	9.0
棕榈酸	3.5	花生酸	1.0
棕榈油酸	—	二十碳烯酸	7.5
硬脂酸	1.0	二十二碳烷酸	1.0
油酸	13.0	芥酸	47.5

5. 桐油

我国特产，又称为中国木油，主要产于我国西南各省份。桐籽含油 35%~45%，桐油的脂肪酸组成也很特殊，主要脂肪酸为 α-桐酸，其主要脂肪酸组成见表6-19。

表6-19 桐油脂肪酸组成

脂肪酸	棕榈酸	硬脂酸	油酸	亚油酸	α-桐酸
含量(%)	2~4	2~3	5~12	7~18	65~85

纯桐油凝点在 7℃ 以上，在室温下为透明液体。α-桐酸在加工过程中受硫、碘、硒等化合物的作用转变为 β-桐酸。β-桐酸熔点高于 α-桐酸，导致桐油在低温下易凝固，降低了桐油的使用性能。

植物油在自身的性能方面还有一定局限性。如植物油的氧化安定性较差，这样在使用中会产生油泥和沉积，将对润滑油的性能产生很大的影响。另外，植物油还存在水解安定性差、低温流动性差、与矿物油相比起泡多、过滤性差等缺点。通过对植物油的化学改性可以提高其某些方面的性能，如氧化稳定性、黏度等，但要使植物油在做润滑剂基础油时的各方面性能趋向完善，就需要加入具有不同作用的各种添加剂来实现。目前一般有 3 种途径可供选择。

（1）利用生物技术进行改造。基础油中的植物油氧化安定性较差是由于植物油中 C＝C 双键造成的，因此利用遗传基因改性增加一元不饱和组分，减少多元不饱和组分，减少 C＝C 双键，可以使植物油具有更好的氧化稳定性。国外已经利用现代生物技术培育出了油酸含量高的葵花籽油和菜籽油，其中油酸含量可以达到 90% 以上，具有较强的抗氧化能力。

（2）添加剂。润滑油的添加剂品种繁多，功能各异，从功能上来看可以分为两大类：一类是为改善润滑油物理性能的，有黏度指数改进剂、油性剂、降凝剂和抗泡剂等，它们能使润滑油分子变形、吸附、增溶；另一类是改善润滑油的化学性质的，极压抗磨剂、抗氧剂、抗氧抗腐剂、防锈剂和清净分散剂等，它们本身可以与润滑油产生化学反应而改变润滑油的性能。目前研究较多的添加剂主要是减摩抗磨极压添加剂和抗氧化添加剂 2 种。

向植物油中加入抗磨剂可以大大改善其润滑状态。润滑油中加入了添加剂后，首先由于添加剂的存在而增加了真实接触面积，降低了接触应力，还可以对摩擦的凹凸表面起到填充和修复作用，使表面逐渐趋于光滑。第二，添加剂中的极性物质与金属表面发生反应，形成化学吸附膜，也具有挤压保护作用。因此增强了润滑油的使用性能。其中硼酸盐润滑油添加剂不但具有很好的抗磨减摩和抗氧化安定性，而且无毒无臭，对金属无腐蚀，不污染环境，作为环境友好润滑剂添加剂有很大的发展潜力。

向植物油中加入抗氧剂可以提高植物油的氧化稳定性。抗氧剂之所以能够改善植物油的氧化稳定性是由于抗氧剂反应活性较高，容易与植物油最初生成的自由基发生反应，生成比较稳定的物质，延缓了链反应的进行。大多数植物油添加 0.1% ~ 0.2% 抗氧剂就很有效，加入 1% ~ 5% 的抗氧剂就能克服易氧化的缺陷。按抗氧剂的作用机理，可以把抗氧剂分为链反应终止剂、过氧化物分解剂、金属钝化剂 3 种。链反应终止剂可提供一个活泼的氢原子给氧化初期生成的活泼自由基，从而生成较稳定化合物，使链反应终止；过氧化物分解剂能够破坏氧化反应中所生成的过氧化物，从而终止链反应的继续发展，同时其在氧化过程中生成的产物也能对氧化起抑制作用，更增强了稳定性；金属钝化剂能与金属离子如 Fe、Cu、Mn 等形成络合物，从而防止金属参与氧化反应，尤其是当与其他抗氧剂一起使用时，更能显示出特别强的增效作用。

（3）化学改性。植物油的物理性质可以通过改变其化学结构来改变，如提高其支链化程度可以获得出色的低温性能，提高水解稳定性和降低黏度指数，高线性的分子结构则会提高植物油的黏度系数；低饱和度的脂肪酸可以增强植物油的低温性能，而高饱和度的脂肪酸则可以提高植物油的氧化稳定性。因此，通过化学改性可以提高植物油的热稳定性、氧化稳定性和水解稳定性。目前，对于植物油化学改性的研究主要集中于提高其饱和度及支链化程度等方面，发展出的化学思路主要有氢化、聚合、酯交换及酯化、异构化等。

选择性氢化　就是有针对性地进行氢化，因此产品中还存在部分不饱和双键，选择性氢化在润滑油合成领域有着巨大应用前景。选择性氢化可将天然油脂中的多不饱和脂肪酸，如亚麻酸、亚油酸等，转变成单不饱和脂肪酸，这样不会影响润滑油低温性能。但选择性氢化也会产生顺反构型异构体。直到现在，对于选择性氢化的研究仍在进行。

二聚/低聚反应　是对不饱和双键进行改性的途径。这个过程涉及两个或更多脂肪酸分子聚合在一起，含有一个或更多双键 C_{18} 分子在层叠式硅铝酸盐催化作用下，在 210 ~ 250℃下进行聚合形成单聚、二聚或三聚脂肪酸，其产物可以使基础油具有更好的黏温性质。

支链化　支链化脂肪酸酯由于空间位阻支链的增加，而具有良好的物理特性，如极佳的低温性能和更强的水解稳定性等。较低的倾点，良好的流动性，以及较高的稳定性和高闪点使支链脂肪酸酯在润滑油领域有着良好前景。

酯交换或酯化　利用植物油制备多元醇酯主要有两个途径，一是从油脂制得脂肪酸，然后与多元醇进行酯化；二是将油脂转变为甲酯后，与多元醇进行酯交换。酯化可以提高基础油的饱和度，改变其理化性能。

环氧化　根据有机化学的反应原理，植物油中的双键很容易与过氧酸发生环氧化反应，从而使双键减少，环氧化是脂肪酸双键发生的主要反应之一。目前环氧化植物油主要用于塑料制品和稳定剂制品等领域，由于其具有良好的润滑性能，人们开始研究将其用于润滑油领域。但环氧化油脂并不稳定，环氧基在酸或碱的存在下很容易与其他含有活泼氢的物质发生开环反应。这是由于环氧基是三元环，具有高度的张力，只有开环才能解除张力，所以很容易发生化学反应。也可以考虑利用这一点来进一步合成新的异构酯，而求得更稳定的改进油脂。王彬以环氧化大豆油为原料，在催化剂存在下使环氧大豆油与乙酸发生反应从而合成了一种新型氧化稳定性好的可生物降解的润滑油。

二、润滑油生物质添加剂

生物质添加剂除了能改善润滑油的性能外，还必须符合生态要求，如低毒、低污染、可生物降解等，并且由于基础油类型不同，生物添加剂所起到作用也相差很大。目前环境友好型的生物质添加剂种类还比较少，因此该领域极具发展潜力。

1. 氧化菜籽油作为油性剂

菜籽油具有优良的润滑性能及良好的破乳化、防腐蚀等性能，但由于其含有较多的不饱和键，因而化学稳定性能差，易酸败变质，工业应用受到一定限制。氧化菜籽油在一定程度上克服了菜籽油化学稳定性差的难题，并可在一定程度上增强其润滑等优点。

氧化菜籽油是在一定的温度下通入氧气，进行氧化－聚合反应制得的。氧化－聚合反应可减少菜籽油的不饱和度，甚至消除不饱和键，增长分子碳链，从而提高菜籽油的化学稳定性和润滑性能（表6-20）。

表6-20　氧化菜籽油的脂肪酸组成

脂肪酸	棕榈酸	硬脂酸	油酸	亚油酸	亚麻酸	花生酸	芥酸
组成（%）	4.19	1.40	19.01	5.51	1.86	9.98	58.05

对氧化菜籽油理化性能进行测试，经过一定的工艺处理，氧化菜籽油较菜籽油黏度上升。碘值下降，酸值略有上升（表6-21）。

表6-21　氧化菜籽油理化指标

项　　目		理化指标	试验方法
外观	不高于	黄35 红3.3 白1.8	GB 5525
运动黏度（100℃）（mm²/s）		30~35	GB 265
闪点（℃）	不低于	200	GB 267
水分	不大于	痕迹	GB 260
机械杂质		无	GB 511
铜片腐蚀（100℃，3h）	不大于	1	GB 5096
最大无卡咬负荷	不低于	785	GB 3142
磨斑直径		0.38	GB 2665
碘值	不大于	20	GB 5532

2. 植物油脂肪酸添加剂

植物油脂深加工得到的十八酸、二十二酸、十八烯酸、二十二烯酸等作为润滑油的添加剂具有良好的抗磨减擦作用。

脂肪酸的润滑作用是由于脂肪酸在摩擦金属表面形成了吸附膜，饱和脂肪酸与摩擦金属表面发生化学反应形成脂肪酸皂吸附膜，这层膜可以是单分子层，也可以是多分子层。当它吸附于金属表面时，油垂直取向的特性，由于分子间吸力作用，是分子致密地排布在金属表面上，将相互摩擦金属表面隔开，从而减少金属的摩擦与磨损。脂肪酸的碳原子数影响总的吸附能，一般是随着碳原子的增加，吸附膜的强度增强，当碳数增加到一定值的时，吸附膜具有最大强度和最大致密度。对于饱和脂肪酸，当碳原子数大于 16 时，润滑性能基本上不受碳数的影响，如 C18 与 C22 润滑性能相当。对于不饱和脂肪酸而言，一般情况是碳链越长，吸附膜中分子间的横向内聚力越大，吸附膜强度和致密度越大，润滑性能越好，如二十二烯酸比十八烯酸抗磨性能好很多。

3. 硼化植物油添加剂

含硼化合物尤其是硼酸酯作为抗磨剂已有较多的研究和应用。硼酸酯的特点是无毒、润滑性能好，并有较好的防锈性能；缺点是抗水性能差，单独使用时抗摩擦性能不够理想，原因是由于硼酸酯易水解，不太容易吸附在金属表面发生摩擦化学反应形成润滑膜。

胡志孟等以植物油深加工得到的脂肪酸为原料合成出了硼化植物油，以 1% 的添加量烷基苯和变压器油中进行抗摩擦试验，并与硫化棉籽油和芥酸硫钼比较，发现硼化植物油的抗磨性能优于其他添加剂。

4. 茶多酚

茶多酚是一种从茶叶中提取的天然多酚类物质，主要由儿茶素组成，约占茶多酚总量的 60%~80%。茶多酚。具有较好的抗氧化效果，无毒、无副作用。傅冬和等通过比较植物油中儿茶素不同的质量分数及含咖啡因与否的抗氧化作用，结果显示，去咖啡因儿茶素比含咖啡因儿茶素的抗氧化作用强。为解决茶多酚的油溶性问题，林新华等利用复配离子表面活性剂做溶剂，制备了增效脂溶性茶多酚溶液。许少玉等研制成了 20% 的茶多酚乳剂。

5. 磷脂

具有一定的抗氧化效果，其中卵磷脂和脑磷脂效果最好，而脑磷脂比卵磷脂效果又更好。把它们与其他抗氧化剂配合使用抗氧化效果更佳。

6. 棉酚

它存在于棉籽油中的特殊成分，毛棉籽油含有 0.08%~0.31% 这种脂溶性红色素。棉酚具有良好的抗氧化效果，但是具有一定的毒性。

三、环境友好生物质润滑油环境释放评价

润滑油是否属于绿色润滑油要进行生态评价。润滑油的生态评价包括 2 个方面，即润滑油本身固有的生态毒性及其对环境的影响的评价。

(一)润滑油的生态毒性及其评价

生态毒性是指润滑油在生态环境中对某些有机体所造成的毒性影响。由于在实验室内不可能把所有的野生生物都用来进行毒性研究，所以通常的做法是选取各种标准的物种（在生物链中代表着不同级别的物种）来对润滑油的生态毒性进行评价。对水生生物的鱼、水蚤、海藻和菌类都是相关的实验有机体，并且 OECD 已制定了标准的试验方法（表 6-22）。生态毒性可分为 2 组，一组是急性实验，评价高浓度下短时间内润滑油的生态毒性，评价指标是 LC_{50}（半数致死浓度）及其相应参数 EC_{50}（半数有效浓度）；另一组是慢性实验，

评价润滑油在亚致死浓度下，长期的影响结果。评价指标是无观测影响浓度（No Observed Effect Concentration，NOEC）。润滑油的生态毒性分级主要是根据急性实验结果。如果一种润滑油很容易生物降解且急性生态毒性数据没有显示出生态毒性的增加，就没有必要再进行费时、费力的慢性生态毒性实验。

表 6-22　国际标准的生态毒性试验方法

实验类型	试验生物	试验方法
急性实验（短时间效果，参数：LC_{50}/EC_{50}）	海藻（72h）	OECD 201
	水蚤（48h）	OECD 202/1
	鱼（96h）	OECD 203
	菌类（30min）	OECD 209
慢性试验（长时间效果，参数 NOEC）	水蚤（21 天）	OECD 202/2
	鱼（>4 周）	OECD 210

（二）润滑油的环境影响及其评价

润滑油对环境的影响体现在润滑油的生物降解性。生物降解是指某种物质通过受到微生物的攻击而分子链断裂，变为小分子的过程。

初始降解性：物质 A ——→物质 B（原始有机化合物的消失）；

最终降解性：物质 A ——→物质 B ——→…——→$CO_2 + H_2O$ 微生物量（有机物的完全降解）；

机制：（通常情况下）氧化反应（需氧降解反应）。

第一步降解反应的生物降解性是初步生物降解。在国外，由于特定的法规要求，初步生物降解主要针对表面活性剂，与初步降解性相比最终降解性更为重要，最终降解性是指物质被最终降解成最终产物二氧化碳和水的能力（同时伴随着能量的释放和微生物量的增加）。现在，虽然没有评价润滑油可生物降解性的国际通用标准，但有不少试验方法可测定物质的可生物降解性。最常用的有 OECD 301 系列、ISO 方法以及 CEC L-33-T93 等，其中 CEC 方法适用于非水溶性润滑油，OECD 301 系列方法主要适用于水溶性润滑油（表 6-23）。

表 6-23　评定生物降解性国际标准方法

实验类型	实验名称	分析参数	试验方法
OECD 实验	DDAT 实验	DOC	OECD 301 A
	Sturm 实验	CO_2	OECD 301 B
	MITI 实验	DOC	OECD 301 C
	密封瓶实验	BOD/COD	OECD 301 D
	MOST 实验	DOC	OECD 301 E
	Sapromat 实验	BOD/COD	OECD 301 F
ISO 实验	BODIS 实验	BOD/COD	ISO 10708
	CO_2-headspace 实验	CO_2	ISO 14593
其他实验	CEC 实验	Infrared spectrum	CECL-33-A-93

目前，生物降解性的实验方法仍以 OECD 制定的方法（即 OECD 301 A – F）或者 ISO 标准实验方法为主，例如 ISO 10708（不溶物质生物需氧量实验方法：BODIS 实验方法）和 14593（CO_2 顶部空间实验方法）。实验物质的生物降解率超过标准规定的生物降解率的限值，则该物质称为可降解的。例如，标准中要求在降解反应开始后的 10 天内二氧化碳的

生成量或氧的需求量超过 60%，或溶解有机碳的消耗超过 70%，则这种油就被认为是在环境中能快速且完全生物降解。一种物质的生物降解性对它的环境分类和确定它对水质的污染情况都非常重要。另外，除了物质的生物降解性之外，物质的生物积聚性（即一种化学物质在动物的组织内部富集的能力）对评价物质长期可能对生物有机体造成不利影响也非常重要。然而，动植物油中的酯键很容易在酶的作用下断裂，形成容易进行新陈代谢的脂肪酸和醇。因此，植物油不具有生物积聚性。

（三）润滑油的生态风险评价

生态毒性和生物降解性确定的是与环境相关的润滑油内部特性，不包含与外界接触产生的影响。因此，一种润滑油对水生有机体有毒或生物降解性差，从本质上讲，不意味着它对环境造成不利的影响。因此，为准确评价一种润滑油是否是环境友好润滑油还必须进行生态风险评价。生态风险评价概要见表 6-24。简单地讲，首先，预测某种化学物质在环境中的浓度（PEC），然后，预测该物质对水生有机体不造成危害的极限浓度（PNEC）。如果 PEC/PNEC 小于 1，则这种物质就是环境友好的。

表 6-24　生态风险评价原理

步骤	环境影响	生态毒性
Ⅰ 物质固有特性（风险评价）	生物降解能力的测定，例如 OECD 301A-F 方法	在标准实验室中评价生态毒性，例如 OECD 201-203 方法
Ⅱ 环境条件	物质量的多少、应用类型、排放物的处理预测环境浓度（PEC），如果 PEC < PNEC，则物质对环境友好	实验室数据推延到真实环境中
Ⅲ 风险评价		预测无影响浓度（PNEC）

第三节　表面活性剂

一、表面活性剂的定义和分类

表面活性剂是分子中由两个极性不同的基团，即由被称为亲水基（极性基）和疏水基（非极性基）的双亲结构所组成。

根据表面活性剂亲水基的种类、相对分子质量、分子结构等不同，可进行不同的分类。

如根据用途分类，划分为乳化剂、润湿剂、发泡剂、分散剂、去污剂、破乳剂、抗静电剂、凝聚剂等。根据在水中的溶解性，则分为油溶性和水溶性 2 类。比较科学而系统的分类方法是根据表面活性剂的化学结构及亲水基和疏水基的连接方式来分类。据此可将表面活性剂分为阴离子型、阳离子型、非离子型及两性离子型等，如表 6-25 所示。

表面活性剂具有许多的表面性质，如降低界面张力，在水溶液中形成胶束，具有润湿性、增溶性、分散性、乳化性和去污作用等等，这些性质都是基于表面活性剂的双亲结构。据此给表面活性剂定义为：一种具有表面活性的、溶于液体特别是水中，能定向地吸附于两相界面而使表面张力或界面张力显著降低的化合物。

表面活性剂最初主要用作家用洗涤剂的成分。随着表面活性剂种类的增多，在工业领域中的应用也在不断扩展。从表面活性剂的生产量来看，非离子表面活性剂增长得最快，其重要性也逐渐增大。从表面活性剂的需要领域来看，20世纪60年代之前，除家用洗涤剂之外，纺织工业的用量约占50%。之后，随着石油化学工业的发展，新型的表面活性剂进一步实用化，其应用领域几乎到了无所不在的地步，其中增长较快的是土木建筑、化妆品、医药、橡胶、塑料等。随着食品结构的变化，作为乳化剂在食品工业中的应用受到世人关注。

表 6-25　表面活性剂种类

阴离子	羧酸盐	脂肪酸及树脂酸钠 N-酰基羧酸盐 醚基羧酸盐	非离子	醚型	烷基聚氧乙烯醚
	磺酸盐	磺基琥珀盐 酯基磺酸盐 N-酰基磺酸盐		醚酯型	脂肪酸失水山梨醇酯聚氧乙烯加成物 脂肪酸山梨醇聚氧乙烯加成物 脂肪酸甘油酯聚氧乙烯加成物
	硫酸酯盐	硫酸化油 硫酸酯盐 烷基硫酸酯盐 醚基硫酸酯盐 硫酸酰胺盐		酯型	脂肪酸聚氧乙烯酯 脂肪酸甘油酯 脂肪酸失水山梨醇 脂肪酸蔗糖酯 脂肪酸二元醇酯
	磷酸酯盐	烷基磷酸盐 醚基磷酸盐 磷酸酰胺盐		含氮型	脂肪酸烷基醇酰胺 N，N-二(聚氧乙烯)烷基酰胺 烷基醇酰胺酯 N，N-二(聚氧乙烯)烷基胺 氧化铵
阳离子	胺盐		两性离子	氨基酸型	单氨基羧酸盐 多氨基羧酸盐
	季铵盐	烷基三甲基氯化铵 烷基苄基二甲基氯化铵 烷基二羟乙基氯化铵 咪唑啉 吡啶嗡盐 异喹啉盐		甜菜碱型	N-烷基甜菜碱 N-烷基酰胺基甜菜碱 N-烷基磺酸基甜菜碱
				咪唑啉型	咪唑啉盐甜菜碱

由脂肪酸及其衍生物合成的表面活性剂见图 6-10 至图 6-14。

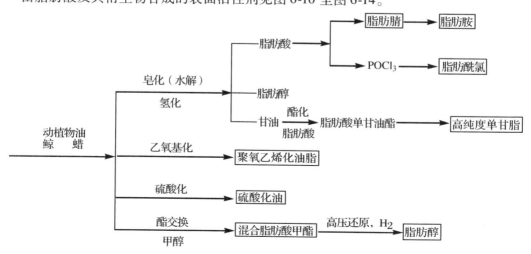

图 6-10　由油脂、蜡衍生的表面活性剂及表面活性剂原料合成路径

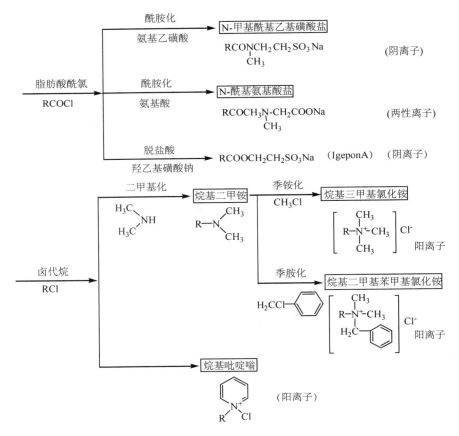

图 6-11　由脂肪酸酰氯、卤代烷合成的表面活性剂

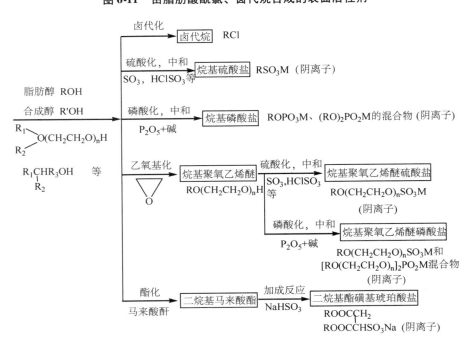

图 6-12　由脂肪醇(合成醇)衍生的表面活性剂及表面活性剂原料

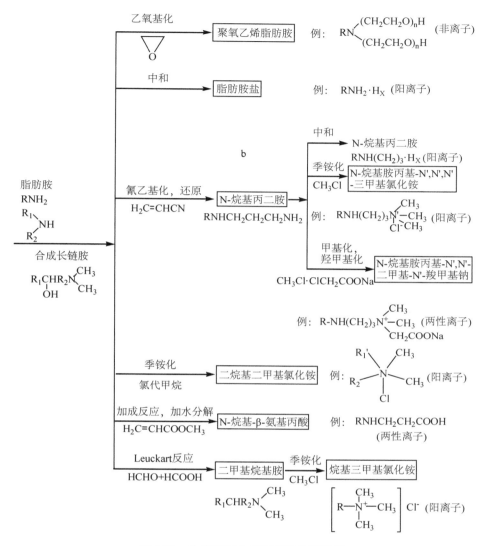

图 6-13 由脂肪胺合成表面活性剂路线

如果把表面活性剂溶解于水，由于亲水基与水的亲和性而留在水中，疏水基被挤向空气中，表面活性剂分子定向排列于表面。定向吸附在界面上的表面活性剂，由于自由能低的疏水基的向上作用力，使自由能大的水分子的表面张力显著降低，如 20℃水的表面张力为 73.2mN/m。如果加入 0.1% 的十二烷基聚氧乙烯醚，表面张力就下降到 24~26mN/m。如此降低表面张力的性质，就是表面活性剂的表面活性。

表面活性剂在水溶液中，低浓度时呈分子分散态。当浓度达到饱和值时，表面活性剂分子间发生缔合，在水溶液中形成稳定的胶束。形成胶束的浓度叫做临界胶束浓度 CMC（critical micelle concentration）。

表面活性剂所显示的诸多性质，随构成表面活性剂分子的疏水基、亲水基种类的变化而变化。因此，在合成表面活性剂时，选择构成表面活性剂分子各部分的原料对用途来讲非常重要。从这种观点出发，并考虑到表面活性剂的乳化作用，就引入了亲水亲油平衡值

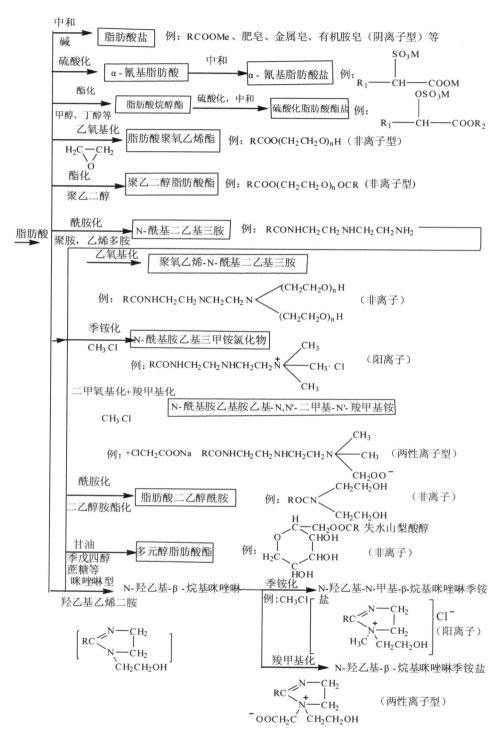

图 6-14　由脂肪酸衍生的表面活性剂

HLB（Hydrophile-Lipophile balance）和相转变温度 PIT（Phase Inversion Temperture）的概念。HLB、PIT 与表面活性剂的结构有关，对表面活性剂的应用很有参考价值。

二、结构对表面活性的影响

（一）疏水基的结构与性质

表面活性剂的主要性质之一就是可以降低表面（界面）的张力（γ），相对评价方法为：表面张力降低的"效率"——把 γ 降低到一定值时水相中所需表面活性剂的浓度。表面张力降低的"效能"——表面张力最小时，表面活性剂的 CMC。基于上述 2 种评价方法，疏水基结构与效率的关系可用表 6-26 和图 6-15 来表示。

表 6-26　疏水基结构与效率

结构	效率	效能	结构	效率	效能
疏水基链长增加	↑	↓	疏水基不饱和程度增加	↓	↑
疏水基支链度增加	↓	↑	亲水基位置移向中心↑	↓	↑

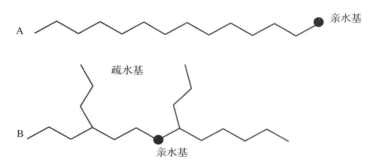

图 6-15　疏水基结构与效率

（二）亲水基的结构与性质

一般来说，亲水基的位置从末端移向链中间，则水溶性增大，润湿性增强；亲水基数量多，水溶性增大。当主亲水基数目增多时，对聚氧乙烯系非离子表面活性剂而言，EO 链长增加，CMC 则成比例的增加；如果是多支链形，则反要减小。对离子型表面活性剂而言，当亲水基数目增多时，烷基链长对 CMC 的影响比只有一个亲水基的化合物要小。这是因为相同离子基的数目增大，亲水性也增大。另外，由于电荷的相斥，而妨碍胶束的缔合。此时 CMC 显著变大。对离子型表面活性剂来说，由于引入了多个离子基，一般情况下发泡性、润湿性、乳化性、去污能力等表面活性都要降低。

三、各类表面活性剂

随着石油化学、油脂化学工业的发展，表面活性剂的数量在大量增加，其用途也在不断的多样化。本文以脂肪酸及其衍生物合成的表面活性剂为主进行介绍。

（一）阴离子表面活性剂

1. 制法

（1）烷基硫酸盐、烷基聚氧乙烯醚硫酸盐。这类表面活性剂生产量大，是家用洗涤剂、厨房用清洁剂、香波等的基本原料，还可作为乳化剂、发泡剂等，具有许多的用途，是重要的一类表面活性剂。其生产方法是脂肪醇或脂肪醇聚氧乙烯醚的羟基用氯磺酸、发烟硫酸、三氧化硫等硫酸化剂硫酸化而得到。20 世纪 60 年代以后，连续磺化技术及膜式磺化反应器工业生产装置的不断完善，工业上多采用三氧化硫的硫酸化技术，如：

$$\left.\begin{array}{l} 月桂醇（670\text{kg}）\\ SO_3（300\text{kg}）\\ 空气（200\text{m}^3） \end{array}\right\} \xrightarrow[\text{硫酸化反应}]{350℃} \xrightarrow{\text{NaOH145kg，H}_2\text{O1300kg}} 中和 \longrightarrow \begin{array}{l}月桂醇\\硫酸钠\end{array}$$

对于油醇，可使用硫酸铵、吡啶－三氧化硫、尿素－氯磺酸等进行硫酸化反应生产油醇硫酸盐。

脂肪醇聚氧乙烯（2~3mol）醚硫酸盐的生产在工业上也是采用三氧化硫硫酸化反应。

烷基硫酸盐的溶解性较差，不充分稀释得不到透明的液体。脂肪酸聚氧乙烯醚硫酸盐的溶解性较烷基硫酸盐有所改善，但仍不理想。一般来说，钾盐的溶解性要比钠盐差，这与脂肪酸盐有些不同，而钠盐又比铵盐差。用三乙醇胺中和的盐，溶解度、手感、黏度等都比钠盐要好。此外，碳链短的溶解度较好，随着碳链的增长，溶解度降低，油醇硫酸盐是优良的洗涤剂原料。

（2）α-磺基脂肪酸盐。这类表面活性剂主要是 α－磺基脂肪酸单钠盐、二钠盐及 α－磺基脂肪酸酯单钠盐。

制备 α-磺基脂肪酸（长链）是用 SO_3 在惰性溶剂（四氯化碳、四氯乙烯等）存在下与脂肪酸直接磺化，磺化温度 60~65℃。生成的 α-磺基脂肪酸用碱部分中和时得到单钠盐，完全中和时得到二钠盐。

以脂肪酸甲酯为原料进行磺化。中和后得到 α－磺基脂肪酸甲酯单钠盐。脂肪酸酯磺化时易发生酯键断裂，直接影响产品质量，所以一般初始反应温度不超过95℃。为了得到高转化率产品，工业上采取分段式连续膜式反应。在用碱进行中和反应时，为了避免酯基的皂化，中和温度一般不超过45℃，在连续中和时，pH 值控制在 7.5~9.0 之间。

这类表面活性剂的特点是易溶解于水，除具有一般表面活性剂共有的发泡、乳化、润湿、去污等特性外，α-磺基高级脂肪酸甲酯的单钠盐不易被 Ca、Mg 等金属离子所沉淀，它是一种很好的钙皂分散剂。

（3）磺基琥珀酸烷基酯盐。这类表面活性剂是在催化剂存在下，脂肪醇与马来酸酐反应生成琥珀酸单烷基酯或双烷基酯，然后再与亚硫酸钠反应生成的产物：

$$RCH_2OH + \begin{array}{l}HC-C=O\\ \quad \quad \quad O\\ HC-C=O\end{array} \longrightarrow RCH_2OCCH=CH_2COOH$$

$$RCH_2OH + \begin{array}{l}HC-C=O\\ \quad \quad \quad O\\ HC-C=O\end{array} \longrightarrow RCH_2OCCH=CHCCOCH_2R +H_2O$$

$$RCH_2OCCH=CH_2COOH + Na_2SO_3 \longrightarrow RCH_2OCCH=CCOONa$$
$$\quad\quad\quad\quad\quad\quad\quad\quad\quad\quad\quad\quad\quad\quad\quad\quad\quad\quad\quad\quad SO_3Na$$

磺基琥珀酸单烷基酯盐是一种温和型的表面活性剂，对酸碱和硬水稳定性好，常用于个人护肤用品、盥洗卫生用品(如调理香波等)。

(4)烷基磷酸酯烷基磷酸酯。脂肪醇与磷酸化试剂反应的产物：

$$P_2O_5 + 4RCH_2OH \longrightarrow 2(RO)_2PO(OH) + H_2O(双酯)$$

$$P_2O_5 + 2RCH_2OH + H_2O \longrightarrow 2ROPO(OH)_2(单酯)$$

五氧化二磷和高级醇的反应，醇与五氧化二磷的摩尔比一般为 3:1，反应温度在 60 ~ 80℃，反应时间 5 ~ 6h。反应结束后，加水分解使成 P – O – P 结合，得到磷酸酯。使用聚磷酸，焦磷酸作为磷酸化试剂，则易生成磷酸单酯。使用三氯化磷与脂肪醇反应，在低温下容易进行，主要生成磷酸双酯，但由于受摩尔比的影响，如三氯化磷过量，则单酯收率就高。单酯的去污性能差，而双酯的去污性能较好。

(5)亲水基团间用烷基连接的表面活性剂。在前文中已经提到亲水官能团间用烷基连接的表面活性剂的性质。这类表面活性剂由于有许多特性，故从工业应用及环保安全性等考虑，颇受人们的关注。

属于这类表面活性剂的有脂肪酸酯磺酸盐、脂肪酸酰胺羧酸盐、脂肪酸酰胺硫酸盐、N-酰基谷氨酸盐、N-酰基甲基牛磺酸盐、烷基醇酰胺磺基琥珀酸盐、酰基肌氨酸盐等。

脂肪酸酯磺酸盐可由高级脂肪酸与羟基磺酸缩合来制取，代表性的表面活性剂是依捷帮 A(Igepon A)：

$$RCOOH + HOCH_2CH_2SO_3Na \xrightarrow{220 ~ 250℃} RCOOCH_2CH_2SO_3Na$$

lgepon A 耐硬水性好、易漂洗、除油效果好，适合于作中性洗涤剂和钙皂分散剂。

脂肪酸酰胺羧酸盐，相当于脂肪酸钠盐的中央部位引入一个酰胺基(—CONH)，因此被称为改良肥皂，最具代表性的是依捷帮 T(Igepon T)：

$$CH_2(CH_2)_7CH=CH(CH_2)_7COCl + CH_3NHCH_2CH_2SO_3Na \xrightarrow{NaOH}$$

$$CH_3(CH_2)_7CH=CH(CH_2)_7\overset{\overset{\displaystyle O}{\|}}{C}-\overset{\overset{\displaystyle CH_3}{|}}{N}-CH_2CH_2SO_3Na$$

反应用原料 $C_3HNHCH_2CH_2SO_3Na$ 按下列方式合成：

$$-NaHSO_3 + H_2C\overset{}{\underset{O}{-}}CH_2 \longrightarrow HOCH_2CH_2SO_3Na$$

$$CH_3NH_2 + HOCH_2CH_2SO_3Na \longrightarrow CH_3NHCH_2CH_2SO_3Na + H_2O$$

这类表面活性剂比肥皂耐硬水，耐酸性强，去污性比肥皂好，对皮肤温和，特别是油酸的衍生物性能更佳，很适于作洗发液、浴液及羊毛织物的洗涤剂。

脂肪酸酯硫酸盐的制备，一般先是多元醇与脂肪酸作用生成酯，然后进行硫酸化及中和所得到的化合物，如椰子油酸单甘油酯硫酸盐：

$$\begin{array}{l}CH_2OCOR\\|\\CH-OH + H_2SO_4 \longrightarrow RCOOCH_2\overset{\overset{\displaystyle}{}}{C}-CH_3OSO_3H\\||\\CH_2OHOH\end{array}$$

这类表面活性剂水溶性好，泡沫量及乳化力、去污力都优于肥皂，且耐硬水性很强，是较好的洗涤用品原料。

最具代表性的烷基醇酰胺的磺基琥珀酸盐表面活性剂，它是脂肪酸单乙醇酰胺先与马来酸酐酯化，然后与 Na_2SO_3 反应得到烷基醇酰胺磺基琥珀酸盐：

$$RC-NHCH_2CH_2OH + \text{(马来酸酐)} \xrightarrow[70\sim80℃]{\text{乙酸钠}} RC-NHCH_2CH_2OC-C=CHCOOH$$

$$RC-NHCH_2CH_2OCCH-CHCOOH \xrightarrow[70\sim90℃]{Na_2SO_3} RC-NHCH_2CH_2OCCH_2-CHCOOH \quad (SO_3Na)$$

属于这一类的表面活性还有烷基醇酰胺与硫酸、磷酸等反应生成的硫酸盐、磷酸盐等。

这类表面活性剂一般都具有低刺激性、表面活性好及去屑止痒性，所以广泛用于婴儿香波、调理香波等。

N-酰基谷氨酸盐，是由脂肪酸酰氯与谷氨酸合成的一类温和性表面活性剂：

$$RCOCl + HOOCCH_2CH_2CHCOOH \longrightarrow RCONHCHCH_2CH_2COOH + HCl$$
$$(NH_2) \qquad\qquad (COOH)$$

$$RCONHCHCH_2CH_2COOH + MOH \longrightarrow RCONHCHCH_2CH_2COOM + H_2O$$
$$(COOH) \qquad\qquad (COOM)$$

N-酰基谷氨酸用 KOH、NaOH、二乙醇胺等碱性物中和时，可得到性能不同的产品。

这类表面活性剂泡沫适中、洗涤性强、耐硬水性好。由于其与皮肤的弱酸性极其相近，故对皮肤无刺激、舒适柔软、不损伤毛发，且具有一定的抗菌性和生物降解性，可用于婴儿护肤皂、婴儿香波、洗面剂、浴剂、奶液、膏霜等个人清洁用品及工业用助剂。

（6）其他阴离子型表面活性剂。硫酸化油也称为土耳其红油，自 19 世纪问世至今仍在应用，它是以蓖麻油、橄榄油、棉籽油等为原料，用浓硫酸（发烟硫酸）硫酸化的产物。

肥皂是历史最悠久，与人类生活关系最密切的最典型的阴离子表面活性剂，有关肥皂的制造、性质等可参见上述有关章节。

2. 硫酸化（磺化）

装置经硫酸化合成的表面活性剂在阴离子型表面活性剂中占有相当重要的比例，工业上三氧化硫连续磺化装置的开发，对表面活性剂大规模的生产有着重要影响。连续磺化装置首先由意大利 Ballestra 公司开发，之后杜邦（Du Pont）公司开发了薄膜式装置，接着 Stepan、Allied Chemical、Chemithon、Berol、Mazzoni 诸公司相继开发各具有特色的磺化装置。日本花王采用逆向流动的克莱森等温磺化法，以及把三氧化硫气体分批导入法，其目的都是力求使原料向反应管壁均匀地分配，SO_3 气体混合物容易分散，反应热能迅速除去，以保证转化率高和产品的色泽浅。

日本花王的反应器是由中心大口径管和大口径管周围的小口径管组成。反应物料和稀释的二氧化硫首先从外侧反应管的底部供入，沿管壁上升时，使一部分磺化物到达顶端进入中心部的大口径管。从反应管顶部再吹入稀释的三氧化硫，和未反应的烷基苯接触，使其全部转化为烷基硫酸化物。这种方式的反应器，由于把磺化反应分开进行，可以分散反应热，容易控制反应温度。

狮子公司开发的磺化反应器采用一个多孔板或狭缝分布器使所有反应物料均匀成膜。在反应物料膜和SO_3/空气之间导入干燥的帘式空气（稀释空气，又称二次风），迫使物料进一步靠向内壁，使液膜变薄，以利于反应热的导出，从而实现等温反应。

3. 性质

阴离子表面活性剂的性质主要是指其洗涤作用及安全性。

（1）洗涤作用。表面活性剂主要用途之一是作为洗涤剂，从其以水溶液为洗涤剂的，诸如织物、厨房用品、个人清洁用品、金属清洗、纸浆等的清洗，到以非水系的干洗，几乎包括了所有的领域。洗涤基质不同，污垢吸附基质的性质不同，对洗涤的要求也就不同。洗涤普通衣物时，污垢的去除是一个非常复杂的物理化学过程，许多学者提出了不同的去污理论。如关于双电层的 DLVO 论、非均相凝聚论、（吸附在纤维织物上的污垢）卷离论以及有关污垢脱离速度的速度论。此外，还有关于机械作用的研究和助洗涤效果的研究等。这些论点涉及许多方面，但就基本的表面活性而言，其去污过程可以分为三个阶段：

洗涤剂溶液向被洗物内的浸透过程——润湿、浸透作用 洗涤剂将被洗物润湿并浸透到被洗物内部与污垢进行接触，即表面活性剂吸附于界面上，然后，表面活性剂将污垢从固体表面剥落下来。

污垢从固体表面的分离过程——扩张作用 即洗涤液渗透基质和污垢界面，引起基质/污垢的界面变成基质—洗涤液及污垢—洗涤液的界面，此为洗涤剂的扩张作用。分散污垢的保护过程——分散乳化、增溶作用。这过程是把污垢粒子分散成小的粒子，为了防止分散的粒子再凝聚沉积，通过表面活性剂的乳化、分散、增溶作用，将污垢粒子保护起来。

污垢从被洗物除去的过程 以上所述的 a、b 两个过程不是断然孤立的两个阶段，而是同时发生的，而 c 过程是把经过 a、b 作用分散的粒子取出的过程，此时发挥作用的是机械作用力。a~c 的作用任何时候都是相关的，不是独立进行的。在上述三个过程中，在具体使用时，因水的硬度、水的温度或因表面活性剂本身的结构等不同，洗涤效果会产生很大差异。为帮助去污作用，在商品洗涤剂中常加入各类助洗剂。

许多实用的表面活性剂中，耐硬水作用较好的有烷基硫酸盐、α-磺化脂肪酸（酯）盐、α-烯基磺酸盐等。

（2）安全性。表面活性剂的安全性，应从对人体和对环境两个方面来考虑。

对人体的安全性 阴离子表面活性剂作为香波、家用洗涤剂、厨房用洗涤剂的原料与人体接触的机会很多，特别是用作化妆品时。因此，管理法规相当严格，要求对人体在毒性、皮肤刺激性、胚胎中毒（遗传）性等方面进行安全性确认。

在毒性方面主要以口服急性中毒数据 LD_{50} 来衡量。表面活性剂主要品种如肥皂、AS、AES 的半致死量分别为 >10000、5000、1700~5000mg/kg，相当于从其他方式摄取的洗涤剂最大量 0.14mg/kg（大人）的 14300 倍。日常生活中碰到的问题是使皮肤（手）粗糙，由此可以反映出为什么重视表面活性剂对皮肤、眼黏膜的刺激性。这些刺激只有当表面活性剂的作用超过皮肤对化学物质的防御能力时才可能发生。表面活性剂对皮肤防御系统的脱脂作用，会使角质层凝胶体蛋白质变性，角质层保湿成分溶出以及和血清蛋白质相互作用，使皮肤上层酶的活性受到阻碍，并透过毛细血管侵蚀皮肤等。

关于对人体的安全性方面，主要考虑对胚胎(胎儿畸形、死亡、流产)的毒性、对毛发的毒性、代谢、吸收以及口服进入人体的作用等。

为增加对人体的安全性，了解表面活性剂刺激性作用机理、开发应用安全性表面活性剂、筛选安全性试验方法等都是非常重要的。

对环境的安全性 表面活性剂对环境的安全性，主要是指生物降解性，即指在水相中于生物的复杂使用，使表面活性剂分子分解的能力。

在自然界中，物质的分解受日光、热、生物等各种自然力的作用，其中微生物的作用力最大。生物分解分为初级分解及最终分解。初级分解是指原来的化合物表明已不存在时的最低限度。最终分解是指将化合物完全转变为水、二氧化碳及其他无机物质。

4. 用途

阴离子表面活性剂使用量最多的是家用洗涤剂。在工业上应用最多的是纺织工业(约占30%)，主要是用作精炼洗涤，此外用作染料分散剂、纺毛油、梳毛油、均染剂等。在橡胶塑料工业，主要用作乳化聚合时的乳化剂。在土木建筑业，主要用作水泥分散剂、减水剂、(空)气夹带剂。洗涤业用作洗涤剂。化妆品业用作香波基本原料。作为其新的用途是在农药方面，可使农药生理活性效果增强，如作为杀菌增强剂的烷基磷酸盐、提高花生产量的烷基磺酸钙等。此外加入煤、石油中作为分散剂的研究也正在开展。

(二)非离子表面活性剂

非离子表面活性剂是发展最快、品种增加最多的一类表面活性剂，生产上是通过疏水性原料与亲水性化合物的加成反应或缩合反应来制取的。主要代表化合物有：脂肪醇聚氧乙烯醚：$RO(CH_2CH_2O)_nH$。多元醇脂肪酸酯(部分羟基酯化的酯)：主要的多元醇为乙二醇、甘油、山梨醇、甘露糖醇、季戊四醇、蔗糖等。形成的酯主要为单酯，如单甘酯、失水山梨醇酯(司潘系列)、糖酯、季戊四醇酯、乙二醇单酯等。

1. 制法

(1)烷基聚氧乙烯醚(AE)。烷基聚氧乙烯醚是脂肪醇的乙氧基化产物，由于反应条件不同、催化剂等的影响，会生成聚乙二醇等杂质。由于环氧乙烷的加成数不同以及环氧乙烷的分布范围不同，其产品性能及对皮肤的刺激性也不一样。

有关环氧乙烷加成的反应机理，有离子反应、离子对反应、双分子反应3种说法。有些学者认为在130℃以下的低温反应是离子对反应，150℃以上的高温反应是离子反应。环氧乙烷的加成反应，不管在酸性催化剂或碱性催化剂条件下都是容易进行的，用路易斯酸也可以显示出很好的反应性。酸性催化剂可使聚合度分布变窄，尤其是高氯酸作为催化剂时，分布常数小，杂质含量低，是令人们感兴趣的催化剂。其缺点是反应速度慢，为此正研究3配位构型的整合物，以加快反应速度。

(2)N,N-二(聚氧乙烯)烷基酰胺。这类表面活性剂被用作泡沫稳定剂、增稠剂和洗涤剂等。制备方法有2种，即酰胺、烷基醇酰胺与环氧乙烷的加成：

$$RCONH_2 + H_2C\!\!-\!\!CH_2 \xrightarrow{\hspace{1cm}} RCONH(CH_2CH_2O)_nH$$
$$\diagdown O \diagup$$

$$RCONHCH_2CH_2OH + (n-1)\ H_2C\!\!-\!\!CH_2 \xrightarrow{OH^-} RCONH(CH_2CH_2O)_nH$$
$$\diagdown O \diagup$$

烷基醇酰胺中的 OH⁻ 基与环氧乙烷的加成反应，比 N 原子上的 H 更容易反应，所以几乎不生成二乙醇酰胺产物。

（3）乙氧基化失水山梨醇酯（吐温系列）。表 6-27 多元醇酯与环氧乙烷加成可以生成亲水性强的一系列非离子型表面活性剂，代表性表面活性剂为乙氧基化失水山梨醇酯。

表 6-27　吐温系列

名称	组成	物性	HBL	水中溶解度
吐温 21	EO(4)失水山梨醇单月桂酸酯	液体		分散
吐温 29	EO(20)失水山梨醇单月桂酸酯	液体	16.7	溶解
吐温 40	EO(20)失水山梨醇单月桂酸酯	液体	15.6	溶解
吐温 61	EO(4)失水山梨醇单月桂酸酯	38℃①		分散
吐温 60	EO(20)失水山梨醇单月桂酸酯	液体	14.9	溶解
吐温 65	EO(20)失水山梨醇单月桂酸酯	33℃①	10.5	分散
吐温 81	EO(5)失水山梨醇单月桂酸酯	液体		分散
吐温 80	EO(20)失水山梨醇单月桂酸酯	液体	15.0	溶解
吐温 85	EO(20)失水山梨醇单月桂酸酯	液体	11.0	分散

注：① 指多晶变形成流体的温度。

（4）其他烷基苷。可由脂肪酸醇和葡萄糖在酸性催化剂存在下反应生成，这类表面活性剂发泡力好，洗涤力强，刺激性低，应用前景广泛。

2. 性质

作为乳化剂，非离子型表面活性剂在各领域中是用量最多的一种。为了制备稳定的乳化液，关键问题是选择乳化剂，选择的指标是 HLB 值和 PIT 值。

HLB 值是表面活性剂亲水性和疏水性（亲油性）平衡时用数字来表示的一组数值，HLB 值越小，表示亲油性越强。非离子表面活性剂 HLB 值的计算式表示如下：

$$HLB = 20 \times \frac{m_w}{M_r} = 20 \times \frac{(M_r - m_0)}{M_r} = 20 \times \left(1 - \frac{m_0}{M_r}\right)$$

式中：M_r——界面活性剂的相对分子质量；
　　　m_w——亲水基的质量；
　　　m_0——亲油基的质量。

戴维斯（Davies）把 HLB 值作为结构因子的总和，每个结构基团对 HLB 值均有确定的贡献，将基团的贡献相加可以求算出表面活性剂的 HLB 值，用戴维斯式表示时：

$$HLB = \sum (亲水基的基数) - n(CH_2 基的基数) + 7$$

当混合的表面活性剂之间不发生相互作用时，HLB 值可由下式求得：

$$HLB = \frac{ax + by + cz + \cdots}{x + y + z}$$

为了得到最好的乳化状态，有必要求出乳化油的 HLB 值，此时称为必要的 HLB 值。它表示在某些条件下，把被乳化的油相制备成最稳定的乳液时乳化剂的 HLB 值。因此在同样的条件下，选择与所要求的 HLB 值一致的乳化剂可以制得稳定的乳化液。对特定的系统，当选择作为乳化剂的表面活性剂时，HLB 值法的最大缺点是没有提示表面活性剂对该系统温度变化的效果。在一般情况下，非离子型表面活性剂随温度的升高分子中亲水基的水合性下降，而变成疏水性析出。因此，在低温下制作的 o/w 型乳液随着温度升高而转为 w/o 型，相反在高温下制作的 w/o 型乳液，随着温度降低而转为 o/w 型。这种发生转换的温度称为转相温度（PTT）。

转相温度可用如下方法求得：用 3%~5% 的表面活性剂乳化等量的油相与水相，加热至不同温度并摇动，测定乳状液从 o/w 型到 w/o 型或相反从 w/o 型到 o/w 型的转相温度，即为 PIT 值。适合于 o/w 型乳液的乳化剂应具有比贮存温度高 20~60℃ 的 PIT。对于 w/o 型乳液的乳化剂，最好具有比贮藏温度低 10~40℃ 的 PIT。在实际中应用时，实际转相温度应通过冷藏试验，即放入冰箱，在一定温度下存放 24h，然后取出溶解，观察乳液的变化，以确定最终的选择效果。

非离子表面活性剂一般比阴离子型、阳离子型表面活性剂毒性低，对皮肤刺激性弱、安全性高，因此多用于化妆品、医药品和食品。非离子型表面活性剂因种类不同安全性有很大的差别。即使是外观相同，由于副产物的多少及组成的不同，其安全性有时也会有很大区别。因此，用于化妆品、医药品的表面活性剂，从生产管理、制造技术到产品质量控制都要严格要求。

对乙氧基化产品而言，环氧乙烷的链长对产品安全性有一定的影响。摩尔数为 1~10 时毒性增加；摩尔数达到 20 时，毒性减小；摩尔数超过 20 时，毒性急剧降低。酯型的产品比醚型的产品毒性要低。

非离子型表面活性剂一般生物降解性较好，以烷基聚氧乙烯醚为例，初期降解速度较快，而且最终降解到生成水和二氧化碳。降解速度受烷基种类和环氧乙烷加成摩尔数的影响，一般直链伯醇基 > 仲醇 > 酚；对环氧乙烷加成摩尔数来说，在正常的较大范围内，对生物降解没有影响；摩尔数在 20~30 时，生物降解速度有明显影响（降低）；摩尔数超过 100 时，生物降解速度很慢。

3. 用途

非离子型表面活性剂是应用很广的一类表面活性剂。除用作家用洗涤剂原料之外，在工业上应用最多的是纺织工业（30%），以乙氧基化物为主，其次是食品工业、造纸工业、橡胶、塑料工业、农林业、医药化妆品业。由于医药化妆品工业、食品工业对安全性要求比较高，所以非离子型表面活性剂使用量比较大。在纺织工业，非离子型表面活性剂作为平滑剂、抗静电剂、整理剂、柔软剂、匀染剂等使用。在造纸、纸浆工业作为脱树脂分散剂、沥青分散剂、废纸再生脱墨剂。在金属工业，用作脱脂剂、防蚀剂、压延油等。在农药工业，用作乳化分散剂、增溶剂、水合剂等。在农药上比较新的用途是作为药效增强剂，除草剂的增效剂、摘花剂等。

另外，利用表面活性剂的生理活性，用作防腐剂、防霉剂、杀藻剂。如低级脂肪酸的单甘酯可作为防霉剂、月桂基聚氧乙烯醚对皮肤黏膜等神经末梢有麻醉效果。此外还可用作煤、石油的分散剂。

（三）阳离子表面活性剂

在阳离子型表面活性剂中，最重要的是含氮的表面活性剂。根据由氮原子构成的分子不同，可分为胺盐、季铵盐、吡啶型、咪唑啉等几类。代表性的阳离子型表面活性剂有：

伯、仲、叔胺的胺盐：R—NH$_2$·HX

$$R \!-\!\!-\! NH_2 \cdot HX$$

季铵盐：四烷基铵：$\left[\begin{array}{c} R_1 \quad R_3 \\ N^+ \\ R_2 \quad R_4 \end{array} \right] X^-$

三烷基苄基铵：$\left[\begin{array}{c} R_1 \quad R_2 \\ N^+ \\ R_3 \quad CH_2 \end{array} \bigcirc \right] X^-$

烷基吡啶铵（吡啶铵型）：$\left[R\!-\!N^+ \bigcirc \right] X^-$

2-烷基-1-烷基-1-羧乙基咪唑啉铵（咪唑啉型）：$\left[\begin{array}{c} R_1\!-\!C \overset{N}{\underset{N^+}{=}} \begin{array}{c} CH_2 \\ CH_2 \end{array} \\ R_2 \quad CH_2CH_2OH \end{array} \right] X^-$

N，N-二烷基吗啉铵（吗啉型）：$\left[\begin{array}{c} R_1 \quad H_2C\!-\!CH_2 \\ N^+ \qquad\qquad O \\ R_2 \quad H_2C\!-\!CH_2 \end{array} \right] X^-$

聚乙胺基、二羧基铵型：$\left[\begin{array}{c} OCR_2 \\ R1CO\!-\!N^+\!-\!(CH_2CH_2NH)n \\ H \end{array} \right] X^-$

1. 性质

阳离子型表面活性剂可用在许多领域，主要是利用其对固体表面的吸附作用，下面以固体表面的吸附作用为中心，就有关抗菌作用、催化作用、安全性进行扼要的介绍。

（1）对固体表面的吸附作用。在气液或固液表面上的吸附是表面活性剂的基本性质之一。

在固体表面上的吸附是固体表面成分与表面活性剂的疏水基之间的范德华引力和与亲水基之间的静电作用力产生的结果，吸附力的强度与表面活性剂的种类有很大关系。具有极性基（羧基）的棉纤维、羊毛纤维，pH 值升高，促进了羧基的离解，使纤维表面负电荷增加，对阳离子表面活性剂的吸附增强。不具极性基的聚丙烯，则不受 pH 值的影响。即使是相同结构的阳离子型表面活性剂，因疏水烷基链长的不同，吸附的行为也不同，就是说，一般的吸附速度虽不受链长的影响，但是平衡吸附量随烷基链长的增大而增大。

在固体表面如果吸附有表面活性剂，由于亲水基及疏水基的作用而呈现出多种的效果，比较有代表性的如用作纤维的柔软整理剂、纤维塑料的抗静电剂、护发素等。

（2）抗菌作用。阳离子表面活性剂对细菌、真菌等微生物表面也吸附，而且吸附后的表面活性剂，对微生物的细胞表面显示出较大的生物化学活性，即表现为杀菌作用。阳离子型表面活性剂吸附细菌表面的能力强，且可透过细胞膜与蛋白质作用，破坏氨基酸，因此其抗菌性（杀菌性）比其他类型的表面活性剂强，故多用作杀菌剂或防腐剂。

一般来说，阳离子表面活性剂的抗菌性受烷基链长的影响，对此可以理解为对微生物细胞表面的生物化学活性极大地依存于该表面活性剂的活性。此外，抗菌性与表面活性剂的化学结构有一定的关系。

阳离子型表面活性剂的抗菌作用因某种化合物的存在而受到影响。如由于非离子表面活性剂的存在，其抗菌作用大大降低。这是因为在非离子表面活性剂存在下，阳离子型表面活性剂与非离子型表面活性剂形成混合胶束，阻碍了阳离子表面活性剂对微生物表面的吸附和渗透作用。抑制阳离子表面活性剂抗菌作用的物质有阴离子型表面活性剂、蛋白质、重金属等，但是，如果有两性表面活性剂存在，即使有蛋白质，其抗菌作用并不降低，这是阳离子表面活性剂的一个特征。

（3）催化作用。阳离子型表面活性剂在有机合成反应中，显示了优越的催化作用。如硝基酚酯碱性水解时，十六烷基二甲基溴化铵对反应起到明显的催化作用，这是利用其形成的胶束为反应媒体，因此称为胶束催化作用。氰化钠与溴代烷的反应是非均相的 S_N2 反应，加入季铵盐作为催化剂可促进反应的顺利进行。其作用机理如下：

$$RBr + \overline{QCN} \longrightarrow RCN + QBr（有机相）$$

$$QCN \uparrow\!\!\sim\!\!\sim\!\!\sim\!\!|\!\!\sim\!\!\sim\!\!\sim\!\!\downarrow QBr$$

$$NaBr + QCN \rightleftharpoons NaCN + QBr（水相）$$

QBr 表示季铵盐，在水相 Q^+ 与 CN^- 基结合生成 QCN，QCN 容易进入水相，并很快与 RBr 作用生成 Q^+Br^-，Q^+Br^- 进入水相，再变成 QCN。QBr、QCN 在二相间的移动，加快了反应的进行。这种催化作用，被称为相转移催化。作为相转移催化剂，一般可使用季铵盐，如四丁基铵之类的铵，其立体位阻大，催化效果也大。

（4）安全性。阳离子型表面活性剂口服性中毒或对皮肤、眼睛的刺激性等生物体的作用比其他类型的表面活性剂要强。这是由其阳离子性质所决定的。但是，随着疏水基链长增长或长链疏水基数目的增加，对生物体的上述作用会有所减弱。因此在护发素等清洁剂方面应用时多采用如二十碳烷基三甲基氯化铵、双十八烷基二甲基氯化铵等安全性比较高的阳离子型表面活性剂。

3. 用途

在使用季铵盐的领域中，主要是利用其对固体表面的吸附作用。在纤维工业多用作柔软整理剂、抗静电剂或染色助剂等。此外，在一般家庭多用作织物柔软整理剂，主要是采用双十八烷基二甲基氯化铵。

在医药、化妆品行业，被用作杀菌剂、防臭剂、护发素或调理剂。其他行业，如选矿业用作捕集剂，土木建筑业用作沥青乳化剂，塑料工业用作抗静电剂，照相业用作感光乳剂，涂料工业用作颜料分散剂，发酵工业用作抗菌素抽提剂或一般产业中作为消毒杀菌剂等。

（四）两性表面活性剂

两性表面活性以其独特的多功能而著称，它不但有良好的表面活性，如去污性、乳化分散性、润湿性，而且还具备杀菌性及抗静电作用，柔软性、耐酸、碱性及很好的生物降解性，与其他表面活性剂良好的配伍性，加之低毒安全性，所以在民用工业上的应用正日趋增大。

代表性的两性表面活性剂有：

N, N-二甲基-N-烷基-N-羧甲基胺：
$$R-\overset{\overset{\displaystyle CH_3}{|}}{\underset{\underset{\displaystyle CH_3}{|}}{N^+}}-CH_2COO^-$$

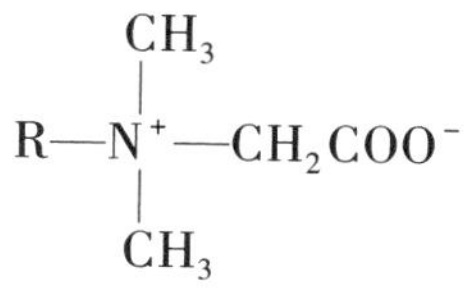

N, N-二烷基羧酸胺：
$$\overset{\overset{\displaystyle R_1}{|}}{\underset{\underset{\displaystyle R_2}{|}}{NH^+}}-(CH_2)_nCOO^-$$

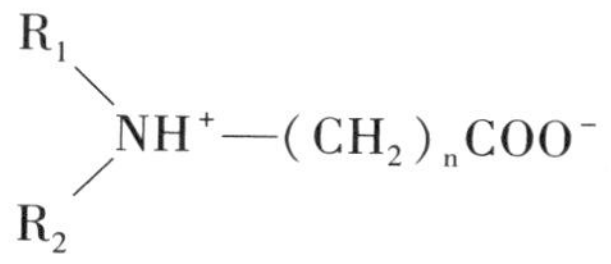

N, N, N-三烷基-N-磺基铵：
$$R_1-\overset{\overset{\displaystyle R_2}{|}}{\underset{\underset{\displaystyle R_3}{|}}{N^+}}-(CH_2)_nSO_3^-$$

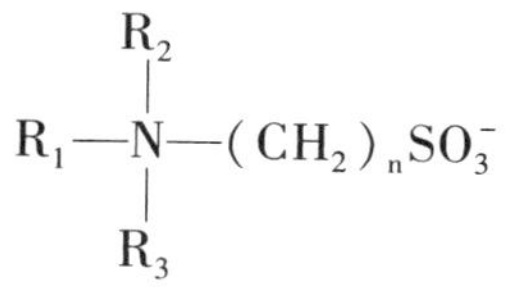

N, N-二烷基-N, N-二聚氧乙烯磺酸铵：
$$R_1-\overset{\overset{\displaystyle R_2}{|}}{N^+}-\overset{(CH_2CH_2O)_nSO_3^-}{\underset{(CH_2CH2O)_nSO_3^-}{}}$$

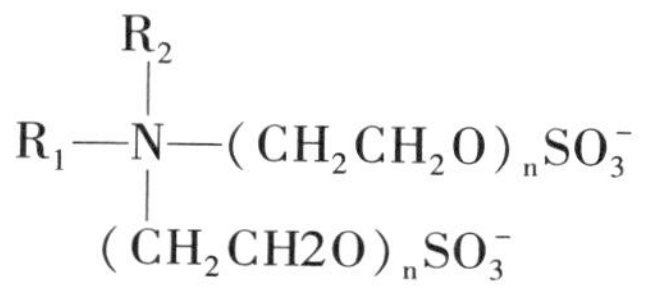

2-烷基-1-羧甲基-1-羟乙基咪唑啉：

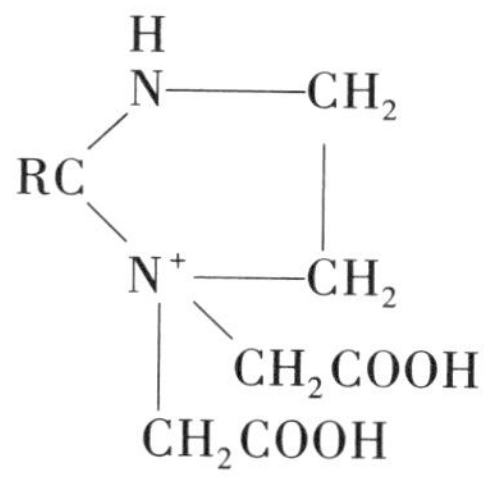

$$RC \begin{array}{c} \overset{H}{N}-CH_2 \\ | \quad\quad | \\ N^+-CH_2 \\ /\ \backslash \\ CH_2COOH \\ CH_2COOH \end{array}$$

氧化胺：
$$R_1-\overset{\overset{\displaystyle R_2}{|}}{\underset{\underset{\displaystyle R_3}{|}}{NH^+}}\rightarrow O$$

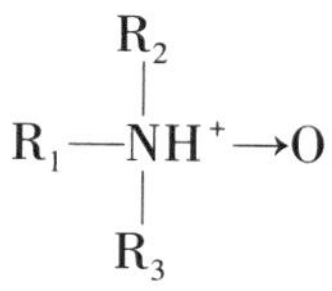

1. 制法

两性表面活性剂可由胺与一氯醋酸或丙烯酸等来合成。

2. 性质

两性表面活性剂的主要特性是在不同 pH 值介质中，离子会发生两性电解质变化。

（1）两性电解质特性。两性表面活性剂大致可分为氨基酸型、甜菜碱型、咪唑啉型等。两性电解质特性因类型不同而不同。

对氨基酸型而言，分子中既有带（＋）电荷的 N^+，又有带（－）电荷的 COO^-，在酸或碱的存在下，它既可起阳离子表面活性剂的作用，又可起阴离子表面活性剂的作用。因此被称为"真正的两性表面活性剂"。

N-烷基氨基丙酸与盐酸和氢氧化钠反应如下：

$$\text{R—N(H)(H)—CH}_2\text{CH}_2\text{COOH} \underset{-\text{HCl}}{\overset{+\text{HCl}}{\rightleftharpoons}} \text{R—N(H)(H)—CH}_2\text{CH}_2\text{COO}^-$$

$$\underset{-\text{NaOH}}{\overset{+\text{NaOH}}{\rightleftharpoons}} \text{R—N(H)(H)—CH}_2\text{CH}_2\text{COONa} + \text{H}_2\text{O}$$

对甜菜碱型来说，在酸存在下可以作为阳离子表面活性剂；在碱存在下，不能作为阴离子表面活性剂，因此被称为"所谓的两性表面活性剂"。N-烷基甜菜碱与盐酸及氢氧化钠的反应如下：

$$\text{R—N(H)(H)—CH}_2\text{CH}_2\text{COOH} \cdot \text{Cl} \underset{-\text{HCl}}{\overset{+\text{HCl}}{\rightleftharpoons}} \text{R—N(H)(H)—CH}_2\text{CH}_2\text{COO}^-$$

$$\underset{-\text{NaOH}}{\overset{+\text{NaOH}}{\rightleftharpoons}} \text{R—N(H)(H)—CH}_2\text{CH}_2\text{COONa} + \text{NaOH}$$

对咪唑啉型而言，咪唑啉的化学结构一般是咪唑啉的 1 – 位氮原子表现为四价的铵型结构，但实际上，下式所示的带有共振结构的化学结构式才为正确的结构：

一般表示的结构式　　　　　带油共振构造的化学结构

不管是哪种形式，它的共同的基本结构都是甜菜碱型，具有这种结构的表面活性剂都显示出和甜菜碱相同的两性电解质特性。这种结构的表面活性剂是相当不稳定的，如果有碱存在，即使在室温下也极易发生水解，水解生成物是有酰胺基的氨基酸型两性表面活性剂。咪唑啉水解生成物是酰胺基胺，其结构和与一氯醋酸钠反应生成物相似。

（2）安全性。两性表面活性剂经口服或对皮肤、眼睛的刺激性等生物体的作用，比其他类型的表面活性剂要弱，其中安全性比较大的咪唑啉型表面活性剂多用作儿童香波的原料。

两性表面活性剂的化学结构类似于构成生物体的氨基酸结构，对眼睛的刺激性低于阴离子表面活性剂，因此在香波的基料中，如果烷基硫酸盐与咪唑啉、甜菜碱并用，可以得到低刺激性香波。之所以如此，可从两方面解释：咪唑啉、甜菜碱向角膜的吸附速度大，阻止了烷基硫酸盐向角膜的吸附；咪唑啉、甜菜碱和烷基硫酸盐形成了复合体，使烷基硫酸盐的生物活性降低。

3. 用途

两性表面活性剂的性能介于阴离子表面活性剂和阳离子表面活性剂之间，由于原料价格问题，其应用领域受到一定的限制，其生产量仅为其他表面活性剂的 1/10。需求量最大的行业是纤维工业，主要用作柔软剂、整理剂、抗静电剂或染色助剂。这方面主要使用甜菜碱。其次，使用量多的是医药化妆品行业，以氨基酸型为代表，主要用作杀菌、消毒剂；以咪唑啉型为代表的主要用作香波的基材。在其他洗涤剂领域，从两性表面活性剂的安全性及阴离子表面活性剂的复配效果（泡沫改质性、增稠性、去污性）来评价，其需求量有增大的趋势。

此外，可用作塑料的抗静电剂、金属的防蚀抑制剂、防锈剂以及在其他行业中作为杀菌消毒剂、钙皂分散剂等。

第四节　植物油基涂料

一、植物油基涂料原料

天然油脂的主要成分为甘油三脂肪酸酯：

$$H_2C—OOR_1$$
$$HC—OOR_2$$
$$H_2C—OOR_3$$

R_1、R_2、R_3 为不同脂肪酸基，是体现油脂性质的主要部分。油中还含有非脂肪组分，如磷脂、固醇、色素、纤维素等，是涂料成膜物质所不需要的，甚至是有害的。这些杂质在油脂的加工过程中可被清除。表 6-28 为涂料常用植物油脂中脂肪酸的组成与含量。

表6-28　涂料常用植物油脂中脂肪酸的组成

植物油类别	己酸	辛酸	癸酸	月桂酸	豆蔻酸	棕榈酸	棕榈烯酸	硬脂酸	2,4-癸二烯酸	油酸	蓖麻油酸	亚油酸	亚麻酸	桐油酸	花生酸	山榆酸
桐油						4		1		8		4	3	80		
豆油				痕量		11		4		25		51	9		痕量	
蓖麻油						2		1		7	87	3				
亚麻油						6		4		22		16	52		痕量	
苏籽油						7		2		13		14	64			
大麻油						6		2		12		55	25			
梓油						9			3~6	20		25~30	40			
棉籽油			痕量	痕量	1	29	2	4		24		40			痕量	
米糠油					0.5	11.7		1.7		39.2		35.1			0.5	0.4
乌桕油				0.1		62.4	0.1		1.7	33.8		1.5	0.3			
山苍子核仁油	0.1	19.8	56.4	1.0	0.4			0.2		4.1		0.8				

二、植物油中的活性基团

植物油的主要成分为甘油三酸酯，其中 3 个酰基通常来源于碳原子为 14~22 的脂肪酸(图6-16)。多数植物脂肪酸为不饱和脂肪酸，它们的双键位置通常在9位或10位碳，亚油酸和亚麻酸另外有12或13位双键，亚麻酸在15或16位碳上还有双键。这些双键多为非共轭，聚合活性较低。大多数植物油的结构差异仅仅在不饱和度和不饱和键的共轭程度，它们的化学性质相近，特别是常用的亚麻油、大豆油、玉米油、菜籽油等化学改性机理基本一致。某些天然植物油含有特殊的功能基团，如蓖麻油中含羟基的蓖麻油酸超过脂肪酸总量的90%，可用于制备聚氨酯；斑鸠菊油中70%～80%的脂肪酸为含有环氧基的斑鸠菊酸，环氧基可用于进一步改性或直接开环接枝。植物油甘油三酸酯的双键、酯基、酯基α-碳等活性基团上可进行各种改性反应，引入聚合能力更强的功能基团，提高官能度和共轭程度，采用传统的聚合反应即可制备出各种性能较好的植物油基高分子聚合材料。常用的改性方法包括环氧化、环氧基酯化、环氧基羟基化、双键异构化、三酸甘油酯醇解等。

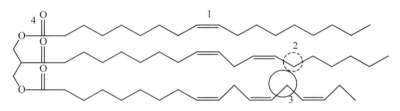

1. 双键　2.单烯丙基位　3. 双烯丙基位　4. 酯基

图6-16　植物油的结构图

三、植物油结构对聚合物性质的影响

植物油分子结构对聚合物涂料理化性质的影响主要表现在：

（1）植物油分子的柔性很强，多数植物油官能度较低，聚合后的交联密度低，机械强度与耐热性较差，必须化学改性引入反应活性更强的基团或与刚性石油产品单体共聚才能获得高强度的高分子材料。

（2）植物油双键是主要的改性与聚合基团，因此，它的不饱和度越大，改性后官能度越高，聚合物交联度越高，强度就越大。桐油、亚麻油等高不饱和度植物油往往能制备出具有较高玻璃化转变温度和较高机械强度的聚合物。

（3）隔离不饱和双键活性低，通常只有少部分参与聚合反应，因此，共轭双键含量高有利于改善聚合物性能，含共轭三烯的桐油是植物油中最佳的聚合单体。

（4）双键与链端之间有一段饱和分子链，在植物油参与聚合后成为悬吊链，它对聚合物的强度没有贡献，但具有增塑作用，而且对聚合反应过程有明显的影响。

（5）植物油脂肪酸长碳链的极性低，表现出很强的憎水性，因此，植物油基聚合物往往有吸水率低的特点，水解稳定性好。

四、涂料用油脂的种类和特性

油脂按其成膜性能分为干性油、半干性油和不干性油3类。干性油的特点是可在空气中因氧化而成膜。如何鉴定这3种油呢？一般常用碘值鉴定油的性质，所谓碘值是指为饱和100g油的双键所需碘的克数。碘值大于140为干性油，碘值在125～140为半干性油，低于 125 为不干性油。干性油和半干性油可以直接作为涂料使用。

1. 干性油（表 6-29）

碘值是不饱和度的量度，只反映双键数目的多少，不能反映脂肪酸中双键分布的情况。空气对于油的氧化主要是通过分支中的活泼亚甲基进行的，所谓活泼亚甲基主要是指两个双键当中的亚甲基。

$$\sim\sim\sim CH_2—CH=CH—CH_2—CH=CH—CH_2\sim\sim\sim$$

单个双键旁边的亚甲基，虽然也可以参加氧化反应，但其速度和活泼亚甲基相差很远。碘值不能反映活泼氢的数量，所以是不准确的。因为在脂肪酸中亚油酸含有一个活泼亚甲基，亚麻酸含有两个活泼亚甲基。有一种方法叫做干性指数，干性指数指的是用油中亚油酸和亚麻酸的含量来表示油的性质。

$$干性指数=(亚油酸含量+2\times亚麻酸含量)\times100\%$$

干性指数大于 70% 的为干性油。当然更为严格和科学的方法是按油中含有多少活泼亚甲基来直接反映油的性质。油在空气中的固化，其实质是油内活泼亚甲基与氧气产生的交联反应。为了使油分子能产生空间网络结构，必须有一部分分子中要含有两个（含以上）活泼亚甲基。当活泼亚甲基数大于 2.2 时，可认为是干性油。

油的平均亚甲基数，可按组成计算，公式如下：

$$平均活泼亚甲基数=(双烯酸分子含量+三烯酸分子含量\times2)\times3$$

计算式中不含单烯烃，是因为孤立的单烯烃中不含活泼亚甲基，双烯烃中有 1 个活泼亚甲基，三烯烃中有两个活泼亚甲基，油分子中含有三个脂肪酸，故式中需乘以 3。

但是对于含有共轭双键的干性油脂，显然是不符合上述规律的，下面以桐油举例。

桐油是一种感性油，它含有共轭双键，干燥很快，油中含有 80% 以上的桐油酸，其结构式如下：

$$CH_3(CH_2)_3=CH—CH=CH—CH=CH—(CH_2)_7COOH$$

共轭酸干燥的机理与前述亚麻酸亚甲基反应交联的机理是不同的，它比非共轭异构体干得快，表面很易起皱。它只需吸收少量的氧即可成膜，氧主要和共轭双键首先形成 1,4-过氧化物：

然后再进一步发生分解和自由基聚合反应。由于由聚合反应形成的交联结构主要是通过碳 – 碳键相连的，一般抗水解性能较非共轭干性油的漆膜好。

表 6-29　几种主要干性油的特性常数

项目	亚麻油	苏籽油	梓油	大麻油
相对密度(25℃)	0.924～0.931	0.930～0.937	0.936～0.944	0.923～0.925
折射率(25℃)	1.477～1.482	1.480～1.482	1.481～1.484	1.478～1.483
酸值(mg/g)	4	5	7	3
碘值(g/100g)	177～204	193～208	169～190	149～167
皂化值(mg/g)	188～196	188～197	202～212	190～193

2. 半干性油

氧化干燥性能界于干性油和非干性油之间的油类。干燥速度比干性油慢得多，但比非干性油快得多，在空气中氧化后仅局部固化，形成并非完全固态而有黏性的膜。碘值约130，例如豆油、糠油、向日葵油等。

3. 非干性油

又称不干性油。在空气中不能氧化干燥形成固态膜的油类。一般为黄色液体，碘值在100以下。主要成分为脂肪酸三甘油酯，如橄榄油含大量的油酸甘油酯，蓖麻油含大量的蓖麻酸甘油酯。在涂料工业中主要用于制备合成树脂和增塑剂，可用作食用油和润滑油，也可用于肥皂、医药等工业中。

五、油脂在涂料中的应用

（1）用在涂料中的油脂除桐油外都是经过加工脱去杂质的精制油。主要指标是色泽浅（一般为格氏颜色比色≤6 号或更低），酸值≤0.5mg/g。

（2）桐油加热制成熟桐油。其他油脂可通过热聚合、氧聚合或用其他单体改性制成加工或改性油使用。

（3）油脂作为涂料成膜物质的特点是常温自然干燥成膜，涂膜柔韧不硬，有一定的耐久性。

（4）油脂作为涂料成膜物质有2 种用途：直接加工配制油性涂料；与其他树脂合用配制油基涂料。

六、油脂基涂料种类

（一）油脂基醇酸树脂涂料

植物油基醇酸树脂是由脂肪酸（或植物油）与多元醇缩聚制得的一类合成树脂，是涂料用合成树脂的主要品种。

醇酸树脂的本质是聚酯，但和通常用于纤维及工程塑料的聚酯不同，它相对分子质量低，无结晶倾向，且一般含有油的成分，所以可称为油改性的聚酯。

醇酸树脂按其干燥特性可分为2 类，一类是通过氧化干燥的，另一类是非氧化干燥的，后者主要用作增塑剂和多羟基聚合物。醇酸树脂是通过缩聚反应由多元醇、多元酸及脂肪酸为主要原料制备的。

多元醇：主要有甘油，也可以是季戊四醇、山梨醇、三羟甲基丙烷及各种二甘醇。

多元酸：只要是邻苯二甲酸或其酸酐、间苯二甲酸、己二酸、马来酸等二元酸，间或也用三元酸如偏苯三酸。

一元酸：主要是蓖麻油、亚麻油、豆油、桐油等植物油中所含的酸。

按干燥特性分类，可分为干性醇酸树酯和不干性醇酸树脂。干性醇酸树脂，含有不饱和脂肪酸成分。涂布在室温与氧的作用下，转变为干燥的涂膜。如亚麻油醇酸树脂、豆油醇酸树脂、桐油醇酸树脂、梓油醇酸树脂等。不干性醇酸树脂：含有相对稳定的脂肪酸基。不与空气中的氧发生氧化聚合，因而不能干燥成膜。可与其他成膜物质混合使用，以改善涂膜性能。如蓖麻油醇酸树脂、椰子油醇酸树脂等。

1. 醇酸树脂的组成与干性

醇酸树脂各组成的配比对性质影响很大，一种简单的等当量的组成是各组分的摩尔比为苯酐:甘油:脂肪酸 = 1:2:4，其结构可以表示为：

$$\left.\begin{array}{l}\text{月桂醇}(670kg)\\ SO_3(300kg)\\ \text{空气}(200m^3)\end{array}\right] \xrightarrow{350℃} \text{硫酸化反应} \xrightarrow{NaOH145kg,\ H_2O1300kg} \text{中和} \longrightarrow \begin{array}{l}\text{月桂醇}\\ \text{硫酸钠}\end{array}$$

其干性指数为：

$$\text{干性指数} = 0.51 \times 4 + 0.09 \times 4 \times 2 = 2.76$$

作为干性油的要求是干性指数大于 2.2，因此上述醇酸树脂可以干燥。虽然豆油是半干性油，通过改性加大了分子，其中的活泼亚甲基增多，变成了干性油。

当然实际上得不到如此理想的线性结构，制备时极易凝胶，这种聚合物分子中亚甲基数非常之高，因此极易干燥。通过亚甲基氧化反应而固化的干燥为实干。醇酸树脂和干性油不同，结构中还含有邻苯二甲酸与醇的聚酯结构。苯环的结构可以提高聚合物的玻璃化温度，因此醇酸树脂中邻苯二甲酸含量增加时，也可以促进油脂的干燥。

通过上述介绍可以知道，醇酸树脂中的油含量对醇酸树脂性能影响很大，油含量以油度表示，定义如下：

$$\text{油度} = \frac{\text{油重量}}{\text{树脂重量}} \times 100\%$$

或

$$\text{油度} = \frac{\text{油重量}}{\text{原料重量} - \text{生成的 }H_2O\text{ 的重量}} \times 100\%$$

式中，油重量可以用脂肪酸量乘以 1.04 代替（当使用 18 碳脂肪酸时）。按油度不同，油酸树脂可以分为长油度（>60%）、中油度（40～60%）和短油度（40%以下）。

2. 油度对醇酸树脂性能的影响

具体影响见表 6-30。

表 6-30　油度对醇酸树脂性能的影响

树脂的性能	油度（%）				
	30	40	50	60	70
溶剂	芳烃溶剂		混合溶剂	脂肪烃溶剂	
凝胶性	←				
硬度（烘干）	←				
干率（常温）			→		
户外耐候性			→		
醇容忍度	←				→
溶解度					→
刷涂性					→
耐水性			→		
贮存稳定性					→
流平性					→
原始光泽	←				
保光性	←				
保色性	←				

3. 醇酸树脂干燥机理及催干剂的分类

醇酸树脂遵循自氧化干燥机理，可分为诱导期、引发期和交联期三个阶段。诱导期内，氧气迁移并溶解到湿涂膜中，然后扩散到树脂或干性油的不饱和双键处；引发期内，顺式双键异构化生成反式双键或共轭双键；交联期内，在催干剂的作用下，过氧化物分解形成交联结构，其中，共轭不饱和双键可能和周围脂肪酸上的不饱和双键发生反应，一些双键(反式双键)被氧化为环氧化合物并发生交联。水性醇酸树脂与溶剂型醇酸树脂具有相同的干燥机理，其水性醇酸树脂的干燥过程又有自己的特点。水性醇酸树脂的相对分子质量较低，溶剂水具有较低的挥发速度和较高的蒸发潜热，加上氧气在水中的溶解度低，氧气的迁移扩散速率较慢，使得水性醇酸树脂的干燥速率比相应的溶剂型醇酸树脂的干燥速率小。干性油的种类、催干剂的种类和含量、施工环境的相对湿度、温度和树脂内溶剂组成等都会影响水溶性醇酸树脂的干燥性能。

为了提高醇酸树脂的干燥效率，通常会加入催干剂。通常根据催干剂的作用机理，可以将催干剂分为 3 种类型：氧化型催干剂(如 Co、Mn、V、Ce、Fe)；聚合型催干剂(如 Pb、Zr、La、Nd、Bi、Sr、Ba)；辅助催干剂(如 Ca、K、Li、Zn)。其中最常用的是钴、钙、锆催干剂系统。

4. 各种因素对油脂基醇酸树脂的影响

(1)分子量和分子量分布。醇酸树脂的分子量与分子量分布和配方、反应的中间控制、制备方法有复杂的关系。

即使酸值相同，由于分子量分布不同，性质差别也很大。分子量分布包含两个内容，一是分子量分布，二是极性基团的分布(如羟基的分布)。通过萃取的方法可以将分子量不同、极性不同的组分分级。

一般低分子量部分往往是非成膜物，除去它们，可以增加干燥速度，避免漆膜起皱，但它们也起增塑剂作用，能稳定高分子量级分。高分子量部分，固化迅速，其中可含有一些微凝胶，有时高分子量级分高的醇酸树脂，黏度不一定高，但流动性反而好，这是因为高分子量的微凝胶不是以真溶液形式存在的。微凝胶可以发展为较大的凝胶粒子，对贮藏稳定性不利，一般含5%的微凝胶比较合适。在生产中可用不同批号混合的办法，使树脂中有合适的微凝胶。

(2)脂肪(或油)和单元酸。在醇酸树脂中最常用的是豆油(或豆油脂肪酸)，以它为标准的话，亚麻油改性其脂肪酸，干燥快，而颜色不好，成本高，黏度也较高；红花油成本高，其干性接近亚麻油，颜色接近豆油；葵花籽油品种差别太大，有的类似豆油，有的则很慢；桐油一般不单独使用，它干燥得极快，易变色，制备时易凝胶，耐碱性也好。蒸馏处理过的妥尔油，和豆油类似，但成本较低；蓖麻油和椰子油是不干性油，但它们制得的醇酸树脂不能自干，中油度的可作为增塑剂和硝基纤维合用，短油度的可用于氨基醇酸漆中的醇酸组分，利用自由羟基进行交联反应。这 2 种不干性油也可和桐油合用制备气干漆。饱和的脂肪酸与合成脂肪酸都可以用于醇酸树脂的制备。

当用蓖麻油时，因其本身带有羟基，溶解度好，可以不经醇解的步骤。脱水蓖麻油和桐油类似，可以用蓖麻油在反应中就地脱水的办法制备脱水蓖麻油的醇酸树脂。

(3)多元醇。多元醇除甘油以外可以用季戊四醇二聚体、三聚体、三羟甲基丙烷、山梨醇等。季戊四醇是四官能度化合物，为了避免凝胶，加入的多元醇摩尔数大于二元酸摩尔数。加入等摩尔的苯甲酸可以将季戊四醇的官能度调至 3，也可以用乙二醇来调节官能度，乙二醇和季戊四醇合用不仅可以降低成本，而且和甘油相比，酯化速度也加快了。山梨醇是一个含有 6 个羟基的羟基多元醇，在高温下可以发生分子内的醚化：

实验结果证明，它可以作为四官能度的多元醇。

（4）多元酸。苯酐是最常用的二元酸，也可用间苯二甲酸。两者相比，后者性能较好，但价格较高。

邻苯二甲酸的酯有邻近基团效应，当 pH 在 4～8 的范围内，抗水解性能差。对苯二甲酸是对称的二元酸，其酯易结晶，溶解性能差；但链段僵硬，Tg 高，干燥速度快。马来酸酐是带双键的二元酸，它参加反应后，在分子中引入了容易与烯类单体共聚合的双键。

5. 植物油基醇酸树脂的应用

醇酸树脂涂料，具有原料众多、价格便宜、低污染、工艺及设备简单、品种多样等优势，在日常生产生活中有极其广泛的应用。

（1）木器装饰领域。水溶性醇酸乳液型涂料作为木器装饰涂料，是由一定相对分子质量的醇酸树脂经乳化工艺制得的。该树脂相对分子质量小，渗透性强，不需要添加成膜助剂便可渗透到木材中，降低了 VOC 排放量。作为水性环保型木器涂料，若能减少储存过程中产生的小分子，提高其干燥效率和乳液稳定性，醇酸树脂能得到很大的市场份额。

（2）建筑领域。在建筑领域，醇酸树脂涂料应用历史悠久，需求量巨大。目前国内的内、外墙涂料以中低档水性涂料为主，在高档产品的研发和市场推广方面不足。丙烯酸改性的水性醇酸树脂涂料光泽度高，实干时间(6～8h)较短、保光保色性优于传统醇酸树脂，具有良好的涂装效果，并且涂膜性能良好，易刷涂施工，是目前国内最佳的民用漆品种。

（3）汽车工业。汽车涂料产量占涂料总产量的 15.20%，在涂料工业中占有举足轻重的地位。美国颁布了加利福尼亚 RULE.66 法规和大气净化法后，世界众多国家的汽车涂料研制与开发迫于环保压力开始向水性化发展。在我国，水性醇酸树脂涂料早已在阳极电泳底漆中得到应用，但还需要得到进一步发展。国外车身涂料底漆用的主要漆基就包括各种改性的醇酸树脂、环氧树脂等优质的水溶性树脂。

（4）铁道车辆。近年来，铁道车辆的涂料档次和涂装工艺水平有较大的提高。曹立安等研制可以高压无气喷涂，并且一次厚涂成膜的水溶性厚浆醇酸树脂漆，涂膜具有良好的耐候性、耐腐蚀性和物理机械性能。王其超等将一次成膜厚度提高至 U250Ftm 不流挂，应用前景较好。

（5）船舶工业。醇酸树脂涂料一直是水上部位(尤其是甲板)的主用涂料，并且已经实现水性化。在所有船舶涂料品种中，醇酸防锈漆和醇酸船壳漆也一直是近 20 年来我国海洋船舶用漆的主流品种。苯乙烯改性的醇酸树脂涂膜由于具有较好的耐水性一直是我国内河船舶漆的首选产品。美国海军则以有机硅改性醇酸树脂为主。

(二)植物油基聚氨酯涂料

聚氨酯是聚氨基甲酸酯的简称，它和其他聚合物的名称不同，其结构单元并非完全是

氨基甲酸酯，而是指聚合物中含有相当量的氨基甲酸酯键： $-N-C-O-R-$

植物油是廉价的来源广泛的可再生原料，特别是天然含羟基的蓖麻油很早就在聚胺基甲酸酯(PU)工业中得到了应用。有关植物油基 PU 的研究主要集中在聚合物互穿网络(IPNs)方面，至今仍方兴未艾。将含羟基的植物油或羟基化的植物油作为多元醇制备水性聚氨酯(WBPU)完全符合环境保护的目的，是大有发展前途的环境友好产品，但这方面的开发与研究工作目前仍十分有限。一些专利和文献采用蓖麻油或醇开环的环氧化脂肪酸酯和其他多元醇合成水性聚氨酯皮革涂饰剂或校平器涂料；部分脱水的蓖麻油(羟值 90 ~130)和其他多元醇制备的 WBPU 成膜后有一定的干性；合成聚酯多元醇时用一些植物油脂肪酸可以降低黏度，侧脂肪碳链有内增塑作用；用脂肪酸使环氧树脂开环可以得到干性油改性的环氧树脂多元醇，所得 WBPU 成膜后有很好的干性和耐腐蚀性；脂肪酰氯与 N, N-二烷醇胺反应得到脂肪酰胺二元醇可用于制备 WBPU 气干涂料。

1. 植物油聚氨酯的种类

(1)蓖麻油基聚氨酯涂料。蓖麻油(CO)是世界上 10 大油料和 4 大不可食用的油料作物之一，是一种天然脂肪酸的甘油三酸酯，主要成分为蓖麻油酸(89%~91%)，其次为油酸，亚油酸，是植物油中唯一含有羟基的植物油。该三甘油酯中有 75% 左右的含 3 个蓖麻酰基，其余 25% 的三甘酯主要含 2 个蓖麻酰基和一个其他长链脂肪酰基。蓖麻油的羟值约 163mg/g，羟基含量 4.94%，羟基当量 345，按羟值计算蓖麻油含 70% 的三官能度和 30% 二官能度。蓖麻油的羟基平均官能度为 2.7 左右，属于不干性油。蓖麻油的应用价值和发展前景一直为人们所关注，因价格低廉来源丰富而广泛用于制备水性 PU 树脂、PU 清漆、PU 底漆。

蓖麻油基多元醇改性水性聚氨酯　蓖麻油以其组成和结构特征为它在化学加工中提供了无限广阔的发展前景，价格低廉，来源丰富，更加扩大了它的应用范围。在聚氨酯的应用中，主要是将其作为多羟基多元醇，从分子结构角度来看蓖麻油比一般用于聚氨酯的酯多元醇所含的酯键要少，而且不含聚醚多元醇中的醚键。其本身及其衍生物都是具有各种官能度的多羟基化合物，将蓖麻油代替聚酯(醚)多元醇合成聚氨酯，不仅可提高聚氨酯的交联度，还改善了涂膜的耐热性和耐化学品性。

$$CH_2OCO(CH_2)_7CH=CH-CH_2-\overset{\overset{\displaystyle OH}{|}}{CH}-(CH_2)_5-CH_3$$

$$CHOCO(CH_2)_7CH=CH-CH_2-\overset{\overset{\displaystyle OH}{|}}{CH}-(CH_2)_5-CH_3$$

$$CH_2OCO(CH_2)_7CH=CH-CH_2-\overset{\overset{\displaystyle OH}{|}}{CH}-(CH_2)_5-CH_3$$

蓖麻油结构式

　　蓖麻油基互穿网络（IPN）聚合物改性水性聚氨酯　蓖麻油分子中既含有羟基，又含有双键，是一种含有双活性官能团的植物油脂。它具有较高的化学活性，既可与氰羟聚合，也易与含双键单体（如苯乙烯、甲基丙烯酸甲酯、丙烯腈、丙烯酸或环氧树脂等）预聚物混合，进行互不干扰的平行反应，而且相对廉价，成为制备 IPN 聚合物最有发展前途的理想原料之一。目前蓖麻油 IPN 聚合物的制备方法主要有同步聚合法和顺序聚合法。同步聚合法是将 2 种或多种单体线性齐聚物放置于同一反应器中，再加入催化剂和引发剂，通过各自不同类型的聚合反应形成各自的网络或线性大分子，并同步互穿形成网络；而顺序聚合法是首先合成一种交联聚合物网络，然后将合成另一种聚合物所需要的单体、交联剂和引发剂等，在前一种聚合物网络中溶胀，并形成自己的分子链。

　　2. 其他植物油基聚氨酯涂料

　　除了蓖麻油以外，大多数植物油的结构差异仅仅在不饱和度和不饱和键的共轭程度，它们的化学性质相近，特别是常用的亚麻油、大豆油、玉米油、菜籽油等，化学改性机理基本一致。在合适的条件下，将植物油分子链上的不饱和双键进行环氧化处理，然后在催化剂作用下与醇或酸等带有活性氢的化合物进行羟基化反应引入羟基结构，制备出具有一定官能度和相对分子质量的多元醇。

　　（1）亚麻油改性水性聚氨酯。亚麻油主要成分为亚麻酸，占组成的 60% 左右，是一种天然干性油。涂膜的强度较高，不软化，未经处理的亚麻籽油则不能满足合成水性聚氨酯树脂的要求。所以，必须对其进行胺解、醇解，产生可反应的基团，并且得到官能度明确的亚麻籽油衍生物。而经过处理的亚麻油具有三羟基官能团结构，可以与异氰酸根反应生成交联结构的树脂，可使材料的耐水性和耐溶剂性等性能得到显著提高，广泛应用于涂料、油漆、油墨和印刷等行业，成为高分子聚合物科研工作者关注的热点。

　　（2）大豆油改性水性聚氨酯。大豆油的主要成分为脂肪酸甘油酯，包括棕榈酸、硬脂酸等饱和脂肪酸以及亚油酸（50%~55%）油酸和亚麻酸等不饱和脂肪酸，从结构上看，大豆油结构中主要有 2 个反应点，即羧基酯基团和不饱和脂肪酸的双键，使用多元醇（如甘油、山梨醇等）与植物油的羧基酯基团进行酯交换，可制得醇解产物；植物油分子链上的不饱和双键则先进行环氧化，然后在催化作用下进行羟基化开环引入羟基结构。但是单一的大豆油改性所合成的材料，已经无法满足当今工业对材料性能的要求，很多研究者就聚醚、聚丙烯酸酯等与环氧大豆油型多元醇共混作为水性聚氨酯的软段，使涂膜性能有很大的改善，得到柔软、耐水性较优、粘接性能良好的水性聚氨酯产品。

　　（3）菜籽油改性水性聚氨酯。菜籽油属于不饱和混合脂肪酸甘油三酯，主要成分为芥酸（41%~55%），分子式为 $CH_3(CH_2)_7CH=CH(CH_2)_{11}COOH$。其他成分有油酸、亚油酸、亚麻酸等。芥酸分子结构的双键活性较高，在一定条件下可通过环氧开环、醇解得到菜籽油型多元醇。

　　3. 原料对 PU 的影响

　　（1）异氰酸酯（IC）。一般采用预聚体混合法制备 WBPU，端 - NCO 预聚体分散后在水中用胺扩链，所以 IC 与水的反应活性是必须要考虑的因素。- NCO 与水反应虽然也能得到脲基，但最终产品的性能明显低于胺扩链后得到的产品，因为用水扩链时两个 - NCO 基团才得到一个脲基，而用胺扩链时每一个 - NCO 基团就能得到一个脲基。

　　IPDI 为 3-异氰酸酯基亚甲基-3，5，5-三甲基环己基二异氰酸酯的简称，其工业品是含顺式异构体(占 75%)和反式异构体(占 25%)的混合物。IPDI 是不黄变脂肪族异氰酸酯,反应活性比芳香族异氰酸酯低,蒸汽压也低。

(2)多元醇(polyols)。WBPU 中最常使用的多元醇是聚醚型和聚酯型多元醇。以聚酯多元醇制备的 PU 中软段的羰基更易和硬段中的 –NH 形成氢键作用,利于软、硬间的微相混合,再加上软段易于结晶,使聚酯型 PU 的机械性能较好;而聚醚型 PU 中氢键主要在硬段之间形成,利于微相分离和硬段的结晶,除断裂伸长率和耐水性外,总体性能与聚酯型 PU 有较大差距。聚酯多元醇的黏度较大。制成预聚物后的黏度更大,这对水分散过程非常不利,但是此体系软段的结晶性好,试样的机械性能好。20 世纪 80 年代以后,以天然产物及其衍生物等可再生资源为基础获得的聚合物重新获得了广泛关注。

(3)扩链剂。为便于讨论,扩链剂仅指不带可离子化基团的小分子多元醇和胺。胺类是更常用的扩链剂,特别是脂肪胺与 –NCO 的反应速度比水与 –NCO 的反应速度快得多,这才使得预聚体混合法制备 WBPU 成为可能。Kim 等考察了不同官能度胺类扩链剂的影响,随着扩链剂官能度的增加,PU 的交联密度增加,提高了硬段微区的内聚能,对软、硬段的微相分离有利。Frisch 等(植物油基聚酯酰胺多元醇的制备及其在水性聚氨酯中的应用)分别以六亚甲基二胺、乙二胺、肼作为扩链剂,考察扩链剂链长的影响,发现玻璃化温度(Tg)与链长无关,而硬段的结晶度随扩链剂链长的增加而提高。Lee 等用刚果红(带两个胺基)作为扩链剂,成功合成了含染色基的 WBPU 分散液,并发现刚果红的疏水性使乳液的表面张力下降。

第五节　植物油基环氧增塑剂

一、环氧化油脂

环氧化油脂称环氧油,它是以植物油为原料,在催化剂作用下,用环氧化试剂与油脂反应而制得。环氧化油脂可用作塑料增塑剂,具有无毒、稳定性好的特点。

二、原理

油脂结构中的不饱和键被打开,与活性氧相接而生成具有环氧环化合物的反应,称油脂的环氧化。含有不饱和键的油脂,在一定条件下可以与过氧酸反应,在双键上形成含氧三元环。天然油脂主要利用植物油分子链中的双键进行环氧化。

首先乙酸在催化剂作用下与过氧化氢反应生成过氧乙酸,水相中的过氧乙酸扩散转移至有机相与油脂中的不饱和双键反应生成环氧大豆油,而有机相中生成的乙酸又扩散至水相重新与过氧化氢反应生成过氧乙酸。

$$CH_2—O—CO—(CH_2)_7—CH=CH—R$$
$$CH_2—O—CO—R_1 \qquad + HCOOOH \longrightarrow$$
$$CH_2—O—CO—R_2$$

$$\begin{array}{l} \mathrm{CH_2-O-CO-(CH_2)_7-\underset{H}{C}\overset{\displaystyle O}{\diagdown\!\!\diagup}\underset{H}{C}-R} \\ \mathrm{CH_2-O-CO-R_1} \qquad\qquad\quad + \mathrm{HCOOOH} \\ \mathrm{CH_2-O-CO-R_2} \end{array}$$

在形成含氧三元环的同时，有如下副反应产生：

$$\begin{array}{l} \mathrm{CH_2-O-CO-(CH_2)_7-\underset{H}{C}\overset{\displaystyle O}{\diagdown\!\!\diagup}\underset{H}{C}-R} \\ \mathrm{CH_2-O-CO-R_1} \qquad\qquad\quad + \mathrm{HCOOOH} \longrightarrow \\ \mathrm{CH_2-O-CO-R_2} \end{array}$$

$$\begin{array}{l} \mathrm{CH_2-O-CO-(CH_2)_7-\underset{H}{\overset{OH}{C}}-\underset{H}{\overset{OCOCH_3}{C}}-R} \\ \mathrm{CH_2-O-CO-R_1} \\ \mathrm{CH_2-O-CO-R_2} \end{array}$$

$$\begin{array}{l} \mathrm{CH_2-O-CO-(CH_2)_7-\underset{H}{C}\overset{\displaystyle O}{\diagdown\!\!\diagup}\underset{H}{C}-R} \\ \mathrm{CH_2-O-CO-R_1} \qquad\qquad\quad + \mathrm{R_3-OH} \longrightarrow \\ \mathrm{CH_2-O-CO-R_2} \end{array}$$

$$\begin{array}{l} \qquad\qquad\qquad\qquad\qquad\quad \mathrm{\underset{\diagup\,\,\diagdown}{\overset{R_3}{HC}}} \\ \qquad\qquad\qquad\qquad\qquad \mathrm{O\qquad O} \\ \mathrm{CH_2-O-CO-(CH_2)_7-\underset{H}{C}\diagdown\!\!\diagup\underset{H}{C}-R} \\ \mathrm{CH_2-O-CO-R_1} \\ \mathrm{CH_2-O-CO-R_2} \end{array}$$

$$\begin{array}{l} \mathrm{CH_2-O-CO-(CH_2)_7-\underset{H}{C}\overset{\displaystyle O}{\diagdown\!\!\diagup}\underset{H}{C}-R} \\ \mathrm{CH_2-O-CO-R_1} \qquad\qquad\quad + \mathrm{R_4-OH} \longrightarrow \\ \mathrm{CH_2-O-CO-R_2} \end{array}$$

$$\begin{array}{l} \mathrm{CH_2-O-CO-(CH_2)_7-\underset{H}{\overset{OH}{C}}-\underset{H}{\overset{OR_4}{C}}-R} \\ \mathrm{CH_2-O-CO-R_1} \\ \mathrm{CH_2-O-CO-R_2} \end{array}$$

三、常用原料性质

常用原料性质见表6-31。

表6-31　常用原料油性质

植物油名称	碘值（g/100g）	理论环氧值（%）
蓖麻油	82～90	4.96～5.93
光皮树油	100～125	6.01～7.2
亚麻仁油	170～204	9.67～11.9
红花油	140～150	8.11～8.63
大豆油	120～141	7.03～8.16
玉米油	102～128	6.09～7.44
棉籽油	99～113	5.87～6.65
菜籽油	97～108	5.76～6.37
花生油	84～100	5.03～5.93

四、常用氧化剂及还原产物

常见氧化剂及还原产物见表6-32。

表6-32　常用氧化剂及还原产物

氧化剂	氧化活性（%）	副产物
$PhIO$	7.3	PhI
$NaIO_4$	7.5	$NaIO_3$
$Me_3SiOOOSiMe_3$	9.0	$Me_3SiOOOSiMe_3$
$m\text{-}ClC_6H_4COOOH$	9.3	$m\text{-}ClC_6H_4COOH$
$KHSO_5$	10.5	$KHSO_4$
$C_5H_{11}NO_2(NMO)$	13.7	$C_5H_{11}NO(NMO)$
$NH_2CONH_2 \cdot H_2O_2$	16.0	NH_2CONH_2，H_2O_2
$t\text{-}BuOOH$	17.8	$t\text{-}BuOH$
CH_3COOH	21.1	CH_3COOH
$NaOCl$	21.6	$NaCl$
CrO_3	24.0	Cr^{3+}
HNO_3	25.0	NO_X
$KMnO_4$	30.4	Mn^{2+}
O_3	33.3	O_2
N_2O	36.4	N_2
H_2O_2	47.1	H_2O
O_2	100.0	$-/H_2O$

五、环氧化油脂的制备工艺和方法

（一）环氧化油脂的制备工艺

1. 溶剂法生产工艺

传统的工艺以苯（或其同系物）为溶剂、以硫酸为催化剂，大豆油、甲酸、硫酸和苯配制成混合液，在搅拌下滴加双氧水进行环氧化反应；反应完成后静置分离废酸水，油层用稀碱液和软水洗至中性；油水分离后将油层进行蒸馏，蒸馏出苯、水混合物经冷凝分离，苯回收重复使用，釜液进行减压蒸馏，截取成品馏分，其工艺流程复杂，环境易受污染，产品质量差，基本被淘汰，其工艺流程见图6-18。

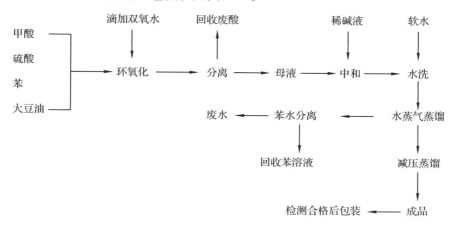

图6-18 传统环氧大豆油工艺流程

2. 无溶剂法生产工艺

在不加任何溶剂的条件下，向环氧化釜中加入天然植物大豆油。甲酸或乙酸在催化剂作用下与低浓度的过氧化氢反应生成环氧化剂，在一定的温度时间、配比等条件下，将环氧化剂滴加到大豆油中因整个体系为放热反应，因此要用冷却水来控制反应温度，使其在60~70℃之间进行环氧化反应。反应结束后，静置分层，分去母液后用稀碱液进行碱洗、水洗至中性，油层抽至脱水釜中，真空减压蒸馏脱除油中所含水分后，即可得到一种新型环氧大豆油产品，其工艺流程见图6-19。该工艺不用溶剂，流程短，反应温度低，反应时间短，副产物少，产品质量高，经有关单位测试和环氧大豆油用户的对比试验，认为该产品质量与日本进口的环氧大豆油接近，可以部分代替DOP（邻苯二甲酸二辛酯）的作用，也可以用于环氧涂料和环氧树脂的生产行业，同时还具有表面活性剂、分散剂的作用。而且，在PVC加工过程中，环氧大豆油不产生有毒烟雾，不污染环境，不伤害人体。具体工艺有：过氧羧酸氧化法、无羧酸催化氧化法。

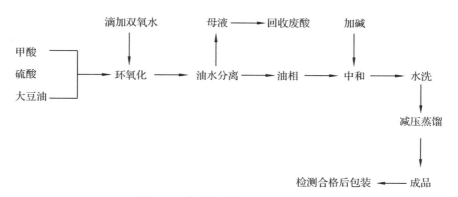

图6-19 新型环氧大豆油工艺流程

（二）环氧化油脂的制备方法

1. 过氧羧酸氧化法

本工艺是有机羧酸与双氧水在催化剂作用下，反应生成过氧酸环氧化剂，再与大豆油进行氧化反应生成环氧大豆油。在环氧化反应过程中，环氧化剂有 2 种制备方法：一是事先制备过氧酸法：先让有机羧酸与双氧水作用生成过氧酸，然后将过氧酸滴加到大豆油中进行环氧化反应；二是就地制备过氧酸法：先将大豆油和有机羧酸投入反应器中，再滴加双氧水进行环氧化反应。物料在一定温度内反应完毕后，粗产物以稀碱中和，再用软水洗涤、减压蒸馏、压滤后得到产品。该生产工艺流程简单，反应温度低，生产周期短，副产物少，后处理工艺简单，产品质量好，达到国标要求。由于甲酸的效果优于乙酸，目前大多数生产企业都采用甲酸作为环氧化的活性载氧体，基本上取代了以苯作溶剂的生产工艺，改善了工人的生产环境，解决了溶剂苯毒性对产品的污染问题，并克服了溶剂法的生产设备多、成本高、"三废"处理量大等缺点，使产品质量明显提高，如稳定性由溶剂法的 60%～80% 升至 95% 以上。无溶剂法比溶剂法取得了很大技术进步，各种催化剂法具有不同的优缺点。

（2）浓硫酸催化法。该催化法由来已久，工艺成熟，目前工业上得到最广泛应用。其缺点主要体现为：①过氧酸容易发生分解，反应过程大量放热，温度变化幅度大，造成环氧化反应稳定性较差，促进环氧基开环，副产物增加，产品环氧值降低；②环氧化反应在酸性体系进行，导致产品色泽较深，后处理工艺较为复杂；③反应釜及管道被浓硫酸严重腐蚀，不适应工艺要求，控温困难，容易发生"冲料"甚至爆炸，安全性不够高，单釜生产能力小。为克服此工艺的缺点，在反应体系中已有羧酸存在时，不需要再加入硫酸等酸性催化剂，只须添加以尿素为主要成分的稳定剂就能生成过氧酸，可取得较好的高质低耗产品。

（2）离子交换树脂催化法。强酸性阳离子交换树脂也是常用的催化剂。阳离子树脂催化逆流法生产环氧大豆油，较好地解决了硫酸催化法的缺点，其不足之处是树脂必须严格预处理，操作复杂，环氧化时间较长，成本也较高。阳离子树脂可以再生重复使用，当树脂活性显著下降时，用 95% 乙醇回流洗涤 2 h，水洗、烘干，然后再对树脂进行预处理，使树脂的催化活性得到恢复，回收再利用。

（3）硫酸铝催化法。用硫酸铝作催化剂，可得到满意的产品，环氧值为 6.2%，酸值低于 0.5mg KOH/g。该工艺反应活性高，后处理容易，收率高达 96%，催化剂成本也低于离子交换树脂。不足之处是催化剂中 Fe^{2+} 含量过高，对双氧水的分解起催化作用，引起物料温度急剧升高，难以控温，不利于环氧化反应的进行。

（4）相转移催化法。反应体系中添加相当于油质量 1.0% 的复合型相转移催化剂（亦称氧转移剂），帮助水相的活性氧能够顺利转移至有机相的不饱和键上，使环氧化反应速度加快一倍以上，且环氧值显著升高，碘值和酸值均明显降低。

（5）杂多酸（盐）催化法。以杂多酸（盐）为催化剂，甲酸和双氧水反应生成的过氧甲酸为环氧化剂制备环氧大豆油。该法具有工艺过程简单，反应时间短，产品环氧值高、色泽浅、酸值低等优点。实验表明，大豆油最佳反应时间为 3.5h，最佳反应温度为 45℃，环氧大豆油产品环氧值 6.6%，碘值 4.4g/100g，酸值小于 0.2mg/g，色泽低于 250 号，环氧值保留率达 99%。杂多酸催化剂 CPW 不溶于水，过滤后可重复使用。

2. 无羧酸催化氧化法

在无羧酸条件下，以乙酸乙酯为溶剂，磷钨化合物、甲基三辛基硫酸氢胺为相转移催化剂，用过氧化氢作氧化剂直接将大豆油进行环氧化反应合成环氧大豆油。实验表明，采用磷钨化合物（WPC）为催化剂，乙酸乙酯为溶剂，在体系溶液 pH 为 2，60℃条件下反应 7h，得到产品的环氧值、碘值和酸值分别为 6.28%、5.80g/100g、0.3mg/g，色泽（Pt – Co）为 250～300 号，均达到了国标一级品的质量标准，减少了副产物生成量。本工艺避免使用有机羧酸，有效解决了过氧酸介入带来的危害。不过所使用的溶剂具有易燃易爆特性，生产过程存在危险隐患，生产工艺也不够成熟。

环氧基团具有非常高的反应活性，能够发生多种亲电、亲核开环副反应，因此，随着环氧化反应的进行，将同时发生环氧键的生成与断裂，致使环氧大豆油产品质量不佳。为此，选择适宜的工艺条件，优化工艺参数，抑制开环副反应发生，从而得到理想的环氧大豆油产品是关键所在。

3. 酶法催化合成 EPO

迄今为止，固定脂肪酶 Novozym 435 是催化过氧化反应最为有效的催化剂。酶在溶剂如甲苯中比较稳定，反应 15 次后其活性仍然可达 75%。最近，Orellana-Coca 在无溶剂条件下制备了环氧油酸及其甲酯，合成体系环境友好。然而，优化工艺条件后酶活性明显降低，失去回收价值。Tornvall 发现，在此体系下，控制好温度和 H_2O_2 滴加量是保持酶高稳定性的关键，从而将酶有效回收。

此外，生物酶法也是酶法制备 EPO 研究的热点。以疏水性膜为载体固定过氧酶，TB-HP 为氧源下油酸的环氧化，产率可达 80%，而用 H_2O_2 时产率却仅有 33%。在亚油酸的环氧化反应过程中，单环氧基团完全形成后才会出现双环氧结构。然而，反应中过氧酶的活性及对反应的选择性及转化率还不高，尚需要做大量的研究。

六、典型环氧油的制备

1. 环氧化大豆油

（1）两步氧化法。将 300kg 冰醋酸和 3kg 浓硫酸在室温下与 34kg 双氧水（含量 50% 左右）慢慢混合，为防止温度升高过快，需控制加料速度，合成的过氧乙酸的转化率为 85%～90%。在搪瓷反应釜内投入 70kg 过氧乙酸，加 3.5kg 乙酸钠，以中和过氧乙酸中的硫酸，然后缓慢加入 70kg 大豆油，搅拌。反应釜夹套用冰水冷却，将温度控制在 28～31℃之间，最后允许升温到 45℃反应 3h。反应完毕后，用水稀释，分出油层，用碳酸氢钠洗涤，最后用水洗。水洗后产物减压蒸去水分，即得环氧大豆油产品。

（2）直接氧化法。先将大豆油 100kg 冰醋酸 10.5kg 和苯 35kg 混合，再将浓硫酸 2.3kg 与 67kg 氧水（含量 40%）混合，然后将硫酸与双氧水向大豆油混合物中缓慢加入，反应温度保持在 56～57℃。反应一定时间后测定碘值，碘值降到 6 以下后，停止环氧化反应，静置分层。放出废酸水，用弱碱和水分别洗涤油层至中性，用水蒸气蒸馏出水混合物，最后再进行减压蒸蒸馏即得成品环氧化大豆油。

2. 环氧乙酰蓖麻油酸甲酯

首先将定量的氢氧化钠和甲醇加入醇解釜中，开动搅拌，在升温下加入定量的蓖麻油，维持反应温度在 70℃左右并反应 5h 后，加入一定量的磷酸进行中和，中和温度控制在30℃左右，终点 pH 为 5~6。中和达终点后，将醇解釜升温蒸出甲醇。然后将反应液放入洗涤罐，先静置分去浓甘油，然后再加入一定浓度的食盐水搅拌洗涤，水洗温度控制在 30~35℃，静置并分出甘油水，反应液待用。将脱除甘油水的蓖麻油酸甲酯反应液用泵打入减压蒸馏釜中，蒸出蓖麻油酸甲酯并放入接收罐中。然后将蓖麻油酸甲酯用泵打入乙酰化釜中，再投入一定量的乙酐，开动搅拌，升温并维持反应在 150℃ 左右，90min 后反应完毕。然后旋蒸出生成的乙酸，再用水洗掉残余的乙酸，静置分层即得粗乙酰蓖麻油酸甲酯。将粗酯打入环氧化反应釜中，再加入定量的苯，升温至 45℃ 左右，然后将配置好的过氧甲酸溶液在 2h 内均匀地滴加至釜中。滴加完后再搅拌，恒温反应 4h。反应完毕后用水洗一次，再用定量的氢氧化钠和食盐溶液进行中和，中和温度控制在 20~50℃。中和分层后用水洗一次，静置分层。分层后的油相在一定条件下进行减压蒸馏脱除苯，即得产品环氧乙酰蓖麻油酸甲酯(图 6-20)。

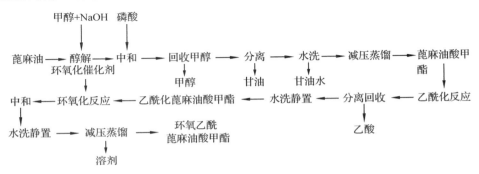

图 6-20　典型环氧油的制备流程

七、影响环氧化的因素

1. 配比的影响

适宜的原料配比是提高环氧化反应效率的前提条件，双氧水加料量可根据油脂碘值来确定。按照碘值定义和环氧化反应方程式，理论上双氧水加入量应是 100g 油脂加入双氧水量(g)为：

$$双氧水量(g) = \frac{碘值 \times 双氧水相对分子质量}{碘的相对分子质量} \times \frac{1}{\omega}$$

式中：ω 为双氧水的质量分数(%)。

确定了双氧水量后，再按反应式确定冰醋酸的量和硫酸加入量。考虑到可逆反应和其他因素，实际用量应大于理论计算用量。

如果双氧水、冰醋酸和硫酸用量不足，则环氧化反应不完全，环氧值下降；如果过量则易引起副反应。如双氧水、冰醋酸和硫酸用量过大，反应时间过长，会引起环氧化物水解生成二羟基化合物。二羟基化合物脱水可生成不饱和羟基化合物或重排成饱和酮化合物，而羟基化合物分子之间脱水会生成相对分子质量比环氧油更大的二聚醚类化合物，该化合物呈蜡状，能产生乳白混浊现象。双氧水用量过多或者双氧水的滴加速度过快，可导致以下副反应：

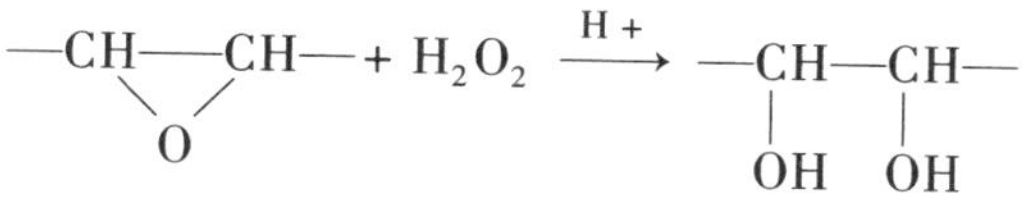

—CH—CH— + H_2O_2
H +
—CH—CH—
O
OH OH

若乙酸用量过多，会有以下副反应：

—CH—CH— + CH_3COOH
H +
—CH—CH—
O
OH OCOCH$_3$

这些副反应均使环氧值降低，因此控制好冰醋酸、双氧水用量十分重要。催化剂用也要适当，过多造成浪费。文献报道，环氧化大豆油生产时宜采用的原料摩尔比是大豆油：双氧水：有机酸为1.0∶1.1∶0.35。

2. 油脂的影响

不同品种的油脂，环氧化后其环氧值不同。对同种类的油脂来讲，未精炼的毛油与精炼过的成品油，环氧化后其环氧值也有差异。精炼过的油脂在同一条件下环氧化，其环氧值远大于未精炼的油脂。毛油中含杂质较多，即使经碱炼后的油，若油皂分离不好，皂脚残留于油中，则会导致环氧油水洗时形成w/o型乳液，使油水分离困难，同时在减压蒸馏时，脂肪酸皂还会引起液泛。因此环氧化用的油脂最好经脱胶、脱蜡、脱酸、脱色等处理。

3. 温度的影响

环氧化反应中有过氧化物存在，所以反应温度不宜高。温度过高过氧化物分解，易发生爆炸，而且双氧水也易分解失效，同时还会发生副反应使环氧值、碘值和收率均下降。若反应温度过低，反应进行缓慢，不利于环氧化反应的进行。

在环氧化反应后期，如果反应温度过高，反应时间过长，这时的H^+浓度也较大（过氧乙酸分解为乙酸的原因），会产生以下几种副产物或中间产物：

OH OH
H OCOCH$_3$
O H
OH O—OH

OH-
H+
3n
n

这些副产物经后纯化工艺后，还能够发生脱水等反应：

减压
脱水
OH OH
O

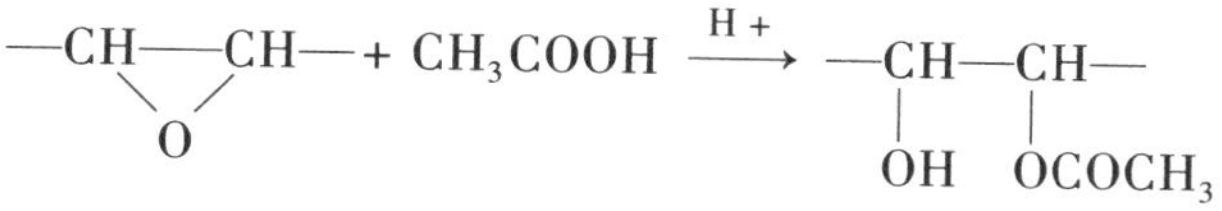

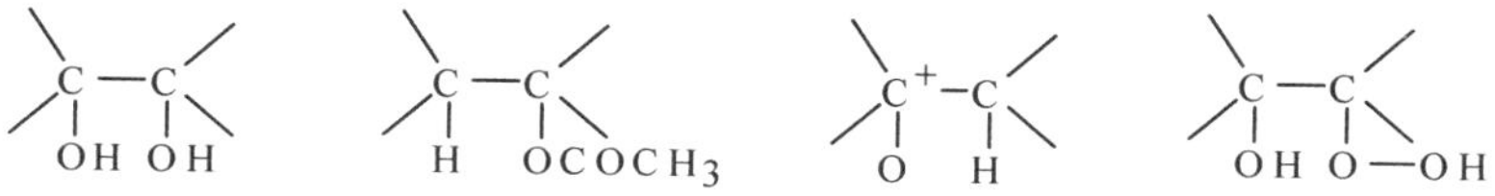

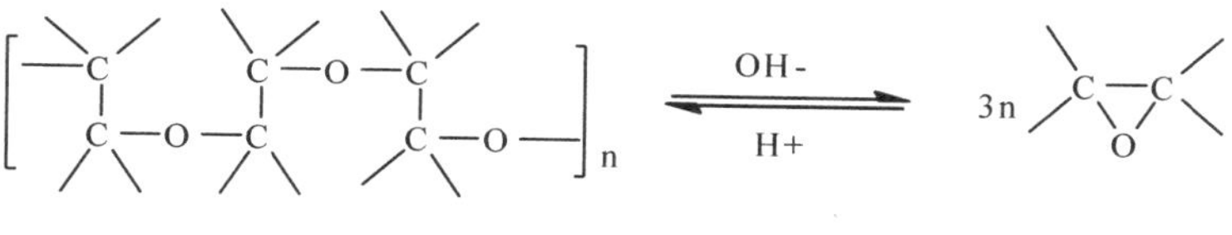

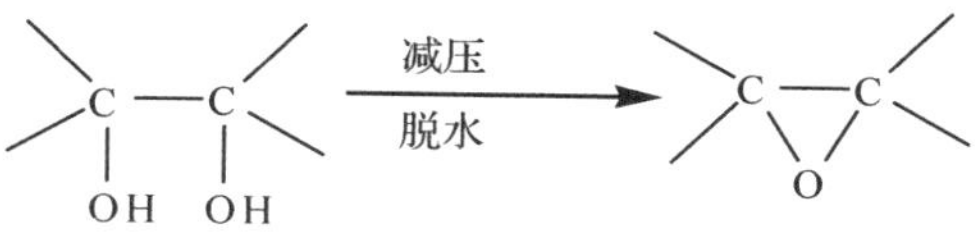

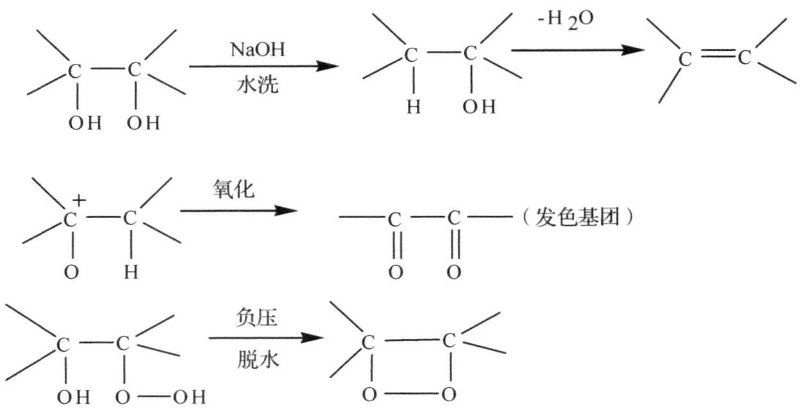

反应式一：二元醇 $\xrightarrow[\text{水洗}]{\text{NaOH}}$ 中间体（含 H、OH）$\xrightarrow{-H_2O}$ 烯烃（C=C）

反应式二：碳正离子中间体（含 O、H）$\xrightarrow{\text{氧化}}$ —C—C—（发色基团，含两个 C=O）

反应式三：含 OH 和 O—OH 的化合物 $\xrightarrow[\text{脱水}]{\text{负压}}$ 过氧化物（含 O—O）

由于上述副产物的存在，导致假性环氧值很高，同时引起产品颜色加深。因此，环氧化反应控制温度十分重要，65℃是环氧基团开始开环的温度。一般来讲，双氧水可在50℃左右开始滴加，控制滴加速度，温度升高不应超过2℃，而后稍稍平稳升温，宜在59～65℃保持一定时间。

4. 碱洗的影响

为了中和环氧油中的残酸，一般采用氢氧化钠碱洗。所用碱量由产品酸值决定，如果碱量过大，易发生乳化现象。碱液含量一般为5%左右，碱洗时，碱液温度与环氧油温度相近。

5. 搅拌的影响

环氧化反应是一个均相反应，搅拌的速度过快或过慢都会影响环氧化反应的速度和环氧化反应进行的效率。一般来说，在反应初期，搅拌要稍快些，而在反应后期，搅拌要稍缓些。

6. 反应时间的影响

如果反应时间短，环氧化反应进行不完全；反应时间过长，会导致副反应发生，影响产品的收率和产品质量。

八、环氧化油脂的用途

环氧化油脂主要用作聚氯乙烯等高分子聚合材料的增塑剂，它与聚氯乙烯有较好的相溶性。20世纪80年代后，世界PVC产量以每年5.8%的速度递增，对增塑剂的需求量随之增加，而且对增塑剂的质量也提出了更高的要求。目前大量使用的邻苯二甲酸二丁酯及二辛酯、环氧十八烯酸酯增塑剂的性能不及环氧化油脂。

由于环氧化油脂是一类含有三元环氧基结构的化合物，不仅对聚氯乙烯起增塑作用，同时还能迅速吸收因热和光的降解作用而放出的氯化氢，氯化氢会加速聚氯乙烯塑料老化变质。环氧化油脂作为氯化氢清除剂，使自动催化的老化变质作用降至最小，阻止了聚氯乙烯塑料的连续分解，其突出特点是无毒、稳定性好。

环氧化油脂还能与聚酯类增塑剂协用，对减少聚酯的迁移有显著的协同效应。它还能与有机金属盐稳定剂产生协同效应，从而降低其他助剂的用量。由于环氧化油脂是耐热、耐寒、无毒塑料增塑性，可用于食品和医药包装材料，其需求量增加很快，已占环氧增塑剂的一半以上。

主要参考文献

1. Krawczyk T. Biodiesel-Alternative fuel makes inroads but hurdles remain[J]. Inform, 1996, 7: 801 – 829.

2. Shay E G.. Diesel fuel from vegetable oils status and opportunities[J]. Biomass Bioenerg, 1993, 4: 227 – 242.

3. Gerhard Knothe, Dunn R O, Bagby M O. Technical aspects of biodiesel standards[J]. Inform, 1996, 7 (8): 827 – 829.

4. 王一平, 翟怡, 张金利, 等. 生物柴油制备方法研究进展[J]. 化工进展, 2003, 22(8 – 12).

5. 韩明汉, 陈和, 王金福, 等. 生物柴油制备技术的研究进展[J]. 石油化工, 2006, 35 (12): 1119 – 1123.

6. 王兴国. 国外生物柴油产业化发展现状及对我国的启示[J]. 粮食与食品工业, 2006, 13(4): 41 – 45.

7. Zhang Y, Du Ma, McLeana D D, et al. Biodiesel Production from Waste Cooking Oil: 1. Process Design and Technological Assessmen[J] Bioresource Technology, 2003, 89(1): 1 – 16.

8. Gerhard Knothea, Andrew C. Matheausb, et al. Ryan III. Cetane numbers of branched and straight-chain fatty esters determined in an ignition quality tester[J]. Fuel, 2003, 82: 971 – 975.

9. Ma F, Hanna M A. Biodiesel production: a review[J]. Bioresoure Technology. 1999, 70: 1 – 15.

10. Crabbe E, Nolasco Hipolito C, Kobayashi G et al. Biodiesel production from crude palm oil and evaluation of butanol extraction and fuel properties[J]. Process Biochemistry, 2001: 65 – 71.

11. 鞠庆华, 曾昌凤, 郭卫军, 等. 交换法制备生物柴油的研究进展[J]. 化工进展. 2004, 23 (10): 1053 – 1057.

12. Anne Smekens, Ricardo Henrique Moreton Godoi. Characterisation of Soot Emitted by Domestic Heating, Aircraft and Cars Using Diesel or Biodiesel[J]. Journal of Atmospheric Chemistry (2005)52: 45 – 62.

13. 李昌珠, 蒋丽娟, 程树棋. 生物柴油研究现状与商业化应用前景. 中国生物质能技术研究讨会论文[C]. 南京, 2002, 127 – 135.

14. 李昌珠, 蒋丽娟. 生物柴油——绿色能源[M]. 北京: 化学工业出版社, 2005.

15. 孙纯, 刘金迪. 国内外生物柴油的开发应用现状[J]. 中外能源, 2006, 11(3): 97 – 102.

16. 姚专, 候飞. 我国生物柴油的发展现状与前景分析[J]. 粮食与食品工业, 2006, 13(4): 34 – 37.

17. 李昌珠, 蒋丽娟, 李培旺等. 野生木本植物油——光皮树果实油制取生物柴油的研究. 生物加工过程, 2005, 2, 42 – 44.

18. Shay E G. Diesel fuel from vegetable oils: status and opportunities[J]. Biomass and Bio-energy, 1993, 4: 227 – 242.

19. Fang-rui Ma. Biodiesel production: A review[J]. Bioresource Technology, 1999(70): 1 – 15.

20. 韩德奇. 生物柴油的现状与发展前景. 石油化工技术经济, 2002, 18(4): 32 – 37.

21. 胡风庆, 候潇, 吴庆余. 利用微藻热解成烃制备可再生生物能源进展[J]. 辽宁大学学报报, 1999, 26 (2): 182 – 187.

22. 吴国斌, 戚俊清, 吴山东. 膜蒸馏分离技术研究进展[J]. 化工装备技术, 2006, 27(1): 21 – 24.

23. 王湛. 膜分离技术基础[M]. 北京: 化学工业出版社, 2000.

24. 李昌珠, 李培旺, 肖志红. 等. 我国木本生物柴油原料研发现状及产业化前景[J]. 中国农业大学学报, 2012, 17(6): 165 – 170.

25. 王涛. 中国主要生物燃料油木本能源植物资源概况与展望[J]. 科技导报, 2005, 23(5): 12 – 14.

26. Ma F, Hanna M A. Biodiesel production: A review Bioresource Technology, 1999, 70: 1 – 15.

27. 李昌珠, 蒋丽娟. 四种木本植物油制取生物柴油. 中国生物质能技术研究讨会论文[C]. 郑州, 2004, 156 – 161.

28. Adam S C, Peters J F, Rand, et al. Investigation of soybean oil as a diesel fuel extender: endurance tests [J]. Journal of the American Oil Chemists Society, 1983, 60(8): 1574 – 1579.

29. Goering C E, Fry B. Engine durability screening test of a diesel oil/soybean/alcohol micro-emulsion fuel[J]. Journal of the American Oil Chemist's Society, 1984, 61(10): 1627 – 1632.

30. Schwab A W, Bagby M, Freedman B. Preparation and properties of diesel fuels from vegetable oils[J]. Fuel, 1987, 66(10): 1372 – 1378.

31. Pioch D, Lozano P, Rasoanantoanddro M C, et al. Bio-fuels from catalytic cracking of tropical vegetable oils [J]. Oleagineux, 1993(48): 289 – 29.

32. Isom, Chen B, Eguchim, et al. Production of biodiesel fuel from triglycerides and alcohol using immobilized lipase[J]. Journal of Molecular catalysis B: Enzymatic, 2001, 16(1): 53 – 58.

33. Kazuhiro B, Masaru K, Takeshim, et al. Whole cell bio-catalyst for biodiesel fuel production utilizing Rhizopusoryzae cells immobilized within biomass support particles[J]. Biochemical Engineering Journal, 2001, 8 (1): 39 – 43.

34. Watanabe Y, Shimada Y, Sngihara A, et al. Continuous production of biodiesel fuel from vegetable oil using immobilized candida antarctica lipase[J]. J Am Oil Chem Soc, 2000, 77(4): 355 – 360.

35. Lara P V, Parak E Y. Potential application of waste activated bleaching earth on the production of fatty acid alkyl esters using candida cylindracea lipase in organic solvent system [J]. EnzymeMicrobialTechnol, 2004 (34): 270 – 277.

36. Kamirri N R, Iefuji H. Lipase catalyzed methanolysis of vegetable oils in aqueous medium by cryptococcus spp. S – 2[J]. Process Biochem, 2001(37): 405 – 410.

37. Lara A V, Pizarro E, Parak Y. Lipase-catalyzed production of biodiesel fuel from vegetable oils contained in waste activated bleaching earth[J]. Process Biochem, 2003(38): 1077 – 1082.

38. Du Wei, Xu Yuanyuan, Liu Dehua. Comparative study on lipase catalyzed transformation of soybean oil for biodiesel production with different acyl acceptors[J]. Journal of Molecular Catalysis B: Enzym atic, 2004, 30 (3 – 4): 125 – 129.

39. 清华大学. 有机介质反应体系中脂肪酶转化油脂生产生物柴油新工艺[P]. CN1238469, 2006201225.

40. 清华大学. 一种利用油脂原料合成生物柴油的方法[P]. CN1190471, 2005202223.

41. Freedman B, Butterfield R O, Pryde E H. Transesterification Kinetics of Soybean Oil[J]. J Am Oil Chem Soc, 1986, 63(10): 1375 – 1380.

42. Boocock D G B, Konar S K, Mao V, et al. Fast One-Phase Oil-Rich Processes for the Preparation of Vegetable Oil Methyl Esters[J]. Bioresource Technol, 1996, 11(1): 43 – 50.

43. 胡德栋, 王威强. 超临界酯交换法制备生物柴油的研究[J]. 精细石油化工进展, 2006, 11(7): 23 – 27.

44. 冀星. 生物柴油技术进展与产业前景[J]. 中国工程科学, 2002, 4(9): 87 – 93.

45. 张志涌, 杨祖樱. MATLAB 教程[M]. 北京: 北京航空航天大学出版社, 2006: 123 – 168.

46. 柏杨, 陶春元, 代军, 等. 离子液体中制备生物柴油酯交换反应动力学研究[J]. 西北师范大学学报, 2011, 3(47): 70 – 74.

47. Zullaikah S, Lai C C, Vali S R, et a1. A tWO—step acid—catalyzed process for the production of biodiesel from rice bran oil[J]. Bioresource Technology, 2005, 96: 1889 – 1896.

48. 方名红, 王利生. 生物柴油的减压蒸馏分割[J]. 化工学报, 2008, 59(1): 106 – 110.

49. 孟庆华. 生物柴油精制工艺研究[D]. 武汉: 华中农业大学, 2008.

50. 冯武文, 杨村, 于宏奇. 分子蒸馏技术与日用化工(1): 分子蒸馏技术的原理及特点[J]. 日用化学工业, 2002, 32(5): 74 – 76.

51. 朱宝璋，刘松，冯志豪. 分子蒸馏技术在石油化工中的应用［J］. 化工进展，2009，28（s1）：41 - 44.

52. 侯相林，齐永琴，乔欣刚. 超临界萃取精馏制生物柴油的方法：中国，EN1821354A［P］. 2006-08-23.

53. Peter S，Ganswindt R，Weidner E. Verfahren zur herstellung yon fetts-iureestem：DE，19638460AI［P］. 1998-03-26.

54. Wang Y，Wang X，Liu Y，et al. Refning of bio diesel by ceramic membrane separation［J］. Fuel Processing Technology。2009，90：422 - 427.

55. 汪勇，李爱军，唐书泽，等. 无机膜分离技术在油脂工业中的应用前景［J］. 中国油脂，2003，28（9）：26 - 28.

56. 汪勇，谭艳来，欧仕益，等. 陶瓷膜微滤生物柴油的研究［J］. 中国油脂，2007，32（6）：43 - 46.

57. Richard R W，Brook P. Biodiesel production method and apparatus：WO，2008100798A1［P］. 2008-08-21.

58. Bournay L，Casanave D，Delfort B，et al. New heterogeneous process for biodiesel production：A way to improve the quality and the value of the crude glye-erin productionby biodiesel plants［J］. Catalysis Today，2006，106：190 - 192.

59. 闵恩泽，张利雄. 生物柴油产业链的开拓. 北京：中国石化出版社，2006.

60. 鹿清华，朱清，等. 国内外生物柴油生产技术及成本分析研究［J］. 当代石油化工，2011，5：9 - 13.

61. 薛建平，唐良华，苏敏，等. 生物酶法生产生物柴油的研究进展［J］. 生物技术，2008，18（3）：95 - 97.

62. 张伦，张无敌，尹芳等. 酶催化制备生物柴油的研究进展［J］. 湖北农业科学，2010，49（5）：1229 - 123.

63. 吕鹏梅，袁振宏，马隆龙，等. 酶法制备生物柴油的动力学影响因素［J］. 现代化工，2006，26（Sup II）：19 - 24.

64. 盛梅，郭登峰. 固定化酶催化菜籽油合成生物柴油稳定性［J］. 中国油脂，2005，30（5）：68 - 78.

65. 李俐林，杜伟，刘德华，等. 新型反应介质中脂肪酶催化多脂制备生物柴油［J］. 过程工程学报，2006，6（5）：799 - 803.

66. 陈志峰，吴虹，宗敏华. 固定化脂肪酶催化高酸废油脂酯交换生产生物柴油［J］. 催化学报，2006，27（2）：146 - 150.

67. Nie KL（聂开立），Wang F（王芳），Tan TW（谭天伟）. Biodiesel production by immobilized lipase［J］. Modern Chemical Industry（现代化工），2003，23（9）：35 - 38.

68. Iso M，Chen B X，Eguchi M，etal. Production if biodiesel fuel from triglycerides and alcohol using immobilized lipase［J］. Journal lf Molecular Catalysis B：Enzymatic，2001，16（1）：53 - 58.

69. Lara P V，Park E Y. Potential application of waste activated bleaching earth on the production of fatty acid alkyl esters using Candida cylindracea lipase in organic solvent system［J］. Enzyme and Microbial Technology，2004，34：270 - 277.

70. Nelson L A，Foglia T A，Marmer W N. Lipase - Catalyzed production of Biodiesel［J］. Journal of the American Oil Chemists Society，1996，73（8）：1191 - 1195.

71. Dossat V，Combes D，Marty A. Lipase-catelysed transesterification of high oleic sunflower oil. Enzyme and Microbical Technology，2002，30（1）：90 - 94.

72. Darnoko D，Cheryan M. Kinetics of palm oil transesterification in a batch reactor. Journal of the American Oil Chemisits Socity，2000，77（12）：1263 - 1267.

73. Diasakou M，Louloudi A. Papayannakos N. Kinetics of the non-catalytic transesterification of soybean oil. Fuel，1998，77(12)：1297－1302.

74. Warabi Y，Kusdiana D. Reactivity of triglycerides and fatty acids of rapcsced oil in supercritical alco-hols. Bioresource Technology，2004，91(3)：283－287.

75. Miller D. A，Prausnitz J. M. Kinetics of lipase－catalyzed interestcrification of triglycerides in cyclohex-ane. Enzyme Microbial Technology，1991，13：98－103.

76. Kaieda M，Samukawa T. Biodiesel fuel production from plant oil catalyzed by rhizopus oryzae lipase in a water-containing system without an oranic solvent[J]. Jouranl of bioscience and bioengineering，1999，88(6)：627－631

77. 王延耀，李里特. 废弃植物油再生利用的研究[J]. 可再生能源，2004，(2)：20－22.

78. 墨玉欣，刘宏娟. 微生物发酵制备生物柴油油脂原料工艺条件的研究[J]. 现代化工，2006，26(增刊2)：279－280，282.

79. 武海棠，周玉杰. 动植物油脂制备生物柴油的研究[J]. 科技导报，2006，24(9)：54－58.

80. Naik S N. Production of first and second generation biofuels：A comprehensive review[J]. Rwnewable and Sus-tainable Energy Reviews，2010，14(2)：578－597.

81. 元荣斌，朴香兰. 第二代生物柴油及其制备技术研究进展[J]. 现代化工，2008，28(3)：27－30.

82. 熊良军，李为民. 第二代生物柴油研究进展[J]. 化工进展，2010，29(5)：839－842.

83. Pavel Simaceka. Hydroprocessed rapeseed oil as a source of hydrocarbon－based biodiesel[J]. Fuel，2009，88(3)：456－460.

84. Neste oil oyj. Process for the manufanture of diesel range hydrocarbons：US，20070010682A1[P]. 2007－01－11.

85. George W H. Production of high quality diesel by hydrotreating vegetable oils in heavy vacuum oil mixture[J]. Applied Catalysis A，general，2007，329：120－129.

86. Fortum Orj. Process for producing a hydrocarbon component of biological：US，7232935[J]. 2007-06-19.

87. Petrobras. Vegetable oil hydroconversion process：US，20060186020A1[P]. 2006-08-24.

88. Gerhard Knothe. Biodiesel and renewable diesel：A comparison[J]. Progress in Energy and Combustion Sci-ence，2010，36：364－373.

89. Lee D H. AIgal biodiesel economy and competition among bio-fuels[J]. Bioresource Technology. 201 1，102：43－49.

90. Gemma V，Mercedes M，Jose A. Integrated biodiesel production：Acomparison of diferent homogeneous cata-lysts systems[J]. Bioresource Technology，2004，92(3)：297－305.

91. Rantana L，Linnaila R，Aakko P，et al. NexBTL-Biodiesel fuel of the second generation[EB/OL]. http：//www. nesteoil. com/. 2005－01.

92. 唐绍红. 全球生物柴油需求将强劲增长[EB/OL]. http：//www. Sinopecnews. com. cn/news/content/2010/1013/content－874107. Htm.

93. 洪韶. 全球生物柴油需求将出现快速增长[EB/OL]. http：//www. Ecin. com. cn/ccirt/news/2010/06/14/130756. shtm1.

94. Neste Oil Corporation. Neste Oil inaugurates new diesel line and biodiesel plant at Porvoo，and celebrates 40 years of operations at its Technology Center[CP/OL]. http：//www. nesteoil. corrt/default. Asp? path＝1；41；540；1259；1260；7439；8400.

95. 金志良，熊静. 可生物降解的绿色润滑油[J]. 环保与安全，2006，4：86－88.

96. Van der Wand G，and Kenbeek D. Testing，application，and future development of environmentally friendly ester base fluids[J]，Jour. Synth. Lub. ，1993，10(1)：67－83.

97. 黄文轩. 环境兼容润滑剂的综述[J]. 润滑油，1997，12(4)：1-8.

98. 王永刚，白晓华. 绿色润滑油及绿色添加剂的应用进展[J]. 石油化工应用，2010，29(6)：4-8.

99. E. Jantzen. The origins of Synthetic lubricants：The work of Hermann Zorn in German Part2 Esters and Additives for Synthetic Labrieants[J]. J. syntta. Lubr. ，1995(12)：283-301.

100. 王汝霖. 润滑剂摩擦化学[M]. 北京：中国石化出版社，1994：390-404.

101. Krof J，Fessenbecker A. Additives for biodegradable lubricants[J]. NLGI，59th Meeting，1992.

102. 李荡. 生物降解性润滑剂基础液的种类与应用[J]. 合成润滑材料，1997(2)：28-32.

103. Huseyin Topallar，Yuksel Bayrak，and Mehmet Iscan，ALinetic Study on Autoxidation of Sunflowerseed Oil [J]. JAOCS，1997，74(10)：1323-1327.

104. Jorsmo M. Vegetable oils as a base for lubricant. 9th Int Coll Ecologeal and Economical Aspects of Tribology，1991：1-9.

105. T. 曼格，W. 德雷泽尔. 润滑剂与润滑[M]. 北京：化学工业出版社. 2003：102-103.

106. 白杨，赵玲聪. 植物油作为绿色润滑油基础油的研究进展[J]. 2009，28(2)：49-52.

107. 王怀文，刘维民. 植物油作为环境友好润滑剂的研究概况[J]. 润滑与密封，2004(5)：127-130.

108. 李秋丽，吴景丰，崔刚，等. 改善植物油的氧化稳定性[J]. 合成润滑材料，2005，32(3)：25-27.

109. 李凯，王兴国，刘元法，等. 植物油为原料合成润滑油基础油研究现状[J]. 粮食与油脂，2008(4)：3-6.

110. Steven Cermak，Terry Isbell. Estolides-the next biobased functional fluid[J]. INFORM. ；2004，15(8)：515-517.

111. Andreas Willing. Oleochemical esters-environmentally compatible raw materials for oils and lubricants from renewable resources[J]. Fett/Lipid，1999，101(6)：192-198.

112. Andreas Willing. Lubricants based on renewable resources-An environmentally compatible alternative to mineral oil products[J]. Chemosphere，2001，43：89-98.

113. Organisation for economic cooperation and development. OECD Guidelines for Testing of Chemicals，1995.

114. Richterich R，Berger H，Steber J. The two-phase closed bottle test：A suitable method for the determination of ready biodegradability of poorly soluble compounds[J]. Chemosphere，1998，37(2)：319-326.

115. Battersby N S，Ciccognani D，Evans M R，et al. An inherent biodegradability test for oil products：Description and resuits of an international ring test[J]. Chemosphere，1999，38(14)：3219-3235.

116. 葛虹，孙铃新，王军. 脂肪酸系列表面活性剂的研究进展[J]. 日用化学工业，2004，34(3)：176-180.

117. 高志恒，保罗·霍夫曼，布雷克. 透视天然油脂和油脂基表面活性剂的市场[J]. 日用化学品科学，2001，24(3)：18-20.

118. 冯光炷. 油脂化工产品工艺学[M]. 北京：化学工业出版社，2005：183-193.

119. 孙明和，方银军，任国晓，等. 我国脂肪醇系列表面活性剂发展状况及趋势[J]. 中国油脂化工，2011(2)：57-64.

120. 刘志勤，王亚光，连工宝. 高级脂肪胺及其衍生物的应用前景[J]. 精细与专用化学品，2007，15(22)：4-7.

121. 徐宝财，张桂菊，韩富. 碳酸二甲酯与具有新型反离子的阳离子表面活性剂[J]. 精细化工，2011，28(9)：839-842.

122. Ootawa Y，Kato T，Tomifuji T. Quaternary ammonium salt[P]. JP：001048851，2001-02-20.

123. Sekiguch I S，Kitano K，Nagano K. Process for producing sulfonateof unsaturated fatty acid ester[P]. US：4545939，1985-10-08.

124. 高欢泉，于文. 脂肪醇聚氧乙烯醚硫酸盐产品性能及在日化产品中的应用［J］. 日用化学品科学，2008，31(2)：10 - 15.

125. 章永年，梁浩齐. 液体洗涤剂［M］. 北京：中国轻工业出版社，2000：114.

126. 姜健. 白色长链脂肪醇醚羧酸盐的合成研究［J］. 江苏农业科学，2010(2)：324 - 326.

127. 马会营. 脂肪醇醚羧酸盐的合成及性能研究［D］. 天津：天津工业大学，2011.

（张爱华、吴红、李昌珠）

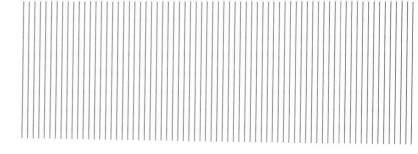

第七章
油料植物工业应用
发展前景与展望

　　工业用油料植物油脂主要用于能源、化工和材料产品生产的一类植物油脂原料。随着经济的快速发展和人们生活水平的不断提高，一方面要求原料油规模可持续供应，另一方面迫切要求能源、化工产品低毒、天然、对环境无污染。当今世界石化和油料资源日趋紧张，工业用油料植物油脂是具有极大潜力的再生资源，作为不可缺少的工业原料，其重要价值受到高度重视。

　　我国是一个人口大国，人均耕地不到 $0.1hm^2$，要完全以可食用的农产品为原料生产能源、化工和材料产品是不可能的。但中国有广大的山区、沙区可供栽种乔灌木油料植物作为生物质燃料油的原料，不仅可以结合生态建设工程建立燃料油原料基地，为中国的生物质燃料油工业提供丰富的可再生资源，还可以有利于农村产业结构调整，增加农民收入，解决部分农村剩余劳动力的转移，对保障能源安全、保护环境、促进农业和加工业发展、繁荣农村经济，将产生深远的影响。中国生物质燃料油的研究和生产与发达国家比较尚有较大的差距，许多研究单位和企业开展了卓有成效的研究和开发，但仍然处于发展的初级阶段，未能实现产业化。

　　早在"十五"期间，我国就提出要发展各种石油替代品，制订了以生物柴油和乙醇汽油等为替代燃油的推动计划。国家粮油信息中心统计数据显示，2005 年年底，我国生物柴油生产企业 8 家，年生产能力超过 20 万 t。到 2006 年年底有 25 家年生产能力达到 120 万 t。在生物柴油产业发展的过程中，原料资源发展滞后成为产业快速发展的主要制约因素，很多地方出现建立了生物柴油生产线，但是没有原料可以生产的情况。为了解决生物柴油产业发展的原料瓶颈的瓶颈问题，"十一五"期间，国家林业局重点在云南、四川、贵州等地发展麻疯树 40 万 hm^2（600 万亩）；在河北、陕西、安徽、河南等地发展黄连木 25 万 hm^2（375 万亩）；在湖南、湖北、江西等地发展光皮树 5 万 hm^2（75 万亩）；在内蒙古、辽宁、新疆等地发展文冠果 13 万 hm²（200 万亩）。但是上述发展依然没有能够满足生物质液体燃料油对工业用油料植物原料的需求，也没有能够减小植物油料供需矛盾。

鉴于我国植物油供应形势严峻，我国政府于 2007 年出台 11 项政策，促进油料生产迅速发展。我国政府采取综合有效的政策措施，充分调动农民的生产积极性，适当恢复油料种植面积，努力提高单产，大力改善品质，积极开发特种油料，促进油料生产迅速恢复发展。11 项政策包括：一是扩大油料良种推广补贴规模和作物范围；二是奖励油料生产大县；三是增加油料生产基地建设资金；四是开展油料生产保险试点工作，国家逐步将油料生产纳入农业保险范围并给予保费补贴；五是促进油料产业化经营，引导油脂加工企业在主产区建立原料生产基地，与农户签订产销订单，开发低芥酸菜籽油、优质豆油、花生油及其他精深加工产品；六是提升油料科研创新能力；七是加快新品种新技术推广；八是提高油料生产机械化水平；九是健全大豆和食用植物油储备制度；十是培育油料期货市场；十一是控制油料转化项目，进一步制定扶持国内油料和食用植物油相关产业政策，坚持食用优先，严格控制油菜转化生物柴油项目，从紧控制油料和食用植物油出口。

第一节　油料植物资源培育和工业利用现状

一、工业用油料植物供需现状分析

我国是全球最大的发展中国家，又是能源消费大国。根据国家发展和改革委员会能源研究所预测，2020 年中国石油的需求量将为 4.5 亿 ~ 6.1 亿 t，届时国内石油产量估计为 1.8 亿 t，进口量将为 2.7 亿 ~ 4.3 亿 t，进口依存度将达到 60% ~ 70%。过分依靠进口石油给我国的战略安全构成潜在的威胁。基于能源贮量的有限性和能源需求量的巨大性的现实，为保证我国国民经济快速发展和人民生活水平不断提高，维持经济、资源和环境的协调发展，必须减少对海外石油的依赖，逐步替代有限的石化能源，改善能源结构安全，促进能源结构从单一化向多元化转变，走综合利用和可持续发展的道路。

生物质燃料油是一种可再生能源，可作为化石能源代用品，可用麻疯树油、光皮树油、棕榈油、棉籽油等可再生非食用植物油为原料进行转化。近年来，生物质燃油产业已成为一个全球性的新兴产业，生物质燃油成为工业用油料植物植物产业的最主要产品之一。充分利用可再生植物资源、积极开发生物质燃料油，是我国面临的一项重大而急迫的任务，也是目前国际上开发新能源的大趋势。

开发利用生物质燃料油，需要丰富的可再生原料作保障。欧美和部分东南亚国家食用植物油充足，别且人均消费植物油的量也比较高，通常采用大豆（美国）、油菜籽（德国、意大利和法国等）和棕榈油（马来西亚）等食用植物油生产生物质燃料油，并且获得了较大发展。如目前生物柴油已在欧盟大量使用，并进入商业化稳步发展阶段，2005 年，欧盟的生物柴油产量超过 300 万 t，其中，德国生产一半以上。2008 年、2009 年和 2010 年欧盟的生物柴油产量分别增加了 35%、17% 和 5.5%。美国商业化生产生物柴油始于 20 世纪 90 年代初，在近 5 年来得到快速发展。2012 年，生物柴油产量达到 250 万 t，拥有生物柴油生产企业 171 家。2013 年，全球生物柴油产量估计达到 2440 万 t。我国由于食用植物油人均消费水平低，并且食用植物油对外依存度高，所以不宜以食用植物油作为原料来发展生物质燃油。我国 2006 年进口植物油约 1360 万 t（含进口大豆等 3061 万 t），进口植物油占食用植物油的 61%，我国成为世界上最大的油料进口国。另外，近年来，国际生物柴油产业发展迅猛，国际植物油库存则明显下降，国际上可供我国进口的油料产品将日趋紧缺。如果生物质液体燃料以食用植物油脂为原料，势必与食用植物油消费形成直接竞争关系，危及我国食用油安全。

综上所述，近年来我国生物柴油等工业植物油相关产业得到快速发展，但是工业用油料植物资源发展严重滞后，不能满足生物柴油等工业植物油相关产业发展的需要。由于当前我国人均食用植物油消费量偏低，同时食用植物油对外依存度高等原因，我国工业植物油相关产业的发展不能像国外一样依靠食用植物油为原料。我国工业用油料植物资源种类以及可用来发展工业用油料植物的土地资源丰富。因此，加强工业用油料植物的研究与开发，培育出高产高含油的非食用植物油料品种，促进工业用油料植物资源培育，建立工业油脂油生产加工技术体系等是我国工业油脂产业相关发展的关键，是我国能源持续发展战略的重要举措，有重要意义。

二、工业用油料植物资源状况

油料植物包括以采收种子榨油为主要用途的草本植物和木本植物。油菜、向日葵、蓖麻和大豆是最主要的一年生油料植物。全世界主要有 11 种木本食用植物油，年产量约 6000×10^4 t，其中棕榈油、椰子油、橄榄油和茶油四大木本油料植物产油量占 30% 左右。木本油料作物适于在山地和丘陵地区生长，可在荒山、荒地栽培，一次栽种多年收获。由于当前我国人均食用植物油消费量偏低，同时食用植物油对外依存度高等原因，因此不宜使用食用植物油料来做生物柴油等工业油脂产业的原料。

（一）木本油料植物资源丰富

我国木本油料能源树种资源丰富、种类繁多、分布广泛、大多具有野生性，自从"八五"我国首次提出"生物燃料油""能源油料植物"和"能源植物油"以来，我国对木本能源油料植物资源量、种类及特性进行了大量系统的调查研究。系统分析登记了有 151 科，677 属，1544 种木本油料植物，初步确定了木本能源油料植物选择指标体系和指标权重。我国已查明的油料植物中，种子含油量 40% 以上的植物有 150 多种，能够规模化培育的乔灌木树种有 30 多种，包括油棕、无患子、小桐子、光皮树、文冠果、黄连木、山桐子、山苍子、盐肤木、欧李、乌桕、东京野茉莉等 12 个树种，其中油棕、无患子等 9 个树种相对成片分布面积超过 100 万 hm^2，年果实产量 100 万 t 以上，全部加工利用可获得 40 余万 t 生物燃油。

另外，我国将麻疯树、乌桕、光皮树和黄连木等作为第一批发展的木本油料能源树种已被列入"十一五"国家科技支撑计划"农林生物质工程"重大项目，进行研究，通过研究解决了良种选育技术、良种繁殖技术、栽培技术，以及建立起规模化的良种供应基地和生物柴油原料示范基地的支撑技术等。

（二）发展工业用油料植物的土地资源状况

土地与水是关系工业用油料植物产业规模化持续发展的最重要因素。国土资源部《2008 年中国国土资源公报》指出：全国耕地 18.26 亿亩、园地 1.77 亿亩、林地 35.41 亿亩、牧草地 39.27 亿亩、其他农用地 3.82 亿亩。耕地是生产粮食作物的重要资源，种植非多年生的能源作物如甜高粱、木薯之类也需要占用耕地。我国人多地少，耕地资源稀缺，并且耕地数量在快速减少。根据 1996 年以来的国土资源部耕地数据以及 1996 年以前国家统计局的耕地数据，从 1949～1965 年，我国耕地面积的变化以增加为主，峰值为 1965 年的 13886 万 hm^2；从 1965 年到现在，耕地面积的变化以减少为主。目前，中国土地减少的速度在加快。生态退耕、建设占用、农业结构性调整和灾毁耕地是耕地减少的主要原因。改革开放以来，随着经济的快速发展，我国耕地面积已经减少了一成以上，而土地整理复垦开发长期以来保持着比较低的水平。据预测，到本世纪中叶，我国耕地因建筑及退耕等消耗要比现在减少 20% 左右。总体上，耕地应首先保证粮食的供应，未来存在由于技术发展而使得单位面积农作物产量成倍增长的可能性，但现阶段用耕地专门生产工业用油料植物不现实。

边际性土地资源利用被寄予厚望。据《中国可再生能源发展战略研究丛书——生物质能卷》调查，我国具有潜力生产生物质原料的边际性土地 13614 万 hm^2，相当于现有耕地面积，其中宜农后备地 734 万 hm^2、宜林后备地 5704hm^2、边际性农地 2000 万 hm^2、边际性林地 5176 万 hm^2。然而，未利用的土地能否转化为工业用油料植物基地与当地的气候条件、土壤状况、水资源供应以及生态环境等因素密切相关，不合理的土地垦殖往往在环境、经济上得不偿失，实际能够转化成种植能源作物的土地数量要大打折扣。同时我国边际土地资源多布在西北部地区，与水资源、人口呈逆向分布，这给实际开发带来相当大的困难。由于绝大多数未利用的土地地处偏远、自然条件恶劣、土地开发成本巨大，利用边际性土地生产生物能源任重而道远。

我国耕地资源有限，不宜发展用来发展工业用油料植物，但是我国拥有大量的可用于发展工业用油料植物的荒山荒地、沙化土地和盐碱地等边际性土地。在这些土地上大力发展高产、高含油、高抗逆的工业用油料植物，以其种子为原料生产工业产品既不与粮争地，又可保持水土，涵养水源，改善环境，具有多重优势。

三、工业用油料植物利用现状分析

生物柴油是工业用油料植物最重要的领域之一。我国的生物柴油研发起步较晚，但发展很快，经过多年的研究和发展，其生产技术和使用技术已比较成熟。在新型非食用生物柴油植物的良种选育、栽培、油脂制备、能源产品清洁转化及副产物综合利用等方面已经达到国际先进水平。《国家中长期科技发展规划纲要(2006～2020 年)》中规划：生物柴油在 2010 年的产量为 200 万 t，2020 年的产量为 1200 万 t。在国家对生物柴油的巨大需求和政策扶持的激励下，国内已有一大批企业开始投资生物柴油产业。据不完全统计，目前我国的生物柴油生产企业达到 140 余家，综合产能超过 300 万 t/年，但实际产量不到 100 万 t/年，其主要原因是原料短缺。

生物柴油生产方法可分为物理法、化学法和生物法三大类，每一种均有其优缺点。物理法是利用了生物油脂高能量密度和可燃烧的特性，不改变生物油脂的组成和性质，直接把生物油脂与石化柴油混合使用，或把生物油脂制成微乳液而作为燃料使用。化学法是把生物油脂和甲醇等低碳一元醇(通常为 C_{1-4} 醇)进行酯化或转酯化反应，生成相应的脂肪酸低碳烷基酯，再经分离甘油、水洗、干燥等适当处理后而获得生物柴油。生物柴油化学生产技术经过多年发展，已经形成比较完备的技术体系和方法，涵盖了化学催化剂法、生物酶催化剂法、无催化剂法（在高温高压下进行）、常压法和加压法等多个方面。化学法中的常压连续转酯化和加压连续转酯化生产技术，已在欧美等发达国家形成大规模工业化生产，代表了当今主流生物柴油技术，而且技术仍在不断发展。我国早在 20 世纪 30 年代开始研究植物油制造液体燃料。目前，国内一些单位（如中国林业科学研究院、北京林业大学、四川大学、湖南省林业科学院等）对木本植物油制备生物柴油的催化剂种类选择、生物酶筛选、制备工艺及利用进行了大量的研究，并开展了小型的工业试验和中试生产示范。清华大学化工系再生资源与生物能源试验室的一条全新生产工艺路线的生化酶催化剂生产生物柴油工艺问世，并在湖南海纳百川生物工程有限公司生物柴油中试装置上得到成功应用。

工业用油料植物资源开发利用技术快速发展，并不断更新。杨颖等对麻疯树预酯化反应中固体酸催化剂进行了研究，制备成本低、催化能力强的 ST-ll 固体酸；李迅等对全细胞生物催化麻疯树油制备生物柴油的进行了研究，并采用米根霉（*Rhizopus oryzae*）菌株和聚氨酯泡沫制备固定化全细胞生物催化剂；李昌珠等对碱性离子液体催化光皮树果实油制备生物柴油进行研究，并制备出新型离子液体[Brnim]OH。周慧等以麻疯树油为原料，在油:甲醇 = 1:6（摩尔比），1.3% 油重的 KOH 催化剂，在 64℃ 下反应 20min，甲酯得率达 98% 以上。丁荣以光皮树果实油为原料，采用氯化镁饱和溶液反应体系，在醇油摩尔比为 3:1，固定化酶 LipozymeTLIM 用量为光皮树油质量的 20%，摇床转速为 150r/min，反应 8h 时，生物柴油转化率最高；龙川研究了乌桕梓油酯交换反应的因素，确定的最佳反应条件是：醇油摩尔比为 7:1，催化剂与油的质量比为 1.4%，反应温度 55℃，反应时间 60min；张寿鑫以黄连木油为原料，油醇物质的量比 1:6、催化剂用量为油质量的 1.2%，反应时间 2h，反应温度 60℃，转化率为 96.0%。

总体上，在国家各级部门支持下，近年来我国有一大批科研单位、大学和大型企业等对生物柴油等工业用油料植物产业投入了大量的科研力量进行研究开发。目前，以生物柴油为主的工业用油料植物利用技术及设备得到较快的发展，转化技术与设备条件虽然存在如工业化放大等一些问题，但是已经不再是限制我国发展生物柴油的主要瓶颈。目前我国生物柴油等工业用油料植物产业已经具备了一定产能，但是多数生物柴油工厂处于停产或半停产的状态，生物柴油等工业用油料植物产业的发展形成了巨大的规模化供应的原料需求。我国人口多，人均耕地少，食用油安全缺乏保障，决定我国工业用油料植物产业发展不能依靠现有技术及油料资源，必须更加新技术培育新资源。此外，我国工业用油料植物行业的整体经济效益不是很好。

第二节　工业用油料植物发展存在的问题

一、原料供应问题

工业用油料植物原料的持续稳定供应和原料价格保持合理波动是工业用油料能源产业实现产业化和规模化发展的前提条件。我国工业用油料能源产业的现有原料供应在经济性、规模性、稳定供应性等方面仍存在不确定因素，不能有效满足未来生物柴油工业化生产利用。

(一)工业用油料植物资源培育研究不足

我国工业用油料植物资源丰富、种类繁多、分布广泛，但是产量高、含油率高、分布广、适应性强、可用作建立规模化工业用油料原料基地的乔灌木树种只有20余种，能利用荒山、沙地等宜林地进行造林，建立起规模化的良种供应基地的工业用油料植物不足10种。

广大科技工作者虽然在基础性研究方面做了一些工作，但研究范围窄、时间短，如对野生工业用油料植物的生态生物学特性、形态结构、营养成分、生理活性物质以及与健康有关系的研究较少，尤其是对化学生态习性及生理活性物质等高科技、高附加值的研究较少，不够深入。仅仅停留在已具有优势种类的研究上，而对潜在优势种类和有待开发种类的研究更少，这影响资源的合理利用，也大大降低了工业用油料植物开发利用的可信度、广度和深度。对重要的工业用油料树种，在树体管理、水肥管理、花粉管理等栽培技术方面以及在抗旱、抗寒生理机制、繁殖方法和深加工利用方面只进行过零散的研究，远谈不上系统研究，特别在定向改良研究方面几近空白，个体、林分、种源各个遗传层次之间的遗传差异没有得到有效利用，遗传基础与立地环境的交互效应更是无人问津，从而导致目前对其选种、育种工作开展缓慢，使得工业用油料植物资源产业整体规划以及相应的工业用油料能源基地建设规划存在很多问题。

(二)工业用油料植物资源调查与评价体系不健全

虽然我国工业用油料资源丰富，但是未进行过全面的普查，对部分木本油料植物的资源状况并不十分清楚，对某一区域内如中国的多数省份内均未有确切的资料。因此，需要进行资源的清查与评价研究，建立一套合适的选择指标体系(如资源分布、产量、含油率，推广应用范围等)，制订生物能源的中长期发展计划，确定主要工业用油料植物适生区划和发展栽培区划，从而保证中国生物能源产业的高速发展。

工业用油料植物资源的清查与评价需要建立合适的选择指标体系，加强对边际地、油脂植物等能源植物资源的调查摸底、分析评价研究。利用遥感技术和实地调查相结合的方法，摸清我国边际土地资源，完成边际土地区域规划；其次，在广泛调查、收集资源的基础上，建立合适的评价体系(如油脂植物资源分布、含油量、产量潜力、适应性、生育期等)，进行资源的能源利用潜力评价研究，筛选出适合在不同区域和生态条件下发展的能源油料植物种类；确定主要能源油料植物的资源分布范围、制定种植区划和发展规划。只有扎实做好这些基础性平台工作，才能培育出适宜我国国情的、满足产业需求的生物柴油原料作物，更好的促进生物能源产业的发展。

(三)工业用油料植物原料基地建设落后，管理水平低

产业发展初期工业用油料资源的经济效益不高，原料基地依靠野生工业用油料林地而建，农民对野生工业用油料林地的抚育并不重视，致使其基本处于野生状态。地方林业部门对野生林的低产低效丰产改造效果也不彻底，缺乏土壤耕翻、修整树盘、清除石块、树盘覆草等土壤管理措施以及施肥灌溉等管护措施，使得油料野生林产量低下。工业用油料能源树种经济效益不高，再加上野生林多分布在深山高地，采摘不便，因此即使能野生林有着不错的产量，当地的政府和群众也没有多少采摘的意愿，许多果实只得在枝头自然风干脱落，使得宝贵的木本油料资源得不到很好开发利用。

工业用油料植物原料基地多分布在干旱少雨的山区，立地条件差，土层厚度薄，土壤

瘠薄，保水力不足，甚至很多植株生长于砾石丛中。由于抚育管理大多粗放，从而造成幼林生长缓慢，进入稳产期时间长，再加上病虫害或者其他自然灾害造成的大面积减产甚至绝收，使得工业用油料资源的产量与品质难以保证。

（四）原料资源培育和采收工程化技术落后，机械化程度不高

我国工业用油料植物原料基地多分布在山区，播种、移栽、施肥、收获等配套的机械设备和技术缺乏或者大型的机械化果实（种子）采收工具无法使用，适合机械化生产的工业用油料作物品种研究才刚起步，油料机械化生产程度低，而我国工业用油料植物果实采收基本靠人工完成。以光皮树和黄连木果实采收为例，果实采收采用折枝法，即将果穗与着生果穗的枝条一同折断。这种方法尽管采摘方便，但由于折去大量枝叶，严重影响花芽的进一步生长发育和树体贮藏营养的积累，从而造成花芽因营养不足而脱落以及树势的衰弱。另外，折枝还对树体结构造成破坏，使得树体残缺不全，对产量影响巨大。

二、工业用油料植物利用技术存在问题

工业用油料能源开发在我国起步较晚，在借鉴国外先进开发技术的基础上，急需加快符合我国国情的科技研发与自主创新步伐。在工业用油料能源产业化开发过程中，利用先进的生物育种技术选育高抗逆、速生高产的新品种，资源高产稳产规模化培育，绿色高效高品位转化和综合利用，生物柴油生产工艺等核心关键技术，都需要多学科联合协同攻关，尤其是副产品的综合利用是增加木本油料能源产品附加值、延伸产业链、提高资源利用效率和经济效益的关键。

（一）工艺技术落后，自主创新能力不够

我国在工业用油料植物利用方面主要存在于生物液体燃料的开发方面，但是加工转化工艺尚不成熟，研究还需加强。目前研究获取植物油的工艺较多，其工艺基本成熟，对于将植物油脂转化为生物柴油，虽然提出有物理、化学与生物转化方法，但多数均处于实验阶段，研究成果报道相对较少。引进的国外生产加工技术尚没很好地消化、吸收，整体自主创新能力不够。工业用油料能源产业发展中存在一些技术问题。如技术利用单一，热解液化能耗较高，生产无高效催化剂，转化率较低，转化成本高，原料晾晒和储存比较困难等问题。

（二）科研投入力度小，产业化过程艰难

我国目前对工业用油料能源领域的核心技术和关键设备的研究投入力度小，有限的研究经费所用于的研究领域也比较扎堆，一些技术的低水平重复研究现象严重。而对于一些高水平的关键技术，特别是原料培育领域的技术研发投入滞后和不足，如优质油料树种的育种、育苗研究，生产工艺中的关键酶、特殊微生物的研究，生物柴油工程特殊催化剂和催化工艺的研究，制备生物柴油的工程化设备的研究通常较少甚至为空白，从而导致许多工业油料能源项目在实际运行中缺乏强有力的技术支持。

由于生物液体燃料加工中的一些核心技术尚未突破，再加上我国现有设备加工能力、自动化控制水平以及特殊材料制造能力有限，我国工业用油料能源工程化的整体水平不高，现阶段很难实现规模化生产。此外，引进国外的先进技术和购买国外的生产加工设备需要大量的资金投入。为了降低投资，减少风险，我国已建的大多数木本油料能源项目生产工艺简单、设备简陋，设备利用率和转换效率低下，投资回报率低，运行成本高，难以

形成规模效益。

三、产业经营管理存在问题

目前，我国生物质能源资源开发利用项目的投资主要依靠政府拨款和贷款，投资来源和融资渠道过于单一。国际原油价格波动频繁，发展生物质能源产业市场风险较大，影响了国内企业开发利用生物质能源资源的积极性。企业作为产业化发展的投资主体参与不足，从而难以形成林业生物质能源资源开发利用发展的持续动力机制。

工业用油料能源产业目前由于存在建设周期较长、投资风险较高、信贷支持力度不足等问题，导致生物质能源资源开发吸引力不强，发展缓慢。

（一）项目建设周期长，投资回收期长

工业用油料能源项目为了获得工业用油料资源作为生物柴油的加工原料，需要种植一定规模的油料能源林，再加上建立生物柴油加工厂，进入持续性、稳定性生产阶段至少需要4~5年，而完成资金回收则需要更长时间。目前较长的项目建设周期和投资回收期，让一些有意投资工业用油料能源的企业望而却步。

（二）前期投资额度大，投资风险高

要形成规模化、可持续发展工业用油料能源企业，需要大规模的能源林种植和上规模的生产加工设备，投资金额较大，对于企业的资金要求比较高。同时由于该产业对能源林培育技术要求高，对自然条件依赖性较强，对需求量和替代产品价格敏感性较高，所以存在的投资风险也相对较高，这就要求企业抗风险能力要强。

（三）投融资机制不健全，融资渠道少

工业用油料能源项目与传统林业项目和传统能源项目相比均不相同。其往往位于不同的产品生命周期，涉及不同的技术，面对不同的市场，因此从融资角度看，需要与之相匹配、相适应的金融工具、风险管理手段以及融资的新思路。我国包括生物质液体燃料在内的工业用油料植物产业开发尚处于起步阶段，市场风险较大，社会资金难以主动流入。并且，目前我国金融系统尚未能为之提供合理、有效、长期的信贷支持和多渠道融资途径，这在一定程度上也影响木本油料能源产业的发展。

四、政策障碍

一个产业的发展，特别是在发展的起步阶段，由于各方面条件的不成熟需要国家制定一定的政策给予强有力的支持。根据相关文献研究，早在"八五"期间，我国就开始进行一些工业用油料能源树种的研发工作。但是20多年过去了，我国工业用油料能源产业的发展仍处于一个起步阶段，而当初与我们一同起步的许多国家则纷纷走到了我们的前面，甚至开始进入国内投资，争夺我国的原料资源。究其根源，是因为国外在木本油料能源产业发展过程中从资源培养、种植、加工、销售、消费等各个环节都制定了一整套完备的政策法规，从宏观层面指导木本油料能源产业健康快速发展。而我国在木本油料的原材料供应、产业投资、推广应用以及终端使用等方面缺乏相关立法和政策措施的有力支持，导致木本油料能源产业发展缓慢。

另外，一些新政策与已有的其他政策不协调，政府对新政策的宣传力度不足，以及新政策缺乏具体实施细则也成为我国工业用油料植物产业发展的政策存在的主要问题。如

《中华人民共和国可再生能源法》明确规定："石油销售企业应当按照国务院能源主管部门或者省级人民政府的规定，将符合国家标准的生物液体燃料纳入其燃料销售体系"，国家也先后出台了 BD100、B5 标准，但同时《国家车用柴油 GB19147－2009（国Ⅲ）》标准明确指出不能人为添加脂肪酸甲酯（生物柴油），这使得生物柴油的市场应用推广更是举步维艰，生物柴油难以实际纳入成品油销售体系。自 2006 年《中华人民共和国可再生能源法》发布以来，国家各个部委单独或联合颁发了很多促进生物柴油产业发展的鼓励政策，但是很多地方政府特别是基层政府和企业对于这些扶持政策知之甚少，或者对于政策的具体执行没有经验，无法贯彻，使得很多政策成了"望梅止渴"的空中楼阁。同时，国家很多政策缺乏具体实施细则，有些政策随着时间的推移已经发生变化，对工业用油料植物产业发展的推动作用已经难以体现。例如我国现有成品油零售、批发资质审批制度，不利用生物柴油产业发展，新建加油站门槛高，费用高，审批速度慢，不利用生物柴油企业的发展。

以下从我国的行业政策法规和发展纲要、财政补贴政策、税收政策、配额政策、信贷扶持政策等不同层面上阐述我国工业用油料植物产业发展的政策存在的问题。

（一）行业政策法规和发展纲要

大多数发展新能源与可再生能源取得成功的国家的经验表明，通过行政立法手段确定行业发展纲要，明确支持政策，落实相关激励机制，将发展可再生能源作为国家能源产业发展战略方向，是促进可再生能源可持续发展的根本途径。

2006 年 1 月生效的《中华人民共和国可再生能源法》解决了之前我国可再生能源的发展一直处于缺乏行业政策法规指导的尴尬境况。在《中华人民共和国可再生能源法》中提道，"国家鼓励清洁、高效地开发利用生物质燃料、鼓励发展能源作物，将符合国家标准的生物液体燃料纳入其燃料销售体系"。在此之后国家发改委相继出台了《可再生能源产业发展指导目录》《可再生能源发电有关管理规定》和《可再生能源发电价格和费用分摊管理试行办法》等实施细则；2007 年 5 月，国家标准化委员会发布的 B100 型生物柴油国家标准正式实施。作为我国生物柴油的第一个国家标准，对生物柴油产业正规化的发展具有十分重要的意义。2007 年 8 月，《可再生能源中长期发展规划》发布，提出到 2010 年可再生能源消费量达到能源消费总量的 10%，到 2015 年达到 15% 的发展目标。我国"十一五"规划纲要也提出，"加快开发生物质能源，支持发展秸秆、垃圾焚烧和垃圾填埋发电，建设一批秸秆发电站和林木质发电站，扩大生物质固体成型燃料、燃料乙醇和生物柴油生产能力"。以上行业政策法规和发展纲要在一定程度上促进了可再生能源行业的整体发展，但与可再生能源发达国家相比，我国的行业政策法规和发展纲要还存在着很多问题。

1. 行业政策法规和发展纲要实施缺乏可操作性

在可再生能源宏观政策的大框架下，发达国家往往会制定出具体的细则来进行支持。这些政策明确具体、界限清楚、要求严格，对可再生能源的发展进行了详细的说明。比如美国联邦政府和地方州政府配合紧密，既有联邦政府全国性的统一要求与规定，又有各地区和州政府的特殊、具体的要求与规定相辅佐；欧盟委员会则制定了一系列指导性的可再生能源政策与法规，构建了一个综合完备的政策体系，欧盟各下属成员国在综合体系下根据各自情况，纷纷出台了适宜各国发展的具体政策和措施。而我国可再生能源政策的特点是注重政策的宏观性、重要性和必要性的论述，灵活性很大，具多种选择。但对政策怎样支持可再生能源产业发展，支持力度的大小，支持维持到产业发展到何种程度撤出等缺乏具体的实施细则。没有具体的规定，政策的落实就成为一句空话。

可再生能源政策制定的不具体化的最大问题就是对所有可再生能源"一刀切"式的管理。可再生能源种类繁多，最常见的就有太阳能、风能、生物质能、水能、地热能、海洋能等。生物质能又可再分为秸秆、垃圾焚烧和垃圾填埋发电，生物质固体成型燃料、燃料乙醇和生物柴油等等。由于能源种类不同，项目的建设及运营方式也存在很大不同，而国家目前政策并未根据的各种可再生能源项目的特点进行针对性的设置具体政策和措施，导致许多项目运行时不能获得最适合的政策支持。

目前可再生能源项目申请审批手续流程并未被具体细化，导致目前的审批流程分工不明，审批涉及部门繁多，审批期限不固定。可再生能源项目的审批涉及国家及地方发改委内部的诸多部门。由于没有限定固定的审批时限和具体审批项目的标准细则，目前主要根据项目申报单位准备的报批材料是否完整、充分来主观确定，缺乏一定的标准依据。同时由于审批期限的不固定，影响企业对项目整体规划设计，甚至错过最佳的项目投资时机。

政策的缺乏具体化同样导致监管职能的分散。目前，我国可再生能源产业的发展、规划在各地存在多重管理的问题，有的地方属发改委管理，有的地方又属环保局或者规划局管理，有的地方则由多个部门共同管理。管理责任不明确、协调性差，导致可再生能源产业的发展缺乏有效的统筹规划，不仅导致项目的盲目建设或者重复建设，而且导致可再生能源产业的无序竞争。

地方性政策法规目前属于缺失阶段。国家行业政策法规和发展纲要是对国家层面的可再生能源产业的发展进行指导，而各地区发展可再生能源的情况各不相同，应该因地制宜，在国家行业政策法规和发展纲要的基础上，制定符合地区发展的相关再生能源政策与法规，而目前地方性的可再生能源政策法规基本属于空白阶段。

2. 行业政策法规和发展纲要时效性不足

国外的可再生能源政策并非一成不变，而会根据可再生能源的发展及时审视，随时调整，即根据客观实际需要和形势变化不断调整或制定新的规则。而我国目前关于可再生能源的政策法规多是 2006 年伴随着《中华人民共和国可再生能源法》的实施而颁布的。在过去的几年里，随着国际金融危机的影响，以及技术水平的发展，可再生能源产业发展过程出现了许多新状况与新问题，国家政策却没有根据新情况，有针对性的进行调整，2008 年之后出台的相关政策法规则少之又少。例如，海南省原计划在 2010 年 1 月 1 日在全省推行的 BDS 型生物柴油（即在 0#柴油中勾兑 5%的生物柴油），但当时它的一些相关国家标准仍未出台，可以依据的只有 2007 年 5 月 1 日发布的《车用生物柴油国家标准 BD100》，这就使得 BDS 柴油在推广时无标准所依，为各方带来诸多不便和困难。

（二）财政补贴政策

财政补贴是常用的激励新能源及可再生能源发展的政策措施，财政补贴根据补贴对象不同，可分为生产者补贴、消费者补贴和财政专项资金制度。财政部 2006 年 10 月 4 日出台了《可再生能源发展专项资金管理暂行办法》，该办法对专项资金的扶持重点、申报及审批、财务管理、考核监督等方面做出了全面规定，重点扶持燃料乙醇、生物柴油、太阳能、风能、地热能等可再生能源的开发与利用。2007 年，财政部、国家发展改革委、农业部、国家税务总局、国家林业局出台了《关于发展生物能源和生物化工财税扶持政策的实施意见》，但在投资、税收优惠、辛卜贴等方面的配套政策还没能出台，需要进一步细化，增强其扶持力度和可操作性。现阶段财政补贴政策是一项非常行之有效的措施，对于我国尚处于起步阶段生物质能源产业发展具有明显的推动和促进作用，但与国外生物质能源财政补贴政策相比，我国财政政策还存在许多不足之处。国外生物质能源产业开始时间较早，在制定财政补贴政策方面比我国更早、更完善。其投资广度和深度均远远超过我国，尤其是欧洲的德国、芬兰等国家的财政补贴额度非常大。同时，国外的财政补贴政策方式多样，主要集中于直接投资补贴和生产补贴。各国的补贴措施虽然各不一样，但各国针对自身实际情况对具体的补贴标准却有明确的规定，涵盖了对投资者、生产企业、产品以及新技术开发等各个环节。在生物质能源发展逐渐走上轨道后，国外的财政补贴政策也会随着其发展阶段的变化而发生变化，例如美国对生物柴油的补贴额度随着生物柴油市场竞争力的增强而逐渐减少。

与国外成熟的财政补贴政策相比较，我国的财政补贴政策目前还停留在优化、完善补贴机制层面，制定了一些办法和意见，但缺乏明确和具体的补贴措施。目前主要运用国债资金方式，补贴渠道较为单一，实施的范围极为有限。此外，财政补贴的申报、审批环节繁琐复杂，耗费时间长，也严重影响了生物质能源生产企业的积极性。

（三）税收政策

世界各国针对生物质能源的税收优惠政策可分为两类：一是直接对生物质能源实施税收优惠政策，包括关税、固定资产税减免、增值税和所得税减免等；另一类实施强制性税收政策，如碳税政策。税收政策是世界各国针对生物质能源产业的发展经常采取的一项传统经济措施，对促进生物质能源产业技术进步和技术的商业化有明显的推动作用，包括美国、巴西、希腊等许多国均采取了此项政策。特别是美国早在 1978 年就开始了对包括生物质能源在内的可再生能源实施税收优惠政策，并伴随着其发展而演变出种类更多以及更有针对性的税收优惠政策。相对于税收优惠对政府财政的依赖，强制征税政策，尤其是高标准、高强度的收费政策，不仅对生物质能源的开发利用能起到鼓励作用，还能促进企业采用先进生产工艺，提高技术水平。例如芬兰根据能源中含碳量收取能源税的制度不仅规定了各种化石燃料排放 CO_2 和 SO_2 的价格，也使得生物质能源更有具竞争力。

相比于国外发达国家，我国目前针对生物质能源的税收政策还比较单薄，虽然《可再生能源法》第 26 条规定："国家对列入可再生能源产业发展指导目录的项目给予税收优惠。"但是《可再生能源法》颁布后，我国尚没有出台针对可再生能源税收优惠的实施细则或规定。地方上无论是省级还是市级的政府管理部门均没有出台实施办法。只是在 2006 年 9 月，由财政部、国家发展和改革委员会、农业部、国家税务总局、国家林业局联合出台了《关于发展生物质能源和生物化工财税扶持政策的实施意见》，在风险规避与补偿、原料基地补助、示范补助、税收减免等方面对于发展生物质能源制定了具体的财税扶持政策。中央财政对国家批准的黑龙江华润酒精有限公司、吉林燃料乙醇有限公司、河南天冠燃料乙醇有限公司、安徽丰原生化股份有限公司 4 家试点单位免征燃料乙醇 5% 的消费税，对生产燃料乙醇产生的增值税实行先征后返。其他生物质能源生产企业则未能享受税收优惠政策。

（四）配额政策

可再生能源配额制是随着市场化改革而兴起的一项促进可再生能源发展的制度，指一个国家或地区的政府用法律的形式对可再生能源进入市场的份额做出强制性规定，是政府作为培育可再生能源市场，使可再生能源达到一个有最低保障水平而采用的强制性手段。

当前丹麦、意大利、英国、瑞典等国家正在推行可再生能源配额制。对生产商或供应商规定在其生产或供应中必须有一定比例的能源来自可再生能源，并通过建立"绿色能源证书"和"绿色能源证书交易制度"来实现。"绿色能源证书"就是可再生能源供应商在向市场供应能源的同时还可以得到一个销售绿色能源的证明。能源生产商或者供应商如果没有可再生能源供应，可以通过购买其他可再生能源企业的"绿色能源证书"来实现；可再生能源企业通过出售"绿色能源证书"也可以得到额外的收益，这样就可以促进可再生能源产业的发展。而目前，而我国目一前配额政策属于空白阶段。

（五）信贷扶持政策

低息或贴息贷款可以减轻生物质能源生产企业还本期利息的负担，有利于降低生物质能源的生产成本。德国、英国以及印度等国家运用专用资金或利用投资公司和金融机构对生物质能源项目提供低息贷款，已经形成一定规模。

而我国当前在信贷扶持方面虽然在《中华人民共和国可再生能源法》第25条规定："金融机构可以对列入国家可再生能源产业发展指导目录、符合信贷条件的可再生能源开发利用项目提供有财政贴息的优惠贷款"。从理论上来说，根据该条款规定，只要可再生能源开发利用项目列入国家发改委出台了《可再生能源产业发展指导目录》且符合贷款条件。金融机构就应该为其提供财政贴息贷款。但到目前为止，我国尚未出台专门针对可再生能源项目给予贷款优惠的具体办法。缺乏低息贷款，使得我国生物质能源生产企业融资成本高，融资渠道匮乏，资金来源的局限性增大，进一步限制了生物质能源产业的发展。

第三节　促进工业用油料植物资源培育和利用措施

工业用油料植物资源培育和资源利用是一项系统工程，贯穿了生产、加工和销售各个环节，因而要促进产业健康持续发展，充分发挥系统功能，使得整个产业在外部环境下从初始状态运行到终端，实现效益的最大化，需要充足的燃料油植物资源作保障，需要先进的加工技术作依托，需要健全的种、产、销网络体系为纽带，也需要良好的经济政策为引导。我国工业用油料植物资源培育和油脂基能源、化工与材料产业化开发已进入实质性实施和推进阶段，但总体看来，工业用油料植物选种及栽培缺乏系统管理与规划，原料林发展较为粗放，能源资源产量不高，技术研究不足，能源树种的遗传改良应用较少，能源树种抗逆、广适以及能量生产力等性状的改善和提升空间很大。种苗生产、流通不规范，苗木质量难以得到保障，能源资源产量受到较大影响。我们需要从我国国情出发，深入分析我国自然资源条件，从多方面着手油脂资源的开发和利用，保障我国未来工业用油料植物产业发展的原料资源供应。

一、边际土地与工业用油料植物资源的调查和评价

根据我国国情，筛选能源油料植物应该以适合在边际地发展、油脂不宜食用为原则。然而，我国目前对边际地资源、油脂植物资源的现状还缺乏全面、系统的调查研究。需要大力加强调查摸底、分析评价研究。首先，利用遥感技术和实地调查相结合的方法，摸清我国边际土地资源，完成边际土地区域规划；其次，在广泛调查、收集资源的基础上，建

立合适的能源植物评价体系（如油脂植物资源分布、含油量、产量潜力、适应性、生育期、经济价值等），进行资源的能源利用潜力评价研究，筛选出适合在不同区域和生态条件下大力发展的能源油料植物种类；确定主要能源油料植物的资源分布范围、制定种植区划和发展规划。

对工业用油料能源资源进行全面调查，摸清可利用的资源总量和分布，进一步盘活闲置土地，对适宜种植油料植物种类的土地资源进行调查评估，在此基础上制定工业用油料植物种植规划。同时充分利用无林地、宜林荒山荒地、农田抛荒地及其他未开发利用的土地，或者改造低质残次林发展工业用油料植物，为生物能源产业规模化发展提供原料保证，促进生物能源产业化发展。

我国森林植物种类繁多，其中有很多含油量高的工业用油料植物种类，同时热带地区优越的生态环境又促使种的演化，形成丰富的热带区系。得天独厚的条件，使我国（特别是南方）成为植物的王国，保存着丰富的已发现的和未发现的工业用油料植物种类。目前已经发现的工业用油料植物有 1554 种，还有大量的同属、同科种需要去挖掘。因此，未发现的野生油料植物种类资源的蕴藏潜力仍然很大，这决定了深入进行油料植物资源调查的必要性和可能性。

对于高品位的工业用油料植物资源种类进行鉴别与分析时，应对该区域工业用油料植物资源的分布区域，面积，最高、最低及平均产量，总体及各器官的含油率情况等进行调查分析，并由此分析可能的储油数量。由于分布区域的广泛性，要在大范围内进行资源调查与分析的任务量很大，故应注意应用现代科学技术作为其调查的方法与手段。通过对种群分布范围、生长发育特征、生产潜力分析等，寻找其各个方面的阈值，确定其可能的生态学边界，并由此确定可否与荒山荒地、困难地或退化生态系统的生态恢复等相结合。其结合程度与相关措施以及保证条件等如何确定并如何达到，是研究能否将生物能源林的林场建设、集约经营等与环境整治、植被恢复特别是退耕还林工程等生产实践相结合的关键点。在我国大范围地实施林业生态重点工程的同时，开展该方面研究具有重要的意义。

二、工业用油料植物良种选育

油脂基能源、化工和材料产业原料要求工业用油料能源植物产量高和含油量高，而品种遗传特性和栽培技术是影响工业用油料植物产量以及种籽含油率高低的决定性因素。由于遗传因素和地理分布的影响，各个树种单株间的果实产量、含油量、成分和果实类型含油量等均有差异，因此根据不同的目的和地域特征进行优树选择，就显得尤为重要。优质高产的原料植物种类是发展生物能源的基础。而且，生物柴油原料树种一般均为多年生树种，生命周期很长，如果为了追求发展速度，采用遗传品质差的品种资源，将导致一单位面积产量水平下降，不仅给种植者带来损失，还会影响整个产业的健康发展。因此，在进行大规模种植之前，必须对加强优良品种的选育，储备足够的优良品种资源，以满足大规模发展林业生物柴油原料基地对优良品种资源的需求，这是确保该产业健康持续发展的基础和关键。

我国工业用油料植物原料选育始于 20 世纪 80 年代。"七五"期间，四川省林业科学院率先开展了"野生植物油作代用燃料的开发与应用示范"研究，对四川攀西地区麻疯树野生资源分布、适生区域和栽培技术等进行了初步研究，并建立了一定规模的麻疯树示范基地。之后，中国科学院、云南省林业科学院、中国林业科学院资源昆虫研究所、西南林学院、四川大学、四川林业科学院等单位分别对麻疯树野生种质资源分布、适生区域、优良品种选育、丰产栽培技术等方面展开了大量研究。湖南省林业科学院先后开展了多项能源领域国家重点科研攻关项目研究，完成了光皮树、蓖麻和绿玉树等油料树种引种与栽培关键技术研究。

虽然上述研究也取得了一些阶段性成果，但是远远还不能满足近年来油脂基能源、化工和材料产业快速发展的需求。目前我国可利用的工业用油料植物优良品种依然较少，很多优良的植物类型还处于野生状态，亟待开发利用。因此利用过去的研究基础和成果，有目的选择木本油料种类和速生树种很关键。在加大开发现有的植物资源的同时，可适当引进新的高品质、高效能源植物，对野生资源进行驯化选育，充分利用各种常规育种手段和现代生物技术手段培育和筛选一些优良的工业用油料植物品种。

三、工业用油料植物原料基地建设及规模化培育

目前我国已经开始大规模人工培育林业生物能源原料林基地，但是在其原料准备、生物柴油制备、产品销售与使用等各环节中，仍然面临着不少的挑战与不确定性。其中，原料种植是影响该产业的关键环节，也是不确定性较大的环节。例如，通过大面积人工栽培能否获得预期的产量水平，是否会对当地的生态环境造成负面影响，林业生物柴油生命周期能源投入产出效率和环境表现如何，林业生物柴油发展的经济可行性如何以及政府应该采取何种政策取向等问题。

育种和栽培是工业用油料植物原料供应和规模化培育重要的环节，工业用油料植物规模化培育在育苗环节主要从良种采穗圃建设、良种繁育基地建设等工作入手，而造林环节包括造林地选择、林地清理、据造林地条件确定造林密度、整地、选取一定的造林方法进行能源林营造以及后续的幼林管护、修枝整形、巡护管理、病虫害防治等抚育管理等工作。为保证工业用油料原料供应的充足性，育苗和造林环节应以提高单位产量和供应规模为目的。油料能源林的育苗与造林要获取较大的产出效益，就需要结合林业生产的特点，根据不同的立地条件和适生性树种，应用国内外先进的林木良种繁殖理论与种植管护技术，采取最适宜本地区的能源林经营方式进行基地化建设与集约化经营。加快原料植物种苗的培育，并进行有效推广，加强生长阶段的抚育管理，尤其是开花结果期的管理，可以提高单位面积的产量，提供更多的工业用油料植物。

在不同的自然条件和经营管理强度下，工业用油料植物产量水平差异很大。目前，很多工业用油料植物均处于野生分布状态，缺乏人工栽培的经验及相应的投入产出数据资料。而植物产量水平通常受土壤、气候、品种、栽培技术、经营强度等多种因素的影响，产量波动范围很大。其次，我国可用于种植工业用油料植物的土地规模及其质量等级还尚不明确，我国各级政府已经制定了宏伟的林业生物能源发展目标，并声称有大量的边际性土地可用于发展生物能源原料林。然而，到目前为止，尚未有人基于不同生物能源原料树种对光照、温度、降水、土壤和坡度等条件的具体要求，有针对性地对可用于生物能源原料林建设的土地的适宜性进行过科学客观评价。因此，各级政府所设定的生物能源原料林基地建设目标能否达到，目前还不得而知。

我国现有能源原料基地较为分散，给工业用油料植物资源的收集运输带来不便，应根

据土地资源现状和开发利用情况以及工业用油料植物的生长特点，科学规划、统一部署，结合国家林业重点工程，加大能源原料的基地化建设，把工业用油料植物资源的规模化培育放在突出位置。规模化培育有利于对工业用油料植物资源进行统一管理，可研究开发移动式生产加工设备，使资源收集处理实现本地化，减少生物质资源的收集、运输损耗。

在适生区建立一定规模的生产基地，坚持天然野生资源利用与人工栽培基地建设并举，将原料来源由野生为主逐步过渡到人工规模栽培为主，保证产品的质量和原料的稳定供应；对一些经济价值较大、储量较小、繁育能力不强的物种，应采用集约经营的方式进行人工培育，既可以增加社会经济效益，又能保护和挽救那些濒于灭种的野生木本油料植物资源。在造林的同时根据物种的生物学特性，引种一些经济价值较高的物种，形成多层次、多结构、多功能的人工林生态系统，以满足开发利用的需要。

根据各地区域资源状况、气候特点、地理条件等因素的不同，因地制宜，科学规划，高起点、高标准建立基地，重视利用先进的生物技术选育高抗逆、速生、高产的新品种，在工业用油料植物原料示范基地加强栽培工艺与转化利用技术的研究；工业用油料植物应以能源专用为目标，产业导向明显，该鼓励科研与企业结合，引入产业资本，建立"科研＋企业＋农户"的模式，企业利用科研成果建立转化基地，新建一批百公顷、数百公顷甚至千公顷的优质名牌新基地，突出一县一主栽树种，实现基地化种植，带动农户规模化种植，为企业提供生产原料，促进成果快速转化，实现科研、企业、农户的共赢和产业的良性发展。各地林业行政部门应加强对工业用油料植物的生产及流通管理，工业用油料植物培育和后续加工、销售等环节是一个紧密的产业链，投资工业用油料植物培育的企业和个人应在国家能源林建设规划和原料林基地项目区范围内以及专业部门的指导下科学种植工业用油料植物原料基地。

四、工业用油料植物原料基地建设生态环境影响评价

虽然，在野生状态条件下，工业用油料植物因其能够在立地条件较差的边际性土地上种植，具有明显的环境效益。但是，对于大面积人工种植的原料基地而言，其环境影响效应如何，目前尚未明确。因此，要加强工业用油料植物原料基地建设的环境影响监测和评估，重点评估在不同立地条件和种植规模下，采用不同种植方式和管理技术，对水土保持、生态系统及人类健康的影响，从而总结出最佳的环境友好型的栽培方式和技术。

工业用油料植物原料基地建设可能带来的影响主要表现为：一是对地面植被的自然性产生改变，工程区树种相对单一，对生物多样性环境产生一定影响；二是对新造林地块地表土壤将采取挖穴、定植、管理等施工活动可能产生造林当年季节性地面雨水侵蚀，形成一定的流失；三是规模造林与培育可能引起林业有害生物的自然生态平衡关系，引起灾害性的有害生物发生；四是对野生动物栖息地环境可能产生影响。

此外，伴随基地建设而来的生物质能源工业建设对环境的影响也不可小视。这些工业建设排放出工程污染物对基地周边的环境的影响主要表现为：一是大气环境影响；二是噪声环境影响；三是固体废弃物环境影响。

针对基地建设给生态环境带来的可能负面影响，最为有效的措施就是在基地建设前进行严格的"环评"，在"环评"的基础上提出有效减缓对策。注意保护不影响施工作业与经营活动的原生植物，特别注意保护珍稀保护野生植物；在施工作业设计过程中，分别地块

和立地环境分别对可能产生水土流失的地段或地块设计水土流失控制技术措施，将影响缓解到最低限度；在施工设计与实施过程中注意生物多样性保护，保护鸟类、昆虫等林业有害生物天地，采用物理措施和生物措施控制有害生物的灾害发生，保持生物之间平衡关系；严格保护规划区域野生动物及其生境，宣传相关法律、法规与制度，要求施工人员自觉遵守国家法规，文明施工，确保规划区内的野生动物得到有效保护。

针对与基地相伴而生的生物能源工业建设对环境的影响，可以从以下几个方面着手处理：

（1）合理选址。生物质能建设选址尽量与当地（市州或县市）工业园区发展规划协调与对接，避免单独选址。

（2）严格执行烟气等污染物排放标准。采用树枝树皮、锯末、生物渣等生物质燃料的发电锅炉，参照《火电厂大气污染物排放标准》（GB13223－2003）规定的资源综合利用火力发电锅炉的污染物控制要求执行。有地方排放标准且严于国家标准的，执行地方排放标准。引进国外燃烧设备的项目，在满足我国排放标准前提下，其污染物排放限值应达到引进设备配套污染控制设施的设计运行要求。

（3）采取有效的防治措施。如在工程建设过程中，落实稳定的生物质来源，配套合理的工业用油料植物原料收集、运输、贮存、调度和管理体系；对无组织面源排放的燃料露天堆场至燃料库、燃料库至燃料仓的燃料输送及燃料库储存设计成密闭系统，避免输送进料过程中产生粉尘污染，并在燃料库各通风口处设置除尘装置。

（4）有针对性控制污染。采取烟气治理措施，能确保烟尘等污染物达到国家排放标准；采用有利于减少 NOX 产生的低氮燃烧技术，并预留脱氮装置空间；配备贮灰渣装置或设施，配套灰渣综合利用设施，做到灰渣全部综合利用。

（5）用水。生物质直接燃烧和气化发电项目用水否符合国家用水政策，鼓励用城市污水处理厂中水。

五、推进"林油一体化"进程

我国林业生物质资源尽管十分丰富，但主要分布于边远山区，资源分散，产量不稳定，原料供应难以规模持续保证，不适应规模化、产业化经营。因此，只有建设生物能源林基地，通过规模化培育能源林，才能降低原料成本和满足林业生物质能源开发的需要。目前，为推动生物能源林基地建设，国家林业局正在加强与中国石油天然气股份有限公司、中粮集团有限公司等国有大型企业合作，充分发挥大企业的资金、技术与开发利用的优势，逐步建立从原料培育、加工生产到销售利用的"林油一体化"发展体系。

2007 年，国家林业局和中国石油已在四川、云南、内蒙古、安徽、河北、湖南和陕西等 7 个资源优势省（区）启动了第一批 6.8 万 hm² 生物柴油原料林示范基地建设项目。2008 年，第二批 7.4 万 hm² 的小桐子、黄连木、光皮树、文冠果生物柴油原料林示范基地建设在河北、内蒙古、辽宁、黑龙江、安徽、江西、河南、湖南、四川、云南、甘肃等 11 省（区）开展。总的来看，目前这两批项目进展良好，已取得了较好的宣传和带动作用，同时调动了当地政府和农民的种植积极性为今后大范围开展林业生物质能源林基地建设奠定基础。

对于工业用油料植物资源来说，主要用途之一就是用于生产生物柴油，而对于生物柴油企业来说，最佳原料正是木本油料。因此，林、油的相互渗透是不可避免的。利用南方集体林权改革的时机，通过林权转让或者"公司＋农户"模式建立能源林，进一步推进"林油一体化"格局的形成。

六、完善相关政策与机制

国家对粮食作物的推广种植有补贴政策，较大地促进了粮食作物的稳定发展。但是对于工业用油料植物方面，国家缺乏必要的优惠政策扶持，建议国家制定相关政策，对利用边际地种植能源油料植物的农户给予一定补贴支持，对技术推广人员给予专项经费支持等。只有提高了种植、推广两个方面的积极性，能源油料作物的最新研究成果才会迅速转化成生产力、满足产业发展需要。

目前，许多国家如美国、德国、法国、丹麦、意大利、爱尔兰和西班牙等政府都采取了相应的减免税收的政策加以扶植。我国可以借鉴国外经验，采取相应的减免税收政策及其他经济手段；同时，国家要组织专门人员来制订生物能源合理的中长期发展计划，每一阶段目标要从数量上给予界定，要有科学的参考指标，从而保证我国生物能源产业的健康持续发展。另外，在资金投入力度上，除了继续加大科研投入外，加强对生物能源加工企业的扶持和保护，给予税收、政策等方面的优惠，加大对生物能源产品的宣传，鼓励和引导大家使用生物能源，并给予价格上的优惠。

第四节　展　望

一、工业用油料植物资源培育展望

(一)加强新型工业用油料植物培育

开发新型的高品质能源作物及相关的高效转化技术是生物液体燃料技术研发的重要方向。与国外新型能源植物培育研究相比，我国目前在小桐子、光皮树和黄连木等木本植物、甜高粱和浮萍草本植物等新型能源植物培育方面具有较好的研究积累，部分研究成果已达到世界领先水平。目前，我国一些研究单位已经拥有实力雄厚的能源植物挖掘、收集、筛选、改造及评价团队，能系统地从资源采集、驯化、培育、遗传改良、功能基因组研究、分子设计等方面为能源植物改良及生物质能源深层次研发提供新概念、新方法和新理论，为提高能源植物的生物质资源量、解决生物质能源的原料瓶颈，为建立我国生物质能源可持续发展的新技术支撑体系，为国家能源战略提供科学和技术支撑。

当前，我国一些重要的能源植物都具有较高的单位面积经济产量或生物量。但以其为原料，需要重点攻克能源植物分子育种、细胞工程、基因工程的核心技术，解决能源植物品种创制中预见性差、周期长、效率低、工程化水平低等关键问题，培育高产、高含能、高抗、适应非耕地种植的能源植物新品种。

(二)利用生物技术改良传统油料作物

欧美等国家也非常重视基础研究的培育与扶持，同时将研究成果用于能源植物遗传和基因工程改良。目前国内在能源植物研究上涉及能源植物的遗传图谱、基因功能、遗传转化、资源收集、评价等多方面。近年来先后开展了特色油料植物小桐子、黄连木、文冠果、乌桕、光皮树和蓖麻种质资源收集、评价，建立共性描述数据库、特性数据库、图像数据库、遗传背景数据库、分布模式数据库及核心种质资源库。利用分子设计育种，拓宽优异资源遗传基因对生态环境的适应范围技术，选育出了一系列能源油料植物良种。初步探索了乌桕、光皮树、蓖麻等油料作物的脂肪酸积累规律。

在能源微藻研究方面，国内外的研究主要集中在微藻光合固碳和高密度培养产油微藻的光生物反应器的研制两个方面。此外，浮萍等水生能源植物，将是今后能源植物开发利用的另一个重要发展方向。因浮萍等水生植物可形成治理环境和废物再利用相结合的可持续发展模式，世界各地利用浮萍在能源、养殖业、药物等多方面的高值开发和处理废水已相继开展了基础研究工作。美国进行浮萍处理猪场污水的系列研究，并已实验证明利用猪场污水生长的浮萍可发酵产生乙醇；美国能源部已把浮萍作为最有发展潜力的能源作物之一，并于2008年宣布开展浮萍全基因组测序工作。

二、工业用油料植物资源培育与利用新技术展望

工业用油料植物开发与利用，特别是油脂基能源、化工和材料产业，带动了涉及从基础研究到应用全链条的学科建设，涵盖了农学、生物学、化学、化工、工程热物理、力学、环境学、材料、能源等多学科多级别的协同攻关。许多复杂的问题和关键技术处于学科的交叉地带，从能源利用的角度对生物质液体燃料进行全方位的基础数据的收集和研究方法创新，加强上述学科的融合和对接，不少科学前沿问题在交叉学科的联合攻关中取得了可喜的进展，更促进了相关学科的跨越式进步。

在生物柴油转化工艺研究方面，化学合成法是工业化生产的主导工艺技术，存在诸如醇用量大、能耗高、有大量废碱液排放和原料选择性差等缺点，针对中国情和新型非食用原料研究开发新技术预处理原料技术、开发和研制新型装备、节能降耗工艺技术，进一步提高自动化程度总体提升生物柴油行业技术水平。脂肪酶转化生产生物柴油，可克服化学法生产生物柴油诸如醇用量大、能耗高、有大量废碱液排放和原料选择性差等缺点。国外许多国家如日本目前也在开发脂肪酶催化生物柴油生产技术。但世界上生物柴油生产基本全部采用丹麦NOVO公司的脂肪酶，价格昂贵，脂肪酶价格在10000元/kg，导致酶法工艺成本高，无法和化学法相竞争。所以，开发高效的酶法转化工艺，采用工程菌构建、脂肪酶固定化等基础研究，有效降低生物柴油的脂肪酶使用成本、缩短反应和转化时间，实现工业化规模生产，是目前生物酶法催化生产生物柴油所面临的共同挑战。

三、副产物资源的高值化利用新技术展望

工业用油料植物产业过程的主要副产物为饼粕和甘油，其中饼粕约占油料总质量的70%，甘油约占生物柴油产品的10%。鉴于现行的工业用油料植物原料植物均为新兴的油料作物，油料的开发尚处于初级阶段，缺乏相应的配套综合利用技术，取油以后的饼粕绝大部分被直接用来做肥料或者燃料，并未得到高值化利用。因此，采用分子筛层析、亲和层析或琼脂糖凝胶技术进行油料饼粕中高附加值产物的分离，采用绿色化学合成技术将甘油转化为丙烯醛和环氧氯丙烷等高附加值化工产品也是提高生物柴油产业竞争力的有效手段。

四、加强多学科配合

工业用油料植物开发与利用，特别是生物质液体燃料，带动了涉及从基础研究到应用

全链条的学科建设，涵盖了农学、生物学、化学、化工、工程热物理、力学、环境学、材料、能源等多学科多级别的协同攻关。许多复杂的问题和关键技术处于学科的交叉地带，从能源利用的角度对生物质液体燃料进行全方位的基础数据的收集和研究方法创新，加强上述学科的融合和对接，不少科学前沿问题在交叉学科的联合攻关中取得了可喜的进展，更促进了相关学科的跨越式进步。

美国、日本和加拿大等国家在生物质能源开发方面已做了大量工作，并已开始尝试工业化生产，只是成本太高、转化率较低，他们正在投入大量资金进行开发。这就需主管部门牵头，多学科研究人员相互合作，只有这样才能取得好的效果。

五、发展工业用油料植物综合效益显著

我国人口多、人均耕地少，是油脂资源短缺、耕地资源匮乏的国家，扩大食用油料作物种植的潜力非常有限。但是，我国不适宜种植粮食作物的生态退化地、边际性土地及采伐迹地资源丰富，根据我国第六次森林资源清查的数据表明，目前我国尚有宜林荒山荒地面积近 5400 多万 hm^2，其中宜林荒地面积约 4700 多万 hm^2，宜林沙荒地面积约 700 多万 hm^2。此外，我国还有中轻度盐碱地、干旱半干旱沙地，以及矿山、油田复垦地等不适宜农耕的边际性土地近 1 亿 hm^2，利用边际性土地资源规模化栽种工业用油料植物，如木本燃料油植物光皮树、黄连木、草本油料植物蓖麻等，可保障我国生物柴油产业和油脂化工行业的健康发展。

（一）经济效益

我国各地区经济发展具有明显的差异性，这种发展的不平衡性将长期存在，而且呈现出不断扩大的趋势。经营工业用油料植物资源与开发木本生物柴油，对调节这种发展不平衡将会有积极作用。土地资源和气候条件决定了工业用油料植物的区域分布和产出量，最终决定了该产业的发展规模，拥有光、热、水等自然资源与丰富土地资源的地区将成为工业用油料植物产业发展的适宜地区。在我国，西部和边远贫困地区，往往拥有大量闲置土地资源，这部分资源本是利用价值低甚至无经济价值，随着工业用油料植物产业的发展，这些闲置性土地将得到合理的开发与利用，成为工业油料能源开发的重要原料林基地。在这一过程中，可以促进地区资源向生产力、经济资本的转化，促进贫困地区、民族地区经济发展与科学技术进步，一方面将创造大量的就业机会，另一方面，将为地方发展带来产值和相关税收的增加，对于带动广大贫困地区经济发展具有重要的意义。

（二）社会生态效益

以工业用油料植物资源为原料进行生物能源开发，符合我国循环经济与低碳经济下的产业发展方向。作为能源业，它是一种清洁环保、可再生和便捷的能源开发利用方式，具有减少温室气体排放、改善生态环境的功能；作为林业产业，通过能源林培育种植，产生了能源资源，开辟了对森林资源的多元化利用，具有投资少、见效快，再生性强和一次种植多年"产油"的特点，是一项利国、利民、利企业的阳光产业，与国家目前实施的"走出去"石油战略相比，其所承担的风险、实施的难度和付出的成本均小得多。随着工业油料能源产业的深入发展，可成为林业产业发展的主要方向之一。

工业油料能源产业可以实现对不适合农业耕作和不适合林木生长的闲散土地的有效利用，提高废弃土地的利用率。工业用油料植物原料能源林的种植是种植业发展的新途径，

能源林的大量种植能形成很多就业机会，扩大农村就业，为农民脱贫致富提供新的途径，实现贫困地区的农业增效、农民增收，进而调整农村产业结构、促进社会主义新农村建设。

主要参考文献

1. 李昌珠，李培旺，肖志红，等．我国木本生物柴油原料研发现状及产业化前景[J]．中国农业大学学报，2012，17(6)：165 – 170.

2. 王涛．中国主要生物燃料油木本能源植物资源概况与展望[J]．科技导报，2005，23(5)：12 – 14.

3. 万泉．能源植物的开发和利用[J]．福建林业科技，2005，32(2)：1 – 5.

4. 费世民，张旭东，摇灌英，等．国内外能源植物资源及其开发利用现状[J]．四川林业科技，2005，26(3)：20 – 26.

5. 田春龙，郭斌，刘春朝．能源植物现状和展望[J]．生物加工过程，2005，3(1)：14 – 17.

6. 龙秀琴．贵州木本食用油料资源及其开发利用[J]．资源开发与市场，2003，19(4)：243 – 245.

7. 于曙明，孙建昌，陈波涛．贵州的麻疯树资源及其开发利用研究[J]．西部林业科技，2006，35(3)：14 – 17.

8. 蒋剑春．生物质能源应用研究现状与发展前景[J]．林产化学与工业，2002，22(2)：75 – 88.

9. 周义德，王方，岳峰．我国生物质资源化利用新技术及其进展[J]．节能，2004，267(10)：8 – 11.

10. 吕文，王春峰，王国胜，等．中国林木生物质能源发展潜力研究[J]．中国能源，2005，27(12)：29 – 33.

11. 骆仲映，周劲松，王树荣，等．中国生物质能源利川技术评价[J]．中国能源，2004，26(9)：39 – 42.

12. 吴明作，黄黎，张百良，等．国内外木本生物柴油的应用研究现状及我国的研究展望[J]．西部林业科学，2007，36(2)：129 – 134.

13. 马超，尤幸，王广东．中国主要木本油料植物开发利用现状及存在问题[J]．中国农学通报，2009，25(24)：330 – 333.

14. 罗艳，刘梅．开发木本油料植物作为生物柴油原料的研究[J]．中国生物工程杂志，2007，27(7)：68 – 74.

15. 樊金拴．我国木本油料生产发展的现状与前景[J]．经济林研究，2008，26(2)：116 – 122.

16. 刘轩．中国木本油料能源树种资源开发潜力与产业发展研究[D]．北京：北京林业大学，2011.

17. 张华新，庞小慧，刘涛．我国木本油料植物资源及其开发利用现状[J]．生物质化学工程，2006，S1：291 – 302.

18. 马蓁，朱玮．木本油料生产生物柴油研究[J]．西北林学院学报，2007，22(6)：125 – 130.

19. 王星懿，董利民．中国木本油料与生物质能源发展问题研究[J]．江汉论，2010，11(8)：24 – 26.

20. 段黎萍．从油料作物到能源植物的转换[J]．可再生能源，2006，127(3)：89 – 90.

21. 吴国江，刘杰，娄治平，等．能源植物的研究现状及发展建议[J]．科技与社会，2006，21(1)：53 – 57.

22. 袁振宏．生物质能源开发应用现状与前景[C]//中国林业生物质能源发展研讨会论文集．北京：国家林业局，2006.

23. 程传智．木本油料植物种源研究及开发现状[C]//中国生物质能技术与可持续发展研究会论文集．山东：山东理工大学，2005.

24. 刘友多．福建省发展油料能源林的对策研究[J]．中南林业调查规划，2006，25(2)：10 – 12.

25. 朱积余，陈国臣，马锦林．广西生物质能树种资源及其发展前景[J]．2007，36(2)：114 – 117.

26. 龙秀琴．贵州木本食用油料资源及其开发利用[J]．资源开发与市场，2003，19(4)：243 – 245.

27. 汤颖，陈刚，穆淑珍．国内外生物柴油发展现状及中国的应对策略[J]．世界农业，2010(8)：10 – 12.

28. 王禹. 我国林业生物质能源开发利用战略思考[J]. 林业勘察设计，2007(2)：41-45.

29. 邢熙，郑凤田，崔海兴. 中国林木生物质能源：现状、障碍及前景[J]. 林业经济，2009(3)：6-12.

（陈景震、张良波、蒋丽娟）

麻疯树

麻风树幼林

麻风树果实

麻风树种子

光皮树

光皮树花

光皮树矮化丰产林开花状况

光皮树结果枝

光皮树种子萌芽过程

光皮树生长环境

田间地头

河边

石灰岩山地

轻度盐碱地

红壤

黄壤

光皮树古树（韶关）

光皮树分枝与萌枝

光皮树生产应用价值

食用（光皮树油）

车用（生物柴油）

材用（树干）

道理绿化

石漠化造林

黄连木

黄连木

黄连木花序

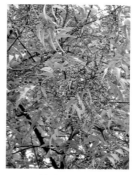

黄连木结果

黄连木果实

文冠果

文冠果果实

文冠果花

文冠果果实

无患子

无患子

无患子优株结果情况

无患子花

无患子果实

油 桐

油桐

油桐花序

油桐花

油桐果实

千年桐

千年桐花

千年桐果

小米桐

葡萄桐果

乌柏

乌柏花

乌柏果实

蓖 麻

蓖麻

蓖麻籽

两性系蓖麻（普通蓖麻）

纯雌系蓖麻

漆 树

漆树

漆树叶、果（未成熟）

漆树果实（成熟）

山苍子

山苍子

山苍子花

山苍子果

续随子

续随子花

续随子枝、叶果

续随子种子

油茶

油茶果实

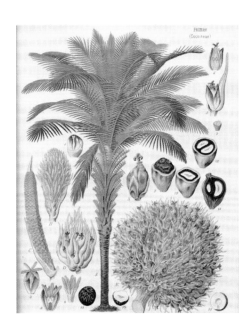

油棕

油棕林

芳香油植物

花椒

玫瑰

桂花

柠檬桉

薰衣草

铃兰

八角

香茅草

茴香

白兰花

九里香

香樟

依兰